ORGANISCHE CHEMIE IN EINZELDARSTELLUNGEN

HERAUSGEGEBEN VON

HELLMUT BREDERECK UND EUGEN MÜLLER

2

AROMATISCHE KOHLENWASSERSTOFFE

POLYCYCLISCHE SYSTEME

VON

E. CLAR

UNIVERSITÄT GLASGOW (SCHOTTLAND)

ZWEITE VERBESSERTE AUFLAGE

MIT EINEM GELEITWORT
VON
J. W. COOK

MIT 138 ABBILDUNGEN

Springer-Verlag Berlin Heidelberg GmbH

COPYRIGHT 1941 and 1952 by Springer-Verlag Berlin Heidelberg

Ursprünglich erschienen bei Springer Verlag OHG Berlin Gottigen Heidelberg 1952.
Sofcover reprint of the hardcover 2nd edition 1952

ISBN 978-3-642-85659-4   ISBN 978-3-642-85658-7 (eBook)
DOI 10.1007/ 978-3-642-85658-7

Foreword to the Second Edition.

More than ten years have elapsed since the appearance of the first edition of Clar's monograph on Aromatic Hydrocarbons, and in spite of the war years work in this field has developed at such a pace as to make the publication of a new edition timely. The first edition has become well known to organic chemists and has been constantly used by those who are especially interested in polycyclic hydrocarbons and their derivatives. Its value and importance is underlined by the fact that it was lithoprinted in the United States during the war, thereby making copies available to the Western Nations who were unable to obtain the original German publication.

Clar has himself contributed substantially to the mass of new information recorded in the present volume, and some of this work is so recent that at the time of writing it has not been described in the chemical periodicals. Studies on polycyclic aromatic hydrocarbons have considerably enriched our knowledge of aromatic structure in general. Thus, accurate X-ray crystallographic measurements have disclosed differences in bond-lengths in some polycyclic structures, of a character not to be expected with simpler benzenoid compounds, and these have been correlated with values derived from quantum mechanical considerations and have so given experimental support to the conclusions of the theoretical chemists. In some types of polycyclic structures distortion of one or more benzene rings must occur, and this has been substantiated by chemical and stereochemical studies.

The polycyclic aromatic hydrocarbons, with their complex banded spectra, furnish a particularly rich field for the study of ultra-violet absorption spectra, and a large variety of new absorption curves is given in the present volume. The comparison and correlation of the data exhibited in these spectra must clearly be of importance as a stage in the full interpretation of the fine details of aromatic structure.

Stable free radicals of novel types have also been revealed by recent researches on polycyclic aromatic compounds, and here also polycyclic structures are indispensable for the manifestation of the phenomenon in question.

Extensive work on the biological properties of the polycyclic aromatic hydrocarbons and their simple derivatives has extended the range of known carcinogenic agents and has given further insight into their inter-relationships. New and interesting properties have come to light in the course of investigations aimed at the elucidation of the mechanism of biological oxidation of these compounds. Inevitably, too, advances in dyestuffs chemistry have added new ring systems to the polycyclic structures already known. For all these and many other topics within the sphere of polycyclic aromatic hydrocarbons and their derivatives Clar's new edition will be found a valuable and stimulating treatise.

University of Glasgow, Scotland. February 1952.

J. W. Cook.

Inhaltsverzeichnis

mit den Formeln der Ringsysteme.

Besonderer Teil.

A. kata-anellierte Kohlenwasserstoffe.

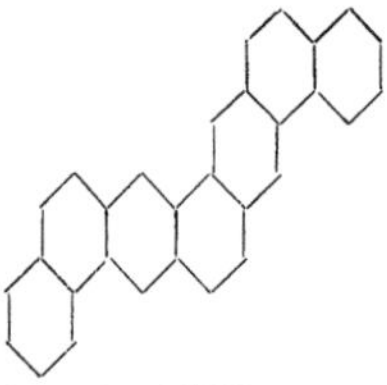

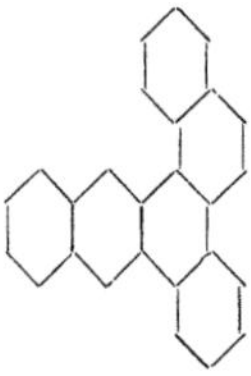

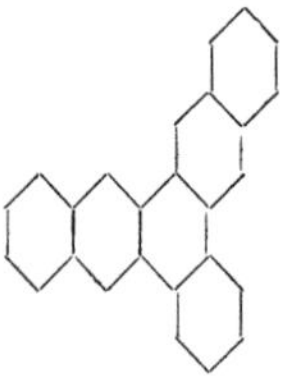

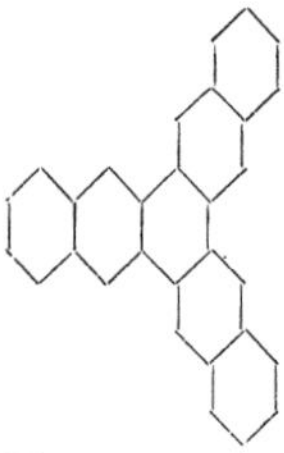

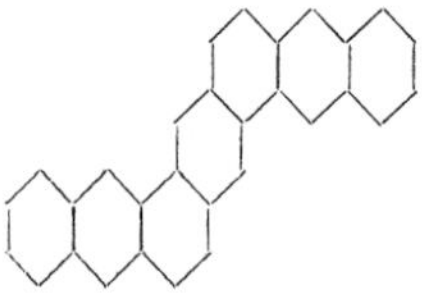

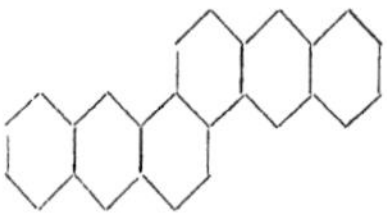

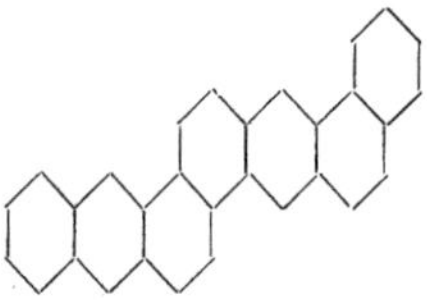

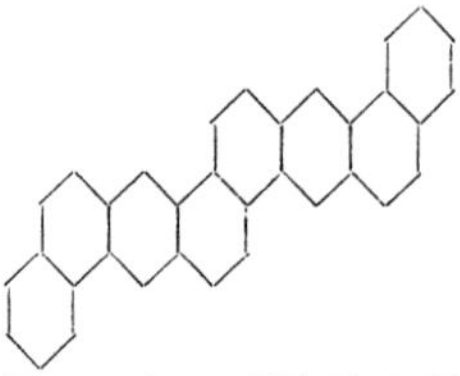

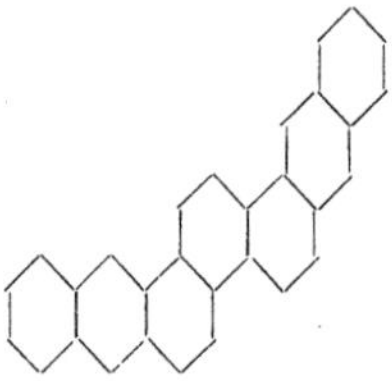

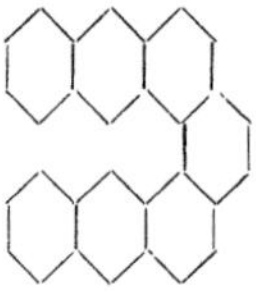

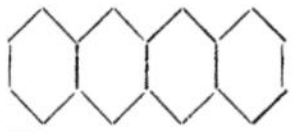

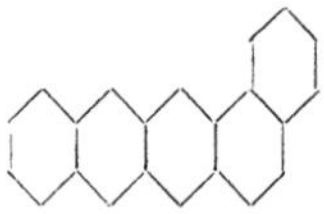

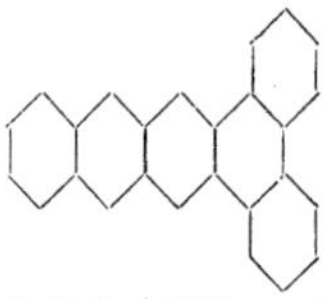

Inhaltsverzeichnis. IX

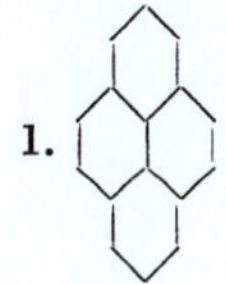

Inhaltsverzeichnis.

**C. *peri*-kondensierte Kohlenwasserstoffe aus sechsgliedrigen Ringen, die sich
nicht nach dem Kondensationsprinzip einteilen lassen.**

D. *peri*-kondensierte Kohlenwasserstoffe aus sechsgliedrigen und fünfgliedrigen Ringen, in denen kein C-Atom mit mehr als einem H-Atom verbunden ist.

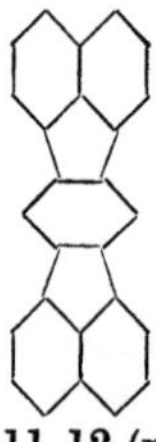

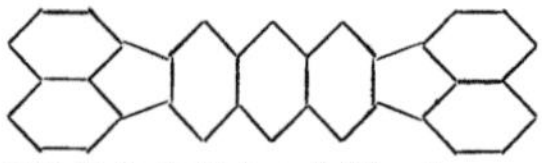

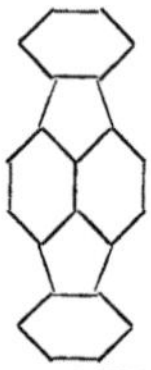

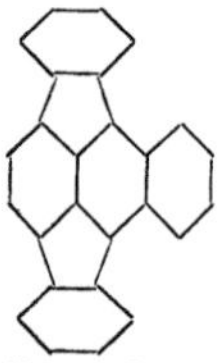

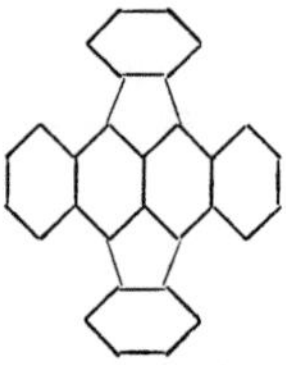

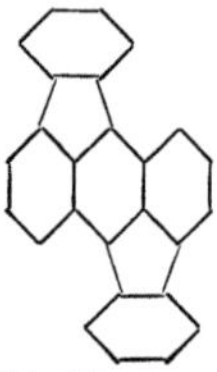

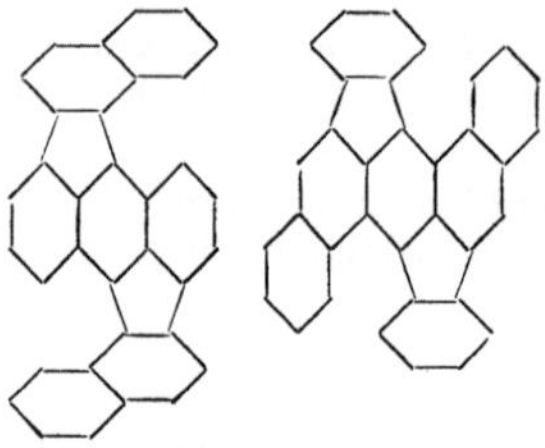

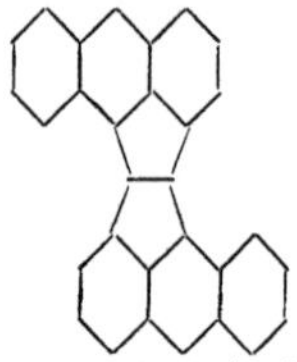

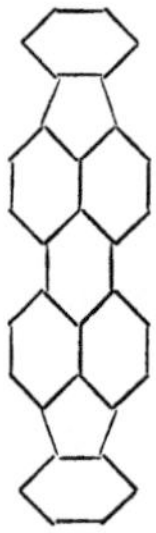

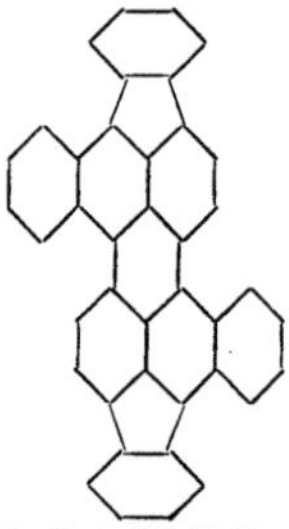

E. *peri*-kondensierte Kohlenwasserstoffe aus sechsgliedrigen Ringen, in denen ein C-Atom mit zwei H-Atomen verbunden ist.

**F. peri-kondensierte Kohlenwasserstoffe aus sechsgliedrigen Ringen,
in denen zwei C-Atome mit je zwei H-Atomen verbunden sind.**

Abkürzungen.

A. = Liebigs Annalen der Chemie.
A. ch. = Annales de Chimie et de Physique.
Acta Chem. Scand. = Acta Chemica Scandinavica.
Acta Crystallographica = Acta Crystallographica.
Acta physicochim. USSR. = Acta Physicochimica USSR.
Am. Abstr. = Chemical Abstracts published by the American Chemical Society.
Am. J. Cancer = American Journal of Cancer.
Am. Soc. = Journal of the American Chemical Society.
Annali Chim. appl. = Annali di Chimica Applicata.
Ann. Phys. = Annalen der Physik.
Ang. Ch. = Zeitschrift für Angewandte Chemie.
Arch. f. exp. Path. = Archiv für Experimentelle Pathologie und Pharmakologie.
Arch. f. klin. Chirurgie = Archiv für klinische Chirurgie.
Arch. d. Sci. biol. = Archives des Sciences Biologiques (Moskau).
Arch. Pharm. = Archiv der Pharmazie und Berichte der Deutschen Pharma-
    zeutischen Gesellschaft.
Atti R. Accad. naz. Lincei, Rend. = Atti della Reale Accademia Nazionale dei
    Lincei, Rendiconti.
B. = Berichte der Deutschen Chemischen Gesellschaft.
Ber. Gynäkologie u. Geburtshilfe = Berichte für Gynäkologie und Geburtshilfe.
Biochemical Journ. = Biochemical Journal.
Biochimica e Ter. sper. = Biochimica e Terapeutica sperimentale.
Bl. = Bulletin de la Société Chimique de France.
Brit. Abstr. = British Chemical Abstracs.
Brit. Journ. Cancer = British Journal of Cancer.
Brit. med. Journ. = British Medical Journal.
Bull. Acad. Belgique = Bulletin de l'Académie Royale de Belgique.
Bull. Assoc. franç. Etude Canc. = Bulletin de l'association française pour l'etude
    du cancer.

Bull. Acad. Sci. USSR. = Bulletin de l'Académie des Sciences de l'Union des Républiques Sovietiques Socialistes = Izvestya Akademii Nauk Soyuza Sovetskikh Sotsialisticheskikh Respublik.
Bull. Soc. Chim. Belges = Bulletin des Societés Chimiques Belges.
Bull. chem. Soc. Japan = Bulletin of the Chemical Society of Japan.
Bull. int. Acad. polon. Sci. Lettres = Bulletin international de l'Academie Polonaise et des Lettres.
Canad. Journ. Res. = Canadian Journal of Research.
Cancer Res. = Cancer Research.
Chem. Ber. = Chemische Berichte.
Chem. and Engineering News = Chemical and Engineering News.
C. = Chemisches Zentralblatt.
Ch. N. = Chemical News.
Chem. and Ind. = Chemistry and Industry.
Chemiker-Zeitung = Chemiker-Zeitung.
Chem. Rev. = Chemical Review.
Chem. J. Ser. A. J. allg. Chem. = Chemisches Journal, Serie A, Journal für allgemeine Chemie.
Chem. Week. = Chemisch Weekblad.
Chim. e Ind. (Milano) = Chimica e Industria (Milano).
Chim. et Ind. = Chimie et Industrie (Paris).
C. r. = Comptes rendus de l'Académie des Sciences.
C. r. Soc. Biol. (Paris) = Comptes rendus de la Société de Biologie.
Current Sci. = Current Science.
Dtsch. med. Wochenschrift = Deutsche Medizinische Wochenschrift.
Doklad. Akad. Nauk S.S.S.R. = Doklady Akademii Nauk Soyuza Sovetskikh Sotsialisticheskikh Respublik.
Fortschr. chem. Forschg. = Fortschritte der chemischen Forschung.
Gann. = Gann. Japanese Journal of Cancer Research.
G. Chim. ind. appl. = Giornale di Chimica Industriale ed Applicata.
Gazz. chim. ital. = Gazzetta Chimica Italiana.
H. = Hoppe-Seylers Zeitschrift für Physiologische Chemie.
Helv. = Helvetica Chimica Acta.
Indian J. Phys. = Indian Journal of Physics.
Jber. Chem. = Jahresbericht über die Fortschritte der Chemie.
J. biol. Chemistry = Journal of Biological Chemistry.
J. chem. Phys. = Journal of Chemical Physics.
J. Chim. gén. (Russ.) = Journal de Chimie Générale. = Journal of General Chemistry (USSR).
J. Chim. phys. = Journal de Chemie physique.
J. National Cancer Inst. = Journal of the National Cancer Institute.
J. Ind. Chem. Soc. = Journal of the Indian Chemical Society.
J. Inst. of Petroleum = Journal of the Institute of Petroleum.
J org. Chemistry = Journal of Organic Chemistry.
J. Path. Bact. = Journal of Pathology and Bacteriology.
J. phys. Chem. = Journal of Physical Chemistry.
J. Phys. Rad. = Journal de Physique et le Radium.
J. pr. = Journal für praktische Chemie.
J. Soc. chem. Ind. = Journal of the Society of Chemical Industry.
J. Soc. chem. Ind. Japan (Suppl.) = Journal of the Society of Chemical Industry Japan, Suppl.
J. russ. physik.-chem. Ges. = Journal der Russischen Physikalisch-Chemischen Gesellschaft.
Klin. Wschr. = Klinische Wochenschrift.
Mh. Chem. = Monatshefte für Chemie und verwandte Teile anderer Wissenschaften.
Mitteil. mediz. Fakultät Kais. Univ. Tokyo = Mitteilungen der medizinischen Fakultät der Kaiserlichen Universität in Tokyo.
Nature = Nature (London).
Naturforsch. = Naturforschung.

Naturwiss. = Naturwissenschaften.
Nucleus = The Nucleus.
Org. Syntheses = Organic Syntheses.
Österr. Chemiker-Ztg. = Österreichische Chemiker-Zeitung.
Petrol. Times = Petroleum Times.
Ph. Ch. = Zeitschrift für Physikalische Chemie.
Physik. Z. = Physikalische Zeitschrift.
Proc. Nat. Acad. U. S. A. = Proceedings of the National Academy of Sciences
    of the United States of America.
Proc. Roy. Soc. London = Proceedings of the Royal Society (London).
Quaterl. Review = Quaterly Review.
R. = Recueil des Travaux Chimiques des Pays-Bas.
R. Ist. Lombardo Sci. Lettre, Rend. = Reale Istituto Lombardo di Science e
    Lettere, Rendiconti.
Rev. Sci. = Revue Scientifique.
Rend. Soc. chim. ital. = Rendiconti della societa chimica italiana (Roma).
Roczniki Chem. = Roczniki Chemje.
Schweizer med. Wchschr. = Schweizer medizinische Wochenschrift.
Science = Science.
Sci. Progr. = Science Progress.
Soc. = Journal of the Chemical Society, London.
Soc. Chim. Romania = Buletinul de Chimie Pură si Aplicată de al Societătii
Române de Chimie.
Spectrochimica Acta.
Trans. Faraday Soc. = Transactions of the Faraday Society.
Trans. Jap. path. Soc. = Transactions of the Japanese Pathological Society.
Veröff. d. Berliner Akad. f. ärztliche Fortbildung = Veröffentlichungen der Ber-
    liner Akademie für ärztliche Fortbildung.
Virchows Arch. = Virchows Archiv.
Z. El.Ch. = Zeitschrift für Elektrochemie.
Z. Krebsforsch. =   für Krebsforschung.
Z. Kryst. = Zeitschrift für Krystallographie.
Z. Naturfor. = Zeitschrift für Naturforschung.
Z. Phys. = Zeitschrift für Physik.

Einleitung.

Als FARADAY 1825 das Benzol im komprimierten Ölgas entdeckte, konnte sich wohl niemand denken, welche Bedeutung dieser einfachste aromatische Kohlenwasserstoff später noch erlangen würde. Nachdem MITSCHERLICH Benzol auch aus natürlicher Benzoesäure gewinnen konnte, gelang es A. W. HOFMANN und MANSFIELD 1848, im Steinkohlenteer ein in größten Mengen vorhandenes Ausgangsmaterial zu seiner Darstellung aufzufinden. Die Bedeutung des Benzols und damit auch die des Steinkohlenteeres zeigte sich bald, als es gelang, Nitrobenzol zu Anilin zu reduzieren, das schon von UNVERDORBEN aus dem natürlichen Indigo durch trockene Destillation erhalten worden war.

GRAEBE und LIEBERMANN fanden, daß auch der Grundkohlenwasserstoff des natürlichen Alizarins im Steinkohlenteer enthalten ist, denn es gelang ihnen, Alizarin durch Zinkstaubdestillation zum Anthracen zu reduzieren, das bereits DUMAS und LAURENT aus Teer isoliert hatten. Als durch diese und andere Beispiele die Bedeutung des Teeres als Ausgangsmaterial zur Darstellung wichtiger Natur- und Kunstprodukte erwiesen worden war, begann die Zeit seiner industriellen Verwertung und seiner intensiven wissenschaftlichen Untersuchung, die bis in unsere Tage noch nicht abgeschlossen ist. Erst in jüngster Zeit haben J. W. COOK, HEWETT und HIEGER das 1.2-Benzpyren aus Teerpech isoliert und gezeigt, daß dieser Kohlenwasserstoff für die krebserregenden Eigenschaften des Steinkohlenteeres verantwortlich zu machen ist.

Während in den Anfängen der Chemie der aromatischen Substanzen die meisten Chemiker mit der Darstellung neuer Verbindungen beschäftigt waren und das imposante Gebäude der Farbenchemie zu errichten begannen, war es AUGUST KEKULÉ mehr darum zu tun, die aromatischen Verbindungen in ihrem Wesen zu verstehen und den ihnen gemeinsamen Kern des Benzols in seiner Struktur zu erkennen. Die Lösung des Problems gelang dem unvergleichlichen Meister der Strukturchemie auf intuitivem Wege durch Aufstellung der bekannten *Sechseckformel*, nachdem sich ihm die Verkettung der C-Atome in den aliphatischen Verbindungen in gleicher Weise offenbart hatte.

Die KEKULÉsche Sechseckformel des Benzols, die eine außerordentliche Entwicklung der Chemie der aromatischen Verbindungen hervorrief, ist in jüngerer Zeit durch die Strukturuntersuchungen mittels Röntgenstrahlen nicht nur des Benzols, sondern auch der kondensierten Kohlenwasserstoffe und des Graphits direkt bewiesen worden. Hinsichtlich der Verteilung der Doppelbindungen im Benzolkern sind, zumeist von KEKULÉs Schülern, verschiedene Formeln vorgeschlagen worden. Meist sollte mit ihnen das Nichtvorhandensein zweier *ortho*-Isomerer erklärt werden, eine Tatsache, die KEKULÉ später durch Annahme einer Oszillation der alternierenden Doppelbindungen berücksichtigte. Neuere Untersuchungen mit physikalischen Methoden haben jedoch ergeben, daß Benzol symmetrischer ist, als einer Formel mit starren, abwechselnden Doppel- und Einfachbindungen entspricht.

Während früher aromatische Kohlenwasserstoffe meist nur als Zwischenprodukte besonders der Farbstoffe interessierten, sind in den letzten Jahren in zunehmendem Maße Synthesen kondensierter Kohlenwasserstoffe ausgeführt worden, teils um sie auf *krebserregende Eigenschaften* zu prüfen, teils um an ihnen *Strukturprobleme* zu studieren. Da durch die neueren Arbeiten besonders von J. W. COOK und L. F. FIESER eine große Anzahl neuer mehrkerniger Kohlenwasserstoffe bekanntgeworden ist, ergibt sich jetzt die Möglichkeit einer vergleichenden Untersuchung, die vor allem die *Gesetzmäßigkeiten* zeigen soll, die sich bei verschiedener Anordnung der Benzolkerne in mehrkernigen Systemen ergeben.

Die vergleichende Untersuchung der Typen in der aliphatischen Chemie hat zum Aufbau der Strukturlehre geführt, und man wird erwarten können, daß das gleiche Verfahren auch bei der Ermittlung der Feinstruktur der Aromaten sich bewähren wird. Ein derartiger Vergleich setzt aber mehrere Objekte voraus. Es ist daher nicht verwunderlich, daß nicht schon früher damit begonnen wurde, denn die wenigen bekannten aromatischen Ringsysteme konnten einer vergleichenden Untersuchung nicht genügen. Nachdem in den letzten Jahren zahlreiche neue kondensierte Kohlenwasserstoffe dargestellt worden sind, ist heute diese Möglichkeit gegeben. Die ersten Erfolge der gemeinsamen Betrachtungsweise sind vorhanden, weitere sind zu erwarten.

Die *moderne Atomtheorie* hat bei der Deutung des Wesens der anorganischen, insbesondere der polaren Verbindungen sehr große Erfolge aufzuweisen gehabt. Hier ist eine Rückkehr in die Vorstellungswelt von BERZELIUS unverkennbar. Etwas schwieriger hat es die *neuere Quantenmechanik* beim Eindringen in das Gebiet der organischen Chemie, denn die mathematische Behandlung der Wechselwirkung der Elektronen von mehreren unpolaren Bindungen ist keineswegs einfach und oft praktisch undurchführbar. Man muß sich hier mit Näherungsverfahren begnügen, bei denen der Begriff der *Resonanz* oder *Mesomerie* eine große Rolle spielt. Er ist wesensverschieden von dem der *Valenztautomerie*, denn die mesomeren Grenzanordnungen haben keine bestimmte Energie und keine zeitliche Existenz, sie sind vielmehr fiktiv und nur rein rechnerisch im Grundzustande eines Kohlenwasserstoffes zu einem gewissen Betrage enthalten.

Von den quantenmechanischen Näherungsverfahren haben die von E. HÜCKEL und L. PAULING entwickelten die größte Bedeutung erlangt. Mit ihrer Hilfe konnte bereits in einigen Fällen annähernd quantitative Übereinstimmung zwischen der neuen Theorie und den experimentell ermittelten Werten der Verbrennungs- und Hydrierungswärmen einiger ungesättigter und aromatischer Kohlenwasserstoffe erzielt werden.

Die Schwierigkeiten der quantenmechanischen Näherungsverfahren liegen in den in ihren Auswirkungen schwer zu übersehenden Vereinfachungen und Vernachlässigungen, welche die praktische Durchführbarkeit der mathematischen Behandlung erzwingt. Man kann daher auch vorerst nicht erwarten, daß die neue Theorie ein einfaches Rechenverfahren wird liefern können, mit dem der Organiker die wichtigsten Probleme seiner Wissenschaft, z. B. das der Zusammenhänge von Farbe und Konstitution, allgemein behandeln könnte.

Es ist zweifellos ein großer Fortschritt, wenn durch die Anwendung des Begriffes der *Mesomerie* zahlreiche Reaktionen erklärt werden können, für die nach den starren klassischen Formeln keine Deutung möglich war. Wenn sich die klassischen Formeln im Laufe der Zeit als zu starr und eng im Ausdruck erwiesen haben, so könnte vielleicht der Kritiker die mesomeren Formeln in ihrer heutigen Gestalt zu umfassend finden, d. h. daß dem chemischen Geschehen manchmal ein zu großer Rahmen gegeben wird. Eine vollkommenere Deutung des aromatischen Zustandes wird nicht nur angeben müssen, was unter bestimmten Umständen geschehen kann, sondern auch, was nicht eintreten wird.

Man wird auch öfter die Möglichkeit in Betracht ziehen müssen, daß dort, wo man nicht isolierbare Resonanzstrukturen vermutete, in der Tat stabile oder metastabile Stereoisomere vorliegen. Die Theorie von der Mesomerie oder Resonanz gibt keinen Grund, ihre Existenz a priori zu leugnen, und enthebt also nicht der Mühe, nach solchen Strukturen zu suchen. Man wird ferner verschiedene Grade von Delokalisierung der π-Elektronen in Erwägung ziehen müssen, etwa in der Weise, daß in einem mehrkernigen Ringsystem ein Teil der π-Elektronen in einzelnen Ringen lokalisiert ist.

In einigen Arbeiten der jüngsten Vergangenheit deutet sich bereits eine neue Richtung der Forschung an, die auf eine Einschränkung und strengere Fassung der Mesomeriemöglichkeiten abzielt. Bei vielen aromatischen Verbindungen werden einzelne Grenzanordnungen nicht und andere nur in untergeordnetem Maße auftreten. In der Aufklärung dieser Verhältnisse wird wohl der Schwerpunkt der künftigen Forschung liegen. Erst danach werden sich in vielen Fällen bestimmtere Voraussagen über Reaktionen und Reaktivitäten machen lassen.

Wenn im allgemeinen Teil dieses Buches die derzeit bekannten aromatischen Kohlenwasserstoffe *gemeinsam vergleichend* behandelt werden, so geschieht dies in der Meinung, daß eine vergleichende Untersuchung weiterführen wird als eine noch so genaue Einzelbetrachtung. Für diesen Teil sei ein Satz aus KEKULÉs Lehrbuch der organischen Chemie das Leitmotiv:

„Es muß allerdings für eine Aufgabe der Naturforschung gehalten werden, die Konstitution der Materie, also wenn man will, die Lagerung der Atome zu ermitteln; dies kann aber gewiß nicht durch Studium der chemischen Metamorphose, vielmehr nur durch vergleichendes Studium der physikalischen Eigenschaften der bestehenden Verbindungen erreicht werden.“

Allgemeiner Teil.

I. Die Nomenklatur der aromatischen Kohlenwasserstoffe.

Während die Bezeichnung der Benzol- und Naphthalinderivate einfach und eindeutig ist und hier nicht näher erläutert zu werden braucht, vergingen Jahrzehnte, ehe sich eine einigermaßen brauchbare Nomenklatur der kondensierten Ringsysteme durchsetzen konnte.

So wurden zunächst die mehrkernigen Ringsysteme als Verschmelzungen kleinerer Ringsysteme aufgefaßt, von denen je zwei einen Benzolring gemeinsam haben. Der Kohlenwasserstoff der Formel I wurde z. B. von ELBS mit *Naphthanthracen*, der lineare Kohlenwasserstoff II aber von GABRIEL und LEUPOLD willkürlich mit *Naphthacen* bezeichnet. Das 5kernige System III erhielt den Namen *Dinaphthanthracen*.

Demgegenüber bedeutet der SCHOLLsche Nomenklaturvorschlag[1] einen wesentlichen Fortschritt. Die kondensierten Kohlenwasserstoffe werden nach SCHOLL als Abkömmlinge einfacherer Ringsysteme, die schon einen Trivialnamen haben, betrachtet, auf die weitere Benzolkerne „*aufgepfropft*" werden, wodurch *Benzo-Derivate* entstehen. Die Stelle der Verschmelzung wird durch Ziffern gekennzeichnet, die durch die bisherige Bezifferung des Grundringsystems gegeben sind. I ist demnach *1.2-Benzanthracen*, II *2.3-Benzanthracen* und III *2.3,6.7-Dibenzanthracen*. Statt der Ziffern können auch die Abkürzungen *lin(ear)* oder *ang(ular)* vorgesetzt werden; also für I *ang.*-Benzanthracen und für II die Bezeichnung *lin.*-Benzanthracen. Die Bezifferung im Benzkern beginnt mit jenem C-Atom, das sich an das niedriger bezifferte C-Atom des Anthracenkernes anschließt. Vor die Ziffern im Benzkern wird „*Bz*" gesetzt, z. B.:

9-Nitro-*Bz*-4-methyl-*Bz'* 1-chlor-
1.2,5.6-dibenzanthracen

4-Brom-*Bz'*-2-äthyl-1.2,7.8-dibenz-
anthracen-*Bz*-3-sulfonsäure

---

[1] SCHOLL, R.: B. **44**, 1662 (1911).

Soweit nur Benzolkerne als Pfröpflinge in Frage kommen, hat sich das System bewährt. Hingegen wird es unklar, sobald Naphtho-Reste verwendet werden, da es wegen der Ungleichwertigkeit der Sechseckseiten dieses Restes beim Verschmelzen mit dem Grundringsystem nicht eindeutig ist. So lassen sich die folgenden *1.2-Naphtho-anthracene* nicht klar unterscheiden.

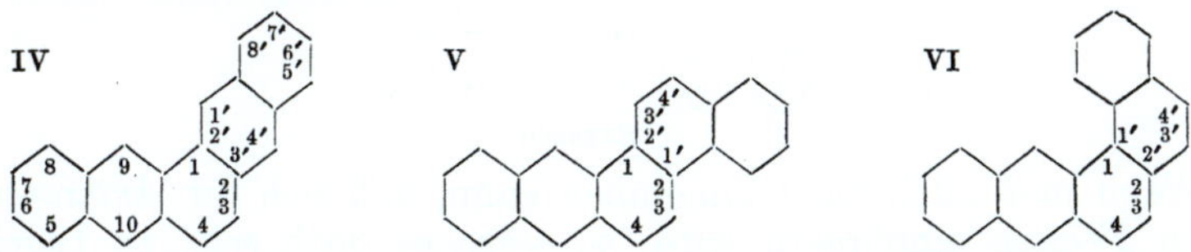

Naphtho-[2′.3′:1.2]-anthracen   Naphtho-[2′.1′:1.2]-anthracen   Naphtho-[1′.2′:1.2]-anthracen

Hier hat erst das Nomenklatursystem von R. STELZNER und H. KUH[1] Klarheit gebracht. Hinsichtlich der Verschmelzung der Ringsysteme wird SCHOLLS Nomenklatur beibehalten. Verschieden ist jedoch die Bezifferung des Pfröpflings, die dieselbe bleibt wie vor der Verschmelzung. Sie wird so gewählt, daß möglichst niedrige Ziffern an die zwischen Grundringsystem und Pfröpfling liegenden C-Atome kommen. Dadurch wird es möglich, die Stelle der Verschmelzung durch die in Klammer stehenden Ziffern eindeutig zu kennzeichnen. Vgl. IV, V, VI. Die Ziffern im 1.Pfröpfling erhalten einen Akzent, die im etwa vorhandenen 2. bekommen 2 Akzente usw. Dieselbe Bezifferung empfiehlt sich auch wegen ihrer Einfachheit bei Benzkernen.

Das Nomenklatursystem von STELZNER und KUH gestattet die eindeutige Bezeichnung auch von komplizierten, mehrfach verzweigten, aromatischen Kohlenwasserstoffen. Allerdings werden die Bezeichnungen oft so kompliziert, daß selbst ein Spezialist auf diesem Gebiet sich ohne Strukturformel kaum ein Bild von solchen Verbindungen machen kann. Da die Entwicklung noch gar nicht abzusehen ist und die experimentellen Möglichkeiten zur Darstellung immer größerer Ringsysteme noch nicht erschöpft zu sein scheinen, erhebt sich die Frage, ob es nicht möglich sei, in den Bezeichnungen Vereinfachungen eintreten zu lassen. Wenn dies ohne Änderung des klaren Verschmelzungsprinzips von STELZNER und KUH geschehen soll, so muß sich ein neuer Vorschlag auf jene Grundringsysteme beschränken, von denen sich die kondensierten Ringsysteme durch Anellierung ableiten.

Eine solche Ergänzung des bisherigen Nomenklatursystems ist von E. CLAR[2] vorgeschlagen worden. Werden die Grundringsysteme, die auch als „Elemente" der aromatischen Chemie aufzufassen sind, systematisch benannt wie die aliphatischen Kohlenwasserstoffe, so sind große Vereinfachungen durchführbar.

Schon früher sind in einzelnen Fällen linear gebaute Kohlenwasserstoffe nach der Zahl der in ihnen enthaltenen Ringe bezeichnet worden. Diese linearen Kohlenwasserstoffe, die die Gruppenbezeichnung „*Acene*"

---

[1] Literaturregister der Organ. Chem. **3**, 21 usw. (1921).
[2] CLAR, E.: B. **72**, 2137 (1939).

erhalten, werden den Namen nach nicht mehr als aus mehreren Ring-systemen zusammengesetzt angesehen, sondern wie folgt bezeichnet und beziffert:

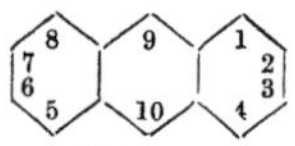

Triacen 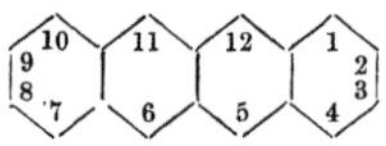   Tetracen 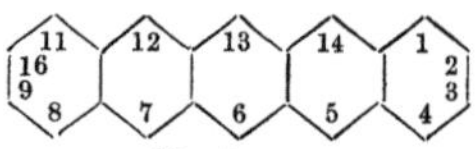   Pentacen

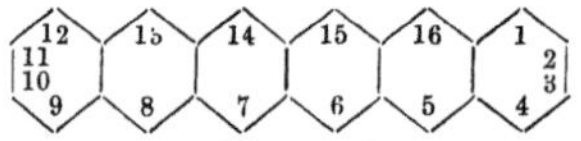

Hexacen

Wenn man auch nicht annehmen kann, daß sich für *Anthracen* der Name *Triacen* einbürgern wird, so wäre es doch sehr zu begrüßen, wenn wenigstens der 4kernige Kohlenwasserstoff, für den 3 Bezeich-nungen nebeneinander im Gebrauch sind (*Naphthacen, lin.-Benzanthracen, Ruben*), mit *Tetracen* bezeichnet würde. Die Abkömmlinge dieser *Acene* werden unter Verwendung der angegebenen Bezifferung nach der bis-herigen Nomenklatur benannt.

So wie sich die Reihe der Acene vom Anthracen ableiten läßt, so kann man auch eine Reihe angularer Kohlenwasserstoffe, die als „*Phene*" zu bezeichnen wären, vom *Phenanthren* ableiten:

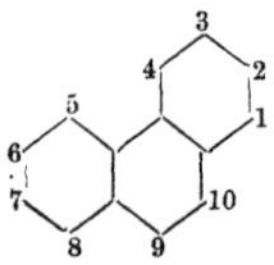

Triphen 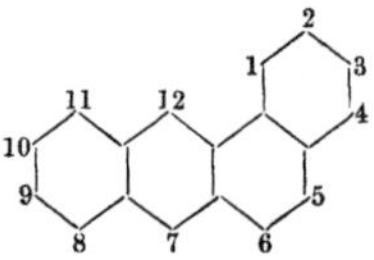   Tetraphen 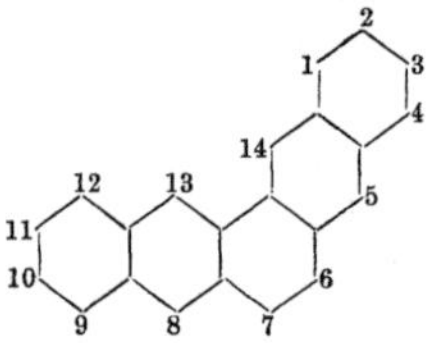   Pentaphen 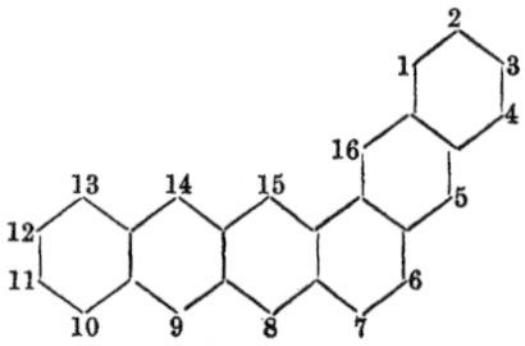   Hexaphen   usw.

Als *Phene* ohne weiteren Zusatz sollen jene Kohlenwasserstoffe be-zeichnet werden, die durch *abwechselndes* Anfügen der Benzolkerne an zwei benachbarte Seiten des Mittelkernes entstehen und die daher möglichst gleich verteilt sind. Hingegen müssen jene Phene, die eine stärker ungleiche Verteilung der Benzolkerne um den Mittelkern zeigen, noch in dieser Hinsicht besonders gekennzeichnet werden, um eindeutig zu sein. Das geschieht durch römische Ziffern in Klammer, die angeben, wieviel Kerne sich zu Seiten des Mittelkernes befinden, z. B.:

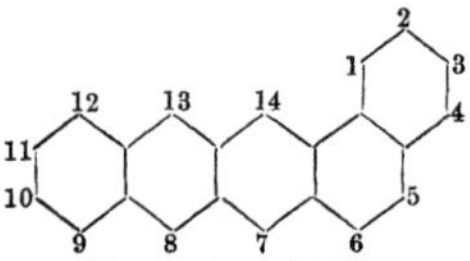

Pentaphen-(I, III),   Hexaphen-(I, IV),   Heptaphen-(II, IV)
Isopentaphen   Isohexaphen

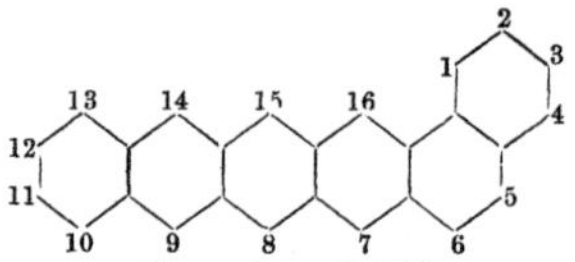

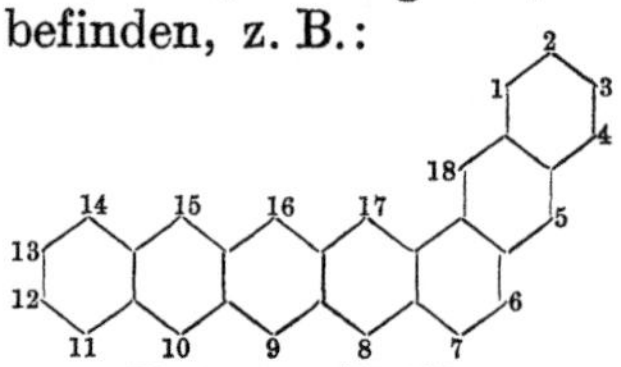

Bei den ersten beiden Kohlenwasserstoffen genügt auch das Vor-setzen von „*Iso*" zur Unterscheidung, da es nur 2 *Pentaphene* und *Hexaphene* gibt. Bei den *Heptaphenen* und den noch höheren Phenen ist jedoch die römische Bezifferung unerläßlich.

Von großer Bedeutung ist auch die Bezifferung der C-Atome. Sie ist hier nach dem Grundsatz der *Kranz-Bezifferung* gewählt. Diese ·

Art setzt nach den Ausführungen von PATTERSON[1] eine Konvention über die Schreibweise der Ringsysteme voraus. Folgende Regeln sind im Einklang mit PATTERSON von der BEILSTEIN-Redaktion und der Internationalen Nomenklatur-Kommission angenommen worden:

1. Möglichst viele Ringe sollen *linear anelliert* in einer *horizontalen Reihe* liegen.

2. Unter den nach 1. möglichen Orientierungen wird diejenige bevorzugt, bei der *möglichst viele Ringe rechts und oben liegen.*

3. Ausgangspunkt der Bezifferung ist dann der *erste freie Winkel* im rechten obersten Ring. Von hier aus werden im *Sinn des Uhrzeigers* alle C-Atome beziffert, die nicht gleichzeitig 2 Ringen angehören.

Nachdem die Bezifferung nach diesen Grundsätzen, wie das bei den voranstehenden Formeln geschehen, einmal festgelegt worden ist, können die Formeln natürlich in jeder beliebigen Lage geschrieben werden. Häufig wird es sich im Interesse der Platzersparnis empfehlen, das längste angulare Ende nach unten zu schreiben, weil dann der unter dem linearen Teil der Formel befindliche Raum noch durch eine Formelziffer oder ein Wort ausgenützt werden kann, z. B. bei VII und VIII:

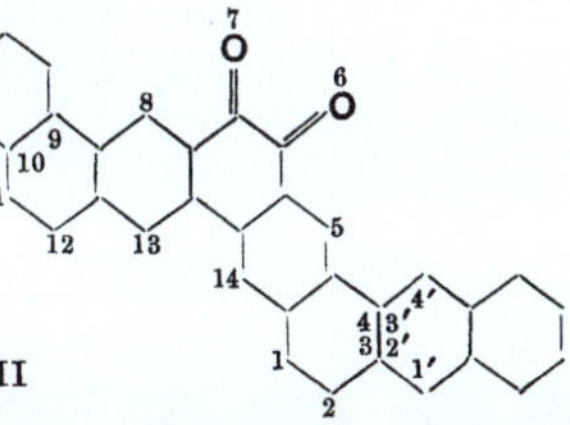

VII

9.10-Benzo-naphtho-[2′.3′:3.4]-pentaphen-
chinon-(6.7)

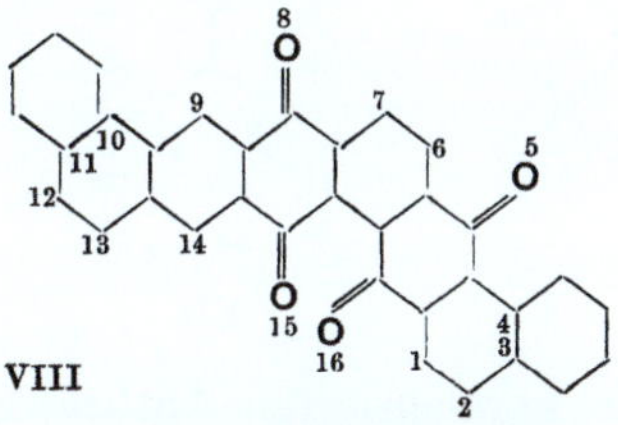

VIII

3.4,10.11-Dibenz-hexaphen-
dichinon-(5.16,8.15)

Man sieht, daß auch sehr komplizierte Verbindungen nach dem neuen Vorschlag relativ einfache Namen erhalten. In einem späteren Abschnitt dieses Buches wird gezeigt werden, daß die einzelnen Glieder der Reihen der *Acene* und *Phene* mit ihren Eigenschaften in einfachen zahlenmäßigen Beziehungen zueinander stehen. Man kann daher dieses Nomenklatursystem als ein *natürliches* ansprechen.

Im voranstehenden wurden nur kata-kondensierte Kohlenwasserstoffe behandelt, d. h. solche, in denen einige C-Atome höchstens 2 Ringen angehören[2]. *peri*-Kondensierte Ringsysteme, in denen manche C-Atome 3 Ringen angehören, sind z. B. *Pyren* IX und *Perylen* X:

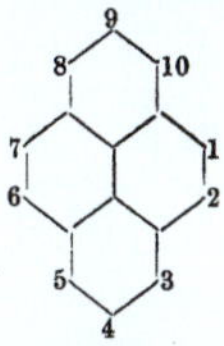

IXa 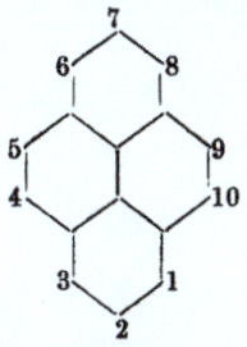　　　　　　IXb 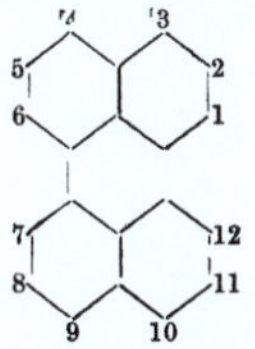　　　　　　X

[1] PATTERSON: Am. Soc. **47**, 543 (1925).
[2] Nach einem Vorschlage von Herrn Prof. Dr. H. BREDERECK, Stuttgart, werden solche *gestreckt* gebauten Kohlenwasserstoffe als *kata-kondensiert* bezeichnet.

Die Bezifferung des *Pyrens* in IXa ist die jetzt fast nur gebräuchliche. Vorübergehend wurde auch von einigen englischen und amerikanischen Autoren die von PATTERSON vorgeschlagene Bezifferung nach Formel IXb verwendet. Um nicht noch mehr Verwirrung zu verursachen, ist es dringend wünschenswert, in Zukunft nur die Bezifferung IXa zu benutzen.

Für *Perylen* ist von Anfang an nur die Bezifferung nach Formel X gebräuchlich gewesen. Benzologe beider Kohlenwasserstoffe werden nach dem Nomenklatursystem von STELZNER und KUH abgeleitet.

Vom *Perylen* leitet sich die Kondensationsreihe der *Poly-„rylene"* ab, in der *Perylen* das 2. Glied, *Terrylen* XI das 3. Glied und *Quaterrylen* XII das 4. Glied bildet[1].

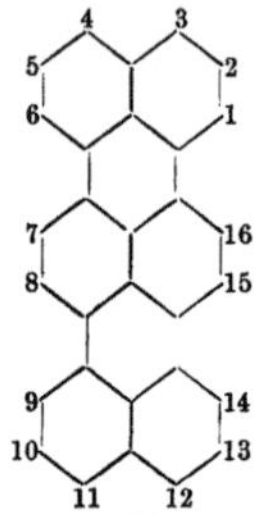

XI

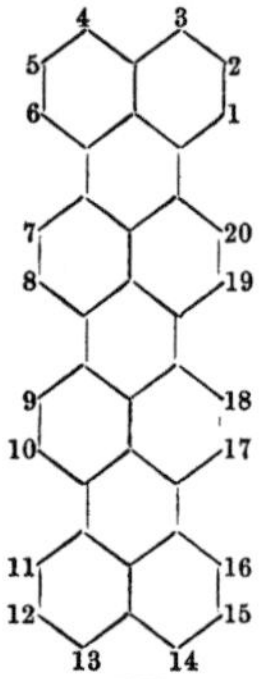

XII

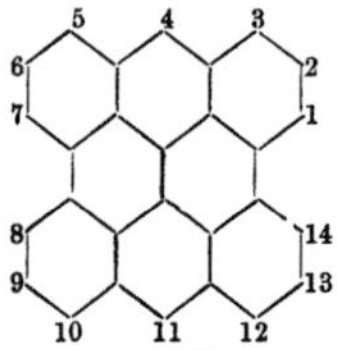

XIII

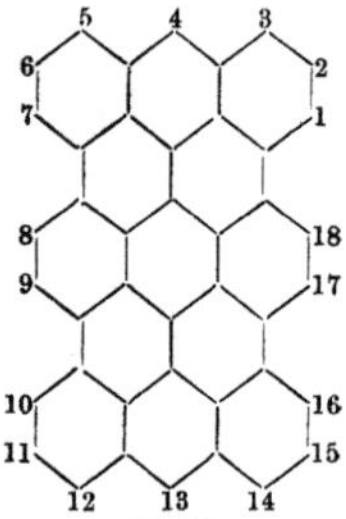

XIV

Die kondensierten Anthracene werden nach demselben Vorschlag[1] als *Poly-„anthene"* bezeichnet. Es wäre sehr wünschenswert, wenn der komplizierte Name *meso-Naphtho-dianthren* fallengelassen und der Kohlenwasserstoff aus 2 Anthracenresten als *Bisanthen*, mit der einfachen Bezifferung nach XIII, bezeichnet würde. Das 3. Glied in der Reihe der *Anthene* würde dann *Teranthen* XIV heißen.

Von größeren Ringsystemen mit dichter Anordnung der Benzolkerne sind noch *Pyranthren* und die *Violanthrene* zu erwähnen. Die Bezifferung ihrer Chinone geht auf den Vorschlag von SCHOLL[2] zurück. Die Ringsysteme werden dabei als aus 2 Molekeln *Benzanthron* aufgebaut gedacht:

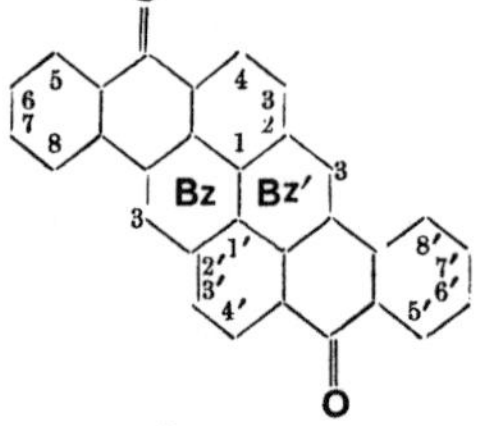

Pyranthron

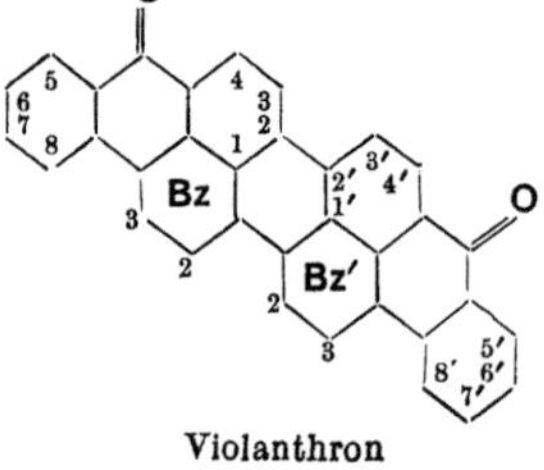

Violanthron

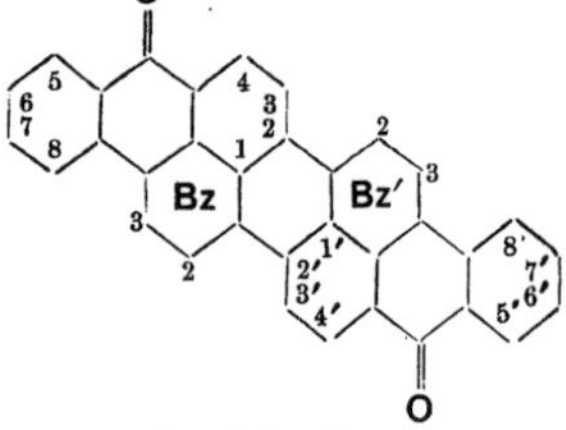

Isoviolanthron

[1] CLAR, E.: Chem. Ber. **81**, 52 (1948).
[2] SCHOLL: B. **44**, 1662 (1911).

Damit ergibt sich die Notwendigkeit, 4 verschiedene Arten von Ziffern zu gebrauchen. In den beiden Anthracenkomplexen werden die Ziffern einmal ohne und einmal mit Akzent geschrieben. Bei den Stellungen in den beiden Benzkernen muß einmal Bz und einmal Bz' vor die Ziffer gesetzt werden.

XI   **XII**   **XIII**   **XIV**   **XV**

Anthanthren   Pyranthren,   Peropyren   Violanthren,   Isoviolanthren,
1.2,7.8-Dibenz-anthanthren   1.2,9.10-Dibenz-peropyren   1.2,8.9-Dibenz-peropyren

Man sollte meinen, daß es einfacher und zweckmäßiger sei, wenigstens bei den entsprechenden Kohlenwasserstoffen auf die größten in den Ringsystemen enthaltenen Komplexe zurückzugehen und sie von diesen durch Anellierung abzuleiten. Ein solcher Komplex ist für *Pyranthren* XII das *Anthanthren* XI, und für *Violanthren* XIV und *Isoviolanthren* XV ist es der Kohlenwasserstoff XIII, der die Systeme des *Pyrens* und *Perylens* enthält und daher als *Peropyren*[1,2] bezeichnet wird.

Ein solches Verfahren erscheint um so berechtigter, als die Grundkohlenwasserstoffe XI und XIII bereits die Reihen-Eigenschaften haben, die bei der Anellierung nur dem Grade nach in gesetzmäßiger Weise verändert werden[2].

II. Vergleiche über Konstitution, Reaktivität und Farbe an aromatischen Kohlenwasserstoffen.

1. Reaktivität und Konstitution.

Es ist nicht die Aufgabe dieses Kapitels, die Probleme der aromatischen Substitution im vollen Umfang hier zu behandeln, es wird vielmehr an einigen typischen Beispielen gezeigt werden, welche Änderungen die Reaktionsverläufe beim Übergang vom Benzol zu mehr-

---

[1] CLAR, E.: B. **76**, 458 (1943).

[2] Nach einer freundlichen Mitteilung von Herrn FR. RICHTER, Redakteur des BEILSTEIN-Handbuches und Mitglied der Internationalen Nomenklatur-Kommission, stehen die Bezifferungen in Übereinstimmung mit den Grundsätzen der Internationalen Nomenklatur-Kommission.

kernigen Kohlenwasserstoffen erfahren. Es soll also der Anellierungs-effekt festgestellt werden.

Von besonderem Interesse ist hier das Verhalten der Aromaten bei der *direkten Di-Substitution*. Für die *ortho-* und *para*-dirigierenden Gruppen sei Brom, für die *meta*-dirigierenden die Nitrogruppe gewählt.

a) Halogenierung, Nitrierung, Hydrierung und einfache Additionen.

Halogenierung. Brom ergibt bei der Einwirkung auf Benzol, Naph-thalin und Anthracen: *p-Dibrombenzol* neben weniger *o-Dibrombenzol*, überwiegend *1.4-* neben *1.5-Dibrom-naphthalin* und nur *9.10-Dibrom-anthracen*:

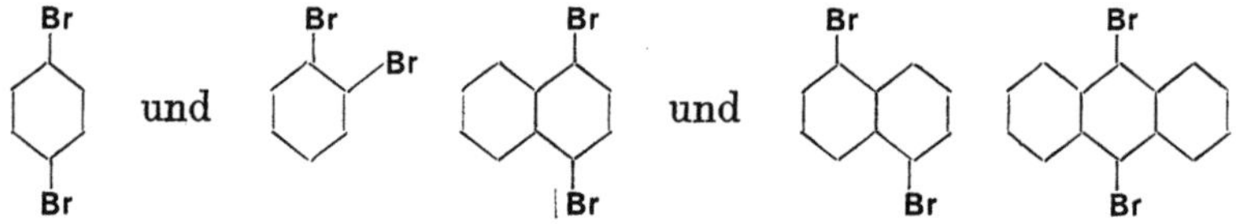

Chlor an Stelle von Brom verhält sich ähnlich. Man kann also feststellen, daß sich bei fortschreitender *Anellierung* der Substitutions-prozeß vereinfacht, obwohl bei den mehrkernigen Aromaten viel mehr Möglichkeiten zur Bildung von *Stellungsisomeren* vorhanden sind. In gleicher Richtung erhöht sich die Reaktionsgeschwindigkeit bedeutend und nimmt bei den höheren Acenen weiter stark zu.

Nitrierung. Ein ähnliches Bild ergibt sich beim Eintritt von 2 *Nitro-gruppen*. Benzol gibt *m-Dinitrobenzol* neben sehr geringen Mengen Iso-merer, Naphthalin liefert *1.5-* und *1.8-Dinitro-naphthalin* und Anthracen nur *9.10-Dinitro-anthracen*. Hier werden die ausgesprochen *m*-diri-gierenden Nitrogruppen durch die hohe Reaktivität der *meso-* oder 9.10-Stellung ausschließlich in *p*-Stellung zueinander gezwungen[1]. Also auch hier Vereinfachung des Reaktionsverlaufes mit dem Ergebnis, daß wie mit Brom nur das *meso-Derivat* entsteht.

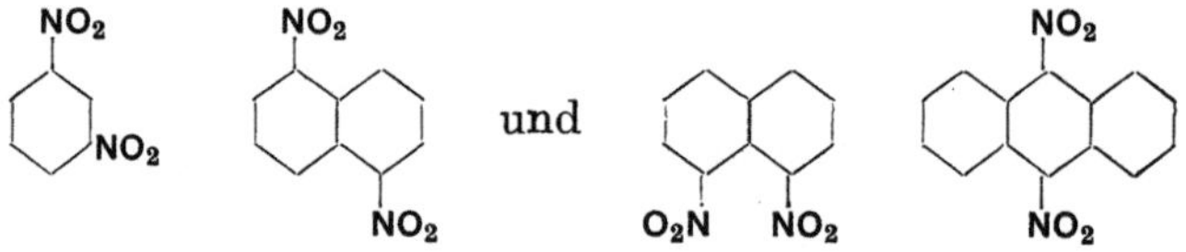

Die Sulfurierung eignet sich weniger zu einem Vergleich, da der Reaktionsverlauf stark von den Reaktionsbedingungen (Katalysator, Temperatur usw.) abhängig ist.

Hydrierung. Interessant ist auch das Verhalten der Aromaten gegen nascierenden Wasserstoff. Während Benzol davon nicht angegriffen wird, bildet sich *1.4-Dihydro-naphthalin* schon auf diese Weise, noch leichter *9.10-Dihydro-anthracen*. *5.12-Dihydro-tetracen* entsteht neben

---

[1] MEISENHEIMER u. CONNERADE: A. **330**, 141 (1904). — BARNETT, COOK u. GRAINGER: Soc. **121**, 2059 (1922).

Tetracen bei der Zinkstaubdestillation seines Chinons[1], und *Dihydropentacen* wird schon beim Erhitzen von Pentacen für sich gebildet, wobei der Wasserstoff durch Verkohlung eines Teiles des Pentacens geliefert wird[2]. *Dihydro-hexacen* wird durch die Zinkstaubschmelze unter 300° als alleiniges Reduktionsprodukt an Stelle von *Hexacen* erhalten[3]. Beim *Dihydro-heptacen* schließlich ist die Dehydrierung bis jetzt nicht gelungen[4].

Mit fortschreitender Anellierung wird die Hydrierung immer leichter und beim Pentacen schon durch Autohydrierung erzwungen. In gleicher Reihenfolge nimmt die Beständigkeit der Dihydroverbindungen zu und die der aromatischen Kohlenwasserstoffe ab. Während *1.4-Dihydrobenzol* wenig beständig ist, läßt sich *1.4-Dihydronaphthalin* schon leichter rein darstellen. Immerhin neigt es dazu, sich in *1.2-Dihydronaphthalin* umzulagern[5]. Das leicht erhältliche *9.10-Dihydroanthracen* ist schon ganz beständig. Bei den höheren Acenen wird das Dihydroderivat allmählich sogar beständiger als der reinaromatische Kohlenwasserstoff, die Dehydrierung immer schwieriger.

Eine ähnliche, wenn auch weniger eindrucksvolle Zunahme der Beständigkeit ist auch bei den o-Dihydro-Aromaten zu verzeichnen:

Einfache Additionen. Diese Reihen der Stabilität finden eine Parallele in den von den Dihydroderivaten abgeleiteten Halogen-Additionsverbindungen. Beim Benzol sind mehrfach Additionsverbindungen der Formel I und II angenommen worden. Sie konnten aber bisher noch nicht erhalten werden, da sie offenbar zu schnell Halogenwasserstoff abspalten. Vom Naphthalin ist schon ein zersetzliches *Dichlorid*[6], ver-

---

[1] GABRIEL u. LEUPOLD: B. **31**, 1272 (1898). — DEICHLER u. WEIZMANN: B. **36**, 547 (1903).

[2] CLAR, E., u. FR. JOHN: B. **63**, 2969 (1930).

[3] CLAR, E.: B. **72**, 1817 (1939).

[4] MARSCHALK, CH.: Bl. (5) **5**, 306 (1938). — 18. Congrès de Chimie Industrielle, Nancy, 976 C (1938) — Bl. (5) **10**, 511 (1943). — CLAR, E., u. CH. MARSCHALK: Bl. (5) 17, 444 (1950).

[5] Vgl. hierzu W. HÜCKEL u. H. BRETSCHNEIDER: A. **540**, 157 (1939).

[6] FISCHER, E.: B. **11**, 735, 1411 (1878).

mutlich III, bekannt. Etwas leichter kann das *Anthracen-dichlorid*[1] IV
erhalten werden. Beständiger ist das *Dibromid*[2].

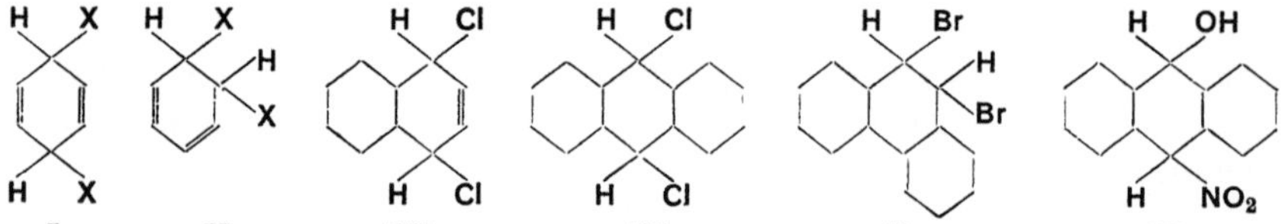

o-Halogen-Additionsverbindungen sind beim Phenanthren bekannt.
9.10-Phenanthren-dibromid V spaltet erst über 100° HBr ab. Die Anlagerung von Salpetersäure unter Bildung einer faßbaren Additionsverbindung kann erstmalig beim Anthracen[3] festgestellt werden.
Formel VI.

Überblickt man diese Zusammenhänge, die Zunahme der Beständigkeit der Halogenide parallel mit der der Dihydroverbindungen bei der
Anellierung, so fällt es schwer, der oft gemachten Annahme, daß den
Substitutionsreaktionen des Benzols die Bildung von *Additionsverbindungen* vorausgehe, ihre Berechtigung abzusprechen, nur weil solche
Verbindungen beim Benzol bisher nicht isoliert werden konnten. Der
Addition kann aber noch die Bildung anderer *Vorverbindungen* nach
der Art von Molekelverbindungen vorangehen, wie sie von PFEIFFER
und WIZINGER[4] angenommen und von BRASS und CLAR[5] bei einigen
höheren Ringsystemen dargestellt wurden. Während bei gewöhnlicher
Temperatur die Bildung von Additionsverbindungen beim Benzol sehr
wahrscheinlich ist, findet bei höherer Temperatur unter Ausschluß
polarisierender Einflüsse eine „*atomare Substitution*" statt, bei der die
Halogen-Atome in *meta-Stellung* zueinander treten[6].

b) Addition von Maleinsäure-anhydrid und p-Chinon.

Ein ähnliches Verhalten der Aromaten wie bei der Anlagerung von
Halogen und Wasserstoff kann bei der Reaktion mit Maleinsäure-
anhydrid festgestellt werden. Die *Addition von Maleinsäure-anhydrid*

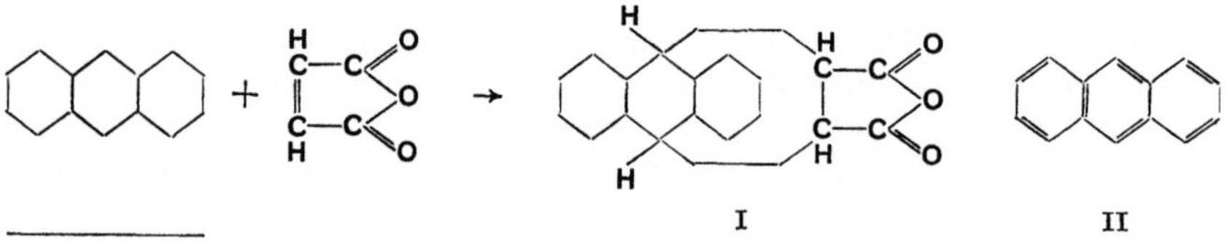

---

[1] PERKIN: Ch. N. **34**, 145 (1876) — Bl. (2) **27**, 464 (1877).

[2] BARNETT u. MATTHEWS: R. **43**, 530 (1924).

[3] MEISENHEIMER u. CONNERADE: A. **330**, 148 (1904).

[4] PFEIFFER u. WIZINGER: A. **451**, 132 (1928).

[5] BRASS u. CLAR: B. **65**, 1660 (1932); **69**, 690, 1977 (1936); **72**, 604, 1882
(1939).

[6] Nach I. P. WIBAUT, L. M. F. VAN DE LANDE u. G. WALLAGH [R. **52**, 794
(1933); **56**, 65 (1937)] gibt Benzol bei 500—600° mit Chlor oder Brom überwiegend
m-Dichlor- bzw. *m*-Dibrombenzol. Vgl. I. P. WIBAUT, F. L. I. SIXMA u. H. LIPS:
R. **69**, 1031 (1950).

an *Anthracen* ist fast gleichzeitig und unabhängig voneinander von O. DIELS und K. ALDER[1] einerseits und E. CLAR[2] andererseits beobachtet worden:

Diese Reaktion ist dann von E. CLAR[3] und später auch mehreren anderen Autoren bei sehr vielen aromatischen Kohlenwasserstoffen versucht worden, mit dem Ergebnis, daß zur Bildung von endocyclischen Additionsverbindungen die Anwesenheit von drei linear anellierten Kernen sich als notwendig erwiesen hat.

So wichtig diese Kondensationsreaktion zur Ermittlung der Konstitution der mehrkernigen Aromaten ist, geht es doch nicht an, in ihr einen Beweis zu sehen für die Richtigkeit der Verteilung der Doppelbindungen in der ARMSTRONG-HINSBERGschen Formel II des Anthracens, wie dies DIELS und ALDER[4] tun. Die Reaktion müßte nach dieser Formel in 1.4-Stellung im rechten Seitenring eintreten, der ein *Dien* enthält, und nicht im Mittelkern, der 3 Doppelbindungen und damit mehr aromatischen Charakter haben müßte. Die ersten beiden Kerne haben den Bau der symmetrischen Naphthalinformel. Naphthalin reagiert aber nicht mit Maleinsäure-anhydrid, wenn es den Bestandteil eines größeren Ringsystems bildet[3]. Daraus kann aber keineswegs geschlossen werden, daß Naphthalinderivate unter allen Umständen unfähig sind, Maleinsäure-anhydrid zu addieren. Bei besonders günstiger Substitution tritt diese Addition ein, so z. B. beim *1.2.3.4-Tetramethyl-naphthalin*. Das Addukt III zeigt das Absorptionsspektrum eines *Benzol-Derivates*[5], wodurch der Eintrittsort der Addition gesichert erscheint. Kennzeichnend für die geringe Beständigkeit des Adduktes ist der Umstand, daß es sich in siedendem Xylol nur in 5—6%iger Ausbeute, in siedendem Benzol hingegen in 90%iger Ausbeute bildet. Auch Naphthalin selbst scheint dabei zu einem ganz geringen Prozentsatz zu reagieren[6]. Damit erscheint das *Prinzip der graduellen Änderung der Eigenschaften bei der Anellierung* gesichert.

III   IV

Auch Anthracen kann bei besonderer Substitution in anderer Weise reagieren. So liefert *9.10-Diphenyl-anthracen* mit Maleinsäure-anhydrid das Addukt IV. Sein Absorptionsspektrum ist dementsprechend das eines *Naphthalin-Derivates*[7]. Es zerfällt sehr leicht wieder in seine Bestandteile.

---

[1] DIELS, O., u. K. ALDER: A. **486**, 191 (1931). Eingegangen bei der Redaktion am 9. 3. 1931.

[2] CLAR, E.: B. **64**, 1676 (1931). Eingegangen bei der Redaktion am 27. 2. 1931. B. **64**, 2194 (1931). Diese Arbeiten bringen auch eine Erklärung für die im E. P. 303389 (1927) der *I.G. Farbenindustrie AG.* beschriebenen Additionsreaktionen zwischen ungesättigten Carbonsäuren und polycyclischen aromatischen Kohlenwasserstoffen.

[3] CLAR, E.: B. **64**, 1682, 2194 (1931); **65**, 503, 846, 1411, 1425, 1521 (1932); **69**, 1686 (1936); **72**, 1817 (1939); **73**, 351 (1940).

[4] DIELS u. ALDER: A. **486**, 191 (1931).

[5] KLOETZEL, M. C., R. P. DAYTON u. H. L. HERZOG: Am. Soc. **72**, 273 (1950).

[6] KLOETZEL, M. C., H. L. HERZOG: Am. Soc. **72**, 1991 (1950).

[7] GILLET, I.: C. r. **227**, 853 (1948).

Das einzige, was aus dem Verlauf der Kondensation zu entnehmen ist, ist eine besondere Reaktivität der *meso-* oder 9.10-Stellungen des Anthracens. Sie wird erhöht, wenn dem Anthracen weitere Benzolkerne linear angefügt werden, so beim Übergang zum *Tetracen, Pentacen* und *Hexacen.* Die Reaktion verläuft dann zunehmend schneller. Während beim Anthracen in siedendem Xylol 7—8 Minuten zur vollständigen Reaktion benötigt werden, erfolgt sie beim *Tetracen* in Sekunden und beim *Pentacen* augenblicklich. Dabei bilden sich die Verbindungen I, V, VI (M bedeutet den Maleinsäure-anhydrid-Rest).

I   V   VI

Auch hier ist also die Parallelität mit den Halogen-Additionsprodukten und den Dihydroverbindungen in der Leichtigkeit der Bildung festzustellen. Im Hinblick auf die Möglichkeit der Entstehung von Vorverbindungen vor der Halogen-Addition ist es bemerkenswert, daß vor der Addition von Maleinsäure-anhydrid *farbige,* meist wenig beständige *Vorverbindungen* beobachtet werden können.

Mit *p-Benzochinon* erfolgt die endocyclische Anlagerung ähnlich wie mit Maleinsäure-anhydrid. So bildet sich z. B. aus Anthracen und Chinon die Verbindung VII[1].

VII   VIII

Dabei kann die Bildung einer unbeständigen, roten Vorverbindung beobachtet werden. Wird wie beim 9.10-Diphenyl-anthracen durch *meso-*Substitution die endgültige Addition erschwert, so gelingt es, die rote Vorverbindung VIII zu fassen. Sie dissoziiert in Lösung und beim Erhitzen.

Auch bei Verwendung von p-Benzochinon nimmt die Reaktionsgeschwindigkeit beim Übergang vom *Anthracen* zum *Tetracen* und *Pentacen* stark zu.

Die Methode der Addition von Maleinsäure-anhydrid an aromatische Kohlenwasserstoffe hat auch für präparative Arbeiten Bedeutung. Durch die verschiedenen Reaktionsgeschwindigkeiten wird eine Trennung von

---

[1] CLAR, E.: B. **64**, 1676 (1931).

Kohlenwasserstoffgemischen möglich[1]. Während durch lineare Anellierung die Reaktion beschleunigt wird, verlangsamt sie sich bei angularer Anellierung. So lassen sich die folgenden Kohlenwasserstoffe leicht voneinander trennen. Die Reaktionsgeschwindigkeit nimmt von links nach rechts ab. (Die Punkte bezeichnen den Ort der Addition.)

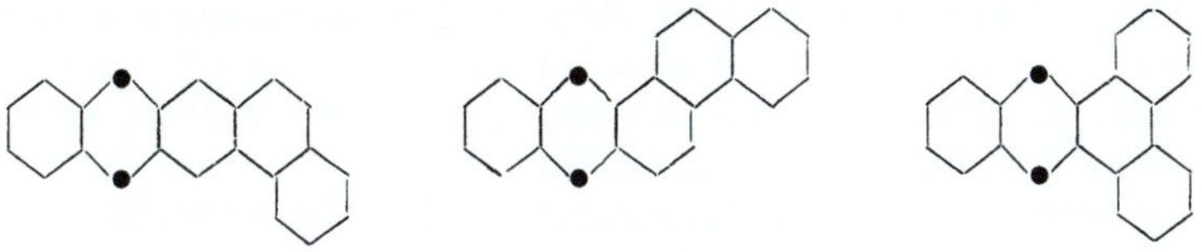

Die Additionsverbindungen werden beim Erhitzen wieder in Maleinsäure-anhydrid und Kohlenwasserstoff gespalten.

Auch zur Konstitutionsermittlung kann die Methode dienen. Zunächst zeigt der Eintritt der Reaktion die Anwesenheit von mindestens drei linear anellierten Ringen an. Weiter läßt sich der Ort des Eintrittes von Maleinsäure-anhydrid und damit der der reaktiven C-Atome bestimmen. Das geschieht durch Spektrographieren in alkalischer Lösung, wodurch die Natur der verbleibenden aromatischen Komplexe bestimmt werden kann. Zum Beispiel zeigt IX das Absorptionsspektrum eines einfachen Benzolderivates, X das eines Naphthalin- und XI das eines Phenanthrenabkömmlings[2].

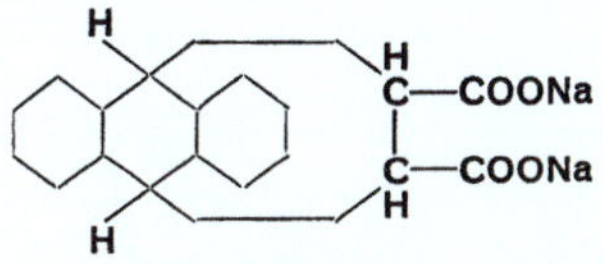

IX

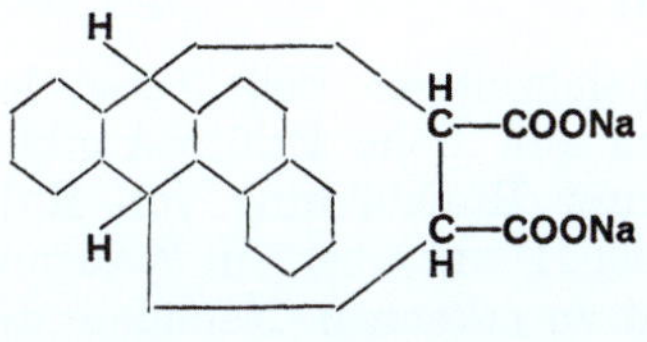

X 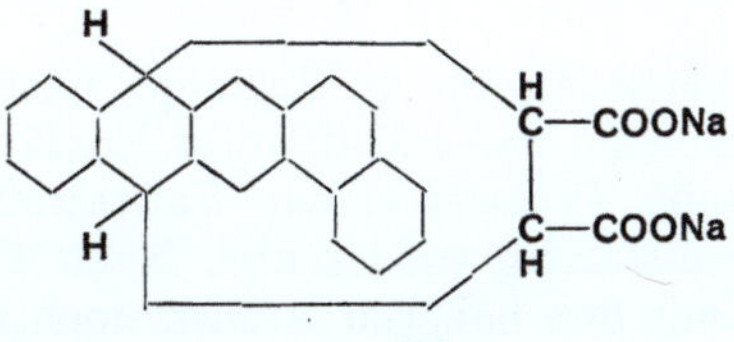   XI

---

[1] CLAR, E., u. L. LOMBARDI: B. **65**, 1411 (1932); in diesem Zusammenhang ist auch die *chromatographische Adsorptionsanalyse* zu erwähnen, mit deren Hilfe auch eine Trennung von Kohlenwasserstoffen verschiedener Reaktivität und Farbigkeit möglich ist. Die Leichtigkeit der Adsorption an Aluminiumoxyd steigt parallel mit der Reaktivität. Vgl. A. WINTERSTEIN u. K. SCHÖN: H. **230**, 146 (1934). — WINTERSTEIN, A., K. SCHÖN u. H. VETTER: H. **230**, 158 (1934). Die Methode wurde dann in sehr zahlreichen Trennungen und Reinigungsoperationen verwendet. Auch aus Teerpech sind reine Kohlenwasserstoffe, wie 1.12-Benzperylen [COOK, J. W., u. N. PERCY: J. Soc. chem. Ind. **64**, 27 (1945)] und Coronen [WIELAND, H., u. W. MÜLLER: A. **564**, 199 (1949)], auf diese Weise erhalten worden.

[2] CLAR, E.: B. **65**, 513 (1932). — CLAR, E., u. L. LOMBARDI: B. **65**, 1411 (1932).

c) Photooxyde.

Gewöhnlich verbindet man mit dem Begriff des aromatischen Zustandes eine gegenüber den Olefinen sehr verminderte Reaktionsfähigkeit. Es läßt sich jedoch leicht zeigen, daß diese Ansicht nur für die einfachen Aromaten, wie Benzol, Naphthalin, zu Recht besteht. Sehr eindrucksvoll tritt dies im Verhalten der Aromaten gegen *molekularen Sauerstoff* in Erscheinung. Durch lineare Anellierung kann eine derartig hohe Reaktivität gegen Luftsauerstoff erzielt werden, welche der von freien Radikalen nicht nachsteht.

Eine der auffälligsten Eigenschaften des tief violettblauen, von E. CLAR und FR. JOHN entdeckten *Pentacens* ist seine große Luftempfindlichkeit in Lösung[1]. Einem der unter Verlust der Farbe erhaltenen Oxydationsprodukte wurde die Formel eines Peroxydes I erteilt.

Schon früher stellten C. MOUREAU, C. DUFRAISSE und P. M. DEAN[2] einen roten Kohlenwasserstoff, das *Rubren*, dar, für den sie die Konstitutionsformel II annahmen.

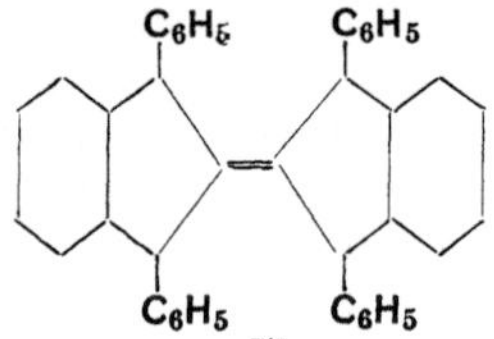

$$C_6H_5 \quad C_6H_5 \qquad\qquad C_6H_5 \; C_6H_5 \qquad\qquad C_6H_5 \; C_6H_5$$

$$C_6H_5 \quad C_6H_5 \qquad\qquad C_6H_5 \; C_6H_5 \qquad\qquad C_6H_5 \; C_6H_5$$

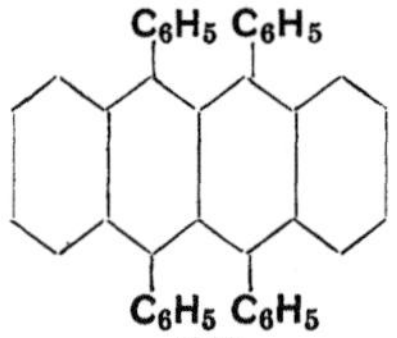

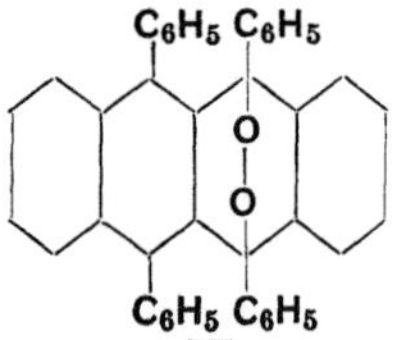

$$\text{II} \qquad\qquad\qquad \text{III} \qquad\qquad\qquad \text{IV}$$

$$C_6H_5 \qquad\qquad H \qquad\qquad H \qquad\qquad H$$

$$C_6H_5 \qquad\qquad H \qquad\qquad H \qquad\qquad H$$

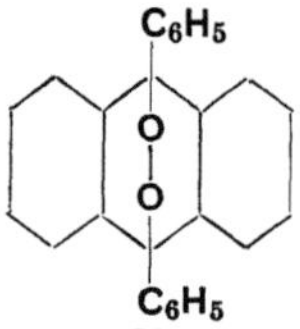

$$\text{V} \qquad\qquad \text{VI} \qquad\qquad \text{VII} \qquad\qquad \text{I}$$

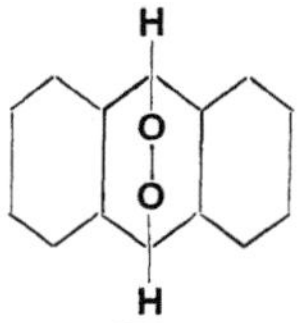

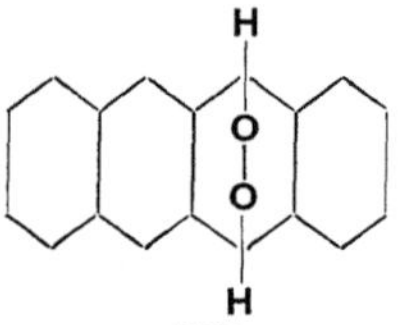

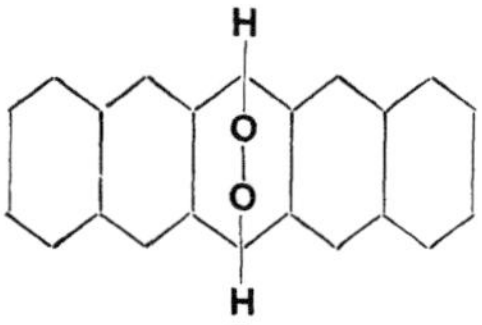

Rubren nimmt in Lösung, unter gleichzeitiger Belichtung, leicht eine Molekel Sauerstoff unter Entfärbung auf. Beim Erhitzen gibt das erhaltene *Peroxyd* seinen Sauerstoff unter Rückbildung von Rubren fast vollständig wieder ab[3]. Nach Formel II war aber ein Zusammenhang mit den höheren *Acenen* noch nicht zu erkennen. Nachdem durch verschiedene synthetische Arbeiten[4] gezeigt werden konnte, daß dem Rubren nicht die Konstitution II, sondern III zukommt, ergab sich, daß auch die Photooxydation eine Folge der erhöhten *meso*-Reaktivität der *Acene* ist, denn auch vom *meso-Diphenyl-anthracen* konnte ein dem *Rubrenperoxyd* IV entsprechendes dissoziables Peroxyd V erhalten werden. Bald wurden auch die unsubstituierten *Peroxyde* von Anthracen

---

[1] CLAR, E., u. FR. JOHN: B. **63**, 2967 (1930).

[2] MOUREAU, C., C. DUFRAISSE u. P. M. DEAN: C. r. **182**, 1440 (1926).

[3] Vollständige Literaturzusammenstellung s. C. DUFRAISSE: Bl. (5) **6**, 422 (1939).

[4] BARRÉ, R., u. E. P. KOHLER: Am. Soc. **50**, 2036 (1928). — DUFRAISSE, C., u. L. ENDERLIN: Bl. (5) **1**, 267 (1934). — ECK, J. C., u. C. S. MARVEL: Am. Soc. **57**, 1898 (1935). — KOELSCH, C. F., u. H. J. RICHTER: Am. Soc. **57**, 2010 (1935).

und *Tetracen* dargestellt[1] (Formel VI bzw. VII). Die Arbeiten von
DUFRAISSE und Mitarbeiter[1] haben weiter ergeben, daß nur die in
meso-Stellung arylierten Peroxyde der Acene beim Erhitzen ihren Sauerstoff fast quantitativ wieder abgeben, während jene, die an dieser
Stellung nicht substituiert sind, in anderer Weise zersetzt werden. Dabei
wird der Sauerstoff intramolekular verbraucht[2]. Die Peroxyde der
Acene dürften auch bei der katalytischen Oxydation mit Luft und
Vanadinpentoxyd, die zu *Chinonen* führt, eine Rolle spielen. Die Oxydation des Anthracens z. B. läßt sich wie folgt formulieren:

$$\text{I} \xrightarrow{\text{O}_2} \text{II} \longrightarrow \text{III} \xrightarrow{\text{O}_2} \text{IV} \xrightarrow{-\text{H}_2\text{O}_2} \text{V}$$

Die Umlagerung von Anthracenperoxyd II in Anthrahydrochinon III
ist von C. DUFRAISSE und M. GÉRARD[3] sehr wahrscheinlich gemacht
worden, und MANCHOT[4] konnte das Auftreten von Wasserstoffsuperoxyd
bei der Oxydation von Anthrahydrochinon (IV—V) nachweisen[5].

Zwischen den Vorgängen bei der Anlagerung von Maleinsäure-
anhydrid und der Photooxydation der Acene besteht eine weitgehende
Analogie. In beiden Fällen findet die Addition endocyclisch zwischen
p-C-Atomen statt und wird wiederum durch lineare Anellierung erleichtert. Beim Naphthalin und Benzol hat sich die Photooxydation
bisher nicht durchführen lassen. Möglicherweise bedarf es dabei in
diesen Fällen noch energischerer Bedingungen, denn beide Kohlenwasserstoffe können katalytisch oxydiert werden.

Die Reaktionsträgheit von Benzol und Naphthalin im Vergleich zu
den höheren Acenen berechtigt aber nicht zu der Annahme, daß diese
Kohlenwasserstoffe einen prinzipiell anderen Feinbau haben könnten;
denn die parallelen Reihen der Reaktionsfähigkeiten weisen eindeutig
auf zwar beträchtliche, aber nur graduelle Unterschiede hin.

---

[1] Vollständige Literaturzusammenstellung s. C. DUFRAISSE: Bl. (5) **6**, 422
(1939).

[2] E. CLAR konnte schon vor der Darstellung des Photooxydes zeigen, daß
Tetracen in siedendem Xylol im Licht zu *Tetracenchinon* oxydiert wird. B. **65**,
517 (1932).

[3] DUFRAISSE, C., u. M. GÉRARD: C. r. **202**, 1859 (1936).

[4] MANCHOT: A. **314**, 179 (1901).

[5] Vgl. auch die Deutung der Oxydation von *Anthranol* von L. F. FIESER:
Am. Soc. **53**, 2335 (1931).

d) Addition von Natrium.

Wie vorsichtig das Nichteintreten einer Additionsreaktion bei den Aromaten zu bewerten ist, zeigt das Beispiel des Naphthalins. Während *Anthracen* leicht erst 1 und dann 2 Atome Natrium addiert unter Bildung von III[1], wollte die Reaktion beim *Naphthalin* zunächst nicht gelingen. Erst N. D. Scott, J. F. Walker und V. L. Hansley[2] zeigten, daß sie sich glatt durchführen läßt, wenn an Stelle von Diäthyläther *Dimethyläther* oder *Dimethylglykoläther* verwendet wird[3]. Es entsteht dann *1.4-Dinatrium-naphthalin* II.

Schließlich hat sich auch Natrium an Benzol in flüssigem Ammoniak anlagern lassen. Das *1.4-Dinatrium-benzol* I gibt bei der Hydrolyse *1.4-Dihydrobenzol*, das auf diese Weise leicht zugänglich wird[3].

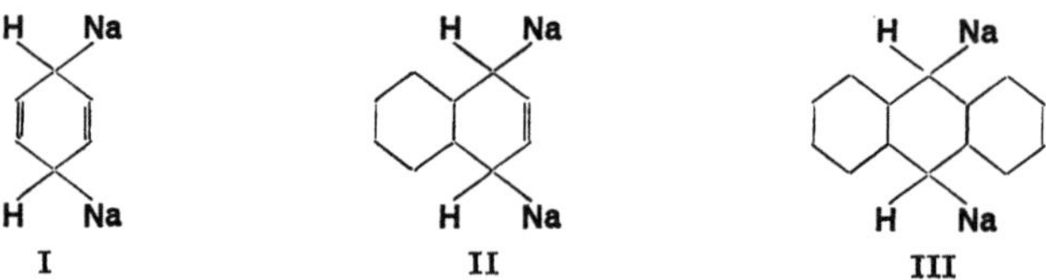

Wenn auch hier nur wenige Fälle zum Vergleich vorliegen, so zeigt sich doch wieder, daß die Bildung eines Dihydro-Derivates durch lineare Anellierung erleichtert wird. Bei den höheren Acenen ist die Reaktion noch nicht durchgeführt worden. Es ist anzunehmen, daß sie hier noch leichter erfolgen wird[4].

e) Keto-Enol-Tautomerie bei Phenolen.

Schon oft ist die Annahme gemacht worden, daß Phenole und Naphthole im Gleichgewicht mit Keto-Formen stehen könnten (I—II bzw. III—IV), aber noch nie hat sich eine solche Form isolieren lassen. Die Annahme gewann aber sehr an Wahrscheinlichkeit, als es K. H. Meyer[5] gelang, sowohl *Anthron* VI als auch *Anthranol* V darzustellen und das Gleichgewicht zwischen beiden zu bestimmen. Es liegt bei Zimmertemperatur in 0,1proz. alkoholischer Lösung bei 11% Anthranol und 89% Anthron. Die Keto-Form VIII des Oxy-tetracens VII ist sehr beständig und kann nur noch mit alkoholischem Kali in die sehr unbeständige Enolform VII übergeführt werden[6]. Beim *Keto-dihydro-*

---

[1] Schlenk, Appenrodt u. Thal: B. **47**, 479 (1914).

[2] Scott, N. D., J. F. Walker u. V. L. Hansley: Am. Soc. **58**, 2442 (1936).

[3] E. I. du Pont de Nemours & Co. (Erfinder: Ch. B. Wooster), A. P. 2182242 (1938). Die Anlagerung von Li an Naphthalin in Äther ist schon früher von Schlenk u. O. Blum auf Grund der Versuche von Eugen Müller [A. **463**, 98 (1928)] beschrieben worden.

[4] Soweit bei einigen höheren angularen *Benz-Acenen* Versuche vorliegen, wird diese Vermutung bestätigt. Vgl. Bachmann u. Pence: Am. Soc. **59**, 2339 (1937).

[5] Meyer, K. H.: A. **379**, 37 (1911). — Meyer, K. H. u. Sander: A. **396**, 133 (1913); **420**, 113 (1920).

[6] Fieser, L. F.: Am. Soc. **53**, 2329 (1931).

pentacen X bestehen keine Anzeichen mehr für die Möglichkeit einer Umlagerung zu IX[1].

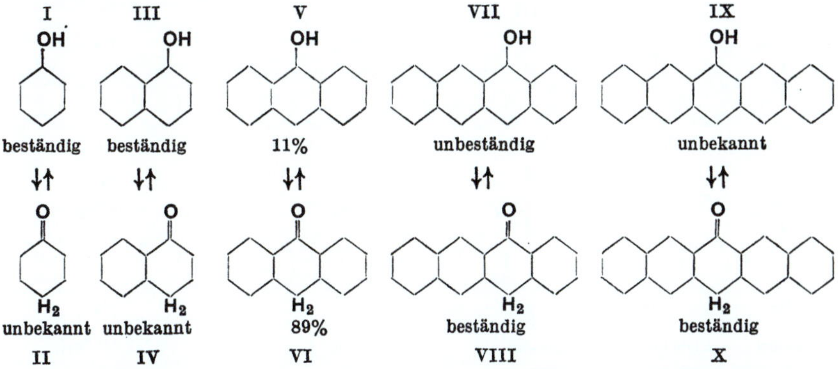

I	III	V	VII	IX
OH	OH	OH	OH	OH
beständig	beständig	11%	unbeständig	unbekannt
⇅	⇅	⇅	⇅	⇅
O	O	O	O	O
H_2	H_2	H_2	H_2	H_2
unbekannt	unbekannt	89%	beständig	beständig
II	IV	VI	VIII	X

Der Übergang der *Enol-* zu den *Keto-Formen* ist mit dem Übergang vom *rein aromatischen Skelett* zur *Dihydro-Struktur* verbunden. Es war daher zu erwarten, daß die Beständigkeit der Enol-Formen mit fortschreitender Anellierung abnehmen, und die der Keto-Formen zunehmen wird. Die Analogie mit den im voranstehenden beschriebenen Additionsreaktionen ist eine vollkommene. In diesem Zusammenhange ist es bemerkenswert, daß die kritischen Oxydationspotentiale der Phenole nach L. F. FIESER[2] mit der Anellierung abnehmen. Sie betragen für *Phenol* 1,089, *Naphthol* 0,797 und für *Anthranol* 0,693 Volt.

f) Das Gleichgewicht zwischen Methyl-acenen und Methylen-dihydro-acenen.

Die zunehmende Stabilität der Dihydro-Struktur mit zunehmendem Anellierungsgrad läßt sich besonders eindrucksvoll in der *Verschiebung des tautomeren Gleichgewichtes* zwischen *Methylacenen* und *Methylendihydro-acenen* zeigen. Die letzteren sind schon oft zur Erklärung von Seitenkettenreaktionen herangezogen worden, aber noch nie konnte eine solche Methylen-Verbindung nachgewiesen werden. Erst kürzlich konnten CLAR und WRIGHT[3] das blaßgelbe *6-Methylen-6.13-dihydropentacen* Va darstellen. Es ist bei Zimmertemperatur völlig stabil und geht bei etwa 200° zu einem geringen Prozentsatz in das blaue, in Lösung violette *6-Methylpentacen* V über. Der Übergang läßt sich durch das Absorptionsspektrum verfolgen, und auch für das *Methyltetracen* IV ergeben sich Anzeichen einer Neigung zum Übergang in IVa.

Die Unterschiede sind also auch hier zwar bedeutend, aber doch nur graduell, so daß die Annahme von Methylen-Formen beim *9-Methylanthracen* III, *1-Methylnaphthalin* II und beim Toluol I zur Erklärung der Reaktivität der Seitenkette berechtigt erscheint. Die Energiever-

---

[1] MARSCHALK, CH.: Bl. (5) **4**, 1547 (1937).

[2] FIESER, L. F.: Am. Soc. **52**, 5204 (1930).

[3] CLAR, E., u. J. W. WRIGHT: Nature **163**, 921 (1949). — CLAR, E.: Chem. Ber. **82**, 495 (1949).

hältnisse bei diesen Übergängen werden später (S. 62) betrachtet werden.

I	II	III	IV	V
CH₃	CH₃	CH₃	CH₃	CH₃
stabil	stabil	stabil, farblos	orangegelb, stabil	instabil, blau
↓↑	↓↑	↓↑	↓↑	↓↑
CH₂	CH₂	CH₂	CH₂	CH₂
H₂	H₂	H₂	H₂	H₂
instabil	instabil	instabil	farblos?	stabil, blaßgelb
Ia	IIa	IIIa	IVa	Va

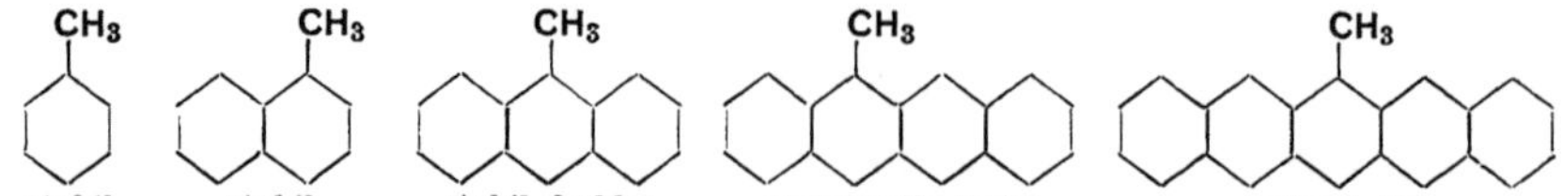

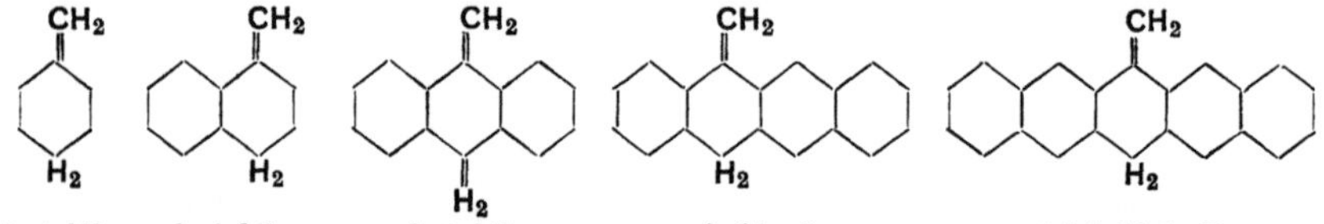

g) Chinone.

Als Abkömmlinge der Dihydro-Kohlenwasserstoffe im weiteren Sinne können auch die Chinone gelten, denn in ihnen sind je 2 Dihydro-H-Atome durch je 1 O-Atom ersetzt worden. Man wird also im Verhalten der Chinone zu den Kohlenwasserstoffen dieselbe Parallelität erwarten müssen, wie zwischen den Dihydro-Derivaten zu den Kohlenwasserstoffen. Als Maßstab muß demnach auch hier die Neigung des Dihydro-Skeletts (vom Chinon), in das reinaromatische Skelett (des Hydrochinos) überzugehen und umgekehrt, genommen werden. Mit anderen Worten: es soll das Verhältnis *Chinon* zu *Hydrochinon* betrachtet werden. Ein quantitatives Maß für dieses Verhältnis ist das *Reduktions-Oxydations-Potential*. Für die folgenden *p-Chinone* ist das Potential in Volt nach L. F. FIESER[1] unter der Formel angegeben.

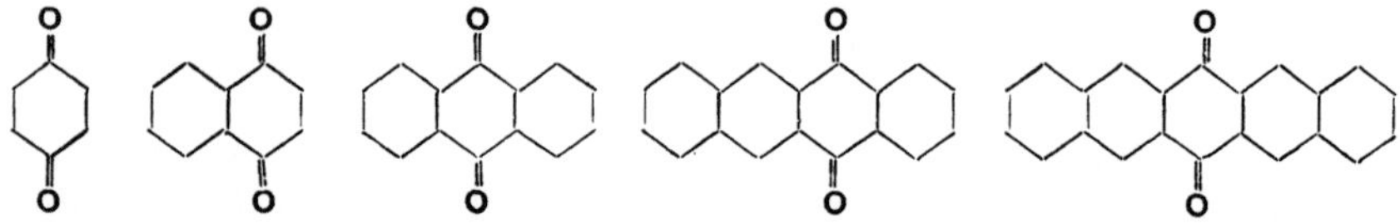

0.711	0.493	0.155	eben noch verküpbar	nicht verküpbar

Für folgende *o*-Chinone wurde gefunden:

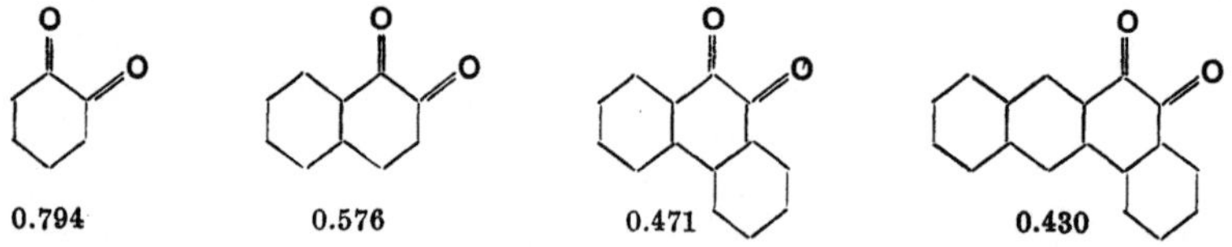

0.794	0.576	0.471	0.430

Man sieht, daß bei den *p*-Chinonen mit der linearen und bei den *o*-Chinonen mit der angularen Anellierung das Potential abnimmt.

---

[1] CONANT u. FIESER: Am. Soc. **46**, 1864 (1924). — FIESER: Am. Soc. **51**, 3102 (1929). — FIESER u. PETERS: Am. Soc. **53**, 793 (1931). — FIESER u. DIETZ: Am. Soc. **53**, 1128 (1931).

Dabei ist diese Abnahme bei den *o*-Chinonen etwas geringer als bei den *p*-Chinonen. Es zeigt sich also, daß die Neigung der Chinone, durch Aufnahme von Wasserstoff in Hydrochinone überzugehen, immer geringer wird. Beim *Tetracenchinon* ist das Potential wegen der Unbeständigkeit seines Hydrochinons nicht mehr bestimmbar. Beim Verküpen ist es nur an einer schnell vorübergehenden Färbung zu erkennen. *Pentacenchinon* ist schließlich auch nicht mehr verküpbar.

o-Benzochinon ist unbeständig, *o-Naphthochinon* bereits haltbarer und *o-Phenanthrenchinon* ist ganz beständig. Die Parallelität zum Verhältnis Kohlenwasserstoff zu *p-Dihydroderivat* einerseits und Kohlenwasserstoff zu *o-Dihydroderivat* anderseits ist wieder eine vollkommene.

Auch die Leichtigkeit, mit der die Chinone aus den Kohlenwasserstoffen durch Oxydation gewonnen werden können, nimmt mit der Anellierung zu. Benzol ist nur schwer oxydierbar, etwa entstehendes Chinon wird unter den notwendigen energischen Bedingungen weiter oxydiert. *p*-Naphthochinon kann schon aus Naphthalin durch direkte Oxydation in mäßiger Ausbeute erhalten werden. Anthracen gibt dabei quantitativ Anthrachinon. Tetracen und Pentacen sind schon in Lösung durch Luft oxydierbar. In der *o*-Reihe kann erst Phenanthrenchinon durch direkte Oxydation aus Phenanthren dargestellt werden.

2. Konstitution, Farbe und das Anellierungsprinzip.

Im voranstehenden ist an mehreren Beispielen gezeigt worden, von welcher Bedeutung die mittleren *p*- oder *meso-Stellungen* bei den höheren Acenen sind. Beim Anthracen liegen besonders viele Beispiele vor, daß seine Eigenschaften bei der Substitution in erheblich stärkerem Maße verändert werden, wenn die Substituenten sich in *meso*-Stellung befinden, als wenn sie in den Seitenkernen eingetreten sind. Auch in der Farbe kommt dieser Unterschied zum Ausdruck. So sind Chloranthracene farblos oder höchstens blaßgelb, wenn die Cl-Atome sich in den Seitenkernen befinden; *9.10-Dichloranthracen* ist dagegen lebhaft gelb:

Genauer als durch den bloßen Augenschein lassen sich solche Feststellungen auf spektrographischem Wege treffen. Es zeigt sich, daß die Absorption bei 9.10-Substitution stärker nach Rot verschoben wird als bei Substitution in den Seitenkernen. Nicht nur die Reaktionsfähigkeit, sondern auch die Farbe ist also in besonderer Weise mit den *meso*-C-Atomen verknüpft. So hat sich schon seit längerer Zeit der Begriff der „*meso-Reaktivität*" herausgebildet.

Am eindrucksvollsten treten Veränderungen in der Farbe der aromatischen Kohlenwasserstoffe ein, wenn die Anellierung nach folgenden 2 Bauprinzipien erfolgt:

Man erhält so die Reihen der *Acene* und *Phene*. In beiden Fällen bleiben nur die durch 2 Punkte gekennzeichneten C-Atome des Benzolkernes bei der Anellierung unverändert. Alle Regelmäßigkeiten in der Änderung der Reaktivität, wie sie in den vorhergehenden Kapiteln festgestellt wurden, sowie solche in der Farbe, müssen sich also auf diese C-Atome beziehen.

Die *maximale Wirkung der Anellierung* hinsichtlich der Farbvertiefung findet man bei den *Acenen*. Durch keine einfache Substitution kann derselbe Effekt erzielt werden, wie hier durch einen linear angefügten Benzolkern:

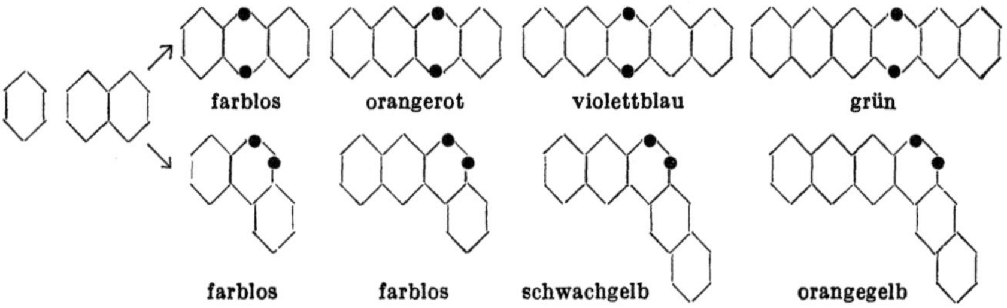

Auch in der Reihe der *Phene* ist *Farbvertiefung* zu beobachten, nur tritt die Farbe später auf und vertieft sich nicht in dem Maße wie bei den Acenen. Die Unterschiede stimmen ganz mit denen in der Reaktivität und im Additionsvermögen überein.

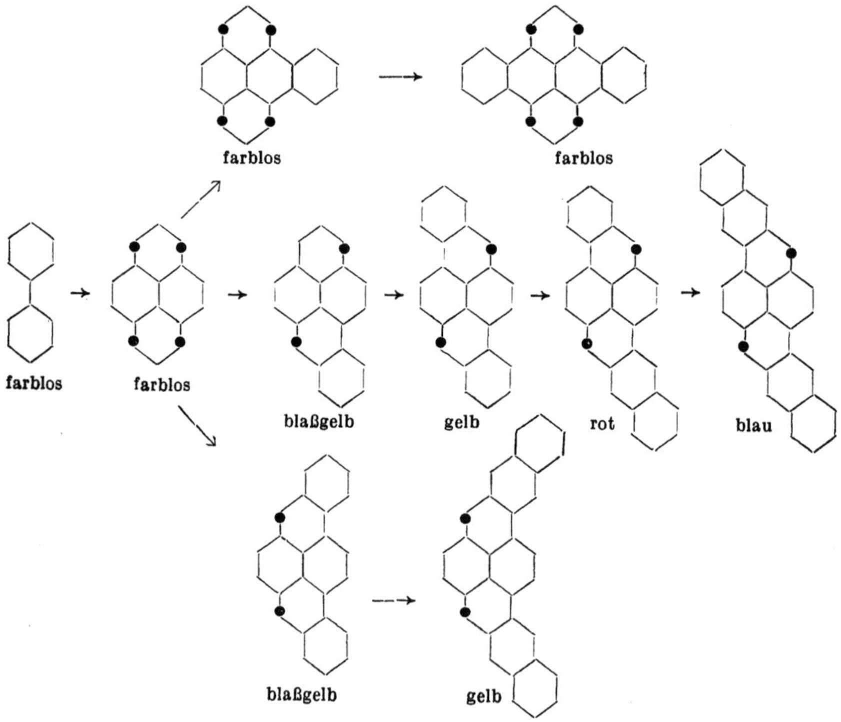

Das Anellierungsprinzip sagt also aus, daß die Farbvertiefung und die Erhöhung der Reaktivität am stärksten sind, wenn die Anellierung in unmittelbarer Nachbarschaft zu den reaktionsfähigen C-Atomen linear erfolgt, oder genauer, wenn sie senkrecht zu den *para*-Bindungen stattfindet, die man sich von diesen C-Atomen ausgehend denken kann.

Wie aus obigem Schema für die Anellierungsreihe der Pyrene ersichtlich, ist das Anellierungsprinzip allgemeingültig. Die Anellierung in der obersten Reihe hat den geringsten Effekt. Sie findet nicht in unmittelbarer Nachbarschaft der gekennzeichneten C-Atome statt. Die Kohlenwasserstoffe bleiben farblos. Der stärkste Effekt wird in der zweiten Reihe mit der parallel linearen Anellierung erzielt. Farbe und Reaktivität nehmen rasch zu. Halb so groß ist die Wirkung in der letzten Reihe. Hier sind genau doppelt so viele Ringe zu Erreichung derselben Farbvertiefung nötig. Der Unterschied zwischen den beiden letzten Reihen ist ähnlich wie der zwischen Acenen und Phenen.

Die Anellierungsreihe der *Perylene* leitet sich gleichfalls vom Diphenyl ab. Die lineare Anellierung ergibt auch hier rasch Farbvertiefung und Zunahme der Reaktivität in der 2. Reihe beim goldgelben Perylen und den beiden violetten *Dibenz-perylenen*. Ein stark negativer Effekt wird jedoch bei der angularen Anellierung zum *1.12-Benz-perylen* und *Coronen* in der 1. Reihe beobachtet.

Der stärkste positive Effekt wird bei der kondensierten linearen Anellierung zum *Bisanthen* und ein ebenso stark negativer bei der angularen Anellierung zum *Benz-bisanthen* und *Ovalen* in der 3. Reihe festgestellt, so daß Ovalen wieder ungefähr dieselbe Farbe wie Perylen hat.

blaßgelb

blaßgelb
Coronen

farblos

goldgelb

violett

violett

dunkelblau
Bisanthen

violett

goldgelb
Ovalen

Ähnlich wie Pyren vom Diphenyl, so läßt sich Peropyren vom *Terphenyl* ableiten, auch der Anellierungseffekt ist derselbe. Die gewinkelte lineare Anellierung zum hellroten *1.2,9.10-Dibenz-peropyren* hat wie dort einen geringeren positiven Effekt als die parallel lineare Anellierung zum dunkelroten *1.2,8.9-Dibenz-peropyren*. Die geringste Wirkung hat wie beim Pyren die angulare Anellierung, die nicht in unmittelbarer Nachbarschaft der gekennzeichneten C-Atome und senkrecht zu den davon ausgehenden *para*-Bindungen stattfindet. Sie führt zum gelben *4.5,11.12-Dibenz-peropyren*.

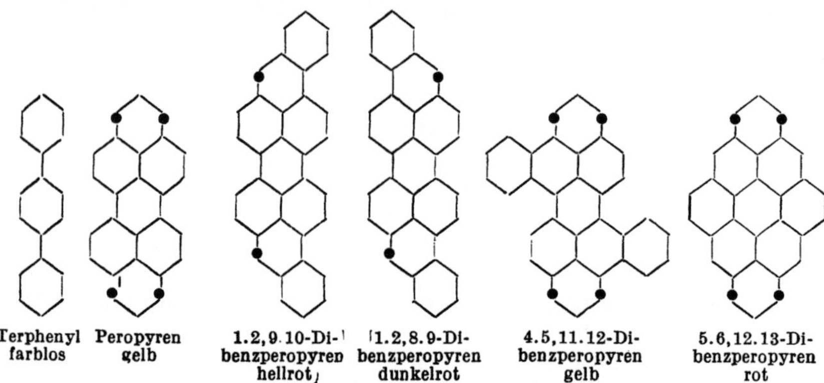

| Terphenyl
farblos | Peropyren
gelb | 1.2,9.10-Di-
benzperopyren
hellrot | 1.2,8.9-Di-
benzperopyren
dunkelrot | 4.5,11.12-Di-
benzperopyren
gelb | 5.6,12.13-Di-
benzperopyren
rot |

Neuartig ist hier Anellierung zum roten *5.6,12.13-Dibenz-peropyren*. Sie hat eine stark positive Wirkung, weil sie senkrecht zu den von den Punkten ausgehenden *para*-Bindungen erfolgt.

Ebenfalls vom Terphenyl nimmt die Anellierungsreihe der *Terrylene* ihren Ausgang. Der maximale Effekt wird ähnlich wie beim Perylen bei linearer Anellierung senkrecht zur *p*-Bindung ausgehend von den Punkten beobachtet. Man kommt so zum orangebraunen *Terrylen* und weiterhin zum grünblauen *7.8-Benz-terrylen* und *1.2,13.14-Dibenzterrylen*. In gleicher Weise leitet sich vom *Quaterphenyl* das kupferrote Quaterrylen ab.

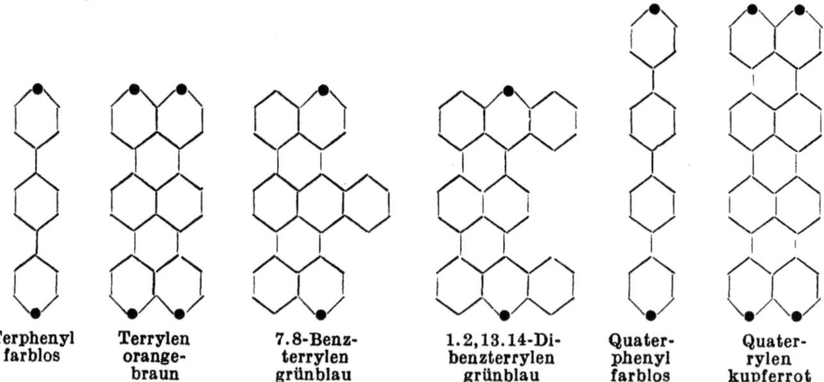

| Terphenyl
farblos | Terrylen
orange-
braun | 7.8-Benz-
terrylen
grünblau | 1.2,13.14-Di-
benzterrylen
grünblau | Quater-
phenyl
farblos | Quater-
rylen
kupferrot |

Von besonderer Eigenart ist die Anellierungsreihe der *Anthanthrene*. Sie beginnt mit einer besonderen Form des Naphthalins mit reaktiven

C-Atomen in 2.6-Stellung. Sie wird bei der Anellierung in den Anthanthrenen stabilisiert. Beim Naphthalin selbst sind nur wenige Substitutionen in der 2.6-Stellung bekannt, z. B. beim 2-Methylnaphthalin und beim 2-Naphthol. Die lineare Anellierung ergibt beim Anthanthren das blaue *2.3,8.9-Dibenz-anthanthren*, während die angulare Anellierung nur einen geringen Effekt hat und das orangebraune *1.2,7.8-Dibenz-anthanthren* liefert.

Diesen Anellierungsreihen entsprechen besondere Typen von Absorptionsbanden, die auch bei der Verschiebung im Spektrum gleichbleiben. Dadurch wird die Auflösung der Spektren in einzelne Komponenten sehr erleichtert. Wie diese Feststellungen quantitativ auszuwerten sind, wird der nächste Abschnitt zeigen.

3. Das Anellierungsverfahren zur Untersuchung der Absorptionsspektren der aromatischen Kohlenwasserstoffe [1].

a) Der Anellierungseffekt.

Die *p*-Banden der Acene. Bekanntlich entsteht eine Bande des Absorptionsspektrums durch den Übergang eines Elektrons von einem unteren nach einem oberen Niveau. Bei der Fluorescenz findet eine Umkehrung dieses Vorgangs statt (Abb. 1).

Über den Elektronenübergang überlagern sich Kernschwingungen, so daß also nicht nur eine Bande, sondern eine ganze Gruppe von Banden entsteht. Die Kernschwingungen sind das Forschungsobjekt der Untersuchungen mittels des RAMAN-Effektes und der Ultrarotabsorption. Auf sie wird im folgenden nicht näher eingegangen, es werden vielmehr nur die Elektronenübergänge betrachtet werden. Alle Messungen beziehen sich daher nur auf die jeweils erste Bande einer Gruppe in der Richtung von Rot.

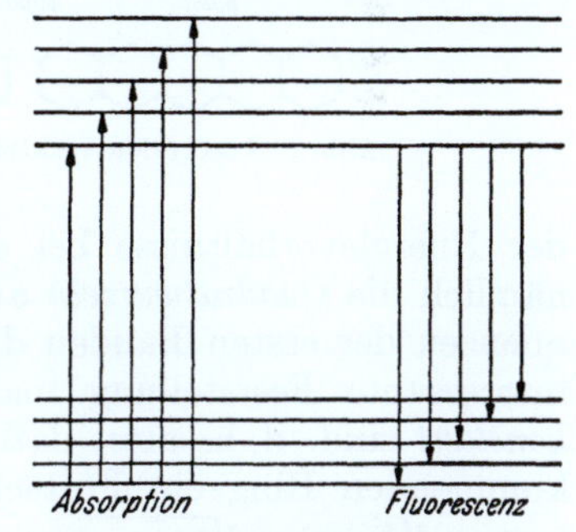

Abb. 1. Elektronenübergänge bei *Absorption* und *Fluorescenz*, dargestellt durch ein Termschema.

Es zeigt sich nun, daß jedem angeregten oder reaktiven Zustand eines Kohlenwasserstoffes eine solche Gruppe von Banden zuzuordnen ist, die ihre charakteristischen Merkmale, wie Intensität und Struktur, durch die ganze Anellierungsreihe

---

[1] CLAR, E.: B. **69**, 607 (1936) — Atti d. X. Congr. Intern. d. Chimica, Roma **2**, 213 (1938) — Chem. Ber. **82**, 495 (1949).

hindurch fast unverändert beibehält. Zunächst seien die besonders augenfälligen *para-Banden* behandelt.

In Abb. 2 sind die Absorptionsspektren von *Pentacen, Tetracen* und *Anthracen* dargestellt. Für jeden dieser Kohlenwasserstoffe bemerkt man *2 Gruppen* von *Banden*. Man sieht weiter, daß bei der Anellierung wohl beide Gruppen nach Rot verschoben werden, die 1. Gruppe jedoch in viel stärkerem Maße. Die 1. Gruppe wird also, wie es nach dem Voranstehenden nicht anders zu erwarten war, den *meso-C-Atomen* zuzuordnen sein.

Vergleicht man nun diese *p-Bandengruppen* von *Anthracen, Tetracen* und *Pentacen*, so ergibt sich ein einfacher zahlenmäßiger Zusammenhang

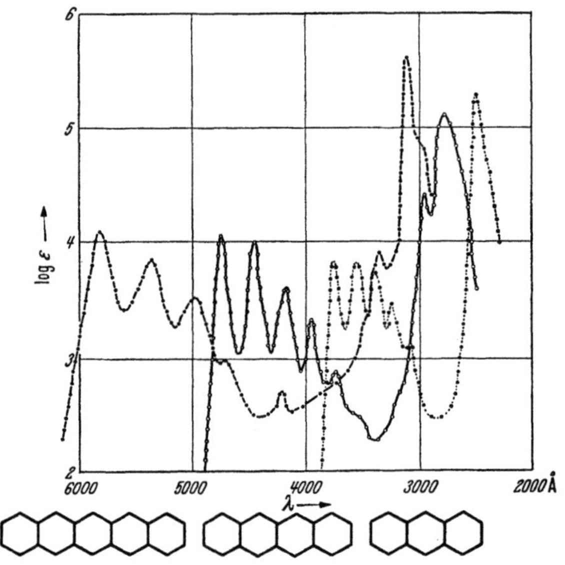

Abb. 2. Absorptionsspektren von *Pentacen, Tetracen* und *Anthracen*.

der Energieverhältnisse bei diesen Kohlenwasserstoffen. Nimmt man nämlich die *Quadratwurzeln* aus den *Wellenlängen* oder reziproken Frequenzen der ersten Banden dieser 3 Bandengruppen, so kann man die interessante Feststellung machen, daß die *Differenzen* der *Wurzeln konstant* sind, d. h. also, daß bei der linearen Anellierung pro hinzukommenden Ring ein Fortschreiten um den gleichen Betrag in Einheiten $\sqrt{\text{Å}}$ oder $\sqrt{1/\text{cm}^{-1}}$ stattgefunden hat.

Trägt man diesen Betrag vom Anthracen abwärts gegen Ultraviolett zu auf, so trifft man im Spektrum des *Naphthalins* und sodann auch in dem des *Benzols* auf die erste Bande einer Bandengruppe, die sowohl nach Form und Strukturtypus als auch nach der Intensität den *p*-Bandengruppen bei den Anthracenen entspricht (Abb. 3).

Man sieht also, daß sich Benzol und Naphthalin ebenso wie die Acene vom Grundzustand ausgehend zu einer *p-Form* anregen lassen, die die Ursache für die Reaktivität der *p*-C-Atome ist. Eine so gesetzmäßige Änderung der Eigenschaften ist aber nur möglich, wenn die Acene durch Anfügen gleicher Teile von einer entsprechend symmetrischen *p*-Form des Benzols abgeleitet werden.

In Abb. 3 sind die *p-Banden* von Benzol bis *Hexacen* aus dem Absorptionsspektrum herausgeschnitten und gegenübergestellt. Wie aus der darunterstehenden Gleichung und den Zahlen ersichtlich, läßt sich die Wellenlänge der ersten Banden aus einer Laufzahl oder Ordnungszahl K und einer Konstanten R_p berechnen [nach $\lambda = \dfrac{K^2}{R_p}$. Auf die

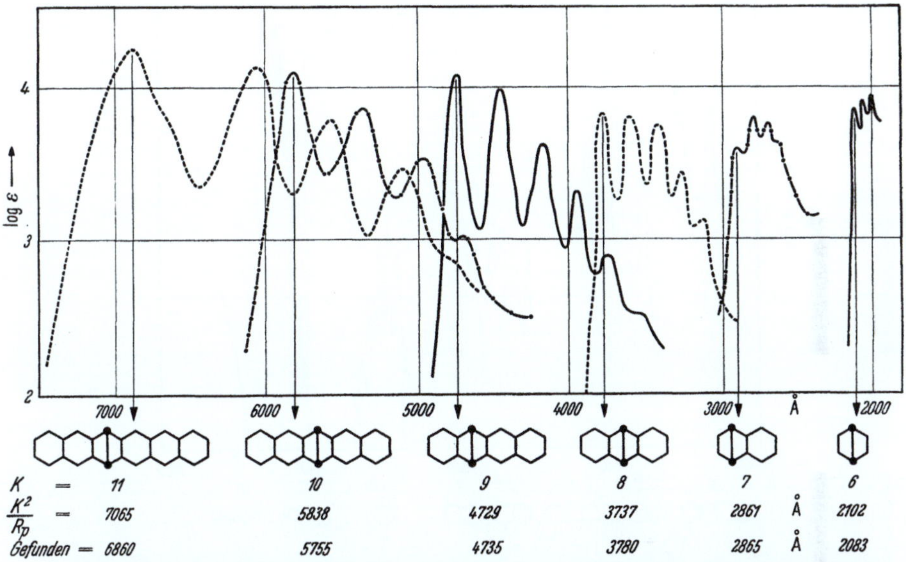

Abb. 3. Gegenüberstellung der gefundenen und berechneten Wellenlängen der *p-Banden* von *Benzol, Naphthalin, Tetracen, Pentacen* und *Hexacen* mit Hilfe der Ordnungszahl K. Die Konstante beträgt 1 712 800 cm^{-1} für Benzol als Lösungsmittel der Kohlenwasserstoffe.

Bedeutung der *Ordnungszahl*, die eine einfache Funktion der Zahl der π-Elektronen ist, wird später noch einzugehen sein (vgl. S. 65).

Da nun die Änderung der Wurzeln der Wellenlängen einer *p*-Gruppe konstant ist, kann man die *p*-Absorption eines noch unbekannten Kohlenwasserstoffes, bestehend aus 7,8 oder mehr linear aneinandergefügten Benzolkernen leicht vorausberechnen, ja man sieht auch schon, daß beim Aneinanderfügen von unendlich vielen Ringen die immer mehr gelockerten Elektronen an den *meso*-C-Atomen schließlich metallische Leitfähigkeit voraussehen lassen, was beim Graphit auch tatsächlich der Fall ist.

Die α-Banden der Phene. Nicht so auffällig wie die *p*-Banden sind die weniger intensiven *α-Banden*. Bei den Aromaten leiten sie sich in der *Phen*-Reihe von der 1. Gruppe im Spektrum des *Benzols* ab[1] (Abb. 4). Die Ähnlichkeit im Typus ist unverkennbar. Darüber hinaus sieht man die besondere Verwandtschaft zwischen jeder 2. Gruppe.

---

[1] CLAR, E.: Chem. Ber. **82**, 495 (1949).

Die Wellenlänge der ersten Bande einer solchen Gruppe läßt sich sehr leicht aus der Konstanten R_α und der Laufzahl oder Ordnungszahl K berechnen nach $\lambda_\alpha = \dfrac{K^2}{R_\alpha}$.

Mit anderen Worten: die Differenzen in $\sqrt{\lambda}$ sind *konstant*. Vom Benzol ab kommen mit jeder Einheit von K $8\,\pi$-Elektronen hinzu, womit die Lage der α-Banden mit der Zahl der π-Elektronen gegeben ist.

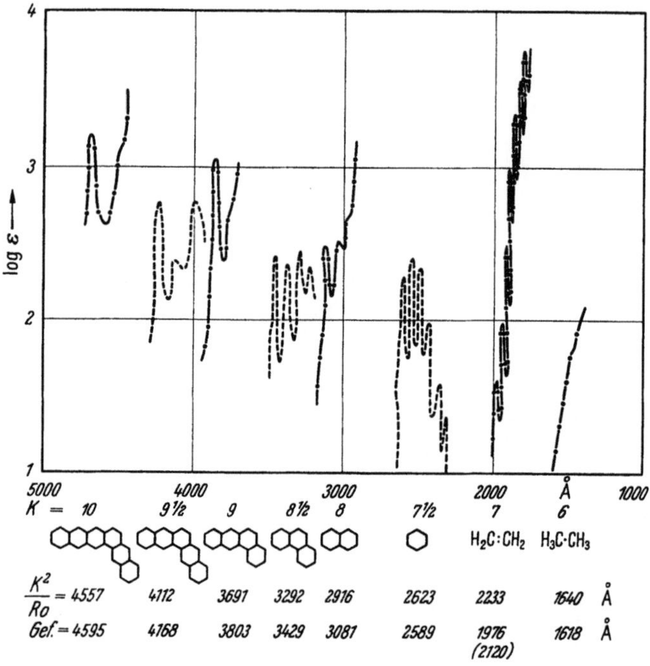

Abb. 4. Gegenüberstellung der α-Banden von *Hexaphen, Pentaphen, Tetraphen, Phenanthren, Naphthalin, Benzol, Äthylen* und *Äthan* mit den dazugehörigen Ordnungszahlen K_o. Die angegebenen Wellenlängen beziehen sich auf den Dampfzustand. Die Wellenlängen für alkoholische Lösung liegen um 250 cm⁻¹, die für die Lösung in Benzol um 350 cm⁻¹ tiefer. Konstante $R_\alpha = 2194600$ cm⁻¹. Die in Klammer stehende Wellenlänge bezieht sich auf *Cyclohexen*.

Wird die Anellierungsreihe nach kürzeren Wellen hin ausgedehnt, so kommt man zur ersten Bandengruppe im Spektrum des *Äthylens* und zum Beginn der diffusen Absorption des Äthans. Hierzu ist zu bemerken, daß beim Äthylen die hinzukommenden 2 H-Atome den Vergleich beeinträchtigen, da sie die Polarität der C—H-Bindung und die Hyperkonjugation verändern[1]. Einen besseren Vergleich erlaubt *Cyclohexen*[2]; die Wellenlänge seiner ersten Bande ist in Klammern angegeben. Dieselbe Bemerkung muß auch für Äthan zutreffen, nur ist hier die genaue Bestimmung der Lage der ersten Bande wegen der diffusen Absorption nicht möglich.

Der auffällige Unterschied zwischen der *Phen-* und der *Acen*-Reihe ist, daß im ersten Fall *zwei* hinzukommende Benzolkerne für das Fort-

---

[1] GENT, W. L. G.: Quart. Rev. **1948**, 383.
[2] CARR, E. P., u. H. STÜCKLEIN: J. chem. Phys. **6**, 55 (1938).

schreiten der Ordnungszahl um eine Einheit nötig sind, während bei den p-Banden der Acene *ein* hinzukommender Benzolkern dieselbe Wirkung hat.

Die β-Banden der Phene und Acene. Die intensivsten Banden im Absorptionsspektrum eines aromatischen Kohlenwasserstoffes sind zu-

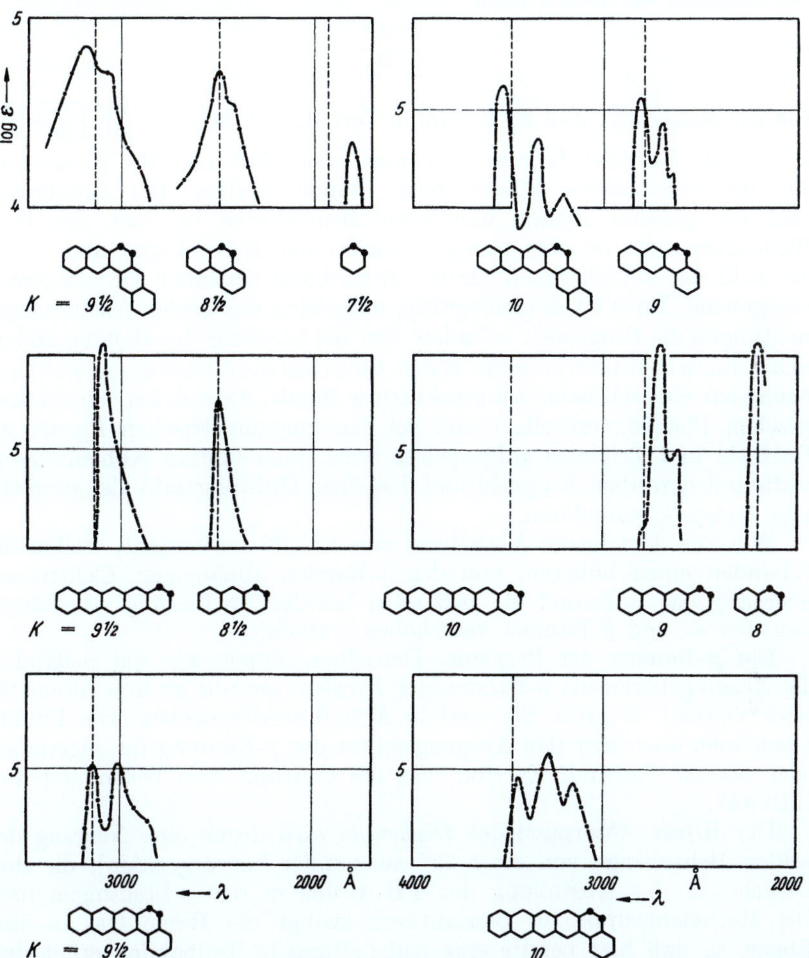

Abb. 5. Gegenüberstellung der β-Banden von *Pentaphen, Phenanthren, Benzol, Hexaphen, Tetraphen, Pentaphen, Anthracen, Tetracen, Naphthalin, 1.2-Benz-tetracen* und *1.2-Benzpentacen* mit den dazugehörigen Ordnungszahlen K_o. Die gestrichelten Linien bezeichnen die berechneten Wellenlängen nach $\lambda = K_o^2/R_\beta$, worin die Konstante $R_\beta = 2\,962\,700$ cm^{-1} ist und sich auf den Dampfzustand bezieht. Die Wellenzahlen für alkoholische Lösung liegen um 900 cm^{-1}, die für die Lösung in Benzol um 1200 cm^{-1} tiefer. Die β-Bande des Hexacens konnte wegen technischer Schwierigkeiten noch nicht gemessen werden. [CLAR, E.: B. **72**, 1819 (1939)].

meist die β-*Banden*. Sie stehen im festen Verhältnis zu den α-Banden und müssen daher auch denselben Anellierungseffekt zeigen wie diese, was der Fall ist. Sie sind in Abb. 5 gegenübergestellt und in Reihen mit ganzzahliger und halbzahliger Ordnungszahl eingeteilt. Die aus den Ordnungszahlen berechneten Plätze sind durch gestrichelte Linien gekennzeichnet, und man erkennt, daß die Abstände in $\sqrt{\lambda}$ wiederum *gleich* sind. Die Ordnungszahlen sind dieselben wie bei den α-Banden, nur die Konstante ist hier eine andere, so daß sich die 1. Bande der β-Absorption berechnet nach

$$\lambda = \frac{K^2}{R_\beta}.$$

Die Konstanten R_α und R_β stehen im Verhältnis von $\left(\frac{1}{2^2} - \frac{1}{3^2}\right) : \left(\frac{1}{2^2} - \frac{1}{4^2}\right)$ $= 1 : 1{,}35$. Darüber hinaus sieht man noch, daß auch die Acene und die unsymmetrischen Phene solche Banden haben. Die Absorption liegt bei gleicher Anzahl anellierter Benzolkerne bei fast derselben Wellenlänge. Es ist also nur die Anzahl der Benzolkerne und damit die Zahl der π-Elektronen für die Erreichung derselben Ordnungszahl maßgebend. Doch ist es gleichgültig, in welcher der beiden Anellierungsrichtungen die Ringe sich befinden. Nur die Struktur der Banden ändert sich dann in charakteristischer Weise. So haben die höchst symmetrischen Acene nur eine schmale, fast strukturlose Bande, die sich bei den symmetrischen Phenen verbreitert und bei den unsymmetrischen Phenen zu Dubletts und Tripletts aufgespalten wird. Man könnte Kohlenwasserstoffe mit derselben Ringzahl und derselben Ordnungszahl als „*aromatische Isotope*" bezeichnen.

Wie aus dem festen Verhältnis von $1 : 1{,}35$ hervorgeht, stellen die β-Banden einen höheren, von den α-Banden abhängigen Elektronenübergang dar, während die p-Banden bei der Anellierung *unabhängig* von den α- und β-Banden verschoben werden.

Die p-Banden der Perylene. Denselben Typus wie die p-Banden der Acene gehören die p-Banden der *Perylene* an, nur ist ihre Intensität etwa viermal so groß. Sie sind in Abb. 6 wiedergegeben. Die Punkte bezeichnen auch hier den Ausgangspunkt der p-Bindung im angeregten oder oberen Zustand. Es sind dies die C-Atome von besonderer Reaktivität.

Die *diffuse Absorption* des *Diphenyls* wird durch eine Neigung der beiden Benzolringe von etwa $25°$ zueinander hervorgerufen[1], die ihre Ursache in der Abstoßung der 4 H-Atome in den o-Stellungen hat. Die Methylengruppe im Benzanthren zwingt die Ringe fast in eine Ebene, so daß hier bereits eine Aufspaltung in Teilbanden erkennbar ist, die beim Perylen noch ausgeprägter wird. Die nächsten Glieder dieser Anellierungsreihe sind *1.2,11.12-Dibenz-perylen* und *Bisanthen*. Die Wellenlängen der ersten Banden in dieser Reihe lassen sich wiedergeben durch die Gleichung

$$\lambda = \frac{K^2}{R_\text{per}},$$

---

[1] DHAR, J.: Indian J. Phys.: **7**, 43 (1932). — KARLE, I. L., u. L. O. BROCKWAY: Am. Soc. **66**, 1974 (1944). — MERKEL, E., u. C. WIEGAND: Naturforschg **3**b, 93 (1948). — CLAR, E.: Spectrochimica Acta **4**, 116 (1950).

worin R_{per} eine besondere Konstante für die Perylene und K wieder
die Ordnungszahl, die hier wie in der p-Reihe der Acene mit 6 beginnt.
Wie dort, ist es bemerkenswert, daß das letzte Glied der Reihe etwas
hinter der Berechnung zurückbleibt. Die berechneten Wellenlängen
sind in der Abb. 6 durch eine gestrichelte Linie gekennzeichnet.

Die Zunahme der Ordnungszahl beträgt in der Reihe Diphenyl,
Benzanthren und Perylen je eine K-Einheit pro hinzukommenden Ring
oder $4\,\pi$-Elektronen wie in der p-Reihe der Acene. In nichtkondensierter
Anordnung der Ringe im 1.2,11.12-Dibenz-perylen sind 2 Ringe oder

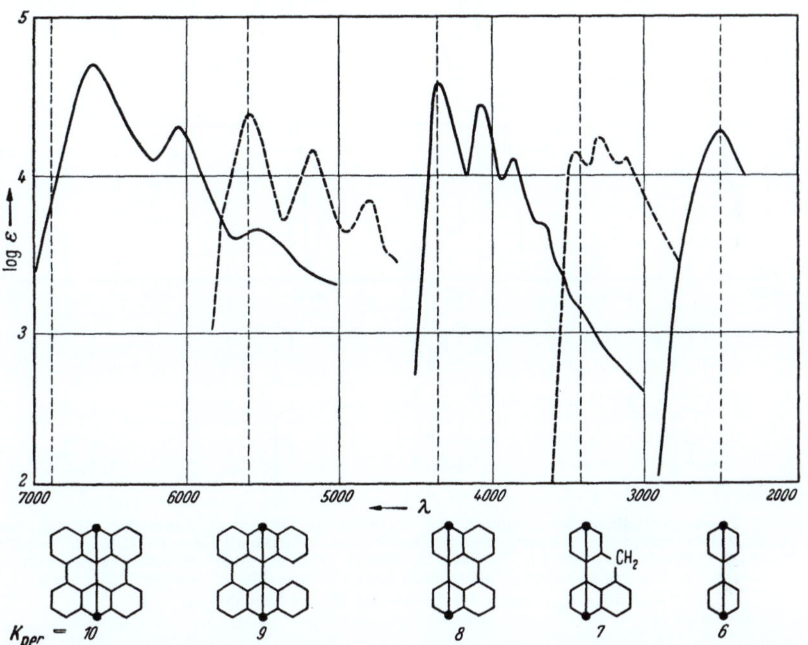

Abb. 6. Gegenüberstellung der *p*-Banden von *Diphenyl* in Alkohol (1. Bande bei 2500 Å),
Benzanthren in Alkohol (3450 Å), *Perylen* in Alkohol (4340 Å), *1.2,11.12.Dibenz-perylen* in
Benzol (5580 Å) und *Bisanthen* in Benzol (6625 Å) mit den dazugehörigen Ordnungszahlen
K_{per}. Die gestrichelten Linien bezeichnen die berechneten Wellenlängen nach $\lambda = K_{per}^2/R_{per}$,
worin die Konstante $R_{per} = 1\,470\,000\ \text{cm}^{-1}$ ist. Sie bezieht sich auf Alkohol als Lösungsmittel.
Die Wellenzahlen für Benzol als Lösungsmittel liegen um $300\ \text{cm}^{-1}$ tiefer.

8 hinzukommende π-Elektronen für denselben Effekt notwendig,
während bei vollkommen kondensierter Anordnung im Bisanthen der
„*Anellierungswert*" der π-Elektronen derselbe ist wie in der Acen-Reihe.

Die p-Banden der Terrylene. Die Anellierungsreihe der *Terrylene*
(Abb. 7) beginnt wieder mit der Ordnungszahl 6 beim Terphenyl. In
dem folgenden *Dibenz-terphenyl*-Derivat sind die Ringe durch die
$$C\!\!\begin{smallmatrix}R\\[2pt]\\R'\end{smallmatrix}$$ -Brücke in *eine Ebene* gezwungen, wodurch die diffuse Bande
des Terphenyls Teilbanden erhält. Der Anellierungswert der beiden
Ringe ist aber nur halb so groß wie beim Benzanthren, d. h. 8 π-Elek-

tronen werden für das Fortschreiten der Ordnungszahl von 6 zu 7 benötigt. Der nächste Ring beim Übergang zum *Terrylen* bringt wieder den vollen Zuwachs um eine K-Einheit zu 8. Das hängt offenbar mit der Symmetrie der Anellierung zusammen, denn der ebenfalls zu den mit Punkten gekennzeichneten C-Atomen symmetrische Ring bei Übergang zum 7.8-Benz-terrylen gibt wieder einen Zuwachs um eine volle K-Einheit. Die Gleichung zur Errechnung der Ordnungszahlen ist hier

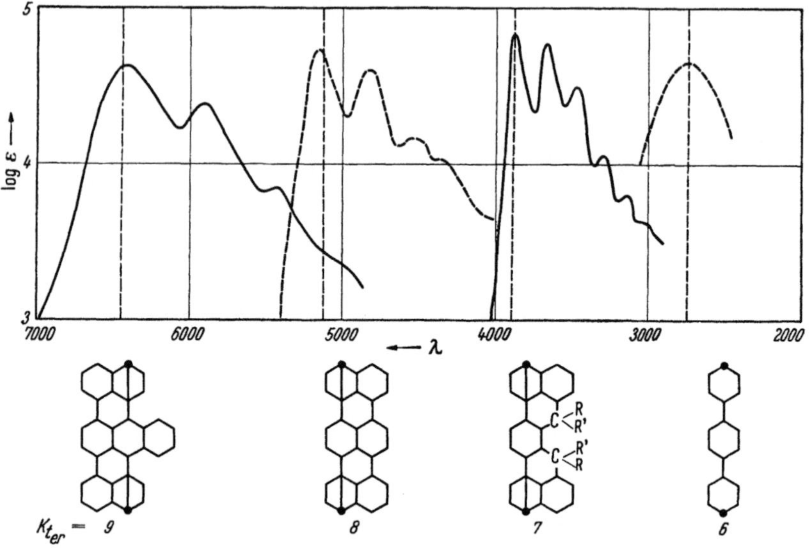

Abb. 7. Gegenüberstellung der p-Banden von *Terphenyl* in Alkohol (1. Bande bei 2760 Å), *endo-Äthylen-7.8-benzterrylen-α. β-dicarbonsaures Di-Na-Salz* in Alkohol [$R = O-C_6H_4$, $R' = {\rangle}C_2H_2$ (COONa)$_2$, 1. Bande bei 3880 Å], *Terrylen* in Benzol (5160 Å) und *7.8-Benzterrylen* in Benzol (6430 Å). Die gestrichelten Linien bezeichnen die berechneten Wellenlängen nach:
$$\lambda = K_{ter}^2/R_{ter}, \text{ worin die Konstante } R_{ter} = 1\,260\,000 \text{ cm}^{-1} \text{ ist.}$$

dieselbe wie bei den anderen p-Reihen, nur mit der besonderen Konstanten R_{ter}

$$\lambda = \frac{K^2}{R_{ter}}.$$

Die p-Banden der Absorptionsspektren von *Quaterphenyl* und *Quaterrylen* verhalten sich wieder ungefähr wie Terphenyl und Terrylen. Die Ordnungszahlen sind daher auch 6 und 8, nur berechnen sie sich mit der Konstanten R_{quater}. Das Verhältnis der verschiedenen Konstanten und der Polyphenyle untereinander wird später (S. 70) untersucht werden.

Die p-Banden der Pyrene. Die angeregten p-Formen der Pyrene leiten sich von zwei energetisch gleichwertigen, hypothetischen p-Formen des Diphenyls I und II mit der Ordnungszahl 6 ab. Die 4 C-Atome mit 4π-Elektronen beim Übergang zu den beiden ebenfalls energetisch gleichwertigen, angeregten Formen des *Pyrens* lassen die Ordnungszahl um eine halbe Einheit fortschreiten, genau so wie die 4 C-Atome beim

Anfügen eines Ringes in der zentrosymmetrischen Annelierungsreihe (Abb. 8). Pyren läßt sich also durch Absorption von Licht zu den beiden reaktiven p-Formen III und IV anregen. Vergleicht man die Intensitäten

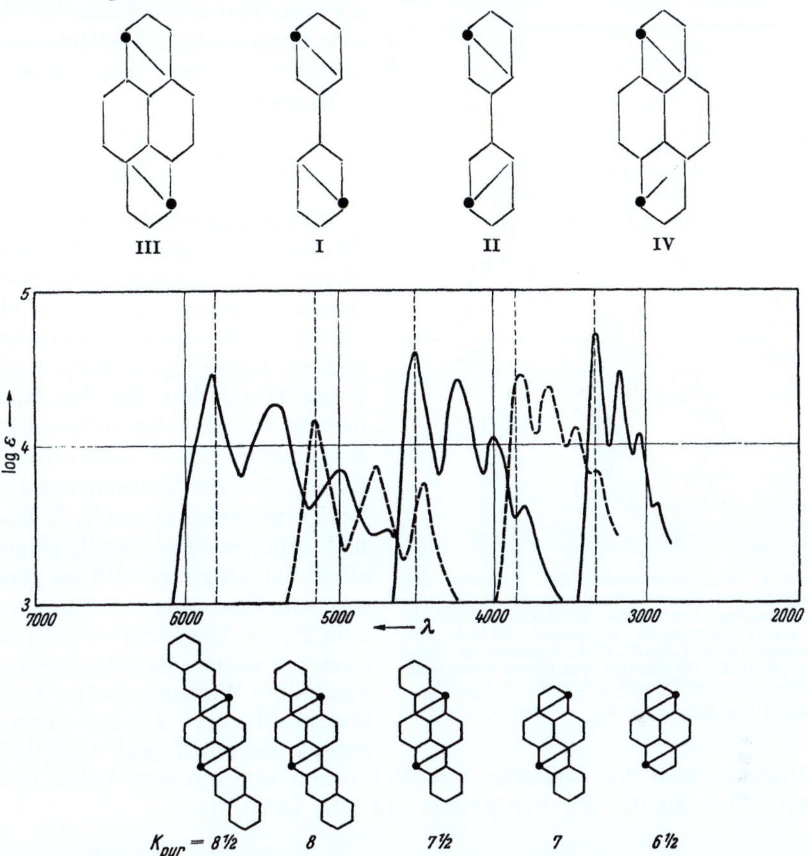

Abb. 8. Gegenüberstellung der p-Banden der zentrosymmetrischen Anellierungsreihe des Pyrens-1. p-Bande von *Pyren* in Alkohol: 3335 Å, *3.4-Benzpyren* in Alkohol: 3845 Å, *3.4,8.9-Dibenzpyren* in Benzol: 4510 Å, *3.4-Benz-naphtho-(2′.3′:8.9)-pyren*, in Benzol: 5160 Å, *Dinaphtho-(2′.3′:3.4), (2″.3″:8.9)-pyren* in Benzol: 5760 Å. Die gestrichelten Linien bezeichnen die berech·neten Wellenlängen nach: $\lambda = K^2_{\text{pyr}}/R_{\text{pyr}}$, worin die Konstante $R_{\text{pyr}} = 1\,260\,000\ \text{cm}^{-1}$.

der p-Banden in den beiden Anellierungsreihen in Abb. 8 und 9, so kann man feststellen, daß der Übergang in die plansymmetrische p-Form IV etwa doppelt so wahrscheinlich ist wie der Übergang zu der zentrosymmetrischen Form III. Damit übereinstimmend erhält man bei der Disubstitution des Pyrens $^2/_3$ 3.8- und $^1/_3$ 3.10-Derivat[1].

Während in der zentrosymmetrischen Anellierungsreihe in Abb. 8 8 π-Elektronen für das Fortschreiten der Ordnungszahl um eine Einheit nötig sind, bedarf es in der plansymmetrischen Reihe in Abb. 9 dazu 16 π-Elektronen. Der Anellierungswert der π-Elektronen wird also bei

---

[1] VOLLMANN, BECKER, CORELL u. STREECK: A. **531**, 76 (1937).

angularer Anellierung in letzterem Fall halbiert. Die Wellenlänge berechnet sich in beiden Fällen mit derselben Konstanten R_{pyr}, nur verlangt im ersten Fall jede K-Einheit einen Zuwachs von *zwei* und im zweiten Fall einen Zuwachs von *vier* Benzolkernen. Die Gleichung lautet wie bei den anderen p-Banden:

$$\lambda_{\mathrm{pyr}} = \frac{K^2}{R_{\mathrm{pyr}}}.$$

Die p-Banden des Peropyren. Ähnliche Verhältnisse wie beim Pyren findet man beim *Peropyren*, dessen angeregte p-Formen III und IV sich von den hypothetischen p-Formen des Terphenyls I und II ableiten. Bei der Anellierung zum Peropyren kommen 8 C-Atome mit 8 π-Elektronen hinzu, die die Ordnungszahl 6 des Terphenyls nur um $^1/_2$ K-Einheit erhöhen. Der Anellierungseffekt ist also nur halb so groß wie beim Übergang vom Diphenyl zum Pyren. Dementsprechend ist auch die weitere Anellierung nur von halber Wirkung, und die Ordnungszahl des *1.2,8.9-Dibenzperopyrens* mit 7 liegt nach dem

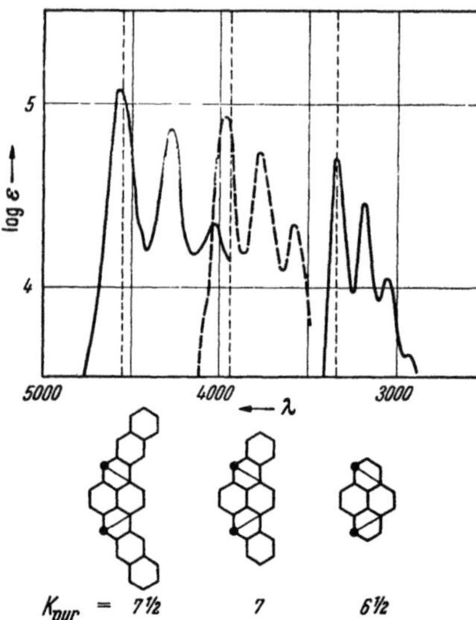

Abb. 9. Gegenüberstellung der p-Banden der plansymmetrischen Anellierungsreihe des Pyrens. 1. p-Banden von *Pyren* in Alkohol: 3335 Å, *3.4,9.10-Dibenzpyren* in Benzol: 3970 Å, *Dinaphtho-(2'.3':3.4),(2''.3'':9.10)-pyren* in Benzol: 4515 Å. Die gestrichelten Linien bezeichnen die berechneten Wellenlängen nach $\lambda = K^2_{\mathrm{pyr}}/R_{\mathrm{pyr}}$, worin die Konstante $R_{\mathrm{pyr}} = 1260000 \ \mathrm{cm}^{-1}$.

Hinzukommen von weiteren 8 π-Elektronen nur um eine halbe Einheit höher als die des Peropyrens mit $6^1/_2$ (Abb. 10).

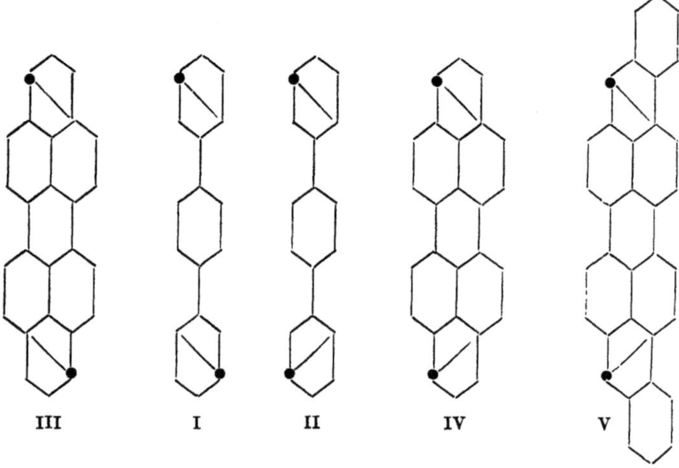

Die erste p-Bande des *1.2.9,10-Dibenz-peropyrens* V liegt bei 4920 Å in Benzollösung. Unter Verwendung der Gleichung

$$\lambda = \frac{K^2|}{R_{\text{perop}}}$$

erhält es damit die Ordnungszahl $K = 6.6$. Die beiden anellierten Ringe haben also rund $^2/_3$ der Wirkung wie beim 1.2,8.9-Dibenz-peropyren.

Die p-Banden der Anthanthrene. Der Anellierungseffekt beim *Anthanthren* ist in Abb. 11 dargestellt. Aus der Ordnungs-

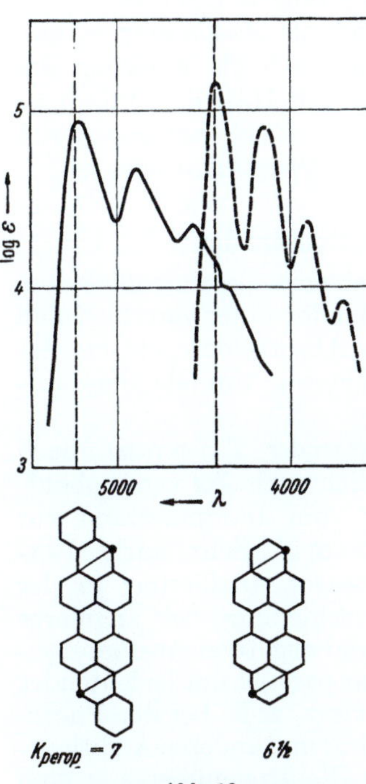

Abb. 10.
Gegenüberstellung der p-Banden von *Peropyren* in Benzol (1.p-Bande bei 44350 Å) und *1.2,8.9-Dibenz-peropyren* in Benzol (1.p-Bande bei 5150 Å). Die gestrichelten Linien bezeichnen die berechneten Wellenlängen nach: $\lambda = K^2_{\text{perop}}/R_{\text{perop}}$, worin die Konstante $R_{\text{perop}} = 950\,000\,\text{cm}^{-1}$.

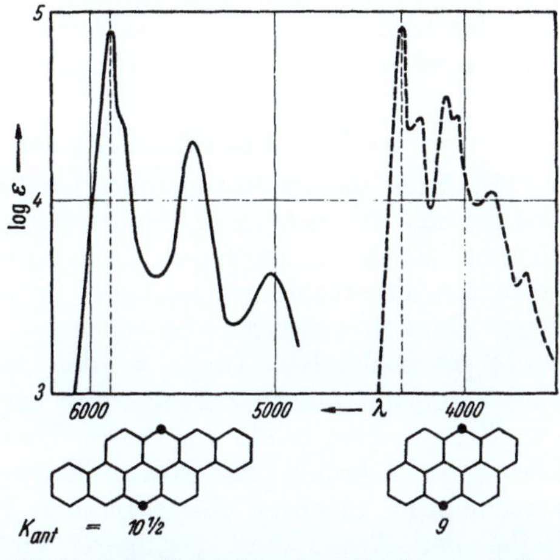

Abb. 11. Gegenüberstellung der p-Banden von *Anthanthren* in Benzol (1.p-Bande bei 4330 Å) und *2.3,8.9-Dibenz-anthanthren* in Benzol (1.p-Bande bei 5890 Å). Die gestrichelten Linien bezeichnen die berechneten Wellenlängen nach: $\lambda = K^2_{\text{ant}}/R_{\text{ant}}$, worin die Konstante $R_{\text{ant}} = 1\,870\,000\,\text{cm}^{-1}$.

zahl 9 für Anthanthren berechnet sich nach $\lambda = \dfrac{K^2}{R_{\text{anthant}}}$ für das hypothetische Anfangsglied der Reihe, der eigenartigen angeregten Form des Naphthalin I mit der Ordnungszahl 6, die Lage der ersten Bande zu ungefähr 1900 Å. Das ist bedeutend kurzwelliger als die erste p-Bande des Benzols bei 2080 Å. Wie man aus der Formel I ersieht, ist der aromatische Charakter in beiden Ringen des Naphthalins zerstört. Die Herbeiführung dieses Zustandes erfordert also einen hohen Energiebetrag, in anderen Worten: eine sehr kurzwellige Absorption.

Die Ordnungszahl nimmt beim Übergang von der Form I des Naphthalins zum *Anthanthren* um 3 Einheiten zu, d. h. der Anellierungseffekt ist *derselbe* wie bei den Acenen und Perylenen, nämlich 1 Einheit für $4\,\pi$-Elektronen.

Erfolgt die Anellierung in weniger kondensierter Form wie beim Übergang vom Anthanthren zum *2.3,8.9-Dibenz-anthanthren* mit der Ordnungszahl $10^1/_2$, so ist ein Anellierungswert von $8\,\pi$-Elektronen für $1^1/_2$ Einheiten zu verzeichnen, das ist $^3/_4$ des obigen Effektes.

Zusammenfassend läßt sich feststellen, daß die *Anellierung in einfachen übersichtlichen Verhältnissen* erfolgt, die sich als Funktion der Zahl der π-Elektronen oder der Zahl der Ringe mit Hilfe der Ordnungszahl darstellen lassen. Der *Anellierungswert der π-Elektronen ändert sich* bei den verschiedenen Anellierungsreihen *unter Quantenbedingungen.*

b) Eine Klassifizierung der Absorptionsbanden[1].

Mit Hilfe der im voranstehenden beschriebenen Gesetzmäßigkeiten und der charakteristischen Verschiebung der Banden unter verschiedenen physikalischen Bedingungen kann man die Absorptionsspektren der aromatischen Kohlenwasserstoffe in *drei Klassen* von Banden auflösen. Danach unterscheidet man:

1) ***para*-Banden.** Diese werden mit *steigender Temperatur* nach *Violett* und mit *fallender Temperatur* beträchtlich nach *Rot* verschoben[2]. Die Frequenzverminderung beim Übergang vom Dampfzustand zur Lösung in Alkohol oder Hexan beträgt $900\ \mathrm{cm^{-1}}$. Sehr starke Rotverschiebung erfahren die p-Banden bei linearer Anellierung in der Reihe der Acene und geringere Violettverschiebung bei angularer Anellierung in der Reihe der Phene (positiver und negativer Anellierungseffekt s. S. 65, 84). Diese Verschiebungen gehen parallel mit bedeutender Erhöhung bzw. Verminderung in der Reaktivität, z. B. bei der Photooxydation, der Addition von Maleinsäureanhydrid und anderen Additionsreaktionen. Die p-Banden werden daher dem Elektronenübergang vom Grundzustand zu einer angeregten p-Form zugeordnet. Der Typus tritt besonders im Absorptionsspektrum des Anthracens und der höheren Acene in der ersten Bandengruppe hervor. Sie wird bei der Substitution oder Anellierung unabhängig von den α- und β-Banden verschoben. Die *Intensität* der p-Banden liegt bei den Acenen in der Nähe von $\log \varepsilon = 4$ und steigt bei den Pyrenen, Peropyrenen, Anthanthrenen und Rylenen bis gegen $\log \varepsilon = 5$ an.

2) **α-Banden.** Hier wird mit *steigender Temperatur sehr schwache Rot-* und mit *fallender Temperatur sehr schwache Violettverschiebung* beobachtet. Die Frequenzverminderung beim Übergang vom Dampfzustand zur Lösung in Alkohol oder Hexan beträgt hier nur $250\ \mathrm{cm^{-1}}$. Sehr starke Rotverschiebung wird bei der Anellierung in der Reihe der Phene festgestellt, gleichzeitig mit einer Erhöhung der Reaktivität im Mittelkern. *Typus:* 1. Gruppe im Absorptionsspektrum des Benzols,

---

[1] CLAR, E.: Chem. Ber. **82**, 495 (1949).
[2] CLAR, E.: Spectrochimica Acta **4**, 116 (1950).

Phenanthrens und andere Phener. Bei den Acenen ist diese Gruppe zwar auch vorhanden, zumeist aber durch die intensiveren p-Banden überlagert, da die *Intensität* der α-*Bandenmaxima* zwischen $\log\varepsilon = 2-3$, die der p-Banden in der Nähe von $\log\varepsilon = 4$ liegt.

3) β-Banden. Diese werden mit *steigender Temperatur* beträchtlich nach *Violett* und mit *fallender Temperatur* nach *Rot* verschoben. Die Rotverschiebung beim Übergang vom Dampf zu Hexan- oder Alkohollösung beträgt 900 cm^{-1}. Der Anellierungseffekt und die Änderung der Reaktivität sind die gleichen wie bei den α-Banden, mit denen sie im festen Verhältnis der Frequenzen $\nu_\alpha : \nu_\beta = \left(\dfrac{1}{2^2} - \dfrac{1}{3^2}\right) : \left(\dfrac{1}{2^2} - \dfrac{1}{4^2}\right) = 1 : 1,35$ stehen, vorausgesetzt, daß die aromatische Resonanz nicht durch sterische Faktoren behindert ist (s. S. 90). Die β-Banden stellen nach den α-Banden den nächst höheren Elektronenübergang dar und werden deshalb β-Banden genannt; sie sind zumeist die intensivsten Banden im Absorptionsspektrum. Ihr Maximum liegt meist in der Nähe von $\log\varepsilon = 5$.

4. Das antiparallele Verhältnis der angeregten Formen der Kohlenwasserstoffe zu den entsprechenden Chinonen.

Auch im Verhältnis der Kohlenwasserstoffe zu ihren Chinonen kommt das Anellierungsprinzip auffällig zur Geltung.

Die Erfahrung hat ergeben, daß einem sehr reaktionsfähigen Kohlenwasserstoff ein wenig reaktionsfähiges Chinon entspricht und umgekehrt. So ist z. B. *Pentacen* höchst reaktiv, *Pentacenchinon* aber nicht mehr verküpbar, während dem wenig reaktionsfähigen *Benzol* das sehr reaktive *p-Chinon* entspricht[1].

Dieser Vergleich bezieht sich aber nicht auf die Kohlenwasserstoffe als solche, sondern genauer auf ihre angeregten o- oder p-Formen, für deren Reaktivitäten die aus den Absorptionsspektren errechneten Ordnungszahlen K_o oder K_p ein genaues Maß liefern. Die Reaktivität eines Chinons, d. h. sein Bestreben, mehr oder weniger energisch Wasserstoffatome an sich zu reißen, wird durch sein Reduktionspotential bestimmt[2]. Bereits im voranstehenden wurde der Einfluß der Anellierung auf diese Potentiale erörtert. Mit Hilfe des *Anellierungsverfahrens* sollen nun die Zusammenhänge quantitativ wiedergegeben werden.

Trägt man die Potentiale der p-Chinone E_0 gegen die Ordnungszahlen der p-Formen der entsprechenden Kohlenwasserstoffe K_p auf, so erhält man die in Abb. 12 wiedergegebene Kurve. Sie enthält der Anschaulichkeit wegen nur die einfachsten Formen. Die folgende Tabelle 1 gibt eine Übersicht über die zahlenmäßige Übereinstimmung. Sie ist als sehr gut zu bezeichnen, denn die Abweichungen liegen innerhalb der Fehlergrenzen der Methoden.

---

[1] CLAR, E.: B. **73**, 104 (1940).

[2] Sämtliche Potentiale sind den Arbeiten von L. F. FIESER u. Mitarb. entnommen: CONANT u. FIESER: Am. Soc. **46**, 1864 (1924). — FIESER: Am. Soc. **51**, 3102 (1929). — FIESER, L. F., u. M. PETERS: Am. Soc. **53**, 793 (1931). — FIESER, L. F., u. E. M. DIETZ: Am. Soc. **53**, 1128 (1931).

Die Gleichung $E_{0, K} = E_{0, 0} - R_{E, p} K_p^4$ gibt an, daß sich das Potential für ein *imaginäres* p-Chinon der Ordnungszahl 0, $(E_{0, 0})$ mit der 4. Potenz der Ordnungszahl des Kohlenwasserstoffes und Chinons K_p, dessen Potential gesucht wird, vermindert. Die Potentiale werden also bald negativ. *Tetracenchinon* ist im feinst verteilten Zustand eben noch

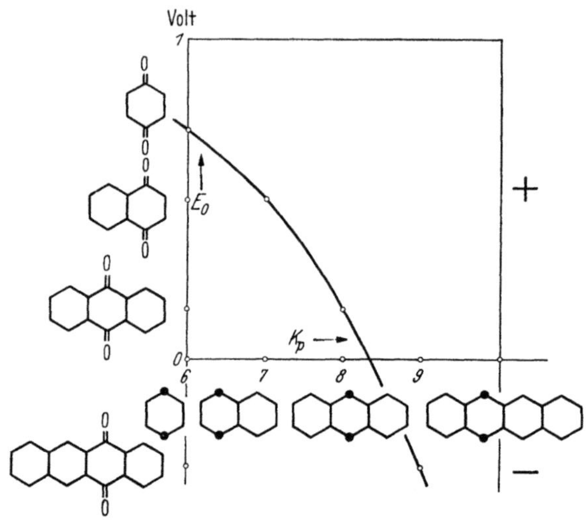

$$E_{0, K} = E_{0, 0} - R_{E, p} K_p^4$$

Abb. 12. Potentiale der p-Chinone, aufgetragen gegen die Ordnungszahlen der p-Formen der entsprechenden Kohlenwasserstoffe.

verküpbar. Sein Hydrochinon ist jedoch sehr unbeständig und nur vorübergehend zu beobachten. *Pentacenchinon* küpt nicht mehr, sein Hydrochinon ist als Zwischenstufe bei energischerer Reduktion nicht

Tabelle 1.

p-Chinon	Ordnungs-zahl K_p	E_0 aus K_p	E_0 gef. nach FIESER
p-Benzochinon	6	+0.7088	+0.711
1.4-Naphthochinon	7	+0.4940	+0.493
Anthrachinon	8	+0.1645	+0.155
Tetracenchinon.	9	−0.3146	
Pentacenchinon	10	−0.9831	

$R_{E, p} = 0.000\,194\,38$ Volt, $E_{0, 0} = +0.9607$ Volt.

einmal andeutungsweise zu bemerken, was bei einem berechneten Potential von rund −1 Volt verständlich ist. Schon das Potential des *Tetracenchinons* läßt sich wegen der Unbeständigkeit seines Hydrochinons nicht mehr bestimmen. Die höheren Acenchinone erhalten also zunehmend den Charakter von Diketonen mit unabhängigen Carbonylen.

In Abb. 13 und Tabelle 2 werden die o-Formen der Kohlenwasserstoffe in Beziehung gebracht zu den entsprechenden o-Chinonen. Auch hier entsprechen wenig reaktiven Kohlenwasserstoffen sehr reaktive Chinone mit hohem Potential und umgekehrt.

Die Gleichung zur Errechnung des Potentials eines o-Chinons von gegebener Ordnungszahl $E_{o,K} = E_{o,\infty} + \dfrac{1}{R_{E,o} K_o^4}$ sagt aus, daß das Potential umgekehrt proportional ist der 4. Potenz der Ordnungszahl K_o, vermehrt um das Potential eines o-Chinons der Ordnungszahl ∞. Ein solches Chinon wäre etwa eine Graphit-Netzebene, die an der Peripherie eine o-chinoide Gruppe trägt. Der Wert $E_{o,\infty}$ ist gleich 0,1 Volt. Die Konstante $R_{E,o}$ beträgt 0.0004817 Volt. Das *Potential* eines *o-Chinons* kann nach der Gleichung *niemals negativ* werden.

Zur Beurteilung der Übereinstimmung zwischen berechneten und gefundenen Werten ist zu berücksichtigen, daß die Bestimmung der Potentiale der o-Chinone

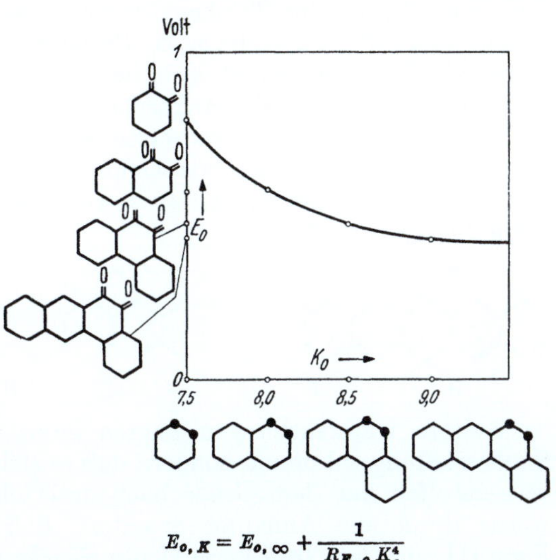

$$E_{o,K} = E_{o,\infty} + \dfrac{1}{R_{E,o} K_o^4}$$

Abb. 13. Potentiale der *o-Chinone*, aufgetragen gegen die *Ordnungszahlen* der *o-Formen* der entsprechenden Kohlenwasserstoffe.

bisweilen recht schwierig ist, teils wegen ihrer Zersetzlichkeit, teils wegen der Schwerlöslichkeit der höheren Glieder. Der zunächst empirisch festgestellte Anellierungseffekt bei den Chinonen und das antiparallele Ver

Tabelle 2.

o-Chinon	Ordnungszahl K_o	E_o ber. aus K_o Volt	K_o gef. nach Fieser Volt
o-Benzochinon	$7^1/_2$	$+0.756$	$+0.794$
1.2-Naphthochinon	8	$+0.607$	$+0.575$
9.10-Phenanthrenchinon	$8^1/_2$	$+0.498$	$+0.471$
1.2-Anthrachinon	$8^1/_2$	$+0.498$	$+0.489$
5.6-Chrysenchinon	$8^3/_4$	$+0.454$	$+0.465$
5.6-Tetraphenchinon	9	$+0.417$	$+0.430$

hältnis von Kohlenwasserstoff und Chinon wurde dann später wiederholt Gegenstand quantenmechanischer Interpretationen[1]. Es wurde auch zur Erklärung von Reaktionsverläufen und Substitutionsregeln herangezogen[2].

[1] Evans, M. G.: Trans. Faraday Soc. 42, 113 (1946). — Diatkina u. Syrkin: Acta physicochim. USSR. 21 (5), 921 (1946). — Evans, M. G., J. Gergely u. J. de Heer: Trans. Faraday Soc. 45, 312 (1949). — Watson, A. T., u. F. A. Matson, J. chem. Phys. 18, 1305 (1950).
[2] Waters, W. A.: Soc. 1948, 727. — Badger, G. M.: Soc. 1950, 1809.

5. Konstitution und magnetische Eigenschaften aromatischer Kohlenwasserstoffe.

Die auffälligste Eigenschaft mancher kondensierter Kohlenwasserstoffe, insbesondere der höheren, tieffarbigen Acene, ist ihre außerordentliche chemische Reaktivität, die der der bekannten freien Radikale vom Typus des Triphenyl-methyls nicht nachsteht und sie bisweilen übertrifft. So bildet z. B. *Pentacen* mit Luftsauerstoff leicht ein *Peroxyd*, disproportioniert sich beim Erhitzen usw. Da diese Eigenschaften mit den damaligen Anschauungen vom aromatischen Zustand nicht in Einklang zu bringen waren, sahen sich E. Clar und Fr. John[1] schließlich veranlaßt, im Pentacen an den *meso*-Stellungen freie Valenzen anzunehmen (Formel I). Pentacen wurde so als *2.3,6.7-Dibenz-anthracen-9.10-diyl* aufgefaßt.

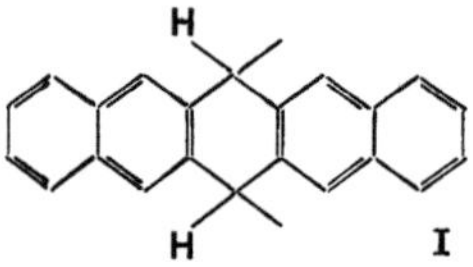

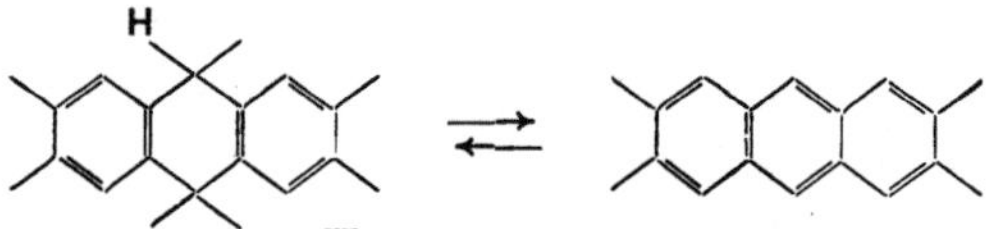

Weitere Untersuchungen zeigten dann, daß dem Pentacen keine Sonderstellung zukommt, sondern daß es sich von den anderen Kohlenwasserstoffen nur dem Grade nach unterscheidet. Die *Diyl-Hypothese* wurde durch die Annahme erweitert, daß zwischen der *o-chinoiden Form* III und der *Diyl-Form* II ein *Gleichgewicht* vorliege, das bei bestimmten Substitutionen, insbesondere bei der linearen Anellierung, zugunsten der *Diyl-Form* verschoben werde.

Für das Rubren wurde von Dufraisse[2] ein der früheren Strukturformel entsprechender *Diyl-Zustand* IV angenommen, um die Bildung des dissoziablen Peroxydes zu erklären. Nachdem aber das Tetracen-(Naphthacen-) Skelett V dieses Kohlenwasserstoffes erkannt wurde, zeigte sich auch hier, daß das Auftreten der Diyl-Form besonders den höheren Acenen zu eigen zu sein schien.

Wenn auch kein Unterschied im chemischen Verhalten zwischen den freien Radikalen und diesen Kohlenwasserstoffen festzustellen ist, und die Diyl-Hypothese die Verhältnisse richtig wiedergeben konnte, so war es doch nicht möglich, den direkten Nachweis für die Spaltung einer Bindung zu führen, da beim Übergang in den Diyl-Zustand nicht aus einer Molekel zwei werden, wie bei den Triphenyl-methylen. Eine

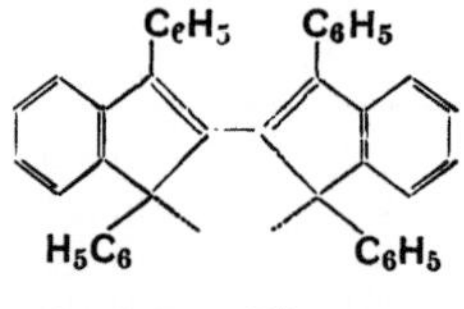

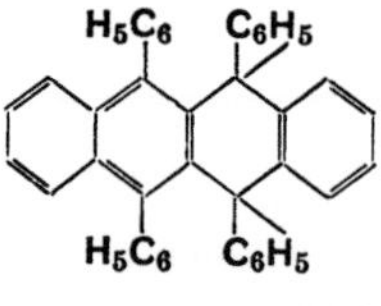

[1] Clar, E., u. Fr. John: B. **63**, 2967 (1930). — Clar, E.: B. **64**, 1676, 2194 (1931).

[2] Dufraisse, Ch.: Bl. (4) **53**, 837 (1933) — B. **67**, 1021, 2018 (1934). — Vgl. A. Schönberg: B. **67**, 633 (1934).

Molekulargewichtsbestimmung konnte also hier keinen Beweis erbringen.

In diesem Stadium der Forschung brachten die *magnetochemischen Untersuchungen* von EUGEN MÜLLER und Mitarbeitern eine entscheidende Wendung der Ansichten.

N. W. TAYLOR und S. N. LEWIS[1] zeigten, daß Lösungen von freien organischen Radikalen *paramagnetisch* sind. Sie enthalten nämlich ein magnetisch nicht kompensiertes Elektron, das durch sein Drehmoment oder Spinmoment zu einer *paramagnetischen Suszeptibilität* von etwa $1280 \cdot 10^{-6}$ für $T = 293°$, $\sqrt{3}\,\mu_B = 1{,}73 \ldots \mu_B$ ($\mu_B =$ BOHRsches Magneton) entsprechend, führt. Ein Radikal mit zwei freien Valenzen muß demnach den doppelten Wert der paramagnetischen Suszeptibilität oder wegen der Proportionalität von $\chi \sim \mu^2$ ein um $\sqrt{2}$ größeres magnetisches *Gesamtspinmoment*, d. h. $\sqrt{2} \cdot \sqrt{3}\,\mu_B = \sqrt{6}\,\mu_B = 2.45\,\mu_B$, besitzen.

Die Untersuchungen von EUGEN MÜLLER und ILSE MÜLLER-RODLOFF[2] haben aber ergeben, daß weder *Pentacen* noch *Rubren paramagnetisch* sind. Der gleiche Befund ergab sich bei dem sehr reaktionsfähigen *p.p′-Biphenylen-bis-(diphenylmethyl)* VI, das als doppeltes Triphenylmethyl aufgefaßt und auch so formuliert worden ist. Es ist ebenfalls diamagnetisch und wird daher von E. MÜLLER chinoid formuliert nach VII.

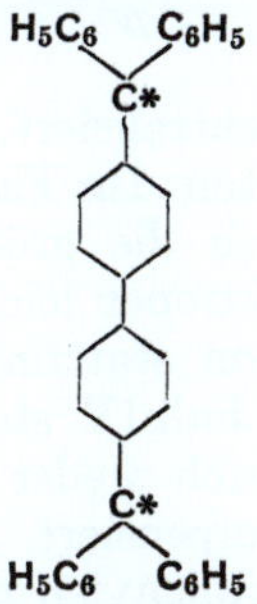

$$
\begin{array}{cccc}
\text{VI} & \text{VII} & \text{VIII} & \text{IX}
\end{array}
$$

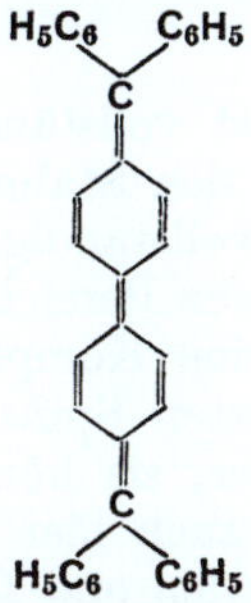

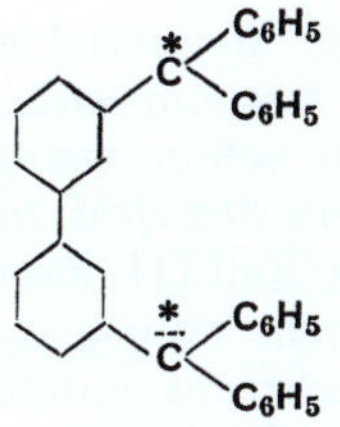

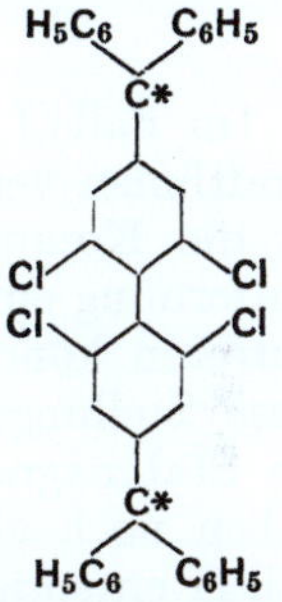

Hingegen hat die Untersuchung des *m,m′-Biphenylen-bis-(diphenylmethyl)* VIII gezeigt, daß es in gewissem Maße in der Diyl-Form vorliegt. Hier ist eine chinoide Formulierung nicht möglich. Einen weiteren wichtigen Beitrag zur Frage der Diradikale lieferten EUGEN MÜLLER und HEINZ NEUHOFF[3]. Sie stellten das *o, o′-Tetrachlor-Derivat* von VI dar und fanden, daß es in Lösung bei 80° schon zu erheblichem Anteil in der *Diradikal-Form* vorliegt. Durch die 4 Chlor-Atome in IX ist eine Anordnung der Diphenylkerne in einer Ebene und damit auch eine chinoide Formulierung nicht mehr möglich. Werden in der Verbindung IX die Phenyl-Reste durch Xenyl-Reste ersetzt, so kommt man zu freien *Diradikalen* mit bis zu 80% Gehalt an Diradikal[4]. Werden die Cl-Atome

[1] TAYLOR, N. W., u. S. N. LEWIS: Proc. Nat. Acad. Sci. USA. **11**, 456 (1925).
[2] MÜLLER, EUGEN, u. ILSE MÜLLER-RODLOFF: A. **517**, 134 (1935).
[3] MÜLLER, EUGEN, u. HEINZ NEUHOFF: B. **72**, 2063 (1939).
[4] MÜLLER, EUGEN, u. E. TIETZ: B. **74**, 807 (1941).

durch Methyl-Gruppen ersetzt, so zeigen die erhaltenen Kohlenwasserstoffe ebenfalls Diradikal-Charakter[1].

Der Ersatz des Tetrachlor-diphenyl-Restes in IX durch Terphenyl oder Quaterphenyl liefert Kohlenwasserstoffe, deren Paramagnetismus einen hohen Gehalt an Diradikal anzeigt, insbesondere, wenn auch mehrere oder alle Phenyl-Reste durch Xenyl-Reste ersetzt sind[2]. Es bedarf also bei diesen Polyphenylen nicht mehr der die freie Drehbarkeit der Diphenyl-Bindung behindernden Cl-Atome, um die beiden Molekelhälften sich wie unabhängige *Triphenyl-methyle* benehmen zu lassen. Diese Verhältnisse lassen sich in einfacher Weise veranschaulichen.

Ein rotierendes Elektron stellt einen *Elementarmagneten* dar, der durch einen Pfeil symbolisiert werden kann. Mit diesem primitiven Bild kann man leicht eine Vorstellung von der Wechselwirkung zweier kleinster Stabmagneten gewinnen:

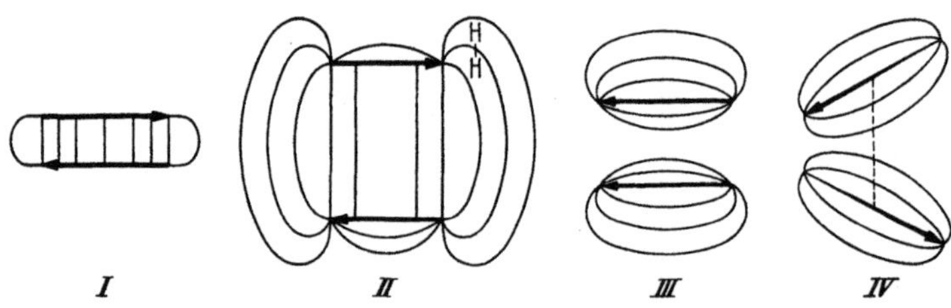

Im Falle I sind die Magnetfelder fast vollständig neutralisiert, die Kraftlinien verlaufen fast nur zwischen den Stabmagneten. Im Fall II ist die Kompensation schon weniger vollständig, durch die größere Entfernung entsteht ein *Streufeld*, in dessen Bereich Reaktionen leichter eintreten können. Im Fall III kann keine Kompensation stattfinden. diese Stellung entspricht entgegengesetzten Spins. Im Fall IV stehen die Stabmagneten senkrecht aufeinander, sie können sich weder anziehen noch abstoßen. Die Spins sind auch hier unkompensiert. Der Fall II entspricht ungefähr den Terphenylen und Quaterphenylen nach Formel VI, der Fall III einem Diradikal und der Fall IV einem echten Diradikal, wie es in der MÜLLERschen Verbindung IX verwirklicht sein dürfte, wo die beiden Kerne des Diphenyls etwa um 90° gegeneinander verdreht sind.

Einen direkten Beweis für die Gegenwart eines Streufeldes bei größerer Entfernung der C-Atome konnten kürzlich GEORG-MARIA SCHWAB und NINO AGLIARDI[3] erbringen. Nachdem SCHWAB und AGALLIDIS[4] festgestellt hatten, daß das inhomogene Magnetfeld freier einwertiger organischer Radikale *p*-Wasserstoff mit derselben Geschwindigkeit in Gleichgewichts-Wasserstoff umlagert, wie *paramagne-*

[1] THEILACKER, W., u. W. OZEGOWSKI: B. **73**, 39, 901 (1940).
[2] MÜLLER, EUGEN, u. H. PFANZ: B. **74**, 1051, 1075 (1941).
[3] SCHWAB, GEORG-MARIA, u. NINO AGLIARDI: B. **73**, 95 (1940). — Vgl. ferner SCHWAB u. SCHWAB-AGALLIDIS: Naturwiss. **28**, 412 (1940).
[4] SCHWAB u. AGALLIDIS: Ph. Ch. (B) **41**, 59 (1938).

tische Gasmolekeln oder Ionen gleichen magnetischen Moments, wandten
SCHWAB und AGLIARDI diese Methode auch auf *p,p'-Biphenylen-bis-
(diphenylmethyl)* (Formel VI, S 41.) an. Hier ist durch die große Entfernung das *Streufeld* besonders groß, und so gelang es ihnen, den Nachweis zu bringen, daß dieser diamagnetische Kohlenwassersotff zu 10%
in einer *p*-Wasserstoff umwandelnden Form vorliegt. Das gleiche Verfahren zeigte beim Tetraphenyl-p-xylylen, wo die in Frage kommenden
C-Atome viel näher beieinander stehen, einen Gehalt dieser Form
von weniger als 0.2% an. Nach EUGEN MÜLLER sind diese Werte
zu hoch[1].

Im Fall II gibt die Gruppe H—H an, wie man durch die im Vergleich
zur ganzen Kohlenwasserstoffmolekel kleine H_2-Molekel die einzelnen
,,*Valenzstellen*'' *abtasten* kann.

Eine sehr interessante Zusammenfassung des Problems mit einer
Gegenüberstellung der Versuchsergebnisse der magnetischen Messungen
und der Messungen mit *p*-Wasserstoff wurde kürzlich von EUGEN MÜLLER[2]
gegeben.

Nach den neuesten Arbeiten von SELWOOD und DOBRES[3] ist Vorsicht
in der Bewertung der magnetischen Messungen geboten, da der diamagnetische Anteil im Radikal oft sehr viel größer ist, als bisher angenommen wurde und der Prozentsatz an freiem paramagnetischem
Radikal daher viel zu niedrig erscheint.

III. Die Resonanz in aromatischen Kohlenwasserstoffen.

1. Tatsachen, die für die Beweglichkeit der π-Elektronen in aromatischen Systemen sprechen.

Die *Bildungswärme* der gasförmigen Benzol-Molekel aus isolierten
C- und H-Atomen ergibt sich aus der Verbrennungswärme und der
Bildungswärme der Verbrennungsprodukte Kohlendioxyd und Wasser.
Man erhält so eine Bildungswärme von 1039 kcal pro Mol. Aus zahlreichen Daten für die Verbrennungswärme von Kohlenstoff- und
Wasserstoffverbindungen ist die Bindungsenergie für die einzelnen
C—H-, C—C- und C=C-Bindungen bekannt. Aus der Summe von
6 C—H, 3 C—C und 3 C=C errechnet sich die Bildungswärme des
Benzol zu 1000 kcal pro Mol, vorausgesetzt, daß die Einfach- und
Doppelbindungen in einer KEKULÉ-Struktur starr festgelegt sind. Das
Benzol hat also eine um 39 kcal größere Bildungswärme, als sich aus
den einzelnen Bindungsinkrementen berechnen läßt. Es ist naheliegend,
diesen Überschuß mit *anderen Bindungsverhältnissen*, als es die Formel
mit alternierenden, festgelegten Einfach- und Doppelbindungen vorsieht, in Zusammenhang zu bringen.

Zu einem ähnlichen Ergebnis führt die Untersuchung der *Hydrierwärme*. Sie beträgt bei der Hydrierung von Benzol zu Cyclohexan

---

[1] MÜLLER, EUGEN: Ang. Ch. **54**, 192 (1941).
[2] MÜLLER, EUGEN: Fortschr. chem. Forschg **1**, 325 (1950).
[3] SELWOOD, P. W., u. R. M. DOBRES: Am. Soc. **72**, 3860 (1950).

49.80 kcal[1]. Die Hydrierwärme von Cyclohexen zu Cyclohexan beträgt
28.59 kcal[1]. Unter der Annahme von 3 Doppelbindungen in Benzol
sollte man das Dreifache des letzteren Wertes, also 85.77 kcal, für
Benzol erwarten. Die *Differenz* von der tatsächlich gefundenen Hydrierwärme des Benzol ist so 35.97 kcal. Benzol muß also um rund 36 kcal
stabiler sein, als sich aus der Annahme von 3 unbeweglichen Doppelbindungen ergibt. Der Wert stimmt unter Berücksichtigung der den
verschiedenen Verfahren anhaftenden Mängel recht gut mit den oben
ermittelten überein. Ein weiteres ebenso schwerwiegendes Argument
gegen eine Benzolformel mit 3 festgelegten Doppelbindungen ist das
Ergebnis der Bestimmung der C—C-Abstände mittels Röntgenstrahlen. Die
C—C-Abstände ergeben sich danach zu 1.39 Å für alle 6 C—C-Bindungen.
Die Molekel hat also hexagonale Symmetrie. Nun ist aus einer größeren
Anzahl von Messungen mittels Elektronenbeugung oder Röntgenstrahlen
bekannt, daß der Abstand der einfachen C—C-Bindung 1.54 Å und der
C=C-Bindung 1.33 Å beträgt. Der Abstand der aromatischen C—C-
Bindung mit 1.39 Å liegt also tiefer als das Mittel aus einfacher und
doppelter Bindung mit 1.44 Å. Die Elektronen müssen demnach im
Benzol nicht nur gleichmäßig über den Ring verteilt sein, sondern
müssen auch noch eine stärker bindende Wirkung haben.

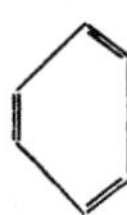

Würde Benzol aus festliegenden Doppel- und Einfachbindungen
aufgebaut sein, so könnte kein regelmäßiges Sechseck entstehen, es
müßten dann kürzere und längere Seiten abwechseln, wie das hier
übertrieben dargestellt ist. Die Molekel könnte dann höchstens drei-
zählige Symmetrie haben. Die *hexagonale Symmetrie* ist aber das *ge-
sicherte Ergebnis* nicht nur der Röntgen-Strukturanalyse, sonnern auch
der RAMAN- und *Ultrarot-Spektren*[2].

Die Messung des *Brechungs-* und *Zerstreuungsvermögens* des *Benzol*
ist in Übereinstimmung mit der Anwesenheit von 3 Doppelbindungen[3].
Hierzu ist aber zu bemerken, daß die bei den konjugierten Doppelbindungen beobachtete Exaltation verschwindet, weil das Benzol ein
in sich geschlossenes konjugiertes System darstellt. Daraus kann man
aber keineswegs auf die Anwesenheit von drei festgelegten Doppelbindungen schließen.

Auch der an mehreren Kohlenwasserstoffreihen beobachtete Anellierungseffekt läßt sich nicht mit festgelegten Doppelbindungen verein-
baren. Die hier beobachtete sehr starke *Änderung der Reaktivität* an
gewissen Stellen der Molekel und die damit verbundene starke *Ver-*

[1] KISTIAKOWSKY, G. B., J. R. RUHOFF, H. A. SMITH u. W. E. VAUGHAN:
Am. Soc. **57**, 876 (1935); **58**, 137, 146 (1936).
[2] KOHLRAUSCH, K. W.: Physik. Z. **37**, 58 (1936). — INGOLD, C. K., u. Mitarb.
Soc. **1936**, 912 und folgende Mitteilungen.
[3] v. AUWERS: A. **415**, 135 (1918); **422**, 208 (1921).

schiebung gewisser Bandengruppen, die eben diesen Stellen zugeordnet
werden, läßt sich nur verstehen, wenn die bei der Anellierung oft in
größerer Entfernung davon hinzukommenden π-Elektronen das Ringsystem durchwandern können, um an den reaktiven Zentren die beobachtete Wirkung hervorzurufen.

Man könnte nun annehmen, daß die Bindungen so schnell wechseln,
daß der Unterschied zwischen Einfach- und Doppelbindung verschwindet
und so ein Elektronen-Transport möglich würde. An einen solchen
Bindungswechsel brauchten nur die trägheitslosen Elektronen teilzunehmen, während die schweren Atomkerne, welche der sehr raschen
Bewegung der Elektronen nicht folgen können, eine mittlere Lage einnehmen würden. So etwa ließe sich heute die KEKULÉ*sche Oszillationshypothese* interpretieren. Die Forderung, die KEKULÉ selbst an seine
Formel stellt, wäre dann erfüllt: „Die 6 Kohlenstoffatome sind untereinander in völlig symmetrischer Weise verbunden, man kann also
annehmen, sie bilden einen völlig symmetrischen Ring.“

Im folgenden wird sich zeigen, wieweit der unübertroffene Meister
der Chemie der aromatischen Verbindungen damit das Ergebnis der
modernen Untersuchungsmethoden und Theorien vorweggenommen hat.

2. Theorien der aromatischen Resonanz.

> Eine einmal festgestellte Tatsache kann nie Gegenstand des
> Streites sein ... Betrachtungen dagegen können, von den
> selben Tatsachen als Grundlage ausgehend, je nachdem
> man der einen oder der anderen vorwiegend Wert beilegt,
> zu ganz verschiedenen Ansichten führen. Durch Erkenntnis
> und Berücksichtigung neuer Tatsachen müssen diese An
> sichten der Natur der Sache nach fortwährend Verände
> rungen erleiden.
>
> Lehrbuch der organischen Chemie I, S. 58.
> AUGUST KEKULÉ.

Im Voranstehenden wurden die experimentellen Tatsachen gebracht,
die bei jeder Theorie des aromatischen Zustandes berücksichtigt werden
müssen. Die modernen Theorien befinden sich noch mitten in der Entwicklung, und die Wiederholung von durchgreifenden Änderungen, wie
die beim Übergang vom BOHRschen *Atommodell* zur *quantenmechanischen
Interpretation*, erscheinen durchaus möglich.

a) Das tetraedrische Kohlenstoffatom und die aromatischen π-Elektronen.

Aus den spektroskopischen Beobachtungen hat sich für das Kohlenstoffatom die Elektronenkonfiguration $1s^2$, $2s^2$, $2p^2$ ergeben. Das bedeutet, daß die innerste, die K-Schale, wie beim Helium durch $2s$-
Elektronen besetzt ist. In der folgenden L-Schale befinden sich $2\,s$- und
$2\,p$-Elektronen. In der Quantenmechanik werden die BOHRschen Atombahnen durch Wahrscheinlichkeitsverteilungen ersetzt, die die Wahrscheinlichkeit, ein Elektron an einem bestimmten Orte anzutreffen,
angeben. Die so erhaltenen Elektronenschalen (orbitals) sind bei den
s-Elektronen kugelsymmetrisch (Abb. 14 links). Etwa 90% der Ladung

des Elektrons sind in der Kugeloberfläche anzutreffen. Bei den p-Elektronen ist die Elektronenladung größtenteils in 2 Kugeloberflächen, die durch den Atomkern getrennt sind, anzutreffen (Abb. 14, Mitte). Entsprechend den 3 Raumkoordinaten x, y, z sind in der L-Schale drei solcher Elektronen-Schalen möglich. Nun können nach dem PAULI-Prinzip sowohl die s- als auch die 3 p-Schalen maximal durch 2 Elektronen mit entgegengesetztem Spin besetzt sein, so das bekannte Oktett ergebend.

Beim Kohlenstoff sagt die Konfiguration $2s^2$, $2p_x$, $2p_y$ aus, daß sich in der L-Schale 2 s-Elektronen mit entgegengesetzt, gepaarten Spins und 2 p-Elektronen mit ungepaarten Spins befinden. Das Kohlenstoffatom muß in diesem Zustande 2 wertig sein, und ist so untauglich zur Beschreibung des tetraedrischen und des aromatischen C-Atoms. Um zu dem tetraedrischen C-Atom zu gelangen, wird mit Aufwand von etwa 65 kcal eines der s-Elektronen in die unbesetzte p_z-Schale gebracht. Man erhält so das 4 wertige $2s$, $2p_x$, $2p_y$, $2p_z$ C-Atom. Zum tetraedrischen C-Atom mit den gerichteten Valenzen kann man durch Vermischung dieser reinen s- und p-Typen durch Verzwitterung gelangen. Nach L. PAULING[1] gibt es nun drei solcher Kombinationen. Eine davon

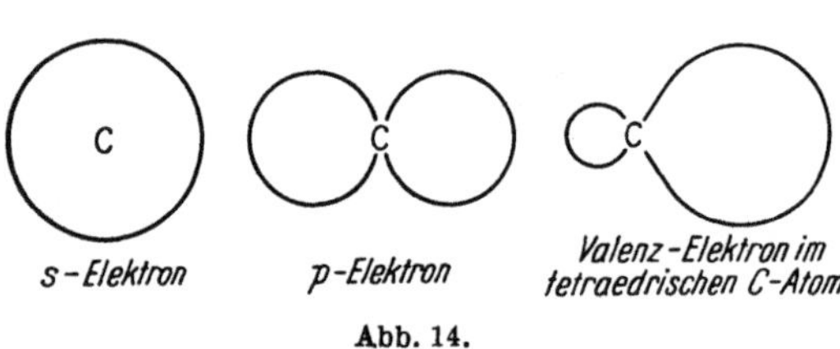

Abb. 14.

ist das Modell mit den drei gerichteten tetraedrischen Valenzen. Hier gibt es keine reinen s- und p-Elektronen mehr, das Atom befindet sich vielmehr im „Valenzzustand“. Die Schale eines dieser gerichteten tetraedrischen Valenzenelektronen ist in Abb. 14, rechts, wiedergegeben.

Eine andere Art der Verzwitterung von s- und p-Elektronen findet man in den ungesättigten und aromatischen Verbindungen. Hier sind drei dieser Valenzelektronen-Schalen in einem Winkel von 120° in der Ebene angeordnet. Im *Äthylen* (Abb. 15, links) sind die C—C- und C—H-Bindungen, die alle in derselben Ebene liegen, mit Hilfe dieser Elektronen hergestellt worden. Da sie in der einfachen Bindung lokalisiert sind, genügt es für die weiteren Betrachtungen, sie durch den Valenzstrich zu ersetzen. Sie werden im Molekelverband als σ-Elektronen bezeichnet.

Die noch verbleibenden 2 Elektronen im Äthylen sind nicht lokalisiert. Die Zeichen $+$ und $-$ bedeuten, daß sie sich entweder über der Ebene oder unter ihr befinden. Sind beide Elektronen *gleichzeitig* über oder unter der Ebene der Molekel, so befinden sie sich im *bindenden* Zustand, sie sind dann gekoppelt, und ihre Spins müssen antiparallel sein. Befindet sich aber in einem bestimmten Augenblick 1 Elektron über und 1 Elektron unter der Ebene, so sind sie *nichtbindend*, ungekoppelt, und ihre Spins sind dann parallel. Elektronen, die nicht

---

[1] PAULING, L.: Am. Soc. **53**, 1367 (1931); **54**, 988, 3570 (1932).

lokalisiert sind, werden im Molekelverband als *π-Elektronen* bezeichnet. Ihre Bindung ist im Vergleich zu den σ-Elektronen erheblich schwächer. Sie geben den *ungesättigten* und *aromatischen* Verbindungen ihr charakteristisches Gepräge.

Im *Benzol* sind die 6 π-Elektronen verteilt, wie in Abb. 15, rechts, angegeben. Im Grundzustand sind sie alle miteinander gekoppelt, sie befinden sich also alle entweder über oder unter der Ringebene. Man sieht ohne weiteres, daß dieses Bild *keine lokalisierten Doppelbindungen* ergibt. Die Einordnung dieser austauschbaren π-Elektronen in Energieniveaus und die Berechnung der Energie des Grundzustandes des Benzoles kann auf verschiedene Weise geschehen.

b) Das Näherungsverfahren von E. Hückel[1].

Wegen der *Gleichheit aller Elektronen* hat es keinen Sinn, ein bestimmtes π-Elektron einem bestimmten C-Atom zuzuordnen. Man kann also nur sagen, daß bei einer Ortsbestimmung irgendeines dieser Elek-

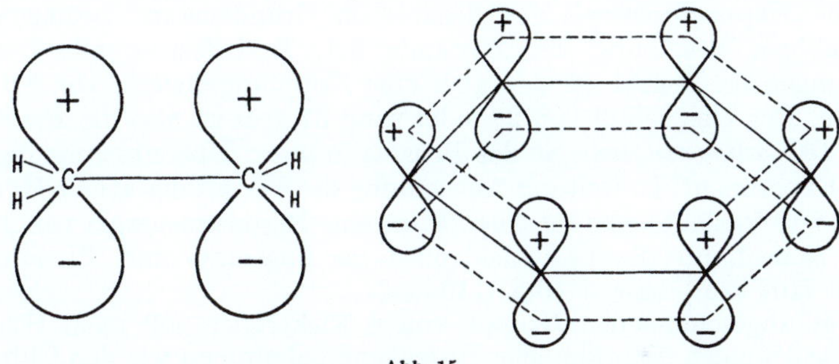

Abb. 15.

tronen bei einem bestimmten C-Atom angetroffen werden kann und ein anderes bei einem anderen bestimmten C-Atom usw. Die π-Elektronen können demnach einen *Umlaufsinn* durch den Ring besitzen und so einen elektrischen Strom um den Ring erzeugen. Zu jedem rechts umlaufenden Strom gehört dann ein anderer links umlaufender von gleicher Stärke. Man sagt dann, die beiden Elektronenzustände sind miteinander „*entartet*". Außerdem gibt es aber noch Zustände von bestimmter Energie, die „*nicht entartet*" oder einfach sind.

Beim Benzol gibt es nun nach E. Hückel 6 molekulare Elektronenzustände der π-Elektronen, von denen dem tiefsten und dem höchsten kein, den übrigen aber ein Umlaufsinn zukommt. Als Maßstab für die Energie dieser Niveaus benutzt Hückel die „*charakteristische Kopplungsenergie*" β als Einheit. Das ist jener Energiebetrag, der bei der Kopplung der beiden π-Elektronen frei wird. Da β etwa 18.5 kcal ist, beträgt die Kopplungsenergie im Äthylen 37 kcal. Die *sechs Elektronenzustände* des *Benzols* werden wie folgt charakterisiert:

---

[1] Hückel, E.: Z. Phys. **70**, 204 (1931) — Grundzüge der Theorie der ungesättigten und aromatischen Verbindungen, S. 71. Verlag Chemie 1938.

-2β kein Umlaufsinn (nicht entartet, lockernd),
$-\beta$, $-\beta$ Rechts- und Linksumlauf (entartet, lockernd),
$+\beta$, $+\beta$ Rechts- und Linksumlauf (entartet, bindend),
$+2\beta$ kein Umlaufsinn (nicht entartet, bindend).

Im *Grundzustand* des Benzols sind nur die beiden untersten Zustände besetzt. Der tiefste mit der Kopplungsenergie $+2\beta$ enthält ein Elektronenpaar, die nächsten beiden entarteten mit der Kopplungsenergie $+\beta$, $+\beta$ enthalten 2 Elektronenpaare. Somit wird eine abgeschlossene Gruppe von $2 + 4 = 6$ bindenden Elektronen erhalten. Davon haben 2 keinen Umlaufsinn und die 4 anderen paarweise entgegengesetzten Umlaufsinn sowie entgegengesetzt gleiches Impulsmoment. Daraus resultiert im ganzen weder ein Impulsmoment noch ein magnetisches Moment. Infolge *der kompensierten Spins* ist das *Benzol* demnach *diamagnetisch*. Entsprechend den elektrischen Strömen in der Ebene des Ringes (Abb. 15, rechts) ist der Diamagnetismus besonders groß, wenn das Magnetfeld zur Ringebene bei der Untersuchung von einzelnen Krystallen senkrecht orientiert ist.

Die *Kopplungsenergie* des Benzols im Grundzustand beträgt nach der obigen Besetzung der Zustände 8β. Drei festliegende Doppelbindungen im Benzol würden aber eine Kopplungsenergie von 6β verlangen. Der Überschuß von 2β oder rund 37 kcal ist also die *Resonanz-* oder *Delokalisierungsenergie* des Benzols in guter Übereinstimmung mit dem Experiment. In weiterer Anwendung des Verfahrens erhält Hückel für die $10\,\pi$-Elektronen im *Naphthalin* eine Resonanzenergie von $3.68\,\beta$ oder 76 kcal, für die $14\,\pi$-Elektronen im *Anthracen* und *Phenanthren* $5.31\,\beta$ (104 kcal) bzw. $5.45\,\beta$ (110 kcal).

Der abgeschlossenen Gruppe von 6 Elektronen soll nach Hückel in Ringsystemen eine ähnliche Bedeutung zukommen wie den Oktetten in Atomen. Schon Bamberger[1] hat auf den aromatischen Charakter der fünfgliedrigen Ringsysteme *Furan* I, *Thiophen* II und *Pyrrol* III hingewiesen, den er zu erklären versuchte, indem er auch in diesen Ringsystemen wie im Benzol 6 „potentielle Valenzen" annahm. Wenn man die einsamen Elektronenpaare am Sauerstoff, Schwefel und Stickstoff einzeichnet, so bekommt diese Anschauung eine neue Berechtigung,

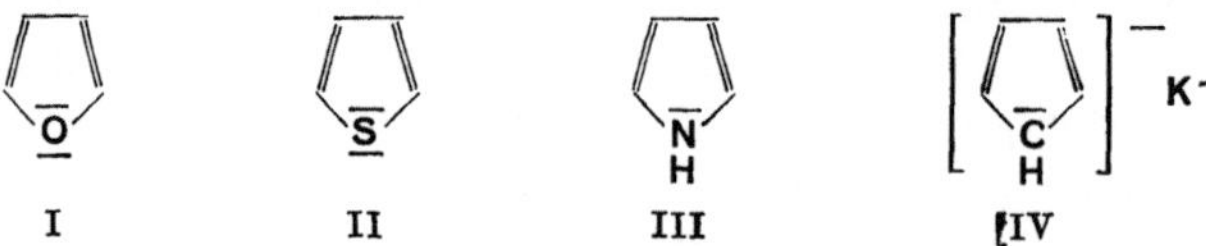

denn die 4 Elektronen zweiter Art, die in den klassischen Formulierungen in den Doppelbindungen untergebracht sind, können nun mit dem einsamen Elektronenpaar zusammen eine Gruppe von 6 Elektronen bilden, wie sie von Hückel im Benzol angenommen wird. Es würden also wie beim Benzol keine Doppelbindungen mehr vorhanden sein. Hückel führt auch die Bildung von *Cyclopentadien-kalium* IV auf die Entstehung einer solchen Gruppe von 6 Elektronen zurück. Die beiden

---

[1] Bamberger: B. **24**, 1758 (1891) — A. **273**, 373 (1893).

fehlenden Elektronen werden hier durch die Ionisation des Kaliumatoms geliefert.

Der aromatische Charakter ist bei diesen heterocyclischen Verbindungen gegenüber Benzol erheblich vermindert, wie aus den gemessenen Resonanzenergien für *Pyrrol* (31 kcal), *Thiophen* (31 kcal) und *Furan* (23 kcal) hervorgeht[1]. Es ist daher verständlich, daß z. B. Furan sich bei der Diensynthese mehr wie Butadien verhält und diese Reaktion leicht eingeht, während Benzol dazu nicht zu bewegen ist. *Furan* lagert z. B. sehr glatt *Maleinsäure-anhydrid* an[2]:

In den Heterocyclen ist keine Symmetrieachse senkrecht zur Ringebene vorhanden, und so kommt auch den Elektronenzuständen kein Umlaufsinn mehr zu. Es werden jetzt 2 stehende Wellen verschiedener Energie auftreten, denen aber positive Kopplungsenergien entsprechen.

Während beim Benzol der *Umlaufsinn* der Elektronen zweiter Art infolge der Kompensation nicht nachweisbar sein kann, ergibt sich beim *Pentaphenyl-cyclopentadienyl*[3] die Möglichkeit der experimentellen Prüfung der Vorstellungen von E. HÜCKEL. Werden die 5 Elektronen zweiter Art dieser Verbindung, ähnlich wie die 6 Elektronen beim

Benzol, zu einer Gruppe zusammengefaßt, so ist der höchste molekulare Elektronenzustand entartet und mit 3 Elektronen besetzt, von denen 2 entgegengesetzte Spins haben. Außerdem kommt aber dem dritten ungepaarten Elektron ein Umlaufsmoment zu. Die Messungen von E. MÜLLER und I. MÜLLER-RODLOFF[4] haben aber ergeben, daß der gefundene *Paramagnetismus* des *Pentaphenyl-cyclopentadienyls* nur dem *Spinmoment* entspricht, wie es auch sonst bei freien Radikalen festgestellt werden kann. Hingegen hat sich für ein Umlaufsmoment kein Anhaltspunkt ergeben. HÜCKEL deutet diese experimentelle Tatsache

---

[1] PAULING, L., u. J. SHERMAN: J. chem. Phys. **1**, 606 (1933).

[2] DIELS, O., u. K. ALDER: B. **62**, 554 (1929). Aus der Reaktion von *Cyclopentadien* mit Maleinsäure läßt sich kein Einwand gegen HÜCKELS Anschauungen herleiten, denn die abgeschlossene Gruppe von 6 Elektronen zweiter Art kann nur im *Cyclopentadien-Kalium* vorhanden sein.

[3] ZIEGLER: A. **445**, 266 (1925); **473**, 192 (1929).

[4] MÜLLER, E., u. I. MÜLLER-RODLOFF: B. **69**, 665 (1936).

durch die Annahme, daß das Radikal entweder keine fünfzählige Symmetrieachse hat, oder daß von der Elektronenladung nur ein sehr kleiner Teil auf den inneren Ring kommt und das Umlaufsmoment so klein wird, daß es sich der Messung entzieht. Es sei hier auch an das schwachgelbe *Tetraphenyl-cyclopentadienon-kalium* erinnert, das als 1wertiges Radikal durch die Verteilung der Elektronenladung auf die Phenylreste stabilisiert worden ist[1].

c) Das Näherungsverfahren von L. Pauling.

Ein anderes Verfahren zur quantenmechanischen Behandlung des Zustandes der aromatischen Bindungen ist von L. Pauling und Mitarbeitern[2] angegeben worden.

Auch hier werden die Elektronen der C-Atome des Benzols zunächst in einfachen C—C- und C—H-Bindungen untergebracht. Die verbleibenden 6 π-Elektronen werden in verschiedener Weise gepaart. So entstehen die „*Strukturen*" des Benzols. Zur Berechnung des Grundzustandes werden 2 Kekulé- und 3 Dewar-*Strukturen* verwendet.

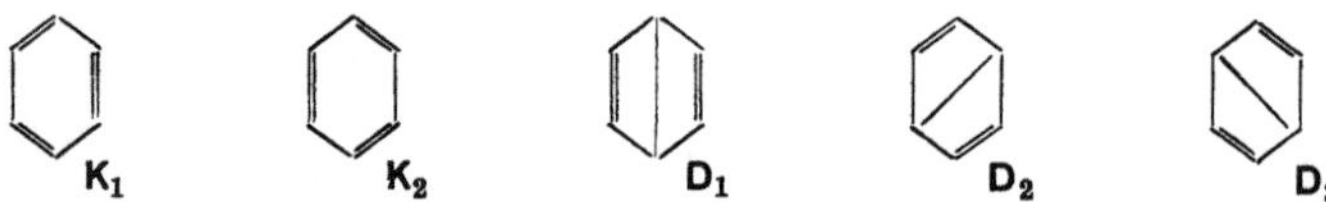

Diese Strukturen haben aber nur eine rein formale Ähnlichkeit mit den Formen der klassischen Strukturchemie. Während die letzteren einen bestimmten Bindungszustand mit bestimmter Energie darstellen, ist das bei Paulings Strukturen nicht der Fall. Es besteht vielmehr zwischen den Strukturen „*Resonanz*" oder besser „*Mesomerie*". Das ist so zu verstehen, daß im Grundzustand z. B. die beiden Kekulé-*Strukturen* im gleichen Betrage zu gleicher Zeit enthalten sind. Es tritt also eine Überlagerung der beiden Strukturen ein, die keine zeitliche Existenz haben. Es ist dies ein wesentlicher Unterschied der Mesomerie von der Valenztautomerie oder Elektronenisomerie der Formen. Nach der klassischen Strukturlehre haben die Formen eine zeitliche Existenz und auch bestimmte Energie.

Berechnet man die Wechselwirkung der π-Elektronen so, als ob es nur eine Kekulé-Struktur gäbe, so erhält man einen *fiktiven Energiewert*, der niedriger ist als der nach demselben Verfahren für nur eine Dewar-Struktur erhaltene. Pauling bezeichnet daher die Dewar-Strukturen als *angeregte*. Die „*kanonischen*" Strukturen sind solche, bei denen sich die Valenzstriche nicht überschneiden, also die Kekulé-und Dewar-Strukturen. Nur aus ihnen setzt sich der Grundzustand der Benzolmolekel zusammen. Hingegen werden Strukturen, die dieser Bedingung nicht entsprechen, z. B. die Clausschen und Ladenburgschen, nicht verwendet.

Der Grundzustand des Benzols setzt sich nun aus Kekulé- und Dewar-Strukturen so zusammen, daß die Dewar-Strukturen im ge-

---

[1] Müller, Eugen: Neuere Anschauungen der Organischen Chemie, S. 289.
[2] Pauling, L.: J. chem. Phys. **1**, 280 (1933). — Pauling, L., u. G. W. Wheland: J. chem. Phys. **1**, 362 (1933); **2**, 482 (1934). — Pauling, L., u. J. Sherman: J. chem. Phys. **1**, 679 (1933).

ringeren Betrage vertreten sind als die KEKULÉ-Strukturen. Die 2 KE-
KULÉ- einerseits und die 3 DEWAR-Strukturen andererseits sind aber
untereinander im gleichen Betrage anwesend. Die Wellenfunktion des
ganzen Systems wird aus den Funktionen der 5 kanonischen Struk-
turen $\Psi_{K_1}, \Psi_{K_2}, \Psi_{D_1}, \Psi_{D_2}, \Psi_{D_3}$ zusammengesetzt nach:

$$\Psi = 0.410\,(\Psi_{K_1} + \Psi_{K_2}) + 0.178\,(\Psi_{D_1} + \Psi_{D_2} + \Psi_{D_3}).$$

Als Energieeinheit verwendet PAULING $1\,\alpha$. Im Vergleich mit den
beobachteten Resonanzenergien aus den Verbrennungswärmen der
Kohlenwasserstoffe Benzol, Naphthalin, Anthracen und Phenathren,
die 39, 75, 105 und 110 kcal betragen, erhält PAULING für *Benzol*, wenn
nur die beiden KEKULÉ-Strukturen berücksichtigt werden, $0.9\,\alpha$, einschließlich der 3 DEWAR-Strukturen $1.11\,\alpha$,[1] für *Naphthalin* $2.04\,\alpha$[2] und
für *Anthracen* und *Phenanthren* $3.09\,\alpha$ und $3.15\,\alpha$.[3] Der Wert für α
schwankt also etwa zwischen 34 bis 35 kcal. Das Verhältnis zwischen α
und HÜCKELs β ist etwa $1 : 0.59$.

Die Schwierigkeit des Verfahrens liegt darin, daß bei größeren
Systemen die Zahl der Strukturen sehr schnell zunimmt. Während es
beim *Benzol* nur 5 Strukturen sind, die berücksichtigt werden, sind es
beim *Naphthalin* bereits 42 und beim *Tribiphenylmethyl* sogar 496, so
daß die Rechnung schließlich praktisch undurchführbar wird. Es müssen
also Vereinfachungen vorgenommen werden, deren Einwirkung auf das
Ergebnis nicht vorauszusehen ist.

Im Ergebnis stimmen die Verfahren von E. HÜCKEL und L. PAULING
bis auf etwa 20% überein[4]. Bei beiden Verfahren kann nur die Wechselwirkung der π-Elektronen in angenommenen Einheiten berechnet
werden. Die Prüfung beider Verfahren mit den experimentell ermittelten
Werten der Verbrennungswärme einiger Verbindungen ist beschränkt
auf die Feststellung der Konstanz dieser Einheiten.

Die quantenmechanische Behandlung der aromatischen Resonanz
erfreute sich in den letzten Jahren der ausgedehnten Beachtung seitens
einer Anzahl hervorragender Forscher in verschiedenen Ländern. Die
komplizierten mathematischen Hilfsmittel und der beschränkte Rahmen
dieses Buches erlauben jedoch keine eingehende Beschäftigung mit
diesen interessanten Arbeiten.

d) Die Berechnung der Resonanzenergien aus den Ordnungszahlen der Anellierungsreihen[5].

Überblickt man den ganzen Anellierungsprozeß, so stellt man fest,
daß das absorbierende Elektron zunehmend unter Quantenbedingungen
gelockert wird. Dabei bleibt es aber immer noch in der *L*-Schale (Haupt-

---

[1] PAULING, L.: The Nature of the Chemical Bond, S. 146. Cornell University
Press 1948.

[2] PAULING, L., u. G. W. WHELAND: J. chem. Phys. **1**, 362 (1933). — SHER-
MAN, J.: J. chem. Phys. **2**, 488 (1934).

[3] WHELAND, G. W.: J. chem. Phys. **3**, 356 (1935).

[4] HÜCKEL, E.: Grundzüge der Theorie ungesättigter und aromatischer Verbindungen, S. 85.

[5] CLAR, E.: Chem. Ber. **82**, 495 (1949).

quantenzahl 2), wie aus dem festen Verhältnis der α- zu den β-Banden hervorgeht. Diese Abstoßung des Elektrons wird durch die Ordnungszahl K quantitativ beschrieben. *K bezeichnet also Abstoßungseinheiten, die der Kernladung äquivalent, in ihrer Wirkung aber entgegengesetzt sind.* Die Abstoßung kommt nun dadurch zustande, daß die bei der Anellierung neu hinzukommenden π-Elektronen das absorbierende Elektron abstoßen. Damit wird die Ordnungszahl eine einfache Funktion der Zahl der π-Elektronen, und die Energie des absorbierenden Elektrons läßt sich aus der Wechselwirkung der elektrostatischen Anziehung und Abstoßung berechnen.

Die effektive Kernladung. Bisher war es üblich, die Verminderung der nominellen Kernladung N, die gleich ist der *Atomnummer*, durch den Abschirmeffekt (screening) der inneren Elektronen (durch eine Differenz $N - s$) darzustellen, worin s ein *empirisches Glied* ist. So z. B. in der MOSELEY-RYDBERGschen Gleichung zur Berechnung der Röntgenspektren der Elemente

$$v = (N - s)^2 \, R\left(\frac{1}{n^2} - \frac{1}{m^2}\right),$$

worin v die Frequenz der Röntgenlinie, N die Atomnummer, s der Abschirmeffekt, R RYDBERGs Konstante und n und m ganzzahlige Termwerte sind. Auch bei den optischen Spektren hat diese Darstellungsweise Eingang gefunden.

Man kann nun eine Differenz durch einen Bruch ersetzen. Tut man dies im vorliegenden Falle, so hat man: $N - s = \dfrac{N}{K}$. Die Berechtigung für dieses Verfahren ist, daß K, die Ordnungszahl der Anellierungsreihen und die Zahl der Abstoßungseinheiten, in den Gleichungen für die Anellierungsserien (S. 27–29, 31–35) stets im Nenner auftritt. Der Vorteil dieser Betrachtungsweise ist, daß das empirische Glied s durch die *Quantenzahl K* ersetzt wird. Ein weiterer Vorteil zeigt sich darin, daß mit Hilfe der Ordnungszahl K die zunächst empirischen Konstanten der α- und β-Bandenreihen (S. 28, 29) R_α und R_β in einfachster Weise auf RYDBERGs Konstante R zurückgeführt werden können nach:

$$v_\alpha = \frac{N^2}{K^2} \, R\left(\frac{1}{2^2} - \frac{1}{3^2}\right), \qquad v_\beta = \frac{N^2}{K^2} \, R\left(\frac{1}{2^2} - \frac{1}{4^2}\right),$$

worin die Kernladung $N = 12$, also die doppelte des Kohlenstoffs ist. Es wird demnach in den Anellierungsreihen die Änderung des Bindungszustandes einer C—C-Bindung mit der Änderung von K beschrieben. Es bleibt nur noch zu klären, warum die K-Werte in den Anellierungsreihen mit 6 beginnen.

Die ideale C—C-Bindung. Es sei dies am einfachsten Beispiel der Bildung einer idealen C—C-Bindung, das ist jene, welche durch die anderen 6 Substituenten nicht beeinflußt wird, erläutert. Befinden sich 2 C-Atome mit je 3 Substituenten in unendlicher Entfernung, so wirken auf das eine ungepaarte Elektron, das mit a bezeichnet sei, die 6 Kernladungen N des Kohlenstoffs und 3 Abstoßungseinheiten K, die von den 2 Elektronen in der K-Schale und dem Drehmoment des Elektrons a, das die Anziehung seiner Ladung genau kompensiert, herrühren. Die kugelsymmetrisch verteilte Ladung eines s-Elektrons kompensiert also gerade eine Kernladung (Abb. 16, links). Die *Zahl der Abstoßungseinheiten* ist demnach *stets gleich* der *Zahl der s-Elektronen*. Dabei werden die anderen 3 Elektronen in der L-Schale außer acht gelassen, da sie in einfachen Bindungen festgelegt sind, die nicht oder nur wenig aufeinander einwirken, z. B. bei den Paraffinen. Die Energie des Elektrons a ist so $\dfrac{6^2}{3^2}\dfrac{R}{4}$, worin 6 die Zahl der Kernladungen und 3 die Zahl der Abstoßungseinheiten K ist; R ist RYDBERGs Konstante und der Bruch $R/4$ entspricht dem Quantenzustand des Elektrons a in der L-Schale. Bei unendlicher Entfernung muß die Energie des Elektrons b in einem zweiten gleichartigen Atom dieselbe sein (Abb. 16, links).

Nähert man nun die beiden Atome einander, so muß in einer bestimmten Entfernung die normale C—C-Bindung hergestellt werden.

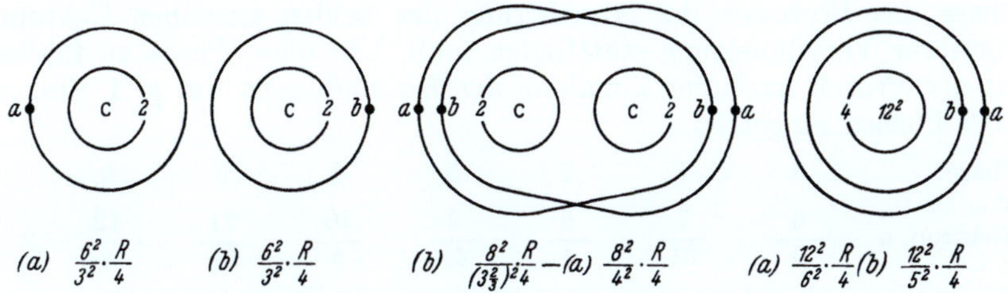

$$(a)\ \ \frac{6^2}{3^2}\cdot\frac{R}{4} \qquad (b)\ \ \frac{6^2}{3^2}\cdot\frac{R}{4} \qquad (b)\ \ \frac{8^2}{(3\frac{2}{3})^2}\cdot\frac{R}{4} - (a)\ \ \frac{8^2}{4^2}\cdot\frac{R}{4} \qquad (a)\ \ \frac{12^2}{6^2}\cdot\frac{R}{4}\ (b)\ \ \frac{12^2}{5^2}\cdot\frac{R}{4}$$

Abb. 16. Schematische Darstellung der Bildung einer idealen C—C-Bindung als Phase der Bildung eines Doppelatoms aus isolierten C-Atomen.

Nähert man sie noch mehr, so erhält man im extremen Fall bei Kernverschmelzung ein neues imaginäres Atom[1] mit der doppelten Kernladung $N = 12$. Hinsichtlich des am weitesten vom Kern abliegenden Elektrons a werden auch die Abstoßungseinheiten verdoppelt $K = 6$. Diese 6 Abstoßungseinheiten setzen sich zusammen aus den 4 inneren Elektronen, dem näher dem Kern zu liegenden Elektron b und dem Drehmoment des Elektrons a, dessen Energie nunmehr gegeben ist durch $\dfrac{12^2}{6^2}\dfrac{R}{4}$ (Abb. 16, rechts). Da das Verhältnis von $N : K$ gleich groß ist wie bei den isolierten Atomen, hat dieses Elektron keinen Beitrag zur Energie der Bindung geliefert.

Man versteht nunmehr, warum die Kernladung in den beiden Gleichungen zur Berechnung der α- und β-Banden (S. 52) 12, und die niedrigste Ordnungszahl 6 ist. Es werden also 2 verschmolzene C-Atome betrachtet. Man könnte genau so gut ein einzelnes Atom mit $N = 6$ und $K = 3$ oder irgendein Vielfaches dieser Zahlen als Ausgangspunkt der Anellierungsreihe nehmen, die Energie des Elektrons a bleibt immer dieselbe, und es ist nur eine Sache der Zweckmäßigkeit, welches Vielfache man wählt. Das verschmolzene Doppelatom hat sich am zweckmäßigsten erwiesen, da man dabei meist nur ganze und halbe Ordnungszahleneinheiten K erhält, die ein bequemer Maßstab für den Zustand einer C—C Bindung sind.

---

[1] Dieses Atom ist imaginär, weil höchstens 2 s-Elektronen in der K-Schale sein können.

Ganz anders liegen die Verhältnisse beim Elektron b, das dem Elektron a in der Richtung zum Kern im „Doppelatom" folgt. Hier verdoppeln sich zwar auch die Kernladungen ($N = 12$), die Abstoßungseinheiten erhöhen sich aber nur von 3 auf 5, herrührend von den 4 inneren Elektronen und dem Drehmoment des Elektrons b (Abb. 16 rechts). Die *Energie des Elektrons* b ist so $\dfrac{1}{5^2}^2 \dfrac{R}{4}$. Da nun die Bindungsenergie allein von der Energieänderung dieses Elektrons abhängt, ist die Bindungsenergie gegeben durch den *Unterschied der Energieniveaus* der Elektronen b und a:

$$E_R = \left(\frac{12^2}{5^2} - \frac{12^2}{6^2}\right) \frac{R}{4} - 48\,281 \text{ cm}^{-1}.$$

Dieser Betrag ist mehr als doppelt so groß wie die ermittelte Bindungsenergie der C—C-Bindung, was nicht anders zu erwarten ist, wenn man bedenkt, daß die Molekelbildung an einer bestimmten früheren Phase des Prozesses der Annäherung der beiden einzelnen C-Atome vor ihrer Verschmelzung stattfinden muß. Um diese Phase zu finden, sei der Prozeß nach der Zunahme der Kernladungen um je 1 Einheit in 6 Phasen eingeteilt:

Phase:	0	1	2	3	4	5	6
Elektron a $\dfrac{N=}{K=}$	$\dfrac{6}{3}$	$\dfrac{7}{3\frac{1}{2}}$	$\dfrac{8}{4}$	$\dfrac{9}{4\frac{1}{2}}$	$\dfrac{10}{5}$	$\dfrac{11}{5\frac{1}{2}}$	$\dfrac{12}{6} = 2$
Elektron b $\dfrac{N=}{K=}$	$\dfrac{6}{3}$	$\dfrac{7}{3\frac{1}{3}}$	$\dfrac{8}{3\frac{2}{3}}$	$\dfrac{9}{4}$	$\dfrac{10}{4\frac{1}{3}}$	$\dfrac{11}{4\frac{2}{3}}$	$\dfrac{12}{5}$

Es zeigt sich nun, daß die C—C-Bindung in der Phase stattfindet, in der die Bindungsenergie gerade $\frac{4}{9}$ des Wertes von $48\,281$ cm^{-1} aus der obigen Gleichung ist. In anderen Worten, die Verminderung der maximalen Bindungsenergie ist gerade so groß, wie die Verminderung der Differenzen der Energien der Elektronen a und b im Doppelatom beim Übergang von der L- zur M-Schale sein würde, oder wenn in obiger Gleichung statt $R/4$, $R/9$ gesetzt würde[1]. Man erhält so eine Bindungsenergie für die C—C-Bindung von $21\,503$ cm^{-1} oder 61.3 kcal. Es ist nicht erstaunlich, daß die Energieverminderung beim Zerteilen des Doppelatoms und beim Übergang zur C—C-Bindung gerade in dem einfachen Verhältnis der Quadrate der Hauptquantenzahlen 2 und 3 entspricht. Es ist jedenfalls das einfachste Verhältnis, das in Frage kommt.

Sucht man nun nach der entsprechenden Phase in der obigen Aufstellung, so findet man, daß diese Bedingungen ziemlich genau in der 2. Phase mit der effektiven Kernladung $\left[\dfrac{8^2}{(3\frac{2}{3})^2} - \dfrac{8^2}{4^2}\right] \dfrac{R}{4}$ erfüllt wird. Das

---

[1] Wird dasselbe Verfahren bei der Wasserstoffmolekel angewandt, so ändert sich bei der Verschmelzung der Bruch der Atome N^2/K^2 bei Elektron a von $1^2/1^2$ zu $2^2/2^2 = 1$ und beim Elektron b von $1^2/1^2$ zu $2^2/1^2 = 4$. Die Differenz von $3\,R$ ist die maximale Energie. Die Division durch 3^2 gibt 103.97 kcal in bester Übereinstimmung mit der gefundenen Energie der H—H-Bindung von 103.4 kcal.

Ergebnis ist hier 20810 cm^{-1} oder 59.4 kcal. Angesichts der Ungewißheit der Atomisierungswärme des Kohlenstoffes ist es schwer, sich für einen der beiden nahe beieinander liegenden Werte für die ideale C—C-Bindung zu entscheiden. Der gefundene „untere" Wert ist 60.3 kcal[1].

Der Zustand der 2. Phase sagt also aus, daß sich die Atome gerade so weit genähert haben, daß auf Elektron a und b außer der Kernladung des „eigenen" Atoms noch $\frac{1}{3}$ der Kernladung (2) des anderen Atoms, zusammen 8 Kernladungen im Quadrat, wirksam geworden sind. Das erscheint bemerkenswert, wenn man bedenkt, daß der Abstand C—C (1.55 $\pm$ 0.01 Å) dreimal so groß ist wie der Abstand Proton-Elektron (0.528 Å) im Wasserstoffatom.

Die Darstellung der C—C-Bindung in Abb. 16 (Mitte) erhebt keinen Anspruch auf physikalische Realität, sie soll nur die Möglichkeit zeigen, daß die Schalen der a- und b-Elektronen als Ganzes gleiche Energie haben, ebenso wie die beiden Elektronen selbst, sobald sie sich in der Mitte der Bindung befinden. Sind sie jedoch mehr unter dem Einfluß des einen oder des anderen C-Atoms, so haben sie in diesem Augenblick verschiedene Energie.

Die Berechnung der Resonanzenergien aus der Differenz der Frequenzen der α- und β-Banden[2]. Es soll hier nicht näher beschrieben werden, wie das voranstehende Verfahren auf π-Elektronen in ungesättigten und aromatischen Verbindungen angewendet werden könnte, um die *Resonanzenergien* zu ermitteln, denn es gibt noch eine andere Methode, die das auf einfache Weise gestattet und außerdem noch den Vorteil hat, auf sehr umfangreichem experimentellem Material aufgebaut zu sein.

Eine überraschend einfache Lösung des Problems der Bindungs- und Resonanzenergien hat sich nun aus dem Studium der Absorptionsspektren der aromatischen Kohlenwasserstoffe ergeben. Es hat sich nämlich gezeigt, daß die Differenz der Frequenzen der α- und β-Banden gleich ist der Differenz der Bindungs- bzw. Resonanzenergien zwischen aufeinanderfolgenden Gliedern der Anellierungsreihe, z. B. der Differenz Äthan—2 Methyl, Äthylen—Äthan, Benzol—3 nicht konjugierte Doppelbindungen, Naphthalin—Benzol, Anthracen—Naphthalin, Phenanthren—Diphenyl usw.

Da sich nun die Frequenzen der α- und β-Banden, wie oben (S. 52) angegeben, von RYDBERGs Konstante als einzig experimentell ermitteltem Wert ausgehend, berechnen lassen, so sind deren Differenzen, d. i. die Bindungsenergie, gegeben durch

$$E_R = \nu_\beta - \nu_\alpha = \frac{12^2}{K^2} R\left(\frac{1}{2^2} - \frac{1}{4^2}\right) - \frac{12^2}{K^2} R\left(\frac{1}{2^2} - \frac{1}{3^2}\right) = \frac{7R}{K^2}.$$

Setzt man in dieser Gleichung für K die Ordnungszahl 6 des Äthans ein, so erhält man für die C—C-Bindung einen Wert von 21337 cm^{-1} oder 60.67 kcal, während 60.3 kcal aus der Verbrennungswärme gefunden werden.

---

[1] Es gibt bekanntlich einen oberen und einen unteren Wert für die C—C-Bindung, die beide mit beträchtlicher Genauigkeit bekannt sind.

[2] CLAR, E.: Chem. Ber. **82**, 502 (1949).

Die Möglichkeit, die Bindungsenergie E_R aus der Differenz von ν_β und ν_α zu berechnen, ist nur dann gegeben, wenn das obere Niveau des ersten Anregungszustandes des Elektrons b gleich ist dem des Elektrons a und ferner der zweite Übergang ν_β von a gleich ist dem ersten Übergang von Elektron b, wie aus dem folgenden Termschema Abb. 17 ersichtlich ist:

Da das Elektron b allein die Bindungsenergie liefert, ist diese bei einem Übergang von b auf ein Niveau von a nicht mehr vorhanden, die Bindung muß also bei der geringsten weiteren Energiezufuhr aufgelöst werden.

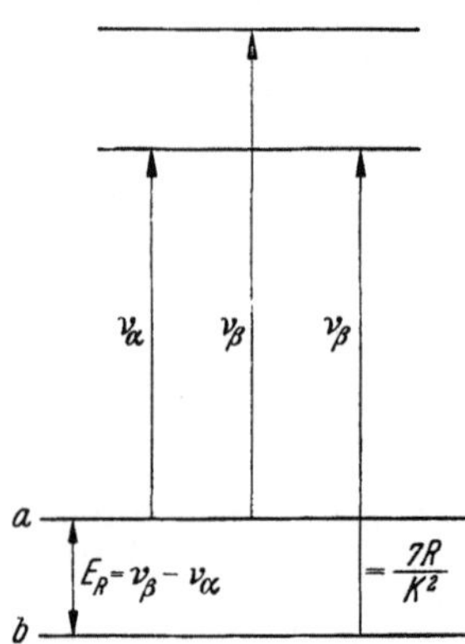

Abb. 17. Termschema zur Berechnung der Resonanzenergie aus den Differenzen der Frequenzen der α- und β-Banden.

Diese Bedingung wird von allen untersuchten aromatischen Kohlenwasserstoffen erfüllt. Das obige Termschema ist also ein Charakteristikum für die aromatischen Kohlenwasserstoffe. Es sei hier vorweggenommen, daß gestörte aromatische Resonanz, hervorgerufen durch Deformation der Ringebene, sich in einer deutlichen Verminderung der Differenz $\nu_\beta - \nu_\alpha$ gegenüber der Berechnung und damit in einer Verminderung der Resonanzenergie zu erkennen gibt.

Es muß noch auf die Möglichkeit hingewiesen werden, daß die Elektronen a und b nicht immer verschiedene Energie haben müssen. Es kann ein Energieaustausch bis zu einem Mittelwert stattfinden. Während der sehr kurzen Zeit der Lichtabsorption ist es aber wahrscheinlicher, das Elektron, ähnlich wie ein Pendel, in einer extremen Phase dieses Austausches vorzufinden, wodurch das Bandenmaximum gebildet wird, während an dem Minimum auch Zwischenphasen beteiligt sein können.

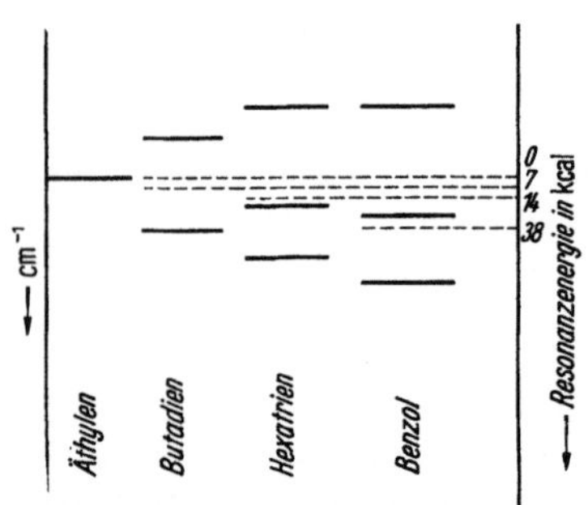

Abb. 18. Niveauschema der Elektronenpaare in *Äthylen*, *Butadien*, *Hexatrien* und *Benzol*. Die gestrichelten Linien bezeichnen die Resonanzenergien.

Einen Eindruck von der Zunahme der Resonanzenergie mit zunehmender Konjugation im Vergleich zu Äthylen gibt Abb. 18. Während das Niveau des obersten Elektrons von der Anzahl der abschirmenden tiefer liegenden Elektronen bestimmt wird, so daß z. B. das oberste Elektron beim Benzol und Hexatrien auf dem gleichen Niveau liegt, ist die Resonanzenergie durch die Lage der tiefer liegenden Elektronen bestimmt. Die gestrichelte Linie zeigt das durchschnittliche Niveau der Elektronen, das im Vergleich mit Äthylen bei der Konjugation tiefer zu liegen kommt. Hier ist ein großer Unterschied zwischen Benzol und Hexatrien.

In der Abb. 19 sind die Frequenzen der α- und β-Banden für Kohlen-

wasserstoffe mit steigender Ordnungszahl aufgetragen. Die obere Kurve
gilt für die berechneten Frequenzen der β-Banden, die untere für die
α-Banden.

Die gefundenen Werte sind durch kleine Kreise gekennzeichnet.
Zunächst fällt auf, daß der Wert für die β-Bande des Benzols um $3189\,\mathrm{cm}^{-1}$
zu hoch liegt. Diese Abweichung wird leicht verständlich, wenn man
bedenkt, daß die Aufhebung der aromatischen Resonanz mit einer
beträchtlichen Vergrößerung des C—C-Abstandes verbunden sein muß.
Da nun der Elektronenübergang so schnell vor sich geht, daß diese

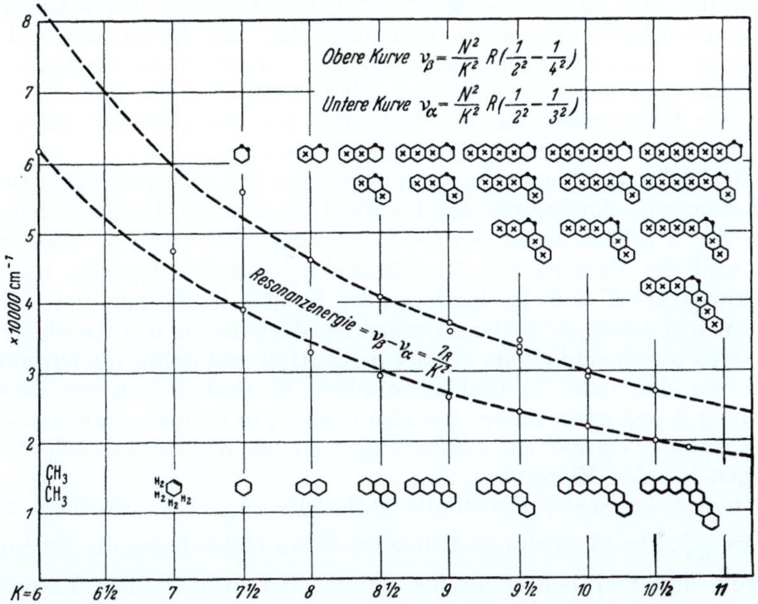

Abb. 19. Die Wellenzahlen der α- und β-Banden der Kohlenwasserstoffe aufgetragen gegen die
Ordnungszahlen K. Durch die in den Formeln befindlichen Kreuzchen werden diejenigen Ringe
gekennzeichnet, in denen aromatische Resonanz vorhanden ist.

Erweiterung des Ringes nicht erfolgen kann, muß unter Anwendung
des FRANCK-CONDON-Prinzips mehr Energie zugeführt werden, als bei
gleichzeitiger Ringerweiterung nötig wäre. Auf 6 Bindungen verteilt, ergibt
dies pro Bindung $563\,\mathrm{cm}^{-1}$, ein Wert, der sehr wahrscheinlich erscheint.

Dasselbe gilt in stark abnehmendem Maße wegen der zunehmenden
Starrheit des Gerüstes auch für die höheren Kohlenwasserstoffe. Im
weiteren Verlauf der Kurve werden andere geringe Abweichungen be-
merkbar, die Aufmerksamkeit verdienen. Es zeigt sich nämlich z. B.,
daß bei den „isotopen" Kohlenwasserstoffen Pentacen, 1.2-Benz-
tetracen und Hexaphen die β-Banden in der Reihenfolge, wie die Kohlenwasserstoffe mehr angular werden, um ein Geringes nach niederen
Frequenzen verschoben werden. Bei den höheren Kohlenwasserstoffen
sind noch nicht alle Glieder der „Isotopen"-Familie vermessen worden,
doch liegt hier anscheinend eine Regel vor, die in Zusammenhang mit
einer geringen Änderung der Resonanzenergie steht.

Die Frequenzen der α-Banden lassen sich nur bei den Phenen genau feststellen, während sie bei den Acenen durch Überlagerung durch die intensiveren p-Banden überdeckt werden. Sie lassen sich dann nur durch geringfügige Deformationen der p-Banden-Minima mit mäßiger Genauigkeit erkennen. Soweit bis jetzt festgestellt, scheinen die Absorptionsspektren bei sehr tiefen Temperaturen, wegen der sehr starken Verschmälerung der Banden, des Auftretens von Feinstruktur und der sehr starken Verlängerung der Maxima und Minima, die Feststellung solcher Überlagerungen sehr zu erleichtern.

In der Abb. 19 sind die Benzolkerne, in denen nach dem β-Übergang noch aromatische Resonanz vorhanden ist, mit Kreuzchen und die Bindung, in der die Absorption stattfindet, durch Punkte gekennzeichnet. Aus dem Verlauf der beiden sich nähernden Kurven ersieht man, daß die Resonanzenergie pro Ring bei den Kohlenwasserstoffen mit steigender Ordnungszahl immer *geringer* wird.

In der Tabelle 3 sind die entsprechenden Zahlen verzeichnet. In der 4. Kolonne ist die Summe der 4 s-Elektronen in den beiden K-Schalen und der 2 σ-Elektronen der C—C-Bindung, zusammen 6, angegeben. Sie sind die Ursache für den Beginn der Anellierungsreihe mit der Ordnungszahl $K = 6$. In den folgenden Spalten ist die Zahl der π-Elektronen angegeben, die in der abstoßenden Wirkung auf das absorbierende Elektron gleich sind einem s- oder σ-Elektron und damit die Ordnungszahl um eine bzw. $^1/_2$ Einheit erhöhen. Es sind dies in der Doppelbindung 2 und dann immer 8 π-Elektronen pro Ordnungszahleneinheit. Dies erweckt eigenartige Erinnerungen an die Elektronenschalenbesetzungen bei den Elementen.

In der 14. Spalte stehen die Differenzen $\nu_\beta - \nu_\alpha$, berechnet nach $E_R = \dfrac{7\,R}{K^2}$. Die 13. Spalte enthält beim Äthan und Äthylen die Bindungsenergie und von Benzol ab die Summe der aromatischen Resonanzenergien in kcal. Die 15. Spalte gibt die aus den Verbrennungswärmen gefundenen Werte[1], die innerhalb der Meßgenauigkeit in sehr guter Übereinstimmung mit den berechneten Werten stehen.

Die hier berechneten Resonanzenergien stimmen mit den von L. PAULING[2] und von E. HÜCKEL[3] angegebenen recht gut überein, während die für die höheren Kohlenwasserstoffe berechneten[4] höher liegen als die hier angegebenen. Diese Unterschiede wirken sich bei den im folgenden beschriebenen Anwendungen sehr stark aus.

Die Isomerie der Dihydroacene. Das Studium der Isomerie der Dihydroacene eignet sich besonders, um die Richtigkeit berechneter Resonanzenergien zu prüfen; Fehler wirken sich bei den relativ geringen Differenzen besonders stark aus.

5.14-Dihydro-pentacen (I) und *6.13-Dihydro-pentacen* (II) sind bereits

---

[1] MAGNUS, A., H. HARTMANN u. F. BECKER: Ph. Ch. **197**, 74 (1941).
[2] PAULING, L.: The Nature of Chemical Bond **1948**, 136.
[3] HÜCKEL, E.: Grundzüge der Theorie ungesättigter und aromatischer Verbindungen, S. 82, 92. 1938.
[4] BERTHIER, G., C. A. COULSON, H. H. GREENWOOD u. A. PULLMAN: C. r. **226**, 1906 (1948).

Tabelle 3.

Zahl der Ringe	Ordnungszahl	Kohlenwasserstoff	Zahl der s- u. σ-Elektronen	Zahl der π-Elektronen äquivalent im Abschirmeffekt einem s-Elektron, pro K Einheit									Resonanzenergie		
				$K=6..$	7	$7^1/_2$	8	$8^1/_2$	9	$9^1/_2$	10	$10^1/_2$	E_R ber.	$\triangle E_R =\dfrac{7R}{K^2}$	gef. kcal
	6	Äthan............	6										60.67	60.67	60.3
	7	Äthylen	6	2									105.25	44.58	102.9
1	$7^1/_2$	Benzol	6	2	4								38.83	38.83	39
2	8	Naphthalin	6	2		8						72.96	34.13	75
3	$8^1/_2$	Anthracen........	6	2		8	4					103.19	30.23	96.4
		Phenanthren......	6	2		8	4							103.5
4	9	Tetracen	6	2		8		8				130.16	26.97	129.6
		Tetraphen	6	2		8		8						130.4
5	$9^1/_2$	Pentacen	6	2		8		8	4			154.36	24.20	
		1.2-Benz-tetracen..	6	2		8		8	4					
		Pentaphen........	6	2		8		8	4					
6	10	Hexacen	6	2		8		8		8		176.20	21.84	
	10	1.2-Benz-pentacen .	6	2		8		8		8				
	10	Hexaphen	6	2		8		8		8				
7	$10^1/_2$	Heptacen.........	6	2		8		8		8	4	196.01	19.81	
		1.2-Benz-heptaphen	6	2		8		8		8	4			
		Naphtho-pentacen.	6	2		8		8		8	4			
		Heptaphen	6	2		8		8		8	4			

bekannt[1]. Die Absorptionsspektren sind in der Abb. 20 wiedergegeben. Mit Hilfe der letztgenannten lassen sich die beiden Kohlenwasserstoffe besonders leicht unterscheiden und im Gemisch feststellen. I ist ein Anthracen-Derivat und II ein Naphthalin-Derivat; beide zeigen daher die charakteristische Absorption von Anthracen bzw. Naphthalin. I läßt sich als Anthracen-Derivat aus dem Gemisch mit II durch Kochen mit Maleinsäureanhydrid in Xylol entfernen. II, dessen Reinheit sich durch das Spektrum genau prüfen läßt, kann durch Sublimation i. Vak. bei ungefähr 250° zu etwa 5% in I übergeführt werden, wie sich durch

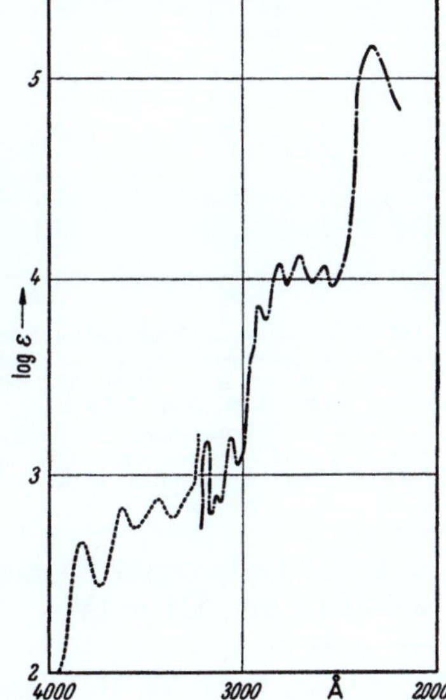

----

[1] CLAR, E., u. FR. JOHN: B. **62**, 3027 (1929); **63**, 2967 (1930).

Abb. 20. —·—·—·— Absorptionsspektrum des *6.13-Dihydro-pentacens* (II) in Alkohol. Lage der Banden in Å: 3195, 3150, 3055, 2920; 2810, 2710, 2610; 2345.

————————— Dasselbe in Benzol nach der Sublimation, 5% *5.14-Dihydro-pentacen* (I) enthaltend. Lage der Banden in Å: 3830, 3620, 3450.

das Spektrum feststellen läßt. Die Resonanzenergie von II setzt sich aus der doppelten des Naphthalins (72.96 × 2 = 145.92 kcal) zusammen. Sie ist um 3.90 kcal größer als die von I, die aus der des Anthracens und Benzols (103.19 + 38.83 = 142.02 kcal) besteht. Dieser Unterschied in den Resonanzenergien stimmt sehr gut mit der hier beschriebenen Umwandlung überein.

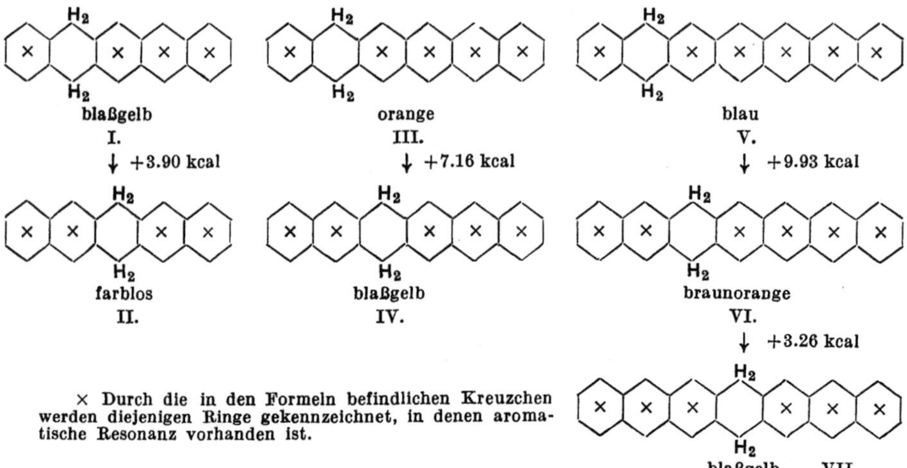

× Durch die in den Formeln befindlichen Kreuzchen werden diejenigen Ringe gekennzeichnet, in denen aromatische Resonanz vorhanden ist.

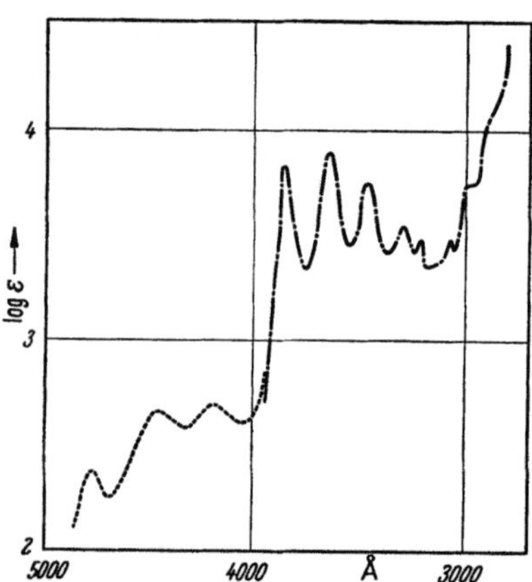

Abb. 21. —.—.—.—. Absorptionsspektrum des *6.15-Dihydro-hexacens* (IV) in *Benzol.* Lage der Banden in Å: 3830, 3630, 3450, 3290; 3200, 3060, 2960 Å.

------------------ Dasselbe nach der *Sublimation,* 2% *5.16-Dihydro-hexacen* (III) enthaltend. Lage der Banden in Å: 4790, 4430, 4160.

Das als Tetracen-Derivat orangefarbene *5.16-Dihydro-hexacen* (III) läßt sich durch Sublimation bei etwa 300° in etwa 2% Ausbeute neben dem überwiegenden, blaßgelben *6.15-Dihydro-hexacen* (IV), das ein Anthracen-Derivat ist, gewinnen und an seinem Spektrum erkennen[1] (Abb. 21). Schon Kochen mit Xylol allein bringt zum größten Teil Umwandlung in IV. Die letzten Spuren von III werden durch vorsichtige Behandlung mit Maleinsäureanhydrid entfernt. Die Resonanzenergie von III setzt sich aus der des Tetracens und des Benzols zusammen (130.16 + 38.83 = 168.99 kcal) und liegt um 7.16 kcal niedriger als die von IV, die sich aus den Resonanzenergien des Anthracens und des Naphthalins (103.19 + 72.96 = 176.15 kcal) ergibt. Daraus erklärt sich die fast vollständige Umwandlung von III in IV.

---

[1] CLAR, E.: B. **72**, 1817 (1939); **75**, 1283 (1942).

Das blaue *5.18-Dihydro-heptacen* (V) wurde von CH. MARSCHALK[1] durch Dehydrierung von *5.7.9.14.16.18-Hexahydro-heptacen* in Nitrobenzol erhalten. Durch längeres Kochen mit Nitrobenzol und durch Sublimation wird es irreversibel in *6.17-Dihydro-heptacen* (VI) verwandelt. Die Nichtumkehrbarkeit der Umwandlung wird durch die hohe Umwandlungswärme von 9.93 kcal erklärt, die sich aus der Differenz der Summen der Resonanzenergien von Pentacen und Benzol (154.36 + 38.83 = 193.19 kcal) und Tetracen und Naphthalin (130.16 + + 72.96 = 203.12 kcal) ergibt.

Das so erhaltene braunorange *6.17-Dihydro-heptacen* (VI) enthält aber, wie hier durch das Spektrum (Abb. 22) festgestellt wird, bereits 50% des weiteren Umwandlungsproduktes des blaßgelben Anthracen-

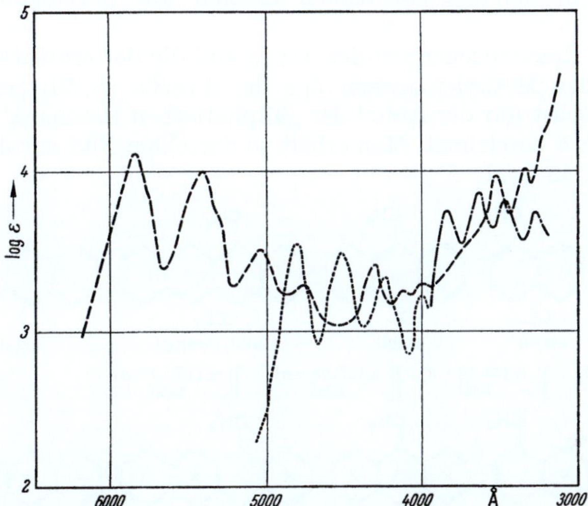

Abb. 22. Absorptionsspektrum eines Gemisches oder einer Molekelverbindung aus gleichen Tln. *6.17-Dihydro-heptacen* (VI) ---------------- (Banden bei: 4820, 4520, 4240, 4090 Å) und *7.16-Dihydro-heptacen* (VII) —·—·—·—·— (Banden bei: 3850, 3640, 3470, 3300 Å) in Trichlorbenzol. —————— Absorptionsspektrum des *5.18-Dihydro-heptacens* (V) in Trichlorbenzol. Lage der Banden bei: 5870, 5430, 5010, 4780; 4300, 3530, 3360, 3210 Å. Die Intensitäten sind bei der letzten Kurve wegen der Schwierigkeiten des Arbeitens in übersättigter Lösung unsicher.

Derivates VII (*7.16-Dihydro-heptacen*). Es läßt sich durch vorsichtige Behandlung des Gemisches mit Maleinsäureanhydrid rein gewinnen, wird aber schon beim Umkrystallisieren aus siedendem Trichlorbenzol im merklichen Maße wieder in VI verwandelt, was bei der verhältnismäßig geringen Umwandlungswärme von 3.26 kcal verständlich erscheint. Dieser Betrag errechnet sich aus der Differenz der Resonanzenergien von VI und VII. Sie setzt sich aus der doppelten Resonanzenergie des Anthracens (2 × 103.19 = 206.38 kcal) zusammen.

Bemerkenswert ist die Leichtigkeit, mit der die Wasserstoff-Atome ihren Platz schon in siedenden Lösungsmitteln wechseln. Eine Spaltung der C—H-Bindung wird dabei wegen der großen Bindungsenergie von

---

[1] MARSCHALK, CH.: Bull. Soc. Chim. France (5) **5**, 306 (1938); **8**, 354 (1941).

87.15 kcal sicher nicht stattfinden, vielmehr wird man an eine H-Bindung in einer Molekelverbindung als Zwischenstufe denken müssen. Im krystallisierten Zustand treten diese Isomerisierungen auch in Jahren nicht ein.

Das Gleichgewicht zwischen Methylacenen und Methylen-dihydro-acenen[1]. Da die Zahl der Doppelbindungen in den an dem bisher hypothetischen Gleichgewicht beteiligten Kohlenwasserstoffpaaren jeweils dieselbe ist, wird das Gleichgewicht durch die Resonanzenergie bestimmt. Es ist also der Punkt zu erwarten, an dem die Resonanzenergie der Methylen-Verbindung, bestehend aus „aliphatischer" Resonanz (a) zwischen der Methylen-Gruppe und den aromatischen Komplexen, und der aromatischen Resonanz in letzteren größer wird als die aromatische Resonanz in den entsprechenden Acenen mit durchlaufender Konjugation.

Da die Resonanzenergien der Acene und die der aromatischen Komplexe in den Methylen-acenen aus der Tabelle (S. 59) bekannt sind, bleibt zunächst nur der Anteil der „aliphatischen Resonanz" unbekannt und sei mit a bezeichnet. Man erhält so das obige Bild mit den Energiedifferenzen in kcal.

VIII.	IX.	X.	XI.	XII.
stabil	stabil	stabil	stabil, orange	instabil, violett
$\pm(38.8-a)$ kcal	$\pm(34.13-a)$ kcal	$\pm(25.53-a)$ kcal	$\pm(18.37-a)$ kcal	$\mp(8.44-a)$ kcal
VIIIa.	IXa.	Xa.	XIa.	XIIa.
instabil	instabil	instabil		stabil, blaßgelb

× Durch die in den Formeln befindlichen Kreuzchen werden diejenigen Ringe gekennzeichnet, in denen aromatische Resonanz vorhanden ist.

Bezüglich der Stabilitätsverhältnisse dieser Kohlenwasserstoffpaare liegt bereits eine quantenmechanische Voraussage von J. K. Syrkin und M. E. Dyatkina[2] vor. Danach sollen sich die Energiedifferenzen mit zunehmender Ringzahl so vermindern, daß sie mit unendlicher Ringzahl Null werden, die beiden Formen also dann zu gleichen Teilen am Gleichgewicht beteiligt sind[3].

Das Absorptionsspektrum des bereits bekannten *9-Methyl-anthracens* (X) ist in der Abb. 23 wiedergegeben. Es ist dem des Anthracens

---

[1] Clar, E., u. J. W. Wright: Nature **163**, 921 (1949) — Chem. Ber. **82**, 508 (1949).

[2] Syrkin, J. K., u. M. E. Dyatkina: Bull. Acad. Sci. USSR, Cl. Sci. Chim. **1946**, 153 — Brit. Abstr. **1946**, A I 365.

[3] Diese Ansicht wurde in freundlichen Privatmitteilungen von führenden Autoritäten auf diesem Gebiet unterstützt; in einigen Fällen wurde sogar noch eine größere Stabilität für die Acene vorausgesagt.

sehr nahe verwandt und gibt noch keinen Anhaltspunkt für das Vorhandensein einer merklichen Menge der Methylen-Form Xa. *5-Methyltetracen* (XI) wurde erstmalig dargestellt[1]. Sein Absorptionsspektrum (Abb. 23) steht zwar dem des Tetracens sehr nahe, doch läßt eine deutlich merkliche Intensitätsverminderung der Bandenmaxima gegenüber Tetracen die Möglichkeit offen, daß es in geringem Prozentsatz auch in einer schwach absorbierenden Methylen-Form XIa existieren könnte.

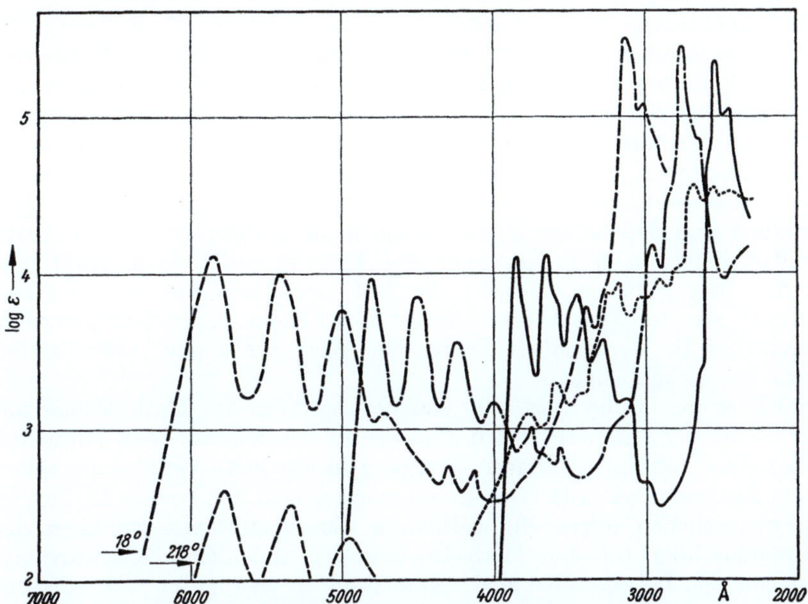

Abb. 23. ——————— Absorptionsspektrum von *9-Methyl-anthracen* (X) in Alkohol. Lage der Banden in Å: 3860, 3650, 3470, 3300, 3150, 3010; 2560, 2480.

—·—·—·—·— Absorptionsspektrum des *5-Methyl-tetracens* (XI) in Alkohol. Lage der Banden in Å: 4805, 4490, 4220, 3980; 3760, 3570; 2960, 2770, 2670.

————— Berechnetes Absorptionsspektrum von *6-Methyl-pentacen* (XII) in 1-Methylnaphthalin bei 18°. Lage der Banden in Å: 5850, 5410, 5010; 4300, 4120; 3400; 3160.

————— (untere Kurve). Beobachtetes Absorptionsspektrum von *6-Methyl-pentacen* (XII) bei 218° in 1-Methyl-naphthalin: 5790, 5360, 4900 Å. Intensität qualitativ. Bei rascher Abkühlung werden die schwächer werdenden Banden verschoben nach: 5850, 5410, 5010 Å.

·················· Absorptionsspektrum des *6-Methylen-6.13-dihydro-pentacens* (XIIa) in Alkohol. Lage der Banden in Å: 3780, 3595, 3430; 3190, 3035, 2915; 2710, 2590.

Der Versuch zur Synthese des *6-Methyl-pentacens* (XII) lieferte einen blaßgelben Kohlenwasserstoff, dessen Absorptionsspektrum (Abb. 23) nicht die geringste Ähnlichkeit mit der nach dem Anellierungsprinzip berechneten Kurve aufweist. Hier ist es offenbar, daß die *Methylen-*Form XIIa bei Zimmertemperatur die *stabile* ist. Wird die sehr schwach gelbe Lösung der Methylen-Form in 1-Methyl-naphthalin oder Trichlorbenzol unter Ausschluß von Luft auf etwa 200° erhitzt, so wird sie violettrot und läßt nun deutlich die drei ersten für Methylpentacen berechneten Banden erkennen. Beim Abkühlen verschwinden sie wieder

---

[1] CLAR, E., u. J. WRIGHT: Nature **163**, 921 (1949).

langsam. Der Vorgang läßt sich etwa 12- bis 15 mal wiederholen, worauf dann der Kohlenwasserstoff zu einem braunen Produkt polymerisiert oder zersetzt worden ist.

Durch Belichtung unter Luftausschluß läßt sich die rotviolette Lösung des Methylpentacens sehr schnell ausbleichen. Hier scheint sich wieder die alte Regel zu bewähren, daß Licht die Reaktionen in der Seitenkette begünstigt, d. h. die aromatische Resonanz zerstört und so die Bildung der Methylen-Formen fördert. Die Konzentration des Methylpentacens im Gleichgewicht mit der Methylen-Form beträgt bei 218°, wie durch halbquantitativen Vergleich spektroskopisch festgestellt wurde, nicht mehr als 1% und gibt damit einen ungefähren Anhaltspunkt für das thermodynamische Gleichgewicht und für die Ermittlung der Größe a. Da die Methylen-Form demnach bedeutend stabiler ist als Methylpentacen, muß a erheblich größer als 8.44 kcal und kleiner als 18.37 kcal sein. Die „aliphatische" Resonanz zwischen der Doppelbindung und den beiden Phenylresten in dem ungefähr vergleichbaren Stilben liefert nach L. PAULING[1] eine Energie von 15 kcal. Setzt man diesen Betrag für a, so wird die Methylen-Form um rund 6.5 kcal stabiler als Methylpentacen. Das ist mit obigen Beobachtungen wohl vereinbar. In Wirklichkeit dürfte der Wert für a eher etwas tiefer, etwa bei 14 kcal, liegen.

Es ist der Mühe wert, die Anellierungsreihe der Methylacene mit der Reihe der entsprechenden Phenole zu vergleichen. Man kann hier feststellen, daß ein meßbarer Übergang in die Keto-Verbindung schon beim Anthranol eintritt. Der Energieunterschied der beiden Reihen ist im wesentlichen durch die gefundene Energiedifferenz zwischen der Doppelbindung (in der Methylen-Gruppe) und dem Ketoncarbonyl gegeben; sie beträgt 53.1 kcal[2]. Das steht in sehr guter Übereinstimmung mit der Differenz der in der Tabelle (S. 59) angegebenen Resonanzenergien von Pentacen und Anthracen von 51.17 kcal. Damit wird verständlich, warum meßbare Tautomerie bei den Phenolen schon um eine ganze Anellierungseinheit früher, beim Anthranol ⇌ Anthron, zu beobachten ist als bei den Methylacenen.

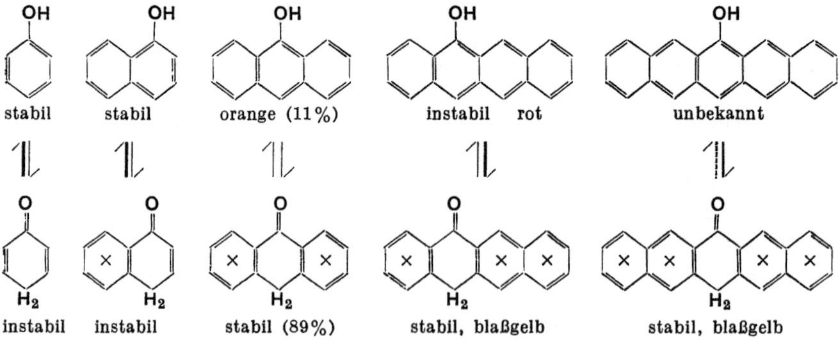

stabil	stabil	orange (11%)	instabil rot	unbekannt
instabil	instabil	stabil (89%)	stabil, blaßgelb	stabil, blaßgelb

---

[1] PAULING, L.: The Nature of Chemical Bond 1948, 137.
[2] COATES, G. E., u. L. E. SUTTON: J. chem. Soc. London 1948, 1187.

Ähnliche Anellierungsreihen, verbunden mit Tautomerie, werden sich auch für die Gleichgewichte Amin $\rightleftharpoons$ Ketoimin und Thiophenol $\rightleftharpoons$ Thioacenon u. a. aufstellen lassen. Das Anellierungsprinzip wird sich auch hier bewähren müssen.

e) Die angeregten p-Formen.

Im folgenden seien die angeregten p-Formen näher betrachtet, die bei vielen Reaktionen, z. B. der *Photooxydation*, eine hervorragende Rolle spielen. Sie sind durch eine besondere Reaktivität der *para*-Stellungen ausgezeichnet, die durch eine „p-Bindung" gekennzeichnet werden sollen. Der Übergang aus dem Grundzustand zu einer p-Form läßt sich z. B. beim Anthracen wie folgt formulieren:

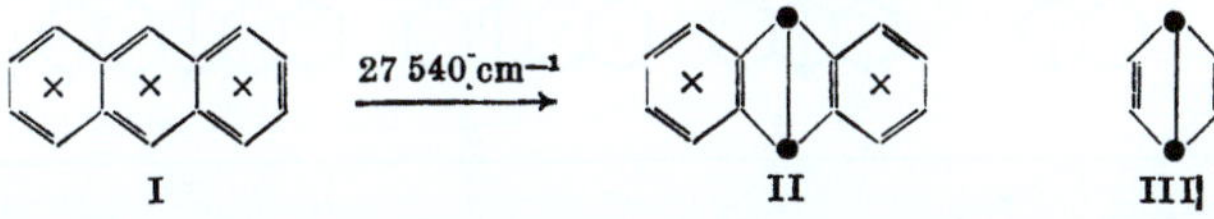

Im Grundzustand des Anthracens I sind alle 14 π-Elektronen an dem ganzen resonierenden System beteiligt. Wird nun Energie im Betrage von 27 540 cm^{-1} (entsprechend der ersten p-Bande) aufgenommen, so wird ein Elektron im Mittelkern angeregt, während sich die anderen Elektronen so umgruppieren, daß sie zwei unabhängige resonierende Systeme in den beiden Seitenkernen (mit Kreuzen bezeichnet) und eine ebenfalls unabhängige p-Bindung im Mittelkern bilden. In anderen Worten: die *p-Bindungen befinden sich mit den unabhängigen Resonanzsystemen zu beiden Seiten im nichtbindenden Zustand.*

Nach den im vorangehenden (S. 27) gezeigten Anellierungseffekten kann kein Zweifel darüber bestehen daß dieser Übergang aufs engste mit den p-Banden verknüpft ist. Wie lassen sich nun diese p-Banden mit den α- und β-Banden in Zusammenhang bringen? Die Antwort läßt sich aus Abb. 24 ablesen. Die unterste Kurve gibt das Niveau des obersten Elektrons im Grundzustand an nach:

$$\frac{12^2}{K^2}\frac{R}{2^2}\cdot$$

Der nächst höhere angeregte Zustand ist gegeben durch:

$$\frac{12^2}{K^2}\frac{R}{3^2}\cdot$$

Der Übergang zwischen beiden ergibt die Frequenz der α-Banden:

$$\nu_\alpha = \frac{12^2}{K^2}\,R\left(\frac{1}{2^2}-\frac{1}{3^2}\right).$$

Nun hat sich aus den Anellierungsreihen der p-Banden ergeben, daß die Ordnungszahl in der p-Reihe K_p und im Grundzustand K_0 für ein und denselben Kohlenwasserstoff verschieden ist. So hat z. B. Benzol im Grundzustand die Ordnungszahl $K_0 = 7\frac{1}{2}$ (S. 28) und in der p-Reihe (III) die Ordnungszahl $K_p = 6$ (S. 27). Der Zusammenhang zwischen beiden Reihen läßt sich leicht durch die Gleichung:

$$K_p = 2\,K_0 - 9$$

herstellen. Die Ordnungszahl schreitet, wie bereits festgestellt, in der
p-Reihe doppelt so schnell fort wie in der α- oder β-Reihe. Die Subtrak-
tion von 9 Einheiten bedeutet, daß die 4 Elektronen in den K-Schalen
und das 2. Elektron in der p-Bindung nicht doppelt gerechnet werden
dürfen, da sie ja bereits im Grundzustand den maximal möglichen
Abschirmeffekt von je einer Einheit ausüben. Ferner dürfen die
4 π-Elektronen zu seiten der p-Bindung (Formel III) nicht mitgerech-
net werden, da zwischen ihnen und der p-Bindung keine Resonanz
besteht.

Nachdem nun der Zusammenhang zwischen den Ordnungszahlen K_0
und K_p hergestellt ist, läßt sich die Frequenz der p-Banden leicht aus

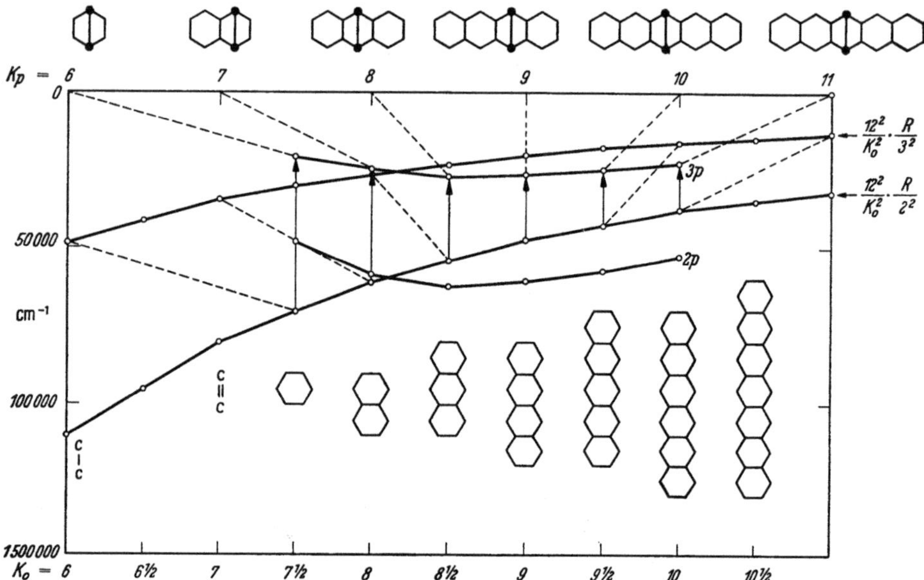

Abb. 24. Niveauschema der Grundformen und der angeregten p-Formen der Kohlenwasserstoffe, das Verhältnis der Ordnungszahlen zueinander zeigend.

Abb. 24 ablesen. Sie ist gleich der Energie des angeregten Elektrons
im oberen Niveau der α-Bande, also:

$$v_p = \frac{12^2}{K_0^2}\,\frac{R}{3^2}.$$

Daraus darf nun keineswegs geschlossen werden, daß sich ein beträchtlicher Prozentsatz der Molekeln bei Zimmertemperatur in der
p-Form befinden, die bei der Absorption von Licht bis zur Ionisation
angeregt werden, denn dazu ist, wie unten gezeigt wird, die Differenz
zwischen den Energien der p- und Grundformen viel zu groß. Es ist
vielmehr zu entnehmen, daß die p-Bindung nur mit einem angeregten
Elektron in der M-Schale, also mit Hauptquantenzahl 3, bestehen
kann. Das obere Niveau E_{3p} dieses Elektrons ist demnach gegeben

aus der Differenz des Grundzustandes und der Frequenz der ersten
p-Bande:

$$E_{3p} = \frac{12^2}{K_0^2}\,\frac{R}{2^2} - \frac{12^2}{(2K_0 - 9)^2}\,\frac{R}{3^2}\,.$$

Die so erhaltene Kurve $3p$ (in Abb. 24) gibt also die Energie des
angeregten Elektrons, das nunmehr in der p-Bindung lokalisiert ist.
Sie zeigt nicht mehr den wohlbekannten Anellierungseffekt. Das angeregte Elektron in der p-Form wird vom Benzol bis zum Anthracen
zunächst etwas fester gebunden und dann bei den höheren Acenen
wieder allmählich gelockert. Es ist bemerkenswert, daß die Differenzen
zwischen den nach

$$\nu_p = \frac{12^2}{K_p}\,\frac{R}{3^2}$$

berechneten Frequenzen und den für den Gaszustand gefundenen Frequenzen der p-Banden sich in ähnlicher Weise ändern. Sie nehmen zunächst ab, um beim Anthracen ein Minimum zu erreichen, und dann
langsam wieder zu:

Benzol	Naphthalin	Anthracen	Tetracen	Pentacen	Hexacen
Ber. 48770	35830	27433	21675	17557	14510 cm^{-1}
Gef. 49100	35992	27540	22220	18446	15777 ,,
Diff. 330	162	107	545	889	1267 cm^{-1}

Das deutet auf eine bedeutende Veränderung der Gestalt der Molekel
beim Übergang vom Grundzustand zur p-Form hin, die weiter unten
noch zu betrachten sein wird.

Aus der Kurve $3p$ läßt sich nun der imaginäre Grundzustand der
p-Formen berechnen, indem man die Werte in der Kurve $3p$ im Verhältnis von $3^3 : 2^2$ erhöht. Man bekommt dann die Kurve $2p$. Sie zeigt
an, daß der imaginäre Grundzustand der p-Form beim Benzol viel höher
liegt als der normale Grundzustand, bei Naphthalin nur noch um
3465 cm^{-1} oder 9.83 kcal ungünstiger liegt und vom Anthracen an
bedeutend günstiger wird. Aus dem imaginären Grundzustand der
p-Formen kann ein wirklicher werden, wenn an die p-Stellungen eine
endocyclische Brücke mit normalen Einfachbindungen angeschlossen
wird, z. B. bei der Addition von Maleinsäureanhydrid. Der Verlauf der
Kurve $2p$ zeigt nun ohne weiteres, daß diese Addition erst vom Anthracen ab stabil wird. Der relativ geringe Unterschied beim Naphthalin
läßt aber eine Addition unter besonderen Umständen in den Bereich
der Möglichkeit kommen (vgl. S. 13).

Unter Anwendung des Prinzips, daß die Bindungsenergie gleich ist
der Differenz der Energien des 3. und 4. Niveaus (S. 55), läßt sich
die *Bindungsenergie* der *p-Bindung* aus den Werten der Kurve $3p$
berechnen nach:

$$E_p\text{-Bindung} = E_{3p} - \frac{3^3\,E\,3_p}{4^2} = \frac{7}{16}\,E_{3p}\,.$$

Es werden so die folgenden Werte in kcal erhalten für die p-Bindung in:

Benzol	Naphthalin	Anthracen	Tetracen	Pentacen	Hexacen	Heptacen
26.69	32.20	33.88	33.70	32.60	31.08	29.39 kcal

Mit diesen Werten ist es nun möglich, die gesamten *Resonanzenergien* in den Grundzuständen und in den p-Formen zu vergleichen. Dabei ist aber zu beachten, daß die p-Formen eine Doppelbindung weniger enthalten als die Grundformen. Deshalb ist es für den Vergleich nötig, die auf S. 59 angegebenen Resonanzenergien der Grundformen um die π-Kopplungsenergie einer Doppelbindung (44.58 kcal) zu vermehren. Die Summe der Resonanzenergien der p-Formen wird gebildet aus der p-Bindung und der Resonanzenergie der beiden unabhängigen Resonanzsysteme zu beiden Seiten der p-Bindung.

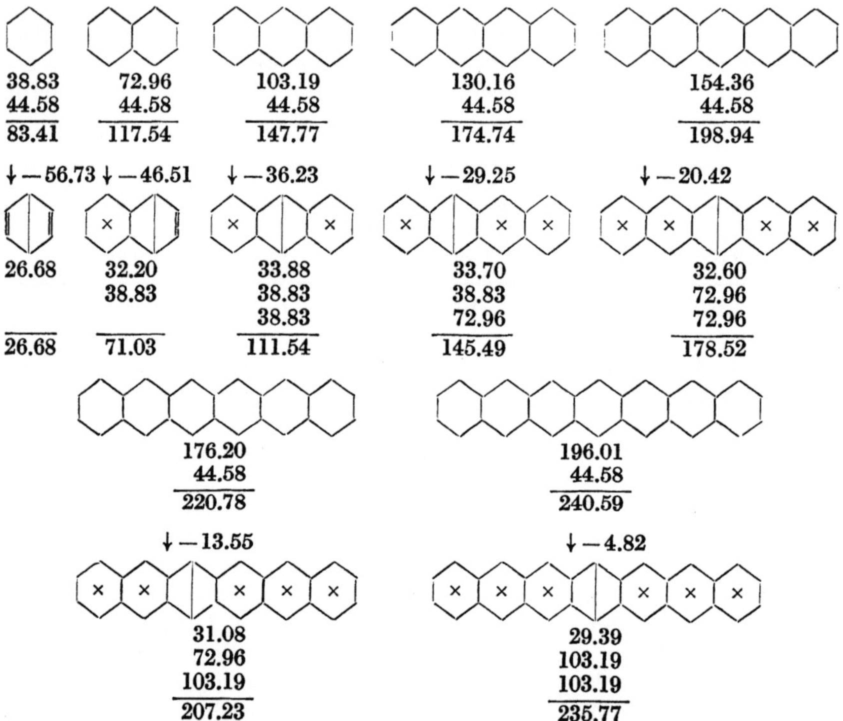

Die Differenzen der Resonanzenergien nehmen demnach sehr schnell ab, bis sie beim Heptacen auf —4.82 kcal gesunken sind. Es ist daher nicht verwunderlich, daß seine Darstellung bisher trotz aller Bemühungen nicht gelungen ist[1]. Es müßte sich selbst bei Zimmertemperatur in beträchtlichem Maße im p-Zustand befinden, einem Zustand, dessen Reaktivität die der freier Radikale übertreffen dürfte. Der Darstellung höherer Acene sind also bestimmte Grenzen gesetzt, obwohl deren Derivate sich gut darstellen lassen. Oktacen, das in der p-Form viel

---

[1] CLAR, E., u. CH. MARSCHALK: Bl. (5) **17**, 444 (1950).

beständiger als in der Grundform sein muß, wird sich sicherlich nicht darstellen lassen.

Betrachtet man die p- oder DEWAR-Form des Benzols, so erscheint es unwahrscheinlich, daß die Atome in einer Ebene liegen könnten. Die p—C-Atome werden die Neigung haben, sich zu nähern. Das Modell I kommt dem bestens entgegen. Es enthält 4 π-Elektronen der Art der ungesättigten Verbindungen und 2 Elektronen nach dem Tetraeder-Modell (S. 46). Dadurch wird verständlich, warum die p-Bin-

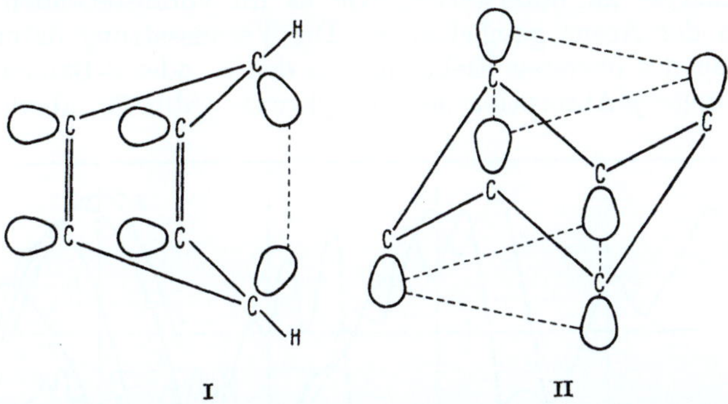

I   II

dung von der Anellierung relativ unberührt bleibt. Die *Differenzen* auf S. 67 weisen eher auf eine Änderung des Tetraederwinkels und damit auf eine Änderung der Entfernung der p—C-Atome hin.

Die p-Form des Benzols I leitet sich von der Wannen-Form des Cyclohexans ab. Es ist deshalb naheliegend, nach dem Auftreten einer angeregten Form des Benzols zu suchen, die sich von der Sessel-Form des Cyclohexans ableitet. Das Modell II soll diese Form darstellen. In ihr ist jedes zweite C-Atom im bindenden Zustand mit zwei anderen. Es sind also je 3 C-Atome in 2 Ebenen miteinander verbunden, und durch eine Knotenebene, wie es in der Sprache der Wellenmechanik heißt, getrennt. Dabei bleiben

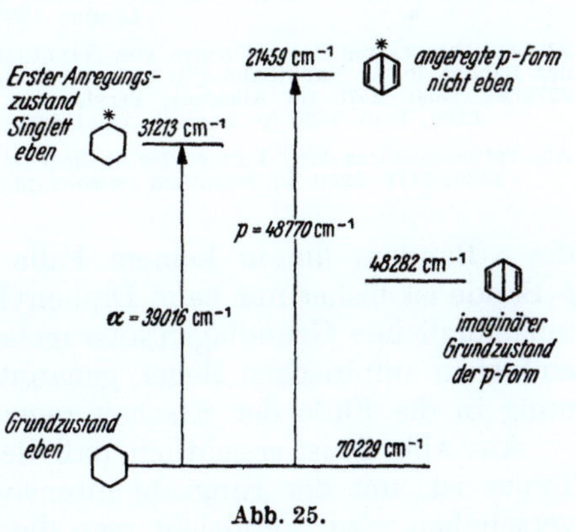

Abb. 25.

2 Elektronenspins ungepaart. II ist demnach ein echtes Diradikal, obwohl sich die radikalischen C-Atome nicht festlegen lassen. Es befindet sich im *Triplett*-Zustand. Es ist möglich, daß ein angeregter Zustand II dem oberen phosphorescierenden Zustand entspricht. Hier wird der Schwerpunkt der Forschung des aromatischen Zustandes liegen müssen, wobei das Studium der *Phosphorescenz-Spektren* in

fester Lösung bei tiefer Temperatur[1] besonders vielversprechen erscheint.

Zusammenfassend lassen sich die in Abb. 25 wiedergegebenen Zusammenhänge zwischen den verschiedenen Anregungszuständen feststellen.

f) Das Kondensationsprinzip.

Es liegt nahe, die p-Banden der Polyphenyle und Polyrylene derselben Analyse zu unterwerfen, wie es im voranstehenden mit den p-Banden der Acene geschehen ist. Die Voraussetzung dafür ist, daß das Niveau des obersten Elektrons aus den α- oder β-Banden bekannt ist. Die breite p-Absorption der Polyphenyle (Abb. 26) überlagert aber

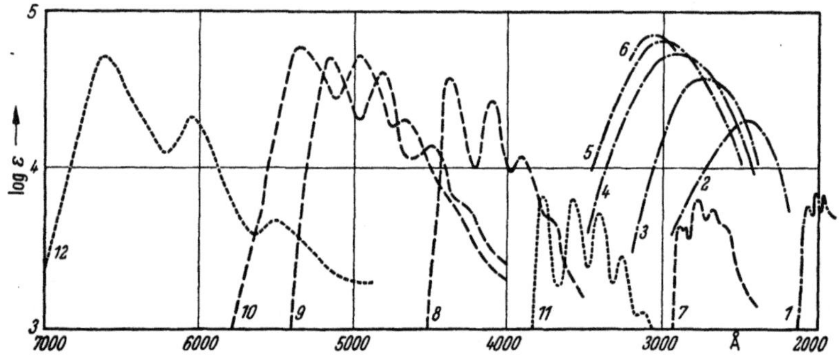

Abb. 26. Absorptionsspektren der p-Formen von Benzol und den Polyphenylen: —·—·—·—·—.
Lage der Banden in Å: Benzol (1): 2068, 2034, 1978. in Pentan [nach V. Henri: J. Phys.
Rad. 3, 180 (1922)]; Diphenyl (2): 2460; Terphenyl (3): 2760; Quaterphenyl (4): 2920; Quinqui-
phenyl (5): 3010; Sexiphenyl (6) 3080 [nach A. E. Gillam u. D. H. Hey: J. chem. Soc.
London 1939, 1170].

Absorptionsspektren der p-Formen von Naphthalin und den Polyrylenen: — — — — —. Lage
der Banden in Å: Naphthalin (7): 2890, 2845 (in Benzol), 2750 (in Alkohol, korr. für Benzol
2770 Å), 2660, 2570 (in Alkohol); Perylen (8): 4390, 4110, 3900 (in Benzol); Terrylen (9):
5160, 4830, 4530 (in Benzol); Quaterrylen? (10): 5370, 4980, 4660 (in Benzol).

Absorptionsspektren der p-Formen der Anthene (in Benzol): ·············· Anthracen (11): 3878,
3580, 3418, 3260 Å; Bisanthen (*meso*-Naphtho-dianthren) (12): 6625, 6030, 5560 Å.

die α-Banden, die in keinem Falle festgestellt werden können. Die β-Bande ist bisher nur beim Diphenyl verzeichnet. An Stelle von diesen unzulänglichen Grundlagen auszugehen, kann man hier mit Hilfe einer einfachen empirischen Regel, genannt das Kondensationsprinzip[2], Ordnung in die Fülle der Erscheinungen bringen.

Aus Abb. 26 ist ersichtlich, daß die breite p-Bande stets vom gleichen Typus ist, mit der Ringzahl intensiver und immer weniger nach Rot verschoben wird. Vergleicht man die Frequenzen der Maxima, so kann man feststellen, daß die Differenz zwischen Benzol und Diphenyl zwischen Diphenyl und Terphenyl halbiert wird. Die Differenz zwischen Terphenyl und Quaterphenyl ist wiederum ein Halbes der vorangehenden

---

[1] Lewis, G. N., u. M. Kasha: Am. Soc. **66**, 2100 (1944); **67**, 994 (1945). — Lewis u. Naumann: J. chem. Phys. **17**, 516 (1949).
[2] Clar, E.: Chem. Ber. **81**, 52 (1948).

usw. Man erhält so eine konvergierende geometrische Reihe, in der die folgende Differenz immer die Hälfte der vorangehenden ist, und die sich durch die Gleichung

$$v_n = v_1 - d_1 \left(\frac{1 - q^n}{1 - q} \right)$$

darstellen läßt, worin v_n die Frequenz der p-Bande des n-ten Gliedes der Kondensationsreihe, v_1 die Frequenz des 1. Gliedes (Benzol), d_1 die Differenz der Frequenzen vom 1. zum 2. Glied, q für die Polyphenyle $\frac{1}{2}$ und n die Kondensationszahl ist. Für Kondensationszahl ∞, das ist für ein Polyphenyl mit unendlich vielen Ringen, ergibt sich daraus:

$$v_\infty = v_1 - 2d_1 = 31\,924 \text{ cm}^{-1}.$$

Die Kondensationsreihe führt also nicht wie die Anellierungsreihen zu einem Endglied mit einer p-Bande der Frequenz 0 oder Wellenlänge ∞. Ein *Polyphenyl* der Kondensationszahl ∞ ist demnach *farblos* und absorbiert im Ultraviolett.

Eine ähnliche Beobachtung kann man bei den Polyrylenen vom Naphthalin ausgehend machen. Auch hier sind die Banden vom selben Typus und werden immer intensiver. Die anfänglich sehr starke Rotverschiebung nimmt aber doppelt so schnell ab wie bei den Polyphenylen. Die Reihe läßt sich durch die obige Gleichung darstellen, wenn $q = \frac{1}{4}$ gesetzt wird. Die erste p-Bande für ein Polyrylen mit Kondensationszahl ∞ liegt so bei:

$$v_\infty = v_1 - \tfrac{4}{3} d_1 = 18\,332 \text{ cm}^{-1}.$$

Es muß demnach rot sein. Es ist nun naheliegend, für die Reihe der kondensierten Anthracene, die als Polyanthene zu bezeichnen wären, $q = \frac{1}{8}$ zu setzen. Beweisen läßt sich das allerdings nicht, denn nur die beiden ersten Glieder der Reihe, Anthracen und Bisanthen, sind bekannt. Sollte dies so sein, so würde das Endglied seine erste p-Bande bei

$$v_\infty = v_1 - \tfrac{8}{7} d_1 = 13\,473 \text{ cm}^{-1},$$

also immer noch im Sichtbaren, haben.

In der Tabelle 4 sind die berechneten und gefundenen Werte gegenübergestellt. Die Übereinstimmung muß als sehr gut bezeichnet werden.

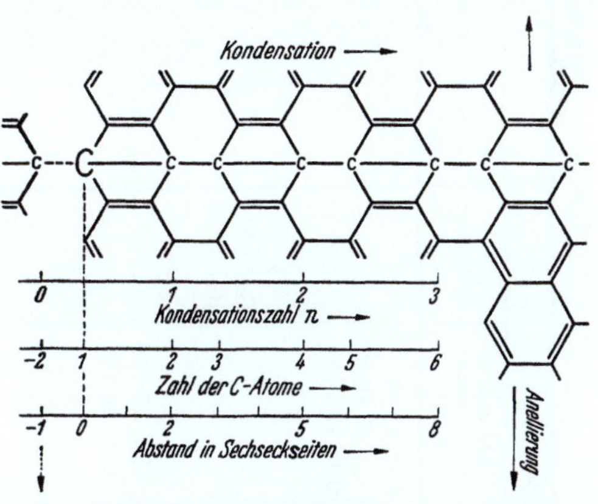

Abb. 27. Schematische Darstellung von Kondensation und Anellierung, die Bedeutung der Kondensationszahl 0 zeigend.

Es ist nun von besonderem Interesse, die Reihe der Polyphenyle für das Glied mit der Kondensationszahl 0 zu extrapolieren. Zunächst muß man sich klar werden, was dieses Glied darstellt. Abb. 27 gibt Auskunft darüber.

Tabelle 4. *Polyphenyle, Polyrylene und Polyanthene.*

Polyphenyle				Polyrylene				Polyanthene			
Kondensationszahl	Formel	Absorption der 1. Bande in cm^{-1}	Differenz	Kondensationszahl	Formel	Absorption der 1. Bande in cm^{-1}	Differenz	Kondensationszahl	Formel	Absorption der 1. Bande in cm^{-1}	Differenz
1	*Benzol*	Gef. 48356 (1) „ 49160 (2) Ber. 49576		1	*Naphtalin*	Gef. 34840 (1) „ 36100 (2) Ber. 36124		1	*Anthracen*	Gef. 26480	
			Gef. 8510 Ber. 8726				Gef. 13320 Ber. 13344				Gef. 11390
2	*Diphenyl*	Gef. 40650 Ber. 40850		2	*Perylen*	Gef. 22780 Ber. 22780		2	*Bisanthen*	Gef. 15090	
			Gef. 4420 Ber. 4364				Gef. 3400 Ber. 3336				Ber. 1424
3	*Terphenyl*	Gef. 36230 Ber. 36286		3	*Terrylen*	Gef. 19380 Ber. 19444		3	*Teranthen*	Ber. 13666	
			Gef. 1980 Ber. 2182				Gef. 770 Ber. 834				Ber. 178

4	 Quaterphenyl	Gef. 34250 Ber. 34104	Gef. 1030 Ber. 1091
5	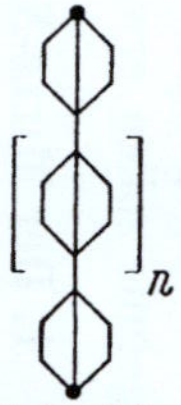 Quinquiphenyl n=5	Gef. 33220 Ber. 33013	Gef. 750 Ber. 545
6	Sexiphenyl	Gef. 32470 Ber. 32468	
∞	Polyphenyl	Ber. 31924	

4	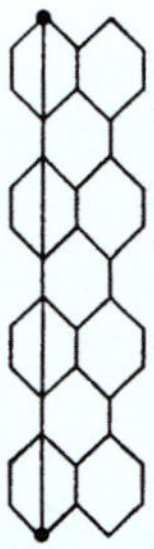 Quaterrylen	Gef. 18610 Ber. 18610	
∞	Polyrylen	Ber. 18332	

4	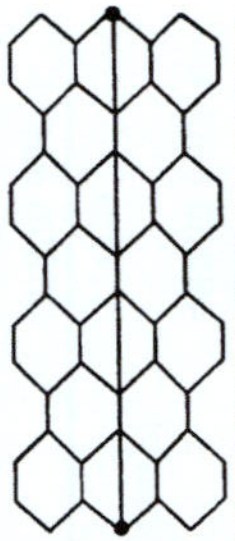 Quateranthen	Ber. 13488
∞	Polyanthen	Ber. 13473

Bemerkungen zur Reihe der

1. *Polyphenyle:* Die Messungen vom Diphenyl an beziehen sich auf Alkohol als Lösungsmittel. Der Wert für Quinquiphenyl wurde aus der Versuchsreihe mit Chloroform als Lösungsmittel interpoliert. Die Übereinstimmung der beiden Reihen ist etwa gleich gut. Beim Benzol trifft der ber. Wert mit der 2. Bande bei 49164 cm^{-1} (in Hexan nach Henri) zusammen. Diese Bande entspricht dem Schwerpunkt der gesamten *p*-Absorption, der mit der diffusen Absorption der Polyphenyle verglichen werden muß.
2. *Polyrylene:* Der aus Perylen, Terrylen und Quaterrylen ber. Wert fällt beim Naphthalin auf die 2. Bande (in Alkohol bei 2750 Å, nach entspr. Korrektur in Benzol bei 2770 Å).

Der 1. Maßstab in Abb. 27 gibt die Kondensationszahl an. Er kann ersetzt werden durch den 2., der die Zahl der C-Atome der C—C—C . . .-Kette zeigt. Sie ist doppelt so groß wie die Kondensationszahl mit Ausnahme von Kondensationszahl 0, die 2 C-Atomen entspricht. Der 3. Maßstab gibt den Abstand in Sechseckseiten. Dieser ist gleich der dreifachen Kondensationszahl −1. Auch hier mit Ausnahme der Kondensationszahl 0, die dem Abstand 1 entspricht. Das Glied der Kondensationszahl 0 ist also eine C—C-Bindung. Berechnet man die dazugehörige Bande nach:

$$\begin{array}{ll}
\text{1. } p\text{-Bande des Benzols} \ldots\ldots\ldots\ldots & 48356 \text{ cm}^{-1} \\
\text{plus der doppelten Differenz Benzol—Diphenyl} & \\
= 2 \times 8510 \ldots\ldots\ldots\ldots\ldots\ldots & 17020 \text{ ,,} \\
\hline
\text{Bande der ,,idealen`` C—C-Bindung} \ldots\ldots & 65376 \text{ cm}^{-1}
\end{array}$$

Nach dem Anellierungsverfahren wird ganz unabhängig davon 60960 cm^{-1} gefunden. Beide Verfahren führen also zu ungefähr demselben Wert für die ideale C—C-Bindung. Zieht man die Ungenauigkeiten in der Polyphenyl-Reihe, die sich aus den breiten Banden ergeben, und die bei einer Extrapolation noch vergrößert werden, in Betracht, so ist die Übereinstimmung als gut zu bezeichnen.

IV. Versuche zum Beweis der Stabilisierung von Kekulé-Formen.

Die Kekulésche Benzolformel verlangt bekanntlich die Existenz von 2 verschiedenen o-Substitutionsprodukten, je nachdem sich einmal eine Doppelbindung und einmal eine Einfachbindung zwischen den Substituenten befindet (Formel I und II).

Da aber solche Bindungsisomere nicht gefunden werden konnten, nahm Kekulé in seiner *Oszillationshypothese* an, daß die Doppelbindungen im Benzolkern ihre Lage frei verändern können, und daß damit der Unterschied zwischen I und II wegfällt.

Es hat trotzdem nicht an Versuchen gefehlt, die Beweise erbringen sollten für das alleinige Vorhandensein nur einer dieser Formen oder wenigstens für das Überwiegen der einen Form über die andere. Dabei wurde von der Annahme ausgegangen, daß es möglich sein müßte, durch geeignete o-Substitution das Gleichgewicht I ⇄ II zu stören und so die Ausbildung nur einer Form zu begünstigen. Es kann hier nicht auf alle diese Versuche eingegangen werden. Nur wenige mit besonders eindrucksvollem Ergebnis sollen erwähnt und gemeinsam interpretiert werden.

1. Der Mills-Nixon-Effekt[1].

Nach der Tetraeder-Theorie der C-Bindungen können in der Kekuléschen Benzolformel die 6 Bindungen nicht genau nach dem Zentrum

---

[1] Mills u. Nixon: Soc. **1930**, 2510.

des Kernes gerichtet sein, wenn der Winkel α zwischen den einfachen Bindungen der des Tetraedermodells (109.5°) ist (Formel I). Der Winkel zwischen einer einfachen und einer doppelten Bindung β muß dann größer als 120°, nämlich 125.25° sein. Wenn es auch unwahrscheinlich ist, daß der *Tetraederwinkel* derselbe bleibt, wenn 2 Bindungen an der Doppelbindung teilnehmen, so ist doch eine kleine Verschiedenheit zwischen α und β zu erwarten.

Zur Prüfung dieser Annahme wählten Mills und Nixon *Hydrinden* II und *Tetrahydronaphthalin* III. Beim Hydrinden wird nun der engere fünfgliedrige Ring an den Benzolkern so angeschlossen, daß zwischen beiden Ringen keine Doppelbindung ist, denn der Winkel von 108° in einem symmetrischen Fünfring liegt dem Winkel α von 109.5° näher als dem Winkel β von 125.25°. Daher wird beim Hydrinden die Stabilisierung oder wenigstens die Bevorzugung der Kekulé-Form II erzielt.

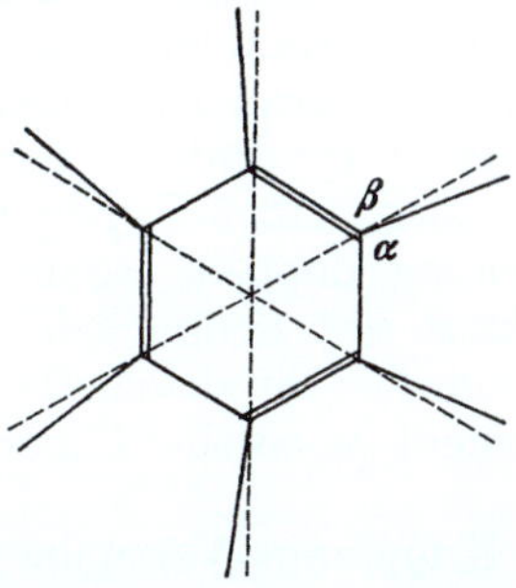

Im *Tetrahydro-naphthalin* III liegen die Verhältnisse gerade umgekehrt. Der angeschmolzene sechsgliedrige Ring wird sich an einer Sechseckseite des Benzolkernes befinden, wo eine Doppelbindung ist, da für diesen größeren Ring der Einschluß von 2 β-Winkeln aus Gründen der Ringspannung günstiger erscheint.

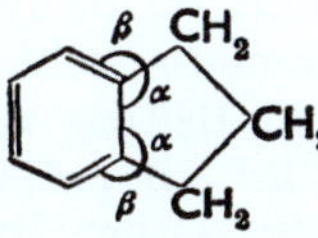

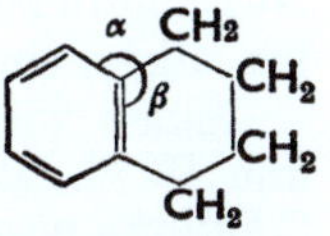

Es ist bekannt, daß bei der *Bromierung* und der *Kupplung* mit *Diazoverbindung* zwischen *aliphatischen* Enolen und *Phenolen* eine weitgehende Analogie besteht. Man wird also bei einem Phenol den Eintritt einer dieser Reaktionen nur dort erwarten dürfen, wo das reagierende C-Atom mit dem das Hydroxyl tragenden C-Atom durch eine Doppelbindung verbunden ist. Auf Hydrinden und Tetralin angewendet bedeutet dies, daß die beiden Reaktionen nur an den mit dem Pfeil gekennzeichneten C-Atomen eintreten sollten.

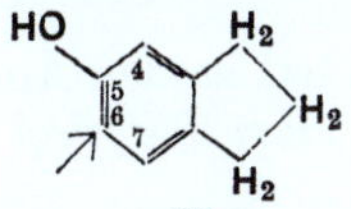

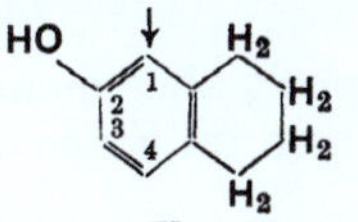

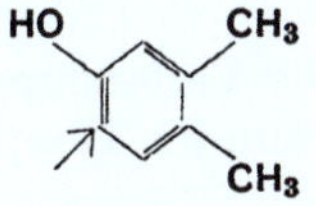

Mills und Nixon fanden, daß 5-Oxyhydrinden IV bei der Bromierung als Hauptprodukt *6-Brom-5-oxyhydrinden* liefert. Mit diazotiertem *p-Toluidin* trat die Reaktion ebenfalls in der 6-Stellung ein. Dagegen fanden dieselben Reaktionen beim *2-Oxytetralin* V in der 1-Stellung statt[1]. Tritt an Stelle des Hydroxyls eine *Acetaminogruppe*, so werden

---

[1] Schröter: A. **426**, 83 (1922).

sowohl beim Hydrinden als auch beim Tetralin entsprechende Ergebnisse erhalten[1]. Es scheint also, daß wirklich eine *Stabilisierung* von Kekulé-Formen eingetreten ist, die sich zumindest im Überwiegen der einen oder anderen Form bei diesen Reaktionen äußert.

W. Baker[2] konnte bei *o*-Hydroxy-acetophenonen feststellen, daß *Chelat-Bindungen* nur dann möglich sind, wenn sich zwischen Hydroxyl- und Acetylgruppe eine Doppelbindung befindet. Demnach scheint auch in diesen Fällen eine *Stabilisierung* von Kekulé-Formen stattgefunden zu haben.

Die Ansichten von Mills und Nixon sind in der Folge von verschiedenen Seiten kritisiert worden. So reagiert 3.4-Dimethylphenol VI ebenfalls bei der Bromierung und der Diazokupplung in der 6-Stellung, wodurch das Beispiel des Hydrinden seine Beweiskraft verliert[3]. Ferner nitriert 2-Oxytetralin in der 3-Stellung, entgegen der Voraussage[4]. Auch zeigte sich, daß 5-Oxy-hydrinden IV mit Diazo-Verbindungen in der 4-Stellung doppelt, wenn die 6-Stellung durch eine Methyl-Gruppe blockiert ist[5]. Schließlich ist die Tatsache, daß Alkylbenzole und Hydrindene fast die gleiche Hydrierwärme haben, ein besonders gewichtiges Argument gegen eine Fixierung der Doppelbindungen[6].

2. Kupplungs-Versuche in der Naphthalin- und Anthracenreihe.

Schon oft ist die Frage diskutiert worden, welche Formel dem *Naphthalin* zukommt, ob die symmetrische I oder die *unsymmetrische* II. Im allgemeinen konnte wohl die Formel I mehr Verteidiger finden.

Einen wichtigen Beitrag zu diesem Problem lieferten L. F. Fieser und W. C. Lothrop[7] auf präparativem Wege. Sie stellten *1.5-Diäthyl-2.6-dioxy-naphthalin* III her. In der symmetrischen Form IIIa sind die an den Oxygruppen befindlichen Doppelbindungen durch die Äthylgruppen blockiert und können daher nicht mit Diazoverbindungen kuppeln, dagegen müßte eine Kupplung bei der unsymmetrischen Form IIIb leicht in der 3-Stellung (mit Pfeil gekennzeichnet) erfolgen.

I   II   IIIa   IIIb

Die Verbindung III kuppelt aber nicht, und es hat so den Anschein, als wenn die Doppelbindungen im Sinne von IIIa *starr festgelegt* wären

---

[1] Smith, Clarence: Soc. **85**, 730 (1904). — Borsche u. Bodenstein: B. **59**, 1910 (1926).

[2] Baker, W.: Soc. **1934**, 1684. — Baker, W., u. O. M. Lothian: Soc. **1935**, 628.

[3] Diepolder: B. **42**, 2916 (1909). — Parkes: Soc. 1948, 2143.

[4] Thoms u. Kross: Arch. Pharm., **265**, 336 (1927).

[5] Fieser u. Lothrop: Am. Soc. **58**, 2050 (1936); **59**, 945 (1937); **62**, 132 (1940).

[6] Dolliver, Gresham, Kistiakowsky u. Vaughan: Am. Soc. **59**, 831 (1937).

[7] Fieser, L. F., u. W. C. Lothrop: Am. Soc. **57**, 1459 (1935).

und es sich nicht einmal um das Überwiegen der einen oder anderen
Form handeln würde.

FIESER und LOTHROP[1] haben ihre Methode der blockierten Hydroxyle
auch auf die von MILLS und NIXON behandelten Fälle übertragen und
sie auch beim Anthracen angewandt. Beim *1.5-Dimethyl-2.6-dioxy-
anthracen* IVa ergab sich, daß es ebenso wie das entsprechende Naphthalinderivat nicht mit Diazoverbindungen kuppelt, was nach Formel IVb
eintreten müßte. Die Doppelbindungen in den beiden Seitenkernen
scheinen also nach Formel IVa festgelegt zu sein.

3. Versuche mit Ozon.

Sehr eindrucksvolle Versuche mit Ozon, die über die etwaige Festlegung von Doppelbindungen Auskunft geben sollen, wurden berichtet.

A. A. LEVINE und A. G. COLE[2] und später P. W. HAAGMAN und
J. P. WIBAUT[3] untersuchten die Spaltprodukte von der Ozonisierung
des *o-Xylols.* Würde o-Xylol mit der Verteilung der Doppelbindungen
nach I vorliegen, so sollten Methylglyoxal und Glyoxal im Verhältnis
von 2 : 1 entstehen. Bei einer Festlegung der Doppelbindung nach II
hingegen sollte das Verhältnis Dimethylglyoxal und Glyoxal 1 : 2 sein.

Tatsächlich wurden jedoch Dimethylglyoxal, Methylglyoxal und
Glyoxal als Oxime im Verhältnis von 1 : 2 : 3 erhalten. Damit wird eine
gleichmäßige Beteiligung von I und II an der resonierenden Grundform
des Xylols bewiesen.

Anders ist das Ergebnis in der Naphthalin-Reihe. J. P. WIBAUT
und J. VAN DIJK[4] ozonisierten *2.3-Dimethylnaphthalin.* Nach der
symmetrischen ERLENMEYER-Formel III sollte dabei 1 Mol Dimethylglyoxal und nach der unsymmetrischen Formel IV 2 Mol Methylglyoxal
entstehen. Sollten die beiden Formen III und IV im gleichen Prozentsatz vorliegen, so müßte das Verhältnis Dimethylglyoxal zu Methylglyoxal 1 : 2 sein. Gefunden wurde jedoch ein Verhältnis von 10 : 1.

[1] FIESER, L. F., u. W. C. LOTHROP: Am. Soc. **58**, 749, 2050 (1936).
[2] LEVINE, A. A., u. A. G. COLE: Am. Soc. **54**, 338 (1932).
[3] HAAGMAN, P. W., u. J. P. WIBAUT: R. **60**, 842 (1941).
[4] WIBAUT, J. P., u. J. VAN DIJK: R. **65**, 412 (1946).

Auch hieraus scheint tatsächlich eine starke Bevorzugung der symmetrischen Form III hervorzugehen.

1.4-Dimethyl-naphthalin gibt bei der Ozonisierung Methylglyoxal und Glyoxal im Verhältnis von 1 : 4 an Stelle von 2 : 1, wie zu erwarten wäre, wenn die Formen V und VI im gleichen Verhältnis beteiligt wären. Auch hier spricht das Ergebnis für ein starkes Überwiegen der *symmetrischen* Form des Naphthalins V.

4. Läßt sich die Fixierung von Doppelbindungen mit chemischen Mitteln beweisen?

Bezieht sich diese Frage auf den Grundzustand eines aromatischen Kohlenwasserstoffes, so muß sie mit einem bestimmten Nein beantwortet werden. Eine Fixierung der Doppelbindungen im Grundzustand würde bedeuten, daß bei Zimmertemperatur Energiebeträge von 30—40 kcal pro Ring pro Mol zur Verfügung ständen, was bestimmt nicht der Fall ist. Diese experimentell aus den Verbrennungswärmen und Hydrierwärmen ermittelten Energien müßten aufgebracht werden, um die aromatische Resonanz in wenigstens einem Ring aufzuheben und die Doppelbindungen festzulegen. *Ein aromatischer Kohlenwasserstoff kann also bei Zimmertemperatur und im Dunkeln keine merkliche Menge von reinen Kekulé-Formen enthalten.*

Bezieht sich aber die obige Frage auf die durch Strahlung angeregte oder chemisch reagierende Molekel, so kann sie mit Ja beantwortet werden. Es ist notwendig, diese beiden Molekelarten genau auseinanderzuhalten. Zwischen der Absorption im Sichtbaren und Ultraviolett und der chemischen Reaktivität besteht eine bemerkenswerte Parallelität, wie gezeigt wurde. Es ist grundsätzlich unmöglich, einen aromatischen Kohlenwasserstoff im Grundzustand zur Reaktion zu bringen. Schon bei der Annäherung des Reagens wird er angeregt, und zwar in der Richtung auf eine der *p*-Formen oder *o*-Formen, je nachdem der Angriff in einem Mittelring oder Seitenring erfolgt.

Dementsprechend ist den Versuchen, die für das Überwiegen der symmetrischen Erlenmeyer-Form des Naphthalins sprechen, von mehreren Seiten[1] die folgende Interpretation gegeben worden.

Um das Naphthalin aus dem Grundzustand I, in dem 10 Elektronen gemeinsam den aromatischen, resonierenden Zustand herstellen, in einem reaktiven Zustand zu bringen, ist es nicht nötig, die Resonanz in *beiden* Ringen mit einem Aufwand von etwa 75 kcal aufzuheben. Es genügt, *einen* Ring mit einem Aufwand von etwa 35 kcal zu „entaromatisieren"

---

[1] Kooyman, E. C., u. J. A. A. Ketelaar: R. **65**, 859 (1946); **66**, 201 (1947). — Waters, W. A.: Soc. **1948**, 727. — Huisgen, R: A, **559**, 101 (1948).

und die beiden Doppelbindungen im Sinne von II festzulegen. Soll der
zweite Ring aber seinen aromatischen Charakter behalten, so können
die Doppelbindung nur nach II fixiert sein, und die Reaktivität in den
α-Stellungen, d. h. am Ende des konjugierten Systems, ist selbstver-
ständlich.

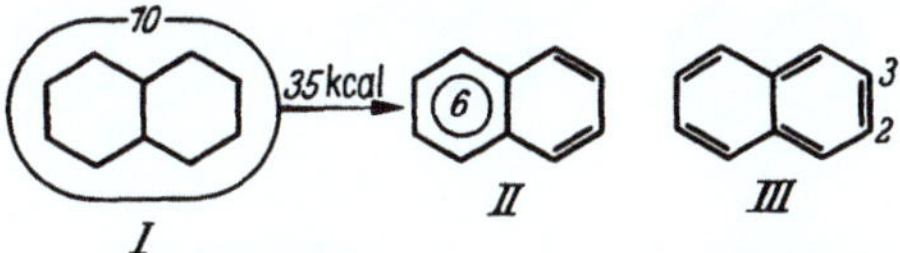

Eine Reaktion an der Doppelbindung in 2.3-Stellung in III würde
aber die Aufhebung der Resonanz in beiden Ringen und einen Aufwand
von 75 kcal verlangen, ein Betrag, der bei vielen Reaktionen nicht zur
Verfügung steht. HUISGEN[1] hat an zahlreichem experimentellem Material
gezeigt, daß dies unter geeigneten Umständen bisweilen eintritt.

In ähnlicher Weise läßt sich auch der MILLS-NIXON-Effekt deuten.
Bei der Aktivierung des aromatischen Ringes wird jene Anordnung
der nun fixierten Doppelbindungen bevorzugt sein, die den geringsten
Spannungszustand mit sich bringt, und die Reaktionen werden dann
dementsprechend erfolgen. Ein Überwiegen der einen oder anderen
KEKULÉ-Form im Grundzustand läßt sich auch hier *nicht* beweisen[2].

Es muß nun auf den experimentierenden Chemiker verstimmend
wirken, wenn das vom chemischen Standpunkt eindeutige Ergebnis
sorgfältiger und sauberer Arbeit durch, wie es ihm manchmal erscheint,
„quantenmechanische Redensarten" beiseite geschoben und seiner
Schlüssigkeit beraubt wird. Hierzu ist zu bemerken, daß die Untersuchung des *Grundzustandes keine Angelegenheit* der *präparativen* Chemie
ist. Ohne Anregung läßt sich keine Reaktion durchführen. Der Chemiker
wird vielmehr sein Betätigungsfeld in den angeregten Formen finden,
deren Studium mit chemischen und spektroskopischen Mitteln in enger
Verschränkung besonders aussichtsreich erscheint.

V. Über die Möglichkeit der Lokalisierung
von π-Elektronen in einzelnen Ringen polycyclischer
Systeme.

Wenn auch die Möglichkeit der vollständigen Fixierung einzelner
KEKULÉ-Strukturen im Grundzustand aromatischer Kohlenwasserstoffe
abzulehnen ist, so muß doch die Möglichkeit der Lokalisierungen von
π-Elektronen in einzelnen Ringen polycyclischer Systeme in Betracht
gezogen werden.

Es hat sich immer wieder in der Geschichte der Chemie gezeigt,
daß die Grenzen der Anwendbarkeit eines neu aufgefundenen, frucht-

---

[1] HUISGEN, R.: A. **559**, 101 (1948).
[2] Dazu: SUTTON, L. E., u. L. PAULING: Trans. Faraday Soc. **31**, 939 (1935). —
LONGUET-HIGGINS, H. C., u. C. A. COULSON: Trans. Faraday Soc. **42**, 756 (1946).
— WHELAND, G. W.: Am. Soc. **64**, 900 (1942). — KOSSIAKOFF u. H. D. SPRIN-
GALL: Am. Soc. **63**, 2223 (1941).

baren Prinzips unter dem Eindruck der anfänglichen Erfolge zu weit
gezogen wurden. Die Folge ist dann meist ein unnötig scharfer Rück-
schlag. Es erscheint daher angebracht, dem durch eine rechtzeitige
Suche nach den Grenzen zuvorzukommen.

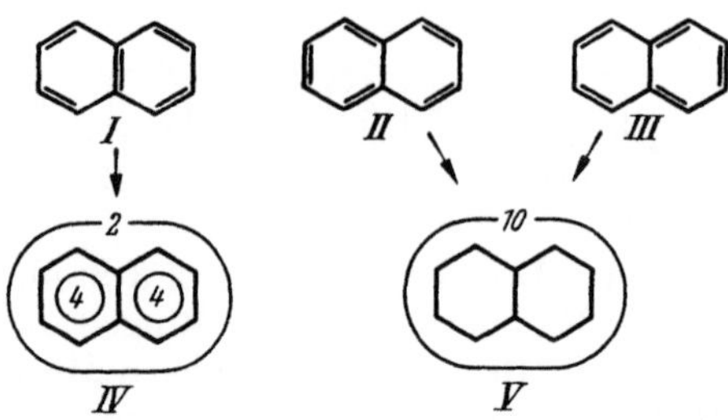

Gegenwärtig werden die 3 KEKULÉ-Strukturen des Naphthalins I,
II und III als gleichmäßig am resonierenden Grundzustand beteiligt
angesehen. Es seien nun die Folgen betrachtet, die sich ergeben würden,
wenn nur die spiegelbildlichen Strukturen II und III miteinander im
Zustande der vollkommen aromatischen Resonanz wären, also *keine*
zeitliche Existenz hätten. Die symmetrische Struktur I soll von den
beiden anderen zeitlich, wenn auch nur sehr kurze Zeit, unterscheidbar
sein. Während nun die beiden Strukturen durch ein System von
10 π-Elektronen, die beide Ringe durchlaufen, durch Formel V zu kennzeichnen wären, würden in IV je 4 π-Elektronen in den beiden Ringen
lokalisiert und 2 π-Elektronen beiden Ringen gleichmäßig angehören.

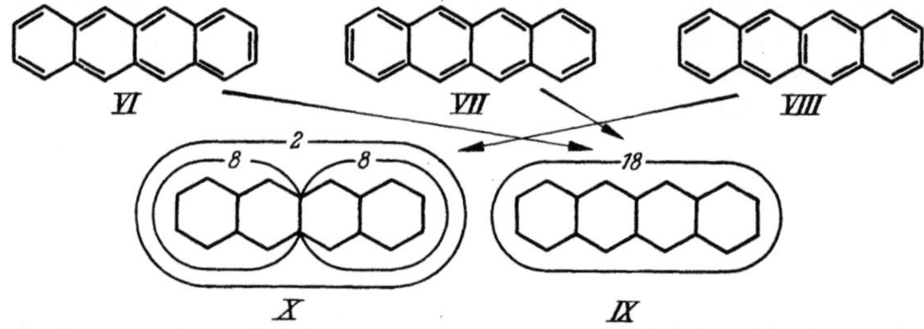

Nach dem Anellierungsprinzip wird die Lage der Absorptionsbanden
durch die Ordnungszahl und damit durch die Zahl der π-Elektronen
bestimmt. Die 10 π-Elektronen in V entsprechen demnach der gefundenen
Ordnungszahl $K_0 = 8$. In Formel IV nehmen aber nur 6 π-Elektronen
an dem resonierenden System jedes Benzolkernes teil. Man sollte daher
für diese Form eine dem Benzol ähnliche Absorption erwarten, wenn IV
eine im Vergleich zur Dauer der Lichtabsorption lange gesonderte
Existenz hätte. Nun findet man in der Tat im Tieftemperatur-Spektrum
des Naphthalins (S. 134) eine bei 2755 Å beginnende, auf die p-Banden
überlagerte Bandengruppe, die sehr wohl der bekannten α-Banden-
gruppe des Benzol bei 2600 Å entsprechen könnte. Die Resonanzenergien von IV und V brauchten sich nicht sehr stark zu unterscheiden.

Beim *Tetracen* erhält man in Anwendung dieses Grundsatzes die *zwei* spiegelbildlichen Strukturen VI und VII, die sich durch ein Resonanz-System von 18 π-Elektronen nach IX darstellen lassen, und die symmetrische Struktur VIII, die durch 2 Systeme von je 8 π-Elektronen gekennzeichnet ist, die durch 2 π-Elektronen verbunden werden. Man sollte daher für X eine ähnliche α-Bande wie für Naphthalin erwarten.

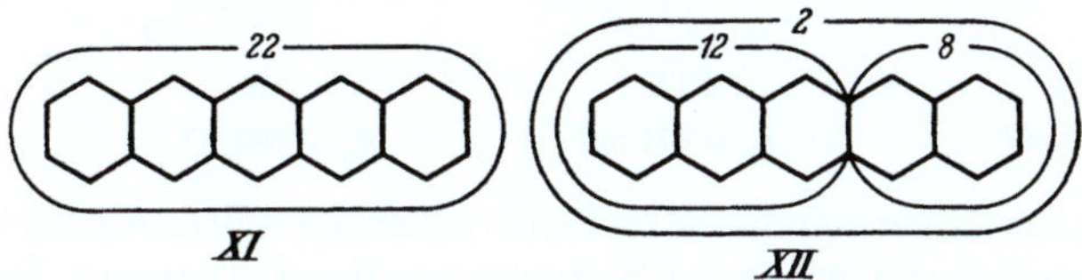

Im Absorptionsspektrum des Tetracens (S. 233) gibt es bei 2930 Å eine Bande, die diesen Erwartungen entspricht und die keinem der anderen eingeordneten Bandensystem angehört. Eine dazugehörige β-Bande ist bei 2110 Å festgestellt worden.

Im Absorptionsspektrum des *Pentacens* (S. 249) ist bei 3300 Å eine isolierte Bande, die das Vorhandensein eines Resonanzsystems von 14 π-Elektronen in XII (zum Unterschied von XI) wie in Anthracen anzeigt.

Man kann sich so des Eindruckes nicht erwehren, daß die Möglichkeit der Lokalisierung von π-Elektronen in einzelnen Ringen der Unter-

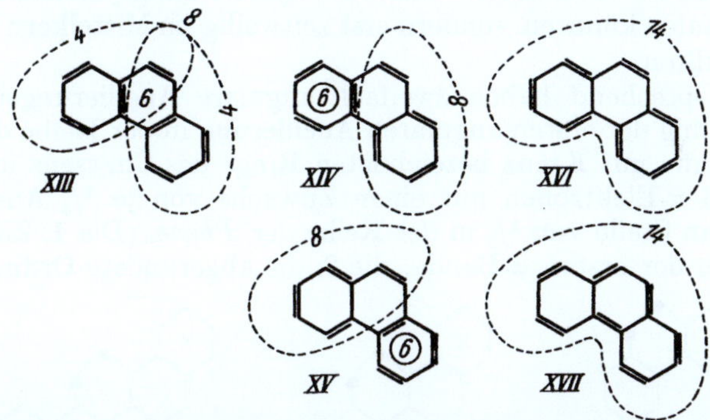

suchung wert ist, um so mehr, als gerade in diesen Fällen „überzählige" Banden passend eingeordnet werden können. Der Eindruck verstärkt sich noch, wenn man die Strukturen des Phenanthrens untersucht.

Die Struktur XIII gibt am besten die erhöhte Reaktivität *im Mittelkern* und die Lage der α-Banden, die einem System von 14 π-Elektronen entspricht, wieder. Dieses setzt sich aus 6 im Mittelkern lokalisierten und je 4 aus den Seitenkernen kommenden π-Elektronen zusammen. Die spiegelbildlichen Strukturen XIV und XV mit Systemen von 8 und 6 π-Elektronen tragen der verminderten Reaktivität in den Seitenkernen Rechnung. Eine zwischen Benzol und Naphthalin liegende β-Bande bei 2100 Å entspricht dem System von 8 und eine bei 1873 Å liegende β''-Bande einem System von 6 π-Elektronen.

Kein Anzeichen läßt sich für das Vorhandensein der beiden Strukturen XVI und XVII mit der durchlaufenden Konjugation finden.

XVIII   XIX   XX   XXI

$E_0 = 489\,\mathrm{mV}$ $E_0 = 471\,\mathrm{mV}$ $E_0 = 660\,\mathrm{mV}$ $E_0 = 621\,\mathrm{mV}$

In den Seitenkernen dieser beiden Strukturen sollten die Elektronenzustände dieselben sein wie in den Seitenkernen des Anthracens. Das ist nicht der Fall. Wie im vorangehenden (S. 39) beschrieben, verhalten sich die Reduktionspotentiale der Chinone umgekehrt wie die Ordnungszahlen der Kohlenwasserstoffe, soweit ein und derselbe Ring verglichen wird. Demnach hat *1.2-Anthrachinon* XVIII etwa dasselbe Potential wie *9.10-Phenanthrenchinon* XIX, es ist aber ganz verschieden von dem des *1.2-* und *3.4-Phenanthren-chinons* XX bzw. XXI[1], die ihrerseits wieder nahe beieinander sind. Die beiden letzteren Potentiale liegen zwischen denen des *o-Benzochinon* und *1.2-Naphthochinon*, entsprechend der Lage der β-Banden.

Die Nichtexistenz der Strukturen XVI und XVII erweckt ganz den Eindruck, als ob die π-Elektronen das *angulare* Ringsystem nicht direkt frei durchlaufen könnten, sondern erst zeitweilig im Mittelkern lokalisiert werden müßten.

Dementsprechend haben zweifach angulare Anellierungen nur die halbe Wirkung der ersten angularen Anellierung in der Reihe der Phene. So bringen die mit Kreuz bezeichneten Ringe des Chrysens und Picens mit ihren 4 π-Elektronen nur einen Zuwachs von je $^1/_4$ Anellierungseinheit K_0 an Stelle von $^1/_2$ in der Reihe der *Phene*. (Die 1. Ziffer ist die Wellenlänge der ersten α-Bande, die 2. die abgerundete Ordnungszahl.)

3450   3600   3760
$8^1/_2$ $8^3/_4$ 9

Beim *Tetraphen* I ist dieselbe Wirkung beim Übergang zu den zentrosymmetrischen *1.2,5.6-Dibenzanthracen* II und zum plansymme-

3850   3950   3950
I   II   III
9     $9^1/_4$ $9^1/_4$

---

[1] Fieser, L. F., u. E. M. Peters: Am. Soc. **53**, 793 (1931).

trischen *1.2,7.8-Dibenz-anthracen* III zu beobachten. In allen diesen Fällen werden nur noch 2 π-Elektronen aus dem zweiten anellierten Ring im absorbierenden Ring mit den Punkten wirksam.

Im noch ausgedehnteren *Pentaphen* IV schließlich ist die weitere angulare Anellierung (zu V und VI) ohne Wirkung auf die α-Banden. Die π-Elektronen aus den mit Kreuzen bezeichneten Ringen sind hier nicht mehr imstande, gleichzeitig mit dem Resonanzsystem des Pentaphens im zentralen Ring wirksam zu sein. Sie werden auf dem Wege dorthin zeitweilig lokalisiert.

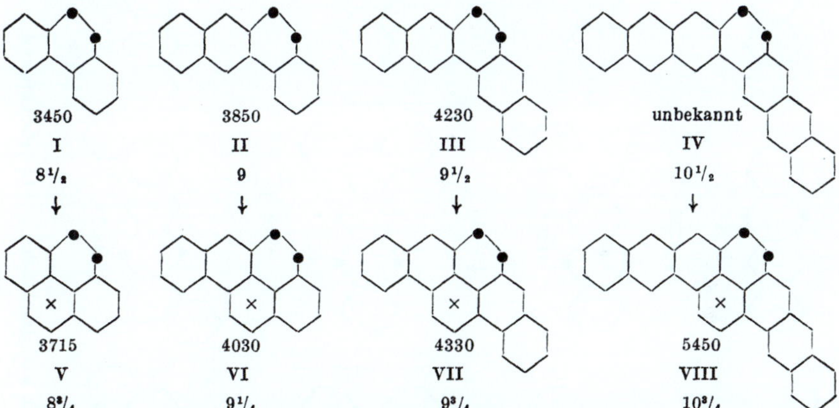

Ein voller Anellierungswert der π-Elektronen außerhalb der Phen- und Acen-Reihe ist beim Übergang von den Phenen I, II, III, IV zu den Pyrenen V, VI, VII und VIII festzustellen.

Hier bewirken 2 hinzukommende π-Elektronen einen Zuwachs der Ordnungszahl um $^1/_4$ Einheit, also 8 Elektronen pro 1 K-Einheit wie in den Phenen. Die zentrale Lage des mit Kreuz bezeichneten Ringes macht das ohne weiteres verständlich.

Interessant ist der Anellierungseffekt im Grundzustand in den Kondensationsreihen. Beim *Diphenyl* I ist die α-Bande überlagert, die β-Bande bei 1980 Å liegt zwischen der des Benzols und Naphthalins, so daß man daraus entnehmen kann, daß die Diphenylbindung für 2 π-Elektronen „durchlässig" ist. Damit wird ein Resonanzsystem pro Ring von 8 π-Elektronen geschaffen. Die Grundform des Perylens II hat Ordnungszahl 8¹/₂. Die beiden Resonanzsysteme der Naphthalin-Komplexe mit 10 π-Elektronen tauschen so über die beiden „Diphenylbindungen" 4 π-Elektronen aus und bereichern sich gegenseitig auf insgesamt 14 π-Elek-tronen. Im *Bisanthen* III sind die drei „Diphenylbindungen" für 8 Elektronen „durchlässig". Dadurch wird die Zahl der π-Elektronen in den beiden Anthracen-Komplexen von 14 auf 22 erhöht. Die Zahlen 2, 4, 8 deuten eine geometrische Reihe an, wie sie für die Kondensationsreihen charakteristisch ist.

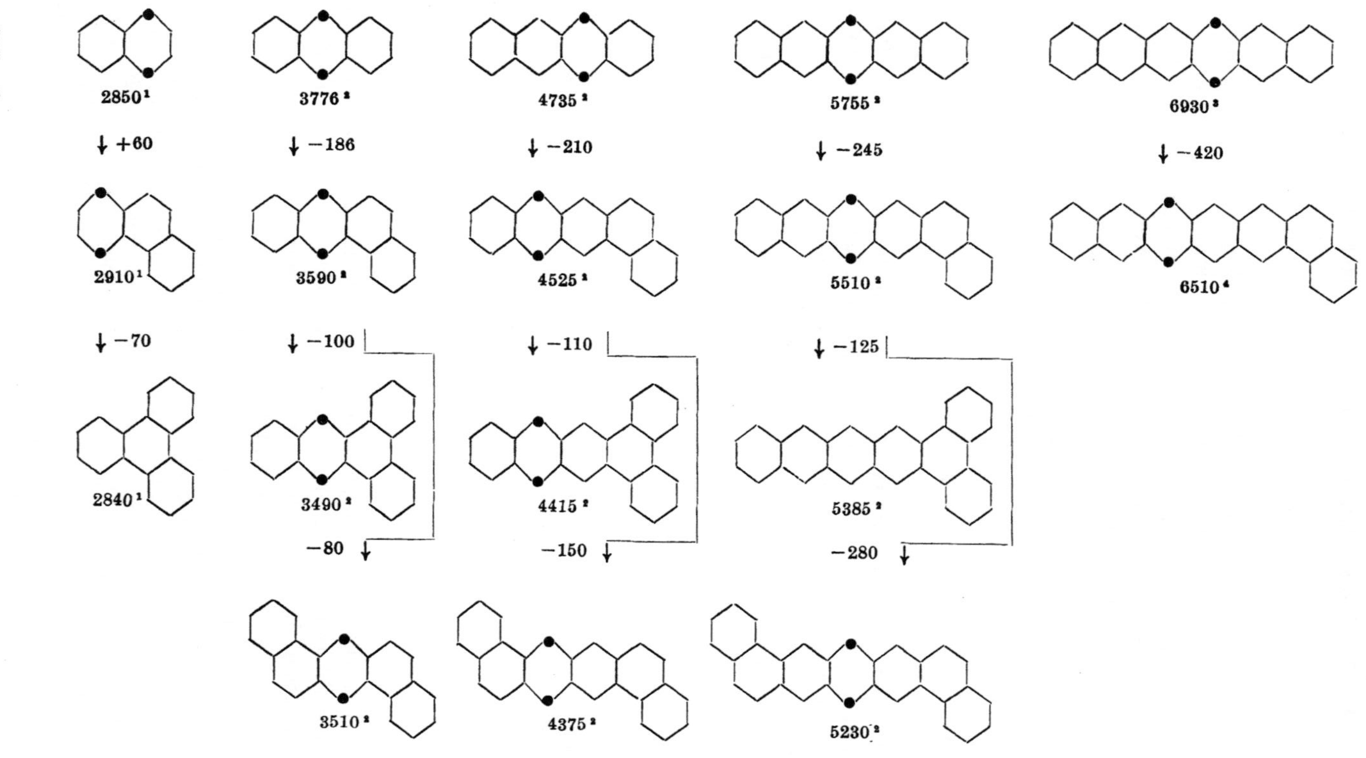

[1] In Alkohol.   [2] In Benzol.   [3] In Methylnaphthalin.   [4] In Trichlorbenzol.

In dieses Gebiet gehört auch die Erscheinung, daß die p-Banden bei der angularen Anellierung nach Ultraviolett zu verschoben werden[1]. Sie ist für den ersten angularen Ring von Anthracen bis in die höchsten Acene ansteigend negativ, beim Naphthalin hingegen schwach positiv. Da sich über die Zahl der

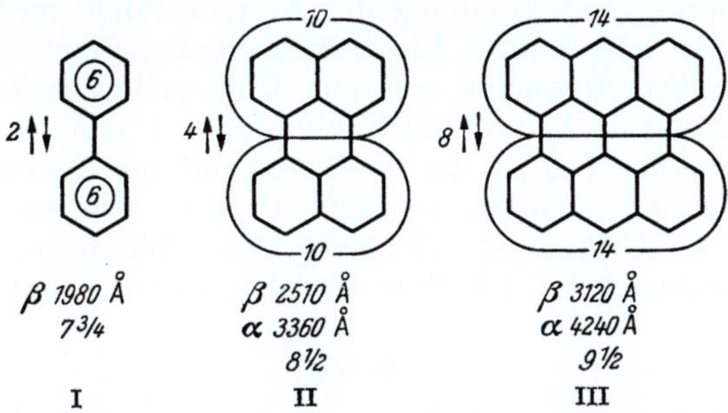

π-Elektronen des Resonanzsystems in dem Ring, der bei der Photoaktivierung in die p-Form übergeht, in den meisten Fällen nichts Genaues sagen läßt, kann man auch noch nicht das untere und das obere Niveau des p-Überganges in diesen Fällen bestimmen. Die vollständige Analyse dieser p-Banden kann daher noch nicht in der einfachen Weise wie auf S. 65 vorgenommen werden. Daher sei diese interessante Erscheinung hier nur als solche verzeichnet.

Da pro Ordnungszahleneinheit Kp in der p-Reihe eine Verschiebung der Wellenlänge um etwa 1000 Å eintritt, geben die Differenzen in Å einen ungefähren Maßstab für die Größe des Effektes der Verschiebung bei der angularen Anellierung.

Die stärksten negativen Anellierungseffekte werden in der p-Reihe des Perylens III und des Bisanthens VI beobachtet. Sie betragen in der Reihe *Perylen* III, *1.12-Benzperylen* II und *Coronen* I je eine halbe abgerundete Ordnungszahleneinheit Kp und in der Reihe *Bisanthen* VI, *1.14-Benz-bisanthen* V und *Ovalen* IV je eine ganze Ordnungszahleneinheit:

<hr>

[1] CLAR, E.: B. **73**, 596 (1940).

VI. Resonanz und der Atomabstand in der C—C-Bindung.

Einen sehr wertvollen Beitrag zur Frage der aromatischen C—C-Bindung liefert die Bestimmung der Atomabstände mittels Röntgenstrukturanalyse oder mittels Elektronenbeugung. Nach der Lehre von der aromatischen Resonanz soll der Unterschied zwischen Doppelbindung (1.33—1.34 Å) und Einfachbindung (1.54 Å) im Benzol verschwinden. In der Tat ist der C—C-Abstand im Benzol dazwischenliegend mit 1.39 A ermittelt worden[1]. Dies ist also der Wert für die aromatische C—C-Bindung mit 50% Doppelbindungscharakter oder mit dem Bindungsgrad 1.5. Für Graphit, der aus dem Bauelement

$$C—C\diagup\diagdown\begin{matrix}C\\C\end{matrix}$$

besteht, ergibt sich somit 33.33% Doppelbindungscharakter oder ein Bindungsgrad von 1.333. Gefunden wird damit in Übereinstimmung 1.42 Å für den C—C-Abstand in einer Graphit-Netzebene.

Von diesen Werten ausgehend, haben PAULING und BROCKWAY[2] eine empirische Kurve (Abb. 28) aufgestellt, die sich durch folgende Gleichung wiedergeben läßt:

$$R = R_1 - (R_1 - R_2)\,\frac{3p}{2p + 100}\,.$$

Darin bedeutet R der gesuchte C—C-Abstand, R_1 ist der Abstand für die Einfach- und R_2 der für die Doppelbindung, p ist der Prozentsatz an Doppelbindungscharakter. Da sich dieser Betrag aus der Überlagerung der möglichen KEKULÉ-Strukturen ermitteln läßt, kann man so die berechneten und gefundenen C—C-Abstände vergleichen.

Abb. 28. Das Verhältnis von Doppelbindungscharakter und C—C-Abstand. [Nach PAULING und BROCKWAY; [Am. Soc. 59, 1223 (1937).]

Es sei dies am Beispiel des *Naphthalins* näher erläutert. Hier gibt es die 3 KEKULÉ-Strukturen I, II und III.

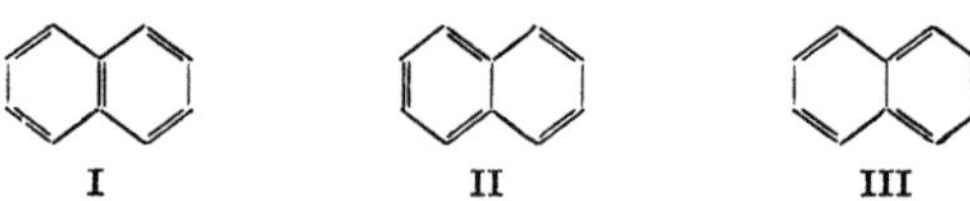

Danach erhält man die Prozentgehalte an Doppelbindung nach Formel IV und die berechneten C—C-Abstände in Formel V. Die neuer-

---

[1] WIERL, R.: Ann. Phys. 8, 521 (1931). — PAULING, L., u. L. O. BROCKWAY: J. chem. Phys. 2, 867 (1934).
[2] PAULING, L., u. L. O. BROCKWAY: Am. Soc. 59, 1223 (1937).

dings von Abrahams, Robertson und White[1] sehr genau ermittelten
C—C-Abstände sind in Formel VI angegeben.

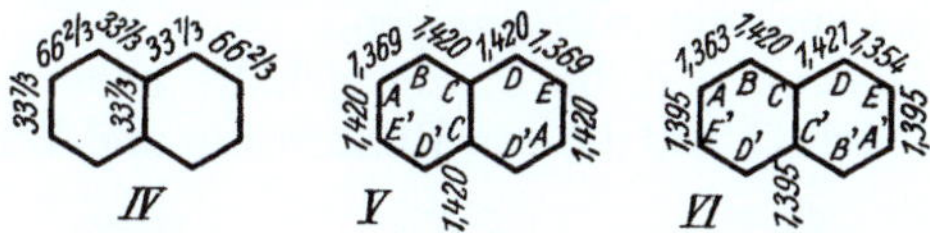

Die Übereinstimmung ist gut, soweit die Seiten AB, DE, BC und
CD betrachtet werden. Interessant ist die merkliche Abweichung der
Werte für AB und DE. Die Übereinstimmung ist jedoch unbefriedigend
hinsichtlich der Seiten CC', AE' und EA', die wie CD nur $33^1/_3\%$
Doppelbindungsgehalt haben sollten. Die Frage taucht auf, inwieweit
es berechtigt ist, den einzelnen Strukturen gleiches Gewicht zu geben.
Eine bessere Angleichung an die gefundenen Werte erhält man, wenn
man auch eine Naphthalin-Form mit teilweise in den einzelnen Ringen
lokalisierten π-Elektronen, wie auf S. 80 diskutiert worden ist, teilnehmen läßt. Die Unterschiede verwischen sich dann wie im Benzol
etwas. Ganz befriedigend wird die Übereinstimmung auch dann nicht.
Man wird diesen Unstimmigkeiten die größte Aufmerksamkeit schenken
müssen, sie könnten sehr leicht zum Ausgangspunkt zu einer gereifteren
Theorie werden.

Im *Anthracen* hat man die folgenden Strukturen:

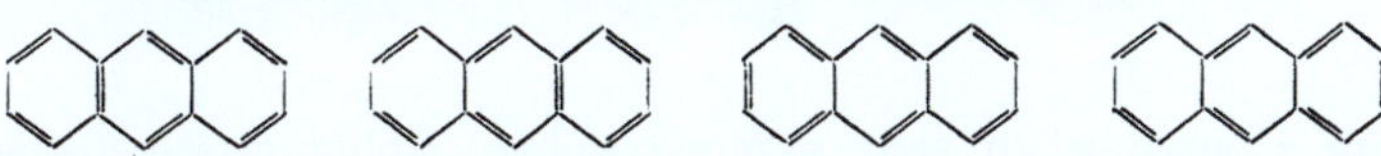

Daraus ergeben sich der Prozentgehalt an Doppelbindung nach VII
und die berechneten C—C-Abstände nach VIII. Die gefundenen Werte
nach IX wurden von Mathieson, Robertson und Sinclair[2] erhalten.

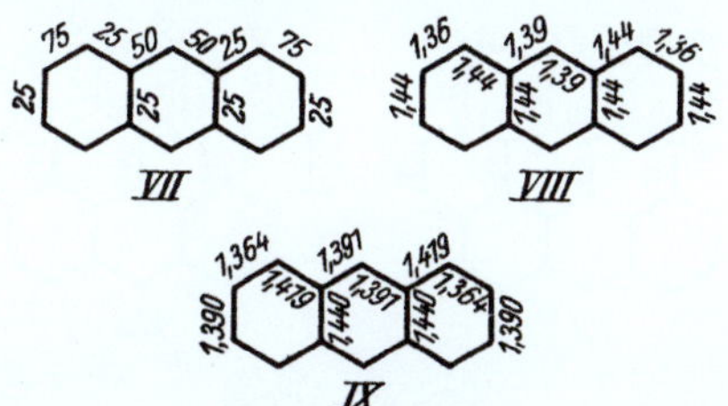

Die Übereinstimmung ist hier bei den inneren Bindungen sehr gut.
Bei den äußeren Bindungen verwischen sich die berechneten Unterschiede etwas in Richtung auf einen Mittelwert. Bei den beiden äußersten
Bindungen rechts und links ist die Übereinstimmung ganz unbefriedigend. Etwas bessere berechnete Werte würde man erhalten, wenn man
den beiden Strukturen mit durchlaufender Konjugation, ohne Doppelbindungen zwischen den Ringen, ein größeres Gewicht geben würde.

---

[1] Abrahams, S. C., J. M. Robertson u. J. G. White: Acta Crystallographica **2**, 238 (1949).

[2] Mathieson, A. M., J. M. Robertson u. V. C. Sinclair: Acta Crystallographica **3**, 245, 251 (1950).

Bemerkenswert ist ferner, daß die Winkel der Bindungen Abweichungen bis zu 2° nach oben und unten vom Winkel von 120°, wie er für regelmäßig Sechsecke verlangt wird, zeigen.

Für *Pyren* ergeben sich die Prozentgehalte nach I, die berechneten C—C-Abstände nach II und die von Robertson und White[1] gefundenen

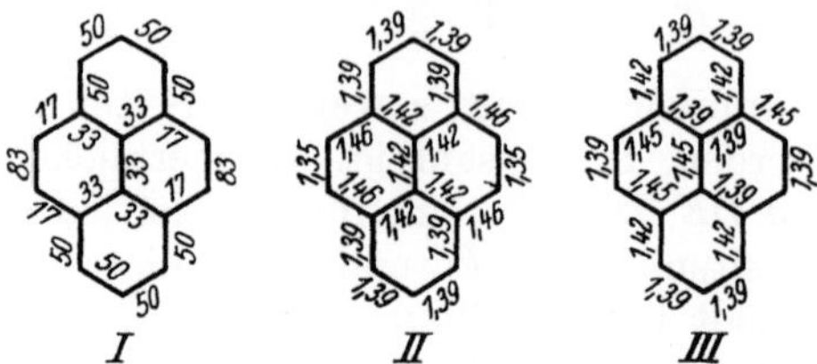

I   II   III

Werte nach III. Auch hier ist die Übereinstimmung unbefriedigend. Die inneren Abstände, die alle wie beim Graphit 1.42 Å lang sein sollten, zeigen in Wirklichkeit starke Unterschiede. Auch die äußeren Abstände weisen beträchtliche Unstimmigkeiten auf.

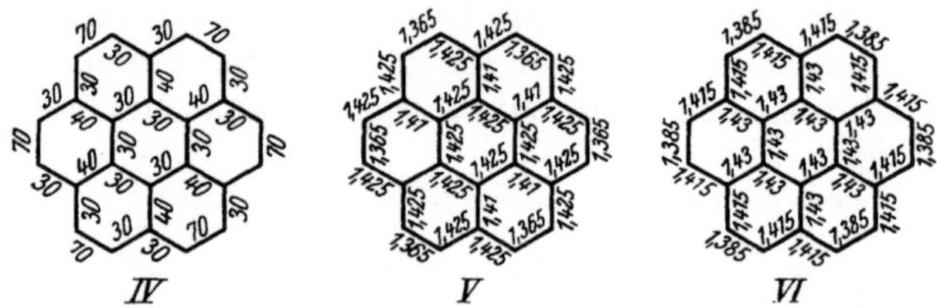

IV   V   VI

Beim Übergang zu sehr symmetrischen Kohlenwasserstoffen mit vielen Kekulé-Strukturen werden die Unstimmigkeiten geringer, und die Übereinstimmung zwischen berechneten und gefundenen Werten ist gut. Die Prozentgehalte, berechnet aus den 20 Kekulé-Strukturen

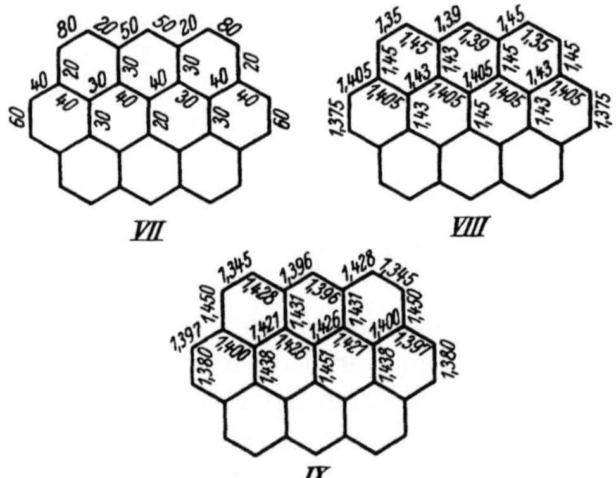

VII   VIII

IX

des Coronens, sind in Formel IV, die berechneten C—C-Abstände sind in V und die von Robertson und White[2] gefundenen Abstände sind in VI wiedergegeben.

[1] Robertson, J. M., u. J. G. White: Soc. **1947**, 358. — Robertson, J. M.: Acta Crystallographica **1**, 101 (1948).
[2] Robertson, J. M., u. J. G. White: Soc. **1945**, 607.

Die Übereinstimmung zwischen gefundenen und berechneten Werten ist auch beim *Ovalen*[1], das 50 KEKULÉ-Strukturen hat, recht gut. Formel VII zeigt den Prozentgehalt an Doppelbindung, VIII die berechneten und IX die gefundenen C—C-Abstände, wie sie von DONALDSON und ROBERTSON[2] gefunden wurden.

Überblickt man die Ergebnisse, so kann man feststellen, daß die Übereinstimmung zwischen berechneten und gefundenen Abständen in der *Acen*-Reihe zunehmend schlechter werden. Man kann daher den Ergebnissen beim *Tetracen*, *Pentacen* und *Hexacen* mit besonderem Interesse entgegensehen. Außer von PAULING und BROCKWAY wurden in diesem Gebiete noch neuere quantenmechanische Berechnungen von PENNEY[3], JEFFREY[4], COULSON[5], LENNARD-JONES und COULSON[6], DAUDEL und DAUDEL[7], DAUDEL und PULLMANN[8], COULSON und DAUDEL[9], GOLD[10] ausgeführt, mit dem Ziel, eine bessere Übereinstimmung zu erzielen. Da sonst nur wenige experimentelle Werte aus den Verbrennungs- und Hydrierwärmen zum Vergleich mit den Ergebnissen der quantenmechanischen Berechnungen vorliegen, ist der Wert der Messungen von J. M. ROBERTSON und seinen Mitarbeitern nicht hoch genug einzuschätzen.

Bedenkt man die viel bessere Übereinstimmung bei den sehr symmetrischen Kohlenwasserstoffen, wie *Coronen* oder *Ovalen*, die sehr viele KEKULÉ-Strukturen haben, so kann man sich des Gedankens nicht erwehren, daß die Fehler in der Berechnung bei den Acenen mit wenigen KEKULÉ-Strukturen sich bei jenen Kohlenwasserstoffen großenteils kompensieren und so eine bessere Übereinstimmung vorgetäuscht wird.

Nach der PAULING-BROCKWAY-Kurve hat die C—C-Bindung in Benzol *50% Doppelbindungscharakter* oder einen Bindungsgrad von 1.5, wenn die Einfachbindung den Bindungsgrad 1 und die Doppelbindung den Bindungsgrad 2 erhält. Danach sollte man erwarten, daß die C—C-Bindung in Benzol genau in der Mitte zwischen Einfach- und Doppelbindung liegen und 1.44 Å lang sein sollte. Tatsächlich ist sie aber 1.39 Å lang. Die Verkürzung erklärt sich leicht durch die aromatische

	PAULING	PENNEY	COULSON	MULLIKEN	WALSH
Äthan	1	1	1	1.12	1.07
Äthylen	2	2	2	2.12	2.00
Acetylen	3	3	3	3	3.10
Benzol	1.5	1.623	1.667	1.667	1.51
Graphit	1.33	1.45	1.53	1.53	1.3

[1] CLAR, E.: Nature **161**, 238 (1948) — Chem. Ber. **82**, 46 (1949).

[2] DONALDSON, D. M., u. J. M. ROBERTSON: Nature **164**, 1002 (1949) u. Privatmitteilung.

[3] PENNEY, W. G.: Proc. Roy. Soc. London A **158**, 306 (1937).

[4] JEFFREY, G. A.: Proc. Roy. Soc. London **183**, 388 (1945).

[5] COULSON, C. A.: Proc. Roy. Soc. London A **169**, 413 (1939).

[6] LENNARD-JONES, J. E., u. C. A. COULSON: Trans. Faraday Soc. **35**, 811 (1939).

[7] DAUDEL, P., u. R. DAUDEL: J. chem. Phys. **16**, 639 (1948).

[8] DAUDEL, R., u. A. PULLMAN: C. r. **220**, 888 (1945).

[9] COULSON, C. A., u. P. u. R. DAUDEL: Rev. Sci. **85**, 29 (1947).

[10] GOLD, V.: Trans. Faraday Soc. **45**, 191 (1949).

Resonanz, die eine Verringerung des C—C-Abstandes hervorrufen muß. Um dem Rechnung zu tragen, sind eine Anzahl von verbesserten Funktionen aufgestellt worden. Einige der so ermittelten Bindungsgrade von PENNEY, COULSON, MULLIKEN, RIEKE und BROWN[1] und WALSH[2] ergeben sich aus der Tabelle auf S. 89.

VII. Resonanz in nichtuniplanaren aromatischen Kohlenwasserstoffen.

Das Auftreten aromatischer Resonanz wird meist in Zusammenhang mit der *ebenen* Anordnung aller C-Atome in aromatischen Kohlenwasserstoffen gebracht. So auch beim *Diphenyl*, das im krystallisierten Zustande *uniplanar* ist[3]. Nach der Formel I (Abb. 29) überschneiden sich die Elektronenschalen der H-Atome in *o*- und *o'*-Stellungen[4]. Man sollte daher eine elektrostatische Abstoßung der H-Atome erwarten, die eine nichtebene Anordnung der beiden Benzolkerne begünstigen würde. Da die Resonanz ebene Anordnung vorzieht, muß es zu einem Kompromiß der beiden entgegengesetzten Bestrebungen kommen, mit einer mäßigen Neigung der beiden Ringebenen von etwa 25°, wie sie in ähnlichen Fällen sogar im Krystall beobachtet worden ist[5]. Beim Diphenyl ist eine *Ringneigung* im *gasförmigen* Zustand festgestellt worden[6]. Das Absorptionsspektrum, das aus einer diffusen Bande besteht (S. 274), scheint ebenfalls für Ringneigung in Lösung zu sprechen[7]. Besonders geeignet für das Studium dieser Frage sind die Absorptionsspektren bei tiefer Temperatur[8].

Kohlenwasserstoffe, die keine sich überschneidende H-Atome haben, wie *Naphthalin*, *Anthracen* und *Pyren*, zeigen bei tiefer Temperatur eine sehr starke Verschmälerung, Aufspaltung und Intensiverwerden der Maxima der Absorptionsbanden[8]. Das erklärt sich mit dem Aufhören von Zusammenstößen zwischen Lösungsmittel und Kohlenwasserstoff, die eine zeitweilige Deformation der Ringebene zur Folge haben. Diese Deformation der Ringebene bringt wiederum schlecht definierte Molekular-Elektronenschalen und dadurch verbreiterte Banden mit sich. Beruht nun die Deformation nicht nur in thermischen Zusammenstößen, sondern ist sie permanenter Art infolge sterischer Einflüsse wie beim Diphenyl, so treten bei tiefer Temperatur nur geringe Änderungen ein. Eine Aufspaltung in feine Banden ist hier nicht zu beobachten. CLAR[8] hat diese Untersuchungsmethode auch auf *Phenanthren* (S. 142), *Perylen* II (S. 284) und *Triphenylen* III (S. 150) ausgedehnt. In allen diesen Fällen gibt es 1, 2 oder 3 sich überschneidende Paare von H-Atomen. Dementsprechend zeigen die β-Banden nur

---

[1] MULLIKEN, R. S., C. A. RIEKE u. W. G. BROWN: Am. Soc. **63**, 41 (1941).
[2] WALSH, A. D.: Trans. Faraday Soc. **42**, 779 (1946).
[3] DHAR, J.: Indian J. Phys. **7**, 43 (1932).
[4] PAULING, L.: The Nature of the Chemical Bond, S. 220. 1948.
[5] LONSDALE, K.: Z. Kryst. **97**, 91 (1937).
[6] KARLE, I. L., u. L. O. BROCKWAY: Am. Soc. **66**, 1974 (1944).
[7] MERKEL, E., u. C. WIEGAND: Z. Naturforschg. **3b**, 93 (1948).
[8] CLAR, E.: Spectrochimica Acta **4**, 116 (1950).

geringe Änderungen bei tiefer Temperatur. Etwas weniger werden die p-Banden und noch weniger die α-Banden von der Deformation der Ringebene betroffen, die infolge des starreren Systems in Phenanthren, Perylen II und Triphenylen III beträchtlich geringer als in Diphenyl sein muß.

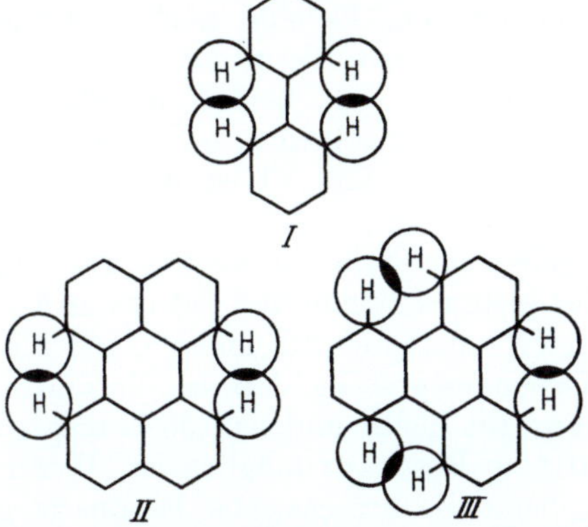

Abb. 29. Das Überschneiden der Elektronenschalen der H-Atome in *Diphenyl*, *Perylen* und *Triphenylen*.

Es gibt noch eine andere Möglichkeit, Deformationen der Ringebenen festzustellen. NEWMAN und WHEATLEY[1] stellten *5-Methyl-3.4-benz-phenanthren-8-carbonsäure* IV dar. In dieser Verbindung müssen die H-Atome sich in einem sehr hohen Grade in der Gegend der Methyl-Gruppe überschneiden. IV kann daher nicht uniplanar gebaut sein. In der Tat ließ sich die Verbindung in *optische Antipoden* aufspalten, was nur bei nichtuniplanarer Anordnung der C-Atome möglich ist.

Beim Diphenyl wird man trotz der Überlagerung der H-Atome, wenigstens bei Zimmertemperatur, wenn auch nicht freie Rotation der Benzolringe, so doch ein gelegentliches Umschwingen der Ringe annehmen müssen, denn in den o- und o'-Stellungen unsubstituierter Diphenyle lassen sich nicht in optische Antipoden aufspalten. Das ist erst der Fall, wenn durch geeignete Substitution dieser Stellungen die Neigung der Ringebenen zueinander einen dauernden Charakter erhält und die Ringebenen ungefähr senkrecht aufeinanderstehen. Dann ist nicht nur die Aufspaltung in optisch Isomere möglich, sondern es können auch tiefgreifende Veränderungen im Absorptionsspektrum

[1] NEWMAN, M. S., u. W. B. WHEATLEY: Am. Soc. **70**, 1913 (1948).

beobachtet werden. Während das Absorptionsspektrum des Diphenyls entsprechend der Resonanz zwischen den beiden Benzolkernen keine Ähnlichkeit mit dem Spektrum des Benzols hat, ist das Absorptionsspektrum des *Dimesityls* V nur wenig dem des *Mesitylens* verschieden[1]. Beide Ringe absorbieren fast ungestört voneinander, weil sie ungefähr senkrecht aufeinanderstehen. Es sind noch mehrere Fälle dieser Art festgestellt worden[2]. Die erste Beobachtung einer solchen quasi unabhängigen Lichtabsorption der beiden Molekelhälften wurde beim *Dianthryl* VI gemacht[3]. Es ist als ein *o-, o-, o'-, o'*-substituiertes Diphenyl aufzufassen. Die Absorption von VI ist daher nur wenig von der des Anthracens verschieden.

Wie im vorangehenden (S. 55) gezeigt wurde, ergibt die Differenz der Frequenzen der ersten α-Bande und der ersten β-Bande die Differenz der Resonanzenergien aufeinanderfolgender Glieder in der Anellierungsreihe. Es wurde ferner festgestellt, daß das Verhältnis der ersten α- zur ersten β-Bande konstant bleibt und 1 : 1.35 beträgt, vorausgesetzt, daß ungestörte aromatische Resonanz möglich ist. Wenn nun durch Deformation der Ringebene die aromatische Resonanz gestört wird, muß sich das in einer Verminderung des Verhältnisses (1 : 1.35) der α- zu den β-Banden ausdrücken.

Während diese Verminderung beim *Phenanthren* und *Chrysen* VII noch zu gering ist, um in dem Verhältnis $\alpha : \beta$ merklich zu werden, kann man beim isomeren *3.4-Benzphenanthren* VIII (Absorptionsspektrum S. 161) mit bedeutend stärker sich überschneidenden H-Atomen bereits eine beträchtliche Verminderung beobachten. Das Verhältnis $\alpha : \beta$ ist beim *Chrysen* (Absorptionsspektrum S. 155) mit 1 : 1.348 fast normal und vermindert sich beim *3.4-Benzphenanthren* zu 1 : 1.324.

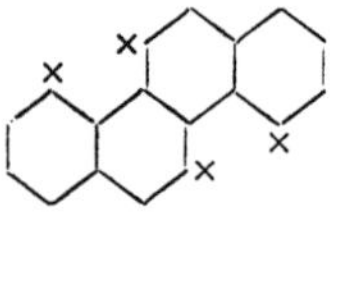

VII 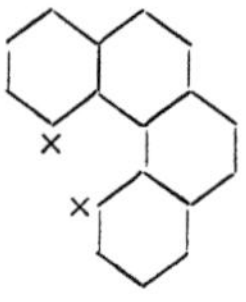   VIII 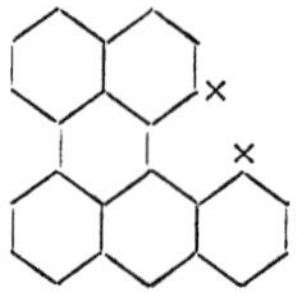   IX 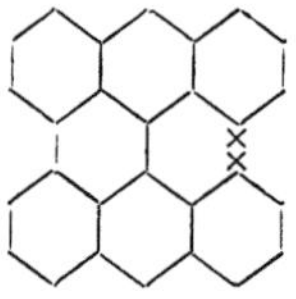   X 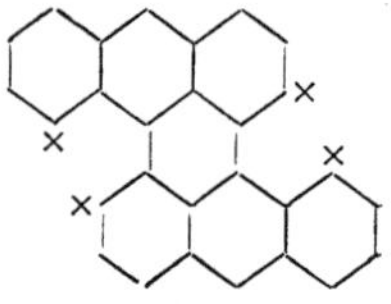   XI

Beim *Perylen* II (Tieftemperatur-Spektrum s. S. 284) mit 4 sich wenig überschneidenden H-Atomen beträgt das Verhältnis $\alpha : \beta$ in geringer Abweichung vom Normalverhältnis 1 : 1.34. Es vermindert sich beim *1.2-Benzperylen* IX (S. 291) mit 2 stark überlagerten H-Atomen auf 1 : 1.24. Beim *1.2,11.12-Dibenz-perylen* X (S. 298) mit dem höchsten Grad an Überlagerung fällt es sogar auf 1 : 1.19, entsprechend einer Verminderung der Resonanzenergie um 12.7 kcal. Bei IX beträgt diese Verminderung nur 9.6 kcal. Beim *1.2,7.8-Dibenz-perylen* XI (S. 293) wird ein Verhältnis $\alpha : \beta$ mit 1 : 1.28 festgestellt. Die Verminderung der Resonanzenergie gegenüber ebener Anordnung der Ringe beträgt hier 5.4 kcal.

<hr>

[1] PICKETT, G. W., G. F. WALTER u. H. FRANCE: Am. Soc. **58**, 2296 (1936).
[2] Vgl. hierzu EUGEN MÜLLER: Fortschr. chem. Forschg. **1**, 343 (1949).
[3] CLAR, E.: B. **65**, 510 (1932).

Zusammenfassend läßt sich feststellen, daß die *aromatische Resonanz bei nichtuniplanarer Anordnung der Ringe allmählich abnimmt und erst bei Senkrechtstellung der Ringe verschwindet.* Erwähnenswert sind die relativ niedrigen Schmelzpunkte und die große Löslichkeit der Kohlenwasserstoffe VIII, IX, X und XI, die wohl in Zusammenhang mit dem nichtebenen Aufbau stehen dürften.

VIII. Die Bedeutung der Kekulé-Strukturen für die Resonanz und die Stabilität der aromatischen Kohlenwasserstoffe und eine Definition des aromatischen Zustandes[1].

Nach der „Valence Bond"- (VB) Methode von L. Pauling haben die Kekulé-Strukturen nur eine rein rechnerische Bedeutung insofern, als sie nur zu einem bestimmten Prozentsatz an einem Zwischen- und Grundzustand des Moleküles beteiligt sind. Die Vertreter der „Molecular Orbital"- (MO) Methode kommen ganz ohne Kekulé-Strukturen aus und haben deren Bedeutung bisweilen geleugnet. Wie bedenklich es ist, mit einem einmal als nützlich erkannten Prinzip zu weit zu gehen und dem von Kekulé überlieferten Bild der alternierenden Doppelbindungen jede Bedeutung abzusprechen, zeigen die folgenden experimentellen Tatsachen.

Der Kohlenwasserstoff III, der Einfachheit halber als *Triangulen* bezeichnet, hat keine Kekulé-Struktur, obwohl er eine gerade Anzahl von C- und H-Atomen, $C_{22}H_{12}$, hat. Er muß daher nach der klassischen Strukturlehre ein Diradikal sein. Nach dem Prinzip der Resonanzstabilisierung sollte der symmetrischen Formel IV mit 2 Kekulé-Strukturen im äußeren, geschlossenen Polyen-System und einem MO-System mit $4\,\pi$-Elektronen im Zentrum (mit Punkten gekennzeichnet) eine besondere Stabilität zukommen. Etwas Ähnliches läßt sich von der ebenfalls symmetrischen Formel V erwarten.

Hexahydro-triangulen I ist ein stabiler farbloser Kohlenwasserstoff und seinem Absorptionsspektrum nach ein einfaches Pyren-

<hr>

[1] Vorgetragen auf dem XII. Internationalen Kongreß für reine und angewandte Chemie in New York 1951. — Clar, E.: Chem. and Engineering News **29**, 3967 (1951).

derivat. Wird seine Dehydrierung unter Bedingungen ausgeführt, unter denen auch die empfindlichsten und reaktionsfähigsten aromatischen Kohlenwasserstoffe, z. B. Hexacen, gewonnen werden können, so erhält man an Stelle des Triangulens ein nichtflüchtiges, unlösliches Polymeres. So liefert Hexahydrotriangulen I beim Überleiten über einen vor und nach der Dehydrierung auf seine Wirksamkeit geprüften Palladium-Kohle-Katalysator bei 300° im CO_2-Strom kein Sublimat. Das primär gebildete Triangulen polymerisiert sich vollständig im Katalysator[1].

Wird die Dehydrierung in Trichlorbenzol mit Palladiumkohle bei 210° ausgeführt, so kann man spektroskopisch das als Zwischenprodukt gebildete, sehr sauerstoffempfindliche, gelbe Dihydro-triangulen II beobachten, bevor weitere Dehydrierung und Polymerisation zum unlöslichen Polytriangulen eintritt[1].

Die Schlußfolgerung ist offensichtlich: Ein Kohlenwasserstoff ohne Kekulé-Struktur hat keinen aromatischen Charakter und ist ein Diradikal, das sich sofort polymerisiert. Kein anderes MO-System mit symmetrisch verteilten π-Elektronenpaaren ist imstande, die Kekulé-Strukturen zu ersetzen. Das schließt auch die Existenz von m-chinoiden und ähnlichen Nicht-Kekulé-Strukturen, die hier Absättigung bringen könnten, aus. Dieses Ergebnis wurde von E. Clar[2] vom Standpunkt der klassischen Strukturchemie und später von Longuet-Higgins[3] vom quantenmechanischen Standpunkt vorausgesagt.

Um zu einer Definition des aromatischen Zustandes zu gelangen, muß man sich die weitere Frage vorlegen: Ist eine Kekulé-Struktur genügend, um einem benzoiden Ringsystem aromatischen Charakter zu verleihen? Auch diese Frage hat sich auf experimentellem Wege beantworten lassen[1]. Der grüne Kohlenwasserstoff Zethren besteht nach der klassischen Formulierung I aus einem oberen und einem unteren Naphthalin-Komplex, die beide alle drei für Naphthalin möglichen Kekulé-Strukturen annehmen können. Die beiden Doppelbindungen in der mittleren Region sind hingegen festgelegt und können nur einen Elektronentransport niederen Grades nach Art der Resonanz in den Polyenen vermitteln.

Zethren zeigt so ungewöhnliche Eigenschaften, daß keine Aussicht besteht, sie mit der klassischen Formel I in Einklang zu bringen. Die Photooxydation, die eher schwerer als bei Pentacen verläuft, liefert anscheinend zwei sehr unbeständige Photooxyde, deren Zersetzung ein rotes, stabiles Monooxyd ohne Enolisierungstendenz zu einem Phenol ergibt. Maleinsäureanhydrid wird unter Entfärbung addiert. Soweit sind diese Eigenschaften nicht selten unter reaktiven aromatischen Kohlenwasserstoffen. Ganz ungewöhnlich ist jedoch das Absorptionsspektrum (s. Abb. 114), das keinen Zusammenhang mit irgendeiner Klasse der aromatischen Kohlenwasserstoffe zeigt. Die auffälligste Eigenschaft

---

[1] Nach unveröffentlichten Versuchen von E. Clar und D. G. Stewart.
[2] Clar, E.: Aromatische Kohlenwasserstoffe. 1.Aufl., S.311. Berlin: Springer 1941.
[3] Longuet-Higgins: J. chem. Phys. **18**, 265 (1950).

des Zethrens ist aber seine große Fähigkeit, auch schwache Säuren zu stabilen „Zethreniumsalzen" III zu addieren. So löst es sich in Essigsäure mit violetter Farbe und bleibt auch nach Verdünnung mit viel Wasser in Lösung. Sehr ähnliche Lösungen werden mit Phosphorsäure, Salzsäure, Schwefelsäure und anderen Säuren erhalten, die alle ein sehr ähnliches Spektrum zeigen, das ganz verschieden von dem Spektrum des Zethrens in neutralen Lösungsmitteln, wie Benzol, Xylol oder Trichlorbenzol, ist. Aus den Zethreniumsalzen wird das Zethren durch Alkalien unverändert wiedergewonnen.

Ebenso auffällig ist die sehr leichte Hydrierbarkeit des Zethrens in den Zethreniumsalzen III. Diese werden durch Zinnchlorür, Zinkstaub oder Natriumhydrosulfit in Sekunden entfärbt unter Bildung des gelben Dihydrozethrens (Zethreniumhydrid) IV, das wie eine Küpe durch Luft rasch wieder zum Zethreniumsalz III oxydiert und bei längerem Kochen mit Eisessig zum beständigen 7.14-Dihydro-zethren V isomerisiert wird. Die beiden Dihydroverbindungen haben gänzlich verschiedene Absorptionsspektren (s. Abb. 113). Die weitere Hydrierung zum Hexahydrozethren geht hingegen nur schwierig vor sich.

Alle diese Eigenschaften werden am besten durch die Zethren-Formel II erklärt. Diese enthält ein 8förmiges geschlossenes System von Doppelbindungen, das die Ausbildung von 3 KEKULÉ-Strukturen wie im Naphthalin erlaubt. Diese Anordnung muß einen hohen Betrag an aromatischer Resonanzenergie liefern, der so hoch ist, daß der Gewinn gegenüber I genügt, die Bindung zwischen den beiden zentralen π-Elektronen (mit Punkten gekennzeichnet) entsprechend ihrem größeren Abstand aufzulockern. Errechnet man die Energie dieser Bindung aus dem Absorptionsspektrum mit der Differenz $\nu_\beta - \nu_\alpha = 21\,700\ \mathrm{cm}^{-1} - 16\,080\ \mathrm{cm}^{-1}$, so erhält man den Wert von 16 kcal. Es ist offenbar, daß eine solche Bindung sehr leicht polarisieren und durch Addition eines $H^\oplus$ in das Kation III übergehen muß.

Da kein anderer benzoider aromatischer Kohlenwasserstoff ein solches Verhalten gegen Säuren zeigt, könnte man daraus schließen, daß p- oder Dewar-Strukturen oder andere Strukturen mit noch längeren Bindungen normalerweise nicht am Grundzustand eines aromatischen Kohlenwasserstoffes beteiligt sind, sondern erst durch Anregung mit Licht entstehen. Sie könnten aber auch entstehen unter der Einwirkung von sehr energiereichen Säuren, wie konzentrierter Schwefelsäure, $HAlCl_4$ oder $HClO_4$. Die dabei entstehenden tieffarbigen Komplexe haben eine beträchtliche Ähnlichkeit mit den in verdünnten Säuren sich bildenden Zethreniumsalzen.

Das Ergebnis der Zethrenuntersuchung ist demnach, daß ein benzoider Kohlenwasserstoff mit nur einer Kekulé-Struktur keinen aromatischen Charakter besitzt, und daß er eine starke Neigung zeigt, in ein System mit mehr Kekulé-Strukturen überzugehen, auch wenn dabei eine Bindung zwischen 2 π-Elektronen teilweise geopfert werden muß.

Eine Definition der aromatischen oder besser Kekulé-Resonanz verlangt demnach die Beteiligung von mindestens 2 Kekulé-Strukturen gleicher Energie, wobei keine Doppelbindungen außerhalb dieser Strukturen unbeteiligt bleiben dürften. Diese Kekulé-Strukturen dienen als Übergangszustände beim Durchlaufen eines bestimmten π-Elektrons (*) durch das Ringsystem:

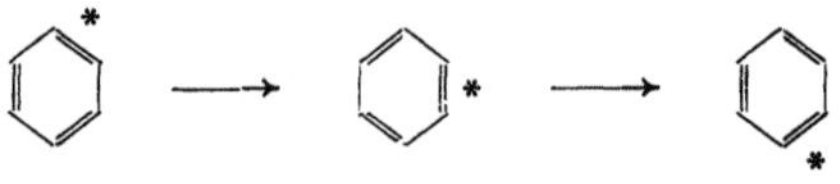

Kekulé-Resonanz.

Der Übergang eines bestimmten π-Elektrons von einer Doppelbindung zur anderen in den Polyenen verlangt aber einen Übergangszustand von höherer Energie (mit kompensierten oder unkompensierten Spins):

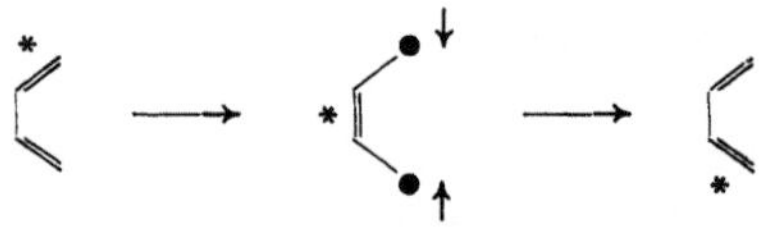

Thiele-Resonanz.

Diese Art von aliphatischer Resonanz, die zweckmäßig auch als Thiele-Resonanz bezeichnet werden kann, liefert daher nur etwa halb soviel Energie (5—8 kcal) pro Kontakt-Einfach-Bindung zwischen zwei Doppelbindungen wie in den Aromaten (12—13 kcal). Die obige Definition der Kekulé-Resonanz umfaßt auch Kohlenwasserstoffe mit zwei aromatischen Resonanz-Systemen wie Perylen I, das sich aus 2 Naphthalin-Komplexen zusammensetzt, zwischen denen nur ein Elektronenübergang nach Art der Thiele-Resonanz stattfinden kann:

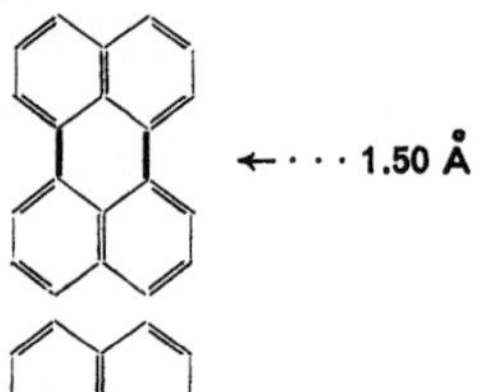

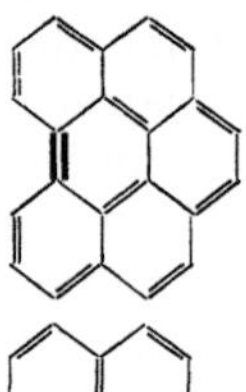

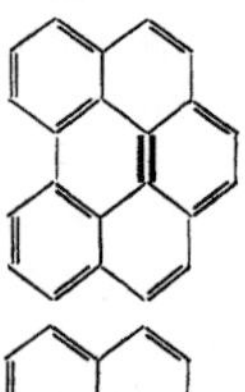

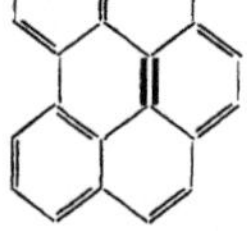

Nach sehr genauen Messungen von Donaldson, White und Robertson[1] beträgt die Länge der beiden mittleren Bindungen 1,50 Å, ein

---

[1] Donaldson, D. M., J. M. Robertson u. J. G. White: Privatmitteilung.

Wert, der der einfachen C—C-Bindung von 1,55 Å viel näher steht als dem der durchschnittlichen aromatischen C—C-Bindung mit 1,40 Å, in bester Übereinstimmung mit der obigen Definition.

Im 1.12-Benzperylen gibt es bereits 5 KEKULÉ-Strukturen in insgesamt 14 mit einer Doppelbindung im Mittelring, den oberen und unteren Naphthalin-Komplex verknüpfend. Die stark gekennzeichnete Doppelbindung in II konnte noch nicht vermessen werden. Für die hervorgehobene Doppelbindung in III, IV, V, VI ergab sich in Einklang mit der Voraussage 1,42 Å[1]. Auch die starke Violettverschiebung der p-Banden im 1.12-Benzperylen im Vergleich zum Perylen zeigt, daß der Grundzustand des ersteren viel stabiler, d. h. aromatischer sein muß.

Die jüngsten hier beschriebenen experimentellen Untersuchungen haben eine volle Bestätigung des von KEKULÉ geschaffenen Bildes vom aromatischen Zustand erbracht, das, übertragen in die Sprache der aromatischen π-Elektronen, die Bindungsverhältnisse auch in komplizierten Aromaten durchaus befriedigend wiedergibt. Keine Stütze hat sich für die unbeschränkte Verwendung der DEWAR-Strukturen und anderer Strukturen mit langen Bindungen im Grundzustand ergeben.

Die MO-Theorie wird sich mit den KEKULÉ-Strukturen in Einklang bringen lassen, mit der Annahme, daß die π-Elektronenpaare auf den verschiedenen Niveaus sich nicht unabhängig voneinander durch ein Ringsystem bewegen können, sondern jeweils vorzugsweise eine KEKULÉ-Struktur darstellen müssen.

IX. Cancerogene Eigenschaften aromatischer Kohlenwasserstoffe.

In den letzten 20 Jahren hat die Bearbeitung des Problems der Entstehung des Krebses von der chemischen Seite her eine wesentliche Förderung erfahren. Die Fortschritte in der Chemie der aromatischen Kohlenwasserstoffe haben dazu in entscheidendem Maße beigetragen. Diese Forschungen sind mit dem Namen des verdienstvollen Forschers auf diesem Gebiet, JAMES WILFRED COOK, unlösbar verbunden.

Schon vor langer Zeit konnte man beobachten, daß chemische Stoffe bösartige Wucherungen hervorzubringen vermögen. Als erster machte PERCIVAL POTT im Jahre 1775 auf die *krebserregenden Eigenschaften* von *Ruß* aufmerksam, der bei den Schornsteinfegern Hautkrebs als Berufskrankheit auftreten läßt. Erst im Jahre 1922 konnte PASSEY[2] den experimentellen Nachweis dafür erbringen, indem er zeigte, daß ein ätherischer Extrakt aus Ruß durch Aufstreichen bei Tieren Hautkrebs hervorruft. Auch die krebserregende Wirkung anderer Stoffe wurde schon vor mehr als 100 Jahren bekannt, so die Hauterkrankungen der Arbeiter in Arsengruben. Mit der Entwicklung der Farbenindustrie entstand als neue Berufskrankheit der sog. *Anilinkrebs*, der bei den Arbeitern meistens an der Blase, aber auch an der Prostata und den

---

[1] WHITE, J. G.: Soc. **1948**, 1398.
[2] PASSEY: Brit. med. Journ. **1922 II**, 1112.

Nieren beobachtet werden konnte. Verantwortlich gemacht wurden
α- und *β-Naphthylamin*, *Benzidin*, *p-Toluidin*, *Xylidine* und andere
Amine und *Azofarbstoffe*. Da die Latenzzeit aber sehr lang ist, eignen
sich diese Stoffe nicht zum experimentellen Studium. Unter den Aminen
ist das *o-Amidoazotoluol* bemerkenswert, das viel schneller Tumoren,
und zwar bei Ratten Leberkrebs, in sehr hohem Prozentsatz innerhalb
von 200—250 Tagen hervorbringt[1].

Zur experimentellen Krebserregung sind jedoch *Steinkohlenteer* und
Teerpech von größter Bedeutung. YAMAGIWA und ICHIKAWA[2] erbrachten den Nachweis, daß Steinkohlenteer beim Aufpinseln auf das Ohr
des Kaninchens bösartige Geschwülste erzeugt. Auf der Rückenhaut
der *Maus* konnte TSUTSUI[3] auf dieselbe Weise Tumoren erzeugen. Das
letztere Verfahren ist das heute am meisten angewandte und hat sich
als Standard-Methode bewährt. Auch andere Teerarten haben sich,
wenn auch meist in geringerem Maße, als carcinogen aktiv erwiesen[4].
Dabei ist die Temperatur, bei welcher der Teer gewonnen wurde, in
hohem Maße für die Wirksamkeit maßgebend, da bei hoher Temperatur
mehr hochmolekulare aromatische Verbindungen entstehen, die, wie
sich zeigen wird, das wirksame Prinzip des Teeres sind.

Bei der Behandlung mit Steinkohlenteer treten die ersten Tumoren
bei der Maus nach einer Latenzzeit von 3—6 Monaten auf. Bei Menschen,
insbesondere Arbeitern, die mit *Teer, Schmierölen, Schieferölen, Pech*
zu tun haben, beträgt die Latenzzeit 10—15 Jahre. Erst dann zeigen
sie Neigung zu Hautkrebserkrankungen.

Der Steinkohlenteer ist nun eine außerordentlich komplizierte
Mischung der verschiedensten Verbindungen. Die Suche nach dem
wirksamen Stoff erschien daher im vorhinein sehr schwierig. Den ersten
Fortschritt bedeutete es, als BLOCH und DREIFUSS[5] 1921 zeigen konnten,
daß die wirksame Substanz eine stickstofffreie, neutrale und oberhalb
400° flüchtige Verbindung sein muß. Die Auswahl war auch dann noch
sehr groß. Ein weiterer Erfolg war die Entdeckung, daß das carcinogene Agens ein Kohlenwasserstoff sein muß. KENNAWAY[6] fand nämlich
in den Kohlenwasserstoffgemischen, die beim Erhitzen von Acetylen
oder Isopren in einer Wasserstoffatmosphäre oder durch Zersetzung
von Tetralin mit Aluminiumchlorid gebildet werden, hochwirksame
Produkte. Dadurch kamen die mehrkernigen Kohlenwasserstoffe in die
engere Wahl. Alle diese Gemische zeigen ein charakteristisches *Fluorescenzspektrum*, das die weitere Suche sehr erleichterte[7]. Die Arbeiten,

---

[1] YOSHIDA: Virchows Arch. **295**, 175 (1935).

[2] YAMAGIWA u. ICHIKAWA: Mitteil. mediz. Fakultät Kais. Univ. Tokyo **15**,
295 (1915).

[3] TSUTSUI: Gann. **12**, 17 (1918).

[4] Sehr bemerkenswert erscheint die cancerogene Wirksamkeit des Tabak-
teeres. CHIMAMATSU: Trans. Jap. path. Soc. **21**, 244 (1931). — ROFFO, A. H.:
Dtsch. med. Wochenschrift **63**, 1267 (1937). — Vgl. dagegen K. SUGIURA: Am.
J. Cancer **38**, 41 (1940).

[5] BLOCH u. DREIFUSS: Schweizer med. Wchschr. **51**, 1033 (1921).

[6] KENNAWAY: J. Path. Bact. **27**, 233 (1924) — Brit. med. Journ. **1925 II**, 1.

[7] KENNAWAY, E. L., u. I. HIEGER: Brit. med. Journ. **1930 II**, 1. — HIEGER, I.:
Biochemical Journ. **24**, 505 (1930).

die im Forschungsinstitut des *Royal Cancer Hospital*, London, ausgeführt wurden, traten in die fruchtbarste Phase, als sich die Untersuchung nunmehr den synthetischen mehrkernigen Kohlenwasserstoffen zuwandte. Der Zufall wollte, daß gerade zu dieser Zeit durch E. Clar und Mitarbeiter[1] eine größere Anzahl von mehrkernigen aromatischen Kohlenwasserstoffen leicht zugänglich gemacht worden waren, deren Prüfung auf cancerogene Wirksamkeit wichtig erschien[2].

Einer von diesen Kohlenwasserstoffen, das *1.2,5.6-Dibenzanthracen* I[3], erwies sich als sehr carcinogen aktiv[4]. Die Art der Geschwülste hängt davon ab, auf welche Gewebe der Angriff erfolgt. Die Einwirkung auf die Haut ruft ein Carcinom hervor, während eine Injektion in die Gewebe ein Sarkom erzeugt[5]. Alle diese durch rein chemische Einwirkung erzielten Tumoren weisen alle Kennzeichen der Bösartigkeit auf. Sie dringen in den Muskel ein und bringen durch Verschleppung von Krebszellen auf den Blut- und Lymphwegen Metastasen hervor, so z. B. sekundäre Gewächse in der Lunge, in den Lymphknoten der Achselhöhle u. a. Künstlich erzeugte Sarkome bei Mäusen blieben nach der Übertragung auf andere Mäuse durch mehr als 140 Generationen im gleichen Maße bösartig. Die einmal begonnene Wucherung bedarf also später keiner neuen Einwirkung zu ihrer Erhaltung.

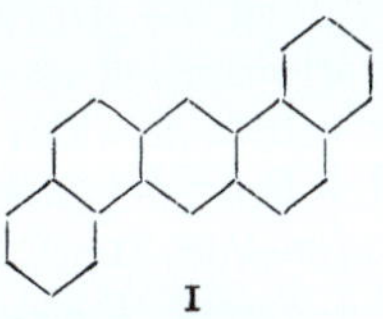

H₃C—CH
CH₃

I 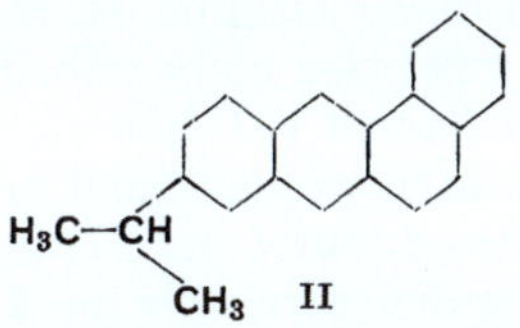   II 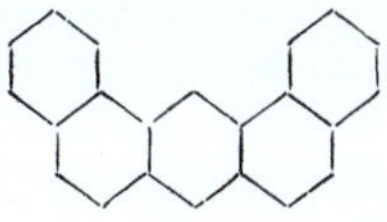   III

J. W. Cook[6] versuchte weiter, durch geeignete Substitution aus *1.2-Benzanthracen* cancerogene Kohlenwasserstoffe zu erhalten. Während 1.2-Benzanthracen nur sehr schwach aktiv ist, nimmt die Aktivität sehr stark zu, wenn Alkylgruppen in 5.6- oder wenigstens in eine dieser beiden Stellungen eintreten. Die Übersicht auf S. 190 zeigt die Wirkung der Substitution.

Als erste Verbindung dieser Gruppe erhielt Cook das *6-Isopropyl-1.2-benzanthracen* II, das in einem sehr hohen Grade aktiv ist. Noch stärkere Wirkung hat aber die Substitution in 5- und 6-Stellung beim *5.6-Dimethyl-1.2-benzanthracen*. Die stärkste Aktivität wurde beim

<hr>

[1] Clar, E.: B. **62**, 350 (1929). — Clar, E., Fr. John u. B. Hawran: B. **62**, 940 (1929). — Clar, E., H. Wallenstein u. R. Avenarius: B. **62**, 950 (1929). — Clar, E.: B. **62**, 1574 (1929). — Vgl. Fieser u. Dietz: B. **62**, 1827 (1929).

[2] Der Verfasser sandte Proben von allen von ihm damals dargestellten Kohlenwasserstoffen an das Royal Cancer Hospital, London, zur Prüfung auf carcinogene Aktivität.

[3] Clar, E.: B. **62**, 350 (1929).

[4] Kennaway u. Hieger: Brit. med. Journ. **1930** I, 1044. — Cook, Hieger, Kennaway u. Mayneord: Proc. Roy. Soc. London (B) **111**, 456 (1932).

[5] Burrows: Proc. Roy. Soc. London (B) **111**, 238 (1932) — Am. J. Cancer **17**, 1 (1932). — Burrows, Hieger u. Kennaway: Am. J. Cancer **16**, 57 (1932). — Barry u. Cook: Am. J. Cancer **20**, 58 (1934).

[6] Cook: Soc. **1930**, 1087.

9.10-Dimethyl-1.2-benzanthracen beobachtet[1]. Interessant ist auch, daß
der hydroaromatische Ring im *5.6-Cyclopenteno-1.2-benzanthracen* bis
zu einem gewissen Grade den einen anellierten Benzolkern des 1.2,5.6-
Dibenzanthracens zu ersetzen vermag. Aber schon geringe Veränderungen der Molekel setzen die cancerogenen Eigenschaften stark herab
oder vernichten sie ganz. So ist *1.2,7.8-Dibenzanthracen* III nur noch
schwach aktiv. Hydrierungen in der *meso*-Stellung vernichten die
Aktivität fast ganz. Vermindert wird sie auch, wenn in den wirksamen
Derivaten des 1.2-Benzanthracens eine Methyl-Gruppe in den Benzkern eintritt. Wird ein C-Atom in *meso*-Stellung des 1.2,5.6- oder
1.2,7.8-Dibenzanthracens durch ein N-Atom ersetzt, so bleibt merkwürdigerweise die Aktivität bei *1.2,5.6-* und *3.4,5.6-Dibenzacridin* IV
bzw. V, wenn auch stark herabgesetzt, erhalten. Das zweite N-Atom
aber vernichtet sie. *1.2,5,6-Dibenzphenazin* VI ist völlig inaktiv[2].

IV   V   VI   VII

So häufig Aktivität in dieser Gruppe ist, scheint doch die Anwesenheit eines Benzanthracen-Skelettes nicht unbedingt erforderlich zu sein,
denn auch *1.2,5.6-Dibenzfluoren* VII hat sich als schwach aktiv erwiesen[3]. Schwache Aktivitäten werden auch vom *3.4-Benzphenanthren*[2]
und sogar von *1.3.5-Triphenyl-benzol* und *Tetraphenyl-methan*[4] berichtet.
Schwache Aktivitäten wurden ferner beim *1.2.3.4-Tetramethyl-phen-
anthren* und *1.2-Dimethylanthracen* festgestellt[5]. Unter den Methyl-
chrysenen ist *1-Methylchrysen* das aktivste[6]. Von einer *Spezifität* kann
unter diesen Umständen keine Rede mehr sein. Das einzig Gemeinsame
dieser Stoffe ist ein aromatischer Komplex. Auch die Annahme, daß
alle cancerogenen Kohlenwasserstoffe ein ähnliches Fluorescenzspektrum
haben, hat sich nicht mehr aufrechterhalten lassen. Trotzdem leistete
sie bei der Auffindung des *3.4-Benzpyrens* im Steinkohlenteerpech
außerordentlich wertvolle Dienste.

Bei der Untersuchung verschiedener Arten von krebserregenden
Teeren zeigte sich, daß die aktivsten Arten in merklich kürzerer Zeit
Tumoren hervorrufen als irgendeiner der bekannten reinen Kohlen-
wasserstoffe. Es mußte also in den aktiven Teeren noch ein wirksamerer
Kohlenwasserstoff vorhanden sein. HIEGER[7] begann in mühevoller

[1] BACHMANN, W. E., E. L. KENNAWAY u. N. M. KENNAWAY: Yale J. Biol.
a. Med. **11**, 97 (1938). — BERENBLUM, I.: Cancer Res. **5**, 265 (1945).
[2] BARRY, COOK, HASLEWOOD, HEWETT, HIEGER u. KENNAWAY: Proc. Roy.
Soc. London (B) **117**, 318 (1935).
[3] COOK, DANSI, HEWETT, IBALL, MAYNEORD u. ROE: Soc. **1935**, 1319.
[4] MORTON, CLAPP u. BRANCH: Science **82**, 134 (1935).
[5] BADGER, COOK, HEWETT, KENNAWAY, KENNAWAY u. MARTIN: Proc. Roy.
Soc. London (B) **131**, 175 (1942).
[6] DUNLOP, C. E., u. S. WARREN: Cancer Res. **3**, 606 (1943).
[7] HIEGER: Soc. **1933**, 395.

Arbeit 2000 kg Steinkohlenteerpech zu fraktionieren. Er konnte schließlich durch die verschiedensten Reinigungsoperationen eine Fraktion erhalten, aus der COOK, HEWETT und HIEGER[1] einen reinen Kohlenwasserstoff darstellten, in dem sie das bisher unbekannte *3.4-Benzpyren* VIII vermuteten. Diese Annahme erwies sich als richtig, denn COOK und HEWETT[2] fanden das auf folgendem Wege dargestellte *3.4-Benzpyren* VIII identisch mit dem aus Steinkohlenteerpech erhaltenen Kohlenwasserstoff.

3.4-Benzpyren zeigt schon in großer Verdünnung das für aktive Teersorten charakteristische Fluorescenzspektrum und bringt in 90 bis 100 Tagen, der Hälfte der Zeit, wie sie beim 1.2,5.6-Dibenzanthracen erforderlich ist, bei Mäusen Tumoren hervor. Auch mit 3.4-Benzpyren werden beim Bepinseln der Haut Carcinome und beim Injizieren Sarkome erhalten[3]. Es ist ein sicheres und schnelles Mittel, um experimentell Tumoren zu erzeugen.

Aber auch bei den Pyren-Derivaten ist die Wirksamkeit nicht an einen einzigen Kohlenwasserstoff gebunden, denn *1.2,3.4-Dibenzpyren* IX, sein 7-Methyl-Derivat und *3.4,8.9-Dibenzpyren* X, die von E. CLAR[4] dargestellt wurden, haben sich bei der Prüfung im Forschungsinstitut des Royal Cancer Hospital, London[5], ebenfalls als sehr aktiv

erwiesen. Trotz der geringen Löslichkeit dieser Kohlenwasserstoffe erschienen die Tumoren in kurzer Zeit. Abb. 30 zeigt einen mit *1.2,3.4-Dibenzpyren* erzeugten Tumor.

---

[1] COOK, HEWETT u. HIEGER: Soc. **1933**, 396, 398.

[2] COOK u. HEWETT: Soc. **1933**, 398.

[3] BARRY, COOK, HASLEWOOD, HEWETT, HIEGER u. KENNAWAY: Proc. Roy. Soc. London (B) **117**, 318 (1935).

[4] CLAR, E.: B. **63**, 112 (1930) — Amer. Pat. 2172020. — B. **72**, 1645 (1939).

[5] BACHMANN, COOK, DANSI, DE WORMS, HASLEWOOD, HEWETT u. ROBINSON: Proc. Roy. Soc. London (B) **123**, 343 (1937). — COOK u. KENNAWAY: Am. J. Cancer **33**, 50 (1938).

Die Einführung von Substituenten in *3.4-Benzpyren* (*Tribrom-, Mononitro-, Dinitro-, Monoamino-, -sulfonsäure*) bringt die Aktivität zum Erlöschen[1].

In eine neue Phase trat die chemische Behandlung des Krebsproblems ein, als Cook[2] zeigen konnte, daß *Methyl-cholanthren* XI, das schon 1925 von Wieland und Schlichting[3] durch Abbau der Gallensäuren

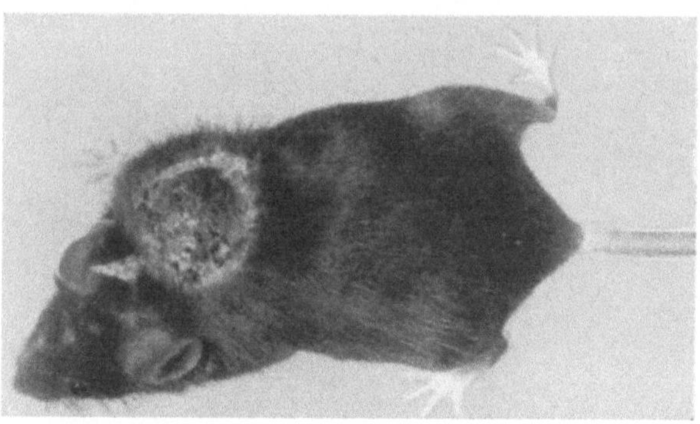

Abb. 30. Tumor auf der Rückenhaut der Maus, erzeugt mit *1.2,3.4-Dibenzpyren*, nach einer Aufnahme von J.W.Cook.

dargestellt worden war, das am stärksten krebserregende Agens ist. Es erzeugt bis zu 100% Tumoren an Mäusen, dabei erschien der erste Tumor schon nach 75 Tagen.

Desoxy-cholsäure → Oxydat. → Dehydro-desoxycholsäure → Redukt. → 12-Keto-cholansäure → Kondens. → Dehydro-nor-cholen → Dehydr. → Methyl-cholanthren XI

---

[1] Windaus u. Rennhak: H. **249**, 256 (1937).

[2] Cook: Proc. Roy. Soc. London (B) **113**, 277 (1933). — Cook u. Haslewood: Soc. **1934**, 428.

[3] Wieland u. Schlichting: H. **150**, 273 (1925).

Methyl-cholanthren kann aus *Desoxy-cholsäure* auf obigem Wege dargestellt werden[1]. (Die hydroaromatischen H_2-Atome sind hier nicht eingezeichnet.)

FIESER und SELIGMANN[2] synthetisierten Methyl-cholanthren aus dem Keton XII durch Wasserabspaltung:

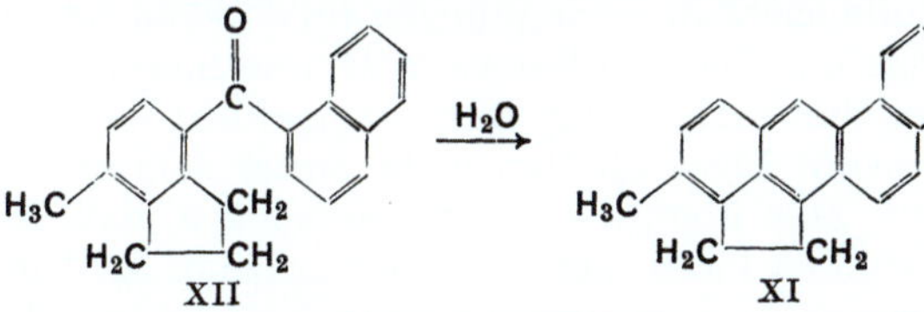

$$\text{XII} \quad \xrightarrow{\;H_2O\;} \quad \text{XI} \qquad\qquad \text{XIII}$$

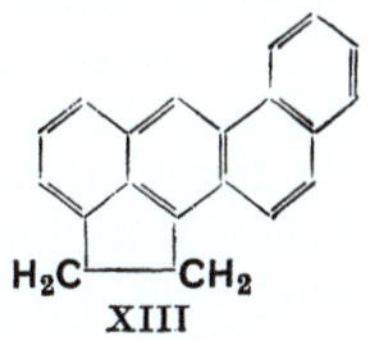

Die unmethylierte Verbindung, das *Cholanthren* XIII, wurde von COOK und Mitarbeitern[3] nach 3 verschiedenen Methoden dargestellt. Auch dieser Kohlenwasserstoff zeigte sich in hohem Grade cancerogen wirksam.

Die hohe Aktivität der Cholanthrene brachte nun COOK auf eine Idee, die das ganze Krebsproblem im neuen Lichte erscheinen läßt. Er vermutete nämlich, daß durch einen anomalen Prozeß im lebenden Organismus die *Gallensäuren* zum *Methyl-cholanthren* umgewandelt werden könnten. Diese einfache Annahme gewinnt sehr an Wahrscheinlichkeit, wenn man bedenkt, daß außer den Gallensäuren noch andere Verbindungen immer im tierischen Organismus anwesend sind, die als Ausgangsmaterial für die biologische Synthese von Cholanthren in Frage kommen könnten, z. B. das Cholesterin XIV. (Die hydroaromatischen H_2-Atome sind nicht eingezeichnet.)

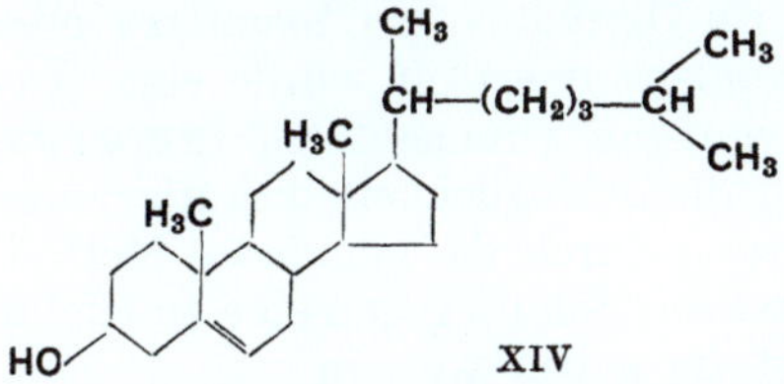

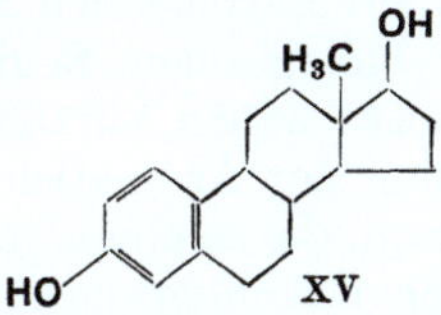

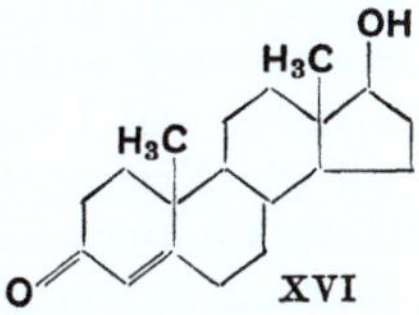

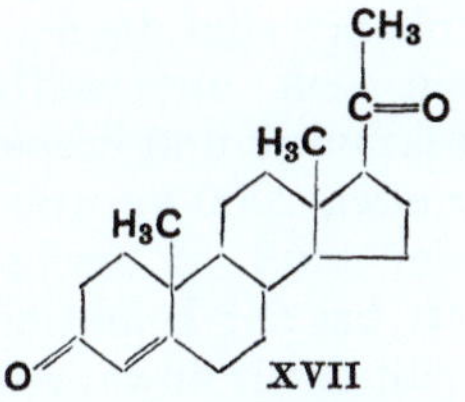

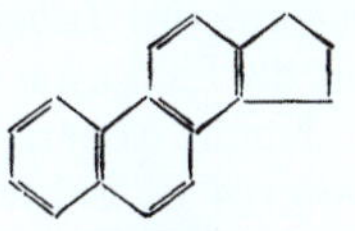

Die Sexualhormone, das *Follikelhormon, Östradiol* XV, das *Testikel-hormon, Testosteron* XVI und das Schwangerschaftshormon *Progesteron* XVII sind Abbauprodukte des *Cholesterins.* Der Gedanke liegt nahe,

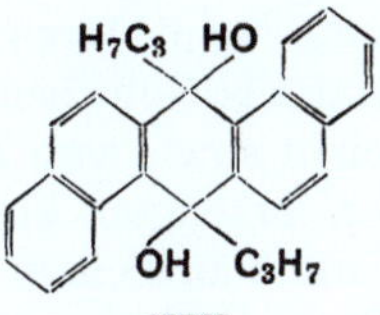

---

[1] WIELAND u. DANE: H. **219**, 240 (1933). — COOK u. HASLEWOOD: Chem. and Ind. **38**, 758 (1933).

[2] FIESER u. SELIGMANN: Am. Soc. **57**, 228, 942 (1935).

[3] COOK, HASLEWOOD u. ROBINSON: Soc. **1935**, 667. — COOK u. HASLEWOOD: Soc. **1935**, 767, 770.

daß eine *krankhaft fehlgeleitete Produktion der Sexualhormone zu cancerogenen Verbindungen von der Art des Cholanthrens führen kann.*

Die fertig gebildeten Hormone können keine Cholanthrene geben,
denn es fehlt ihnen hierzu die nötige Anzahl C-Atome in der Seitenkette. Cook, Dodds und Lawson[1] haben gezeigt, wie sich krebserregende Kohlenwasserstoffe leicht in Verbindungen verwandeln lassen,
die als Sexualhormone wirksam sind. So konnte z. B. das cancerogene
1.2,5.6-Dibenzanthracen in die Verbindung XIX übergeführt werden,
die hinsichtlich ihrer *östrogenen* Eigenschaften nicht hinter dem natürlichen Hormon zurücksteht. Man könnte also auch annehmen, daß der
umgekehrte Vorgang stattfinden kann, nämlich die biochemische Umwandlung eines Sexualhormons zu einer cancerogenen Verbindung, die
nicht vom Typus des Cholanthrens zu sein braucht. Am ehesten käme
da noch das *1.2-Cyclopenteno-phenanthren* XVIII in Frage. Die Prüfung
dieses Kohlenwasserstoffes ergab jedoch die völlige Unwirksamkeit als
cancerogenes Agens.

A. Haddow und Mitarbeiter[2] beobachteten im Tierversuch, daß
cancerogene Kohlenwasserstoffe stark hindernd auf das Wachstum von
Impftumoren wirken. Versuche an Ratten ergaben, daß die Geschwülste
der mit cancerogenen Kohlenwasserstoffen behandelten Tiere um 75%
im Wachstum zurückblieben.

Im Hinblick auf die Möglichkeit der Entstehung von cancerogenen
Verbindungen im lebenden Organismus aus Sterinen und Gallensäuren
ist die Feststellung von Bernhard[3] interessant, der an statistischen
Unterlagen nachweisen konnte, daß der Prozentsatz der Sterblichkeit
an Krebs bei Gallensteinkranken erheblich größer ist als sonst.

Eine Umwandlung eines Cholesterin-Derivates in *Cholanthren* oder
einen verwandten krebserregenden Kohlenwasserstoff würde eine *Aromatisierung* unter biologischen Bedingungen voraussetzen. Inhoffen,
Stoeck und Lübcke[4] haben kürzlich diese Möglichkeit diskutiert und
auf die Erschwerung der Aromatisierung durch die angulären Methyl-
Gruppen hingewiesen, die so einen gewissen Schutz gegen eine zu leichte
Bildung cancerogener Kohlenwasserstoffe geben würden.

Von größter Bedeutung in diesem Zusammenhange sind die neuesten
Versuche von Hieger[5], der mit Injektionen von unverseifbarem
Material aus Geweben, meist aus der *Leber* krebskranker und krebsfreier
Menschen sowie von Kühen 63 Sarkome unter etwa 2000 verwendeten
Mäusen erzeugen konnte. Noch überraschender muß es erscheinen,
wenn mit käuflichem *Cholesterin* in Schweinefett bei der Injektion 5%
der Mäuse Sarkome entwickelten. J. W. Cook[6] hält es für unwahrschein-
lich, daß das Cholesterin selbst die Ursache sein könnte.

---

[1] Cook, Dodds u. Lawson: Proc. Roy. Soc. London (B) **121**, 133 (1936).
[2] Haddow, A., u. A. M. Robinson: Proc. Roy. Soc. London (B) **122**, 442
(1937). — Haddow, A., C. M. Scott u. J. D. Scott: Proc. Roy. Soc. London (B)
122, 477 (1937).
[3] Bernhard: Arch. f. klin. Chirurgie **189**, 17 (1937).
[4] Inhoffen, Stoeck u. Lübcke: A. **562**, 177 (1949).
[5] Hieger: Brit. Journ. Cancer **3**, 123 (1949).
[6] Cook, J. W.: Soc. **1950**, 1210.

Es ist interessant, etwas Näheres über das Schicksal der cancerogenen Kohlenwasserstoffe im Tierkörper zu erfahren, da man so vielleicht hoffen darf, einen Beitrag zum Problem der Krebsentstehung zu erhalten. *1.2-Benzanthracen* wird in Mäusen und Ratten zu *4'-Oxy-1.2-benzanthracen* XX[1] oxydiert, *Chrysen* liefert dabei *3-Oxychrysen* XXI[2], *1.2,5.6-Dibenz-anthracen* gibt *4',4''-Dioxy-1.2,5.6-dibenz-anthracen* XXII[3] und *3.4-Benzpyren* gibt *8-Oxy-* und *10-Oxy-3.4-benzpyren* XXIII bzw. XXIV[4].

Es ist auffallend, daß mit Ausnahme von *3.4-Benzpyren* die biochemische Oxydation gerade in solchen Stellungen erfolgt, die *nicht* den Angriffen bei chemischen Reaktionen ausgesetzt sind.

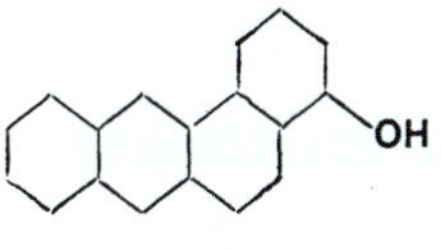

XX 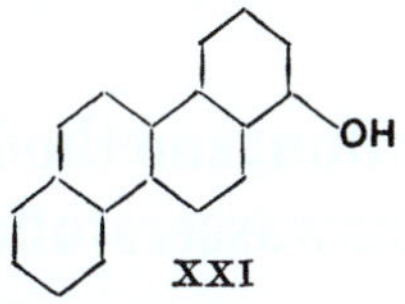   XXI 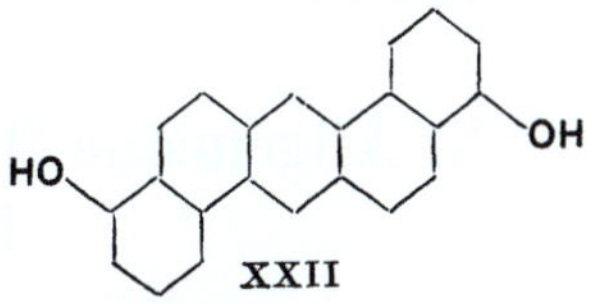   XXII

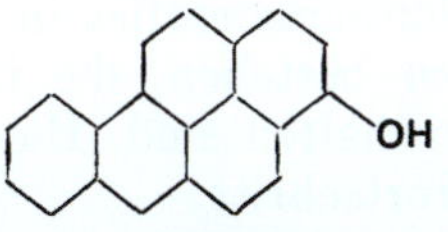

XXIII 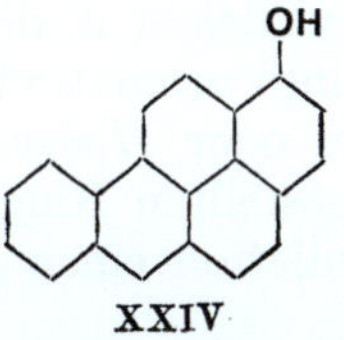   XXIV

Im Zusammenhang mit der cancerogenen Wirkung aromatischer Kohlenwasserstoffe muß hier auch noch die Tumorenerzeugung durch *Virusarten* kurz erwähnt werden. 1910 entdeckte Rous, daß ein beim Huhn spontan aufgetretenes Sarkom durch zellfreie Extrakte übertragen werden konnte. Die Darstellung eines anderen krebserregenden Virus gelang Shope 1933. Es erzeugt bei nordamerikanischen Wildkaninchen Papillome, die gutartig sind, bei zahmen Kaninchen aber solche, die nach einigen Monaten bösartig werden können. Im Zusammenwirken mit Teerpinselung können besonders bösartige Krebsformen (fulminante Carcinose) erzeugt werden.

In der Folge hat sich dann die Annahme verbreitet, daß die cancerogenen Stoffe nur den Krebs auslösen, das Virus hingegen für die Verbreitung und Unterhaltung des Wachstums verantwortlich ist, nachdem die auslösende Ursache weggefallen ist. Besonderes Interesse gebührt hier den Versuchen von Gye und Mitarbeitern[5], die in Mäusen Krebs

---

[1] Berenblum u. Schoental: Cancer Res. **3**, 686 (1943). — Holiday: Cancer Res. **3**, 689 (1943).

[2] Berenblum u. Schoental: Biochemical Journ. **44**, 604 (1949).

[3] Dobriner, Rhoads u. Lavin: Cancer Res. **2**, 95 (1942). — Cason u. Fieser: Am. Soc. **62**, 2681 (1940).

[4] Chalmers u. Crowfoot: Biochemical Journ. **35**, 1270 (1940). — Berenblum: Cancer Res. **3**, 145, 151 (1943); **6**, 699 (1946). — Cook, J. W., Ludwiczak u. Schoental: Soc. **1950**, 1112.

[5] Gye: Brit. med. Journ. **1949** I, 151. — Craigie: Brit. med. Journ. **3**, 249, 250, 268 (1949). — Gye, Bagg, Mann u. Craigie: Brit. med. Journ. **3**, 259 (1949). — Mann: Brit. med. Journ. **1949** II, 251, 253, 255. — Craigie: Brit. med. Journ. **1949** II, 1485.

hervorrufen konnten durch bei —79° gefrorenes und dann getrocknetes Tumorengewebe anderer Mäuse. Es wurde daraus geschlossen, daß das krebserregende Agens ein *Virus* ist.

Im Rahmen eines Buches, das sich mit aromatischen Kohlenwasserstoffen, ihren Reaktionen und Eigenschaften befaßt, ist es unmöglich, die Literatur über die Zusammenhänge zwischen Chemie und dem Krebsproblem auch nur annähernd umfassend zu überblicken. Es sei daher bezüglich der Krebserzeugung durch Licht, Metalle wie Arsen, Beryllium, und der Chemotherapie des Krebses durch Colchicine und zahlreiche andere Verbindungen auf zusammenfassende Darstellungen verwiesen[1].

X. Allgemeine Darstellungsmethoden aromatischer Kohlenwasserstoffe.

In vielen, vielleicht in den meisten Fällen wird die letzte Phase der Darstellung eines aromatischen Kohlenwasserstoffes in der *Entfernung* von *O-Atomen* oder *Hydroxylgruppen* bestehen, die in einem durch Synthese dargestellten Ringsystem enthalten sind. Hier bedeutete die Zinkstaubdestillation einen großen Fortschritt.

1. Die Zinkstaubdestillation.

Diese sehr wichtige Reduktionsmethode, die von A. VON BAEYER[2] entdeckt wurde, kann in verschiedener Weise ausgeführt werden.

Zumeist bedient man sich eines Verbrennungsrohres, das zum größeren Teil mit Bimssteinstücken, die mit Zinkstaub überzogen sind, gefüllt ist. Im kleineren Teil befindet sich die mit Zinkstaub gemischte, zu reduzierende Substanz. Nachdem durch einen Wasserstoffstrom die Luft verdrängt worden ist, wird der Teil mit den Bimssteinstücken bis zur Rotglut erhitzt. Sodann wird auch der Teil mit der Substanz erhitzt und diese im Wasserstoffstrom langsam über den erhitzten Zinkstaub geleitet. Der Kohlenwasserstoff scheidet sich in den kälteren Teilen des Rohres ab. Bei schwer flüchtigen Substanzen kann auch im Vakuum im Wasserstoffstrom gearbeitet werden.

Mit dieser Methode wird Phenol zu *Benzol*, Naphthol zu *Naphthalin* und Anthrachinon zu Anthracen reduziert. Auch aus Hexaoxy-benzol ist auf diese Weise *Benzol* erhalten und damit die Konstitution des *Kohlenoxyd-Kaliums* bewiesen worden. Zur Ermittlung der Konstitution, besonders von wichtigen Naturprodukten, hat die *Zinkstaubdestillation* vortreffliche Dienste geleistet. So gelang es GRAEBE und LIEBER-

---

[1] BADGER, G. M., L. A. ELSON, A. HADDOW, C. L. HEWETT u. A. M. ROBINSON: The Inhibition of Growth by Chemical Compounds. Proc. Roy. Soc. London (B) **130**, 255 (1942). — BLUM, H. F.: Sunlight and Cancer of the Skin. J. National Cancer Inst. **1**, 155 (1940). — COOK, J. W.: Chemistry and Cancer. The Royal Institute of Chemistry of Great Britain and Ireland. 1943. — BAUER, K. H.: Das Krebsproblem. Berlin, Göttingen, Heidelberg: Springer 1949. — COOK, J. W.: Pedler Lecture. Polycyclic Aromatic Hydrocarbons. Soc. **1950**, 1210. — BUTENANDT, A.: Chemiker-Ztg. **74**, 7 (1950).
[2] BAEYER, A. v.: A. **140**, 295 (1866).

MANN[1], zu zeigen, daß das natürliche *Alizarin* ein *Anthracenderivat* ist. I → II. Bei etwas größeren Ringsystemen ist die Methode zwar noch durchführbar, doch kommt es dabei schon manchmal zu Komplikationen. So ergibt *Dioxy-tetracenchinon* III nicht nur den Grundkohlenwasserstoff, das *Tetracen* IV, sondern daneben auch sein *Dihydroderivat* V[2].

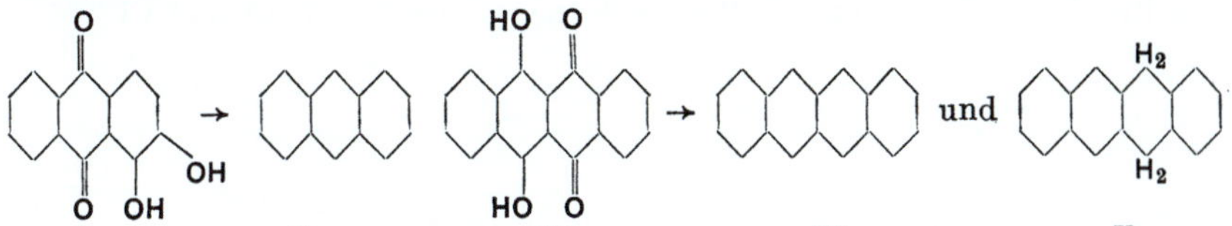

Bei noch größeren Ringsystemen wird die Ausbeute wegen der bei der Zinkstaubdestillation nötigen hohen Temperatur immer geringer und ist schließlich, wenn der Ausgangsstoff nicht mehr flüchtig ist, überhaupt nicht mehr durchführbar. Hier bewährt sich dann ein anderes Verfahren, bei dem die Reduktion unter wesentlich milderen Bedingungen durchgeführt wird.

2. Die Zinkstaubschmelze.

Dieses Verfahren, das von E. CLAR[3] ausgearbeitet worden ist, kommt schon mit Temperaturen aus, die zwischen 200—300° liegen. Eine Verflüchtigung der Substanzen ist dabei nicht nötig, denn die Reduktion wird in einer *Schmelze* von *Natriumchlorid* und *Chlorzink* ausgeführt. Diese Schmelze hat nicht nur ein hohes Lösungsvermögen für Chinone und andere zu reduzierende, sauerstoffhaltige Körper, sondern sie aktiviert auch die Oberfläche der Zinkstaubkörner, indem sie die daranhaftende Oxydschicht entfernt. Die Reduktion ist schon nach einigen Minuten eine vollständige.

Die praktische Durchführung der Zinkstaubschmelze gestaltet sich folgendermaßen: 1 Teil des zu reduzierenden Stoffes, 1 Teil Zinkstaub, 1 Teil Natriumchlorid und 5 Teile feuchtes Chlorzink werden unter Rühren bei etwa 210° zusammen geschmolzen. Sodann wird die Temperatur unter weiterem Rühren innerhalb einiger Minuten bis auf 290° erhöht. Dabei kann man das Fortschreiten der Reduktion sehr gut an der Änderung der Farbe der Schmelze verfolgen, denn die Chinone geben beim Lösen in Chlorzink meist charakteristische Färbungen, die während der Reaktion allmählich verschwinden und durch die Farben der Kohlenwasserstoffe ersetzt werden. Die Aufarbeitung der Schmelze geschieht in der Weise, daß man sie in verdünnter Salzsäure auflöst und den Rückstand umkrystallisiert. In den meisten Fällen ist es vorteilhafter, den gewaschenen Rückstand sofort einer Sublimation im Vakuum im Kohlensäurestrom zu unterwerfen. Die Ausbeuten betragen oft bis zu 90% an reinsten Kohlenwasserstoffen.

Beim orientierenden Versuch kann die Zinkstaubschmelze sogar schon im Reagensglas unter Rühren mit einem Thermometer über freier Flamme durchgeführt werden.

---

[1] GRAEBE u. LIEBERMANN: B. **1**, 43 (1868) — A. Spl. **7**, 287 (1870).
[2] GABRIEL u. LEUPOLD: B. **31**, 1279 (1898).
[3] CLAR, E.: B. **72**, 1645 (1939) — Amer. Pat. 2172020.

Als Nebenprodukte werden bei der Zinkstaubschmelze manchmal bimolekulare Reduktionsprodukte beobachtet, deren Trennung vom Hauptprodukt sowohl durch Krystallisation als auch durch Sublimation leicht gelingt. So wird z. B. aus Benzophenon *Diphenylmethan* neben etwas *Tetraphenyl-äthylen* erhalten. Phenanthrenchinon I gibt *Phenanthren* II neben wenig *9.9'-Diphenanthrylen-10.10'-oxyd* III. Anthrachinon IV liefert *Anthracen* V neben wenig Bianthryl VI.

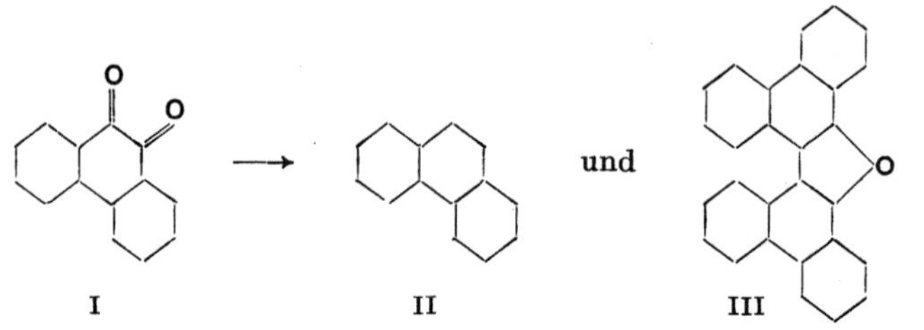

I II und III

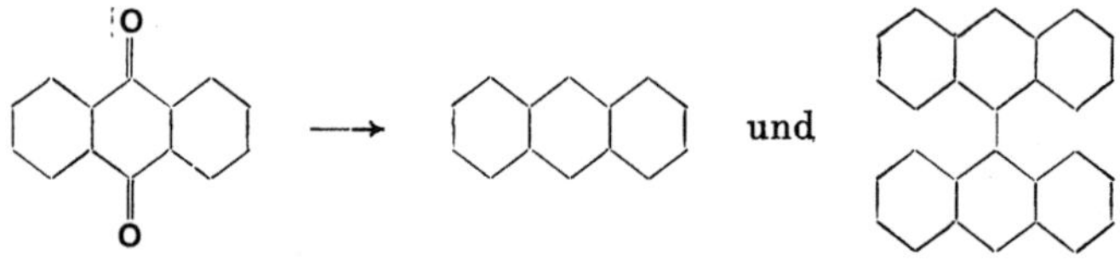

IV V und VI

Die Menge der gebildeten bimolekularen Reduktionsprodukte hängt ab vom Wassergehalt des verwandten Chlorzinks. Im allgemeinen ist es vorteilhaft, **schwach feuchtes Chlorzink** anzuwenden, da ganz trockenes mehr bimolekulare Körper liefert, besonders dann, wenn das Natriumchlorid weggelassen wird. So können bis zu 25% bimolekulare Stoffe erhalten werden.

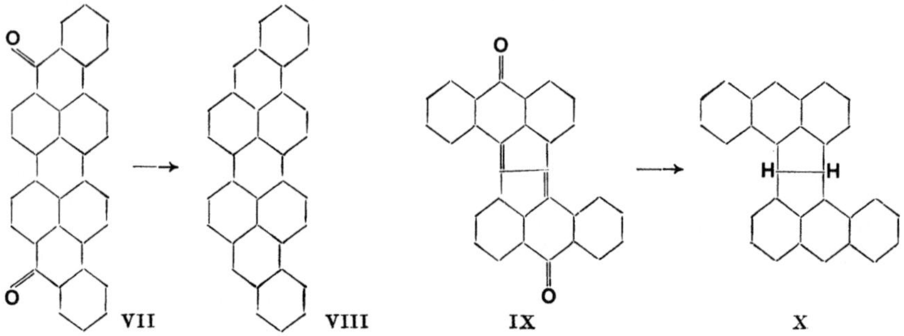

VII VIII IX X

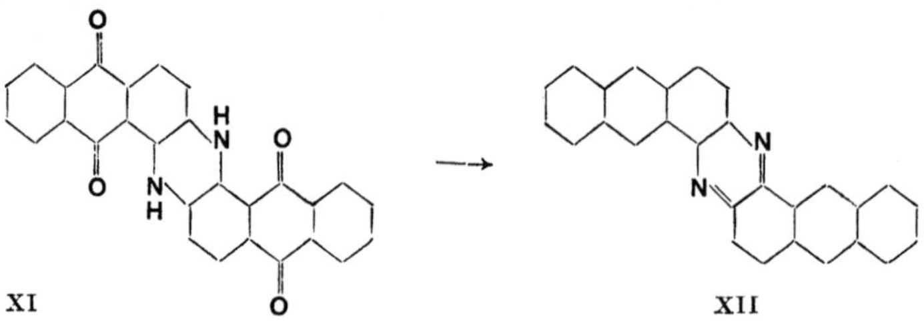

XI XII

Auch bei hochmolekularen, polycyclischen Systemen werden sehr gute Ausbeuten erhalten. Aus Violanthron VII entstehen 85% reinstes *Violanthren* VIII. Andere als kondensierte sechsgliedrige Ringsysteme können ebenfalls gut reduziert werden. So Aceanthrono-[2′.1′:1.2]-aceanthron IX zu *Aceanthreno-[2′.1′:1.2]-aceanthren* X[1]. Von heterocyclischen Verbindungen konnte Indanthren XI in *Anthrazin* XII übergeführt werden.

Bei allen Ringsystemen, die wenigstens 3 kondensierte Benzolringe enthalten, dürfte der Zinkstaubschmelze wegen der guten Ausbeuten, der niedrigen Temperatur und der Bequemlichkeit der Ausführung vor der Zinkstaubdestillation der Vorzug zu geben sein.

Auch zur Feststellung des Kohlenstoffskelettes von Naturprodukten ist die Zinkstaubschmelze verwandt worden. So gibt z. B. der rote Farbstoff des Johanniskrautes, das *Hypericin* XIII, dabei *1.4-Benz-bisanthen* (*meso*-Anthro-dianthren) XIV[2].

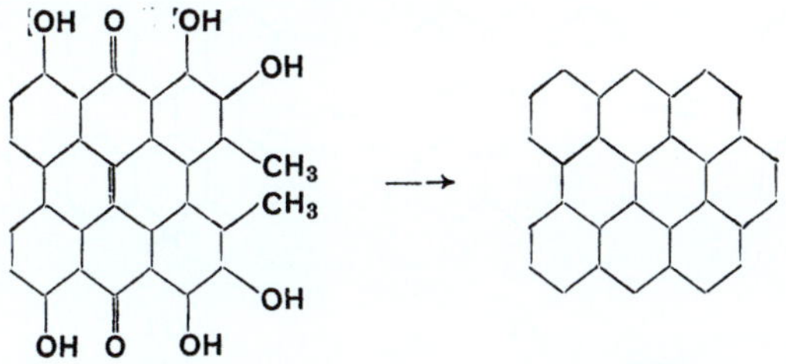

3. Die Reduktion mit Zinkstaub, Pyridin und Essigsäure.

Über die mildeste Form der Reduktion von Chinonen zu Kohlenwasserstoffen mit Zinkstaub wird von E. CLAR berichtet. Sie besteht darin, daß man eine *Suspension* oder Lösung eines *Chinons* in *siedendem Pyridin* mit *überschüssigem Zinkstaub* versetzt und im Verlaufe von 4—5 Stunden 80proz. *Essigsäure* zulaufen läßt. Wird die Reduktion in der Kälte ausgeführt, so bleibt sie nach KUHN und WINTERSTEIN[3] bei der Hydrochinon-Stufe stehen. Man erhitzt so lange, bis die farbigen Zwischenstufen verschwunden sind. Das Reduktionsprodukt, das beim Eingießen in Wasser abgeschieden wird, ist meist noch nicht der Kohlenwasserstoff, sondern eine noch nicht in ihrer Struktur aufgeklärte Komplexverbindung aus einem *Dihydroanthranol-Derivat* I, *Pyridin* und *Zinkacetat*. Sie liefert in hochsiedenden Lösungsmitteln oder bei der Vakuumsublimation glatt den Kohlenwasserstoff. Man erhält so aus 1.2,3.4-Dibenz-tetracen-chinon II, *1.2,3.4-Dibenz-tetracen* III während die Reduktion bei der Zinkstaubschmelze zum Teil beim *6.11-Dihydro-1.2,3.4-dibenz-tetracenon*-(6) IV stehenbleibt[4].

---

[1] CLAR, E.: B. **72**, 2135 (1939).
[2] BROCKMANN, H., F. POHL, K. MAIER u. M. N. HASCHAD: A. **553**, 9 (1942).
[3] KUHN, R., u. A. WINTERSTEIN: B. **65**, 1737 (1932).
[4] CLAR, E.: Chem. Ber. **81**, 68 (1948).

Die Methode eignet sich besonders zur Darstellung empfindlicher Kohlenwasserstoffe. So liefert 1.2,11.12-Dibenz-perylen-3.10-chinon V

I   II   III   IV

(Helianthron) das sehr reaktive, dunkelrote *1.2,11.12-Dibenz-perylen* VI, während die Zinkstaubschmelze das Dihydro-Derivat VII ergibt[1]. 1.2,7.8-Dibenzperylen-3.9-chinon VIII und 3-Oxy-1.2,10.11-dibenzperylen IX geben die entsprechenden Kohlenwasserstoffe X bzw. XI[1].

V   VI   VII   IX

VIII   X   XI

Aus XII wird über ein farbloses Zwischenprodukt glatt das dunkelrote *1.14-Benz-bisanthen* XIII erhalten[1].

XII   XIII

____

[1] CLAR, E.: Chem. Ber. **82**, 46 (1949).

Die beiden Dichinone XIV und XV werden zu dem gelben XVI bzw. blauen *Dinaphto-pyren* XVII reduziert[1].

XIV   XVI   XV   XVII

Das Dichinon XVIII gibt *7,8-Benz-heptaphen* XIX[2].

XVIII   XIX

4. Dehydrierungen.

Bei der Darstellung aromatischer Kohlenwasserstoffe wird man oft in die Lage kommen, *hydroaromatischen Wasserstoff* entfernen zu müssen, der durch zu weitgehende Reduktion in das Ringsystem gelangt ist.

Zur *Dehydrierung* eignen sich von den katalytisch wirkenden Metallen am besten: *Platin, Palladium* und *Kupfer.* Feinverteiltes Nickel, das ein vorzüglicher Hydrierungskatalysator ist, hat sich bei Dehydrierungen weniger bewährt. Es vermag zwar einfachere Kohlenwasserstoffe glatt zu dehydrieren (z. B. Cyclohexan zu Benzol), bei mehrkernigen Ringsystemen kann jedoch manchmal ein tiefer greifender Zerfall beobachtet werden[3].

Sehr gut gelingen Dehydrierungen mit feinverteiltem *Platin* oder *Palladium.* Ihre gebräuchlichste Ausführungsform ist die von N. D. ZELINSKY[4] angegebene. Sie besteht im Überleiten der zu dehydrierenden Substanz über auf 300° erhitzte 30proz. Palladium- oder Platinkohle. Bei hochmolekularen Kohlenwasserstoffen wird zweckmäßig im Vakuum im Kohlensäurestrom gearbeitet.

[1] CLAR, E.: Soc. **1949**, 2013.   [2] CLAR, E.: Soc. **1949**, 2440.
[3] MANNICH: B. **40**, 159 (1906).
[4] ZELINSKY, N. D., I. TITZ u. L. FATEJEW: B. **59**, 2580 (1926). — ZELINSKY, N. D., I. TITZ u. M. GAVERDOWSKAJA: B. **59**, 2590 (1926). — ZELINSKY, N. D., u. M. W. GAWERDOWSKAJA: B. **61**, 1049 (1928).

Bei hochhydrierten Kohlenwasserstoffen sind bisweilen Ringschlüsse zu beobachten, die unter Umständen erwünscht sein können. So gibt z. B. Dicyclohexyl-methan I leicht *Fluoren* II, Dicyclohexylamin III liefert *Carbazol* IV:

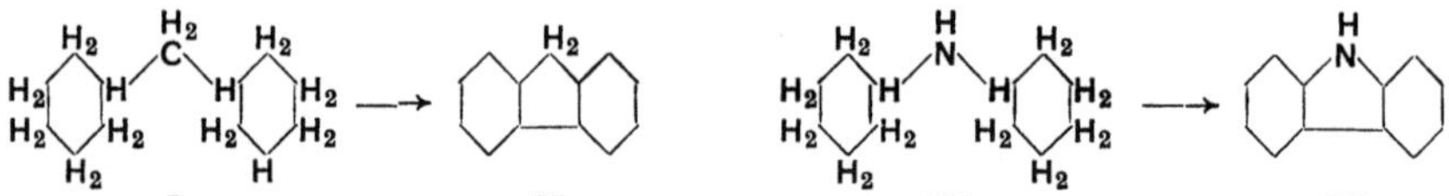

Dihydroderivate von hochkondensierten Ringsystemen geben jedoch glatt die rein aromatischen Kohlenwasserstoffe, auch wenn die Möglichkeit zum Ringschluß zu einem fünfgliedrigen Ring vorliegt; z. B. entsteht aus 5-Phenyl-dihydro-1.2,3.4-dibenzpyren V leicht *5-Phenyl-1.2,3.4-dibenzpyren* VI[1]:

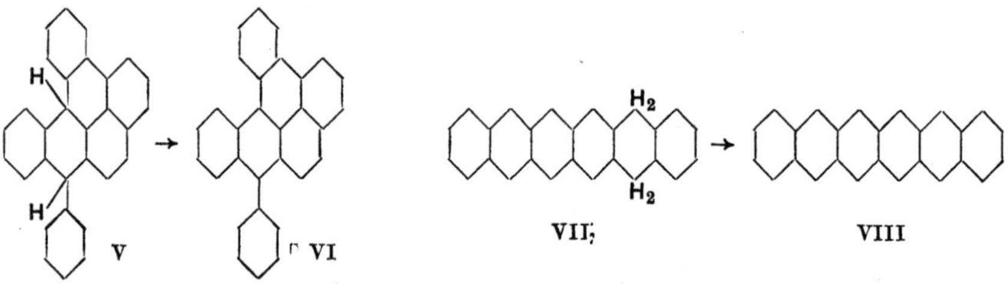

Wenn nicht die Möglichkeit zur Neubildung eines fünfgliedrigen Ringes vorliegt, werden auch hochhydrierte Kohlenwasserstoffe ohne Komplikationen in aromatische verwandelt, z. B. Dicyclohexyl quantitativ in *Diphenyl*[2].

CH. MARSCHALK[3] führte Dehydrierungen mit *Palladiumkohle* in Trichlorbenzol als Lösungsmittel aus und konnte *Dihydro-hexacen* VII zu dem sehr empfindlichen *Hexacen* VIII dehydrieren.

Bei Dehydrierungen hat sich auch *Kupfer* sehr gut bewährt. Am besten wird es in der Form angewandt, wie es bei der Reduktion von Kupferoxyd zur Elementaranalyse mit Wasserstoff erhalten wird. Das Hydroderivat wird bei 400° im CO_2-Strom über diesen Katalysator geleitet. Seine Reaktivierung geschieht sehr einfach, indem man mit

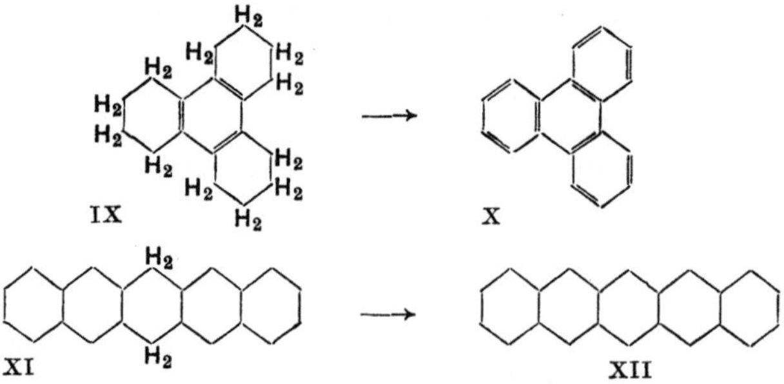

---

[1] CLAR, E.: B. **63**, 112 (1930).   [2] Lit. in Fußnote 4 auf S. 111.
[3] MARSCHALK, CH.: Bl. **6**, 1112 (1939). — Vgl. E. CLAR: B. **72**, 1817 (1939).

Luft oberflächlich oxydiert und dann mit Wasserstoff wieder reduziert.
MANNICH[1] konnte so aus *Dodekahydro-triphenylen* IX leicht *Triphenylen* X
gewinnen, und E. CLAR und FR. JOHN[2] stellten in gleicher Weise aus
Dihydro-pentacen XI erstmalig das empfindliche *Pentacen* XII dar.

9.10-Dibenzyl-oktahydro-anthracen XIII gibt beim Erhitzen mit
15% Kupferpulver *1.2,4.5,8.9-Tribenzpyren* XIV[3].

R. SCHOLL und K. MEYER[4] benutzten die Dehydrierungen mit
Kupfer, um aus mehrkernigen Chinonen die Grundkohlenwasserstoffe
darzustellen, indem sie die Chinone zunächst mit *Jodwasserstoff* und
rotem *Phosphor* im Bombenrohr zu Polyhydro-Kohlenwasserstoffen unbekannter Konstitution reduzierten und dann mit Kupfer dehydrierten.
So wurde z. B. *Anthanthren* aus Anthanthron, *Violanthren* aus Violanthron erhalten. Diese unbequeme Arbeitsweise mit kleinen Mengen
in Bombenrohren läßt sich aber durch die einfache Zinkstaubschmelze
(S. 107) vortrefflich ersetzen.

Früher wurde zu Dehydrierungen häufig *Schwefel* verwendet, der
dabei in Schwefelwasserstoff übergeht. Seine Wirkung ist zu energisch,
so daß öfters Ringsysteme zerstört werden, Kondensationen eintreten
und auch schwefelhaltige Reaktionsprodukte entstehen.

Alle diese Nachteile zeigt das milder wirkende *Selen* nicht. Diese
Dehydrierungsmethode, die von O. DIELS und Mitarbeitern[5] eingeführt
worden ist, hat seither vielfache Anwendungen gefunden. Sie wird ausgeführt, indem man die zu dehydrierende Substanz mehrere Stunden
mit Selen bei um 300° liegenden Temperaturen zusammen schmilzt.
Dabei entstehen Selenwasserstoff und der aromatische Kohlenwasserstoff. Auf diese Weise wurde die Dehydrierung des Cholesterins durchgeführt. Im allgemeinen wird die Methode viel zur Konstitutionsermittlung von Naturstoffen angewendet. So gibt Abietinsäure Reten, Cadalin
Cadinen. Weiter konnten COOK und HEWETT[6] aus *Tetrahydro-3.4-benz-
pyren* XV das sehr wichtige, cancerogene *3.4-Benzpyren* XVI darstellen.

---

[1] MANNICH: B. **40**, 153 (1907).
[2] CLAR, E., u. FR. JOHN: B. **62**, 3021 (1929); **63**, 2967 (1930).
[3] CLAR, E.: Soc. **1949**, 2168.
[4] SCHOLL, R., u. K. MEYER: B. **67**, 1229, 1236 (1934).
[5] DIELS, O., W. GÄDKE u. P. KÖRDING: A. **459**, 1 (1927). — DIELS, O., u.
A. KARSTENS: B. **60**, 2323 (1927).
[6] COOK u. HEWETT: Soc. **1933**, 398.

Die Dehydrierung mit Selen hat in ähnlichen Fällen noch vielfach gute Dienste geleistet.

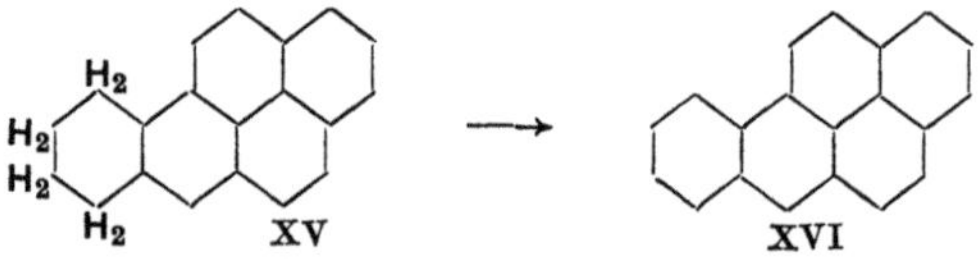

So wertvoll Aluminiumchlorid für Ringschlüsse unter Abspaltung von Wasserstoff ist, hat es doch bei reinen Dehydrierungen keine große Anwendung finden können. Der Grund liegt darin, daß der Wasserstoff nur zum kleinsten Teil in elementarer Form frei wird und zum anderen Teil unerwünschte Nebenreaktionen verursacht. Mit wasserfreiem Aluminiumchlorid wird 9.10-Dihydro-anthracen zu *Anthracen*[1] und 9.10-Diphenyl-9.10-dihydro-anthracen zu *9.10-Diphenyl-anthracen*[2] dehydriert.

In besonderen Fällen haben sich *Phenanthrenchinon* in Nitrobenzol und *Chloranil* in siedendem Xylol bewährt. So konnte Dihydro-pentacen zu Pentacen in besserer Ausbeute dehydriert werden als mit den anderen Verfahren[3] (s. S. 112 XI → XII).

5. Pyrokondensationen und Dehydrierungen.

Die etwas brutalen *Pyrokondensationen* spielten im Anfange der Entwicklung der aromatischen Chemie eine große Rolle. Sie haben aber heute in ihrer ursprünglichen Form viel an Bedeutung verloren. Eine der wichtigsten Reaktionen dieser Art ist die Kondensation dreier Molekeln Acetylen zu Benzol, ferner die Vereinigung zweier Benzolmolekeln zu *Diphenyl*. Sie wurden von dem Klassiker der Pyrokondensationen M. Berthelot[4] durch Einleiten der Dämpfe oder Gase in ein glühendes Eisenrohr bewirkt.

C. Graebe[5] stellte auf dieselbe Weise *Fluoren* II aus Diphenylmethan I und *Phenanthren* IV aus Dibenzyl III her:

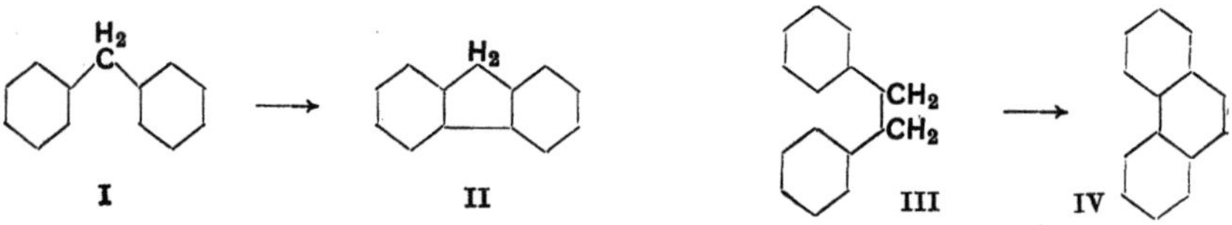

Zwei Molekeln Naphthalin vereinigen sich zu *2.2'-Dinaphthyl*[6], ein Gemisch von Benzol und Äthylen gibt ein Gemisch von *Styrol, Diphenyl, Naphthalin, Phenanthren* und *Anthracen*[7].

[1] Scholl u. Seer: B. **55**, 340 (1922).
[2] de Barry-Barnett, E., J. W. Cook u. I. G. Nixon: Soc. **1927**, 512.
[3] Clar, E., u. Fr. John: B. **63**, 2967 (1930).
[4] Berthelot, M.: C. r. **62**, 965 (1865); **63**, 479 (1866) — A. Ch. (4) **9**, 445 (1866); **12**, 52 (1867); **16**, 143, 172 (1869).
[5] Graebe, C.: A. **174**, 194, 177 (1874) — B. **7**, 48 (1874).
[6] Ferko P.: B. **20**, 662 (1887). — [7] Ferko, P.: B. **20**, 660 (1887).

Eine *Verfeinerung* der Methode bedeutete die Einführung eines glühenden, elektrisch geheizten Drahtes an Stelle des glühenden Eisenrohres. Als Glühdraht eignen sich am besten der Kohlefaden einer Glühlampe[1] oder ein dünner Platindraht[2]. Mit letzterem führten H. Meyer und A. H. Hofmann[2] zahlreiche Pyrokondensationen durch. Aus Toluol erhielten sie *Dibenzyl, Stilben* und *Anthracen*, aus *p*-Xylol *p-Dimethyl-stilben*, aus Anthracen *9.9′-Bianthryl* neben anderen Produkten. Interessant ist auch die Bildung von *Anthracen* aus o-Bromtoluol, die besonders glatt erfolgt, da ein Teil des Wasserstoffes als Bromwasserstoff austreten kann:

6. Pyrolysen *o*-methylierter aromatischer Ketone.

Eine spezielle Ausführungsform der Pyrokondensationen ist die von Elbs[3] entdeckte *Pyrolyse o-methylierter Ketone*. Diese für den Aufbau auch höherer Ringsysteme wichtig gewordene Kondensation erfolgt recht gut, da dabei der Wasserstoff nicht elementar austritt, sondern mit dem Carbonyl-O-Atom Wasser bildet:

$$\text{I} \qquad \text{II}$$

Elbs hat auf diese Weise zahlreiche Methylhomologe des Anthracens dargestellt. Zum Aufbau noch größerer Ringsysteme ist die Methode zuerst von E. Clar[4] angewandt worden. Während bei der Darstellung von Anthracenen nach Elbs die Ketone mehrere Tage zum Sieden erhitzt werden müssen, genügt bei den mehrkernigen Ketonen wegen ihres höheren Siedepunktes etwa eine halbe Stunde. So wurde z. B. das *cancerogene 1.2,5.6-Dibenzanthracen* II aus 2-Methyl-1.2′-dinaphthylketon I erhalten[4]. Mit den Pyrokondensationen teilt die Methode den Fehler der Undurchsichtigkeit des Reaktionsverlaufes, so daß das Ergebnis nicht immer leicht formelmäßig zu deuten ist und Schlüsse auf die Konstitution des Kohlenwasserstoffes aus seiner Darstellung nur

---

[1] Löb, W.: Z. El. Ch. **7**, 903 (1901); **8**, 777 (1902) — B. **34**, 917 (1901).

[2] Meyer, H., u. A. H. Hofmann: Mh. Chem. **37**, 681 (1916); **38**, 141, 343 (1917).

[3] Elbs: J. pr. (2) **35**, 471 (1887); **33**, 185 (1886); **41**, 1 (1890) — B. **17**, 2848 (1884).

[4] Clar, E.: B. **62**, 350 (1929). — Clar, E., Fr. John u. B. Hawran: B. **62**, 941 (1929). — Clar, E., H. Wallenstein u. R. Avenarius: B. **62**, 950 (1929). — Clar, E.: B. **62**, 1574 (1929). — Clar, E., u. Fr. John: B. **62**, 3021 (1929). — Vgl. L. F. Fieser u. E. M. Dietz: B. **62**, 1827 (1929).

mit Vorsicht gezogen werden dürfen. So gibt z. B. 2-Methyl-1.1′-di-naphthylketon III nicht *1.2,7.8-Dibenz-anthracen* IV, wie zu erwarten wäre, sondern, wie von J. W. Cook[1] gefunden wurde, *1.2,5.6-Dibenz-anthracen* II. Diese merkwürdige Umlagerung wird von Cook mit einer Enolisierung des Ketons III zu V und VI erklärt, die für ähnliche Ketone nachgewiesen werden konnte.

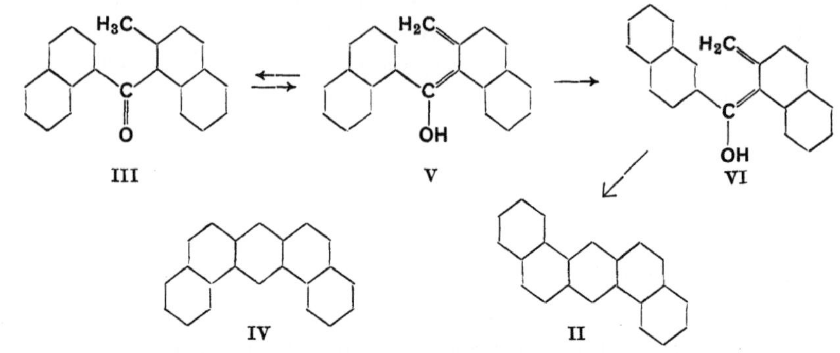

Mit der Wahrscheinlichkeit einer solchen Umlagerung muß immer gerechnet werden, wenn der entstehende Kohlenwasserstoff wie IV eine *cis-bisangulare* Struktur haben würde[2].

Der Mechanismus der Elbs-Synthese über das Methylen-Enolat wurde durch Verwendung von *o*-Methyl-*o*′-deutero-benzophenonen bewiesen. Dabei werden in *meso*-Stellung deuterierte Anthracene erhalten, was nur bei Wasserabspaltung aus Enol-OH-Gruppe und einem Methyl-H-Atom möglich ist. Das D-Atom wandert bei der Diensynthese in *meso*-Stellung[3].

Eine interessante Modifikation der Pyrolyse *o*-methylierter Ketone ist die Synthese des Methyl-cholanthrens von L. F. Fieser und A. M. Seligman[4]:

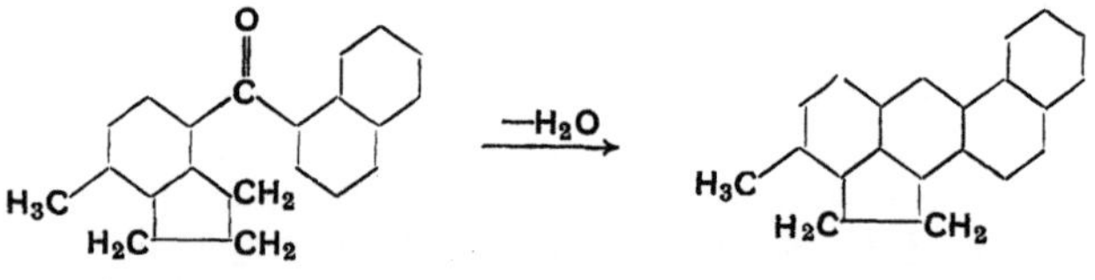

Auch doppelte Ringschlüsse lassen sich gut durchführen[5]:

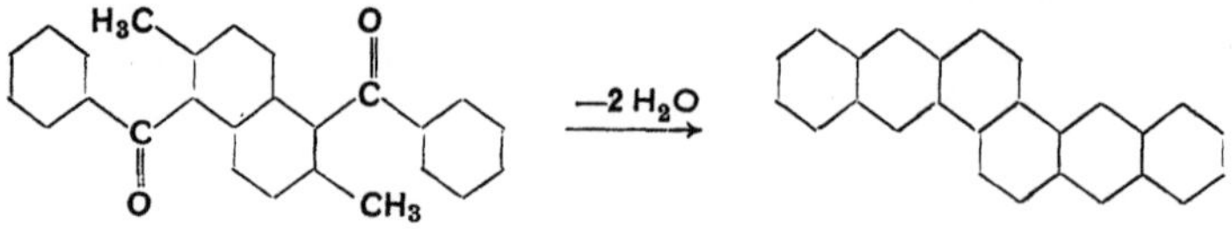

[1] Cook, J. W.: Soc. **1931**, 487; **1932**, 1472.
[2] Cook, J. W.: Soc. **1931**, 499. — Clar, E., u. Fr. John: B. **64**, 981 (1931). — Clar, E., Fr. John u. R. Avenarius: B. **72**, 2139 (1939). — Clar, E.: B. **73**, 81 (1940).
[3] Hurd, C. D,. u. J. L. Azorlosa: Am. Soc. **73**, 37 (1951).
[4] Fieser, L. F., u. A. M. Seligman: Soc. **57**, 228 (1935).
[5] Clar, E., H. Wallenstein u. R. Avenarius: B. **62**, 950 (1929).

Die Ringschlüsse lassen sich mit Dehydrierungen kombinieren. So gibt 9-Benzoyl-oktahydrophenanthren beim Erhitzen mit Kupferpulver auf 400° *1.9, 2.3-Dibenz-anthren*[1]:

7. Ringschlüsse und Dehydrierungen durch Aluminiumchlorid.

Die Wirkungsweise des Aluminiumchlorids vermag die hohe Temperatur der Pyrokondensationen bis zu einem gewissen Grad zu ersetzen. FRIEDEL und CRAFTS[2] zeigten, daß je 2 Molekeln Benzol oder Naphthalin bei viel niedrigeren Temperaturen als bei der Pyrokondensation mit Aluminiumchlorid zu *Diphenyl* bzw. *Dinaphthyl* verknüpft werden. SCHOLL benutzte dann die dehydrierenden Eigenschaften des Aluminiumchlorids, um Ringschlüsse zu erzielen. Er konnte aus 1.1′-Dinaphthyl I *Perylen* II in mäßiger Ausbeute erhalten[3]. Auch Naphthalin ergab bei der gleichen Behandlung eine kleine Menge Perylen:

Bessere Ausbeuten werden erhalten, wenn dem abzuspaltenden Wasserstoff Gelegenheit gegeben wird, wenigstens vorübergehend sich an einem anderen Ort der Molekel festzusetzen. Der beste Platz hierzu ist ein *Keton-* oder *Chinon-Carbonyl.* Durch Luftsauerstoff wird er dann dort bei der Aufarbeitung wegoxydiert. So läßt sich 1-Benzoyl-naphthalin III durch „*Verbacken*" mit Aluminiumchlorid gut in *Benzanthron* IV überführen[4].

Eine technisch brauchbare Form erhielt das Verfahren, als in den *Hoechster Farbwerken*[5] die Beobachtung gemacht wurde, daß die Ausbeute sehr erhöht wird, wenn in die Reaktionsmasse *Luft* oder *Sauerstoff eingeleitet* wird. Auf diese Weise kann auch 1.5-Dibenzoyl-naphthalin V zu *3.4, 8.9-Dibenzpyren-5.10-chinon* VI kondensiert werden, was nach SCHOLLs Arbeitsweise nicht gelingen wollte[6].

---

[1] CLAR, E.: B. **76**, 609 (1943).

[2] FRIEDEL u. CRAFTS: Bl. (2) **39**, 195, 306 (1883) — C. r. **100**, 694 (1885).

[3] SCHOLL: B. **43**, 2202 (1910).

[4] SCHOLL u. SEER: A. **394**, 111 (1912).

[5] Hoechster Farbwerke: DRP. 412053 (1922), 423720 (1924), 420412 (1923), 423283 (1923). — I.G. Farbenindustrie AG.: DRP. 426711 (1924).

[6] SCHOLL u. NEUMANN: B. **55**, 118 (1922).

Eine weitere wesentliche Verbesserung brachte ein anderes Verfahren der *I.G. Farbenindustrie AG.*, das darin besteht, daß man in einer *dünnflüssigen Schmelze* von *Aluminiumchlorid* und einem *Alkalichlorid* arbeitet. Trockener Sauerstoff oder Luft lassen sich dann schnell und gründlich in die Schmelze einrühren[1]. Man erhält so z. B. *Pyranthron* VIII in 80proz. Ausbeute aus 3.*8*-Dibenzoyl-pyren VII.

V   VI   VII   VIII

Leicht und schnell gehen auch solche Kondensationen ohne Zuführung von Sauerstoff, bei denen der entstehende Wasserstoff sich entweder dauernd an anderer Stelle der Molekel festsetzen kann oder wo er in derselben Molekel eine reduzierbare Gruppe vorfindet. So gibt

IX   X   XI   XII

Naphtho-fuchson IX nach E. CLAR[2] in benzolischer Lösung mit Aluminiumchlorid schnell und glatt *3-Oxy-9-phenyl-1.2-benzofluoren* X und 9.10-Di(α-naphthyl)-9.10-dioxy-9.10-dihydro-anthracen XI mit Aluminiumchlorid bei 110° nach E. CLAR und A. GUZZI[3] leicht das grünblaue *7.8-Benzterrylen* XII.

8. Synthesen mit Phthalanhydrid.

Im vorigen Abschnitt sind einige Ringschlüsse beschrieben worden, die nicht direkt zu Kohlenwasserstoffen führen. Da jedoch in sehr vielen Fällen bei den Synthesen aromatischer Kohlenwasserstoffe zuerst ein sauerstoffhaltiges Ringsystem aufgebaut werden muß, das dann

---

[1] I.G. Farbenindustrie AG.: DRP. 518316 (1927), 555180 (1929). Erfinder: KRÄNZLEIN, VOLLMANN u. DIEFENBACH. — Vgl. VOLLMANN, BECKER, CORELL u. STREECK: A. **531**, 118 (1937).

[2] CLAR, E.: B. **63**, 512 (1930).

[3] CLAR, E., u. A. GUZZI: B. **65**, 1521 (1932). — CLAR, E., u. I. WRIGHT: Privatmitteilung.

zum Kohlenwasserstoff reduziert wird, mögen auch die Synthesen mit Phthalanhydrid hier kurz erwähnt werden.

Die Entstehung von *Benzoylbenzoesäure* aus Phthalanhydrid und Benzol mittels Aluminiumchlorid ist zuerst von FRIEDEL und CRAFTS[1] beobachtet worden. Zur Darstellung von *Anthrachinon* und seinen Homologen verfährt man meist in der Weise, daß man Phthalanhydrid und Aluminiumchlorid auf einen Überschuß von Benzol oder seinen Homologen einwirken läßt. Dabei entsteht zuerst *Benzoyl-benzoylsäure* I, die dann mit Schwefelsäure zum *Anthrachinon* II kondensiert wird. Bei den Homologen und beim Naphthalin ist die Stelle des Eintrittes des Phthalanhydrids mit I und die Stelle des Ringschlusses mit II gekennzeichnet.

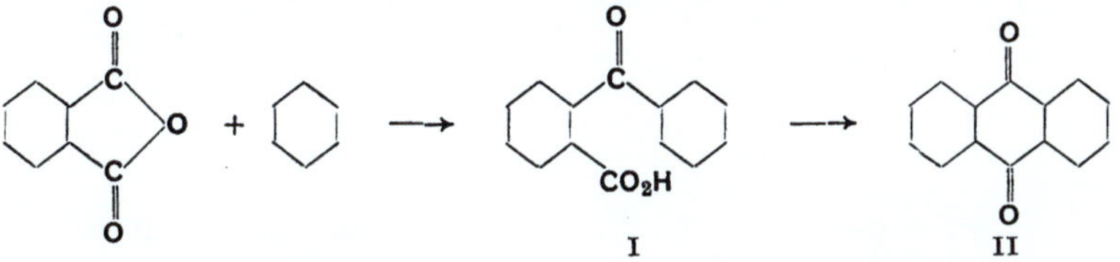

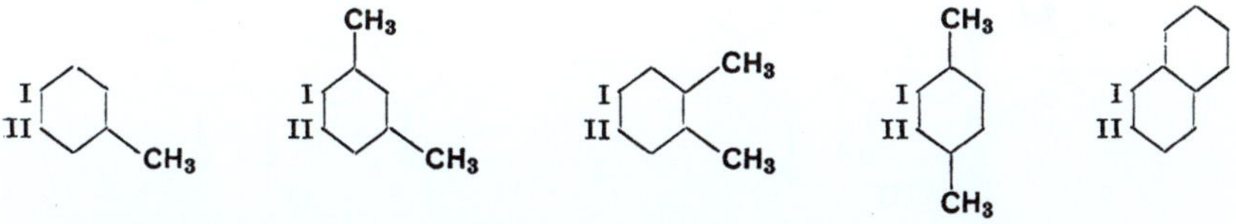

Bei Synthesen von Kohlenwasserstoffen wird im allgemeinen nicht das Bedürfnis bestehen, Kondensationen mit Halogen- oder Oxyderivaten durchzuführen, doch kann ihre Anwendung dann notwendig werden, wenn die Reaktion durch die Substituenten einen anderen, in bestimmten Fällen erwünschten Verlauf nimmt.

Man hat es nämlich in der Hand, durch geeignete Substitution des Naphthalins an Stelle der sonst erhaltenen Derivate des *Tetraphens* (1.2-Benzanthracens) solche des weniger leicht zugänglichen Tetracens zu erhalten. Phthalanhydrid und Tetralin geben nach SCHROETER[2] die *Ketonsäure* III, die sich zu IV und V kondensieren läßt:

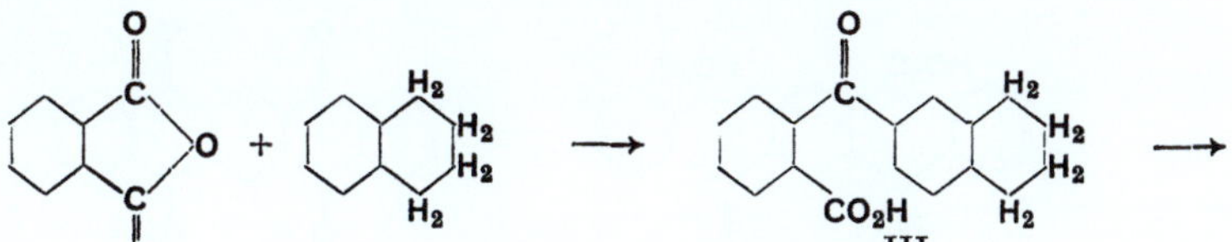

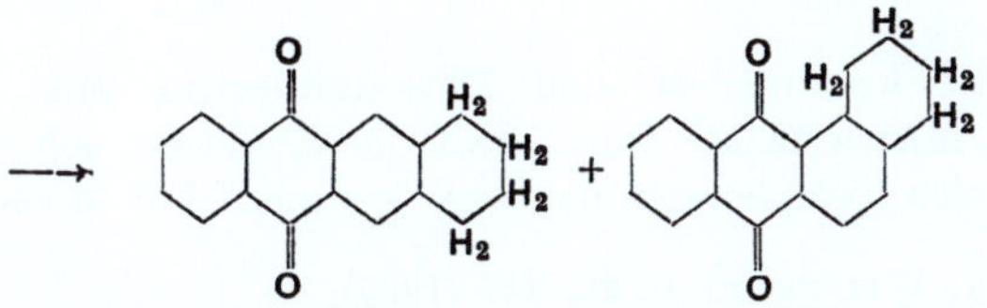

---

[1] FRIEDEL u. CRAFTS: C. r. **86**, 1370 (1878).
[2] SCHROETER: B. **54**, 2242 (1921).

DEICHLER und WEIZMANN[1] konnten 1-Naphthol und Phthalanhydrid nur mit Borsäure allein zu VI kondensieren. Der Ringschluß zum *Oxytetracenchinon* VII wird mit Schwefelsäure durchgeführt. Mit 1.5-Dioxynaphthalin gelang BENTLEY, FRIEDL und WEIZMANN[2] in derselben Weise die Einführung zweier Phthalsäurereste zu VIII. Den doppelten Ringschluß zu IX konnten sie jedoch nicht erzwingen. E. CLAR[3] zeigte, daß Kondensation und Ringschluß zum Hexacenderivat IX in einer Schmelze von Aluminiumchlorid-Natriumchlorid in einer Operation gelingen:

VI   VII

VIII   IX

E. PHILIPPI[4] konnte mit *Pyromellithsäure-anhydrid* X über die Ketonsäuren XI und XII doppelte Kondensation und Ringschluß zu *Pentacendichinon* XIII erzielen:

X   XI

XII   XIII

Besonders leicht kondensiert sich Phthalanhydrid mit Leukochinizarin XIV. CH. MARSCHALK[5] fand, daß die Reaktion schon beim Erhitzen ohne jedes Kondensationsmittel gelingt. Auf diese Weise ist

[1] DEICHLER u. WEIZMANN: B. **36**, 547 (1903).
[2] BENTLEY, FRIEDL u. WEIZMANN: Soc. **91**, 1588 (1907).
[3] CLAR, E.: B. **72**, 1817 (1939).
[4] PHILIPPI, E.: Mh. Chem. **32**, 631 (1911).
[5] MARSCHALK, CH.: Bl. (5) **4**, 1535 (1937). — Vgl. DRP. 298345.

über *Tetraoxy-pentacenchinon* XV ein einfacher Weg in die *Pentacen-Reihe* zugänglich gemacht worden:

XIV XV

Eine doppelte Reaktion eines Kohlenwasserstoffes mit Phthalanhydrid ist von E. CLAR beim Anthracen beobachtet worden, wenn die Kondensation bei 90° in Tetrachloräthan ausgeführt wurde. Der Ringschluß von XVI zu XVII gelingt leicht mit siedendem Benzoylchlorid[1].

XVI XVII

Die Ringschlüsse lassen sich mit Dehydrierungen kombinieren. Die Verschmelzung der mit Natriumhydroxyd und Zinkstaub aus III erhaltenen Säure XVIII mit Natriumchlorid und Zinkchlorid liefert *Dihydro-tetracen* XIX neben einer kleineren Menge *Tetraphen*. Es ist dies gegenwärtig die bequemste Methode, in die Tetracen-Reihe zu gelangen[2].

XVIII XIX

In ähnlicher Weise wird aus der Ketosäure XX, die leicht aus Phthalanhydrid und Oktahydro-phenanthren darstellbar ist, *9.10-Dihydro-1.2,3.4-dibenzanthracen* XXI neben *1.2,3.4-Dibenzanthracen* XXII erhalten. Dehydrierung mit Kupferpulver des Gemisches macht XXII so leicht zugänglich[3].

XX XXI XXII

[1] CLAR, E.: Chem. Ber. **81**, 169 (1948). — [2] CLAR, E.: B. **75**, 1271 (1942).
[3] CLAR, E.: Soc. **1949**, 2168.

Dekahydro-pyren und Phthalanhydrid geben leicht XXIII, dessen Verschmelzung mit Natriumchlorid und Zinkchlorid und nachfolgende Dehydrierung mit Kupferpulver bei 400° *Naphtho-(2′:3′:1:2)-pyren* XXIV liefert[1].

9. Synthesen mit Bernsteinsäure-anhydrid.

Während die Kondensationen mit Phthalanhydrid einen Zuwachs von 2 neuen Ringen bringen, ist es mit *Bernsteinsäure-anhydrid* möglich, nur einen Ring anzugliedern. Die Reaktion hat zum Aufbau von Kohlenwasserstoffen in der letzten Zeit mehr an Bedeutung gewonnen. Bei der Kondensation mit Naphthalin hat sich Nitrobenzol als Lösungsmittel bewährt. Sie ergibt nach R. D. HAWORTH[2] 2 Ketonsäuren I und II. Während bei den Benzoyl-benzoesäuren die Reduktion des Carbonyls vor dem Ringschluß nur in Ausnahmefällen notwendig wird, ist sie bei den *Aroyl-propionsäuren* immer durchzuführen. Hier wird die CLEMMENSENsche Methode angewandt. Die Ketonsäuren geben so die Säuren III und IV, die dann leicht den Ringschluß zu den *Keto-tetrahydro-phenanthrenen* V und VI eingehen.

In das Carbonyl von V oder VI lassen sich vor der Dehydrierung zum Phenanthren durch GRIGNARD-Reaktion Alkyl- oder Arylgruppen einführen. Man erhält so *Alkyl-* oder *Aryl-phenanthrene.* Es lassen sich auch substituierte Bernsteinsäuren verwenden. Statt Naphthalin können einige seiner Substitutionsprodukte genommen werden. Mehrkernige Kohlenwasserstoffe sind ebenfalls bei dieser Kondensation angewandt worden, die so einen großen Anwendungsbereich bekommt.

---

[1] CLAR, E.: Soc. **1949**, 2168. — [2] HAWORTH, R. D.: Soc. **1932**, 1125.

Anstelle von Bernsteinsäure-anhydrid ist auch *Maleinsäure-anhydrid* verwendet worden. K. ZAHN und P. OCHWAT[1] stellten z. B. *Chinizarin* aus Maleinsäure-anhydrid und 1.4-Dioxy-naphthalin in einer Schmelze von Aluminiumchlorid und Natriumchlorid dar:

Diese Methode hat jedoch nicht so viel Anwendung gefunden wie die mit Bernsteinsäure-anhydrid.

10. Ringschlüsse von Stilbenderivaten.

Die Synthesen mit Phthalanhydrid liefern zumeist in glatter Reaktion ein Skelett mit 3 linear kondensierten Benzolkernen. Weniger einfach sind jene Synthesen, die zu einem Skelett mit 3 angular kondensierten Benzolkernen führen. Die PSCHORRsche *Phenanthrensynthese*[2] besteht

I   II   III

in der Kondensation von *o*-Nitrobenzaldehyd mit phenylessigsaurem Natrium unter der Einwirkung von Essigsäureanhydrid und Chlorzink zu *α-Phenyl-o-nitrozimtsäure* I. Die Nitro-Gruppe wird zur Amino-Gruppe reduziert, letztere diazotiert und die Diazoverbindung mit Kupferpulver geschüttelt. Dabei spaltet sich Stickstoff ab und es entsteht in glatter Reaktion *Phenanthren-9-carbonsäure* II, die sich leicht zum *Phenanthren* III decarboxylieren läßt.

Nach einem Verfahren der *I.G. Farbenindustrie AG.*[3] lassen sich *Stilbenderivate* mit *o-ständigem Bromatom* durch Erhitzen mit Kaliumhydroxyd, gegebenenfalls in Gegenwart von siedendem Chinolin, ringschließen. Diese Methode, die sicher noch weiterer Anwendung fähig

IV   V   VI

[1] ZAHN, K., u. P. OCHWAT: A. **462**, 72 (1928).
[2] PSCHORR, R.: B. **29**, 496 (1896).
[3] E. P. 459108 (1936); C. **1937 II**, 2262.

ist, wurde bereits zur Synthese von mehrkernigen Kohlenwasserstoffen angewandt. So konnte C. L. HEWETT[1] aus IV, das aus Benzaldehyd und 1-brom-2-naphthylessigsaurem Natrium darstellbar ist, durch Schmelzen mit Kaliumhydroxyd *3.4-Benzphenanthren-10-carbonsäure* V und daraus *3.4-Benzphenanthren* VI gewinnen.

11. Ringschlüsse zu *peri*-kondensierten Ringen.

Eine neue einfache Methode zum Anschluß *peri*-kondensierter Ringe wird von E. CLAR[2] berichtet. Sie besteht in der Kondensation von *Maleinsäure-anhydrid* mit einer reaktiven Methylen-Gruppe, wie sie im *Benzanthren* I oder seinen Benzologen vorliegt. Man bedient sich dabei eines Lösungsmittels, wie siedendes Xylol. Das substituierte Bernstein-säure-anhydrid II gibt beim Verschmelzen mit Natriumchlorid und Zinkchlorid bei 280° das sonst nur schwer zugängliche *1.2-Benzpyren* III: neben einer sehr kleinen Menge Perylen IV, das leicht durch Chromato-graphie oder einfache Krystallisation abgetrennt werden kann.

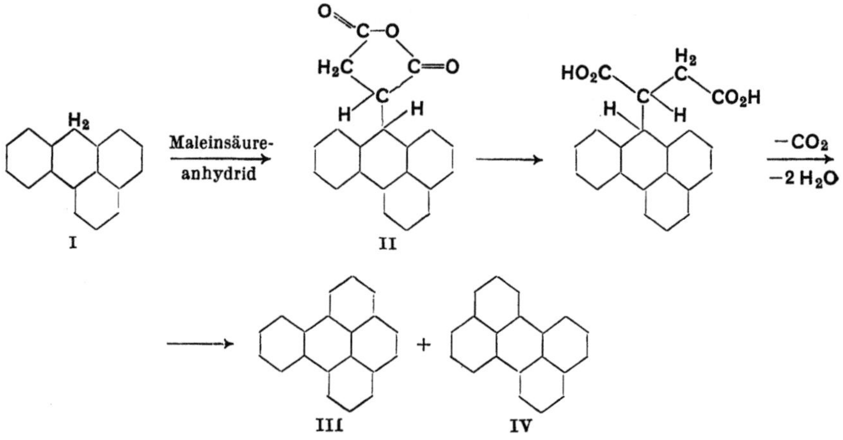

Aus 1.9,2.3-Dibenz-anthren V wird auf dieselbe Weise glatt *1.2,6.7-Dibenz-pyren* VI neben einer geringeren Menge seiner Oxy-Verbindung VII gewonnen[3].

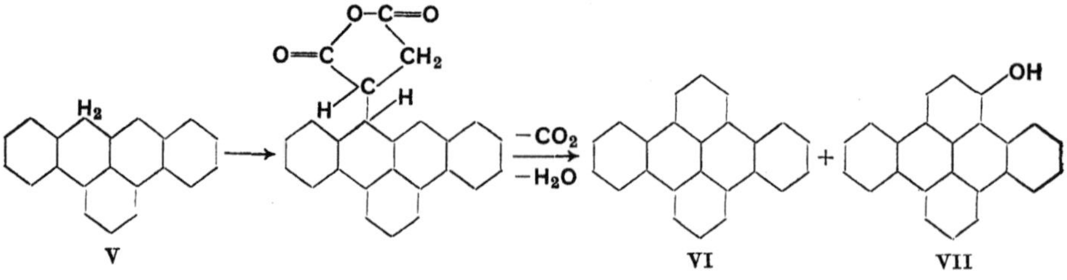

[1] HEWETT, C. L.: Soc. **1938**, 1286.
[2] CLAR, E.: B. **76**, 609 (1943). — [3] CLAR, E.: B. **76**, 612 (1943).

VIII gibt auf dieselbe Weise 1.12,2.3-Dibenz-perylen IX[1]:

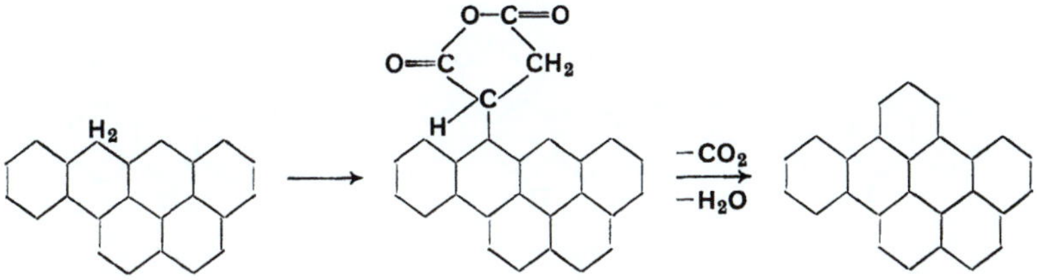

$$\text{VIII} \quad \xrightarrow{} \quad \xrightarrow[-H_2O]{-CO_2} \quad \text{IX}$$

Diese Methode, der anscheinend noch ein weiter Bereich der Anwendung offensteht, läßt sich auch zur Darstellung von *Fluoranthen-Derivaten* verwenden[2]:

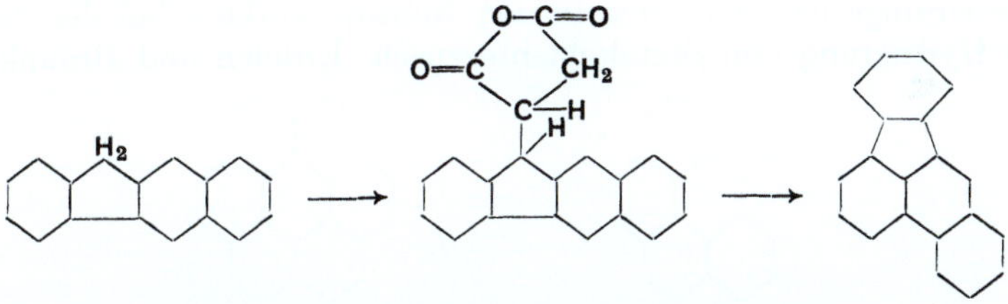

Da über die Verarbeitung von *Steinkohlenteer* ein umfangreiches Schrifttum vorhanden ist, braucht im Rahmen dieses Buches nicht näher darauf eingegangen zu werden.

12. Die Verarbeitung von Steinkohlenteer.

Da über die Verarbeitung von *Steinkohlenteer* ein umfangreiches Schrifttum vorhanden ist, braucht im Rahmen dieses Buches nicht näher darauf eingegangen zu werden.

Der Steinkohlenteer ist auch heute noch das wichtigste Ausgangsmaterial zur Darstellung aromatischer Kohlenwasserstoffe. Seine weitere Erforschung wird seit längerer Zeit mit seltenen Ausnahmen[3] nur in den Forschungslaboratorien der Industrie durchgeführt, da dabei sehr große Mengen einzelner Fraktionen zur Verarbeitung kommen müssen. Sehr schöne Erfolge hat besonders das wissenschaftliche Laboratorium der *Gesellschaft für Teerverwertung* in *Duisburg-Meiderich* unter Leitung von R. WEISSGERBER und O. KRUBER aufzuweisen. Diese Arbeiten, die zumeist in den *Berichten der Deutschen Chemischen Gesellschaft* erschienen sind, machen der reinen Forschung eine ganze Anzahl von Kohlenwasserstoffen und anderen Verbindungen zugänglich, die jetzt im Handel zu haben sind.

In den Rütgerswerken AG. wurden von E. CLAR und R. SANDKE[4] durch Extraktion geeigneter Teerölfraktionen mit Maleinsäure-anhydrid und nachfolgende Zersetzung des Adduktes *Tetraphen (1.2-Benzanthracen) 3.4-Benztetraphen* II, *1.2-Benz-tetracen* III, *3.4,8.9-Dibenz-tetraphen* IV und das dabei nicht reagierende *Picen* V isoliert.

---

[1] CLAR, E.: Chem. Ber. **81**, 520 (1948). — [2] CLAR, E.: Privatmitteilung.
[3] COOK, HEWETT u. HIEGER: Soc. **1933**, 395.
[4] CLAR, E., u. R. SANDKE: Privatmitteilung.

Die Isolierung von *1.12-Benzperylen* VI wird von J. W. Cook[1] und die von II und *Coronen* VII von H. Wieland und W. Müller[2] berichtet.

I   II   III

IV   V

Neuerdings hat sich auch in den Nebenprodukten bei der destruktiven Hydrierung von Steinkohlenteerpech, Erdölen und Braunkohlen-

VI   VII

ölen ein neues Ausgangsmaterial zur Darstellung von mehrkernigen Kohlenwasserstoffen, z. B. *Pyren*, *1.12-Benz-perylen* und *Coronen*, ergeben[3].

13. Die Gewinnung von aromatischen Kohlenwasserstoffen durch Aromatisierung von Petroleum.

Die Aromatisierung insbesondere der billigsten Ölfraktionen des Petroleums hat in letzter Zeit sehr an Bedeutung gewonnen. Die Aufarbeitung der Produkte ist viel leichter als beim Steinkohlenteer, da das Aromatisierungsprodukt keine merklichen Mengen Stickstoff, Sauerstoff und Schwefel enthält. Infolgedessen können die technischen Produkte, die sehr rein sind, ohne weiteres sofort hydriert werden.

Die wichtigste Ausführungsform der Aromatisierung ist der von Ch. Weizmann[4] entwickelte *Catarole Process*[5]. Er wird in größtem Maßstab von *Petrocarbon LTD.* bei Manchester mit Dehydrierungskatalysatoren in Röhren, die auf 650—750° geheizt werden, vorgenommen. Da die erste Phase in einer Spaltung der Paraffine zu niederen Olefinen

[1] Cook, J. W., u. N. Percy: J. chem. Ind. **64**, 27 (1945).
[2] Wieland, H., u. W. Müller: A. **564**, 199 (1949).
[3] I.G. Farbenindustrie: F. P. 49332, 50087; Deutsch. Prior. 1/4. 1937; E. P. 510736 (1938); F. P. 816162 (1937); E. P. 431795 (1934), 470338 (1936), 497089 (1937); F. P. 783881 (1934); C. **1937 II**, 3847; **1939 I**, 3832; **1940 I**, 2067.
[4] Weizmann, Ch.: E. P. 552216, 552115, 575383.
[5] Steiner, H.: J. Inst. of Petroleum **33**, 410 (1947) — *Petrocarbon LTD.*: Petrol. Times Okt. 1946 — Chem. and Ind. **1949**, 457 — Min. J. Juli 1947.

besteht, ist die Wahl der Ausgangsfraktion des Petroleums von nicht
sehr großer Bedeutung und nur von finanziellen Erwägungen abhängig.
Die zweite Phase des Prozesses ist eine *diensynthesen-artige Kondensation* der Olefine und nachfolgende Dehydrierung.

Da der Katalysator durch Koksbildung nach etwa 50—60 Stunden
inaktiv wird, ist es notwendig, ihn durch Überleiten von Luft während
10 Stunden wieder zu aktivieren. Die folgenden Ergebnisse wurden mit
einem paraffinischen Kerosin vom Siedebereich 165—268° erhalten:

Gase	%	Flüssige Produkte	%
Wasserstoff	0.5	Unterhalb Benzol	1.0
Methan	13.7	Benzol-Fraktion	7.5
Äthylen	11.6	Toluol-Fraktion.	7.5
Äthan	7.4	Xylol-Fraktion	5.8
Propylen.	10.9	Alkylbenzol-Fraktion	9.4
Propan	1.4	Naphthalin-Fraktion	3.7
Butylen	3.9	Alkylnaphthalin-Fraktion . . .	3.8
Butan	0.5	Anthracen-Fraktion.	2.3
		Chrysen-Fraktion	1.6
		Pech	7.5
	50.00		50.00

Der hohe Gehalt an Äthylen und Propylen gibt den Gasen einen
besonderen Wert. Die Benzol-Fraktion hat einen Reinheitsgrad von
92—95%, die Toluol-Fraktion einen von 95—98%. In der Xylol-
Fraktion ist der hohe Gehalt von etwa 20% Styrol bemerkenswert.
Die Alkylnaphthalin-Fraktionen lassen sich auf Reinprodukte ver-
arbeiten. Von den höheren Aromaten sind zu erwähnen: *Anthracen,
Phenanthren, Chrysen, Pyren, Tetraphen, Fluoranthen, 1.2-* und *2.3-
Benzofluoren, 3.4-Benzpyren* und *Picen.* Bemerkenswert ist der geringe
Prozentsatz an Pech.

Besonderer Teil.

A. *kata*-anellierte Kohlenwasserstoffe.

I. Benzol.

Benzol wurde 1825 von FARADAY im komprimierten *Ölgas* entdeckt. A. W. HOFMANN und MANSFIELD konnten *Benzol* aus *Steinkohlenteer* erst seit 1848 in größerer Menge gewinnen. Ebenso wie bei der Verkokung der Steinkohlen entsteht es auch bei zahlreichen anderen *pyrogenen Prozessen,* so z. B. bei der destruktiven Destillation von Braunkohlenteer oder Petroleum. Von theoretischer Bedeutung sind die Bildung von Benzol durch *Überhitzen* von *Acetylen* nach BERTHELOT und die Benzolsynthese von WILLSTÄTTER und HATT[1] aus Pimelinsäure. Will man kleine Mengen sehr reines Benzol gewinnen, so empfiehlt sich noch heute die von MITSCHERLICH 1833 entdeckte Methode der Destillation von .*Benzoesäure* mit Kalk.

Aus Steinkohlenteer wird das Benzol durch mehrfache, sorgfältig fraktionierte Destillation dargestellt. Saure und basische Bestandteile der einzelnen Fraktionen werden durch Waschen mit verdünnter Schwefelsäure bzw. verdünnter Natronlauge entfernt. Das sog. *Reinbenzol,* das zwischen 80—81° übergeht, enthält noch geringe Mengen von *Toluol, Schwefelkohlenstoff* und *Thiophen.* Von ersteren kann es durch Ausfrieren befreit werden, da die Benzolhomologen dabei flüssig bleiben. Schwefelkohlenstoff kann durch heiße Natronlauge entfernt werden. Zur Abscheidung von Thiophen wird mit wenigen Prozenten konzentrierter oder rauchender Schwefelsäure gewaschen. Eine andere Methode besteht im Kochen des Benzols mit Eisessig und *Quecksilberoxyd.* Dabei scheidet sich Thiophen als $C_4H_4S(Hg \cdot O \cdot CO \cdot CH_3) \cdot Hg \cdot OH$ ab. Das im Laboratorium gebräuchlichste Verfahren zur Reinigung von konstant siedendem Benzol ist das Kochen mit wasserfreiem *Aluminiumchlorid* und Abdestillieren.

Eigenschaften. Reines Benzol ist eine farblose, eigentümlich riechende, stark lichtbrechende Flüssigkeit, die bei 80,4° siedet und in der Kälte zu rhombischen Prismen erstarrt, die bei 5,5° schmelzen. $D_{20} = 0.87865$. Es ist in Wasser nur sehr schwer löslich, mischt sich aber leicht mit Alkohol, Äther, Schwefelkohlenstoff und anderen organischen Lösungsmitteln; es ist ferner ein sehr gutes Lösungsmittel für Fette, Harze und höhere aromatische Kohlenwasserstoffe. Benzol gibt Molekelverbindungen mit Pikrinsäure, Aluminiumchlorid, Aluminiumbromid, Antimontrichlorid und Antimontribromid. Absorptionsspektrum s. Abb. 31.

---

[1] WILLSTÄTTER u. HATT: B. **45**, 1464 (1912).

Abb. 31. Absorptionsspektrum des *Benzols* in Methylalkohol-Äthylalkohol [Nach E. CLAR: Spectrochimica Acta **4**, 116 (1950).] —————— bei −170°, — — — — — bei +18°.

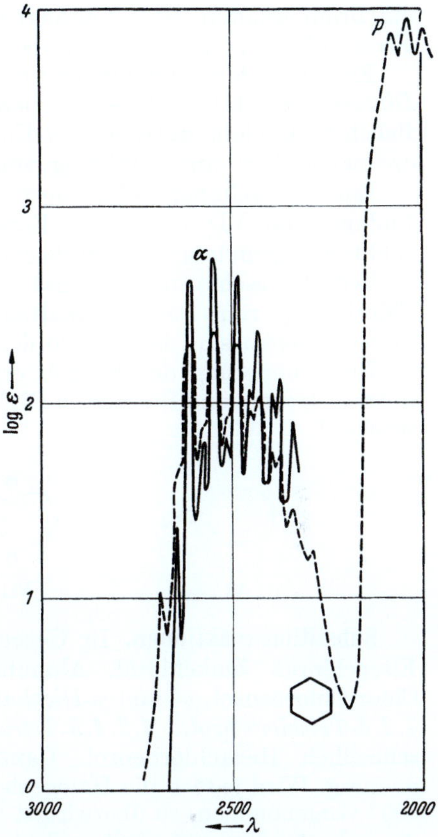

bei +18°		bei −170°	
Temperatur abhängige α-Banden	2681 2640	2640,	
α-Banden	2604 2542 2486 2428 2387, 2376 2335 2290	2606, 2576 2544, 2514 2484, 2450 2430, 2392 2378 2335	

p-Banden bei 2068, 2034, 1978. [Nach V. HENRI: J. Phys. Radium **3**, 180 (1922).] Außerdem noch zwei *p*-Banden in Hexan im Dampfzustand bei 1932, 1901 Å und eine *β*-Bande bei 1790 Å. [Nach SCHEIBE, POVENZ u. LINDSTÖM: Ph. Ch. (B) **20**, 283 (1933).]

Additionsreaktionen. Bei den folgenden Reaktionen verhält sich Benzol, als wenn es tatsächlich echte Doppelbindungen enthalten würde. Mit Palladiumschwarz oder Platinmohr oder reduziertem Nikkel addiert Benzol leicht 3 Mol Wasserstoff und liefert *Cyclohexan*.

1.4-Dihydrobenzol kann aus Benzol in flüssigem Ammoniak und Natrium und folgender Behandlung mit NaOH gewonnen werden[1]. Im Sonnenlicht werden 3 Mol Chlor aufgenommen unter Bildung von *Hexachlorcyclohexan* I. Ein entsprechendes Additionsprodukt wird auch

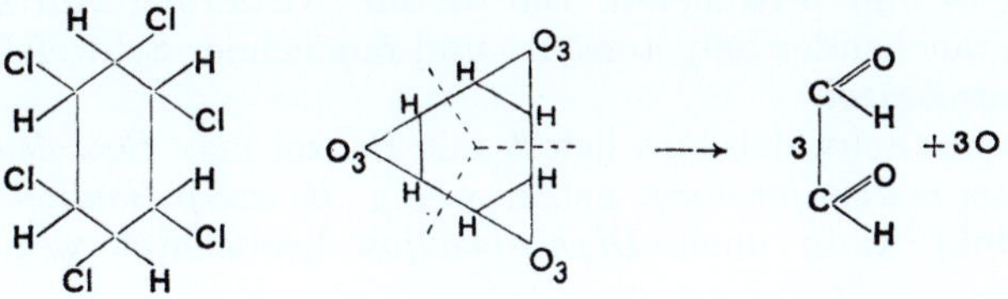

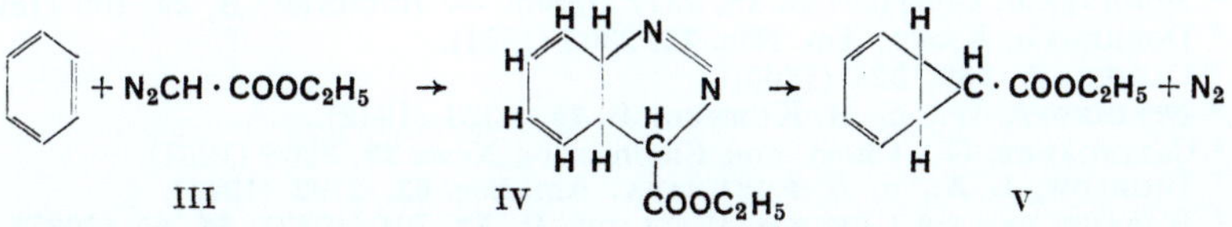

---

[1] *E. I. du Pont de Nemours & Co.* (CH. B. WOOSTER): A. P. 2182242 (1938). — WIBAUT, J. P., u. F. H. HAAK: R. **67**, 85 (1948).

mit Brom erhalten. Benzol addiert ferner 3 Mol Ozon unter Bildung des *Triozonides* II[1], das beim Erwärmen mit Wasser in 3 Mol *Glyoxal* zerfällt.

Eine für Doppelbindungen charakteristische Reaktion ist die mit *Diazoessigester* III → IV → V[2]. Benzol und Diazomethan geben beim Belichten Cycloheptatrien VI[3]. Unterchlorige Säure wird von Benzol dreimal addiert unter Bildung von *Phenosetrichlorhydrin* $C_6H_9O_3Cl_3$[4].

Eine der seltenen Additionen an nur eine Doppelbindung ist die Bildung von VII unter der Einwirkung von Nitrosylchlorid[5]. Die Additionsverbindung verliert leicht HCl und gibt Nitrobenzol.

Benzoltetrachlorid VIII hat sich neuerdings durch vorsichtige Chlorierung von Benzol erhalten lassen. 5 von den 6 möglichen Stereoisomeren sind isoliert worden[6].

Die Fluorierung des Benzols ergibt *Perfluorcyclohexan* neben *Perfluorcyclopentan* und fluorierten Diphenyl-Derivaten und anderen Bruchstücken[7].

VI   VII   VIII

Substitionsreaktionen. In Gegenwart von Katalysatoren, wie Jod, Eisenchlorid, Zinkchlorid, Aluminiumchlorid u. a., gibt Benzol mit Chlor Chlorbenzol, *o-* und *p-Dichlorbenzol* neben wenig *m-Dichlorbenzol,* *1.2.4-Trichlorbenzol,* *1.2.4.5-Tetrachlorbenzol,* *Pentachlorbenzol* und schließlich Hexachlorbenzol. Ganz entsprechend verläuft die Bromierung. Wird jedoch die Halogenierung bei Temperaturen von 500 bis 600° vorgenommen, so überwiegen unter den Disubstitutionsprodukten die *m*-Verbindungen[8]. *Jodbenzol* wird aus Benzol direkt durch Erhitzen mit Jod, Jodsäure und Wasser auf 200—240° erhalten[9]. An Stelle von Jodsäure können auch andere Oxydationsmittel treten.

Salpetersäure oder besser eine Mischung von Salpeter- und Schwefelsäure gibt mit Benzol zunächst *Nitrobenzol*, dann *m-Dinitrobenzol* neben sehr wenig *o-* und *p-*Isomeren. Die weitere Nitrierung von *m*-Dinitrobenzol mit rauchender Salpetersäure und rauchender Schwefelsäure gibt *1.3.5-Trinitrobenzol.*

Rauchende Schwefelsäure liefert mit Benzol erst *Benzolsulfonsäure*, dann *Benzol-m-disulfonsäure* neben wenig *Benzol-p-disulfonsäure*. Als Nebenprodukt kann auch *Diphenylsulfon* beobachtet werden. Sehr

[1] Harries u. Weiss: B. **37**, 3431 (1904).
[2] Buchner u. Curtius: B. **18**, 2377 (1885). — Buchner: B. **29**, 106 (1896).
[3] Doering u. Knox: Am. Soc. **72**, 2305 (1951).
[4] Carius: A. **136**, 324 (1865).
[5] Steinkopf, W., u. M. Kühnel: B. **75**, 1323 (1942).
[6] Calingaert, G.: Chem. and Engineering News **29**, 3968 (1951).
[7] Bigelow, L. A., u. N. Fukuhara: Am. Soc. **63**, 2792 (1941).
[8] Wibaut, van de Lande u. Wallach: R. **52**, 794 (1933); **56**, 65 (1937). — Wibaut, J. P., F. L. J. Sixma u. H. Lips: R. **69**, 1031 (1950).
[9] Kekulé, A.: A. **137**, 162 (1866).

energische Einwirkung von Schwefelsäure in Gegenwart von Phosphorpentoxyd oder $K_2S_2O_7$ ergibt *1.3.5-Benzoltrisulfonsäure*.

In Gegenwart von wasserfreiem *Aluminiumchlorid* können mit Alkylchloriden in Benzol nach und nach bis zu 6 Alkyl-Gruppen eintreten. Mit *Säurechloriden* kann dagegen nur ein Säurerest eingeführt werden. So entsteht z. B. aus Benzoylchlorid und Benzol mit Aluminiumchlorid nach FRIEDEL und CRAFTS *Benzophenon*[1]. Wird jedoch durch die Anwesenheit von Methyl-Gruppen der Benzolring etwas reaktionsfähiger, so können auch mehrere Benzoyl-Gruppen eingeführt werden. Aus *m*-Xylol wird so *Dibenzoyl-m-xylol* erhalten[2].

Sechs *Deuterium*-Atome lassen sich durch direkte Substitution mit „schwerer" Schwefelsäure einführen unter Bildung von *Hexa-deutero-benzol*[3]. *Mono-* und *1.4-Dideutero-benzol* werden über GRIGNARD-Verbindungen gewonnen[4]. In ähnlicher Weise sind auch *1.3.5-Tri-, 1.2.4.5-Tetra-* und *Penta-deutero-benzol* dargestellt worden[5].

Homologe. Die *Methylhomologen* des Benzols werden zumeist aus Steinkohlenteer erhalten. Durch Destillation wird das bei 111° siedende *Toluol* gewonnen. Wie das Benzol vom Thiophen, so wird auch das Toluol von geringen Mengen *Thiotolen* begleitet, das in derselben Weise abgeschieden werden kann.

Die Siedepunkte der 3 Xylole (*o*-Xylol 142°, *m*-Xylol 139°, *p*-Xylol 138°) liegen so nahe beieinander, daß eine Trennung durch Destillation schwer möglich ist. Diese liefert nur ein Gemisch, das als *Rohxylol* bezeichnet wird. Die Trennung der 3 Xylole wird über ihre Sulfonsäuren bewirkt. Beim Behandeln mit Schwefelsäure bei gewöhnlicher Temperatur wird *p*-Xylol nicht angegriffen, während *o*- und *m*-Xylol als Sulfonsäuren in Lösung gehen. Die beiden Säuren lassen sich durch fraktionierte Krystallisation trennen und können dann wieder in die Kohlenwasserstoffe übergeführt werden. Dieser Prozeß wird heute bereits im technischen Maßstabe durchgeführt, so daß die reinen Xylole im Handel erhältlich sind. *o*-Xylol allein läßt sich auch durch Anwendung sehr wirksamer Destillierkolonnen von *m*- und *p*-Xylol abtrennen.

Auch die 3 *Trimethylbenzole* lassen sich aus der bei 160—170° siedenden Fraktion des Teeröls, des *Steinkohlenteercumols*, über die Sulfon-

$$\xrightarrow{-3\,H_2O}$$

<hr />

[1] FRIEDEL u. CRAFTS: A. Ch. (6) **1**, 510 (1884).
[2] CLAR u. JOHN: B. **62**, 3021 (1929).
[3] INGOLD, C. K., C. G. RAISIN u. C. L. WILSON: Soc. **1936**, 912.
[4] WELDON, L. H., u. C. L. WILSON: Soc. **1946**, 235.
[5] BEST, A. P., u. C. L. WILSON: Soc. **1946**, 239.

säuren rein erhalten. Das beste Verfahren zur Darstellung von Mesitylen, 1.3.5-Trimethylbenzol, ist die von KANE 1838 entdeckte dreifache Kondensation von Aceton (s. S. 131).

Die *Tetramethylbenzole, Pentamethylbenzol* und *Hexamethylbenzol* werden durch Methylierung nach FRIEDEL und CRAFTS oder aus Methylbrombenzolen, Methyljodid und Natrium nach FITTIG dargestellt. Die letztere Methode gestattet auch die Einführung längerer Seitenketten.

Oxydation. Der Benzolkern wird von Oxydationsmitteln ziemlich schwer angegriffen. Tritt aber die Oxydation einmal ein, so führt sie in den meisten Fällen zur Zerstörung des Ringes. Theoretisch interessant ist der biologische Abbau im Organismus des Kaninchens oder Hundes, der *Muconsäure* I liefert:

Molekularer Sauerstoff gibt mit Benzol unter der katalytischen Wirkung von Vanadiumsalz *Maleinsäure* II. Saure Permanganatlösung gibt ebenfalls Maleinsäure. Mit Wasserstoffsuperoxyd und Ferrosulfat entstehen *Phenol, Brenzcatechin* und *Hydrochinon.* Wasserstoffsuperoxyd und Osmiumtetroxyd geben *Allomuconsäure*[1]. Durch eine Persulfat-Silbersalz-Mischung kann Benzol zu Chinon oxydiert werden, welches auch bei der elektrolytischen Oxydation beobachtet werden kann. Von den zahlreichen Versuchen zur Oxydation des Benzols hat sich keiner zu einem Verfahren zur technischen Darstellung von *o*- oder *p-Chinon* ausbilden lassen. *p-Chinon* IV wird am besten aus Anilin oder Hydrochinon III durch Oxydation mit Chromsäure dargestellt.

Das empfindliche *o-Chinon* VI wird nach WILLSTÄTTER und PFANNEN-STIEL[2] aus Brenzcatechin V und Silberoxyd in trockenem Äther erhalten. Das aus Hexaoxy-benzol durch Oxydation darstellbare *Trichinoyl* ist nur als Oktahydrat bekannt[3].

Homologe des Benzols lassen sich außer durch die bekannten Oxydationsmittel auch durch Luft in Gegenwart von Kobaltacetat zu Säuren oxydieren[4].

[1] COOK, J. W., u. R. SCHOENTAL: Soc. **1950**, 47.
[2] WILLSTÄTTER u. PFANNENSTIEL: B. **37**, 4744 (1904).
[3] NIETZKI: B. **18**, 504 (1885). — BERGEL, F.: B. **62**, 490 (1929).
[4] EMERSON, W. S., V. E. LUCAS u. R. A. HEIMSCH: Am. Soc. **71**, 1742 (1949).

Biochemisches Verhalten von Benzol und seinen Homologen. Vergiftungen mit *Benzol* und seinen Homologen werden in Kokereien, Gasanstalten, Teerdestillationen beobachtet, ferner in Betrieben, die mit Benzol als Lösungsmittel zu tun haben. Die Aufnahme erfolgt fast nur durch die Atmung. Durch die Haut geht sie nur sehr langsam vor sich. Die Ausscheidung geschieht ebenfalls zum größten Teil durch die Atmung und nur zu einem kleinen Teil durch Abbau, wobei Phenol entsteht. Die akute Vergiftung äußert sich zunächst in einer Reizung der oberen Luftwege, Euphorie, unbegründeter Heiterkeit, Gesichtsrötung, dann Bewußtlosigkeit mit Krämpfen, Pupillenerweiterung und Atemlähmung. Die Giftigkeit von unreinem Benzol ist wegen seines Gehaltes an schwefelhaltigen Verbindungen noch größer. Die Erholung erfolgt rasch und folgenlos.

Bei der *chronischen Vergiftung* können verschiedene Symptome beobachtet werden. Benzol verursacht bei längerer Einwirkung schwere Blutschäden: Aplastische Anämie und sogar Benzolleukämie. Ferner treten Schädigungen des Rückenmarks, Schleimhautblutungen, Magenstörungen und nervöse Schäden und Beschwerden ein. Die letzteren werden stärker bei Vergiftungen mit *Toluol* oder *Xylol*, während die Blutschäden hier nicht zu beobachten sind. Bei den Chlorbenzolen nimmt die nervenschädigende Wirkung vom Benzol zum *Chlorbenzol*, *p-Dichlor-*, *o-Dichlorbenzol* zu und mit dem Übergang zu *Tri-* und *Tetrachlorbenzolen* ab.

Die Empfindlichkeit gegen Benzol ist individuell sehr verschieden. Besonders gefährdet sind schwangere Frauen uud anämische Personen. Chronische Benzolvergiftung führt zur Überempfindlichkeit gegenüber Alkohol.

Auf niedere Organismen wirkt Benzol abtötend.

Von den Isomeren, die bei der Photochlorierung des Benzols entstehen, ist das *γ-Benzol-hexachlorid* von größerer Bedeutung als Insecticid (Gammexan).

II. Kohlenwasserstoffe, die höchstens zwei linear kondensierte Benzolringe enthalten.

1.) Naphthalin.

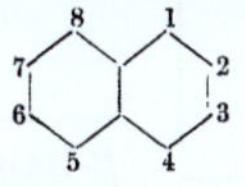

Gleichzeitig mit Benzol entsteht auch Naphthalin bei den meisten *Pyrokondensationen*. Es ist deshalb auch reichlich im *Steinkohlenteer* enthalten, der das wichtigste Ausgangsmaterial zu seiner Darstellung bildet.

Das Naphthalinöl, eine Teerfraktion, die bei 195—230° siedet, wird abgekühlt und das rohe Naphthalin zur Krystallisation gebracht. Durch Zentrifugieren oder Abpressen wird von öligen Verunreinigungen abgetrennt und das Naphthalin destilliert. Im geschmolzenen Zustand wird es dann nacheinander mit kleinen Mengen starker Schwefelsäure und Natronlauge behandelt und schließlich durch Destillation und Sublimation weiter gereinigt.

Von den zahlreichen Darstellungsweisen des Naphthalins seien hier nur zwei erwähnt, die für seine Struktur beweisend sind. So entsteht es aus [α,-β *Dibrom-butyl*]-*benzol* I beim Erhitzen mit Kalk[1] und aus *Phenylbutadien* II beim Durchleiten durch ein glühendes Rohr[2].

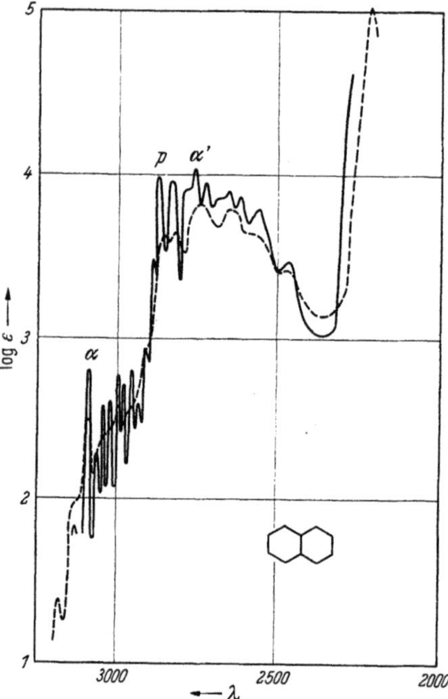

Die letztere Bildungsweise könnte man heute als eine *Diensynthese* auffassen, bei der unter Beteiligung einer Ringdoppelbindung zuerst ein *Dihydro-naphthalin* entsteht, das durch die hohe Temperatur dehydriert wird.

Eigenschaften. Naphthalin bildet farblose Tafeln, die bei 80° schmelzen. Bei 218° siedet es unzersetzt. Es hat eine Dichte von $D_{15} = 1{,}1517$.

Abb. 32. Absorptionsspektrum des *Naphthalins* in Methylalkohol-Äthylalkohol. [Nach E. CLAR: Spectrochimica Acta 4, 116 (1950)].

——————— bei −170°, − − − − − bei +18°.

	bei +18°	bei −170°
Temperatur-abhängige α-Banden	3190 3145	3145
α-Banden	3110	3102, 3077, 3060 3038
	3010	3013, 2993
	2970	2968, 2948, 2925 2905
p-Banden	2850	2885, 2845
α'-Banden	2750	2770, 2730
	2660	2670, 2625
	2570	2575
	2480	2490
β-Banden	2210	

Sein *Absorptionsspektrum* s. Abb. 32. In Wasser löst sich Naphthalin nur spurenweise, hingegen ist es in allen organischen Lösungsmitteln sehr leicht löslich. Im geschmolzenen Zustande ist es selbst ein sehr gutes Lösungsmittel für viele sehr schwer lösliche organische Stoffe. Mit *Dinitrobenzol, Trinitrobenzol, Pikrinsäure* und anderen Nitrover-

---

[1] RADZISZEWSKI: B. **9**, 261 (1876).
[2] LIEBERMANN u. RIIBER: B. **35**, 2697 (1902).

bindungen bildet es *Molekelverbindungen*. Auch mit *Antimontrichlorid*, *Antimontribromid*, *Arsentribromid* und *Aluminiumchlorid* entstehen Molekelverbindungen.

Additionsreaktionen. Mit Natrium in siedendem absolutem Alkohol gibt Naphthalin *1.4-Dihydronaphthalin* I, während in siedendem Amylalkohol *1.2.3.4-Tetrahydronaphthalin* II entsteht[1]. Letzteres bildet sich auch mit Wasserstoff und reduziertem Nickel bei 200°. Unter energischeren Bindungen oder mit Platinschwarz entsteht *Dekahydronaphthalin* (Dekalin) III[2]. *1.4.5.8-Tetrahydro-naphthalin* IV wird aus Naphthalin in flüssigem Ammoniak, Alkohol, Äther und Natrium erhalten[3]. Auch *Maleinsäure-anhydrid* scheint sich in geringer Ausbeute an Naphthalin zu addieren[4].

Als primäre Einwirkungsprodukte von Chlor auf Naphthalin entstehen zunächst ein *Dichlorid* (vermutlich V) und ein *Tetrachlorid* VI[5]. Mit Brom wird das entsprechende *Tetrabromid* erhalten[6]. Unterchlorige Säure liefert *Dichlordioxy-tetrahydro-naphthalin*[7]. Ozon gibt ein *Diozonid* VII[8]. Na oder Li werden in 1.4-Stellung addiert[9]. Mit Diazoessigester bildet sich VIII[10].

Substitutionsreaktionen. In Gegenwart von Katalysatoren, wie z. B. Eisenchlorid, entstehen schon in der Kälte mit Chlor *1-*, *1.4-* und *1.5-Dichlornaphthalin* (I und II)[11]. Mit Brom bilden sich *1-*, *1.4-* und und *1.5-Dibromnaphthalin*[12]. *1-Jodnaphthalin* kann mit Jod und Sal-

---

[1] BAMBERGER u. LODTER: B. **20**, 3075 (1887). — BAMBERGER u. KITSCHELT: B. **23**, 1561 (1890).

[2] LEROUX: C. r. **139**, 673 (1904). — WILLSTÄTTER u. HATT: B. **45**, 1474 (1912).

[3] BIRCH, A. J., A. R. MURRAY und H. SMITH: Soc. **1951**, 1945.

[4] KLOETZEL, M. C., R. P. DAYTON u. H. L. HERZOG: Am. Soc. **72**, 273, 1991 (1950).

[5] LEEDS u. EVERHART: Am. Soc. **2**, 208 (1880). — FISCHER, E.: B. **11**, 735, 1411 (1878).

[6] SAMPEY, J. R., u. A. B. KING: Am. Soc. **71**, 3697 (1949).

[7] NEUHOFF: A. **136**, 342 (1865).

[8] HARRIES u. WEISS: A. **343**, 372 (1905).

[9] E. I. du Pont de Nemours & Co.: A. P. 2182242 (1938). — SCHLENK u. O. BLUM (EUGEN MÜLLER): A. **463**, 98 (1928).

[10] BUCHNER u. HEDIGER: B. **36**, 302 (1903).

[11] Bad. DRP. 234912 (1911). — [12] GUARESCHI: A. **222**, 265 (1884).

petersäure erhalten werden[1]. Hohe Anteile an *2-Cl-* bzw. *Br-Naphthalin* werden erhalten, wenn die Halogenierung bei hoher Temperatur ausgeführt wird[2].

Mit kalter Salpetersäure bildet Naphthalin *1-Nitronaphthalin*, in der Hitze und unter Zusatz von Schwefelsäure ein Gemisch von *1.5-* und *1.8-Dinitronaphthalin*[3] III und IV.

Mit konzentrierter Schwefelsäure liefert Naphthalin bei niedriger Temperatur vorwiegend die *1-Sulfonsäure*, bei höherer überwiegend die *2-Sulfonsäure*. Mit rauchender Schwefelsäure entstehen je nach den Bedingungen *1.5-, 2.6-, 2.7-, 1.6-Disulfonsäuren* neben *Trisulfonsäuren*[4].

Der FRIEDEL-CRAFTSschen Reaktion ist Naphthalin sehr leicht zugänglich. Mit Phthalanhydrid und Aluminiumchlorid gibt es *1'-Naphthoyl-2-benzoesäure* neben weniger *2'-Naphthoyl-2-benzoesäure*[5]. Bernsteinsäure-anhydrid liefert analog *1-* und *2-Naphthoyl-propionsäure*[6]. Mit Acetylchlorid entstehen *1-* und *2-Acetyl-naphthalin*[7]. *1-Acetyl-naphthalin* ist das einzige Produkt, wenn 1.2-Dichloräthylen als Lösungsmittel verwendet wird. Auch in anderen Fällen wird nur das 1-Derivat erhalten, wenn ein Überschuß an Säurechlorid vermieden wird[8]. Mit Benzoylchlorid läßt sich der Benzoylrest sogar zweimal einführen, wobei *1.5-* und *1.8-Dibenzoylnaphthalin* neben β-Isomeren entstehen[9].

Benzophenonchlorid gibt mit Naphthalin und Aluminiumchlorid in Benzol *9-Phenyl-1.2-benzofluoren*[10]. *1-Naphthyl-essigsäure* kann durch Oxydation von Naphthalin in Essigsäureanhydrid und Kaliumpermanganat erhalten werden[11]. Naphthalin, Chloressigsäure, Eisenoxyd und Kaliumbromid liefern *1-Naphthyl-essigsäure* in 43%iger Ausbeute[12]. Naphthalin reagiert mit Cyclohexen und Aluminiumchlorid unter Bildung von *2.6-Dicyclohexyl-naphthalin*, das sich mit Se zu *2,6-Di-*

---

[1] DATTA u. CHATTERJEE: Am. Soc. **39**, 435 (1918).

[2] SIXMA, F. L. J., u. J. P. WIBAUT: Proc. Nederl. Akad. Wetensch. **52**, 214 (1949). — WIBAUT, J. P., u. G. P. BLOEM: R. **69**, 586 (1950). — SIXMA, F. L. J., u. J. P. WIBAUT: R. **69**, 577 (1951).

[3] GASSMANN: B. **29**, 1244, 1522 (1896).

[4] MERZ u. EBERT: B. **9**, 592 (1876). — ARMSTRONG: B. **15**, 205 (1882). — ERDMANN: B. **32**, 3187 (1899).

[5] HELLER u. SCHÜLKE: B. **41**, 3629 (1908). — BARNETT: Soc. **1935**, 1031.

[6] BORSCHE u. SAUERNHEIMER: B. **47**, 1645 (1914). — HAWORTH: Soc. **1932**, 1125.

[7] PAMPEL u. SCHMIDT: B. **19**, 2898 (1886). — MÜLLER u. v. PECHMANN: B. **22**, 2561 (1889). — LOCK, G.: Mh. Chem. **74**, 77 (1942).

[8] BADDELEY, B.: Soc. **1949**, 99.

[9] I.G. Farbenindustrie AG.: E. P. 279506, 291347 — C. **1929 I**, 2237.

[10] CLAR, E.: B. **63**, 513 (1930).

[11] GRIEHL, W.: Chem. Ber. **80**, 410 (1947).

[12] OGATA, Y., u. J. ISHIGURO: Am. Soc. **72**, 4302 (1950).

phenyl-naphthalin dehydrieren läßt[1]. Die Chlormethylierung von Naphthalin gibt *1-Chlormethyl-*, *1.4-* und *1.5-Dichlor-methylnaphthalin*[2].

Homologe. Sehr viele *Methyl-* und *Dimethylnaphthaline* werden seit einiger Zeit im technischen Maßstabe aus Steinkohlenteer dargestellt, so daß die Synthese auf diesem Gebiet sehr an Bedeutung verloren hat:

1-Methylnaphthalin	F: — 22° Kp: 240—243°	SCHULZE: B. **17**, 844 (1884).
2-Methylnaphthalin	F: 32— 33° Kp: 241—242°	SCHULZE: B. **17**, 844 (1884).
1.2-Dimethylnaphthalin . . .	Kp: 265—266°	KRUBER u. SCHADE: B. **68**, 11 (1935).
1.3-Dimethylnaphthalin . . .	Kp$_{10}$:125—135°	KRUBER u. OBERKOBUSCH: B. **84**, 826. — TUCKER, WHALLEY u. FORREST: Soc. **1949**, 3194.
1.4-Dimethylnaphthalin . . .	Kp: 262—264°	CANNIZZARO u. CARNELUTTI: Gazz. chim. ital. **12**, 414 (1882). — KRUBER u. OBER-KOBUSCH: B. **84**, 826.
1.5-Dimethylnaphthalin . . .	F: 82° Kp: 265°	KRUBER u. MARX: B. **72**, 1970 (1939).
1.6-Dimethylnaphthalin . . .	Kp: 262—263°	WEISSGERBER u. KRUBER: B. **52**, 349 (1919).
1.7-Dimethylnaphthalin . . .	Kp: 261—262°	KRUBER u. SCHADE: B. **69**, 1722 (1936).
2.3-Dimethylnaphthalin . . .	F: 104° Kp: 265—266°	KRUBER: B. **62**, 3044 (1929.)
2.6-Dimethylnaphthalin . . .	F: 110° Kp: 261°	WEISSGERBER u. KRUBER: B. **52**, 348 (1919).
2.7-Dimethylnaphthalin . . .	F: 97° Kp: 262°	WEISSGERBER u. KRUBER: B. **52**, 348 (1919).
1.2.3-Trimethylnaphthalin . .	Kp$_{10}$:155—160°	TUCKER, WHALLEY u. FORREST: Soc. **1949**, 3194.
1.3.7-Trimethylnaphthalin . .	F: 13° Kp: 280°	KRUBER: B. **72**, 1972 (1939).
2.3.5-Trimethylnaphthalin . .	F: 25,3° Kp: 285°	KRUBER: B. **73**, 1174 (1940).
2.3.6-Trimethylnaphthalin . .	F: 102° Kp: 286°	KRUBER: B. **72**, 1972 (1939).

Naphthalin läßt sich mit Methanol und einem Alumino-Silico-Katalysator bei 450° zu *2-Methylnaphthalin* methylieren[3].

Von diesen homologen Naphthalinen ist nur das 1,2.3-Trimethylnaphthalin nicht aus Steinkohlenteer dargestellt worden. Zu erwähnen sind hier noch Acenaphthen F: 96.2° und Acenaphthylen F: 92—93°.

Oxydation. *1.4-Naphthochinon* I läßt sich durch direkte Oxydation von Naphthalin in Eisessig mit Chromsäure gewinnen[4]. Die Oxydation mit alkalischem Permanganat führt zur *Phthalonsäure* II und weiter

[1] BUU-HOI u. P. CAGNIANT: C. r. **220**, 326 (1945).

[2] ANDERSON, A. R., u. W. F. SHORT: Soc. **1933**, 485. — MANSKE, R. A. F., u. LODINGHAM: Canad. Journ. Res. **17** (B), 14 (1939). — LOCK, G., u. E. WALTER: B. **75**, 1158 (1942); **77**, 286 (1944). — BADGER, G. M., J. W. COOK u. G. W. CROSBIE: Soc. **1947**, 1432.

[3] CULLINAN, N. M., u. S. J. CHARD: Nature **161**, 690 (1948) — Soc. **1948**, 809.

[4] GROVES: A. **167**, 357 (1873).

zur *Phthalsäure* III[1]. Besser gelingt die Darstellung der *Phthalsäure* aus Naphthalin mit Schwefelsäure in Gegenwart von Quecksilbersalzen oder mit Luftsauerstoff bei höherer Temperatur am *Vanadin* oder

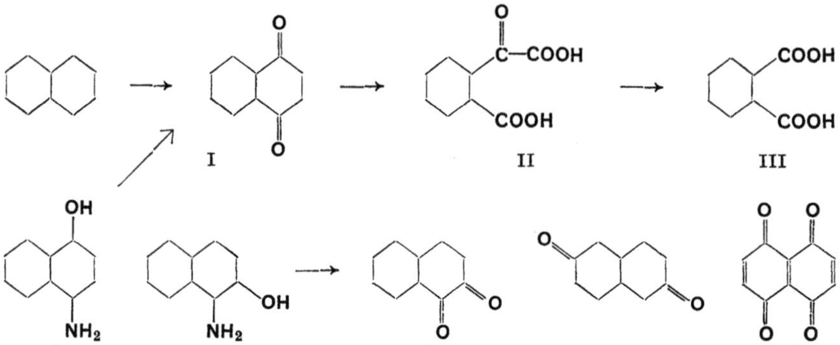

Molybdänkontakt[2]. *1.2-Naphthochinon* V kann nicht durch direkte Oxydation aus Naphthalin dargestellt werden. Man gewinnt es aus 1-Amino-2-oxynaphthalin IV mit Schwefelsäure und Bichromat[3]. Auf ähnliche Weise läßt sich auch *1.4-Naphthochinon* aus 1-Amino-4-oxynaphthalin VI darstellen[3]. *2.6-Naphthochinon* VII wird aus 2.6-Dioxynaphthalin erhalten[4]. Isonaphthazarin gibt bei der Oxydation mit Salpetersäure *1.2.3.4-Naphthodichinon*

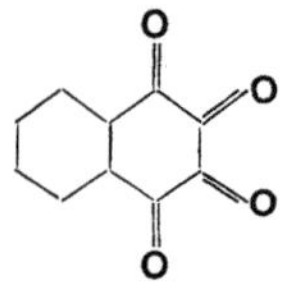

das nur als Dihydrat existiert[5]. Über sein hohes Redoxpotential von $E_o = 0.758$ Volt s. K. WALLENFELS[6]. *Naphtho-1.4, 5.8-dichinon* VIII kann aus Naphthazarin mit Bleitetraacetat gewonnen werden[7].

Über die **biochemische Wirkung** des Naphthalins ist nicht viel zu bemerken. Wegen seiner geringen Dampfspannung sind Vergiftungen durch Einatmung wohl nicht möglich. Innerlich ist es als *Antiparasiticum* angewandt worden. Es hat sich aber wegen Nebenwirkungen, z. B. Nierenreizung, nicht einzuführen vermocht. Die Ausscheidung erfolgt zum größten Teil als *2-Naphtholglykuronsäure* und zum kleineren Teil als *Ätherschwefelsäure*[8].

[1] GRAEBE u. TRÜMPY: B. **31**, 369 (1898).

[2] Bad. DRP. 91202 (1896). — WOHL: DRP. 379822 (1916). — GIBBS: A. P. 1285117 (1917).

[3] GRANDMOUGIN u. MICHEL: B. **25**, 977 (1892).

[4] WILLSTÄTTER u. PARNAS: B. **40**, 1406, 3971 (1907).

[5] ZINCKE, TH., u. A. OSSENBECK: A. **307**, 1 (1899). — KUHN, R., u. K. WALLENFELS: B. **75**, 407 (1942).

[6] WALLENFELS, K., u. W. MÖHLE: B. **76**, 924 (1943).

[7] ZAHN u. OCHWAT: A. **462**, 72 (1928).

[8] EDLESSEN: Arch. f. exp. Path. **52**, 429.

Die biologische Oxydation von Naphthalin liefert *1.2-Dioxy-1.2-dihydronaphthalin*[1].

Naphthalin wird auch als ein bekanntes *Insecticid* gegen Motten und andere Insekten verwendet.

2.) Phenanthren.

Phenanthren wurde fast gleichzeitig von E. OSTERMAYER und R. FITTIG[2] und C. GLASER[3] im *Steinkohlenteer* entdeckt. Der Steinkohlenteer ist auch heute noch das wichtigste Ausgangsmaterial zur Darstellung von Phenanthren. Man krystallisiert Rohanthracen (s. S. 174) aus Solventnaphtha um, wobei das Phenanthren gelöst bleibt, das man durch Abdampfen der Mutterlauge gewinnt. Zur Entfernung kleiner Mengen Carbazol wird es mit Kaliumhydroxyd verschmolzen. Nach mehrfachem Umkrystallisieren enthält es immer noch kleine Mengen *Anthracen*, die am besten durch Kochen mit überschüssigem Maleinsäure-anhydrid in Xylol entfernt werden[4]. Das Additionsprodukt von Anthracen und Maleinsäure-anhydrid wird mit verdünnter Natronlauge herausgelöst. Diese Operation ist unbedingt notwendig, wenn spektralreines Phenanthren erhalten werden soll. Auch schmelzpunktreines Phenanthren aus Teer zeigt im Spektrum die Anwesenheit von kleinen Mengen Anthracen[4]. Eine weitere Reinigung kann auch über das Pikrat erfolgen.

Es wurden zahlreiche Synthesen des Phenanthrens durchgeführt, auch bei vielen *Pyrokondensationen* wurde es beobachtet. So entsteht es nach C. GRAEBE[5] beim Leiten von Toluol, Dibenzil, 9-Methyl-fluoren oder Stilben I durch ein glühendes Rohr; *o. o'*-Ditolyl II gibt am glühenden Platindraht ebenfalls Phenanthren[6]. Es entsteht auch bei der Zinkstaubdestillation von Morphin, Morphenol und anderen Naturprodukten[7].

[1] YOUNG: Biochemical Journ. **41**, 417 (1947). BOOTH u. BOYLAND: Biochemical. Journ. **44**, 361 (1949). — BEALE u. ROE: **1951**, 2884.

[2] OSTERMAYER, E., u. R. FITTIG: B. **5**, 933 (1872).

[3] GLASER, C.: B. **5**, 982 (1872).

[4] CLAR, E.: B. **65**, 852, Fußnote 11 (1932). — FELDMANN, I., P. PANTAGES u. M. ORCHIN: Am. Soc. **73**, 4341 (1951).

[5] GRAEBE, C.: B. **7**, 48 (1874); **37**, 4145 (1904) — A. **167**, 161 (1879).

[6] MEYER, H., u. HOFMANN: Mh. Chem. **37**, 712 (1916).

[7] VONGERICHTEN: B. **31**, 3202 (1898); **34**, 767, 1162 (1901).

Cumaron und Benzol bilden beim Leiten durch ein glühendes Rohr Phenanthren[1]. Bei niedriger Temperatur wird die Phenanthrensynthese von PSCHORR durchgeführt[2] und ist daher für den Strukturbeweis besonders wertvoll. Sie geht aus vom Kondensationsprodukt aus o-Nitrobenzaldehyd und Phenylessigsäure, III. Die Nitro-Gruppe in III wird zur Aminogruppe reduziert, diese diazotiert und der Ring mit Kupferpulver zur *Phenanthren-9-carbonsäure* IV geschlossen. Bei der Destillation gibt diese Phenanthren.

Eine andere wichtige Phenanthrensynthese wurde von J. W. COOK und C. L. HEWETT[3] aufgefunden. Sie fanden, daß Verbindungen vom Typus V leicht zum Ringschluß zu *Oktahydro-phenanthren* VI zu bringen sind, das zu Phenanthren dehydriert werden kann.

Da sich in beiden Ringen von V die verschiedensten Substituenten befinden können, ist die Methode auch in vielen anderen Fällen anwendbar. Eine andere von A. COHEN[4] angegebene Methode ist eine *Diensynthese* mit 1-Vinyl-naphthalin und Maleinsäure-anhydrid. Das *Tetrahydro-phenanthren-1.2-dicarbonsäure-anhydrid* VI kann zu VII dehydriert werden.

[1] KRAEMER u. SPILKER: B. **23**, 85 (1890). — [2] PSCHORR: B. **29**, 500 (1896). [3] COOK, J. W., u. C. L. HEWETT: Soc. **1933**, 1098. — Vgl. BARDHAN u. SENGUPTA: Soc. **1932**, 2520. [4] COHEN, A.: Nature **136**, 869 (1935). — COHEN, A., u. F. L. WARREN: Soc. **1937**, 1315.

Interessant ist auch eine andere Diensynthese mit Oktahydrodiphenyl und Maleinsäure-anhydrid nach E. DE BARRY BARNETT und C. A. LAWRENCE[1]:

Eine Synthese des Phenanthrens aus *o*-Phenyl-benzoesäure ist von SCHÖNBERG und WARREN beschrieben worden[2].

Besondere Bedeutung zur *Darstellung* von *Homologen* hat die Phenanthrensynthese mit Bernsteinsäureanhydrid, Naphthalin und Aluminiumchlorid gewonnen. Die Ketosäuren werden nach CLEMENSEN reduziert, der Ring geschlossen, nochmals mit amalgamiertem Zn und HCl reduziert und mit Se dehydriert[3].

Phenanthren ist auch aus *o-Phenyl-bromstyrol* mit Aluminiumchlorid dargestellt worden[4].

---

[1] BARNETT, E. DE BARRY, u. C. A. LAWRENCE: Soc. **1935**, 1104.
[2] SCHÖNBERG u. WARREN: Chem. and Ind. 58, 199 (1939).
[3] GIUA: Rend. Soc. chim. ital. 9, 239 (1912). — B. 47, 2115 (1914). — BORSCHE u. SAUERNHEIMER: B. 47, 1645 (1914). — KROLLPFEIFFER u. SCHÄFER: B. 56, 620 (1933). — SCHROETER, G., H. MÜLLER u. I. Y. S. HUANG: B. 62, 645 (1929). — HAWORTH, R. D.: Soc. **1932**, 1125.
[4] FASEEH, S. A., u. S. H. ZAHEER.: J. Ind. chem. Soc. 24, 57 (1947).

9-Phenanthrol bildet sich bei der Einwirkung von Diazomethan auf Fluorenon[1].

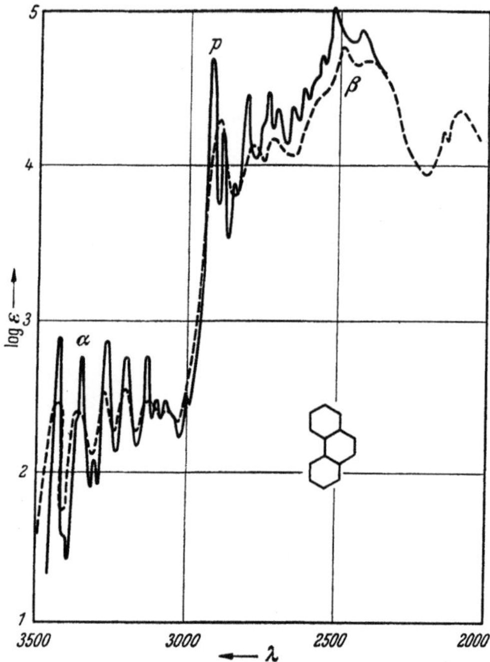

9-Fluorenylcarbinol gibt mit Phosphorpentoxyd quantitativ Phenanthren[2].

Abb. 33. Absorptionsspektrum des *Phenanthrens* in Methylalkohol-Äthylalkohol. [Nach E. CLAR: Spectrochimica Acta **4**, 116 (1950).] ——————— bei −170°. − − − − − bei 18°.

bei +18°		bei −170°			bei +18°		bei −170°		
	3450	3445				2925	2945,	2907,	2878
	3370	3365,	3325		*p*-Banden	2810	2825		
	3295	3290				2735	2755,	2727,	2673
α-Banden	3225	3220					2645,	2610,	2575
	3140	3148,	3120						
	3085	3080			*β*-Banden	2510	2547		
		3013				2420	2450		

Außerdem noch *β*-Banden bei 2190 und 2100 Å. [Nach MAYNEORD u. ROE: Proc. Roy. Soc. London (A) **152**, 317 (1935).]

---

[1] SCHULTZ, R. F., E. DIETZ, SCHULTZ u. J. COCHRAN: Am. Soc. **62**, 2902 (1940).

[2] BROWN, W. G., u. B. BLUESTEIN: Am. Soc. **62**, 3256 (1940).

Diese Synthese wurde auch mit dem Isotop ^{14}C in der Carbinol-Gruppe ausgeführt und ergab Phenanthren mit ^{14}C in 9-Stellung[1]. Phenanthren bildet sich auch neben Chrysen bei der Einwirkung von Aluminiumchlorid auf Tetraphen[2].

Alle diese Synthesen haben natürlich nur Bedeutung zur Darstellung von Phenanthrenderivaten, da Phenanthren selbst am besten aus Steinkohlenteer dargestellt wird.

Eigenschaften. *Phenanthren* krystallisiert in farblosen Tafeln, die bei 100° schmelzen und bei 340° sieden. $D_{25} = 1.179$. Es ist unlöslich in Wasser und gut löslich in organischen Lösungsmitteln, insbesondere in aromatischen Kohlenwasserstoffen. Seine Lösungen zeigen eine schwachblaue Fluorescenz. Es gibt Molekelverbindungen mit Pikrinsäure, Pikrylchlorid, Dinitrobenzol und ähnlichen Nitroverbindungen. *Absorptionsspektrum* s. Abb. 33.

Additionsreaktionen. Mit Natrium und Amylalkohol bildet Phenanthren *1.2.3.4-Tetrahydro-phenanthren* II[3]. *9.10-Dihydro-phenanthren* I wird, wie SCHROETER, MÜLLER und HUANG[4] nachwiesen, dabei auch gebildet. Es entsteht neben *Tetrahydro-phenanthren* II durch katalytische Hydrierung. Letzteres bildet als Naphthalinderivat ein beständiges Pikrat und kann so abgetrennt werden[4]. *Dihydrophenanthren* I wird nach BURGER und MOSETTIG[5] auch mit einem gemischten Katalysator von Kupfer-, Chrom- und Bariumoxyd erhalten. Die weitere Reduktion führt dann zum *1.2.3.4.5.6.7.8-Oktahydrophenanthren* III, das sich wie ein Benzolderivat verhält[6]. Das Endprodukt der Hydrierung ist *Perhydro-phenanthren*. II, III und Perhydro-phenanthren können auch mit Jodwasserstoff und rotem Phosphor erhalten werden[3]. Li, Na und K werden in 9.10-Stellung addiert[7]. Auch *1.2.3.4.5.6-Hexahydro-phenanthren* ist VI bekannt[8]. Mit Diazoessigester bildet sich V[9].

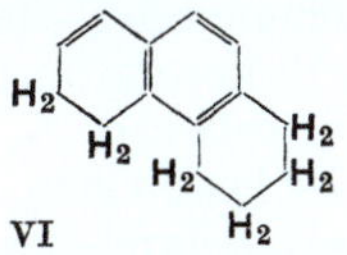

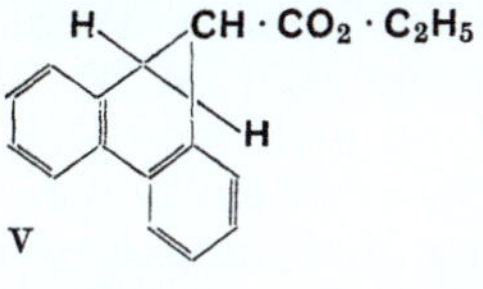

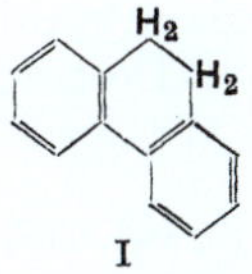

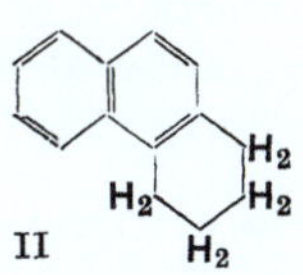

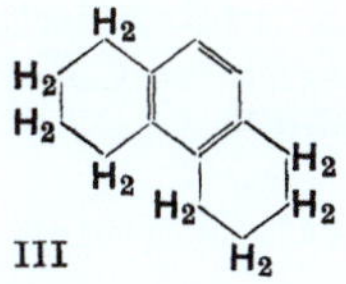

[1] COLLINS, C. J.: Am. Soc. **70**, 2418 (1948).

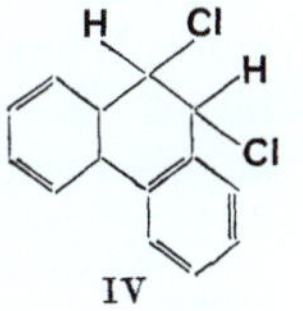

[2] DANSI, A., u. E. SALVIONI: Gazz. chim. ital. **71**, 549 (1941).

[3] GRAEBE: A. **167**, 154 (1873). — BAMBERGER u. LODTER: B. **20**, 3076 (1887). — SCHMIDT, J., u. MEZGER: B. **40**, 4242 (1907).

[4] SCHROETER, MÜLLER u. HUANG: B. **62**, 645 (1929).

[5] BURGER u. MOSETTIG: Am. Soc. **57**, 2731 (1935).

[6] VAN DE KAMP, J., u. E. MOSETTIG: Am. Soc. **57**, 1107 (1935).

[7] JEANES, A., u. R. ADAMS: Am. Soc. **59**, 2608 (1937).

[8] COLONGE, J., u. P. ROCHAS: C. r. **225**, 193 (1947).

[9] DRAKE u. SWEENY: J. org. Chemistry **11**, 67 (1946). — COOK, DICKSON u. LOUDON **1947**, 746.

In Schwefelkohlenstoff oder Tetrachlormethan gelöst, gibt Phenanthren mit Chlor *Phenanthren-9.10-dichlorid* IV, mit Brom das entsprechende *Dibromid*[1]. Beide verlieren beim Erwärmen Halogenwasserstoff und bilden Monohalogenphenanthrene. Mit Ozon bildet Phenanthren ein *Diozonid*[2]. Maleinsäureanhydrid wird nicht addiert[3].

Substitutionsreaktionen. *9-Chlor-* bzw. *9-Brom-phenanthren* werden aus den Dihalogeniden dargestellt. Mit Chlor in Eisessig wird *Dichlorphenanthren-tetrachlorid* neben *Mono-* und *Dichlorphenanthren* erhalten[1]. In Chloroformlösung mit Chlor und rotem Phosphor wird *9.10-Dichlorphenanthren* gebildet. Energische Einwirkung von Brom liefert *Tri-, Tetra-, Hexa-* und *Hepta-brom-phenanthren*[4,5].

9-Bromphenanthren tauscht sein Brom mit Kupfercyanür gegen die CN-Gruppe aus, deren Verseifung *Phenanthren-9-carbonsäure* leicht zugänglich macht[6].

Mit Salpetersäure in einer Mischung von Essigsäure-anhydrid und Eisessig nitriert gibt Phenanthren 60% *9-Nitro-phenanthren*, 20% *2-Nitro-phenanthren*, 20% *4-Nitrophenanthren* und 2% *3-Nitrophenanthren*[7].

Die Sulfurierung des Phenanthrens ist von L. F. FIESER[8] nochmals genau studiert worden. Sie liefert je nach der Temperatur wechselnde Mengen *2-, 3-* und *9-Sulfonsäure* neben wenig *1-Sulfonsäure*. *Disulfonsäuren* wurden aus der *2-* und *3-Sulfonsäure* erhalten. Die zweite Sulfo-Gruppe tritt in 6-, 7- oder 8-Stellung ein. Aus den *Sulfonsäuren* lassen sich die entsprechenden *Oxyphenanthrene* darstellen. Bemerkenswert ist die Bildung des *9-Oxy-phenanthrens* aus einer Verbindung, die sich bei der Einwirkung von Brom auf in Methylalkohol gelöstes Phenanthren bildet[9].

Bei der FRIEDEL-CRAFTS-Reaktion bilden sich mit Säurechloriden oder Anhydriden mehrere Produkte nebeneinander, deren Trennung nicht immer leicht ist[10]. W. E. BACHMANN[11] konnte aus Phenanthren, Aluminiumchlorid und Benzoylchlorid in Nitrobenzol *1-, 2-* und *3-Benzoyl-phenanthren* erhalten. In derselben Weise lassen sich auch Gemische von *Toluyl-* oder *Methylnaphthoyl-phenanthrenen* darstellen[11]. Mit Acetylchlorid entstehen *2-* und *3-Acetyl-phenanthren*[12]. Mit Phthalanhydrid bildet sich ein Gemisch von *Ketonsäuren*, unter denen das *9-Derivat* zu überwiegen scheint[10].

[1] SANDQUIST: A. **417**, 30 (1918). — FITTIG u. OSTERMAYER: A. **166**, 363 (1873).

[2] HARRIES u. WEISZ: A. **343**, 373 (1905).

[3] CLAR, E., u. L. LOMBARDI: B. **65**, 1415 (1932).

[4] ZETTER: B. **11**, 165 (1878).

[5] SCHMIDT u. LADNER: B. **37**, 4403 (1904).

[6] GOLDBERG, M. A., E. P. ORDAS u. G. CARSCH: Am. Soc. **69**, 260 (1947). — DORNFELD, C. A., J. E. CULLEN u. G. H. COLEMANN: Org. Syntheses **28**, 19 (1948).

[7] SCHMIDT, J., u. HEINLE: B. **44**, 1494 (1911).

[8] FIESER, L. F.: Am. Soc. **51**, 2460, 2471 (1929).

[9] FIESER, L. F.: Am. Soc. **58**, 2163 (1936).

[10] CLAR, E.: B. **62**, 354, 1574 (1929).

[11] BACHMANN, W. E.: Am. Soc. **57**, 555, 1130 (1935).

[12] MOSETTIG, E., u. J. VAN DE KAMP: Am. Soc. **52**, 3704 (1930); **55**, 3442 (1933).

Phenanthren liefert mit Benzylchlorid und Zinkstaub *9-Benzyl-phenanthren*[1].

In Tetrachloräthan kann es auch mit Aluminiumchlorid und zwei Molekeln Phthalanhydrid zur Reaktion gebracht werden, die in die beiden Seitenkerne eintreten[2].

Phenanthren reagiert mit 2 Molekeln Cyclohexen in Gegenwart von Aluminiumchlorid unter Bildung von *3.9-Dicyclohexyl-phenanthren*, das mit Selen zu *3.9-Diphenyl-phenanthren* dehydriert werden kann[3]. Aus Phenanthren, *tert.*-Butylchlorid und Aluminiumchlorid entsteht entsprechend *3.9-Di-tert.-butyl-phenanthren*[4].

Homologe. Aus Steinkohlenteer sind *1-*, *3-* und *9-Methyl-phenanthren* und *4.5-Methylen-phenanthren* dargestellt worden[5].

Letzteres wurde von W. E. BACHMANN und J. C. SHEEHAN[6] aus Acenaphthen aufgebaut.

2-, *3-*, *4-Monomethyl-*, *Dimethyl-* und *Trimethyl*-phenanthrene stellten HAWORTH und Mitarbeiter[7] nach der Bernsteinsäure-anhydrid-Methode dar. Unter den Homologen ist besonders das lange bekannte *Reten* I zu erwähnen. Die Konstitution eines *1-Methyl-7-isopropyl-phenanthrens* I für diesen Kohlenwasserstoff wurde durch die Synthese von HAWORTH sichergestellt.

1-Methyl-, *4-Methyl-*, *1.2-Dimethyl-*, *3.4-Dimethyl-* und *3.4,9.10-Tetramethylphenanthren* wurde durch Diensynthese erhalten[8].

1.4-Dimethyl-phenanthren[9].

1.2.3.4-Tetramethylphenanthren bereiteten C. L. HEWETT und R. H. MARTIN nach PSCHORRS Methode[10].

9-Alkylphenanthrene[11].

1.2.3- und *2.3.4-Trimethylphenanthren*[12].

1-Isopropyl-7-methylphenanthren[13].

4.5-Dimethyl-phenanthren ist aus Pyren erhalten worden[14].

Ein anderer wichtiger Abkömmling des Phenanthrens ist das *Cyclopenteno-phenanthren* II, das von COOK und HEWETT[15] dargestellt wurde. Von ihm leiten sich zahlreiche wichtige und wirksame Naturprodukte

---

[1] BONNER, W. A., u. A. MOSHER: Am. Soc. **70**, 4249 (1948).

[2] CLAR, E.: Privatmitteilung.

[3] BUU-HOÏ u. P. CAGNIANT: C. r. **220**, 326 (1945).

[4] BUU-HOÏ, NG. PH., u. P. CAGNIANT: B. **77**, 121 (1944).

[5] KRUBER u. MARX: B. **71**, 2478 (1938). — KRUBER: B. **67**, 1000 (1934).

[6] BACHMANN, W. E., u. J. C. SHEEHAN: Am. Soc. **63**, 204 (1941).

[7] HAWORTH u. Mitarb.: Soc. **1932**, 1125, 1784, 2248, 2720.

[8] BERGMANN, F., u. A. WEIZMANN: J. org. Chemistry **11**, 592 (1946).

[9] JOHNSON, W. S., A. GOLDMAN u. W. P. SCHNEIDER: Am. Soc. **67**, 1357 (1945).

[10] HEWETT, C. L., u. R. H. MARTIN: Soc. **1940**, 1396.

[11] BRADSHER, CH. K., u. S. T. AMORE: Am. Soc. **63**, 493 (1941). — BACHMANN, G. B., u. R. I. HOAGLIN: Am. Soc. **63**, 621 (1941).

[12] FIESER, L. F., u. W. H. DANDT: Am. Soc. **63**, 782 (1941).

[13] QUECETT, R. M., u. M. T. BOGERT: Am. Soc. **63**, 127 (1941).

[14] NEWMANN, M. S., u. H. S. WHITEHOUSE: Am. Soc. **71**, 3664 (1949). — BADGER, G. M., J. E. CAMPBELL, J. W. COOK, R. A. RAPHAEL u. A. I. SCOTT: Soc. **1950**, 2326.

[15] COOK u. HEWETT: Soc. **1933**, 1098.

ab, z. B. die *Gallensäuren*, das *Cholesterin* III und die *Sexualhormone* u. a.
(Die hydroaromatischen H_2-Atome sind beim Cholesterin, Ostradiol,
Testosteron und Progesteron nicht eingezeichnet.) Bei der großen Aus-
dehnung dieses Gebietes muß auf die Spezialliteratur verwiesen werden.

Östradiol,
Follikelhormon,

Testosteron,
Testikelhormon.

Progesteron,
Schwangerschaftshormon.

Es ist bemerkenswert, daß weder Cyclopenteno-phenanthren noch
Phenanthren selbst *biochemisch* wirksam sind. Letzteres wird als Gly-
kuronsäure-Paarling mit dem Harn ausgeschieden[1].

Oxydation. Bei der Oxydation mit Chromsäure in Eisessig oder in
schwefelsaurer Suspension gibt Phenanthren *9.10-Phenanthrenchinon* I[2].
Weitere Oxydation mit Wasserstoffsuperoxyd liefert *Diphensäure* II[3].

Zum Unterschied vom *o*-Benzochinon und 1.2-Naphthochinon ist das
orangegelbe, sublimierbare *9.10-Phenanthrenchinon* sehr beständig. Die
beiden Seitenringe wirken stabilisierend auf das *o*-chinoide System.
1.2-Phenanthrenchinon, *3.4-Phenanthrenchinon* und *1.4-Phenanthren-
chinon* wurden von L. F. FIESER[4] auf Umwegen dargestellt. Die drei
Chinone stehen in ihrem Verhalten den entsprechenden Naphthochinonen
nahe.

Oxydation von Phenanthren mit Osmiumtetroxyd in Pyridin und
Benzol liefert *cis-9.10-Dihydrodioxyphenanthren* III, das bei Wasser-

[1] BERGELL u. PSCHORR: H. **38**, 16 (1903).
[2] FITTIG u. OSTERMAYER: A. **166**, 365 (1873). — GRAEBE: A. **167**, 139 (1873).
[3] CRIEGEE, R., B. MARCHAND u. H. WANNOWIUS: A. **550**, 99 (1942).
[4] HOLLEMAN: R. **23**, 169 (1904).

abspaltung *9-Phenanthrol* und mit Bleitetracetat *Diphenyl-o,o'-dialde-hyd* V liefert[1].

Die biochemische Oxydation des Phenanthrens liefert VI und VII[2]:

3.) Triphenylen.

9.10-Benzphenanthren, 1.2,3.4-Dibenz-naphthalin.

Triphenylen wurde zuerst von H. SCHMIDT und G. SCHULTZ[3] neben anderen Produkten beim Leiten von Benzoldampf durch ein glühendes Rohr erhalten. Die bequemste Synthese, die zugleich den Struktur-beweis liefert, ist von C. MANNICH[4] durchgeführt worden. Mit methyl-alkoholischer Schwefelsäure kondensiert sich Cyclohexanon zu *Dodeka-hydro-triphenylen* I, das beim Überleiten seiner Dämpfe im CO_2-Strom über auf 450—500° erhitztes, frisch reduziertes Kupfer *Triphenylen* II gibt.

[1] FIESER, L. F.: Am. Soc. **51**, 940, 1906, 3101 (1929).
[2] BOYLAND u. LEVI: Biochem. J. **29**, 2679 (1935). — BOYLAND u. WOLF: Biochem. J. **47**, 64 (1950). — BEALE u. ROE: Soc. **1951**, 2884.
[3] SCHMIDT, H., u. G. SCHULTZ: A. **203**, 135 (1880).
[4] MANNICH, C.: B. **40**, 163 (1907).

Die Dehydrierung kann auch mit Selen bewirkt werden[1]. Die Kondensation des Cyclohexanons ist ferner katalytisch unter Druck mit 32proz. Ausbeute durchgeführt worden. Als Katalysatoren dienen Mischungen der Oxyde von Aluminium, Thorium und Cer[2].

Neuerdings ist Triphenylen auch aus *Steinkohlenteer* gewonnen worden. Zur Darstellung dient Rohchrysen, das mit wenig Benzol behandelt wird, wobei Triphenylen in Lösung geht[3]. Triphenylen entsteht ferner bei der elektrolytischen Oxydation von Cyclohexanon[4] und bei der Einwirkung von Natrium auf Chlorbenzol[5] und aus Chlorbenzol

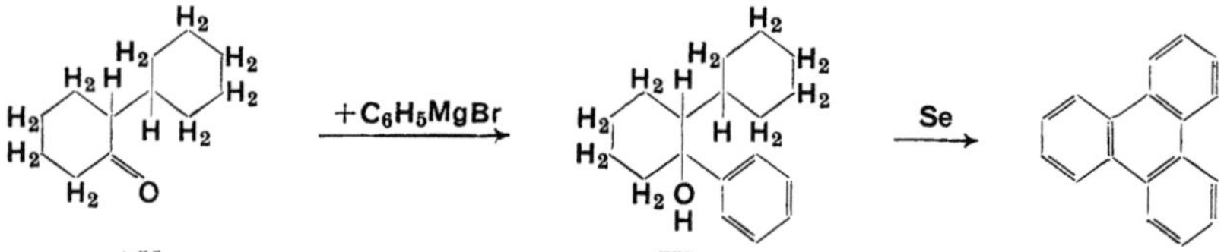

III $\quad\xrightarrow{+C_6H_5MgBr}\quad$ IV $\quad\xrightarrow{Se}\quad$

und Phenyllithium[6]. Vom Cyclohexylcyclohexanon III ausgehend, erhielten C. D. NENITZESCU und D. CURCÁNEANU[7] mit Phenylmagnesiumbromid zunächst IV, das bei der Dehydrierung mit Selen glatt in Triphenylen überging.

Eine andere Synthese von E. BERGMANN und O. BLUM-BERGMANN[8] beginnt mit der Einwirkung von 9-Phenanthryl-magnesiumbromid auf Bernsteinsäure-anhydrid, wobei V entsteht. V wird zu VI reduziert, sodann mit Phosphorsäure-anhydrid der Ring zu VII geschlossen, dieses zu VIII reduziert und zu Triphenylen dehydriert.

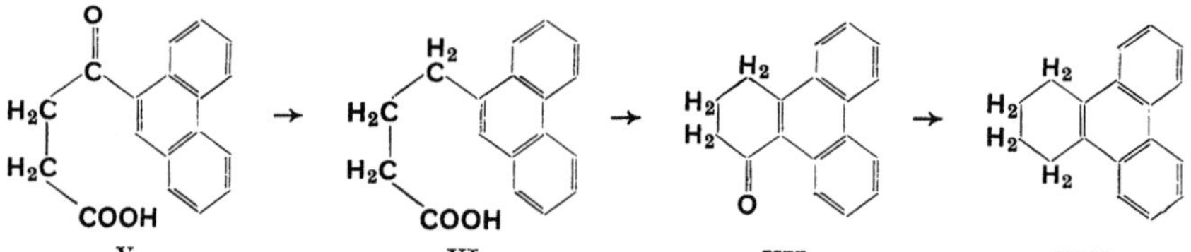

V $\quad\rightarrow\quad$ VI $\quad\rightarrow\quad$ VII $\quad\rightarrow\quad$ VIII

Ein Tetrahydroderivat von VIII kann aus *1.2.3.4*-Tetrahydrophenanthren, Bernsteinsäure-anhydrid und Aluminiumchlorid gewonnen werden. Der weitere Verlauf der Synthese erfolgt dann ähnlich wie oben. Auch ein *1-Methyl-triphenylen* ist auf ähnliche Weise gewonnen worden[9].

[1] DIELS, O., u. A. KARSTENS: B. **60**, 2323 (1927).

[2] I.G. Farbenindustrie AG.: E. P. 440285 (1934); F. P. 790565 (1935) — C. **1936 I**, 4214.

[3] KAFFER, H.: B. **68**, 1812 (1935).

[4] PIRRONE, FR.: Gazz. chim. ital. **66**, 244 (1936).

[5] BACHMANN, W. E., u. H. T. CLARKE: Am. Soc. **49**, 2089 (1927).

[6] WITTIG, G., u. MERKLE: B. **75**, 1493 (1942).

[7] NENITZESCU, C. D., u. D. CURCÁNEANU: B. **70**, 346 (1937).

[8] BERGMANN, E., u. O. BLUM-BERGMANN: Am. Soc. **59**, 1441 (1937).

[9] BACHMANN u. STRUVE: J. org. Chemistry **4**, 472 (1939).

9-Vinylphenanthren reagiert mit Maleinsäureanhydrid unter Bildung von *Tetrahydrotriphenylen-dicarbonsäure-anhydrid* IX[1]. Durch Veränderung der beiden Komponenten der Diensynthese konnten E. BERGMANN und F. BERGMANN[2] noch einige andere Derivate des Triphenylens darstellen.

1-Phenyl-2-cyclohexenyl-cyclohexanol, aus 2-Cyclohexenyl-cyclohexanon und Phenylmagnesiumbromid, gibt bei der Dehydrierung mit Selen *Triphenylen*[3].

Eigenschaften. Triphenylen bildet aus Alkohol krystallisiert, lange farblose, sublimierbare Nadeln, die bei 196,5° (unkorr.) schmelzen und sich leicht in Alkohol, Chloroform, Benzol und Eisessig lösen. Die Lösungen zeigen eine blaue Fluorescenz. Mit Pikrinsäure gibt es ein Pikrat. Das *Absorptionsspektrum* wurde von E. CLAR und L. LOMBARDI[4] aufgenommen (s. Abb. 34). Mit Maleinsäure-anhydrid reagiert Triphenylen nicht[4].

Die *Röntgenstrukturanalyse* des Triphenylens wurde von KLUG[5] durchgeführt.

Derivate. *Mono-* und *Dibrom-triphenylen* wurden erhalten durch Bromierung in Schwefelkohlenstoff bzw. Chloroform in Gegenwart von etwas Eisen[6]. Ein *Trimethyl-triphenylen* wurde durch Kondensation von Methyl-cyclohexanon dargestellt[6].

---

[1] BACHMANN u. STRUVE: J. org. Chemistry **4**, 472 (1939).

[2] BERGMANN, E., u. F. BERGMANN: Am. Soc. **59**, 1443 (1937); **60**, 1805 (1938). — BERGMANN, HASKELBERG u. BERG-BERMANN: J. org. Chemistry **7**, 303 (1942).

[3] RAPSON, W. S.: Soc. **1941**, 15.

[4] CLAR, E., u. L. LOMBARDI: B. **65**, 1414 (1932). — CLAR, E.: Spectrochimica Acta **4**, 116 (1950).

[5] KLUG: Acta Crystallographica **3**, 165 (1950).

[6] I.G. Farbenindustrie AG.: DRP. 650058 (1934) — C. **1938** I, 2449.

1.2.3-Trimethyl- und *2.3-Dimethyl-triphenylen* lassen sich synthetisch erhalten[1]. *2-Methyl-*, *1-Methoxy-* und *2-Methoxy-triphenylen* wurden nach der Methode von W. S. RAPSON[2] gewonnen.

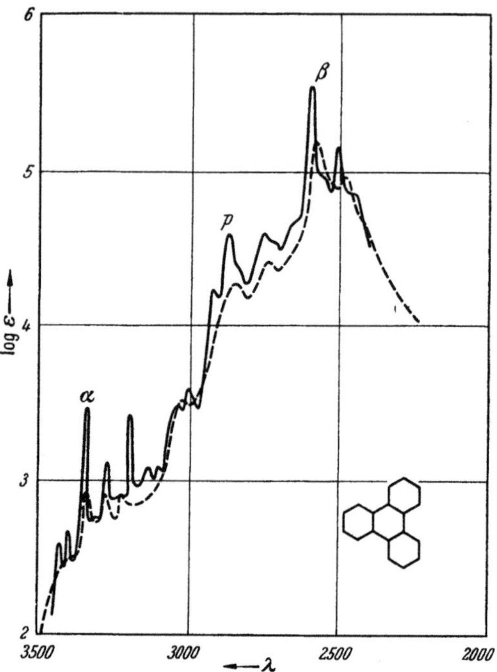

Abb. 34. Absorptionsspektrum des *Triphenylens* in Methylalkohol-Äthylalkohol. [Nach E. CLAR: Spectrochimica Acta 4, 116 (1950).] ————— bei −170°, − − − − − bei +18°.

	bei +18°	bei −170°			bei +18°	bei −170°
	3400	3425,	3398			2840	2870
	3335	3340		*p*-Banden	2730	2755
α-Banden	3270	3270				
	3210	3195,	3130, 3105	*β*-Banden	2570	2595
	3020	3005,	2920		2485	2505

Durch Chlorieren oder Bromieren konnten Methyl-Halogenderivate erhalten werden[3]. Eine *Triphenylen-carbonsäure* bildet sich bei der Einwirkung von Oxalylchlorid oder Carbaminsäurechlorid auf Triphenylen in Gegenwart von Aluminiumchlorid[3,4]. Mit rauchender Salpetersäure entsteht ein *Trinitrotriphenylen*[5]. *Triphenylen-2-sulfonsäure* bildet sich mit Chlorsulfonsäure in Nitrobenzol[6].

[1] FIESER, L. F., u. W. H. DANDT: Am. Soc. 63, 782 (1941).
[2] RAPSON, W. S.: Soc. 1941, 15.
[3] I.G. Farbenindustrie AG.: DRP. 650058 (1934) — C. 1938 I, 2449.
[4] COOK u. HEWETT: Soc. 1933, 401. — [5] MANNICH: B. 40, 160 (1907).
[6] I.G. Farbenindustrie AG.: DRP. 654283 (1934) — C. 1938 I, 2064.

Oxydation. Bei der Oxydation mit Chromsäure gibt Triphenylen ein Chinon[1]. Mit rauchender Salpetersäure im geschlossenen Rohr erhitzt erfolgt Abbau zu *Mellitsäure* X[1].

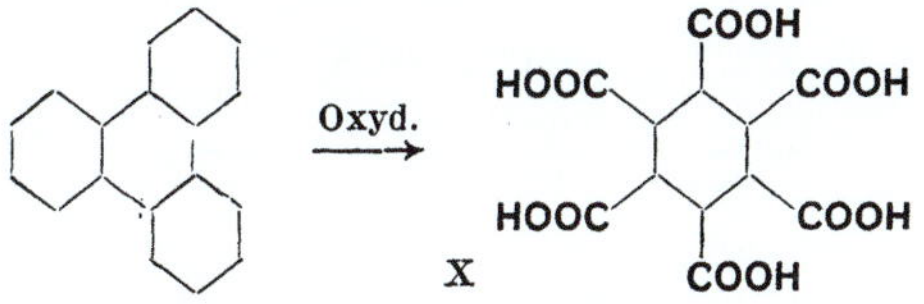

Biochemisches Verhalten. Triphenylen hat keine cancerogene Wirksamkeit[2].

4.) Chrysen.

1.2-Benz-phenanthren, 1.2,5.6-Dibenz-naphthalin.

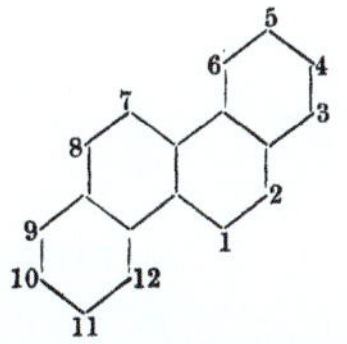

Chrysen entsteht bei vielen *Pyrokondensationen*. Es ist deshalb auch in beträchtlichen Mengen im *Steinkohlenteer* enthalten, aus dessen höchstsiedenden Anteilen es durch Waschen mit Schwefelkohlenstoff gewonnen wird. Dabei werden die Begleitstoffe, in der Hauptsache Pyren, gelöst, während das schwerer lösliche Chrysen zurückbleibt und aus Xylol umkrystallisiert wird. Das so erhaltene Chrysen enthält noch einen hartnäckig anhaftenden gelben Körper, das sog. *Chrysogen*, der durch Kochen mit Alkohol und etwas Salpetersäure entfernt werden kann[3]. Einfacher ist die Reinigung durch Kochen der Xylollösung mit Maleinsäure-anhydrid[4]. Demnach muß das *Chrysogen* ein reaktionsfähiges Anthracenderivat sein. Durch die chromatographische Analyse wurde es als *Tetracen* (Naphthacen) erkannt[5].

Chrysen wurde merkwürdigerweise auch im Erdboden aufgefunden[6].

Zahlreiche Synthesen des Chrysens sind beschrieben worden. So entsteht es beim Durchleiten der Dämpfe von Benzyl-α-naphthylmethan I durch ein glühendes Rohr[7], auf gleiche Weise wird es aus Inden gebildet[8] sowie aus einer Mischung von Cumaron und Naphthalin[9] II.

---

[1] MANNICH: B. **4**, 160 (1907).

[2] OESTERLIN, M.: Klin. Wschr. **16**, 1598 (1937).

[3] LIEBERMANN: A. **158**, 299, 307 (1871).

[4] CLAR, E., u. L. LOMBARDI: B. **65**, 1413 (1932).

[5] WINTERSTEIN, SCHÖN u. VETTER: H. **230**, 160 (1934).

[6] KERN, W.: Helv. **30**, 1595 (1947).

[7] BUNGENER u. GRAEBE: B. **12**, 1079 (1879). — Vgl. BUU-HOï, HOAN u. JAQUINONE: Soc. **1951** 1381.

[8] SPILKER: B. **26**, 1544 (1893); vgl. I.G. Farbenindustrie AG.: DRP. 596191 (1932) — C. **1935 II**, 439.

[9] KRAEMER u. SPILKER: B. **23**, 84 (1890).

Analog der PSCHORRschen Phenanthrensynthese erhielten WEITZEN-
BÖCK und LIEB[1] Chrysen aus dem Stilbenderivat III, das aus 1-Naph-
thylessigsäure und α-Nitrobenzaldehyd dargestellt wurde, indem sie die

Nitro-Gruppe in III zur Amino-Gruppe reduzierten, diazotierten, mit
Kupferpulver behandelten und die erhaltene *Chrysen-1-carbonsäure* IV
durch Erhitzen zum Chrysen decarboxylierten.

Eine andere Synthese, die von VON BRAUN und IRMISCH[2] ausgearbeitet
wurde, geht vom Zimtsäure-ester aus, der durch Aluminiumamalgam
zu Diphenyl-adipinsäure-ester reduziert und kondensiert wird. Das
Chlorid der Säure V gibt mit Aluminiumchlorid den Ringschluß zu

Diketo-hexahydrochrysen VI, das zu *Hexahydro-chrysen* VII reduziert und
dann zum Chrysen dehydriert wird.

R. D. HAWORTH und C. R. MAVIN[3] stellten zuerst 2-Phenanthroyl-
propionsäure VIII dar, die nach der Reduktion des Carbonyls beim

---

[1] WEITZENBÖCK u. LIEB: Mh. Chem. **33**, 561 (1912).

[2] VON BRAUN u. IRMISCH: B. **64**, 2461 (1931). — Vgl. RAMAGE u. ROBINSON:
Soc. **1933**, 607.

[3] HAWORTH, R. D., u. C. R. MAVIN: Soc. **1933**, 1012.

Ringschluß mit Schwefelsäure *Keto-tetrahydro-chrysen* IX gibt. Reduktion von IX führt weiter zu *Tetrahydro-chrysen* X, das mit Selen zu Chrysen dehydriert werden kann.

Ruzicka und Hösli[1] gewannen Chrysen aus XI, mit Aluminiumchlorid. XI wurde aus α-Tetralon und β-Phenyläthyl-magnesiumbromid erhalten.

XI XII

Auch XII gibt nach der Cyclisierung mit Schwefelsäure und Eisessig bei der Dehydrierung Chrysen[2]. Die Kondensation der Na-Verbindung des α-Tetralons mit Acetyl-cyclohexen liefert die Verbindungen XIII, XIV und XV nebeneinander. Sie können reduziert und dann zu Chrysen dehydriert werden[3]:

XIII XIV XV

Dihydrophenanthren-dicarbonsäure-anhydrid XVI reagiert nach L. F. Fieser, M. Fieser und E. B. Hershberg[4] mit Butadien (R = H oder CH_3) unter Bildung von XVII, das beim Erhitzen mit Kaliumhydroxyd Chrysen liefert.

XVI XVII

1-β-Naphthyl-cyclohexen, das aus β-Naphthyl-magnesiumbromid und Cyclohexanon und folgende Dehydratisierung des Carbinols gewonnen werden kann, reagiert nach F. Bergmann und E. Bergmann[5] mit Maleinsäure-anhydrid unter Bildung eines *Oktahydro-chrysen-1.2-dicarbonsäureanhydrids* (s. S. 154).

[1] Ruzicka u. Hösli: Helv. **17**, 470 (1934).
[2] Cook u. Dansi: Soc. **1935**, 500.
[3] Peak, D. A., u. R. Robinson: Soc. **1936**, 759.
[4] Fieser, F. L., M. Fieser u. E. B. Hershberg: Am. Soc. **58**, 1463 (1936).
[5] Bergmann, F., u. E. Bergmann: Am. Soc. **62**, 1699 (1940).

Chrysen bildet sich weiterhin bei der Dehydrierung des Cholesterins[1], anderer Sterine und des Follikelhormons[2], obwohl das Skelett des Chrysens in diesen Verbindungen nicht enthalten ist.

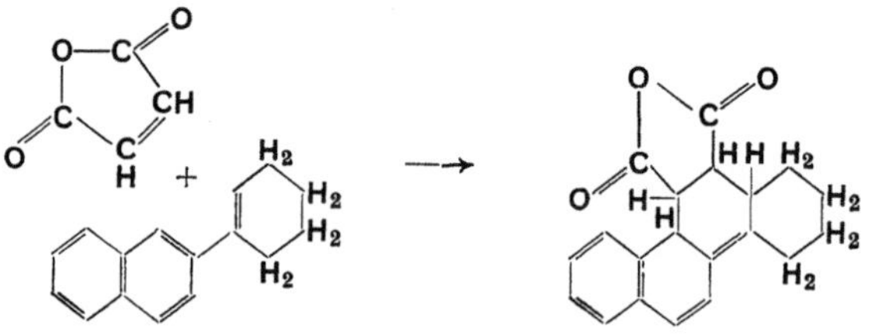

Chrysen läßt sich auch durch Zinkstaubschmelze von synthetischem *2.8-Dioxy-chrysen* (s. S. 157) gewinnen[3]. Vom 1-Dekalon, Acetylen und K-tert.-Amylat ausgehend ist Chrysen über die GRIGNARD-Verbindung und deren Reaktion mit Cyclohexanon in dieser Reaktionsfolge erhalten worden[4]:

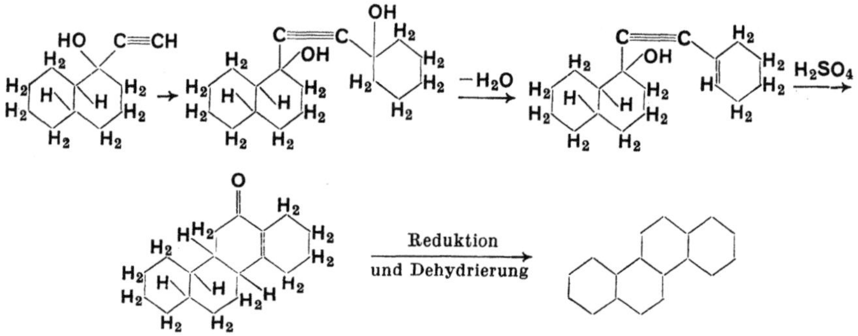

1.1'-Dicyclohexenyl-acetylen kondensiert sich zweimal mit Maleinsäureanhydrid unter Bildung eines Produktes, dessen Dehydrierung Chrysen ergibt[5].

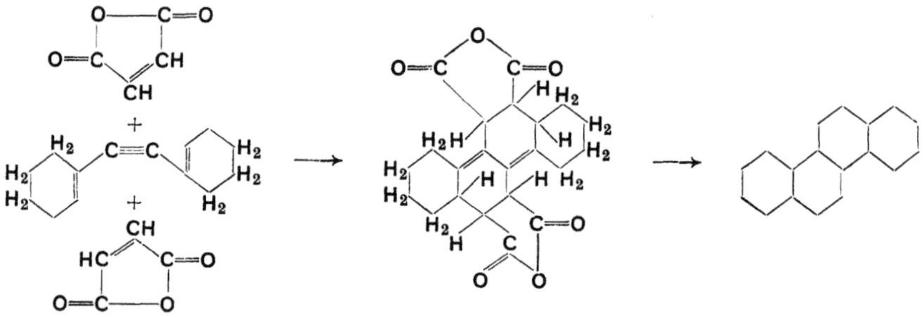

[1] DIELS, O., u. W. GÄDKE: B. **60**, 140 (1927) — A. **459**, 1 (1927).
[2] BUTENANDT, A., u. H. THOMPSON: B. **67**, 140 (1934).
[3] BADGER, G. M.: Soc. **1948**, 999.
[4] MARVEL, C. S., D. E. PEARSON u. L. A. PATTERSON: Am. Soc. **62**, 2659 (1940).
[5] JOSHEL, L. M., L. W. BUTZ u. I. FELDMANN: Am. Soc. **63**, 3348 (1941).

Eigenschaften. Reines *Chrysen*, das im Handel zu haben ist, bildet farblose, sublimierbare Tafeln, die bei 255—256° (korr.) schmelzen. Sie sind in Alkohol, Schwefelkohlenstoff, Eisessig und Äther nur wenig löslich, gut löslich in warmem Benzol und Xylol. Die Lösungen sowie die Krystalle fluorescieren blau. Geringe Mengen *Tetracen* (Chrysogen) zerstören die Fluorescenz. Mit Pikrinsäure bildet Chrysen ein Pikrat. Besonders charakteristisch ist die Verbindung mit 2.7-Dinitro-anthrachinon. *Absorptionsspektrum* s. Abb. 35.

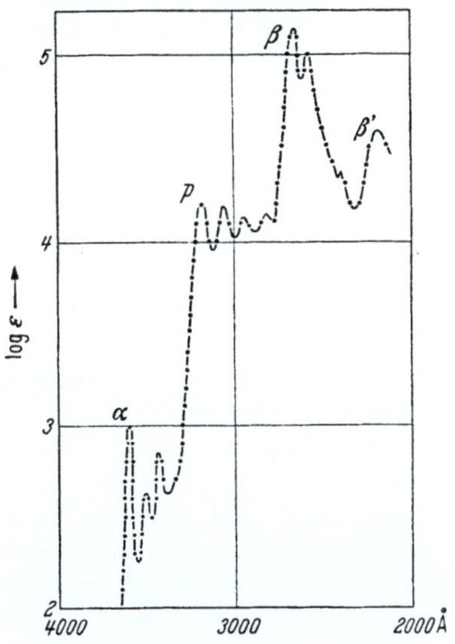

Abb. 35. Absorptionsspektrum des *Chrysens* in Alkohol. [Nach E. CLAR u. L. LOMBARDI: B. **65**, 1412 (1932).] Lage der Banden in Å: α, 3600, 3510, 3435; p, 3190, 3060, 2950, 2830; β, 2670, 2590; β'' 2410, 2200. Die beiden letzten Banden sind entnommen von W. V. MAYNEORD u. E. M. ROE: Proc. Roy. Soc. London (A) **152**, 319 (1935).

Additionsreaktionen. Die Hydrierung des Chrysens ist durch v. BRAUN und IRMISCH[1] nochmals eingehender studiert worden. Mit Wasserstoff und Nickel entsteht *Dodekahydro-chrysen* XVIII. Partielle Dehydrierung von XVIII mit Selen oder Schwefel führt zu *Oktahydro-chrysen* XIX, dessen weitere Hydrierung *Hexadekahydro-chrysen* XX ergibt. XVIII wird auch mit Jodwasserstoff und Phosphor gebildet. *Perhydro-chrysen* kann aus schwefelfreiem Ausgangsmaterial bei der katalytischen Hydrierung mit Nickel erhalten werden[2].

Substitutionsreaktionen. Bei der Einwirkung von Sulfurylchlorid auf Chrysen in Nitrobenzol entsteht *2-Chlorchrysen*[3], entsprechend wird mit Brom *2-Bromchrysen* erhalten. Mit Chlor bei 100° wird ein *Dichlor-*, bei 160—170° ein *Trichlor-chrysen* gebildet. Brom in Schwefelkohlen-

---

[1] v. BRAUN u. IRMISCH: B. **65**, 883 (1932). — Vgl. LIEBERMANN u. SPIEGEL: B. **22**, 135 (1889). — SPILKER u. ZERBE: Ang. Ch. **39**, 997 (1926).

[2] SPILKER, A.: Ang. Ch. **48**, 368 (1935).

[3] I.G. Farbenindustrie AG.: F. P. 793893 (1935); F. P. 794534 (1935) — C. **1936 I**, 4075.

stoff gibt ein *Dibrom-chrysen*[1]. Die Dihalogenverbindungen sind nach K. FUNKE und J. RISTIC die 2.8-Derivate[2]. Mit Salpetersäure in Eisessig wird *6-Nitrochrysen* gebildet[3]. Beim Kochen mit Salpetersäure oder in Nitrobenzol bei 100° entsteht *Dinitrochrysen*[1,4]. *Chrysen-2-sulfonsäure* kann in Acetylentetrachlorid mit Chlorsulfonsäure dargestellt werden[5].

Bei der FRIEDEL-CRAFTSschen Reaktion verhält sich Chrysen etwas einfacher als Phenanthren. Mit Benzoylchloryd und Aluminiumchlorid werden *2-Benzoyl-chrysen* und 3 *Dibenzoyl-chrysene* gebildet, von denen eines das 2.8-Derivat ist; Acetylchlorid gibt *1-* und *2-Acetylchrysen*[2,6]. Phthalanhydrid liefert eine *Chrysenoyl-o-benzoesäure*, die zu *1.2-Phthaloyl-chrysen* kondensierbar ist[6]. Mit Bernsteinsäure-anhydrid entsteht *2-Chrysenoyl-propionsäure*[7]. Oxalylchlorid ergibt die *2-Carbonsäure*[2,8], welche auch bei der Oxydation des *2-Acetyl-chrysens* entsteht.

Über einige Oxy-Derivate des Chrysens s. J. W. COOK und R. SCHOENTAL[9].

Homologe. Von homologen Chrysenen sind *1-, 4-, 6-, 1.2-, 2.8-, 4.10-Dimethyl-chrysen* und *1.2-Diphenyl-chrysen* bekannt geworden. *1.2-Dimethylchrysen* und *1.2-Diphenylchrysen* sind durch Einwirkung von Methyl-magnesiumjodid bzw. Phenyl-magnesiumbromid auf 1.2-Chrysenchinon und folgende Reduktion des Diols dargestellt worden. *1.2-Dimethylchrysen* ist außerdem noch nach der PSCHORRschen Methode hergestellt worden[10]. *2.8-Dimethylchrysen* und *4.10-Dimethylchrysen* sind beide nach dem Adipinsäureverfahren (s. oben) erhalten worden[11]. Ferner wurden noch dargestellt: *1-* und *2-Äthylchrysen*[12], *4-* und *6-Methylchrysen*[13], *1.12-Methylenchrysen*[14], *1.12-Methylenchrysen*[15]; *2-Methyl-* und *1-Methyl-6-äthylchrysen*[16]; *1-Methyl-2.3-dimethylen-chrysen*[17]; *2.8-Dimethylchrysen*[18].

---

[1] SCHMIDT, J.: J. pr. (2) **9**, 250, 271, 282 (1874).

[2] FUNKE u. MÜLLER: J. pr. (N. F.) **144**, 242, 265 (1936). — FUNKE u. RISTIC: J. pr. (N. F.) **145**, 309; **146**, 151 (1936).

[3] BAMBERGER u. BURGDORF: B. **23**, 2444 (1890). — NEWMAN, M. S., u. J. A. CATHCART: J. org. Chemistry **5**, 618 (1940).

[4] I.G. Farbenindustrie AG.: E. P. 407194 (1933) — C. **1934 II**, 338; DRP. 617106 (1933).

[5] I.G. Farbenindustrie AG.: DRP. 623592 (1934) — C. **1936 I**, 2830.

[6] I.G. Farbenindustrie AG.: DRP. 652912 (1934) — C. **1938 I**, 2064.

[7] BEYER, H.: B. **71**, 915 (1938).

[8] LIEBERMANN u. ZSUFFA: B. **44**, 207 (1911).

[9] COOK, J. W., u. R. SCHOENTAL: Soc. **1945**, 288.

[10] COOK u. GALLEY: Soc. **1931**, 2012. — HEWETT: Soc. **1940**, 293. — Vgl. FIESER u. JOCKEL: Am. Soc. **62**, 1211 (1940). — NEWMAN, M. S.: Am. Soc. **62**, 870 (1940). — BACHMANN u. EDGERTON: Am. Soc. **62**, 2550 (1940). — MARVEL, C. S., D. E. PEARSON u. L. A. PATTERSON: Am. Soc. **62**, 2659 (1940).

[11] ROBINSON, R., u. P. C. YOUNG: Soc. **1935**, 1414, 1412. — RAMAGE, G. R.: Soc. **1938**, 397.

[12] FUNKE u. MÜLLER: J. pr. (N. F.) **144**, 242 (1936).

[13] BACHMANN u. STRUVE: J. org. Chemistry **4**, 456 (1939).

[14] FIESER u. CASON: Am. Soc. **62**, 1293 (1940).

[15] NEWMAN, M. S.: Am. Soc. **62**, 2295 (1940).

[16] BRADSHER, CH. K., u. A. S. BURHANS: Am. Soc. **62**, 3140 (1940).

[17] BACHMANN, W. E., u. S. R. SAFIR: Am. Soc. **63**, 2601 (1941).

[18] GOLDBERG, L., u. R. ROBINSON: Soc. **1941**, 575.

Oxydation. Chrysen wird in siedendem Eisessig mit Chromsäure oder Natriumdichromat leicht und in guter Ausbeute zu *1.2-Chrysenchinon* XXI oxydiert[1]. Der weitere Abbau führt dann durch Destillieren des Chrysenchinons über Bleioxyd zu *Chrysoketon* XXII. Bei der Schmelze mit Kali gibt letzteres *Chrysensäure* XXIII, die auch aus *Chrysenchinon* beim Verschmelzen mit Ätzkali und Bleisuperoxyd gewonnen werden kann. Bei der Decarboxylierung liefert *Chrysensäure* β-Phenylnaphthalin XXIV[1]. Mit Permanganat gibt *Chrysenchinon* Diphthalylsäure[1].

Die Oxydation von Chrysen mit Osmiumtetroxyd in Pyridin und Benzol liefert *1.2-Dihydroxy-1.2-dihydrochrysen*, durch Wasserabspaltung entsteht daraus 2-Chrysenol[2].

Eine interessante Synthese des *2.8-Chrysenchinons* wurde von E. Beschke[3] durchgeführt. Die Dicarbonsäure XXV, die aus Benzil und Bromessigester nach Reformatzky erhalten wurde, gibt beim Ringschluß XXVI, das leicht in *2.8-Chrysenchinon* XXVII übergeht. Über eine Modifikation dieser Synthese s. G. M. Badger[4].

Biochemisches Verhalten. Hinsichtlich der cancerogenen Eigenschaften des Chrysens bestand Unklarheit. Twort und Fulton[5] gaben an, daß Chrysen schwach cancerogen wirke. G. Barry und J. W. Cook[6] beobachteten Spindelzellentumoren an Ratten beim Injizieren von in Fett gelöstem Chrysen. Beim Bepinseln der Haut entstanden keine

[1] Graebe u. Hönigsberger: A. **311**, 262 (1900) — B. **26**, 1746 (1893).
[2] Cook, J. W., u. R. Schoental: Soc. **1948**, 170.
[3] Beschke, E.: A. **384**, 143 (1911).   [4] Badger, G. M.: Soc. **1948**, 999.
[5] Twort u. Fulton: J. Path. Bact. **33**, 119 (1930).
[6] Barry, G., u. J. W. Cook: Am. J. Cancer **20**, 58 (1934).

Tumoren. Nach O. SCHÜRCH und A. WINTERSTEIN[1] ist Chrysen nicht cancerogen aktiv, wenn es chromatographisch gereinigt wurde. Diese Autoren führen die früheren Beobachtungen auf einen geringen Gehalt des Chrysens an *1.2-Benzcarbazol* zurück.

Der biologische Abbau des Chrysen im Organismus von Mäusen oder Ratten führt zu 3-Chrysenol[2]. Durch Substitution kann Chrysen aber aktiv werden, wie C. L. HEWETT[3] am *1.2-Dimethylchrysen* feststellen konnte. Nach A. HADDOW und A. M. ROBINSON[4] hat Chrysen einen geringen hemmenden Einfluß auf das Wachstum von geimpften WALKER- und JENSEN-Tumoren.

5.) 3.4-Benzphenanthren.

1.2,7.8-Dibenznaphthalin.

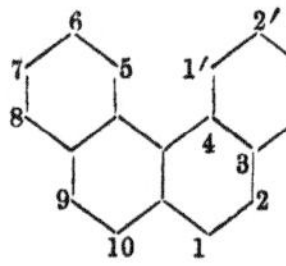

WEITZENBÖCK und LIEB[5] kondensierten β-Naphthylessigsäure mit *o*-Nitrobenzaldehyd zu I. Die Nitro-Gruppe dieses Stilbenderivates wurde reduziert, die Amino-Gruppe diazotiert und die Diazoverbindung mit Kupferpulver behandelt. WEITZENBÖCK und LIEB glaubten die *3.4-Benzphenanthren-10-carbonsäure* II und daraus durch Decarboxylierung *3.4-Benzphenanthren* III erhalten zu haben:

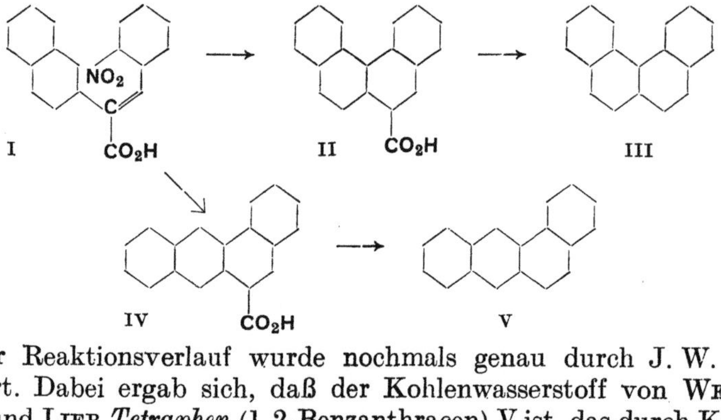

Der Reaktionsverlauf wurde nochmals genau durch J. W. COOK[6] studiert. Dabei ergab sich, daß der Kohlenwasserstoff von WEITZENBÖCK und LIEB *Tetraphen* (1.2-Benzanthracen) V ist, das durch Kondensation von I zu IV entstanden ist. Nach COOK bilden sich bei der Synthese sowohl *Tetraphen* V als auch *3.4-Benzphenanthren* III.

[1] SCHÜRCH, O., u. A. WINTERSTEIN: H. **236**, 79 (1935).

[2] BERENBLUM u. SCHOENTAL: Biochem. J. **1945**, 39.

[3] HEWETT, C. L.: Soc. **1940**, 293.

[4] HADDOW, A., u. A. M. ROBINSON: Proc. Roy. Soc. London Ser. B. **122**, 442 (1937).

[5] WEITZENBÖCK u. LIEB: Mh. Chem. **33**, 564 (1912). — Vgl. MAYER u. OPPENHEIMER: B. **51**, 510 (1918).

[6] COOK, J. W.: Soc. **1931**, 2524.

Eine Synthese, die *nur* zum *3.4-Benzphenanthren* führt, wurde von
C. L. Hewett[1] ausgearbeitet. Sie geht aus von der Diphenylmethyl-
bernsteinsäure VI, welche über das Säurechlorid mit Aluminiumchlorid
VII gibt, das zu VIII reduziert wird. Das Carboxyl von VIII wird
nach der Veresterung zu CH_2OH reduziert, in CH_2Cl übergeführt und
in die Grignard-Verbindung verwandelt, welche mit CO_2 die Carbonsäure IX gibt. Ihr Säurechlorid liefert mit Aluminiumchlorid den Ringschluß zu X, dessen Reduktion das *Hexahydro-3.4-benzphenanthren* XI
gibt, das mit Platinschwarz zu *3.4-Benzphenanthren* III dehydriert
werden kann.

VIII → VII → VI →

IX → X → XI → III

Durch Kondensation der Na-Verbindung von *cis*-2-Decalon mit
Acetyl-cyclohexen erhielten Cook und Lawrence[2] eine Mischung von
Ketonen, unter denen XII anwesend sein muß, denn das Gemisch gibt
nach der Reduktion nach Clemmensen und folgender Dehydrierung
mit Platinschwarz *3.4-Benzphenanthren* III neben *Tetraphen* (1.2-Benz-
anthracen).

XII → III ← XIV ← XIII

M. S. Newman und L. M. Joshel[3] gelang der Ringschluß der Benz-
hydryl-glutarsäure XIII über das Säurechlorid zu XIV, das nach der
Reduktion der Carbonyle mit Platinschwarz zu *3.4-Benzphenanthren*
dehydriert wurde.

---

[1] Hewett, C. L.: Soc. **1936**, 596. — [2] Cook u. Lawrence: Soc. **1937**, 817.
[3] Newman, M. S., u. L. M. Joshel: Am. Soc. **60**, 485 (1938).

Eine andere mehr allgemein anwendbare Methode, die zur Zeit die einfachste sein dürfte, ist von C. L. HEWETT[1] berichtet worden. Danach

wird 1-Bromnaphthyl-2-essigsäure mit Benzaldehyd zu XIV kondensiert. Durch Kochen mit Kaliumhydroxyd in Chinolin entsteht *3.4-Benzphenanthren-10-carbonsäure* XV, die sich mit Kupferpulver zu *3.4-Benzphenanthren* decarboxylieren läßt.

4-Keto-1.2.3.4-tetrahydrophenanthren wird der REFORMATZKY-Reaktion unterworfen und das Kondensationsprodukt XVII mit Natrium und Methanol zum *Carbinol* XVIII reduziert. Ersatz des Hydroxyls durch Br und Kondensation mit Na-Malonester gibt nach der Decarboxylierung und Dehydrierung die Buttersäure XIX, Ringschluß, Reduktion und Dehydrierung geben *3.4-Benzphenanthren* III[2].

3.4-Benzphenanthren ist auch nach einer Diensynthese aus 1-Phenyldihydronaphthalin XXI und Maleinsäureanhydrid erhalten worden[3]:

Eigenschaften. *3.4-Benzphenanthren* bildet leicht lösliche Nadeln aus Alkohol mit dem bemerkenswert niedrigen Schmelzpunkt von 68°. Sein Pikrat schmilzt bei 126—127° und bildet zinnoberrote Nadeln. *Absorptionsspektrum* s. Abb. 36.

[1] HEWETT, C. L.: Soc. **1938**, 1286.
[2] BACHMANN, W. E., u. R. O. EDGERTON: Am. Soc. **62**, 2970 (1940).
[3] SZMUSZKOVICZ, J., u. E. J. MODES: Am. Soc. **70**, 2542 (1948).

Homologe. Nach den beiden Methoden von HEWETT sind *2-*, *6-*, *7-*, *8-* und *10-Methyl-3.4-benzphenanthren* dargestellt worden[1]. HEWETT und MARTIN[2] haben 5.6.7.8-Tetramethyl-3.4-benzphenanthren und EVERETT und HEWETT[3] mehrere Äthyl-, *n*-Propyl-, und *i*-Propyl-3.4-benzphenanthrene erhalten. 5-Methyl-3.4-benzphenanthren und 5-Methyl-3.4-benzphenanthren-8-essigsäure XXII wurden von NEWMAN und WHEATLEY[4] dargestellt. XXII läßt sich interessanterweise in optische Antipoden aufspalten[5]. NEWMAN und JOSHEL[6] erhielten nach ihrer Synthese *2-Methyl-*, *2.9-Dimethyl-* und *2.9-Diäthyl-3.4-benzphenanthren*. ADELSON und BOGERT[7] bauten *2-Isopropyl-8-methyl-3.4-benzphenanthren* aus Reten und Bernsteinsäure-anhydrid auf. L. F. FIESER, M. FIESER und E. B. HERSHBERG[8] synthetisierten *6.7-Dimethyl-3.4-benzphenanthren* aus 1.2-Dihydro-phenanthren-3.4-dicarbonsäure-anhydrid und 3.4-Dimethyl-butadien. *2-Methyl-3.4-benzphenanthren* wurde von HEWETT[9] aus dem Keton X mit Methylmagnesiumjodid und nachfolgender Dehydrierung erhalten. In gleicher Weise wurde auch *2-Äthyl-3.4-benzphenanthren* dargestellt[10]. *4'.5-Oxydo-3.4-benzphenanthren* XXIII befindet sich im Steinkohlenteer[11].

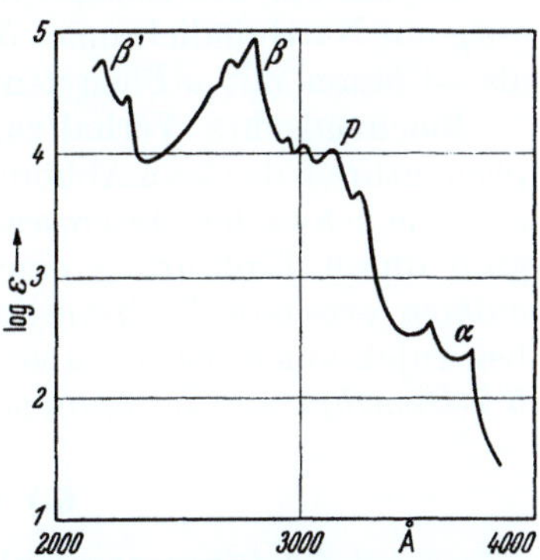

Abb. 36. Absorptionsspektrum des *3.4-Benzphenanthren* in Alkohol. [Nach W. V. MAYNEORD u. E. M. ROE: Proc. Roy. Soc. London (A) **158**, 642 (1937).] Lage der Banden in Å: α, 3720, 3530; 3250; *p*, 3150, 3030, 2960; β, 2810, 2720; 2290; β', 2180.

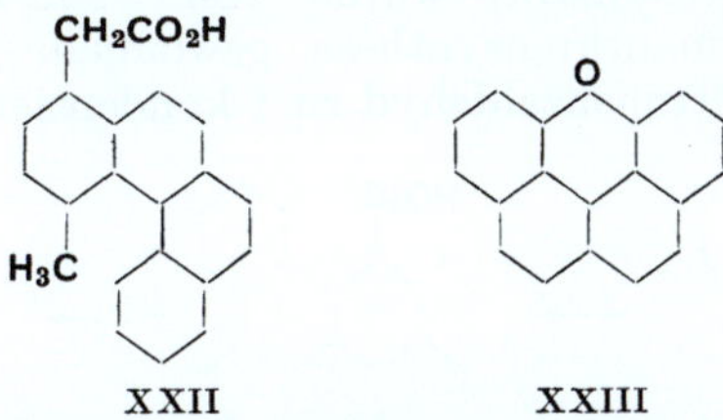

XXII   XXIII

2-Brom, Nitro- und *Acetyl-3.4-benzphenanthren* sind durch direkte Substitution erhalten worden. Aus der Brom-Verbindung wurde weiter

---

[1] HEWETT: Soc. **1938**, 1286; **1940**, 293.

[2] HEWETT u. MARTIN: Soc. **1940**, 1396.

[3] EVERETT u. HEWETT: Soc. **1940**, 1159.

[4] NEWMAN u. WHEATLEY: Am. Soc. **70**, 1913 (1948).

[5] 7- und 8-Methyl-3.4-benzphenanthren, s. SZMUSZKOVICZ u. MODEST: Am. Soc. **72**, 560 (1950).

[6] NEWMAN u. JOSHEL: Am. Soc. **62**, 972, (1940). — MUKHERJI u. RAO: Nature **168**, 1041 (1951).

[7] ADELSON u. BOGERT: Am. Soc. **59**, 1776 (1937).

[8] FIESER, L. F., M. FIESER u. E. B. HERSHBERG: Am. Soc. **58**, 1463 (1936).

[9] HEWETT, C. L.: Soc. **1938**, 1286.

[10] NEWMAN u. JOSHEL: Am. Soc. **62**, 972 (1940).

[11] KRUBER, O.: B. **74**, 1688 (1941).

über das Nitril die *3.4-Benzphenanthren-2-carbonsäure* dargestellt. Aus der Nitro-Verbindung wurde ferner das Amin gewonnen[1].

Oxydation. 3.4-Benzphenanthren gibt bei der Oxydation in Eisessig mit Natriumdichromat *3.4-Benzphenanthren-9.10-chinon* XVI[2], das als *o*-Chinon mit *o*-Phenylendiamin ein *Azin* gibt.

Biochemisches Verhalten. Es ist bemerkenswert, daß 3.4-Benzphenanthren, das kein Abkömmling des *Tetraphens* (1.2-Benzanthracens) ist, eine schwache *cancerogene* Wirksamkeit besitzt. Sie wird aber sehr groß durch Einführung einer Methyl-Gruppe. *2-Methyl-3.4-benzphenanthren* erzeugte 7 Epitheliome und 5 Papillome unter 20 Mäusen[3], bei Injektionen ist es aber ebenso wie *2.9-Dimethyl-*, *2.9-Diäthyl-*, *6.7-Dimethyl-* und *2-Isopropyl-8-methyl-3.4-benzphenanthren* unwirksam[4].

<h2 style="text-align:center">6.) 1.2.-Benzchrysen.</h2>

1.2,3.4-Dibenzphenanthren.   1.2,3.4,5.6-Tribenznaphthalin.

Obwohl dieser Kohlenwasserstoff in der Literatur mit *1.2,3.4-Dibenzphenanthren* bezeichnet wird, ist hier die Bezeichnung *1.2-Benzchrysen* gewählt worden, da die Namen immer vom größten Ringsystem mit einem *Trivialnamen* abzuleiten sind.

Dieser Kohlenwasserstoff wurde von C. L. HEWETT[5] nach der PSCHORRschen Phenanthrensynthese gewonnen. Phenanthryl-9-essigsäure wird mit *o*-Nitrobenzaldehyd zu I kondensiert. Die Nitro-Gruppe

[1] NEWMAN, M. S., u. A. I. KOSAK: J. org. Chemistry **14**, 375 (1949).

[2] COOK, J. W.: Soc. **1931**, 2524.

[3] BACHMANN, COOK, DANSI, DE WORMS, HASLEWOOD, HEWETT u. ROBINSON: Proc. Roy. Soc. London (B) **123**, 358 (1937). — BADGER, COOK, HEWETT, KENNAWAY, KENNAWAY u. MARTIN: Proc. Roy. Soc. London (B), **131**, 170 (1942).

[4] NEWMAN u. JOSHEL: Am. Soc. **62**, 972 (1940).

[5] HEWETT, C. L.: Soc. **1398**, 193.

von I wird zur Amino-Gruppe reduziert, diese diazotiert und mit Kupfer-pulver behandelt. Die entstehende Carbonsäure II enthält als Neben-produkt noch eine Oxysäure, die durch methylalkoholische Salzsäure in das Lacton III übergeführt und so abgetrennt wird. Die *1.2-Benz-chrysen-7-carbonsäure* II läßt sich durch Kochen mit Kupferpulver in Chinolin decarboxylieren zu *1.2-Benzchrysen* IV.

F. BERGMANN und J. SZMUSZKOWICZ[1] gewannen *9-Cyclohexenyl-phenanthren* VI aus 9-Phenanthryl-magnesiumbromid und Cyclohexa-non. Diensynthese mit Maleinsäureanhydrid gibt VII, daraus durch Dehydrierung und Decarboxylierung *1.2-Benzchrysen* IV.

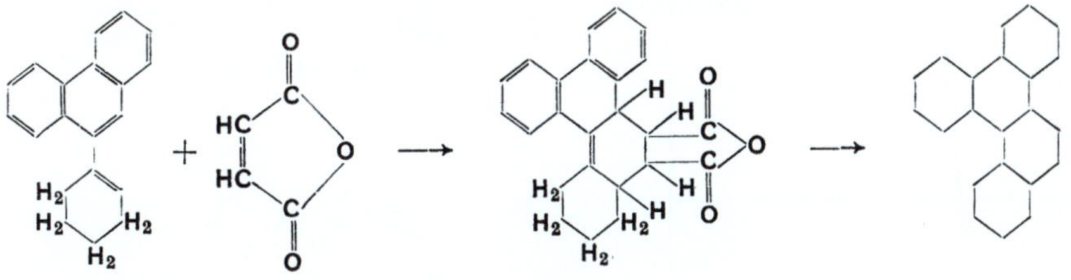

Ein anderer synthetischer Versuch geht vom *Chrysen* und *Bern-steinsäureanhydrid* aus. Diese beiden bilden in Gegenwart von Alu-miniumchlorid die *Ketonsäure* VIII. Bei der Reduktion entsteht daraus die *Chrysenylbuttersäure* IX, die beim Ringschluß X liefert[2]. Die Re-duktion nach CLEMMENSEN gibt das Carbinol XI, aus dem die Wasser-abspaltung nicht gelungen ist[3].

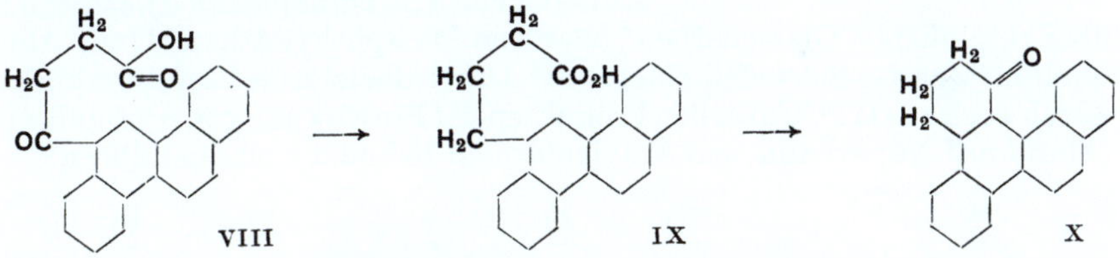

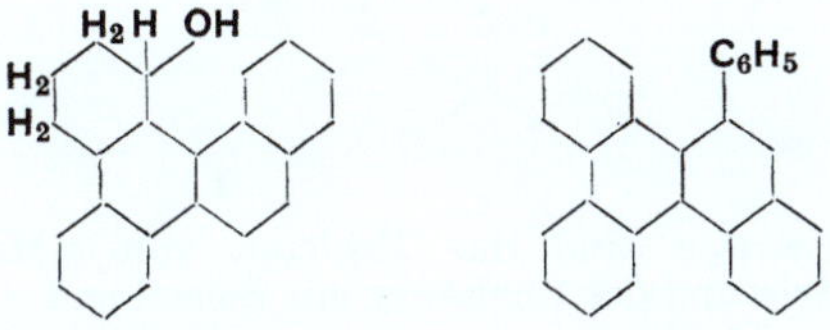

Ein *10-Phenyl-1.2,3.4.-dibenzphenanthren* XII wird als orange-farben beschrieben[4].

Eigenschaften. *1.2-Benzchrysen* krystallisiert aus Eisessig in farb-losen Nadeln, die bei 114,5—115° schmelzen. Mit Pikrinsäure in Eis-

[1] BERGMANN, F., u. J. SZMUSZKOWICZ: Am. Soc. **69**, 1367 (1947).
[2] BEYER, H.: B. **71**, 915 (1938).
[3] COOK, J. W., u. W. GRAHAM: Soc. **1944**, 329.
[4] BERGMANN, F.: Am. Soc. **64**, 69 (1942).

essig entsteht ein scharlachrotes Pikrat vom Schmelzpunkt 140—140,5°. *Absorptionsspektrum* s. Abb. 37.

Oxydation. In siedendem Eisessig mit Natriumdichromat gibt der Kohlenwasserstoff ein in roten Nadeln krystallisierendes *Chinon* vom Schmelzpunkt 237—238°, das mit *o*-Phenylendiamin ein *Azin* bildet, und dem daher die Formel eines *1.2-Benzchrysen-7.8-chinons* V zukommt.

7.) Picen.

3.4-Benzchrysen. 1.2,7.8-Dibenz-phenanthren

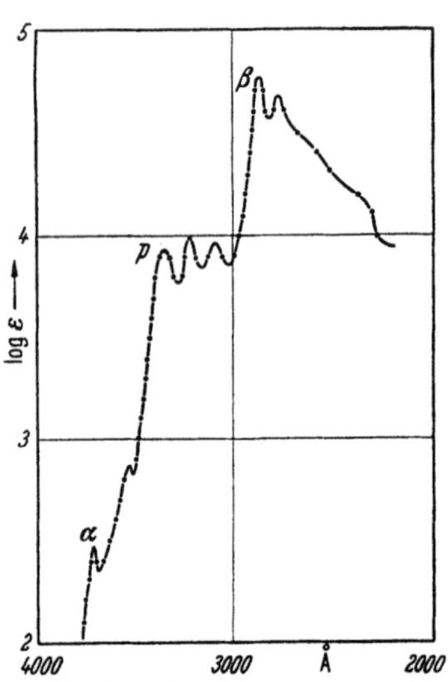

Abb. 37. Absorptionsspektrum des *1.2-Benzchrysens* in Alkohol. (Nach E. CLAR: Privatmitteilung.) Lage der Banden in Å: α, 3710, 3520; p, 3340, 3210, 3080; β, 2860, 2765.

Picen wurde zuerst im *Braunkohlenteer-Pech* von BURG[1] und im *Petroleum-Pech* von GRAEBE und WALTER[2] aufgefunden. Bei der Behandlung von Braunkohlenteer-Pech mit Schwefel beobachtete es BOYEN[3]. Ferner entsteht es beim Destillieren von α.β-Di(naphthyl-1)-äthylen I über rotglühende Glasscherben[4] oder von Dinaphthyl-äthan II mit Aluminiumchlorid in Schwefelkohlenstoff[5]. Durch das letztere Verfahren bildet es sich auch aus III[5]. Unter den Produkten der Einwirkung von Aluminiumchlorid auf Naphthalin und Äthylenbromid befindet sich auch Picen[6].

I   II   III

Andere Bildungsweisen sind das Erhitzen von α-Methylnaphthalin mit Schwefel[7], die Dehydrierung der Cholsäure mit Selen[8] und die spaltende Hydrierung von bituminösen Stoffen[9].

----

[1] BURG: B. **13**, 1834 (1880). — [2] GRAEBE u. WALTER: B. **14**, 175 (1881).
[3] BOYEN: Jber. Chem. **1889**, 744. — [4] HIRN: B. **32**, 3341 (1899).
[5] RUZICKA u. HÖSLI: Helv. **17**, 470 (1934). — Vgl. BUU-HOÏ, HOAN u. JAQUINONE: Soc. **1951**, 1381.
[6] LESPIEAU: Bl. (3) **6**, 238 (1891). — HOMER: Soc. **97**, 1144 (1910).
[7] FRIEDMANN: B. **49**, 281 (1916).
[8] RUZICKA, THOMANN, BRANDENBERGER, FURTER u. GOLDBERG: Helv. **17**, 200 (1934).
[9] I.G. Farbenindustrie AG.: E.P. 435254; F.P. 781543 (1934)—C. **1936 II**, 3618.
* Bezifferung nach RUZICKA u. MÖRGELI: Helv. **19**, 377 (1936).

Aus den letzten Anteilen bei der Destillation des Braunkohlenteers wird Picen durch Auskochen mit Petroläther, Krystallisation aus Cumol und Xylol und Sublimation erhalten[1]. Durch doppelte PSCHORRsche Synthese wurde Picen von WALDMANN und PITSCHAK[2] dargestellt. Zweimalige Kondensation von o-Xylylendicyanid mit o-Nitro-benz-aldehyd ergibt IV, daraus durch Verseifung V, dessen Nitro-Gruppen zu Amino-Gruppen reduziert werden. Diazotieren und Behandeln der Diazoverbindung mit Kupferpulver liefert *Picen-dicarbonsäure* VI, die mit Natronkalk zu *Picen* decarboxyliert wird.

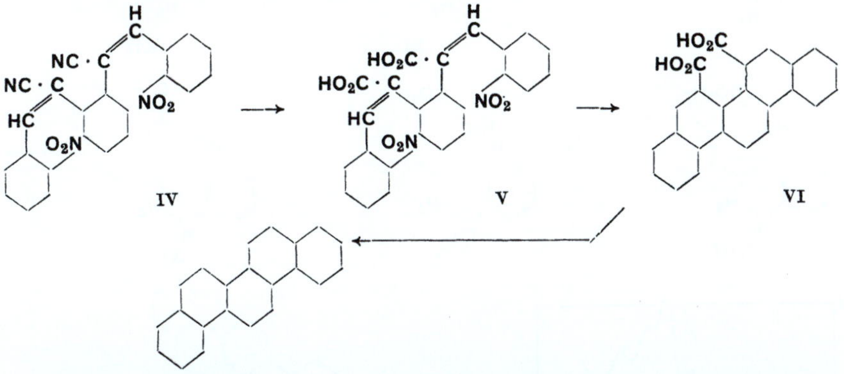

Eine Diensynthese mit Tetrahydrodinaphthyl VII und Maleinsäure-anhydrid ergibt *Oktahydro-picen-dicarbonsäureanhydrid* VIII, mit Brom wird daraus *Tetrahydro-picen-dicarbonsäure-anhydrid* IX, das beim Er-hitzen mit Kupferpulver und Baryt und nachfolgender Dehydrierung mit Palladiumkohle zum Picen führt[3].

Nach H. MEYER und HOFMANN[4] ist Picen der Hauptbestandteil des „*Crackens*".

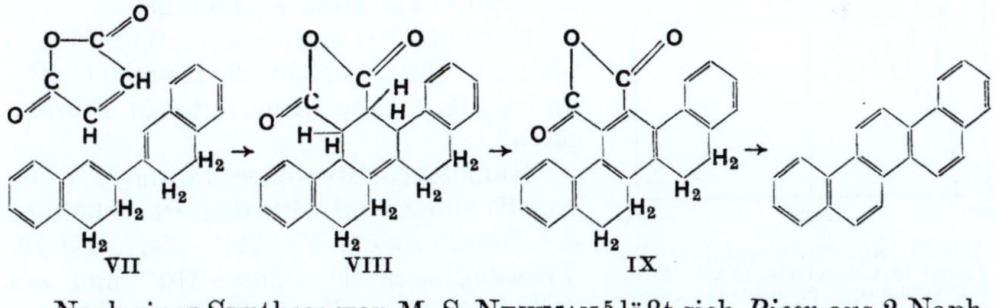

Nach einer Synthese von M. S. NEWMAN[5] läßt sich *Picen* aus 2-Naph-thyl-methyl-cyanid X und β-Bromäthyl-benzol mit Natriumamid dar-stellen. Das Nitril XI wird verseift, die Carbonsäure in das Chlorid über-geführt und diese mit Aluminiumchlorid zu XII ringgeschlossen. REFOR-MATZKI-Reaktion mit XII und Bromessigester gibt nach der Ver-

[1] BAMBERGER u. CHATTAWAY: A. **284**, 61 (1895).
[2] WALDMANN u. PITSCHAK: A. **527**, 183 (1937).
[3] WEIDLICH, H. A.: B. **71**, 1203 (1938).
[4] MEYER, H., u. HOFMANN: Mh. Chem. **37**, 715 (1916).
[5] NEWMAN, M. S.: J. org. Chemistry **9**, 518 (1944).

seifung XIII, daraus durch partielle Hydrierung XIV, dessen Säurechlorid beim Ringschluß XV liefert, aus dem durch Dehydrierung Picen gewonnen wird.

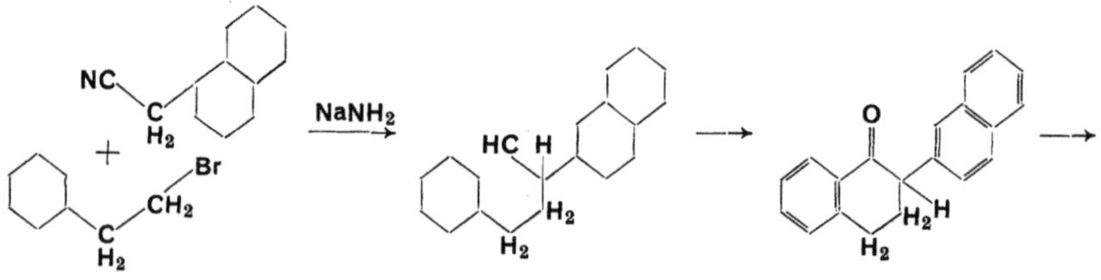

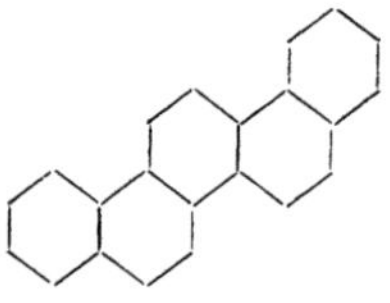

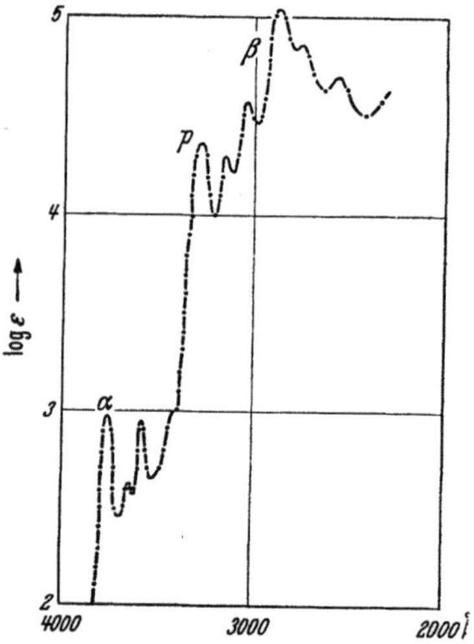

Abb. 38. Absorptionsspektrum des *Picens* in Chloroform. [Nach W. V. MAYNEORD u. E. M. ROE: Proc. Roy. Soc. London (A) **152**, 319 (1935).] Lage der Banden in Å: α, 3760, 3640, 3575; p, 3285, 3140, 3030; β, 2865, 2750, 2575.

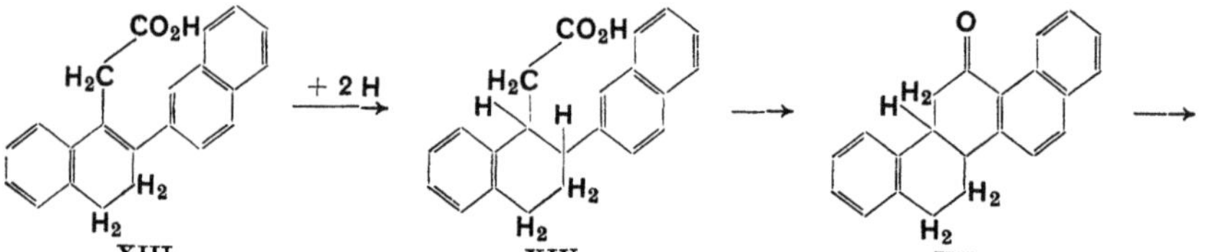

Eigenschaften. Reines *Picen* bildet farblose, schwer lösliche, blau fluorescierende Blätter, die bei 364° (korr.) schmelzen und bei 518 bis 520° sieden. In konzentrierter Schwefelsäure löst es sich farblos. Sein *Absorptionsspektrum* s. Abb. 38.

Derivate. Mit Jodwasserstoff und Phosphor gibt Picen bei 250° die *Hydride* $C_{22}H_{34}$ und $C_{22}H_{36}$[1]. Mit Brom entsteht *Dibrompicen*[2].

Homologe. Homologe Picene wurden von RUZICKA und Mitarbeitern erhalten: *3.8-Dimethylpicen* F = 293—294°, *3.9.10-Trimethylpicen* F = 308—310° und ein *Polymethylpicen* F = 306°[3].

11-Methyl- und *5-Methylpicen* wurden nach der NEWMANschen Methode gewonnen.

Oxydation. Die Konstitution des durch Oxydation mit Chromsäure erhältlichen *Picenchinons* wurde lange Zeit durch die symmetrische

[1] LIEBERMANN u. SPIEGEL: B. **22**, 780 (1889).
[2] GRAEBE u. WALTER: B. **14**, 176 (1881). — BURG: B. **13**, 1837 (1880). — HIRN: B. **32**, 3343 (1899).
[3] RUZICKA u. Mitarb.: Helv. **19**, 377, 1391 (1936); **20**, 299 (1937).

Formel eines 5.6-Picenchinons XVI wiedergegeben. J. W. Cook[1] konnte jedoch zeigen, daß das durch Erhitzen mit Bleidioxyd dargestellte Picenketon die Konstitution XVII hat, dessen Struktur durch Synthese sichergestellt wurde. Picenchinon muß daher die Formel XVIII zukommen.

Biochemisches Verhalten. Reines Picen ist *nicht cancerogen* wirksam[2].

8.) 5.6-Benzchrysen.

1.2,5.6-Dibenzphenanthren.

Dieser Kohlenwasserstoff, der in der Literatur als *1.2,5.6-Dibenzphenanthren* bezeichnet wird, ist durch eine Diensynthese[3] zugänglich geworden. Diese geht vom Bisdialin-[1.2′] I und Maleinsäure-anhydrid aus:

Die *Oktahydroverbindung* II wird mit Brom zur *Tetrahydroverbindung* III dehydriert. Durch Erhitzen mit Kupferpulver und Baryt bildet sich daraus ein Öl, dessen Dehydrierung mit Palladiumkohle *5.6-Benzchrysen* IV ergibt.

C. L. Hewett[4] gewann aus 1-Brom-2-naphthylessigsäure und 1-Naphthaldehyd mittels der Perkinschen Kondensation die Säure V, die beim Schmelzen mit Kaliumhydroxyd VI gibt, das durch Decarboxylieren mit Kupferpulver in Chinolin *5.6-Benzchrysen* liefert:

[1] Cook, J. W.: Soc. **1941**, 685.
[2] Cook, Hieger, Kennaway u. Mayneord: Proc. Roy. Soc. London(B) **111**, 455 (1932). — Cook, Dodds, Hewett u. Lawson: Proc. Roy. Soc. London(B) **114**, 272 (1934).
[3] Weidlich, H. A.: B. **71**, 1203 (1938).
[4] Hewett, C. L.: Soc. **1938**, 1286.

E. Bergmann[1] stellte aus 4-Keto-1.2.3.4-tetrahydro-phenanthren und β-Phenyläthyl-magnesiumchlorid und Wasserabspaltung aus dem

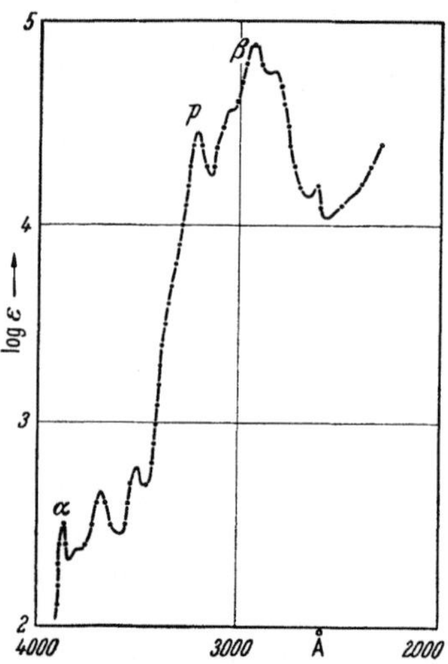

Carbinol zunächst VII dar, das beim Ringschluß mit Aluminiumchlorid in Schwefelkohlenstoff VIII ergibt, dessen Dehydrierung mit Selen zu *5.6-Benzchrysen* und einem anderen Kohlenwasserstoff führt.

Eigenschaften. *5.6-Benzchrysen* krystallisiert aus Eisessig in farblosen Nadeln vom Schmelzpunkt 127° und bildet ein in orangeroten Nadeln krystallisierendes Pikrat vom Schmelzpunkt 126,5—127°. Die niedrigen Schmelzpunkte von 1.2- und 5.6-Benzchrysen sind im Vergleich zu dem sehr hohen des Picens (2.3-Benzchrysens) bemerkenswert und offenbar eine Folge der geringen Symmetrie der ersteren. *Absorptionsspektrum* s. Abb. 39.

9.) 3.4,5.6-Dibenzphenanthren.

Abb. 39. Absorptionsspektrum des *5.6-Benzchrysens* in Alkohol. (Nach E. Clar: Privatmitteilung.) Lage der Banden in Å: α, 3860, 3670, 3490; p, 3205, 3060; β, 2925, 2810; 2310.

3.4,5.6-Dibenzphenanthren wurde zuerst von Weitzenböck und Klingler[2] nach der Pschorrschen Phenanthrensynthese erhalten. Sie kondensierten p-Phenylen-diessigsäure zweimal mit o-Nitrobenzaldehyd zu I. Die Reduktion der beiden Nitro-Gruppen zu Amino-Gruppen und deren Diazotierung und Reaktion mit Kupferpulver führt zu den beiden *Dicarbonsäuren* II und III,

[1] Bergmann, E.: Soc. **1938**, 1291.
[2] Weitzenböck u. Klingler: Mh. Chem. **39**, 315 (1918).

von denen II bei der Decarboxylierung *3.4,5.6-Dibenzphen-anthren* IV in geringer Ausbeute liefert.

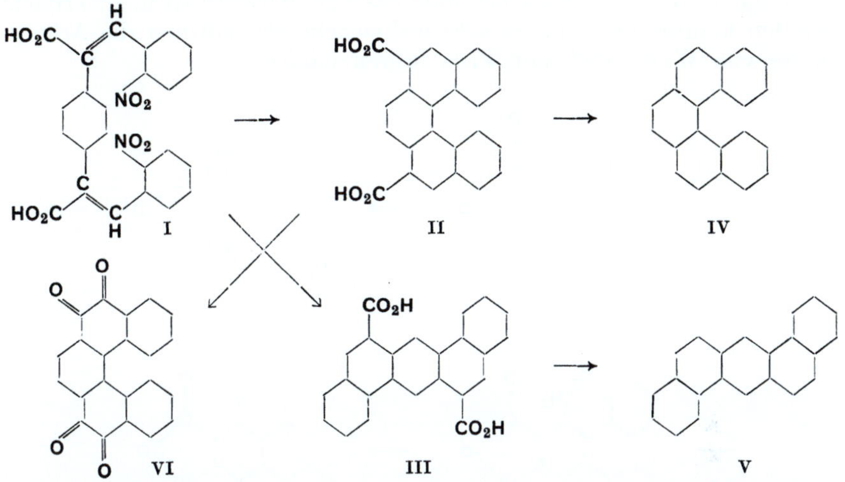

Diese Reaktionsfolge wurde nochmals von Cook[1] nachgearbeitet, wobei sich ergab, daß die Trennung vom gleichzeitig entstehenden *1.2,5.6-Dibenzanthracen* V mit Hilfe seines *Pikrates* möglich ist. *3.4,5.6-Dibenzphenanthren* gibt unter den Versuchsbedingungen kein Pikrat. Bei der Oxydation der Dicarbonsäure II bildet sich das interessante *Dichinon* VI, das aus *3.4,5.6-Dibenzphenanthren* IV nicht entsteht. Dieses gibt nur ein *Monochinon*.

Auch durch eine Diensynthese läßt sich *3.4,5.6-Dibenzphenanthren* darstellen. Sie geht vom Tetrahydro-1.1'-dinaphthyl VII aus, das mit Maleinsäure-anhydrid zur Reaktion gebracht wird. Die Dehydrierung von VIII mit Brom liefert zunächst IX, das sich in Chinolin mit Kupferpulver zu XII decarboxylieren läßt, dessen Dehydrierung mit Palladium-Kohle *3.4,5.6-Dibenzphenanthren* IV ergibt. Es läßt sich auch durch direkte Dehydrierung und Decarboxylierung aus dem *Dicarbonsäureanhydrid* IX mit Kupferpulver unter Zusatz von Zinnchlorür darstellen, welches die Bildung von *1.12-Benzperylen*[2] XI vermeiden soll[3].

Die Dehydrierung von IX mit Palladium-Kohle führt zum *1.12-Benzperylen-dicarbonsäure-anhydrid* X, das schon von E. Clar[2] auf anderem Wege erhalten worden ist[4].

Ein anderer Weg ist von C. L. Hewett[5] beschritten worden. Kondensation von 1-Brom-2-naphthylessigsäure mit 1.2.3.4-Tetrahydro-6-naphthaldehyd liefert XIII, mit schmelzendem Kaliumhydroxyd entsteht daraus neben einem Isomeren die Säure XIV, deren Dehydrierung

[1] Cook: Soc. **1933**, 1592. — [2] Clar, E.: B. **65**, 846 (1932).
[3] Weidlich, H. A.: B. **71**, 1203 (1938).
[4] Was von H. A. Weidlich [B. **71**, 1203 (1938)] übersehen wurde.
[5] Hewett, C. L.: Soc. **1938**, 1286. — Eine weitere neue Synthese des 3.4,5.6-Dibenzphenanthrens s. E. D. Bergmann u. J. Szmuszkovicz: Am. Soc. **73**, 5133 (1951).

mit Schwefel in Chinolin *1.12-Benzperylen-carbonsäure* XV ergibt. Decarboxylierung führt weiter zu *1.12-Benzperylen* XI. Obwohl die Darstellung des *3.4,5.6-Dibenzphenanthrens* von HEWETT so nicht erreicht werden konnte, erscheint es sehr wahrscheinlich, daß hier die Arbeitsweise von WEIDLICH[1] zum Ziele führen müßte.

Eigenschaften. *3.4,5.6-Dibenzphenanthren* krystallisiert aus Alkohol in langen, farblosen Nadeln vom Schmelzpunkt 177—178°. Bei der Oxydation mit Natriumdichromat in Eisessig gibt es ein *Monochinon*, das als *o*-Chinon mit *o*-Phenylendiamin reagiert. *Absorptionsspektrum* s. Abb. 40. Die nicht ebene Anordnung der Ringe konnte durch Röntgen-Strukturanalyse bewiesen werden[2].

---

[1] WEIDLICH, H. A.: B. **71**, 1203 (1938).
[2] McINTOSH, A. O., J. M. ROBERTSON u. V. VAND: Nature **169**, 332 (1952).

Biochemisches Verhalten. Wenn überhaupt, hat *3.4,5.6-Dibenz-phenanthren* nur eine sehr schwache *cancerogene* Aktivität. Unter 10 Mäusen erzeugte es nach 18 Monaten nur ein vergängliches Papillom.

10.) 1.2,7.8-Dibenzchrysen.

Tetrabenznaphthalin. Diphenylen-phenanthren.

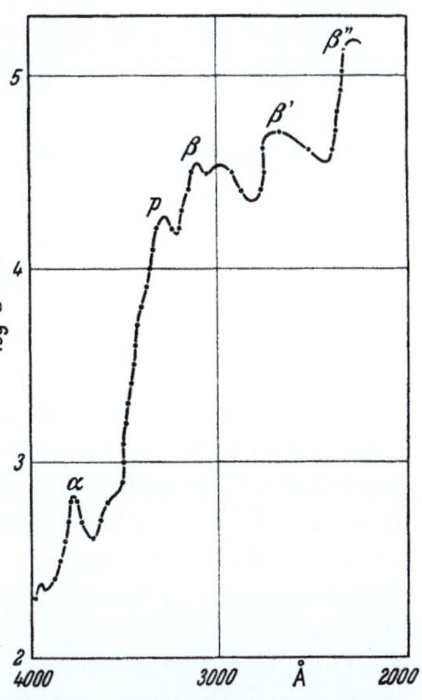

Abb. 40. Absorptionsspektrum des *3.4,5.6-Dibenzphenanthrens* in Alkohol. (Nach E. CLAR: Privatmitteilung.) Lage der Banden in Å: α, 3950, 3760; *p*, 3290; β, 3100, 3000; β', 2670.

KLINGER und LONNES[1] konnten bei der Reduktion von 10-Oxo-9-diphenylen-9.10-dihydro-phenanthren I mit Jod-wasserstoff *1.2,7.8-Dibenzchrysen* (Di-phenylen-phenanthren) III erhalten. Es bildet sich ferner nach J. SUSZKO und R. SCHILLAK[2] aus 10.10-Diphenylen-9.10-dihydro-9-phenanthrol II durch Re-tropinakolin-Umlagerung durch Erhitzen mit alkoholischer Salzsäure, sowie aus I bei der Reduktion nach CLEMMENSEN. Bei der Oxydation entsteht aus III das *Tetrabenz-cyclo-decan-1.6-dion* IV, das bei der Reduktion mit Hydrazin-hydrat und Alkohol bei 170° wieder III bildet. Mit Natrium in sieden-dem Xylol entsteht aus IV das Diol V.

[1] KLINGER u. LONNES: B. **29**, 2156 (1896). — Vgl. WERNER u. GROB: B. **37**, 2895 (1904).

[2] SUSZKO, J., u. R. SCHILLAK: Roczniki Chem. **14**, 1216 (1934) — C. **1935 I**, 2361.

E. Bergmann und Fujise[1] erhielten *1.2,7.8-Dibenzchrysen* auch durch Erhitzen von Difluorenyldisulfid VI neben anderen Kohlenwasserstoffen.

Eigenschaften. Aus Eisessig bildet *1.2.7.8-Dibenzchrysen* Nadeln vom Schmelzpunkt 215°; sein *Pikrat* schmilzt bei 200°.

III. Kohlenwasserstoffe, die drei linear kondensierte Benzolringe enthalten.

1.) Anthracen.

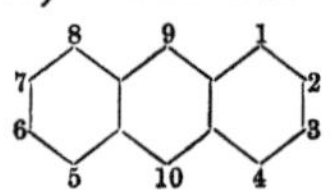

Im Jahre 1832 fanden Dumas und Laurent in den hochsiedenden Anteilen des *Steinkohlenteers* einen Kohlenwasserstoff, den sie als „*Paranaphthalin*" bezeichneten. Laurent untersuchte diesen Kohlenwasserstoff dann noch etwas genauer und nannte ihn *Anthracen*. Später, 1857, wurde das Anthracen von Fritsche, der es als ein Gemisch zweier Verbindungen „*Photen*" und „*Phosen*" auffaßte, nochmals eingehender studiert.

Die erste Synthese des Anthracens stammt von Limpricht, der es 1866 durch Erhitzen von Benzylchlorid IV → II mit Wasser erhielt. Im selben Jahre fand auch Berthelot die pyrogene Bildung des Anthracens. Eine große Bedeutung gewann das Anthracen aber erst, als es von Graebe und Liebermann 1868 durch Zinkstaubdestillation des natürlichen Alizarins gewonnen werden konnte, und mit dessen Konstitutionsermittlung der Anfang zur Synthese des ersten *Anthracenfarbstoffes* gemacht worden war.

Anthracen bildet sich bei sehr vielen pyrogenen Prozessen, z. B. aus Acetylen, Acetylen und Benzol[2] III → II, Styrol und Benzol[3], *o*-Benzyltoluol[4] I → II, Phenol[5], Toluol[6], Isopren[7], Terpentinöl[8], Steinkohlenteer[9] und Braunkohlenteer[9], Erdölrückständen[10] und Holzteer[11].

Andere Bildungsweisen sind das Erhitzen von Benzylchlorid IV unter Druck mit Wasser[12], die Pyrolyse von *o*-Methyl-benzophenon[13] V

[1] Bergmann, E., u. Fujise: A. **483**, 65 (1930).

[2] Berthelot: Bl. (2) **7**, 222, 279, 283 (1867) — A. **142**, 254 (1867) — A. ch. (4) **12**, 5 (1867).

[3] Berthelot: Bl. (2) **7**, 288 (1867) — A. **142**, 261 (1867).

[4] Behr u. van Dorp: A. **169**, 216 (1873).

[5] Kramers: A. **189**, 131 (1877).

[6] Berthelot: Bl. (2) **7**, 276 (1867).

[7] Staudinger, Endle u. Herold: B. **46**, 2466 (1913).

[8] Schultz: B. **10**, 113, 117 (1877).

[9] Liebermann u. Burg: B. **11**, 723 (1878).

[10] Letny: B. **10**, 412 (1877); **11**, 1210 (1878).

[11] Atterberg: B. **11**, 1222 (1878). — Fritsche: A. **109**, 250 (1859). — Anderson: A. **122**, 294 (1862).

[12] Limpricht: A. **139**, 308 (1866). — Zincke: B. **7**, 276 (1874).

[13] Elbs u. Mitarb.: J. pr. (2) **33**, 185 (1886); **35**, 471, 474, 481 (1887); **41**, 140, 142 (1890) — B. **17**, 2848 (1884); **18**, 1797 (1885); **19**, 409 (1886).

oder *o*-Bromtoluol[1], die Behandlung von *o*-Brom-benzylbromid VI mit
Natrium, wobei neben Anthracen auch *Dihydroanthracen* entsteht[2].

Beim Behandeln mit Aluminiumchlorid bildet sich Anthracen aus
Diphenylmethan VII[3], aus Benzol und Tetrachloräthylen VIII[4], aus

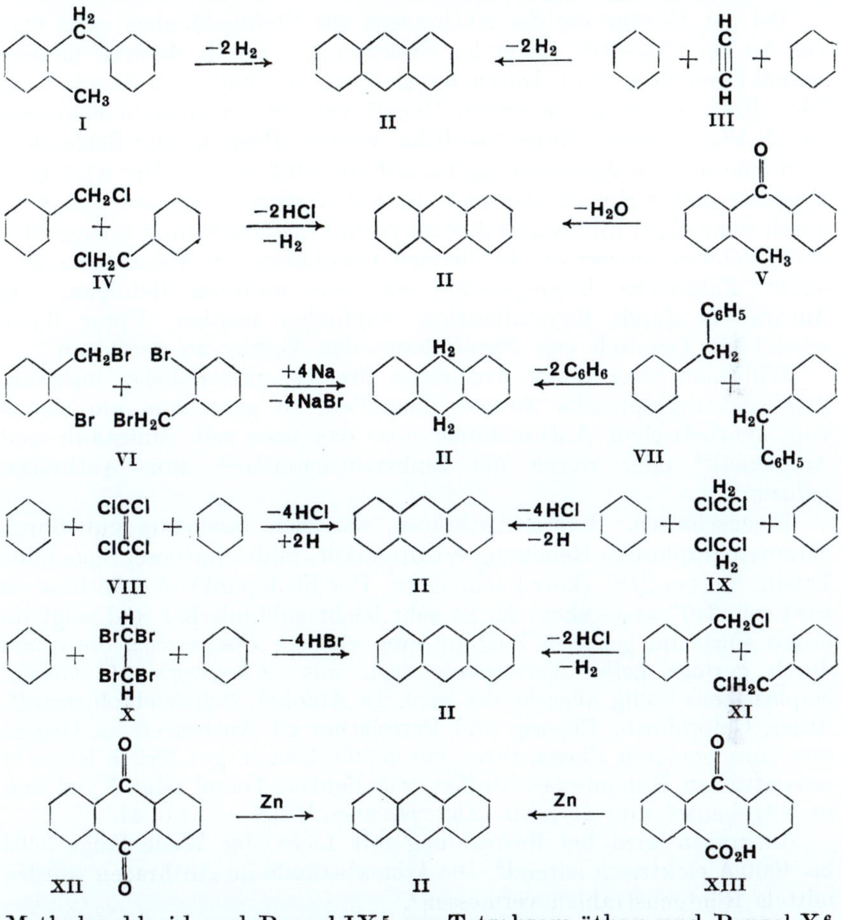

Methylenchlorid und Benzol IX[5], aus Tetrabrom-äthan und Benzol X[6],
aus Benzylchlorid XI[7], aus Acetylen und Benzol[8], aus Benzol und
Nickelcarbonyl[9]. Ferner entsteht Anthracen bei der Destillation von

[1] Meyer, H., u. Hofmann: Mh. Chem. **38**, 141 (1917).
[2] Jackson u. White: B. **12**, 1965 (1879) — Am. Soc. **2**, 391 (1880).
[3] Scholl u. Seer: B. **55**, 330 (1912).
[4] Mouneyrat: Bl. (3) **19**, 554 (1898).
[5] Friedel u. Crafts: A. ch. (6) **11**, 264 (1887).
[6] Anschütz u. Eltzbacher: B. **16**, 623 (1883). — Anschütz: A. **235**, 154,
157, 299 (1886).
[7] Perkin u. Hodgkinson: Soc. **37**, 726 (1880). — Schramm: B. **26**, 1706 (1896).
[8] Parone: C. **1903 II**, 662. — Cook u. Chambers: Am. Soc. **43**, 334 (1920).
[9] Dewar u. Jones: Soc. **85**, 213 (1904).

Phthalid mit Kalk[1], bei der Einwirkung konzentrierter Schwefelsäure auf ein Gemisch von Benzol, Essigester und Formaldehyd[2], bei der Einwirkung von Phosphorpentoxyd auf Äthylbenzyläther[3] und bei der Zinkstaubdestillation oder mit Jodwasserstoff aus Anthrachinon XII[4] oder *o*-Benzoyl-benzoesäure XIII.

Bei der Gewinnung des Anthracens aus Steinkohlenteer geht man von der bei 270—400° siedenden Fraktion aus, die als *Anthracenöl* oder *Grünöl* bezeichnet wird. Durch Krystallisation erhält man daraus 6 bis 10% Rohanthracen von einem Gehalt von 15—30% Reinanthracen. Durch Waschen mit Solventnaphtha, warmes Pressen oder Schleudern wird eine weitere Anreicherung bis auf 40—50% erzielt. Der wichtigste Begleiter dieses Rohanthracens II ist das *Carbazol*, das nach GRAEBE[5] durch Schmelzen mit Kaliumhydroxyd in Carbazol-kalium übergeführt wird, welches bei der anschließenden Destillation im Vakuum zurückbleibt. Zahlreiche Lösungsmittel sind zur weiteren Reinigung des Anthracens durch Krystallisation empfohlen worden. Unter ihnen scheint ein Gemisch von *Pyridinbasen* den Vorzug zu verdienen.

Will man ganz reines Anthracen für wissenschaftliche, insbesondere spektrographische Zwecke darstellen, so geht man am besten vom synthetischen Anthrachinon aus, das man mit Zinkstaub und Ammoniak[6] oder durch die Zinkstaubschmelze[7] zum Anthracen reduziert.

Eigenschaften. Reines Anthracen, das sich besonders gut durch chromatographische Reinigung erhalten läßt, bildet farblose, monokline Tafeln, die bei 218° (korr.) schmelzen. Der Siedepunkt des Anthracens wird mit 340° angegeben. Es ist sehr leicht sublimierbar und zeigt im festen sowie im gelösten Zustand eine violette *Fluorescenz*, die schon durch geringe gelbe Verunreinigungen mit „*Chrysogen*" (Tetracen, Naphthacen) völlig ausgelöscht wird. In Alkohol, Schwefelkohlenstoff, Äther, Chloroform, Eisessig und Petroläther ist Anthracen im Gegensatz zum isomeren Phenanthren nur mäßig löslich, gut löslich ist es in aromatischen Kohlenwasserstoffen, wie Benzol, Toluol oder Xylol und in Nitrobenzol und Pyridin. *Absorptionsspektrum* s. Abb. 41.

Anthracen wird bei Bestrahlung mit Licht der Wellenlänge 3663 bis 4000 Å elektrisch leitend[8]. Die Atomabstände im Anthracen wurden mittels Röntgenstrahlen vermessen[9].

Anthracen hat eine große Neigung zur Bildung von Molekelverbindungen. Am bekanntesten ist die mit Pikrinsäure F = 139°. Auch

[1] KRCZMAŘ: Mh. Chem. **19**, 456 (1898).
[2] THIELE u. BALHORN: B. **37**, 1467 (1904).
[3] HENZOLD: J. pr. (2) **27**, 519 (1883).
[4] GRAEBE u. LLEBERMANN: A. (Suppl.) **7**, 287, 297, 305 (1870). — v. BECCHI: B. **12**, 1977 (1879).
[5] GRAEBE: A. **202**, 22 (1880). — [6] v. PERGER: J. pr. (2) **23**, 146 (1881).
[7] CLAR, E.: B. **72**, 1645 (1939).
[8] VARTANJAN, A. T.: Doklady Akad. Nauk SSSR **71**, 641 (1950); Am. Abstr. **1950**, 5711.
[9] MATHIESON, J. M. ROBERTSON u. SINCLAIR: Acta Crystallographica **3**, 245, 251 (1950).

mit Trinitrobenzol, Pikrylchlorid, Styphninsäure und Dinitroanthrachinon entstehen Molekelverbindungen.

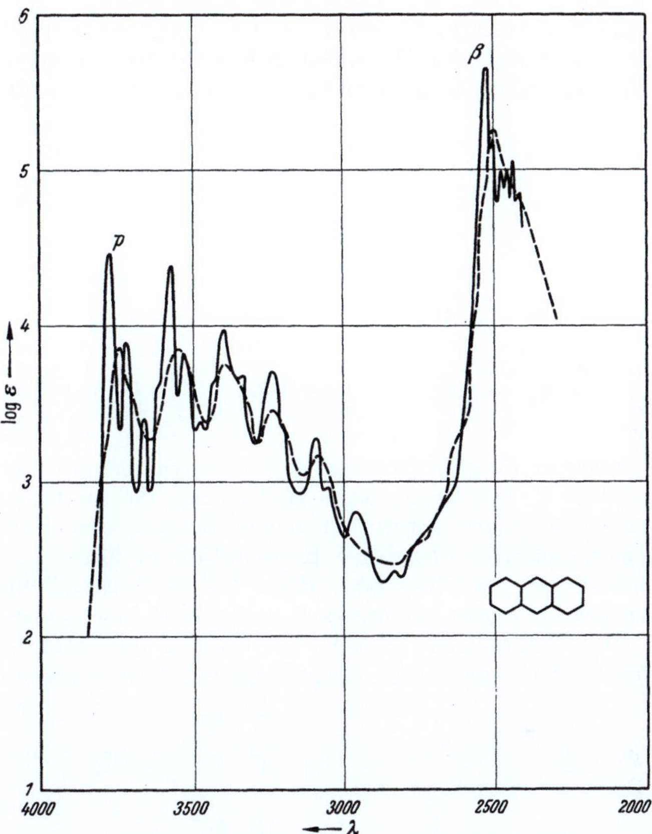

Abb. 41. Absorptionsspektrum des *Anthracens* in Methylalkohol-Äthylalkohol. [Nach E. CLAR: Spectrochimica Acta 4, 116 (1950).] ——————— bei −170°, − − − − − bei +18°.

bei +18°		bei −170°			bei +18°		bei −170°		
	3745	3785,	3730,	3675	β-Banden	2515	2545,	2525,	2495
	3545	3590,	3545,	3485			2480,	2435	
p-Banden	3380	3410,	3355						
	3230	3250							
	3080	3105							
		2975							

Additions- und Substititionsreaktionen. In ätherischer Lösung
lagert Anthracen erst 1, dann 2 Atome Natrium, unter Bildung des
blauen, sehr oxydablen *9.10-Dinatrium-9.10-dihydroanthracens* 1[1] an.

Mit Jodwasserstoff und rotem Phosphor unter Druck oder in siedendem Äthyl- oder Amyl-alkohol wird Anthracen durch Natrium zum

[1] SCHLENK, APPENRODT u. THAL: B. **47**, 479 (1914).

9.10-Dihydroanthracen II hydriert[1]. Bei der weiteren Hydrierung mit Nickel und Wasserstoff „springen" die beiden *meso-H-Atome* in einen Seitenkern und es bildet sich *1.2.3.4-Tetrahydro-anthracen* III[2]. Nach K. FRIES und K. SCHILLING[3] können bei der katalytischen Hydrierung *Tetrahydro-* und *Oktahydro-* IV neben *Dihydro-anthracen* auch direkt aus Anthracen entstehen, ohne vorherige Bildung von Dihydroanthracen.

Oktahydro-anthracen IV gibt als echtes Benzolderivat bei der Oxydation Pyromellithsäure V. Die katalytische Hydrierung, die im Endergebnis *Perhydroanthracen* liefert, scheint auch zur Bildung von *Hexahydro-* und *Decahydro-anthracen* unsicherer Konstitution zu führen[4].

Die Einwirkung von Chlor oder Brom auf in Schwefelkohlenstoff gelöstes Anthracen ergibt *Anthracen-9.10-dichlorid* bzw. *-dibromid* VI und VIII. Das Chlorderivat ist sehr unbeständig und geht leicht in *9-Chloranthracen* VII über unter Abspaltung von Chlorwasserstoff[5].

Auch das *Dibromderivat* spaltet leicht Bromwasserstoff ab und liefert beim Erwärmen *9-Brom-anthracen* IX. Die beiden Monohalogenverbindungen vermögen nochmals Halogen in derselben Weise zu addieren und geben bei nochmaliger Halogenwasserstoffabspaltung *9.10-Dichlor-* bzw. *9.10-Dibromanthracen*[6]. Mit Sulfurylchlorid kann ebenfalls

---

[1] GRAEBE u. LIEBERMANN: B. **1**, 186 (1868); B. **9**, 1202 (1876) — A. **212**, 5 (1882). — BAMBERGER u. LODTER: B. **20**, 3073 (1887). — WIELAND: B. **45**, 492 (1912).

[2] SCHROETER: B. **57**, 2003 (1924).

[3] FRIES, K., u. K. SCHILLING: B. **65**, 1494 (1932).

[4] GODCHOT: C. r. **139**, 604 (1904); **141**, 1028 (1905) — Bl. (4) **1**, 724 (1907). — IPATIEW, JACOWLEW u. RAKITIN: B. 41, 996 (1908). — SCHROETER: B. **57**, 2005 (1924). — v. BRAUN u. BAYER: B. **58**, 2680 (1925).

[5] PERKIN: Ch. N. **34**, 145 (1876) — Bl. (2) **27**, 464 (1877). — DE BARRY, E., BARNETT u. J. W. COOK: Soc. **125**, 1084 (1924).

[6] GRAEBE u. LIEBERMANN: A. (Suppl.) **7**, 274 (1870). — MEYER, K. H., u. ZAHN: A. **396**, 166 (1913).

leicht *9.10-Dichloranthracen* erhalten werden[1]. Bei 100° in Nitrobenzol entsteht damit *2.9.10-Trichloranthracen*[1], das auch durch weitere Chlorierung mit Chlor aus Dichloranthracen über Additionsverbindungen gewonnen werden kann[2]. Mit Antimonpentachlorid werden schließlich *Hexa-*, *Hepta-* und *Oktachloranthracen* dargestellt[3]. Phosphorpentachlorid gibt 9-Chlor- und 9.10-Dichloranthracen[4].

Salpetersäure wirkt auf Anthracen in. Eisessig unter Bildung des sehr unbeständigen *Nitro-dihydroanthranols* X, das leicht Wasser abspaltet und in *9-Nitro-anthracen* XI übergeht[5].

$$\text{X} \qquad \longrightarrow \qquad \text{XI} \qquad \text{XIII} \qquad \text{XII}$$

9.10-Dinitroanthracen XII entsteht durch Anlagerung von NO_2 an *Nitroanthracen* XI und Abspaltung von HNO_2.[6] Anlagerung von Stickstoffdioxyd an Anthracen führt zu XIII[6].

Anthracen ist sehr leicht sulfurierbar[7]. Die Sulfurierung in Eisessig mit Chlorsulfonsäure oder Oleum gibt 50% α- und 30% *β-Säure* und *Disulfonsäuren*[8]. In Gegenwart von Pyridin und Chlorsulfonsäure bildet sich fast nur die α-Säure. Energischere Sulfurierung liefert *1.5-* und *1.8-Disulfonsäure*[7,9]. Es ist merkwürdig, daß bei der Sulfurierung die sonst sehr reaktionsfähigen *meso*-Stellungen des Anthracens nicht angegriffen werden. Möglicherweise erfolgt auch dort der primäre Angriff der Reaktion, und die Sulfonsäure-Gruppe wandert in zweiter Phase erst in den Seitenkern ab. Dafür könnte die hohe Reaktivität der Sulfonsäure-Gruppe in der *Anthracen-9-sulfonsäure* sprechen, die aus 9-Nitroanthracen und Natriumsulfit[10] dargestellt werden kann. *Anthracen-9.10-disulfonsäure* wird aus 9.10-Dichloranthracen beim Erhitzen mit Natriumsulfitlösung unter Druck erhalten[11].

---

[1] Höchst: DRP. 289133, 292356 (1914).

[2] HAMMERSCHLAG: B. **19**, 1106 (1886). — SCHWARZER: B. **10**, 376 (1877). — Höchst: DRP. 283106 (1912). — MEYER, K. H., u. ZAHN: A. **396**, 166 (1913).

[3] DIEHL: B. **11**, 173 (1878).

[4] MIKHAILOV, B. M., u. M. SH. PROMYSLOV: J. Chim. gén. (Russ.) **20**, 338 (1950); Am. Abstr. **1950**, 6408.

[5] MEISENHEIMER: B. **33**, 3547 (1900) — A. **330**, 133 (1904). — DIMROTH: B. **34**, 219 (1901).

[6] MEISENHEIMER u. CONNERADE: A. **330**, 141 (1904). — BARNETT, COOK u. GRAINGER: Soc. **121**, 2059 (1922).

[7] LINKE: J. pr. (2) **11**, 227 (1875). — LIEBERMANN: B. **8**, 246 (1875); **11**, 1610 (1878).

[8] BAYER: DRP. 251695 (1911). — BATTEGAY u. BRANDT: Bl. (4) **31**, 910 (1922).

[9] Soc. St. Denis: DRP. 76280 (1893). — BATTEGAY u. BRANDT: Bl. (4) **33**, 1667 (1923).

[10] MARSCHALK, CH., u. N. OUROUSSOFF: Bl. (5) **2**, 1216 (1935).

[11] MINAJEW, W., u. B. FEDOROW: J. russ. physik.-chem. Ges. **61**, 143 — C. **1929 II**, 883.

Der FRIEDEL-CRAFTSschen Reaktion ist Anthracen sehr leicht zugänglich. Unter milden Bedingungen liefert Acetylchlorid in Gegenwart von Aluminiumchlorid *9-Acetyl-anthracen*, Propionylchlorid gibt *9-Propionyl-anthracen*[1]. Unter etwas energischeren Bedingungen erhält man ein Gemisch von *1-* und *2-Acetyl-anthracen*[2], mit Phenylacetylchlorid *2-Phenylacetyl-anthracen*[3]. Mit Benzoylchlorid werden *9-Benzoylanthracen* und *9.10-Dibenzoylanthracen* dargestellt[4]. Phthalanhydrid und Aluminiumchlorid liefern bei der Einwirkung auf Anthracen *9-Anthroylo-benzoesäure*[5]. Energischere Reaktion in Tetrachloräthan gibt das *1.5-Disubstitutionsprodukt*[6]. Bernsteinsäureanhydrid gibt bei dieser Reaktion ein Gemisch, aus dem sich *2-Anthroylpropionsäure* abscheiden läßt[7]. Mit Oxalylchlorid entsteht *Aceanthrenchinon* XIV neben *9-Anthroesäure*[8]. Das *9-Anthroylchlorid* kann auch mit Phosgen allein beim Erhitzen auf 180° erhalten werden[9]. *Anthracen-9-aldehyd* bildet sich aus Anthracen, Formyl-methylanilin und Phosphoroxychlorid[10].

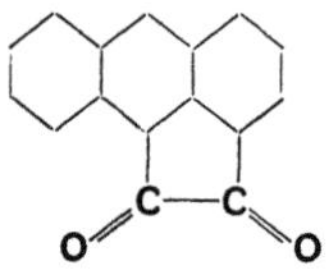

XIV 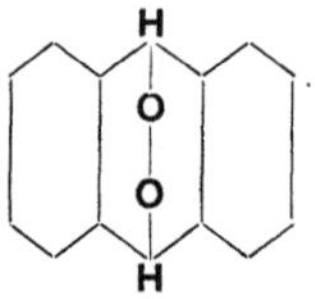   XV 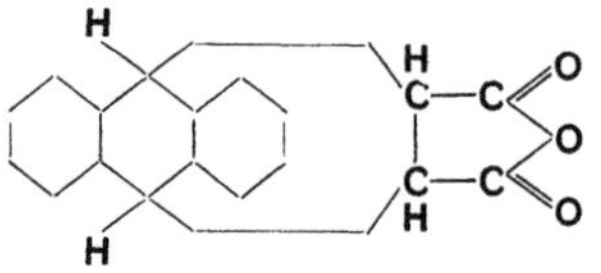   XVI

Bei Bestrahlung gibt Anthracen mit Sauerstoff ein *Photooxyd* XV[11]. Die Bildung solcher Peroxyde ist bei vielen Anthracenderivaten beobachtet worden. Unter diesen ist das *Photooxyd* des *9.10-Diphenylanthracens* erwähnenswert, das beim Erwärmen seinen Sauerstoff fast quantitativ wieder abgibt[11]. Diazoessigester gibt XVIIIa[12].

Ein sehr wichtiges *Additionsprodukt* ist das von Anthracen mit *Maleinsäure-anhydrid* XVI, das sehr leicht beim Erwärmen der Komponenten mit oder ohne Lösungsmittel entsteht[13]. Diese Reaktion ist typisch für Kohlenwasserstoffe, die wenigstens 3 linear kondensierte Benzolkerne und freie *meso*-Stellungen enthalten. Bei besetzten *meso*-

---

[1] I.G. Farbenindustrie AG.: E. P. 289585 (1927) — C. **1928 II**, 1036.

[2] I.G. Farbenindustrie AG.: F. P. 633071 (1927) — C. **1928 I**, 2209.

[3] BUU-HOI u. R. ROYER: Bl. **1946**, 659.

[4] PERRIER: B. **33**, 816 (1900). — LIPPMANN u. Mitarb.: B. **32**, 2249 (1899); **33**, 3086 (1900); **34**, 2766 (1901). — COOK: Soc. **1926**, 1282, 1677.

[5] HELLER u. SCHÜLKE: B. **41**, 3627 (1908). — HELLER: B. **45**, 665 (1912.)

[6] CLAR, E.: Chem. Ber. **81**, 169 (1948).

[7] FIESER, L. F., u. M. A. PETERS: Am. Soc. **54**, 4347 (1932).

[8] LIEBERMANN u. ZSUFFA: B. **44**, 208 (1911).

[9] GRAEBE u. LIEBERMANN: B. **2**, 678 (1869) — A. **161**, 121 (1872).

[10] I.G. Farbenindustrie AG.: F. P. 648069 (1928) — C. **1929 I**, 2826. — FIESER, HATTWELL, JONAS, WOOD u. BOSΓ: Org. Syntheses **20**, 11 (1940).

[11] Literaturzusammenstellung bei DUFRAISSE: Bl. (5) **6**, 422 (1939). — I. GILLET, u. CH. DUFRAISSE: Absorptionsspektren: C. r. **225**, 191 (1947). — DUFRAISSE, CH., u. R. PRIOU: C. r. **212**, 906 (1941). — DUFRAISSE, CH., u. L. VELLUZ: Bl. (5) **9**, 171 (1942).

[12] BADGER, G. M., J. W. COOK u. A. R. M. GIBB: Soc. **1951**, 3456.

[13] CLAR, E.: B. **64**, 1682 (1931). — DIELS u. ALDER: A. **486**, 191 (1931). — CLAR, E.: B. **64**, 2194 (1931). — Vgl. I.G. Farbenindustrie AG.: F. P. 639359 (1927) — C. **1928 II**, 2286.

Stellungen wird die Reaktion je nach den Substituenten im verschiedenen Grade erschwert[1].

An Stelle von Maleinsäureanhydrid kann auch Acetylendicarbonsäureester verwendet werden (DIELS u. ALDER[2]).

Entsprechende endocyclische Additionsprodukte entstehen aus *Anthracen* und *Äthylen* oder *Cyclohexen*[3], ferner aus *Anthracen* und *Dichlor-* oder *Trichloräthylen*[4], aus *Anthracen* und *Acrolein*[5], aus *Anthracen* und *Dihydrofuran*[6].

Mit *p-Benzochinon* bildet sich eine dem Produkt mit Maleinsäureanhydrid entsprechende Additionsverbindung XVII[7].

Schon seit dem Anfang der Anthracenchemie ist ein Dimeres des Anthracens bekannt, das als *Dianthracen* (Para-anthracen) bezeichnet wird und entsteht, wenn Lösungen von Anthracen belichtet werden[8]. Diese Dimerisierung wird auch bei einigen Anthracenderivaten beobachtet[9]. Die chemische Synthese des *Dianthracens* ist bisher nicht gelungen. Die von LINEBARGER[10] aufgestellte Formel XVIII ist am wahrscheinlichsten.

XVII	XVIII	XVIIIa

Homologe. Über die große Anzahl von Methylhomologen des Anthracens gibt die folgende Tabelle Auskunft.

Diese Methylhomologen können durch die oben beschriebenen Synthesen des Anthracens unter Verwendung entsprechender Methylderivate dargestellt werden. Einige von ihnen befinden sich im Teer und Tieftemperaturteer. *meso*-Alkyl- und Aryl-anthracene können durch Grignardierung von Anthrachinon oder Anthron gewonnen werden[11]. *9.9′-Bianthryl* wird durch Reduktion von Anthron dargestellt[12]. Auch *1.1′-Dianthryl* ist bekannt. Es läßt sich in optische Isomere aufspalten[13], desgleichen *9.9′-Dianthryl-3.3′-dicarbonsäure*[14].

---

[1] CLAR, E.: B. **64**, 2194 (1931); **65**, 503, 1411, 1521 (1932).

[2] Siehe Fußnote 13, S. 178.

[3] THOMAS, CH. L.: Universal Oil Products Co. — A. P. 2406645 (1946).

[4] ZAROSTROVA, V. M., u. B. A. ARBUZOV: Doklad. Akad. Nauk S.S.S.R. **60**, 59 (1948).

[5] SLOBODSKI, A. G., u. W. I. CHMALEWSKI: J. Chim. gén. (Russ.) **10**, 72, 1199 — C. **1941 I**, 2939.

[6] I.G. Farbenindustrie AG.: DRP. 736024 (1941) — C. **1943 II**, 1501.

[7] CLAR, E.: B. **64**, 1676 (1931).

[8] FRITZSCHE: J. pr. (1) **101**, 337 (1867); **106**, 274 (1869). — ELBS: J. pr. (2) **44**, 467 (1891). — ORNDORFF u. CAMERON: Am. Soc. **17**, 670 (1895). — LINEBARGER: Am. Soc. **14**, 599 (1892).

[9] ORNDORFF u. MEGRAV: Am. Soc. **22**, 152 (1899). — FISCHER u. ZIEGLER: J. pr. (2) **86**, 289 (1912).

[10] LINEBARGER: Am. Soc. **14**, 597 (1892).

[11] HALLER u. GUYOT: C. r. **138**, 327, 1253 (1904). — BARNETT u. MATTHEWS: B. **59**, 1438 (1926). — SIEGLITZ u. MARX: B. **56**, 1619 (1923).

[12] CLAR, E.: B. **65**, 518 (1932). — BELL, F., u. D. H. WARING: Soc. **1949**, 267.

[13] BELL, F., u. D. H. WARING: Soc. **1949**, 1579.

[14] BELL, F., u. D. H. WARING: Soc. **1949**, 2689.

Stellung der Methyl-Gruppen	Schmelzpunkte in der Reihenfolge der Autoren	Literatur
1-Methyl-	85—86°, 86°	Fischer u. Sapper: J. pr. (2) **83**, 201. — v. Braun u. Bayer: B. **59**, 914
2-Methyl-	203°, 202°, 203—204°, 204,5°, 206-207°, 207°	Fischer: J. pr. (2) **79**, 558. — Krämer u. Mitarb.: B. **23**, 3272. — Börnstein: B. **15**, 1821. — Gresly: A. **234**, 238. — Lavaux: A. ch. (8) **20**, 445. — Scholl: Mh. Chem. **32**, 237. — Limpricht u. Wiegand: A. **311**, 181
9-Methyl-	79—80°, 81,5°	Krollpfeiffer u. Branscheid: B. **56**, 1617. — Sieglitz u. Marx: B. **56**, 1619
1.2-Dimethyl-	85,5—86°	Badger, Cook u. Goulden: Soc. **1940**, 16
1.3-Dimethyl-	83°, 85°, 82°	v. Braun u. Bayer: B. **59**, 914. — Elbs: J. pr. (2) **41**, 15. — Barnett u. Hewett: B. **64**, 1572
1.4-Dimethyl-	74°, 63°, 76°	v. Braun u. Bayer: **59**, 914. — Elbs: J. pr. (2) **41**, 28. — Barnett u. Low: B. **64**, 49
2.3-Dimethyl-	246°, 238°, 252°	Elbs u. Eurich: J. pr. (2) **41**, 5. — Kraemer u. Mitarb.: B. **23**, 3273. — Barnett u. Marrison: B. **64**, 535
1.5-Dimethyl-	139—140°	Haworth u. Sheldrick: Soc. **1934**, 1950
1.8-Dimethyl- (?)	86°	Lavaux: C. r. **139**, 976
2.6-Dimethyl-	244,5°, 243°, 243—244° 242—243°	Lavaux: C. r. **139**, 976. — Seer: Mh. Chem. **32**, 157. — Anschütz: A. **235**, 319. — Flumiani: Mh. Chem. **45**, 43
2.7-Dimethyl-	231—232° 240°, 241°	Mayer, F., u. Günther: B. **63**, 1455. — I.G. Farbenindustrie E. P. 251270. — Morgan u. Coulson: Soc. **1929**, 2203
2.9-Dimethyl-	85°	Barnett u. Goodway: Soc. **1929**, 1754
3.9-Dimethyl-	85°	
9.10-Dimethyl-	178—179°, 181°	Anschütz: A. **235**, 305. — Barnett u. Matthews: B. **59**, 1437. — Sandin u. Kitchen: Am. Soc. **67**, 1305 (1945)
1.2.4-Trimethyl-	243°, 244°, 236°	Gresly: A. **234**, 239. — Elbs: J. pr. (2) **41**, 1. — Wende: B. **20**, 868
1.3.6-Trimethyl-	222°, 232°	Elbs: J. pr. (2) **41**, 142 — I.G. Farbenindustrie: DRP. 481819.
1.3.10-Trimethyl-	100°	Barnett u. Hewett: B. **64**, 1572
1.4.6-Trimethyl-	226°, 227°, 227°	I.G. Farbenindustrie: E. P. 251270. — Elbs: J. pr. (2) **35**, 482 — I.G. Farbenindustrie AG.: DRP. 481819
1.4.9-Trimethyl-	81°	Barnett u. Low: B. **64**, 49
1.9.10-Trimethyl-	90—92°	Sandin u. Kitchen: Am. Soc. **67**, 1305
2.9.10-Trimethyl-	95—96°	Sandin u. Kitchen: Am. Soc. **67**, 1305
2.3.6-Trimethyl-	255°	Morgan u. Coulson: Soc. **1929**, 2551
2.3.9-Trimethyl-	125°	Barnett u. Morrison: B. **64**, 535
1.2.3.4-Tetramethyl-	135.5—136.5°	Hewett: Soc. **1940**, 293
1.2.5.6-Tetramethyl-	204°	Nichol u. Sandin: Am. Soc. **69**, 2256
1.2.7.8-Tetramethyl-	140—141°	Nichol u. Sandin: Am. Soc. **69**, 2256
1.2.9.10-Tetra-methyl-	52—54°	Kitchen u. Fieder: Am. Soc. **65**, 2018
2.3.9.10-Tetra-methyl-	138—140°	Sandin u. Kitchen: Am. Soc. **67**, 1305

Stellung der Methyl-Gruppen	Schmelzpunkte in der Reihenfolge der Autoren	Literatur
1.3.5.7-Tetramethyl-	162—162°, 163—164°	FRIEDEL u. CRAFTS: A. ch. (6) **11**, 268. — SEER: Mh. Chem. **33**, 33
1.3.6.8-Tetramethyl-	280°, 280°, 281—283°	DEWAR u. JONES: Soc. **85**, 218. — ANSCHÜTZ: A. **235**, 174. — SEER: Mh. Chem. **33**, 33
2.3.6.7-Tetramethyl-	301°, 299°	MORGAN u. COULSON: Soc. **1931**, 2323. — BARNETT, GOODWAY u. WATSON: B. **66**, 1876
1.2.4.5.6.8- oder 1.2.4.5.7.8-Hexamethyl-	etwa 220°	FRIEDEL u. CRAFTS: A. ch. (6) **11**, 273
1.2.3.4.5.6.7.8-Oktamethyl-	298°	WELCH u. SMITH: Am. Soc. **73**, 4391

Oxydation. Die Oxydation des Anthracens erfolgt sehr leicht und quantitativ und führt zu *Anthrachinon* XIX, das weiterer Oxydation widersteht. Es sind sehr viele Oxydationsmittel in Anwendung gebracht worden. Die technisch wichtigsten sind: Die Oxydation in wäßriger Suspension mit Chromsäure, die elektrolytische Oxydation, wobei das Oxydationsmittel elektrolytisch regeneriert wird und die katalytische Oxydation mit Luft, Sauerstoff oder feuchter Kohlensäure bei erhöhter Temperatur in Gegenwart eines Vanadin- oder Molybdänkontaktes.

In Eisessig gibt Anthracen beim Erhitzen mit Salpetersäure *Dihydrodianthren*[1].

Durch Selendioxyd lassen sich Dihydroanthracen und Anthracen zu *Anthrachinon* oxydieren[2].

Bleitetraacetat in Benzol oxydiert Anthracen zuerst zu *Dihydroanthrahydrochinon-diacetat* und *Anthronol-acetat*[3]. Osmiumtetroxyd gibt mit Anthracen *1.2-Dihydro-1.2-dioxy-anthracen*, das sich bis zu *Naphthalin-2.3-aldehyd* abbauen läßt[4].

Eine interessante Synthese des Anthrachinons ist von DIELS und ALDER[5] ausgearbeitet worden. Sie besteht in der doppelten Anlagerung von Butadien an *p*-Benzochinon, zum *Oktahydro-anthrachinon* XX, das leicht zu Anthrachinon oxydiert werden kann.

Eine ähnliche Synthese konnten die Autoren auch mit 1.4-Naphthochinon und Butadien durchführen, die ebenfalls Anthrachinon ergibt. An Stelle von Butadien kann dabei auch Crotonaldehyd verwendet werden[6]. Eine andere *Diensynthese* von Anthrachinon aus Aroylacryl-

---

[1] BARNETT u. MATTHEWS: Soc. **123**, 387 (1923).

[2] BADGER, G. M.: Soc. **1947**, 764.

[3] FIESER, L. F., u. S. T. PUTMAN: Am. Soc. **69**, 1038 (1947).

[4] COOK, J. W., L. HUNTER u. R. SCHOENTAL: Soc. **1949**, 228. — COOK, J. W., u. R. SCHOENTAL: Soc. **1950**, 47. — COOK, LOUDON u. WILLIAMSON: Soc. **1950**, 911.

[5] DIELS, O., u. K. ALDER: A. **460**, 98 (1928) — B. **62**, 2337 (1929).

[6] MEERWEIN, H.: B. **77**, 231 (1944) — I.G. Farbenindustrie AG.: DRP. 715201 (1938) — C. **1942 I**, 1811.

säuren und Dienen ist von L. F. Fieser und M. Fieser beschrieben worden[1].

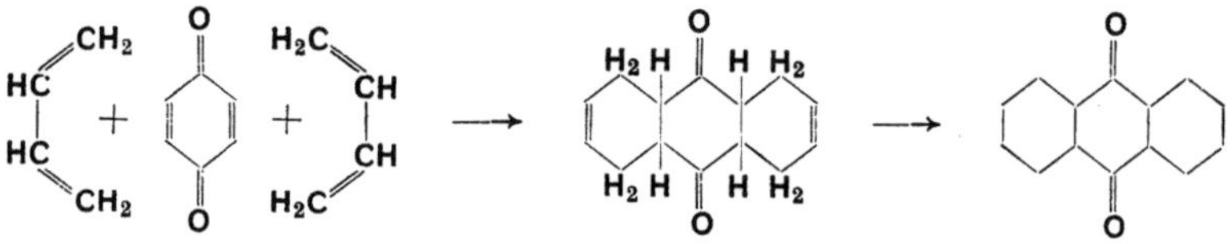

Technisch wichtig ist die Darstellung des Anthrachinons aus Phthalanhydrid und Benzol in Gegenwart von Aluminiumchlorid über Benzoylbenzoesäure XXI, die mit Schwefelsäure Anthrachinon gibt[2].

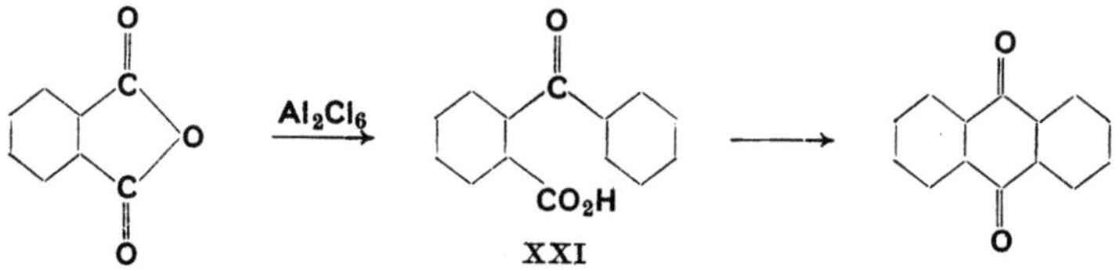

Sie ist in zahlreichen Variationen ausgeführt worden.

Das sehr beständige Anthrachinon hat eine große technische Bedeutung als Ausgangsmaterial in der Farbenindustrie. Hier muß auf die umfangreiche Literatur der Farbenchemie verwiesen werden. Nur die Hauptwege der Farbstoffsynthesen seien hier angedeutet:

1. Anthrachinon → Anthron → Benzanthron → Violanthrone und Dibenzpyrenchinone.
2. Anthrachinon → Anthrachinon-2-sulfonsäure oder 2-Chloranthrachinon aus Phthalanhydrid und Chlorbenzol → 2-Amino-anthrachinon → Indanthrene und Algolfarbstoffe.
3. Anthrachinon-2-sulfonsäure → Alizarinfarbstoffe.
4. Anthrachinon → Chinizarin → Chinizarinfarbstoffe.
5. Anthrachinon → Anthrachinon-1-sulfonsäure → 1-Oxy-anthrachinonfarbstoffe.
6. Anthrachinon → Anthrachinon-1.5-disulfonsäure → Anthrarufinfarbstoffe.
7. Anthrachinon → Anthrachinon-1.8-disulfonsäure → Chrysazinfarbstoffe.
8. Anthrachinon-1-sulfonsäure → 1-Aminoanthrachinonfarbstoffe.
9. Anthrachinon-1.5-disulfonsäure → 1.5-Diamino-anthrachinonfarbstoffe.
10. Anthrachinon-1.8-disulfonsäure → 1.8-Diamino-anthrachinonfarbstoffe.
11. Anthrachinon → Dinitroanthrachinon → Anthracenblau- und Derivate.
12. 2-Methylanthrachinon → 2.2′-Dimethyl-1.1′-dianthrachinonyl- → Pyranthron.

1.2-Anthrachinon XXIII wird durch Oxydation aus 2-Oxy-1-aminoanthracen XXII und *1.4-Anthrachinon* XXV aus 1-Oxy-4-amino-anthracen XXIV erhalten[3]. Auch einige *Anthra-polychinone* sind bekannt. *1.4,9.10-Anthradichinon* (Chinizarinchinon) XVII wird aus Chini-

---

[1] Fieser, L. F., u. M. Fieser: Am. Soc. **57**, 1679 (1935).
[2] Friedel u. Crafts: C. r. **86**, 1370 (1878). — Heller u. Schülke: B. **41**, 3627 (1908).
[3] Lagodzinski: B. **28**, 1422 (1895) — A. **342**, 65 (1905) — B. **39**, 1717 (1906). — Dienel: B. **39**, 930 (1906).

zarin XXVI mit Bleidioxyd oder Bleitetraacetat in Benzol bzw. Eisessig dargestellt[1].

1.2,9.10-Anthradichinon XXIX wird auf dieselbe Weise aus Alizarin XXVIII erhalten[1]; ebenso XXXI aus XXX[2]. *Anthratrichinone* sind sehr unbeständig[1].

Biochemisches Verhalten. Biochemisch wird Anthracen zu *1.2-Di-oxy-1,2-dihydro-anthracen* abgebaut, und zwar im Organismus des Kaninchens zur rechtsdrehenden und im Organismus der Ratte zur linksdrehenden Modifikation[3].

2.) Tetraphen.

1.2-Benzanthracen.   Naphthanthracen.

Tetraphen (Naphthanthracen) II wurde zuerst von ELBS[4] durch Reduktion des *Tetraphen-7.12-chinons* I, das aus Phthalanhydrid und Naphthalin gewonnen wird, mit Ammoniak und Zinkstaub erhalten. Dieses Verfahren ist auch heute noch das einfachste.

[1] LESSER: B. **47**, 2526 (1914). — DIMROTH u. SCHULTZE: A. **411**, 345 (1916). — DIMROTH, FRIEDEMANN u. KÄMMERER: B. **53**, 481 (1920). — DIMROTH u. HILCKEN: B. **54**, 3050 (1921).

[2] TANAKA: C. **1925 I**, 1427.

[3] BOYLAND, E., u. A. A. LEVI: Biochemical Journ. **29**, 2679 (1935). — BEALE u. ROE: Soc. **1951**, 2884.

[4] ELBS: B. **19**, 2209 (1886). — GABRIEL u. COLMAN: B. **33**, 446 (1900). — GRAEBE: A. **340**, 254 (1905). — HELLER u. SCHÜLKE: B. **41**, 3627 (1908).

Durch Zinkstaubdestillation von I stellte es GRAEBE[1] dar. DZIEWONSKI und RITT[2] ließen Benzylchlorid auf 2-Methylnaphthalin in Gegenwart von Chlorzink einwirken und destillierten das erhaltene 1-Benzyl-2-methyl-naphthalin III über Zinkstaub. Dabei wird aber durch Umlagerung auch etwas *Tetracen* (Naphthacen) IV gebildet, was vermieden wird, wenn man vom 1-Benzoyl-2-methyl-naphthalin V ausgeht[2], das leicht aus 2-Methyl-naphthalin und Benzoylchlorid in Gegenwart von Aluminiumchlorid erhalten wird[3]. Eine ähnliche Bildungsweise ist die aus *o*-Toluyl-naphthalin VI[4].

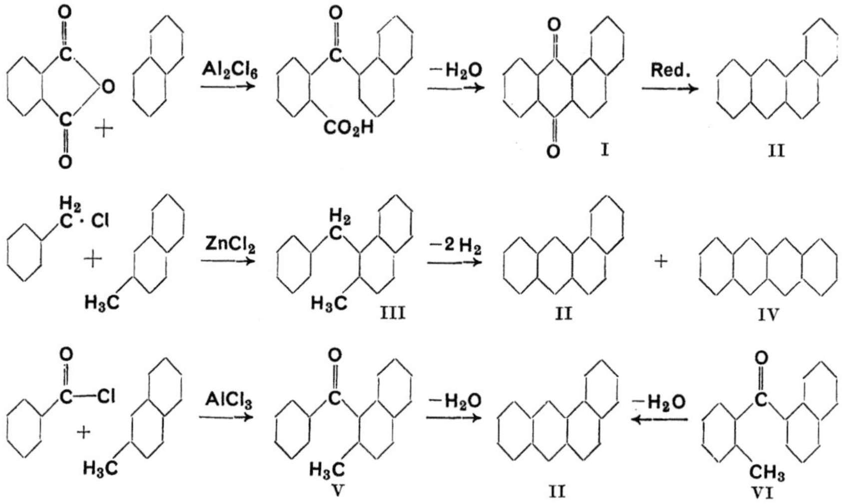

Vom Phenanthren aus haben R. D. HAWORTH und C. R. MAVIN[5] *Tetraphen* aufgebaut. Die Einwirkung von Bernsteinsäure-anhydrid auf

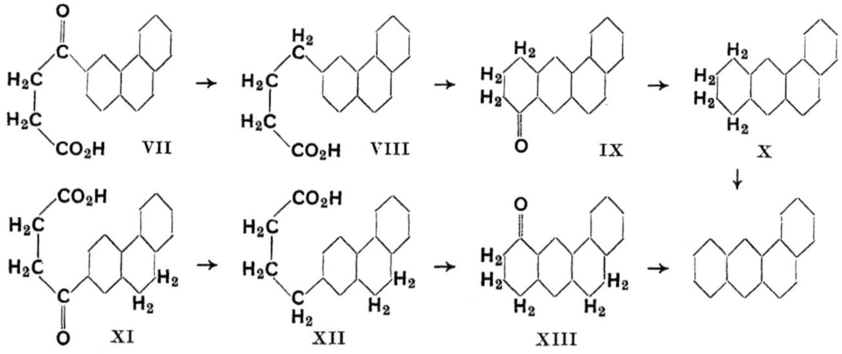

[1] GRAEBE: A. **340**, 254 (1905).
[2] DZIEWÓNSKI u. RITT: Bl. Int. Acad. Polon. Sc. Lettres, A. **1927**, 181.
[3] MAYER, FR., u. A. SIEGLITZ: B. **55**, 1852 (1922).
[4] I.G. Farbenindustrie AG.: E. P. 251270 (1926) — C. **1928 II**, 1820. — FIESER, L. F., u. E. M. DIETZ: B. **62**, 1827 (1929).
[5] HAWORTH, R. D., u. C. R. MAVIN: Soc. **1933**, 1012.

Phenanthren mittels Aluminiumchlorid ergibt neben Isomeren die Ketonsäure VII, deren Reduktion zu VIII, Ringschluß zu IX, Reduktion
zu X und Dehydrierung *Tetraphen* liefert.

Auch Ringschluß der Säure XI gibt über XII und XIII *Tetraphen*[1].
COOK und HEWETT[2] grignardierten 2-Decalon mit β-Phenyläthyl-magne-
siumchlorid. Durch Dehydratisierung bildet sich aus dem Carbinol XIV,
das mit Aluminiumchlorid den Ringschluß zu XV eingeht, welches
mit Selen zu *Tetraphen* dehydriert werden kann. Über eine andere Bildungsweise eines *Tetraphenderivates* als Nebenprodukt s. S. 158.

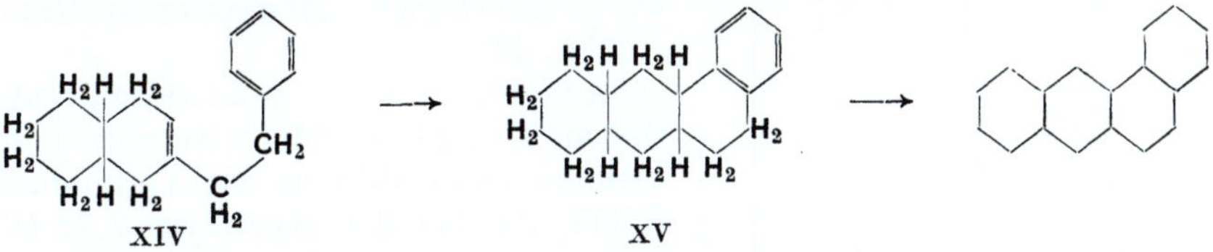

XIV → XV →

Nach einer anderen Synthese wird die Bernsteinsäure XVI zuerst
zu XVII reduziert und dann zum Ring geschlossen[3].

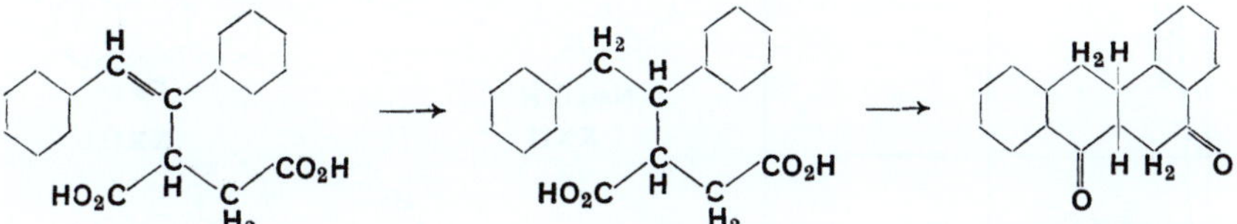

XVI → XVII → XVIII

XVIII ist zur Einführung von Alkyl-Gruppen nach GRIGNARD geeignet. *trans*-2-Dekalon läßt sich mit Acetylen und K-tert.-Amylat zu
XIX kondensieren, das nach der Umwandlung in die GRIGNARD-Verbindung mit Cyclohexanon zu XX reagiert. H_2O-Abspaltung gibt XXI,
daraus durch Ringschluß und Dehydrierung *Tetraphen*[4].

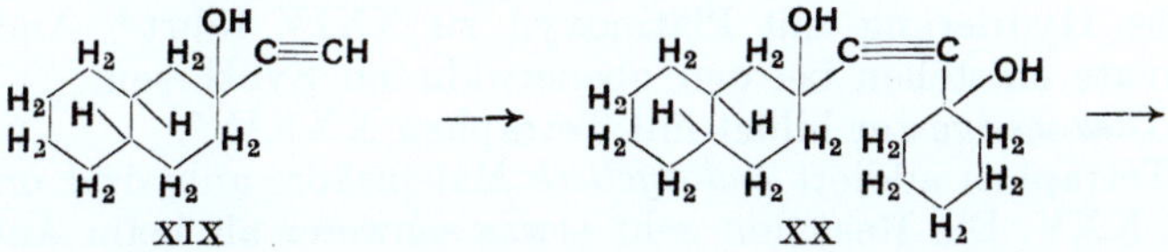

XIX → XX →

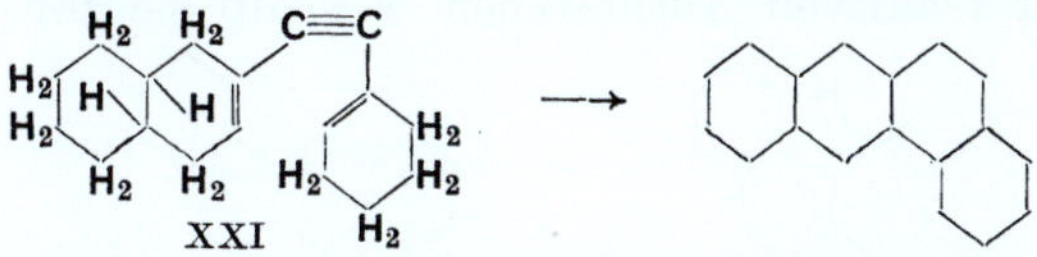

XXI →

COOK, HEWETT und HIEGER[5] isolierten *Tetraphen* aus der *Chrysen-
fraktion* des Steinkohlenteers, indem sie die Fähigkeit des Tetraphens,
sich mit Maleinsäure-anhydrid zu verbinden (s. S. 186), benutzten.

[1] BURGER, H., u. E. MOSETTIG: Am. Soc. **59**, 1302 (1937).
[2] COOK u. HEWETT: Soc. **1934**, 370.
[3] NEWMANN, M. S., u. R. T. HART: Am. Soc. **69**, 298 (1947).
[4] MARVEL, C. S., D. E. PEARSON u. L. A. PATTERSON: Am. Soc. **62**, 2659 (1940).
[5] COOK, HEWETT u. HIEGER: Soc. **1933**, 397. — KRUBER, O.: B. **74**, 1688 (1941).

Eigenschaften. Reines Tetraphen bildet farblose Blätter vom Schmelzpunkt 158—159°, die in organischen Lösungsmitteln ziemlich gut löslich sind und sich in konzentrierter Schwefelsäure erst rot, dann violettrot und schließlich blau lösen. Es bildet ein *Pikrat* im Verhältnis 1:1, das bei 141.5—142,5° schmilzt[1, 2]. Es gibt ferner Molekelverbindungen mit Styphninsäure, Antimonpentachlorid[2] und 2.7-Dinitroanthrachinon[3]. Tetraphen photodimerisiert sich wie Anthracen[4]. *Absorptionsspektrum* s. Abb. 42.

Additions- und Substitutionsreaktionen. Tetraphen addiert Natrium oder Lithium unter Bildung der Verbindung XXII, die bei der Hydrolyse *7.12-Di-*

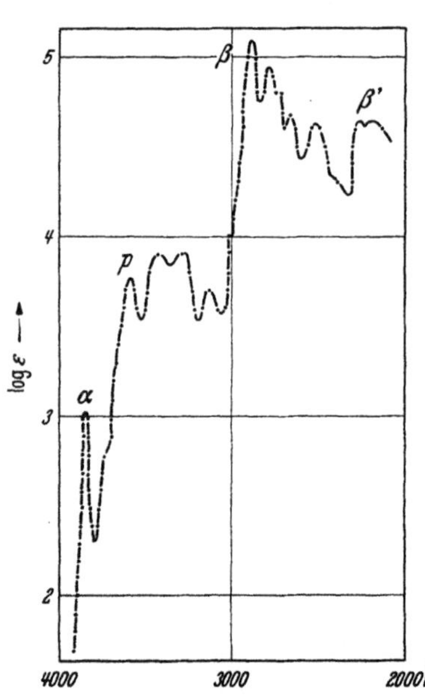

Abb. 42. Absorptionsspektrum des *Tetraphens* in Benzol ab 2750 Å in Alkohol. [Nach E. CLAR: B. **65**, 507 (1932).] Lage der Banden in Å: α, 3850; β, 3590, 3440, 3290, 3160; *p*, 2900, 2800 (in Benzol), 2670, 2540, β, 2270, 2220 (in Alkohol).

hydro-tetraphen gibt[5]. Mit Natrium in Amylalkohol bildet sich die *Hexahydroverbindung* XXIII, während die katalytische Hydrierung mit Platinoxyd zu XXIV führt[6]. Andere Hydroderivate entstehen bei den obenerwähnten Synthesen.

Diazoessigester bildet mit Tetraphen XXXIV[7].

Tetraphen addiert *endocyclisch* Maleinsäure-anhydrid unter Bildung von XXV. Die Reaktion geht etwas schwerer als beim Anthracen und anderen sehr reaktiven Anthracenen, weshalb sie zur Reinigung von

[1] COOK: Soc. **1931**, 2524.
[2] BRASS u. FANTA: B. **69**, 1 (1936).
[3] COOK u. LAWRENCE: Soc. **1937**, 817.
[4] SCHÖNBERG, A., u. A. MUSTAFA: Soc. **1948**, 2126; **1949**, 1039.
[5] BACHMANN, W. E.: J. org. Chemistry **1**, 347 (1936).
[6] FIESER, L. F., u. E. B. HERSHBERG: Am. Soc. **59**, 2502 (1937).
[7] BADGER, G. M., J. W. COOK u. A. R. M. GIBB: Soc. **1951**, 3456.

Tetraphen dienen kann[1]. Mit Bleitetraacetat in Eisessig entsteht das *Acetat* XXVI[2]. Auch diese Reaktion geht schwerer als bei reaktiveren Anthracenen, sie kann daher ebenso wie die *chromatographische Adsorptionsanalyse* zur Reinigung verwendet werden[3].

Die Einwirkung von Acetanhydrid und Aluminiumchlorid auf Tetraphen liefert 5 verschiedene *Monoacetyltetraphene*[4]. Mit Oxalylchlorid und Aluminiumchlorid bilden sich die *12-Carbonsäure* und das *Benzoaceanthrenchinon* XXVII[5]. Methylformanilid und Phosphoroxychlorid geben *Tetraphen-7-aldehyd*[6]. Tetraphen kuppelt wie andere krebserregende Kohlenwasserstoffe mit p-Nitrobenzoldiazoniumchlorid[7]. Tetraphen gibt mit Sulphurychlorid in Tetrachlorkohlenstoff 7-Chlor- und 7.12-Dichlor-tetraphen[8].

Eine Anzahl *meso*-substituierter Tetraphene haben G. M. Badger und J. W. Cook[9] dargestellt.

Oxydation. Die Oxydation des Tetraphens mit Natriumdichromat in Eisessig führt zunächst zum *Tetraphen-7.12-chinon* I[10], das aber wohl fast immer durch die Phthalanhydridsynthese mit Naphthalin dargestellt wird.

Die weitere Oxydation mit saurem Permanganat liefert Anthrachinon-1.2-dicarbonsäure XXVIII[11], während in alkalischer Lösung mehr Diphthalylsäure XXIX und aus dieser dann weiter Phthalsäure entsteht[12].

Über die Photooxydation des Tetraphens[13].

Tetraphen-7.12-chinon ist im Handel als gelber Küpenfarbstoff unter dem Namen Siriusgelb G bekannt. *Tetraphen-5.6-chinon* XXXII wurde von L. F. Fieser und E. M. Dietz[14] aus *5-Oxytetraphen* XXX dargestellt, indem sie es zuerst mit p-Nitrobenzol-diazoniumsulfat kuppelten, anschließend den erhaltenen Azofarbstoff zum Amin XXXI reduzierten und dieses mit Chromsäure zum *Tetraphen-5.6-chinon* XXXII

[1] Clar, E.: B. **65**, 519 (1932).
[2] Fieser, L. F., u. E. B. Hershberg: Am. Soc. **60**, 1893 (1938).
[3] Winterstein u. Schön: H. **230**, 146 (1934).
[4] Cook u. Hewett: Soc. **1933**, 1408.
[5] Dansi, A.: Gazz. chim. ital. **67**, 85 (1937).
[6] Fieser, L. F., u. J. L. Hartwell: Am. Soc. **60**, 2555 (1938).
[7] Fieser, L. F., u. W. P. Campbell: Am. Soc. **60**, 1142 (1938).
[8] Müller, A., u. F. G. Hanke: Mh. Chem. **158**, 435 (1949).
[9] Badger, G. M., u. J. W. Cook: Soc. **1940**, 409.
[10] Graebe: A. **340**, 259 (1905).
[11] Scholl u. Schwinger: B. **44**, 2992 (1911). — Scholl: DRP. 241624; 243077.
[12] Graebe u. Peter: A. **340**, 257 (1905).
[13] Cook J. W., u. R. H. Martin: Soc. **1940**, 125.
[14] Fieser, L. F., u. E. M. Dietz: Am. Soc. **51**, 3141 (1929); **53**, 1128 (1931).

oxydierten. Es hat von allen bekannten, unsubstituierten *o*-Chinonen das niedrigste Reduktionspotential (vgl. S. 39).

XXX   XXXI   XXXII

Tetraphen liefert bei der Oxydation mit Osmiumtetroxyd *5.6-Di-hydro-5.6-dioxy-tetraphen*, das als Diacetat XXXIII isoliert worden ist[1].

XXXIII   XXXIV

Homologe und biochemische Wirkung. *Tetraphen* (1.2-Benzanthracen) ist *sehr schwach cancerogen* wirksam. Durch geeignete Substitution kann die Aktivität bis zu den höchsten Graden gesteigert werden (vgl. S. 99). Aus diesem Grunde werden die Homologen am besten gemeinsam mit der biochemischen Wirkung behandelt. Alle 12 Monomethyl-tetraphene sind bekannt.

Ferner sind alle *8-Alkyl-tetraphene* vom Methyl- bis zum Hexyltetraphen bekannt[2].

Die Homologen des Tetraphens sind meist durch Anwendung der oben beschriebenen Darstellungsmethoden gewonnen worden. Ein anderes Verfahren, das auch zur Darstellung des Tetraphens selbst dienen könnte, ist von COOK und ROBINSON[3] verwendet worden. Es besteht in der Synthese der *2-Anthracenoyl-β-propionsäure* I aus Anthracen und Phthalanhydrid in Gegenwart von Aluminiumchlorid. I wird zu II reduziert, dann folgt Ringschluß zu III, Einwirkung von Methylmagnesiumjodid zu IV und Dehydrierung zu V.

I   II

III   IV   V

---

[1] BADGER, G. M.: Soc. **1949**, 456. — Vgl. J. W. COCK u. R. SCHOENTAL: Soc. **1950**, 47.

[2] COOK, J. W., u. A. M. ROBINSON: Soc. **1940**, 303.

[3] COOK u. ROBINSON: Soc. **1938**, 505. — Vgl. COOK, ROBINSON u. ROE: Soc. **1939**, 266. — FIESER u. PETERS: Am. Soc. **54**, 4347 (1932). — BERGMANN u. WEIZMANN: Soc. **1938**, 1243.

Einige der Homologen des Tetraphens sind noch nicht auf *cancerogene Aktivität* geprüft, so daß die Anzahl der aktiven Kohlenwasserstoffe noch etwas höher sein dürfte. Die sehr schwache Aktivität des Tetraphens wird durch Einführung von Alkylgruppen in 8- (5-) und 7.12- (9.10-) Stellung sehr erhöht, z. B. beim Methyl-, Äthyl- und n-Propylderivat. Weniger wirksam ist die 9- (6-) Stellung[1]. Eine starke Erhöhung der Wirksamkeit wird von FIESER[2] den 7- (10-) und 12.- (9-) Stellungen zugeschrieben. Nach COOK und KENNAWAY[1] nimmt die Aktivität bei der Substitution ungefähr in folgender Reihe ab: 7- (10-), 8- (5-), 12- (9-), 9- (6-). (Die Ziffern in Klammer beziehen sich auf die Bezifferung für 1.2-Benzanthracen.)

meso-Derivate des Tetraphens können durch Grignardierung des *Tetraphenchinons*[3] oder eines der beiden *Anthrone* dargestellt werden[4]. *7.12-Diphenyl-tetraphen*[3] gibt ein *Photooxyd*[5].

Interessant ist die Bildungsweise von 7- bzw. *12-Methyltetraphen* aus *o*- (1- bzw. 2-Naphthylmethyl)-acetophenon nach CH. K. BRADSHER[6].

Bemerkenswert ist die *oestrogene Aktivität* einiger *meso*-Derivate des Tetraphens. So ist z. B. VI wirksam, wenn R durch Äthyl- oder Isopropyl-Gruppen ersetzt ist, nicht jedoch bei Methyl-Gruppen. Bei VII sind auch nur Äthyl-, nicht aber Methyl-Gruppen wirksam[7].

Nach HADDOW und ROBINSON[8] wird das Wachstum von Impftumoren durch Tetraphen und einige seiner Methylderivate gehemmt.

Cholanthrene. Die biochemisch wichtigsten Verbindungen der Tetraphenreihe sind das *Cholanthren* X und seine Abkömmlinge. Es sind mehrere unabhängige Synthesen des Cholanthrens durchgeführt worden.

COOK, HASLEWOOD und ROBINSON[9] kondensierten Acenaphthyl-(1)-äthylbromid mit Kalium-cyclohexanon-2-carbonsäureester zu VIII. Bei der Cyclisierung bildet sich IX. Die freie Säure von IX lieferte bei der Dehydrierung mit Platin Cholanthren X. Einen anderen Weg be-

---

[1] COOK, HASLEWOOD, HEWETT, HIEGER, KENNAWAY u. MAYNEORD: Am. J. Cancer **29**, 222 (1937). — COOK u. KENNAWAY: Am. J. Cancer **33**, 54 (1938).
[2] FIESER u. NEWMAN: Am. Soc. **58**, 2376 (1936). — NEWMAN: Am. Soc. **59**, 1003 (1937).
[3] CLAR, E.: B. **63**, 112 (1930).
[4] FIESER u. HERSHBERG: Am. Soc. **59**, 1028 (1937). — FIESER u. SELIGMAN: Am. Soc. **61**, 136 (1939).
[5] VELLUZ, L.: Bl. (5) **6**, 1541 (1939).
[6] BRADSHER, CH. K.: Am. Soc. **62**, 1077 (1940).
[7] BACHMANN u. BRADBURY: J. org. Chemistry **2**, 175 (1937).
[8] HADDOW u. ROBINSON: Proc. Roy. Soc. London (B) **122**, 442 (1937).
[9] COOK, HASLEWOOD u. ROBINSON: Soc. **1935**, 667.

Methyl-tetraphene.

Stellung der Methyl-Gruppen, in Klammer für 1.2-Benzanthracen	Schmelzpunkt	Aktivität	Literatur
Monomethyl-tetraphene.			
1- (1'-)	138°, 135.5°		COOK u. ROBINSON: Soc. **1938**, 505. — BACHMANN, W. E., u. R. O. EDGERTON: Am. Soc. **62**, 2550 (1940)
2- (2'-)	150°		COOK: Soc. **1932**, 456
3- (3'-)	160°		COOK: Soc. **1932**, 456
4- (4'-)	194°	(+)	COOK, ROBINSON u. GOULDEN: Soc. **1937**, 393
5- (3-)	155°		COOK: Soc. **1930**, 1087
6- (4-)	125°		COOK: Soc. **1933**, 1592. — FIESER u. PETERS: Am. Soc. **54**, 3742 (1932)
7- (10-)	140°	+	COOK, ROBINSON u. GOULDEN: Soc. **1937**, 393. — FIESER u. NEWMAN: Am. Soc. **58**, 2376 (1936)
8- (5-)	158°	+	FIESER u. PETERS: Am. Soc. **54**, 3742 (1932). — COOK: Soc. **1933**, 1592
9- (6-)	151°	+	COOK: Soc. **1932**, 456
10- (7-)	182°		COOK: Soc. **1932**, 456
11- (8-)	107° 114°, 118°		COOK u. ROBINSON: Soc. **1938**, 505. — FIESER u. JOHNSON: Am. Soc. **61**, 168 (1939)
12- (9-)	138°	+	COOK, ROBINSON u. GOULDEN: Soc. **1937**, 393. — NEWMAN: Am. Soc. **59**, 1003 (1937)
Methylen-tetraph. 1.12- (1'.9-)	120—121°		FIESER u. CASON: Am. Soc. **62**, 432, 1293 (1940)
Dimethyl-tetraphene.			
1.7- (1'.10-)	124—125°	?	FIESER u. SELIGMANN: Am. Soc. **60**, 170 (1938)
1.8- (1'.5-)	106—107°		BACHMANN u. SAFIR: Am. Soc. **63**, 855 (1941)
1.9- (1'.7)	114—114.5°		INHOFFEN, STOECK u. LÜBCKE: A. **563**, 177 (1949)
2.9- (2'.6-)	164°		COCK: Soc. **1932**, 456
2.10- (2'.7-)	236°		COCK: Soc. **1932**, 456
3.9- (3'.6-)	186—187°		COOK: Soc. **1932**, 456
3.10- (3'.7-)	189—190°		COOK: Soc. **1932**, 456
5.7- (3.10-)	143.6-143,8°		NEWMANN u. HART: Am. Soc. **69**, 298 177 (1947)
5.9- (3.6-)	124°		I.G. Farbenindustrie AG.: DRP. 481819
5.12- (3.9-)	93— 93,5°		FIESER u. SELIGMANN: Am. Soc. **61**, 136 (1939)
6.7- (4.10-)	114—114,4°		FIESER u. JONES: Am. Soc. **60**, 1940 (1938)
6.12- (4.9-)	75,1— 75,5°		FIESER u. JONES: Am. Soc. **60**, 1940 (1938)
7.8- (5.10-)	147—147,5°	+	FIESER u. NEWMAN: Am. Soc. **58**, 2376 (1936)
7.12- (9.10-)	122—123°	+	SANDIN u. FIESER: Am. Soc. **62**, 3098. — (1940) BADGER, G. M., GOULDEN u. WARREN: Soc. **1941**, 18
8.9- (5.6-)	187 —188°	+	COOK u. HASLEWOOD: Soc. **1934**, 428
8.10- (5.7-)	124.5—125°		BACHMANN u. CHEMERDA: J. org. Chem. **6**, 36 (1941)

Dimethyl-tetraphene. (Fortsetzung.)

Stellung der Methyl-Gruppen, in Klammer für 1.2-Benzanthracen	Schmelzpunkt	Aktivität	Literatur
8.10- (5.7-)	120—121°		RAPSON u. SHUTTLEWORTH: Soc. **1940**, 636
8.11- (5.8-)	118°, 133,5° bis 134.5°		I.G. Farbenindustrie AG.: DRP. 512403. — BACHMANN u. CHEMERDA: J. org. Chemistry **6**, 36 (1941)
8.12- (5.9-)	135—135.5°		NEWMAN: Am. Soc. **59**, 1003 (1937)
9.10- (6.7-)	174°	(+)	COOK: Soc. **1932**, 456
9.11- (6.8-)	154—154.5°		RIEGEL u. BURR: Am. Soc. **70**, 1070(1948)

Äthyl-tetraphene

Stellung	Schmelzpunkt	Aktivität	Literatur
7- (10-)	113.5—114°	+	FIESER u. HERSHBERG: Am. Soc. **59**, 1029 (1937)
8- (5-)	120°		COOK, ROBINSON u. GOULDEN: Soc. **1936**, 393
12- (9-)	107.4-108.4°		MICHAILOW u. BLOCHINA: J. Chim. gén. (Russ.) **10**, (72) 1793 — C. **1941 II**, 1853
Äthyl-methyl 7.12- (9.10-)	76—77°		
Diäthyl 7.12- (9.10-)	98.5—99.5°		

Trimethyl-tetraphene

Stellung	Schmelzpunkt	Aktivität	Literatur
1.8.9- (1'.5.6-)	137°		INHOFFEN, STOECK u. LÜBCKE: A. **563**, 177 (1949)
7.8.12- (5.9.10-)	127—128°	+	BACHMANN u. CHEMERDA: Am. Soc. **60**, 1023 (1938)
7.9.12- (6.9.10-)	157—158°		BADGER, COOK u. GOULDEN: Soc. **1940**, 16
7.10.12-(7.9.10-)	139—140°		BACHMANN, W. E., u. J. M. CHEMERDA: J. org. Chemistry **6**, 36 (1941)
7.11.12-(8.9.10-)	116—117°		
8.9.11- (5.6. 8-)	201—203.5°		RIEGEL u. BURR: Am. Soc. **70**, 1070(1948)

Tetramethyl-tetraphene

Stellung	Schmelzpunkt	Aktivität	Literatur
7.8.9.12- (5.6.9.10-)	132—133°		BADGER, COOK u. GOULDEN: Soc. **1940**, 16

Isopropyl-tetraphene

Stellung	Schmelzpunkt	Aktivität	Literatur
5- (3-)	92°		COOK: Soc. **1932**, 456
7- (10-)	94—95°		COOK: Soc. **1932**, 456
8- (5-)	111—112°		COOK u. DE WORMS: Soc. **1939**, 268
9- (6-)	131—132°	+	COOK: Soc. **1932**, 456
10- (7-)	125°		COOK: Soc. **1932**, 456
11- (8-)	95—97.5°		FIESER u. JOHNSON: Am. Soc. **62**, 575 (1940)
Methyliso-propyl- 3.7- (3'.10-)	98—99°		FIESER u. CLAPP: Am. Soc. **63**, 319 (1941)

n-Propyl-tetraphene

Stellung	Schmelzpunkt	Aktivität	Literatur
7- (10-)	107—108°		FIESER u. HERSHBERG: Am. Soc. **59**, 1028 (1937)
8- (5-)	891—91.5°	+	COOK u. HASLEWOOD: Soc. **1935**, 767

Cyclopenteno-tetraphene

Stellung	Schmelzpunkt	Aktivität	Literatur
8.9- (5.6-)	199—200°	+	COOK: Soc. **1931**, 499, 2529
9.10 (6.7-)	164—165°	+	COOK: Soc. **1931**, 2529

schritten COOK und HASLEWOOD[1], indem sie das bekannte 1-β-Naphthyl-hydrinden[2] zu XI bromierten, die GRIGNARD-Verbindung davon her-

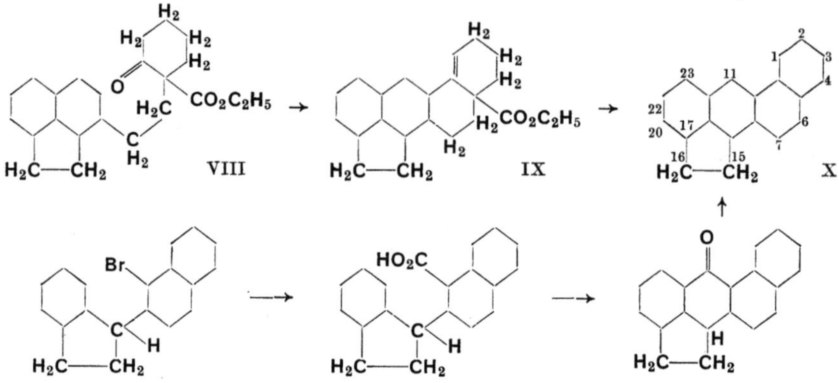

stellten, diese mit CO_2 behandelten und die Carbonsäure XII zu XIII kondensierten und zu Cholanthren reduzierten.

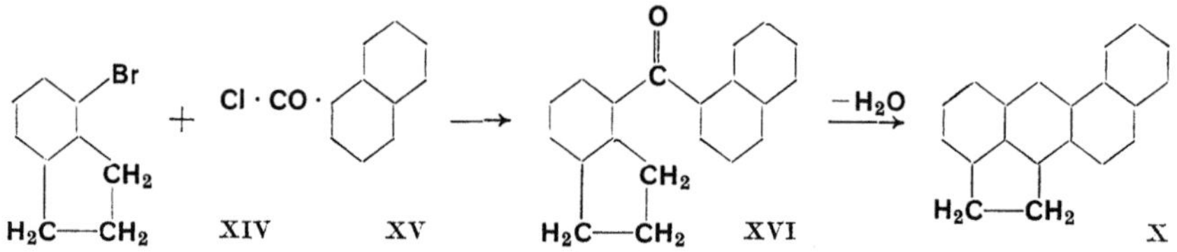

Die Synthese von L. F. FIESER und A. M. SELIGMAN[3] geht vom 4-Bromhydrinden XIV aus, das in die Mg-Verbindung übergeführt und mit 1-Naphthoylchlorid XV zum Keton XVI kondensiert wird. Dieses verliert bei der Pyrolyse Wasser und bildet Cholanthren.

In geringer Ausbeute ließ sich *Cholanthren* aus Acenaphthyl-1-essig-säure und α-Nitrobenzaldehyd über eine PSCHORR-Synthese gewinnen[4].

Das *Methylcholanthren* XVII ist von FIESER und SELIGMAN[5], nach ihrer Methode ausgehend, vom entsprechenden Methyl-brom-hydrinden dargestellt worden. Durch Dehydrierung von *Dehydro-nor-cholen* wurde es von WIELAND und DANE[6] und von COOK und HASLEWOOD[7] unabhängig voneinander hergestellt (s. S. 103). Seine Struktur bewiesen COOK und HASLEWOOD[8] durch Abbau zum 8.9-Dimethyl-tetraphen-7.12 chinon (5.6-Dimethyl-1.2-benzanthrachinon). Eine weitere Synthese von

[1] COCK u. HASLEWOOD: Soc. **1935**, 770.

[2] v. BRAUN, MANZ u. REINSCH: A. **468**, 298 (1929).

[3] FIESER, L. F., u. A. M. SELIGMAN: Am. Soc. **57**, 2174 (1935).

[4] FIESER, L. F., u. G. W. KILMER: Am. Soc. **62**, 1354 (1940).

[5] FIESER u. SELIGMAN: Am. Soc. **57**, 228, 942 (1935); **58**, 2482 (1936). — GAGNIANT, P., u. D. GAGNIANT: Bl. **1948**, 1012.

[6] WIELAND u. DANE: H. **219**, 240 (1933).

[7] COOK u. HASLEWOOD: Chem. and Ind. **38**, 758 (1933).

[8] COOK u. HASLEWOOD: Soc. **1934**, 428.

Methylcholanthren ist noch von E. BERGMANN und O. BLUM-BERGMANN angegeben worden [1].

Cholanthren und sein Methylderivat XVII sind die am *stärksten krebserregenden Verbindungen*, die bisher bekanntgeworden sind [2]. Beim Bepinseln von Mäusen erscheinen die ersten Tumoren schon nach 70 Tagen, die Injektion liefert Sarkome. Es sind auch noch eine Anzahl anderer cholanthrenartiger Verbindungen bekanntgeworden:

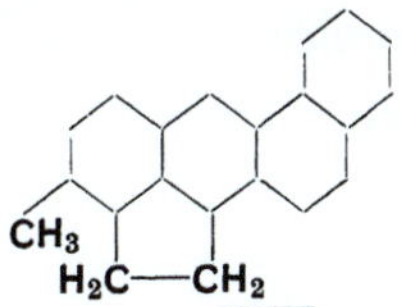

XVII 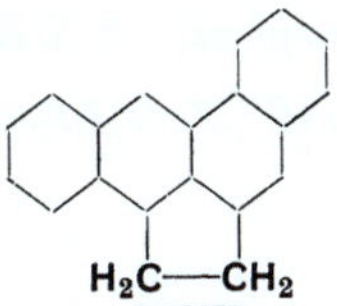   XVIII 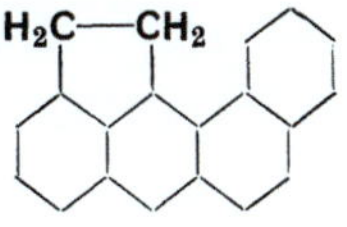   XIX

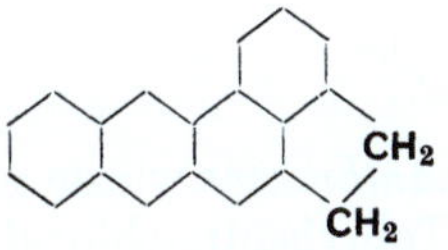

XX 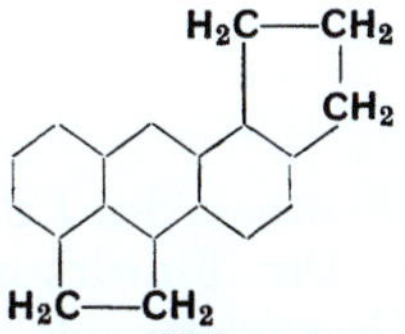   XXI

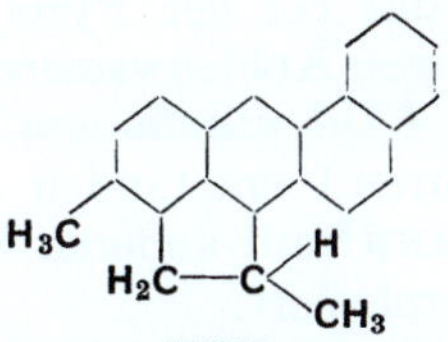

XXII

Von den 3 Isomeren des Cholanthrens sind nur jene cancerogen aktiv, bei denen die *Dimethylengruppe* mit einer *meso*-Stellung verknüpft ist, wie in XVIII [3] und XIX [4]. Hingegen ist XX [5] inaktiv. Auch die cholanthrenähnliche Verbindung XXI [6] ist krebserregend [7]. Ferner wurden *1-Methylcholanthren* [8], *4-Methylcholanthren* und *5-Methylcholanthren* [9], *7-Methylcholanthren* [10], *6-Methylcholanthren* [11], *6.20-Dimethyl-*

---

[1] BERGMANN, E., u. O. BLUM-BERGMANN: Am. Soc. **59**, 1573 (1937).

[2] BARRY, COOK, HASLEWOOD, HIEGER, HEWETT u. KENNAWAY: Proc. Soc. Roy. London (B) **117**, 318 (1935). — SHEAR: Am. J. Cancer **26**, 322 (1936). — COOK, HASLEWOOD, HEWETT, HIEGER, KENNEWAY u. MAYNEORD: Am. J. Cancer **29**, 219 (1937. — COOK u. KENNAWAY: Am. J. Cancer **33**, 50 (1938). — FIESER, FIESER, HERSHBERG, NEWMAN, SELIGMAN, SHEA: Am. J. Cancer **29**, 260 (1937).

[3] FIESER u. SELIGMAN: Am. Soc. **59**, 883 (1937). — DANSI: Gazz. chim. ital. **67**, 85 (1937). — MORELLI u. DANSI: Biochemica e Ter. sper. **24**, 432 (1937). — FIESER, L. F., u. F. C. NOVELLO: Am. Soc. **64**, 802 (1942).

[4] FIESER u. SELIGMAN: Am. Soc. **57**, 2174 (1935); **59**, 883 (1937).

[5] COOK: Soc. **1930**, 1087. — Einige Akyl-Derivate von XX s. MIKHAILOV u. BLOKHINA: J. gén. Chem. (Russ.) **13**, 609 (1943).

[6] FIESER u. HERSHBERG: Am. Soc. **59**, 394 (1937).

[7] FIESER u. HERSHBERG: Am. Soc. **59**, 2502, 2506 (1937).

[8] BACHMANN, W. E., u. S. R. SAFIR: Am. Soc. **63**, 2601 (1941).

[9] BACHMANN, W. E., u. J. M. CHEMERDA: J. org. Chemistry **6**, 50 (1941).

[10] BACHMANN, W. E., u. S. R. SAFIR: Am. Soc. **63**, 855 (1941).

[11] FIESER, L. F., u. D. M. BOWEN: Am. Soc. **62**, 2103 (1940).

cholanthren[1], *6.22-Dimethylcholanthren*[1], *22-Methylcholanthren*[1], *3.5-Di-methylcholanthren*[2] und *20-Methylcholanthren* mit ^{14}C in 11-Stellung[3], 15.20-Dimethylcholanthren XXII[4] und *16.20-Dimethylcholanthren*[5] synthetisiert. Auch ein *20-Methyl-4-azacholanthren* ist dargestellt worden[6].

3.) 1.2, 3.4-Dibenzanthracen.

5.6-Benztetraphen.   2.3-Benztriphenylen.

Naphtho-[2'.3' : 9.10]-phenanthren.

Die erste Synthese des *1.2,3.4-Dibenzanthracens* wurde von E. CLAR[7] durchgeführt. Die Einwirkung von *o*-Toluylsäure-chlorid auf Phenanthren in Gegenwart von Aluminiumchlorid gibt ein Gemisch von *o*-Toluyl-phenanthrenen, das bei der Pyrolyse Wasser abspaltet und ein Gemisch von fünfkernigen Kohlenwasserstoffen liefert, dessen leichtlöslichster Teil das *1.2,3.4-Dibenzanthracen* II ist. Es kann daher nur aus 9-(*o*-Toluyl)-phenanthren I entstanden sein. Dieses Keton wurde später von W. E. BACHMANN[8] auf anderen Wegen rein dargestellt und mit demselben Erfolg pyrolysiert.

Die Trennung des in guter Ausbeute erhaltenen Kohlenwasserstoffgemisches von E. CLAR wurde zunächst durch zahlreiche Krystallisationen erreicht. Es war daher ein wesentlicher Fortschritt, als es gelang, die verschiedene Reaktivität der Kohlenwasserstoffe gegenüber Maleinsäure-anhydrid zu ihrer Trennung auszunützen. Dabei reagiert *1.2,3.4-Dibenzanthracen* am schwersten von den bei der Pyrolyse gebildeten 3 fünfkernigen Kohlenwasserstoffen, und es entsteht das *endocyclische* Additionsprodukt III, das sich beim Erhitzen wieder in

---

[1] FIESER u. BOWEN: Am. Soc. **62**, 2103 (1940).
[2] RIEGEL, B., J. G. BURR, M. H. KUBICO u. M. H. GOLD: Am. Soc. **70**, 1073 (1948).
[3] DAUBEN, W. G.: J. org. Chemistry **13**, 313 (1948).
[4] BRUCE u. FIESER: Am. Soc. **59**, 479 (1937).
[5] FIESER u. SELIGMAN: Am. Soc. **57**, 1377 (1935).
[6] FIESER u. HERSHBERG: Am. Soc. **62**, 1640 (1940).
[7] CLAR, E.: B. **62**, 350, 1574 (1929).
[8] BACHMANN, W. E.: Am. Soc. **56**, 1363 (1934).

1.2,3.4-Dibenzanthracen und Maleinsäureanhydrid spaltet[1]. Auch durch chromatographische Adsorptionsanalyse ist die Trennung erreicht worden[2].

Schon früher ist in einem Patent die Pyrolyse eines o-Toluyl-phenanthrens zu einem *1.2,3.4-Dibenzanthracen* beschrieben worden[3]. Nach den angegebenen Schmelzpunkten für Keton und Kohlenwasserstoff ist es jedoch völlig ausgeschlossen, daß diese die angenommene Konstitution I bzw. II haben könnten.

o-Xylylen-dicyanid läßt sich mit Phenanthrenchinon kondensieren. Das Dinitril IV gibt nach der Verseifung und gleichzeitiger Decarboxylierung *1.2,3.4-Dibenzanthracen*[4].

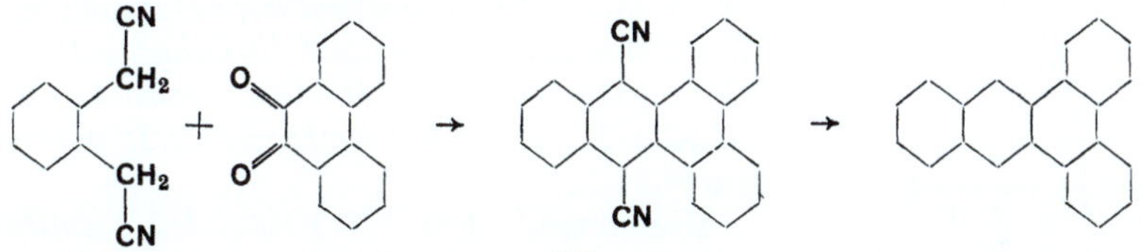

IV

Phenanthren-9.10-dicarbonsäure-anhydrid reagiert mit Benzol und Al_2Cl_2. Die Ketonsäure VI gibt beim Ringschluß mit Phosphorpentoxyd bei 260° *1.2,3.4-Dibenzanthrachinon* VII[5].

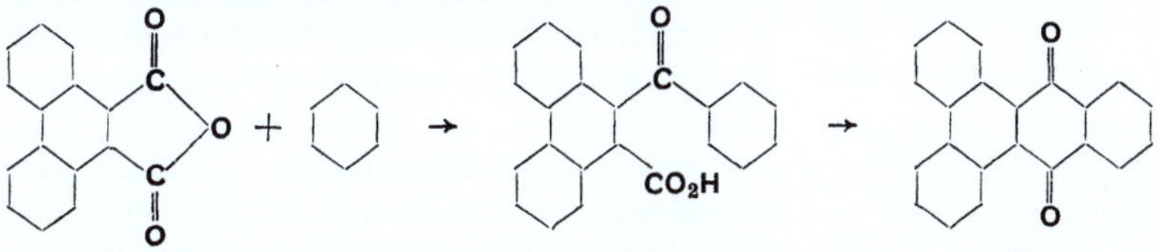

VI   VII

Phthalsäure-anhydrid läßt sich mit 1,2,3,4,5,6,7,8-Okta-hydrophenanthren und Al_2Cl_2 kondensieren zu VIII[6].

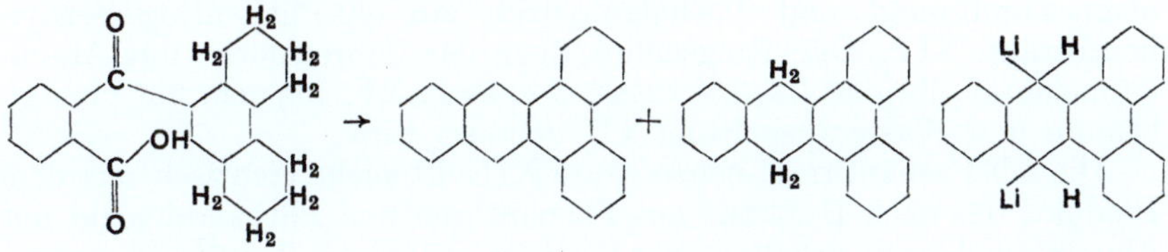

VIII   IX   V

Ringschluß durch Schmelzen mit NaCl-ZnCl$_2$ gibt *1.2.3.4-Dibenzanthracen* neben etwas Dihydro-Derivat IX, von dem es über das spalt-

[1] CLAR, E., u. L. LOMBARDI: B. **65**, 1418 (1932).

[2] WINTERSTEIN, A., u. K. SCHÖN: H. **230**, 146 (1934).

[3] I.G. Farbenindustrie AG.: DRP. 481819 (1925) — C. **1930 I**, 1053.

[4] MOUREU, H., P. CHOVIN u. G. PIVOD: C. r. **223**, 951 (1946) — Bl. **1948**, 99.

[5] JEANES, A., u. R. ADAMS: Am. Soc. **59**, 2608 (1937). — *E. I. du Pont de Nemours & Co.*: A. P. 2231787 u. 2231788 (1938).

[6] BARNETT, E., DE BARRY, N. F. GOODWAY u. C. A. LAWRENCE: Soc. **1935**, 1684.

bare Additionsprodukt mit Maleinsäureanhydrid (s. S. 194, Formel III) abgetrennt werden kann[1].

Eigenschaften. *1.2,3.4-Dibenzanthracen* krystallisiert aus Eisessig in farblosen, langen Nadeln vom Schmelzpunkt 205°, die in aromatischen Kohlenwasserstoffen ziemlicht leicht löslich sind und mit Pikrinsäure ein Pikrat vom Schmelzpunkt 207° geben. *Absorptionsspektrum* s. Abb. 43.

Reaktionen. Mit Natrium in einer Mischung von Äther und Benzol gibt 1.2,3.4-Dibenzanthracen eine *Dinatriumverbindung*, mit Lithium eine *Dilithiumverbindung* entsprechend V. Mit Methanol liefern beide *9.10-Dihydro-1.2,3.4-dibenzanthracen* IX, mit CO_2 entsteht *9.10-Dihydro-1.2,3.4-dibenzanthracen-9.10-dicarbonsäure*[2].

Homologe. Ein *6-Methyl-1.2,3.4-dibenzanthracen* ist durch Pyrolyse aus 9-(2'.4'-Dimethylbenzoyl-)phenanthren erhalten worden[2]. *9.10-Dimethyl-1.2,3.4-dibenzanthracen*[3].

9-Phenyl-1.2,3.4-dibenzanthracen XII wird erhalten, wenn man die Lithiumverbindung X hydrolysiert. Dabei tritt Kondensation ein zu XI. Wird das Lithium in X mit Jod oder Quecksilber entzogen, so bilden sich durch Disproportionierung nebeneinander *1.2.3-Triphenylnaphthalin* und *9-Phenyl-1.2,3.4-dibenzanthracen* XII, welches durch Natriumaddition und Hydrolyse zu XI reduziert werden kann[4].

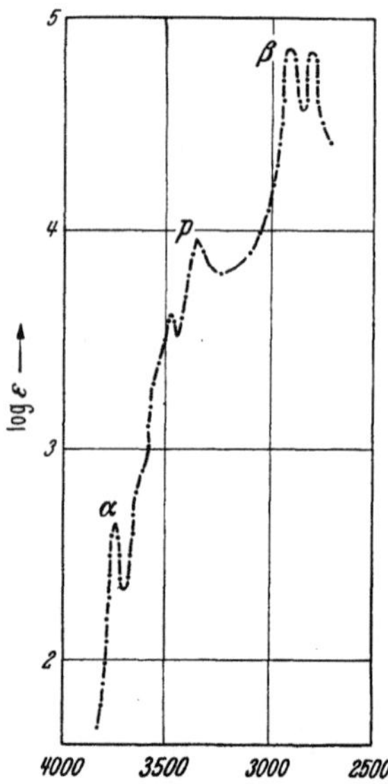

Abb. 43. Absorptionsspektrum des *1.2,3.4-Dibenzanthracens* in Benzol. [Nach E. CLAR u. L. LOMBARDI: B. 65, 1415 (1932).] Lage der Banden in Å: α, 3750; *p*, 3490, 3360; β, 2900, 2800.

E. BERGMANN und T. BERLIN[5] reduzierten *o*-9-Phenanthroyl-benzoesäure[6] XIII, dargestellt aus 9-Phenanthrylmagnesiumbromid und Phthalanhydrid, zur *o*-9-Phenanthrylmethylbenzoesäure XIV. Der Ringschluß über das Säurechlorid mit Aluminiumchlorid gibt das *1.2,3.4-Dibenz-9-anthron* XV, aus dem mit Phenyllithium und Wasserabspaltung XII gebildet wird.

Die *o*-9-Phenanthroyl-benzoesäure XIII ist nicht identisch mit dem Produkt, das nach HELLER[7] aus Phenanthren und Phthalanhydrid mit Aluminiumchlorid erhalten wird. Beim Ringschluß mit Phosphorpentoxyd gibt diese nicht krystallisierte Säure ein *Chinon*[8], das von E. CLAR[9] als ein Gemisch von *Phthalyl-phenanthrenen* erkannt worden

[1] CLAR, E.: Soc. **1949**, 2168.
[2] BACHMANN, W. E., u. L. H. PENCE: Am. Soc. **59**, 2339 (1937).
[3] MARTIN, R. H.: Bull. Soc. Chim. Belges **58**, 87 (1949).
[4] BERGMANN, E., u. O. ZWECKER: A. **487**, 155 (1931).
[5] BERGMANN, E., u. T. BERLIN: Soc. **1939**, 493.
[6] WEIZMANN, C., E. BERGMANN u. F. BERGMANN: Soc. **1935**, 1367.
[7] HELLER: B. **45**, 670 (1912).
[8] Höchster Farbwerke: DRP. 194328.
[9] CLAR, E.: B. **62**, 350 (1929).

ist. *1.2,3,4-Dibenzanthrachinon* kann auch aus Phenanthren-9.10-dicarbonsäure-anhydrid und Benzol mit Aluminiumchlorid und Ringschluß der Ketonsäure mit Phosphorpentachlorid erhalten werden[1].

Oxydation. *1.2,3.4-Dibenzanthrachinon* VII wird durch Oxydation von 1.2,3.4-Dibenzanthracen mit Chromsäure in Eisessig dargestellt. Es ist ein gelbes, in sehr langen dünnen Nadeln krystallisierendes Chinon vom Schmelzpunkt 181—183°, das mit alkalischem Hydrosulfit eine rote Küpe gibt[2]. Ein *Decahydro-1.2,3.4-dibenzanthrachinon* XVIII bildet sich nach E. DE BARRY BARNETT und C. A. LAWRENCE[3] durch *Diensynthese* aus 1.4-Naphthochinon und Oktahydro-diphenyl XVI, die

zunächst *Dodecahydro-1.2,3.4-dibenzanthrachinon* XVII ergibt, das in alkoholisch alkalischer Lösung durch Luftsauerstoff zu XVIII oxydiert wird. Die Dehydrierung von XVIII zu VII ist bisher noch nicht gelungen. *Oktahydro-1.2,3.4-dibenzanthrachinon* entsteht aus Phthalanhydrid und Oktahydrophenanthren[4].

Biochemische Wirkung. Unreines *1.2,3.4-Dibenzanthracen* wirkt schwach krebserregend, was aber für den reinen Kohlenwasserstoff nicht der Fall zu sein scheint[5]. *9.10-Dimethyl-1.2,3.4-dibenzanthracen* ist nicht aktiv[6].

---

[1] JEANES, A., u. R. ADAMS: Am. Soc. **59**, 2608 (1937).

[2] CLAR, E.: B. **62**, 350 (1929).

[3] BARNETT, E. DE BARRY, u. C. A. LAWRENCE: Soc. **1935**, 1104.

[4] BARNETT, E. DE BARRY, N. F. GOODWAY u. C. A. LAWRENCE: Soc. **1935**, 1684.

[5] COOK, HIEGER, KENNAWAY u. MAYNEORD: Proc. Roy. Soc. London **111**, 455 (1932).

[6] MARTIN, R. H.: Bull. Soc. Chim. Belges **58**, 87 (1949).

4.) 1.2,5.6-Dibenzanthracen.

8.9-Benztetraphen.

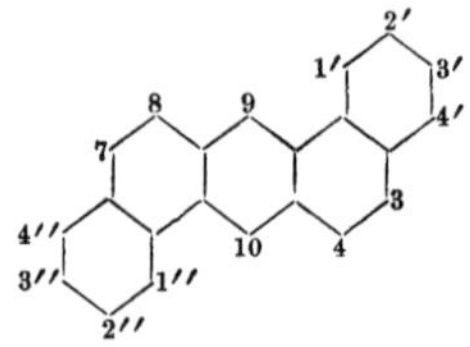

1.2,5.6-Dibenzanthracen erhielten zuerst WEITZENBÖCK und KLING-
LER[1] neben *3.4,5.6-Dibenzphenanthren* durch eine doppelte PSCHORRsche
Phenanthrensynthese, die bereits oben (S. 169) beschrieben worden ist.
Das erste praktisch brauchbare Verfahren zur Darstellung des in der
Folge für die Bearbeitung des Krebsproblems so wichtigen Kohlenwasserstoffes wurde von E. CLAR[2] beschrieben. Es besteht darin, daß man
2-Methyl-1.2′-dinaphthylketon I, das aus 2-Methylnaphthalin und
2-Naphthoylchlorid mit Aluminiumchlorid gewonnen werden kann,
zum gelinden Sieden erhitzt, wobei unter Bildung von *1.2,5.6-Dibenz-
anthracen* II Wasser abgespalten wird.

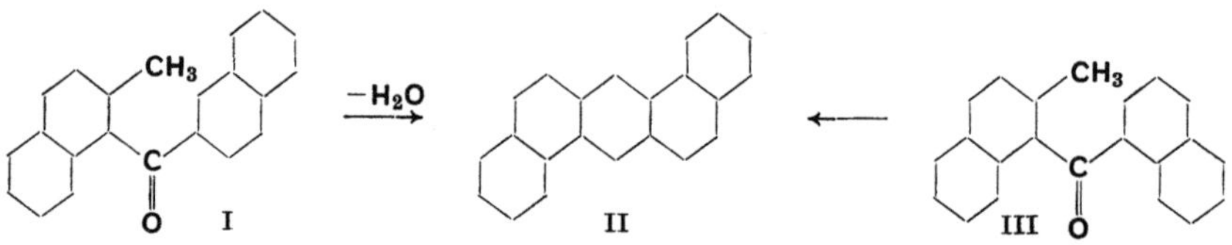

Es ist sehr merkwürdig, daß auch die Pyrolyse von 2-Methyl-1.1′-
dinaphthylketon III zum *1.2,5.6-Dibenzanthracen* II und nicht zum
1.2,7.8-Dibenzanthracen führt, wobei, wie J. W. COOK[3] fand, eine Umlagerung mit der Kondensation verbunden ist. *1.2,5.6-Dibenzanthracen*
entsteht ferner durch Einwirkung von Chlor auf 2-Methylnaphthalin bei
höherer Temperatur und Destillation des Rückstandes der Vakuumdestillation mit Zinkstaub. Es bildet sich neben isomeren Kohlenwasserstoffen, wenn die Reaktionsprodukte aus 1-Chlormethylnaphthalin und
2-Methylnaphthalin bzw. 1-Chlormethylnaphthalin und 2-Chlormethyl-
naphthalin und Aluminiumchlorid, mit Kupferpulver destilliert werden[4].

Eigenschaften. Reines 1.2,5.6-Dibenzanthracen bildet große, sublimierbare, farblose Blätter vom Schmelzpunkt 262°, die in aromatischen
Kohlenwasserstoffen mäßig löslich sind und sich in konzentrierter

---

[1] WEITZENBÖCK u. KLINGLER: Mh. Chem. **39**, 315 (1918).

[2] CLAR, E.: B. **62**, 350 (1929). — Vgl. FIESER u. DIETZ: B. **62**, 1827 (1929). —
Ferner wird von der I.G. Farbenindustrie AG. (DRP. 481819 — C. **1930**, 1053)
ein *1.2,5.6-Dibenzanthracen* vom Schmelzpunkt 246° beschrieben, das durch
Destillieren von 2-Methyl-1.2′-dinaphthylketon über aktive Kohle unter ver-
mindertem Druck bei 400° erhalten wurde. Der um 16° zu niedrige Schmelzpunkt läßt jedoch die Identität dieses Kohlenwasserstoffes mit *1.2,5.6-Dibenz-
anthracen* fraglich erscheinen.

[3] COOK, J. W.: Soc. **1931**, 487.

[4] CLAR, E., u. L. LOMBARDI: Gazz. chim. ital. **62**, 539 (1932). — Vgl. E. CLAR
u. H. D. WALLENSTEIN: B. **64**, 2076 (1931).

Schwefelsäure mit roter Farbe lösen. Absorptionsspektrum s. Abb. 44. Das *Pikrat* besteht aus roten Nadeln, die bei 214° schmelzen. Eine dem 1.2,5,6-Dibenzanthracen häufig hartnäckig anhaftende Gelbfärbung kann durch Schütteln der Lösung in Toluol mit kleinen Mengen Schwefelsäure[1], oder besser durch Kochen der Xylollösung mit einer kleinen Menge Maleinsäureanhydrid[2] oder durch chromatographische Adsorptionsanalyse entfernt werden[3]. Die Ursache der Gelbfärbung ist eine kleine Menge *1.2-Benztetracen* (Naphtho-2'.3':2.3-phenanthren[2]).

Die Röntgen-Strukturuntersuchung wurde von J. M. ROBERTSON und J. G. WHITE vorgenommen[4].

Reaktionen. 1.2,5.6-Dibenzanthracen addiert in einer Mischung von Benzol und Äther 2 Atome Natrium oder Lithium unter Bildung von blauen Verbindungen IV, die mit Methanol *9.10-Dihydro-1.2,5.6-dibenz-anthracen* liefern[5], das auch bei der katalytischen Hydrierung mit Nickel und Wasserstoff unter Druck erhältlich ist[6]. Die Metallverbindungen IV geben mit CO_2 *Dicarbonsäuren*[7]. Mit Natrium in siedendem Amylalkohol entsteht eine *Oktahydroverbindung*[8]. Brom in Schwefelkohlenstoff liefert mit *1.2,5.6-Dibenzanthracen* keine definierten Produkte. Brom in Pyridin gibt *1.2,5.6-Dibenzanthronyl-9-pyridiniumbromid*. Salpetersäure in Eisessig führt zur *9-Nitroverbindung*, die zu einem *Aminoderivat* reduzierbar ist. Beim Verschmelzen mit Maleinsäure-anhydrid tritt endocyclische Addition

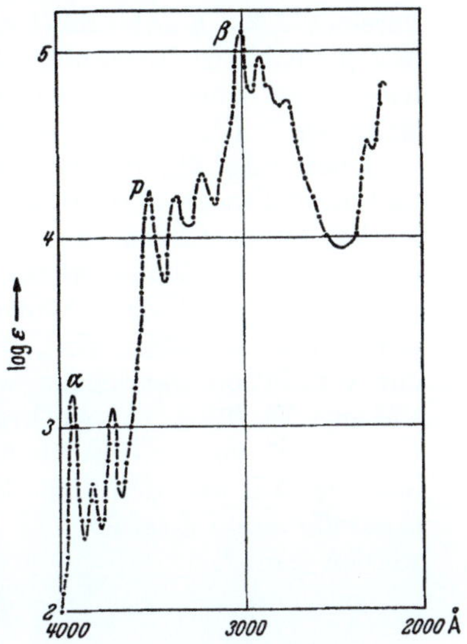

Abb. 44. Absorptionsspektrum des *1.2,5.6-Dibenzanthracens* in Benzol, ab 2750 Å in Alkohol. [Nach E. CLAR u. L. LOMBARDI: Gazz. chim. ital. **62**, 541 (1932).] Lage der Banden in Å: α, 3950, 3850, 3730; p, 3510, 3365, 3220; β, 3000, 2900 (in Benzol), 2770; 2300 (in Alkohol).

IV

V

[1] COOK: Soc. **1931**, 489.
[2] CLAR, E., u. L. LOMBARDI: Gazz. chim. ital. **62**, 539 (1932).
[3] WINTERSTEIN, A., u. K. SCHÖN: H. **230**, 146 (1934).
[4] ROBERTSON, J. M., u. J. G. WHITE: Soc. **1947**, 1001.
[5] BACHMANN, W. E.: J. org. Chemistry **1**, 347 (1936).
[6] COOK, J. W.: Soc. **1933**, 1592.
[7] BACHMANN, W. E., u. L. H. PENCE: Am. Soc. **59**, 2339 (1937).
[8] COOK, J. W.: Soc. **1931**, 489.

zu *1.2,5.6-Dibenzanthracen-9.10-endo-bernsteinsäure-anhydrid* V ein[1]. Sie erfolgt beträchtlich schwerer als beim Anthracen.

Von Bleitetraacetat in Eisessig wird 1.2,5.6-Dibenzanthracen zum Unterschied vom *Tetraphen* und anderen reaktionsfähigeren Anthracenderivaten nicht angegriffen. Man kann diesen Umstand benützen, um unreines *1.2,5.6-Dibenzanthracen* von seiner Gelbfärbung zu befreien[2]. Mit *p*-Nitrobenzoldiazoniumchlorid kuppelt es zu einer *Azoverbindung* wie andere cancerogene Kohlenwasserstoffe[3]. Mit Desoxycholsäure entsteht wie bei letzteren eine Additionsverbindung[4].

Über einige Oxyderivate des *1.2,5.6-Dibenzanthracens* vgl. J. Cason und L. F. Fieser und Cook und Schoental[5].

Oxydation. Chromsäure in Eisessig oxydiert 1.2,5.6-Dibenzanthracen zu *1.2,5.6-Dibenzanthrachinon* VI[6]. Daneben entsteht aber interessanterweise in kleiner Menge *1.2,5.6-Dibenz-3.4-chinon* VII, von dem etwas mehr erhalten wird, wenn *9.10-Dihydro-1.2,5.6-dibenzanthracen* zur Oxydation verwendet wird[7]. Die weitere Oxydation des *9.10-Chinons* VI führt zur Anthrachinon-1.2.5.6-tetracarbonsäure IX[8]. Die Oxydation des 1.2,5.6-Dibenzanthracens mit Osmiumtetroxyd liefert das Diol XI, aus dem mit Natriumbichromat in Eisessig *1.2,5.6-Dibenzanthracen-3.4-chinon* VII und weiter das *Dichinon* VIII gewonnen werden kann[9].

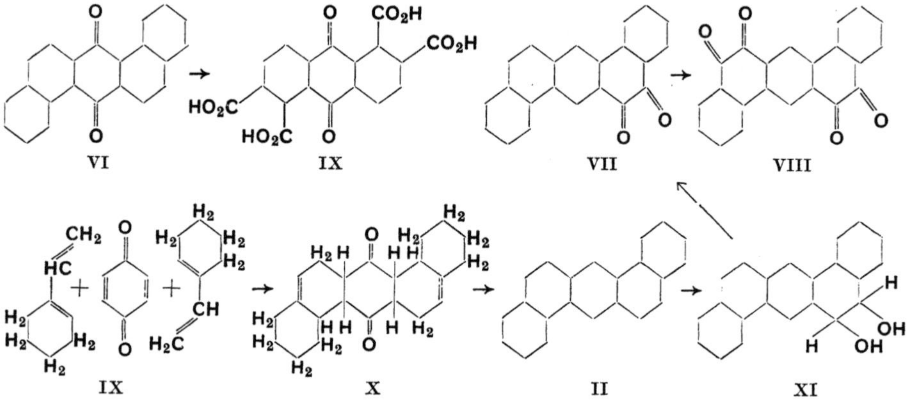

Das *9.10-Chinon* VI bildet orangerote Nadeln vom Schmelzpunkt 244—245°, die mit alkalischem Hydrosulfit eine rote Küpe geben und

[1] Cook, J. W.: Soc. **1931**, 3273.

[2] Fieser u. Hershberg: Am. Soc. **60**, 1893 (1938).

[3] Fieser u. Campbell: Am. Soc. **60**, 1142 (1938).

[4] Fieser u. Newman: Am. Soc. **57**, 1602 (1935).

[5] Cason, J., u. L. F. Fieser: Am. Soc. **62**, 2681 (1940); **63**, 1256 (1941). — Cook u. Schoental: Soc. **1952**, 9.

[6] Weitzenböck u. Klingler: Mh. Chem. **39**, 315 (1911). — Clar, E.: B. **62**, 350 (1929).

[7] Cook: Soc. **1933**, 1592.

[8] Cook, J. W.: Soc. **1931**, 2529.

[9] Cook, J. W., u. R. Schoental: Soc. **1948**, 170. — Stephenson, E. F. M.: Soc. **1949**, 2620.

sich in konzentrierter Schwefelsäure mit violetter Farbe lösen. Bei der Reduktion mit Zinn und Salzsäure in Eisessig bildet sich ein schwerlösliches *Chinhydron*[1]. Das 3.4-Chinon VII krystallisiert in dunkelrot seidigen Nadeln. Als *o-Chinon* reagiert es mit *o*-Phenylendiamin und bildet ein gelbes *Azin*[2].

1.2,5.6-Dibenz-anthracen-3.4,7.8-dichinon VIII bildet dunkelrote Nadeln, die sich bei 327—329° zersetzen und sublimierbar sind. Mit *o*-Phenylendiamin bilden sie ein senfgelbes, sehr schwer lösliches *Diphenazin*.

Ein *9.10-Diketo-oktadecahydro-1.2,5.6-dibenzanthracen* X entsteht durch Diensynthese aus Vinyl-cyclohexen und *p*-Benzochinon. Das Kondensationsprodukt X läßt sich zu Dibenzanthracen II dehydrieren[3].

Biochemisches Verhalten. Die wichtigste Eigenschaft des 1.2,5.6-Dibenzanthracens ist seine *cancerogene* Aktivität. *Es war der erste reine Kohlenwasserstoff, bei dem sie mit Sicherheit beobachtet werden konnte*[4]. Es gab beim Bepinseln der Rückenhaut von 230 Mäusen 77 Epitheliome und 21 Papillome. Intraperitoneale Injektion erzeugt Spindelzellentumoren[5].

Die *cancerogene Aktivität* ist auch beim Additionsprodukt des Dibenzanthracens mit Maleinsäure-anhydrid Verhalten geblieben. Sein wasserlösliches Natriumsalz erzeugte bei der Injektion unter 60 Mäusen 8 Spindelzellentumore und dreimal *Leukämie*[6].

Die cancerogene Aktivität des *1.2,5.6-Dibenzanthracens* ist im Verhältnis zum Cholanthren nur als mäßig zu bezeichnen. Sie wird durch Methyl-Gruppen herabgesetzt. *2′-Methyl-* (F: 256—257,5°), *3′-Methyl-* (F: 245°), *9.10-Dimethyl-* (F: 205,5—206,5°), *9.10-Di-n-butyl-* (F: 143,5 bis 144,5°) und *9.10-Dibenzyl-1.2,5.6-dibenzanthracen* (F: 195—201°) wurden von J. W. COOK[7] dargestellt. Sie erwiesen sich als weniger aktiv als der Grundkohlenwasserstoff[8]. Ein *2′.2″-Dimethyl-1.2,5.6-dibenzanthracen* ist durch E. CLAR und L. LOMBARDI[9] bekanntgeworden. CREECH und FRANKS[10] haben *wasserlösliche*, aktive Derivate des Dibenzanthracens dargestellt, in denen es mit Aminosäuren und Proteinen verbunden ist. *3.1′-Dimethylen-1.2,5.6-dibenzanthracen* XII wurde von COOK[11] und *1′.9-Methylen-1.2,5.6-dibenzanthracen* XIII von FIESER und HERSHBERG[12] synthetisiert.

---

[1] COOK, J. W.: Soc. **1931**, 3273. — [2] COOK, J. W.: Soc. **1933**, 1592.

[3] COOK, J. W., u. C. A. LAWRENCE: Soc. **1938**, 58.

[4] KENNAWAY u. HIEGER: Brit. med. Journ. **1930 I**, 1044. — COOK, HIEGER, KENNAWAY u. MAYNEORD: Proc. Roy. Soc. London (B) **111**, 456 (1932).

[5] BURROWS, HIEGER u. KENNAWAY: Am. J. Cancer **16**, 57 (1932). — BURROWS: Proc. Roy. Soc. London (B) **111**, 238 (1932) — Am. J. Cancer **17**, 1 (1933). — BARRY u. COOK: Am. J. Cancer **20**, 58 (1934).

[6] BURROWS u. COOK: Am. J. Cancer **27**, 267 (1936).

[7] COOK, J. W.: Soc. **1931**, 489. — Vgl. AKIN u. BOGERT: Am. Soc. **59**, 1564 (1937).

[8] COOK, J. W.: Proc. Roy. Soc. London (B) **111**, 485 (1932).

[9] CLAR, E., u. L. LOMBARDI: Gazz. chim. ital. **62**, 539 (1932). — Vgl. CLAR u. WALLENSTEIN: B. **64**, 2076 (1931).

[10] CREECH u. FRANKS: Am. J. Cancer **30**, 555 (1937).

[11] COOK: Soc. **1931**, 499.

[12] FIESER u. HERSHBERG: Am. Soc. **57**, 1681 (1935).

XII und XIII sind beide nur sehr wenig cancerogen aktiv[1,2]. Auf das Wachstum von Impftumoren wirkt 1.2,5.6-Dibenzanthracen wie andere cancerogene Kohlenwasserstoffe hemmend[3]. Bemerkenswert ist

die stark *oestrogene Aktivität* von Verbindungen wie XIV, worin R einen Alkylrest bedeutet. Die Propylverbindung hat die größte Wirkung[4]; sie soll aber auch bei Injektion Sarkome erzeugen können[5].

Auch ein *1.2,5.6-Dibenzanthracen* mit dem Isotop ^{14}C ist dargestellt worden[6].

5.) 1.2,7.8-Dibenzanthracen.
10.11-Benztetraphen.

Erst nach mehreren vergeblichen Versuchen anderer Autoren[7] gelang J. W. Cook[8] die Darstellung des *1.2,7.8-Dibenzanthracens*, über die kurze Zeit später auch Waldmann[9] berichten konnte. Die eine Synthese besteht in der Anwendung einer doppelten Pschorrschen Phenanthrensynthese auf Phenylen-1.3-diessigsäure, die zweimal mit *o*-Nitrobenzaldehyd kondensiert wird unter Bildung I. Die beiden Nitro-Gruppen werden zu Amino-Gruppen reduziert, dann diazotiert und die Diazoverbindung mit Kupferpulver behandelt. Die so entstandene Dicarbonsäure II wird zum *1.2,7.8-Dibenzanthracen* III decarboxyliert.

Als Nebenprodukt bildet sich dabei IV, das sich bei der Vakuumsublimation zu V kondensiert, aus dem durch Oxydation mit Chromsäure das *Naphthopyrenderivat* VI erhalten werden kann.

Die zweite Synthese[8] geht vom 2-Methyl-1.1'-dinaphthyl-keton VII[10] aus, das, wie erwähnt (s. S. 198), bei der Pyrolyse nicht 1.2,7.8-, sondern

---

[1] Cook: Proc. Roy. Soc. London (B) **111**, 456 (1932).

[2] Fieser, Fieser, Hershberg, Newman, Seligman u. Shear: Am. J. Cancer **29**, 260 (1937). — Shear, M. J.: Am. J. Cancer **28**, 334 (1936).

[3] Haddow u. Robinson: Proc. Roy. Soc. London (B) **122**, 442 (1937).

[4] Cook, Dodds, Hewett u. Lawson: Proc. Roy. Soc. London (B) **114**, 272, 286 (1934). — Cook, Dodds u. Lawson: Proc. Roy. Soc. London (B) **121**, 133 (1936).

[5] Bachmann, W. E., u. J. T. Bradbury: J. org. Chemistry **2**, 175 (1937).

[6] Heidelberger, Ch., Ph. Brewer u. W. G. Dauben: Am. Soc. **69**, 1389 (1947).

[7] Hönig: Mh. Chem. **1**, 251 (1880). — Homer: Soc. **97**, 1148 (1910). — Clar, E.: B. **62**, 350 (1929).

[8] Cook, J. W.: Soc. **1932**, 1472. — Cook, J. W., u. E. F. M. Stephenson: Soc. **1949**, 843.

[9] Waldmann, H.: J. pr. (2) **135**, 1 (1932).

[10] Clar, E.: B. **62**, 350 (1929).

durch Umlagerung *1.2,5.6-Dibenzanthracen* gibt. Durch Oxydation mit Selendioxyd und Wasser unter Druck bei 230—240° wird die Ketonsäure VIII gewonnen. Auch aus dieser entsteht beim Ringschluß nicht,

wie zu erwarten, 1.2,7.8-Dibenzanthrachinon, sondern wieder unter Umlagerung *1.2,5.6-Dibenzanthrachinon*. Dies läßt sich aber vermeiden, wenn die Ketonsäure zuerst zur Dinaphthylmethan-carbonsäure IX reduziert wird, die mit Chlorzink *1.2,7.8-Dibenzanthron*-(10) X ergibt. Letzteres läßt sich zum *1.2.7.8-Dibenzanthracen* III reduzieren, das bei der Oxydation mit Chromsäure in Eisessig *1.2,7.8-Dibenzanthrachinon* XI liefert[1].

Im Gemisch mit 1.2,5.6-Dibenzanthracen bildet sich *1.2,7.8-Dibenzanthracen*, wenn die Kondensationsprodukte aus 1-Chlormethylnaphthalin und 2-Methylnaphthalin oder aus 2-Chlormethyl-naphthalin und 1-Chlormethylnaphthalin, die bei der Einwirkung von Aluminiumchlorid entstehen, mit Kupferpulver destilliert werden[2].

Ein Gemisch von *1.2,5.6-Dibenzanthrachinon* und *1.2,7.8-Dibenzanthrachinon* kann durch Ringschluß des aus Naphthalin-1.2-dicarbonsäure-anhydrid und Naphthalin in Gegenwart von Aluminiumchlorid erhältlichen Ketonsäuregemisches dargestellt werden[3].

Eigenschaften. *1.2,7.8-Dibenzanthracen* bildet, aus Eisessig krystallisiert, lange, farblose, seidige Nadeln vom Schmelzpunkt 196°, die mit konzentrierter Schwefelsäure keine Färbung geben. Absorptionsspek-

---

[1] COOK, J. W.: Soc. **1932**, 1472.
[2] CLAR, E., u. L. LOMBARDI: Gazz. chim. ital. **62**, 539 (1932).
[3] WALDMANN, H.: J. pr. (2) **135**, 1 (1932).

trum s. Abb. 45. Es bildet ein in roten Nadeln krystallisierendes *Pikrat*, das bei 210° schmilzt. *1.2,7.8-Dibenzanthrachinon* krystallisiert in orange-roten Nadeln, die sublimierbar sind und mit Natronlauge und Zinkstaub eine rote Küpe geben. Ihr Schmelzpunkt liegt bei 225—226°.

Bei der Oxydation mit *Osmiumtetroxyd* liefert *1.2,7.8-Dibenzanthracen* das Diol XII, das bei weiterer Oxydation mit *Bichromat* das *3.4-Chinon* XIII und weiter das *3.4,5.6-Dichinon* XIV ergibt[1].

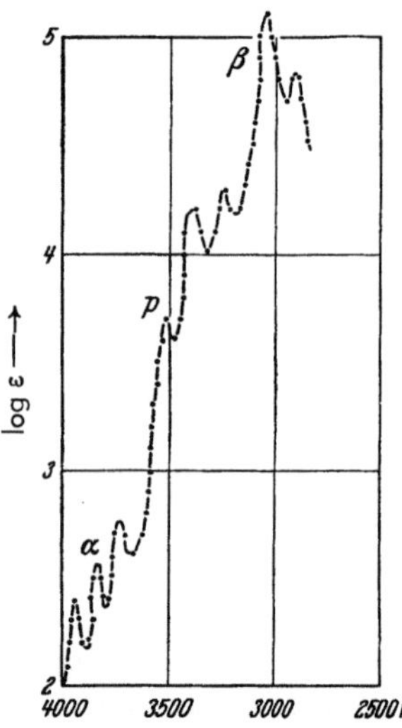

Abb. 45. Absorptionsspektrum des *1.2,7.8-Dibenzanthracens* in Benzol. (Nach E. CLAR: Privatmitteilung.) Lage der Banden in Å: α, 3950, 3845, 3730, *p*, 3510, 3380, 3240; β, 3040, 2900.

Das *3.4-Chinon* XIII sublimiert in glänzend roten Nadeln vom Schmelzpunkt 310° und bildet mit *o*-Phenylen-diamin ein in gelben Nadeln krystallisierendes Phenazin-Derivat.

Das *3.4,5.6-Dichinon* XIV bildet orangefarbige Nadeln, die sich über 340° zersetzen und sich mit *o*-Phenylendiamin zweimal zu einem gelben Phenazinderivat kondensieren.

Biochemisches Verhalten. 1.2,7.8-Dibenzanthracen wirkt nur *sehr schwach krebserregend*[2]. Auch *9.10-Dimethyl-1.2,7.8-dibenzanthracen* ist aktiv[3].

6.) 1.2,3.4,5.6-Tribenzanthracen.

5.6,8.9-Dibenztetraphen.

L. F. FIESER und E. M. DIETZ[4] ließen 9-Phenanthroylchlorid auf 2-Methylnaphthalin in Gegenwart von Aluminiumchlorid einwirken und erhitzten das erhaltene 2-Methyl-1-naphthyl-9'-phenanthrylketon I zwei Stunden zum Sieden. Dabei spaltet es Wasser ab und kondensiert sich

[1] COOK, J. W., u. E. F. M. STEPHENSON: Soc. **1949**, 843.
[2] BARRY, COOK, HASLEWOOD, HEWETT, HIEGER u. KENNAWAY: Proc. Roy. Soc. London (B) **117**, 318 (1935).
[3] MARTIN, R. H.: Bull. Soc. Chim. Belge **58**, 87 (1949).
[4] FIESER, F. L., u. E. M. DIETZ: B. **62**, 1827 (1929).

zum *1.2,3.4,5.6-Tribenzanthracen* II. Bei der Oxydation mit Chromsäure in Eisessig entsteht *1.2,3.4,5.6-Tribenzanthrachinon* III.

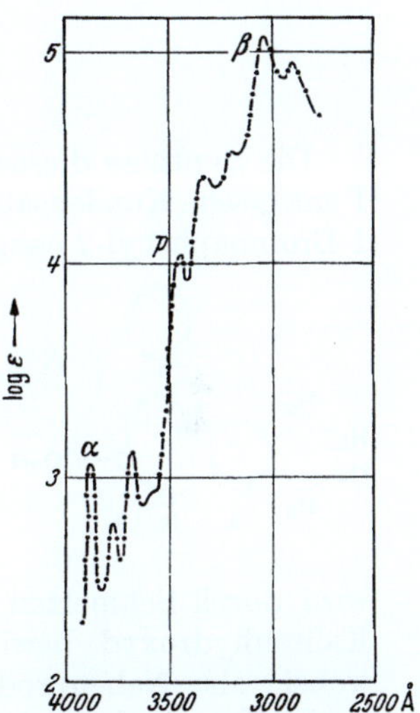

Eigenschaften und Reaktionen. *Tribenzanthracen*, das später auch von W. E. BACHMANN und L. H. PENCE[1] durch Erhitzen des Ketons I mit Zinkstaub dargestellt worden ist, bildet mäßig lösliche, farblose Krystalle aus Eisessig, Benzol oder Xylol. *Absorptionsspektrum* siehe Abb. 46. Es schmilzt bei 225—228° und addiert Natrium oder Lithium zu blauen Verbindungen IV, die bei der Hydrolyse mit Methanol *9.10-Dihydro-1.2,3.4,5.6-tribenzanthracen* V geben. Letzteres kann mit Schwefel zu II dehydriert oder mit Chromsäure zum *Chinon* III oxydiert werden. *1.2,3.4,5.6-Tribenzanthrachinon* liefert aus Eisessig kleine gelbe Krystalle vom Schmelzpunkt 246,5—247,5°, die eine rote Küpe geben.

Biochemisches Verhalten. 1.2,3.4,5.6-Tribenzanthracen gab bei der Prüfung auf cancerogene Aktivität nur einmal ein Papillom. Es kann also kaum als wirksam bezeichnet werden[2].

7.) 1.2,3.4,5.6,7.8-Tetrabenzanthracen.

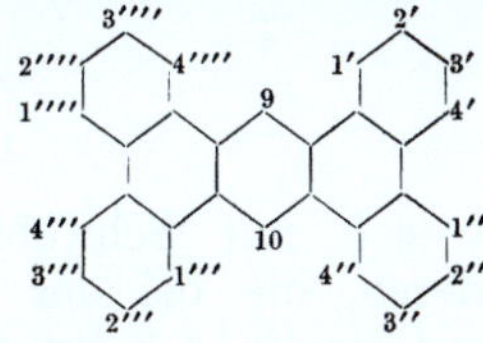

Abb. 46. Absorptionsspektrum des *1.2,3.4,5.6-Tribenzanthracens* in Benzol. (Nach E. CLAR: Privatmitteilung.) Lage der Banden in Å: α, 3880, 3775, 3680, 3590; *p*, 3450, 3330, 3180; β, 3040, 2900.

Dieser Kohlenwasserstoff ist selbst noch nicht bekannt, doch konnten von E. DE BARRY BARNETT und C. A. LAWRENCE[3] eines seiner Derivate

[1] BACHMANN, W. E., u. L. H. PENCE: Am. Soc. **59**, 2339 (1937).

[2] COOK, HIEGER, KENNAWAY u. MAYNEORD: Proc. Roy. Soc. London (B) **111**, 455 (1932).

[3] BARNETT, E. DE BARRY, u. C. A. LAWRENCE: Soc. **1935**, 1104.

dargestellt werden. Bei der Einwirkung von 2 Mol Oktahydrodiphenyl auf *p*-Benzochinon bildet sich durch doppelte Diensynthese *Eicositetra-hydro-1.2,3.4,5.6,7.8-tetrabenzanthrachinon*.

Die Dehydrierung dieses Kondensationsproduktes zum Grundkohlen-wasserstoff oder zum *Tetrabenzanthrachinon* ist bisher noch nicht ge-lungen.

8.) 1.2-Benztetraphen.

Naphtho-[1'.2':1.2]-anthracen.

Die Synthese dieses Kohlenwasserstoffes gelang C. L. HEWETT[1]. Die PERKINsche Kondensation von 1.2,3.4-Tetrahydro-6-naphthaldehyd und 1-Bromnaphthyl-2-essigsäure ergibt I. Der Ringschluß zur Säure II

wird durch Schmelzen mit Kaliumhydroxyd bewirkt, wobei als Nebenprodukt noch Tetrahydro-3.4,5.6-dibenzphenanthren-10-car-bonsäure entsteht (s. S. 170).

Die Tetrahydroverbindung II läßt sich mit Schwefel zur *1.2-Benztetraphen-5-carbonsäure* III dehydrieren, die bei der Decarboxy-lierung mit Kupferpulver in siedendem Chinolin *1.2-Benztetraphen* IV bildet.

---

[1] HEWETT, L. C.: Soc. **1938**, 1286. Ein von E. CLAR u. WALLENSTEIN [B. **64**, 2076 (1931)] früher unternommener Versuch zur Darstellung von 1.2-Benz-tetraphen hat nicht zu diesem Kohlenwasserstoff, sondern, wie sich später durch Arbeiten von E. CLAR u. L. LOMBARDI [Gazz. chim. ital. **62**, 539 (1932)] heraus-stellte, zum 1.2,5.6-Dibenzanthracen geführt.

Oxydation. Mit Natriumdichromat in siedendem Eisessig kann es zum *1.2-Benztetraphen-7.12-chinon* V oxydiert werden, dessen Konstitution durch den Umstand, daß es, wie Anthrachinon, eine rote Küpe gibt, sehr wahrscheinlich ist. Es kann wieder zum Kohlenwasserstoff reduziert werden.

Eigenschaften. *1.2-Benztetraphen* krystallisiert aus Eisessig in langen, schwach gelben Nadeln vom Schmelzpunkt 137—138°, die mit Pikrinsäure in Eisessig ein in purpurroten Nadeln krystallisierendes Dipikrat vom Schmelzpunkt 148—149° geben. *1.2-Benztetraphen-7.12-chinon* bildet gelbe Nadeln, die bei 273—274° schmelzen. *Absorptionsspektrum* s. Abb. 47.

9.) 3.4-Benztetraphen.

Naphtho-[2'.1':1.2]-anthracen.
Naphtho-[2'.3':1.2]-phenanthren.

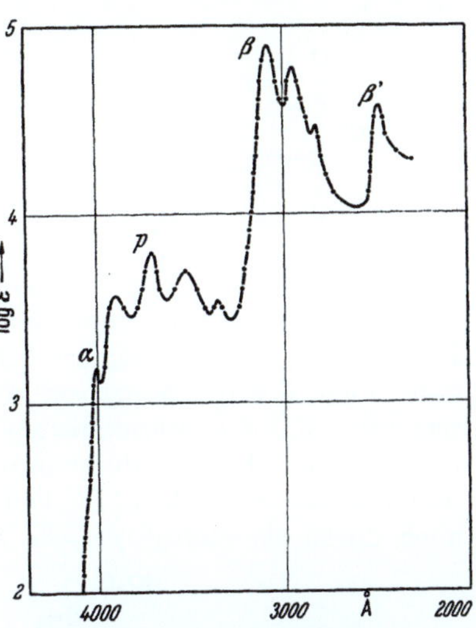

Abb. 47. Absorptionsspektrum des *1.2-Benztetraphens* in Alkohol. (Nach E. CLAR: Privatmitteilung.) Lage der Banden in Å: α, 4010, 3910; p, 3720, 3540, 3380; β, 3080, 2950, 2840; β', 2480.

3.4-Benztetraphen wurde von E. CLAR[1] durch Pyrolyse eines Gemisches von *o*-Toluylphenanthrenen, das I oder III neben anderen Ketonen enthält, gewonnen. Ein solches Gemisch entsteht bei der Einwirkung von *o*-Toluylsäurechlorid auf Phenanthren in Gegenwart von Aluminiumchlorid und mit Schwefelkohlenstoff als Lösungsmittel[2]. Aus

---

[1] CLAR, E.: B. **62**, 1574 (1929).
[2] Nach W. E. BACHMANN und L. H. PENCE [Am. Soc. **57**, 1130 (1935)] bilden sich mit Nitrobenzol als Lösungsmittel *2-* und *3-Toluylphenanthren.*

dem Gemisch von 3 isomeren Kohlenwasserstoffen wurde es zuerst durch zahlreiche Krystallisationen abgeschieden[1]. Einfacher gelingt die Trennung, wenn man Gebrauch macht von der verschiedenen Geschwindigkeit und Leichtigkeit, mit der die Kohlenwasserstoffe

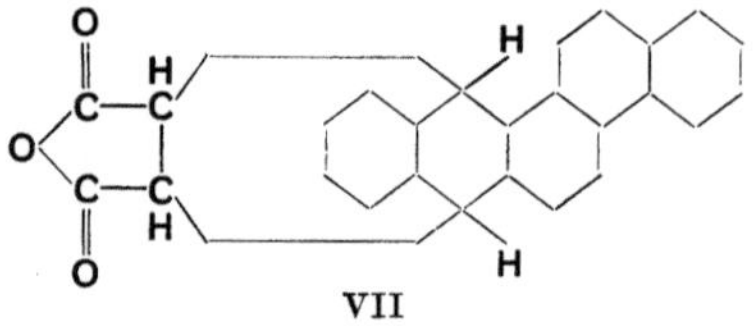

Maleinsäureanhydrid endocyclisch addieren. Von den anwesenden Kohlenwasserstoffen reagiert am schnellsten *Isopentaphen* (s. S. 238), dann folgt *3.4-Benztetraphen*, welches VII bildet, und am schwersten reagiert *1.2,3.4-Dibenzanthracen* (s. S. 194). Das Additionsprodukt VII zerfällt leicht beim Sublimieren im Vakuum in Maleinsäure-anhydrid und 3.4-Benztetraphen II[1]. Die Trennung der Kohlenwasserstoffe ist auch durch *chromatographische Adsorptionsanalyse* bewirkt worden[2].

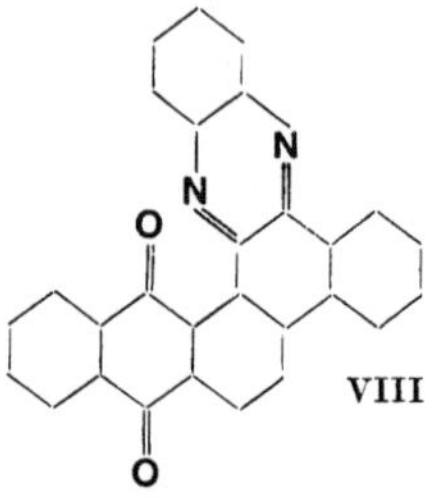

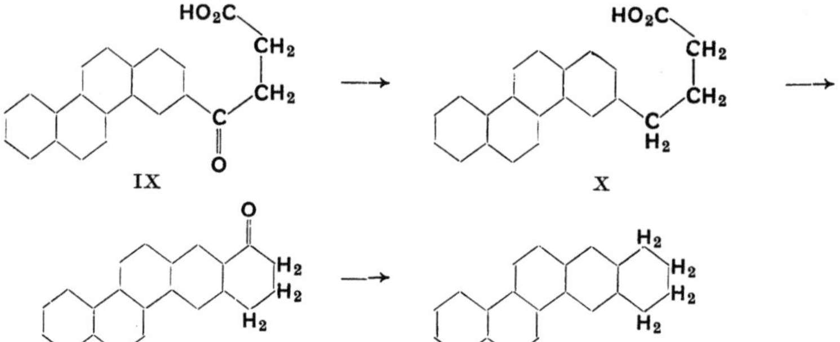

3.4-Benztetraphen ist auch aus Chrysen und Bernsteinsäureanhydrid und Aluminiumchlorid aufgebaut worden. Die Ketonsäure IX wird zu X reduziert, der Ring zu XI geschlossen und nach nochmaliger Reduktion zu XII zum *3.4-Benztetraphen* dehydriert[3]. Es entsteht ferner neben anderen Kohlenwasserstoffen aus 2.2'-Dinaphthyläthan mit Aluminiumchlorid[4].

Aus dem Steinkohlenteer ist *3.4-Benztetraphen* durch Chromatographie isoliert worden[5] und aus den höchstsiedendsten Anteilen des Teeres läßt es sich durch Behandlung mit Maleinsäureanhydrid und Spaltung des Adduktes VII gewinnen[6].

[1] CLAR, E., u. L. LOMBARDI: B. **65**, 1418 (1932).
[2] WINTERSTEIN, A., u. K. SCHÖN: H. **230**, 146 (1934).
[3] COOK, J. W., u. W. GRAHAM: Soc. **1944**, 329.
[4] BUU-HOI, HOAN u. JAQUINONE: Soc. **1951**, 1381.
[5] WIELAND, H., u. W. MÜLLER: A. **564**, 199 (1949).
[6] CLAR, E., u. R. SANDKE: Privatmitteilung.

Eigenschaften. 3.4-Benztetraphen krystallisiert aus Xylol in ganz schwach grünlichgelben Blättern vom Schmelzpunkt 294° (unkorr.), die sich in konzentrierter Schwefelsäure erst rot, dann rotviolett, blauviolett und schließlich blaugrün lösen. Die Lösungen in organischen Lösungsmitteln zeigen eine blaue Fluorescenz. *Absorptionsspektrum* s. Abb. 48. Mit überschüssiger Pikrinsäure in Benzol entsteht ein sehr zersetzliches *Pikrat*.

Oxydation. Bei der Oxydation mit Chromsäure in siedendem Eisessig gibt 3.4-Benztetraphen zuerst *3.4-Benztetraphen-7.12-chinon* IV und bei weiterer Einwirkung *3.4-Benztetraphen-1.2,7.12-dichinon* V. Die Konstitution des letzteren Chinons und damit auch die des Kohlenwasserstoffes geht aus seiner Reaktion mit Hydrazin hervor, wobei sich *3.4,8.9-Dibenz-6.7-diaza-pyren-5.10-chinon* VI bildet. Als *o*-Chinon reagiert V auch mit *o*-Phenylendiamin unter Bildung des Phenazinderivates VIII.

3.4-Benztetraphen-7.12-chinon IV bildet aus Eisessig gelbe Nadeln vom Schmelzpunkt 273°, die sich in konzentrierter Schwefelsäure blau lösen und mit alkalischem Hydrosulfit eine rote Küpe geben. *3.4-Benztetraphen-1.2,7.12-dichinon* V krystallisiert aus Nitrobenzol in goldgelben, sublimierbaren Nadeln, die bei 355° schmelzen, sich in konzentrierter Schwefelsäure mit einem braunstichigen Orangerot lösen und mit alkalischem Hydrosulfit eine rote Küpe geben, aus der mit Luft ein chinhydronartiges Natriumsalz ausfällt[1].

Biochemisches Verhalten. *3.4-Benztetraphen* hat sich bei der Prüfung auf *cancerogene* Aktivität als unwirksam erwiesen[2].

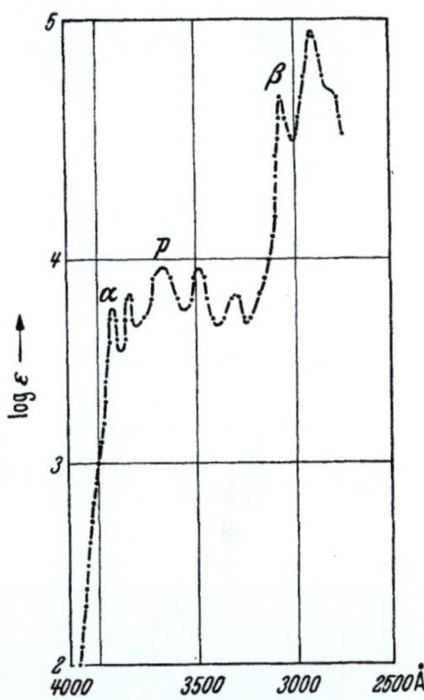

Abb. 48. Absorptionsspektrum des *3.4-Benztetraphens* in Benzol. [Nach E. CLAR u. L. LOMBARDI: B. **65**, 1416 (1932).] Lage der Banden in Å: α, 3930, 3850; *p*, 3670, 3490, 3310; β, 3070, 2910.

10.) 3.4, 8.9-Dibenztetraphen.

Durch Einwirkung eines leicht erhältlichen Gemisches von 2- und 3-Phenanthroylchlorid auf 2-Methylnaphthalin erhielt E. CLAR[3] die

---

[1] CLAR, E.: B. **62**, 1574 (1929).

[2] COOK, HIEGER, KENNAWAY u. MAYNEORD: Proc. Roy. Soc. London (B) **111**, 455 (1932).

[3] CLAR, E.: B. **76**, 150 (1943).

Ketone I und II. Diese geben bei der Pyrolyse unter Abspaltung von Wasser und mit II unter Umlagerung *3.4,8.9-Dibenztetraphen* III neben

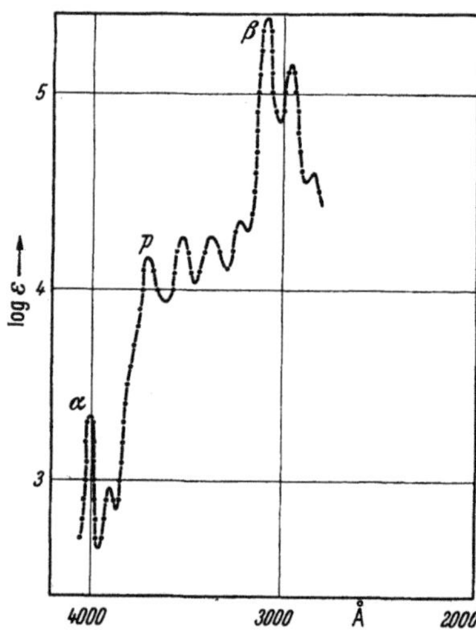

etwas *1.2,7.8-Dibenz-tetracen* (s. S. 243) NICHOL, THORN, JONES u. SANDIN[1] verwendeten später mit demselben Erfolg die reinen Ketone I und II zur Pyrolyse.

Aus den höchstsiedenden Fraktionen des Teeres ist es mit Hilfe des spaltbaren Adduktes IV gewonnen worden[2].

Eigenschaften. *3.4,8.9-Dibenztetraphen* krystallisiert aus Pseudocumol in blaßgelben Blättchen, die bei 385° (unkorr.) schmelzen und sich in konz. Schwefelsäure langsam braun lösen. Die Lösungen in organischen Lösungsmitteln zeigen eine starke blaue Fluorescenz. *Absorptionsspektrum* s. Abb. 49. Mit Maleinsäureanhydrid vereinigt es sich mit mäßiger Geschwindigkeit zu IV.

Oxydation. Mit überschüssiger Chromsäure in Eisessig entsteht das Dichinon V. Es löst sich in konz. Schwefelsäure braun und gibt mit alkalischem Hydrosulfit eine rotviolette

Abb. 49. Absorptionsspektrum des *3.4, 8.9-Dibenztetraphens* in Benzol. [Nach E. CLAR: B. **76**, 149 (1943).] Lage der Banden in Å: α, 4005, 3900; *p*, 3710, 3530, 3380; β, 3095, 2965, 2850.

Küpe, und mit Hydrazinhydrat in Pyridin das violettbraune *Azin* VI. Mit Phenylendiamin wurde die Bildung eines Phenazin-Derivates beobachtet[1].

[1] NICHOL, J. CH., G. D. THORN, R. N. JONES u. R. B. SANDIN: Am. Soc. **69**, 376 (1947).
[2] CLAR, E., u. R. SANDKE: Privatmitteilung.

11.) Pentaphen.

Naphtho-[2′.3′ : 1.2]-anthracen.

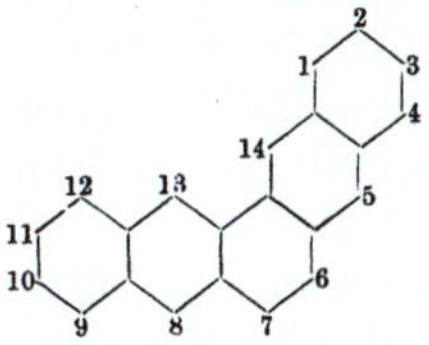

Die Darstellung von reinem *Pentaphen* V bot anfangs Schwierigkeiten, bis es E. CLAR und FR. JOHN[1] gelungen war, Methoden auszuarbeiten, die seine Trennung von dem gleichzeitig entstehenden *Dihydro-pentacen* IV erlauben. Bei der Pyrolyse der Ketone I, II und III

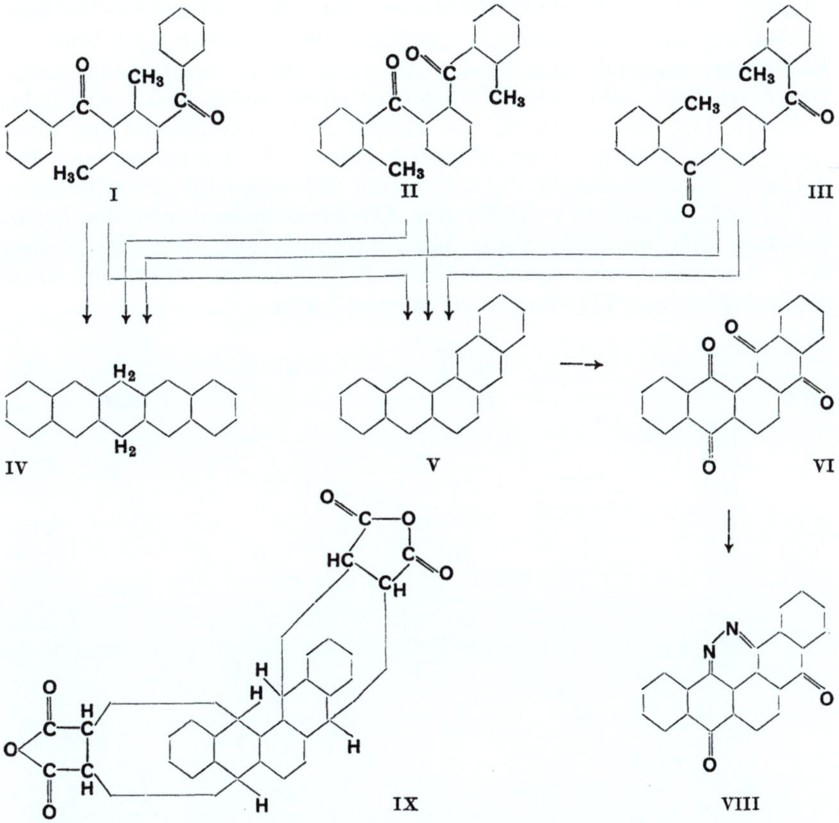

entsteht durch teilweise Umlagerung stets ein Gemisch von *Pentaphen* V und *Dihydro-pentacen* IV. Die beiden Kohlenwasserstoffe zeigen eine starke Neigung, konstant schmelzende Gemische zu bilden[1,2,3]. Man

---

[1] CLAR, E., u. FR. JOHN: B. **64**, 981 (1931); **63**, 2975 (1930).
[2] CLAR, E., FR. JOHN u. BR. HAWRAN: B. **62**, 940 (1929).
[3] CLAR, E., u. FR. JOHN: B. **62**, 3021 (1929).

geht am besten von einem Gemisch von Dibenzoyl-*m*-xylolen aus, das durch Einwirkung von Benzoylchlorid auf *m*-Xylophenon und Aluminiumchlorid in der Wärme erhalten werden kann. Es liefert bei der Pyrolyse *Pentaphen* V und *Dihydro-pentacen* IV. Von letzterem wird Pentaphen abgetrennt, indem man die Lösung der beiden Kohlenwasserstoffe in Xylol mit Chloranil zum Sieden erhitzt. Dabei wird das Dihydropentacen zum sehr schwer löslichen violettblauen *Pentacen* dehydriert, während Pentaphen in der Mutterlauge unverändert bleibt[1]. Andere Dehydrierungsmethoden sind das Leiten des Kohlenwasserstoffgemisches über erhitztes Kupfer oder Kochen mit Phenanthrenchinon in Nitrobenzol[2].

Die beste Darstellung von Pentaphen, frei von Begleitkohlenwasserstoffen, geht vom Phthalanhydrid aus, das beim Grignardieren mit *o*-Tolylmagnesiumbromid ein Gemisch von Di-*o*-toluyl-benzol II und Di-*o*-tolyl-phthalid I gibt[3]. Die Oxydation dieses Gemisches in zwei Stufen, erst durch Kochen mit verdünnter Salpetersäure und dann mit Kaliumpermanganat oder direkt mit verdünnter Salpetersäure unter Druck bei 210°, gibt unter Umlagerung eines großen Teiles von I das Anhydrid III. Die Reduktion von III mit Natriumhydroxyd und Zinkstaub liefert quantitativ das doppelte Lakton IV, das bei weiterer Reduktion mit Jodwasserstoff und rotem Phosphor die Dicarbonsäure (75%) und Pentaphen V (25%) gibt. Die Zinkstaubschmelze der Dicarbonsäure gibt ebenfalls Pentaphen, das auch auf diese Weise oder über das zuerst mit konzentrierter Schwefelsäure erhältliche Oxypentaphen-chinon VII dargestellt werden kann.

[1] CLAR, E., u. FR. JOHN: B. **64**, 986 (1931).
[2] CLAR, E., u. FR. JOHN: B. **63**, 2967 (1930).
[3] CLAR, E., u. D. G. STEWART: Soc. **1951**, 3215.

Eigenschaften. *Pentaphen* krystallisiert in schwach gelblich-grünen, flachen Nadeln oder Blättchen vom Schmelzpunkt 257° (unkorr.), die in Lösung eine blaue Fluorescenz zeigen. *Absorptionsspektrum* siehe Abb. 50. Es bildet ein *Dipikrat*, F: 184°. *Pentaphen* addiert zweimal Maleinsäure-anhydrid unter Bildung von IX[1].

Oxydation. Bei der Oxydation mit Chromsäure in siedendem Eisessig liefert es *Pentaphen-5.14, 8.13-dichinon* VI[2]. Die Konstitution dieses Dichinons, und damit auch die des Kohlenwasserstoffes, ergibt sich aus der Tatsache, daß es sich mit *Hydrazin* zum *3.4,9.10-Dibenz-1.2-diazapyren-5.8-chinon* VIII kondensieren läßt[2,3].

Das *Dichinon* VI ist bereits vor dem Pentaphen bekannt gewesen. SCHOLL und NEUMANN[3] erhielten es bei der Oxydation des *3.4,9.10-Dibenzpyren-5.8-chinons* X mit Chromsäure. Es läßt sich auch aus 1-Benzoylanthrachinon-2-carbonsäure XI

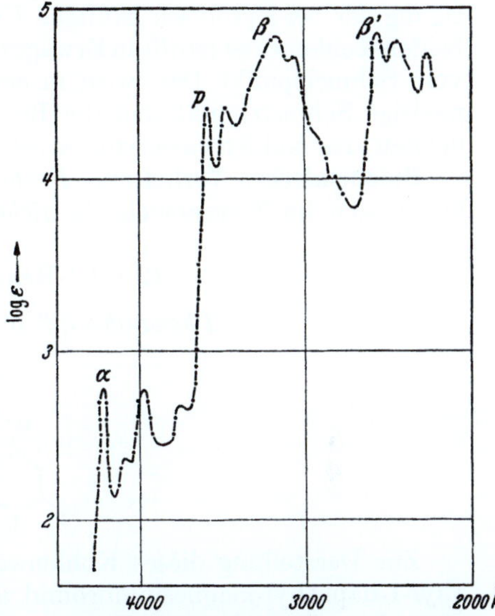

Abb. 50. Absorptionsspektrum des *Pentaphens* in Benzol ab 2800 Å in Alkohol. [Nach E. CLAR: B. **65**, 508 (1932).] Lage der Banden in Å: α, 4230, 4110, 3990, 3770; *p*, 3590; 3480, β, 3170. 3060 (in Benzol); β′, 2570, 2450; 2260 (in Alkohol).

oder 2-Benzoyl-anthrachinon-1-carbonsäure XII durch Wasserentziehung darstellen. Mit Benzylamin kondensiert sich VI zu XIII und XIV[4].

[1] CLAR, E.: B. **64**, 2194 (1931).   [2] CLAR, E., u. FR. JOHN: B. **64**, 986 (1931).
[3] SCHOLL u. NEUMANN: B. **55**, 118 (1922).
[4] SCHOLL, WANKA u. DEHNERT: B. **69**, 2428 (1936). — Vgl. SCHOLL, v. HORNUFF u. MEYER: B. **69**, 706 (1936).

Homologe. Von Homologen des Pentaphens sind ein *2.11-Dimethyl-* und ein *2.10-Dimethyl-pentaphen* bekanntgeworden, die beide bei 325° schmelzen. Wegen des gleichen Schmelzpunktes und unter Berücksichtigung der bei Pyrolysen häufigen Umlagerungen wäre die Identität der beiden Kohlenwasserstoffe in Erwägung zu ziehen[1]. Ein *Dimethylpentaphen* vom Schmelzpunkt 189° wird in einer Patentschrift beschrieben[2]. Der niedrige Schmelzpunkt und die Bildungsweise lassen aber die Einheitlichkeit des Kohlenwasserstoffes sehr unwahrscheinlich erscheinen.

Biochemisches Verhalten. *Pentaphen* und seine Dimethylderivate haben sich im Tierversuch als *nicht krebserregend* erwiesen[3].

12.) 3.4-Benzpentaphen.

Phenanthro-[2'.3':1.2]-anthracen.

Zur Darstellung dieses Kohlenwasserstoffes ließ J. W. Cook[4] 2-Methyl-1-naphthyl-magnesiumbromid auf Anthracen-1-carbonsäurechlorid einwirken. Das erhaltene Keton I wurde der wasserabspaltenden Pyrolyse unterworfen. Da sich II auch aus dem Keton III bildet[5], ist bei I wie beim 2-Methyl-1.1'-dinaphthylketon (s. S. 198, 202) Umlagerung anzunehmen, so daß sich *3.4-Benz-* statt *1.2-Benzpentaphen* bildet.

Eigenschaften. *3.4-Benzpentaphen* krystallisiert aus Xylol in gelben Nadeln vom Schmelzpunkt 281—282°, die mit konzentrierter Schwefel-

---

[1] Clar, E., u. Fr. John: B. **64**, 986 (1931). Die dortige Schmelzpunktsangabe von 225° ist ein Druckfehler.
[2] I.G. Farbenindustrie AG.: DRP. 481 819 — C. **1930 I**, 1053.
[3] Cook, Hieger, Kennaway u. Mayneord: Proc. Roy. Soc. London (B) **111**, 455 (1932).
[4] Cook, J. W.: Soc. **1931**, 499.
[5] Winterstein, A., u. K. Schön: H. **230**, 156 (1934).

säure keine charakteristische Färbung geben. *Absorptionsspektrum* s. Abb. 51.

Homologe. E. CLAR, FR. JOHN und R. AVENARIUS[1] stellten das Diketon IV dar und unterwarfen es der Pyrolyse. *11-Methyl-3.4-benzpentaphen* V ist das Hauptprodukt, während 10-Methyl-1.2-benzpentacen VI nur in sehr geringer Menge entsteht. Der Kohlenwasserstoff V ließ sich mit Chromsäure in Eisessig zum Dichinon VII oxydieren, das mit Hydrazin das *Diaza-pyren*-Derivat VIII gibt, wodurch die Konstitution von Kohlenwasserstoff V und Dichinon VII bewiesen ist.

11-Methyl-3.4-benzpentaphen krystallisiert in schwach grün-gelben, sublimierbaren Blättchen vom Schmelzpunkt 315 bis 316°. Sein Dichinon VII ist gelb und VIII ist ein rotbrauner Küpenfarbstoff.

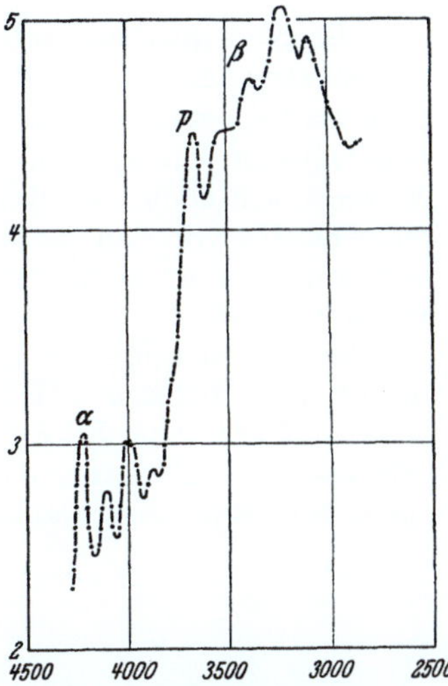

Abb. 51. Absorptionsspektrum des *3.4-Benzpentaphens* in Benzol [Nach E. CLAR: B. 72, 2143 (1939).] Lage der Banden in Å: α, 4230, 4110, 3990; p, 3680, 3560, 3400; β, 3240, 3120.

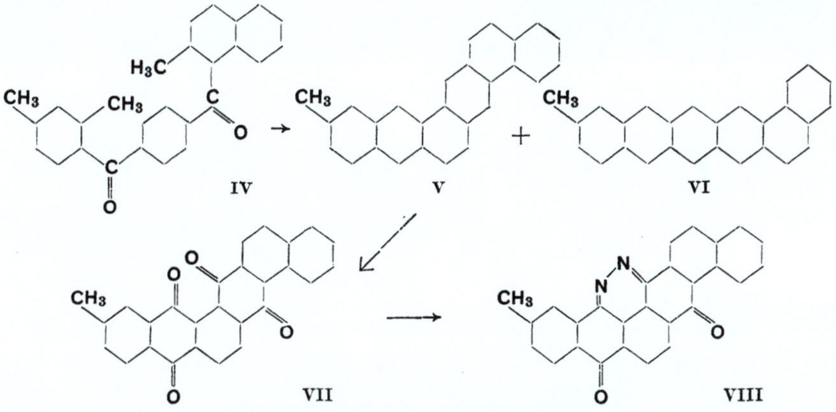

13.) 3.4, 9.10-Dibenzpentaphen.

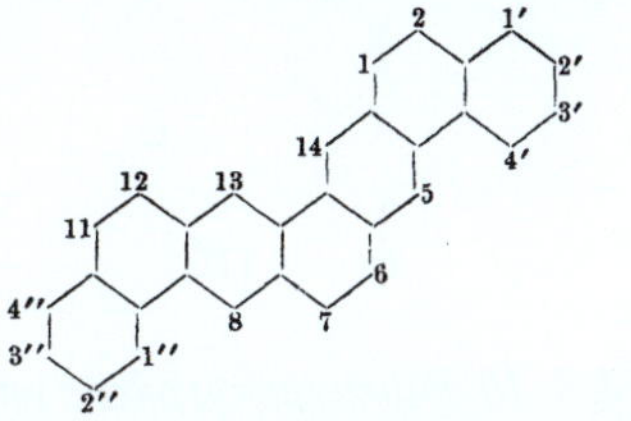

E. CLAR, FR. JOHN und R. AVENARIUS[1] unterwarfen die beiden Diketone I und II der wasserabspaltenden Pyrolyse. Dabei könnten

---

[1] CLAR, E., FR. JOHN u. R. AVENARIUS: B. 72, 2139 (1939).

sich die Kohlenwasserstoffe III, IV, V und VI bilden. Tatsächlich entstehen aber nur ein *3.4,9.10-Dibenzpentaphen* III und *1.2,8.9-Dibenz-
pentacen* IV. Nach den bei der Bildung der Dibenzanthracene (S. 198, 202)
beobachteten Umlagerungen ist ein anderes Ergebnis kaum zu erwarten.
Es zeigt sich auch hier, daß die Bildung der *trans-bisangularen* Kohlenwasserstoffe vor den *cis-bisangularen* so stark bevorzugt ist, daß die
ersteren selbst dann entstehen, wenn dabei eine Umlagerung der Ketone
notwendig ist.

Die Konstitution des *3.4,9.10-Dibenzpentaphens* wurde durch Oxydation zum Dichinon VII bewiesen, das mit Hydrazinhydrat *Dinaphtho-
[2'.1':3.4][1''.2'':9.10]-1.2-diaza-pyren-5.8-chinon* VIII liefert. Der Kohlenwasserstoff IV kann dagegen nur ein Monochinon IX geben, das
nicht mit Hydrazin kondensierbar ist (s. S. 261).

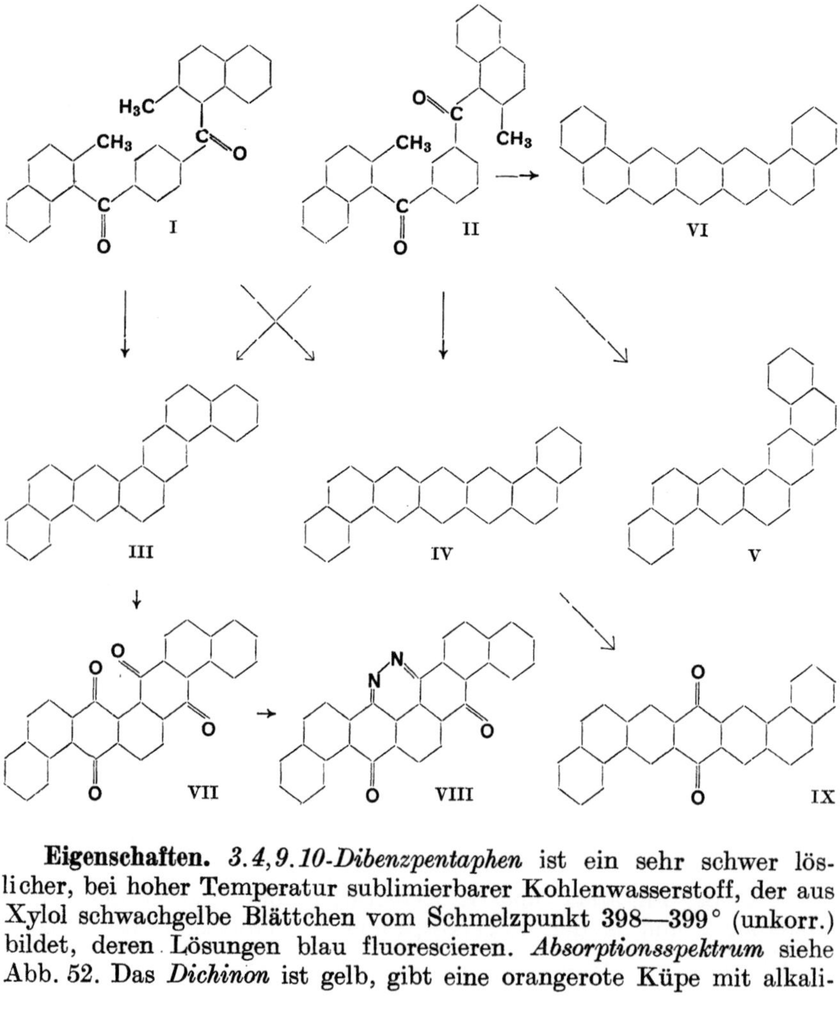

Eigenschaften. *3.4,9.10-Dibenzpentaphen* ist ein sehr schwer löslicher, bei hoher Temperatur sublimierbarer Kohlenwasserstoff, der aus
Xylol schwachgelbe Blättchen vom Schmelzpunkt 398—399° (unkorr.)
bildet, deren Lösungen blau fluorescieren. *Absorptionsspektrum* siehe
Abb. 52. Das *Dichinon* ist gelb, gibt eine orangerote Küpe mit alkali-

schem Hydrosulfit und löst sich in konzentrierter Schwefelsäure bräunlichgelb. Das *Diaza-pyren-Derivat* VIII krystallisiert in seidig-braunen
Blättchen, die mit violetter Farbe ver-
küpbar sind und sich in konzentrierter
Schwefelsäure rotviolett lösen.

14.) 1.2, 5.6-Dibenztetraphen.

Naphtho-[2'.3':1.2]-chrysen.

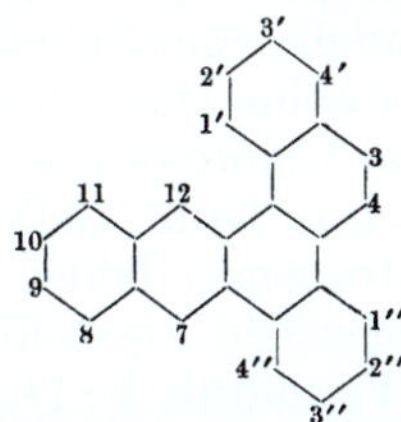

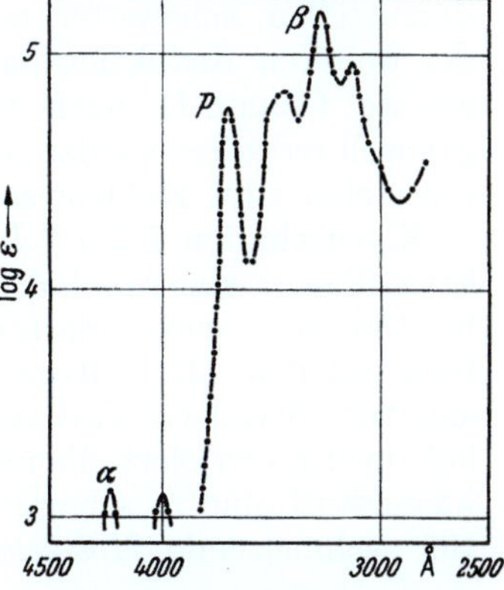

Abb. 52. Absorptionsspektrum des
3.4,9.10-Dibenzpentaphens in Benzol. [Nach E. CLAR: B. **72**, 2143
(1939).] Lage der Banden in Å:
α, 4230, 3990; *p*, 3680, 3430;
β, 3260, 3130.

Das *Chinon* II ist durch Einwirkung
von Phthalanhydrid auf Chrysen in Gegenwart von Aluminiumchlorid über die Chry-
senoyl-*o*-benzoesäure I dargestellt worden[1].
1.2,5.6-Dibenztetraphen-7.12-chinon II
(1.2-Phthaloyl-chrysen), das aus der Ketonsäure durch Erhitzen mit
Benzoylchlorid in α-Chlornaphthalin gewonnen werden kann, schmilzt
bei 272° und löst sich in konzentrierter Schwefelsäure erst blaugrün,
dann blaugrau.

Die Reduktion dieses Chinons wurde von H. BEYER und J. RICHTER[2]
studiert. Die Zinkstaubschmelze nach CLAR liefert hier ausnahmsweise das
Anthronderivat III, welches auch durch Zinkstaubdestillation aus dem
Propionoxy-Derivat IV erhältlich ist. Letzteres wird aus dem Chinon

---

[1] Gesellschaft für Chemische Industrie in Basel: Schwz. P. 179440 (1935). —
I.G. Farbenindustrie AG.: DRP. 652912 (1934) — Vgl. C. **1936 I**, 2637; **1938 I**,
2064.
[2] BEYER, H., u. J. RICHTER: B. **73**, 1319 (1940).

durch Reduktion mit farblosem Phosphor, Jod und Propionsäure gewonnen.

Alle Versuche, aus dem Anthron III den Grundkohlenwasserstoff V darzustellen, scheiterten an dem Widerstand, den das Sauerstoffatom der weiteren Reduktion entgegensetzt. Hingegen konnte das in Toluol gelöste Chinon II nach CLEMMENSEN zu einem Kohlenwasserstoffgemisch reduziert werden, das nach der chromatographischen Reinigung mit Selen zum Kohlenwasserstoff V dehydriert wurde[1].

Eigenschaften. *1.2,5.6-Dibenztetraphen*(Naphtho-[2′.3′:1.2]-chrysen)V krystallisiert aus Alkohol in farblosen Nadeln vom Schmelzpunkt 185 bis 186°, die konzentrierter Schwefelsäure keine charakteristische Färbung erteilen. Mit Antimonpentachlorid in Chloroform entsteht zuerst eine tief rotviolette Färbung, die allmählich in Grün, Gelb und schließlich in Braunviolett übergeht. Mit Trinitrobenzol bildet der Kohlenwasserstoff eine in scharlachroten Nadelbüscheln krystallisierende, bei 169° schmelzende *Molekelverbindung* im Verhältnis 1 : 1[1].

15.) 6.7-Benzpentaphen.

Dieser Kohlenwasserstoff ist noch nicht bekannt. Ein *2.11-Dimethyl-6.7-benzpentaphen* (Di-β-methylnaphtho-1.2,3.4-naphthalin) II wird in einer Patentschrift[2] beschrieben. Es soll durch Pyrolyse aus 1.4-Di-*m*-xyloylnaphthalin I entstehen.

Wegen der bei Pyrolysen sehr häufigen Umlagerungen wird man die Konstitution dieses Kohlenwasserstoffes so lange nicht als gesichert ansehen können, bis das Dichinon daraus dargestellt und dieses mit Hydrazin-Hydrat zu einem *Diaza-pyren-Derivat* kondensiert worden ist.

---

[1] BEYER, H., u. J. RICHTER: B. **73**, 1319 (1940).
[2] I.G. Farbenindustrie AG.: DRP. 481819 (1925) — C. **1930** I, 1053.

Der niedrige Schmelzpunkt des Kohlenwasserstoffes von 188° läßt es auch möglich erscheinen, daß sich durch Zersplitterung ein *Methyltetraphen* gebildet hat.

Eine andere Synthese des 6.7-Benzpentaphens ist vom 2.3-Dimethylnaphthalin aus versucht worden[1]. Dieses reagiert in Gegenwart von Aluminiumchlorid leicht zweimal mit Benzoylchlorid unter Bildung von 2.3-Dimethyl-1.4-dibenzoylnaphthalin III. Die Pyrolyse dieses Diketons ergibt jedoch keine Spur von IV. Es tritt zum größten Teil Zersetzung ein. Nur eine sehr kleine Menge von *Anthraceno-[2′.1′:1.2-]·anthracen* V

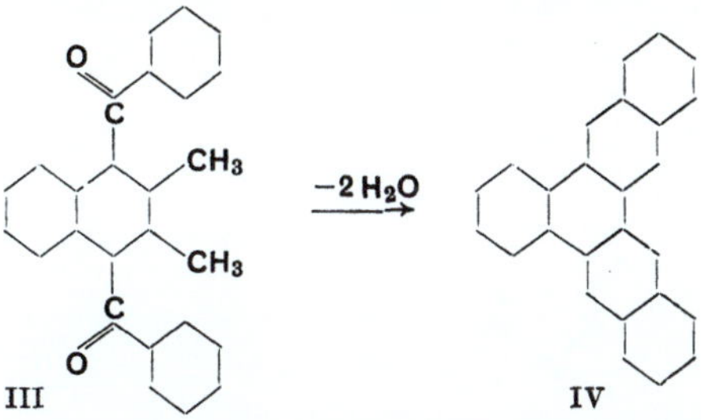

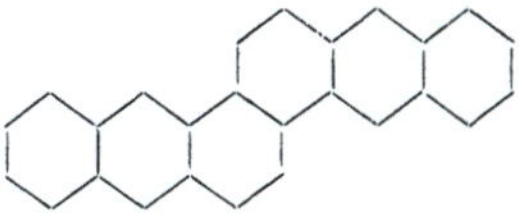

(s. S. 224) war entstanden. Möglicherweise enthielt das technische 2.3-Dimethylnaphthalin etwas 2.6-Dimethylnaphthalin, das mit Benzoylchlorid und Aluminiumchlorid leicht 2.6-Dimethyl-1.5-dibenzoyl-naphthalin liefert und so bei der Pyrolyse zur Bildung von V Anlaß geben könnte, oder es müßte eine komplizierte Umlagerung angenommen werden. Jedenfalls geht aus diesem Versuch hervor, daß die Neigung zur Bildung von IV sehr gering sein muß.

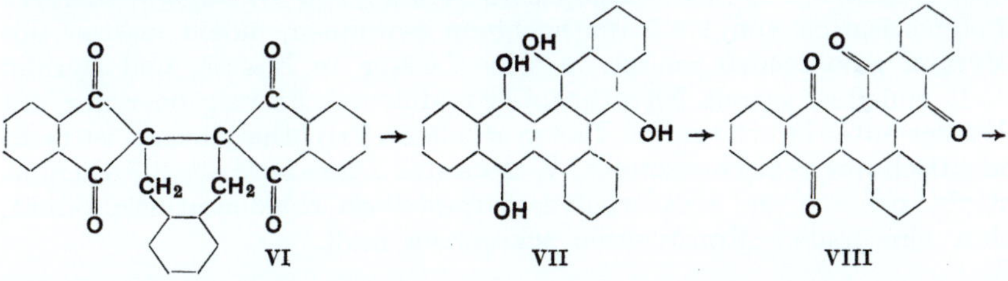

Eine Synthese des Dichinon VIII wird von D. Radulescu und F. Barbulescu[2] beschrieben. Das K-Salz des Bisketohydrindens (siehe

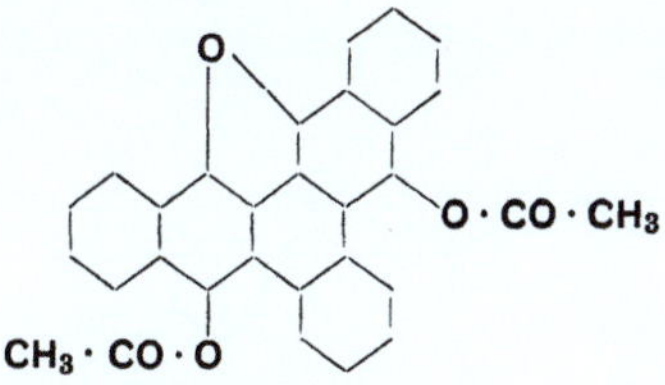

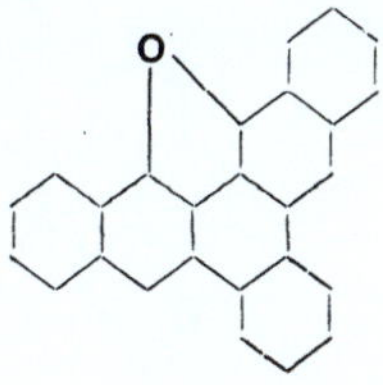

---

[1] Clar, E.: Privatmitteilung.

[2] Radulescu, D., u. F. Barbulescu: Soc. Chim. Romania Sect. Soc. romane Stiinte, Bull. Chim. pura apl. (2) **1**, 7 (1939) — C. **1943 I**, 623.

S. 230) wird mit *o*-Xylylenbromid kondensiert und VI mit Na-Alkoholat behandelt. Dabei wird das Tetra-oxyderivat VII gebildet, das in Gegenwart von Luft zum Dichinon VIII oxydiert wird. Durch reduzierende Acetylierung entstand IX und durch Zinkstaubdestillation X.

16.) Naphtho-[2′.3′:6.7]-pentaphen.

Trinaphthylen-[2.3].

Naphtho-[2′.3′:6.7]-pentaphen (Trinaphthylen) wurde von E. ROSENHAUER, FR. BRAUN, R. PUMMERER und G. RIEGELBAUER[1] beschrieben, aber erst von A. LÜTTRINGHAUS und R. FICK bzw. PUMMERER, PFAFF und RIEGELBAUER[2] in seiner Konstitution erkannt, nachdem es in der zuerst erwähnten Arbeit für ein 2.3-Dinaphthylen gehalten worden war. *Naphtho-pentaphen* II läßt sich aus Triphthalylbenzol I durch Zinkstaubdestillation oder mit Jodwasserstoff gewinnen. Triphthalylbenzol oder *Naphtho-[2′.3′:6.7-]-pentaphen-5.14,8.13,1′.4′-trichinon* wird durch Polymerisation von 1.4-Naphthochinon gewonnen, indem man es mit Pyridin zum Sieden erhitzt, in seine Lösung in Eisessig und Pyridin Luft einleitet, es mit Nitrobenzol, Pyridin und Eisessig oder nur mit Wasser unter Druck erhitzt. Das so erhaltene Triphthalylbenzol ist nicht identisch mit dem von SCHOLL, WANKA und DEHNERT[3] aus 2.3-Dichlornaphthochinon und Kupferpulver dargestellten Kondensationsprodukt, dem eine andere Konstitution zukommen muß.

I $\longrightarrow$ II

[1] ROSENHAUER, E., FR. BRAUN, R. PUMMERER u. G. RIEGELBAUER: B. **70**, 2281 (1937).

[2] LÜTTRINGHAUS, A., u. R. FICK bzw. PUMMERER, PFAFF u. RIEGELBAUER: B. **71**, 2569 (1938) — Badische Anilin- und Soda-Fabrik: DRP. 350738 u. 353221 — Frdl. **14**, 488.

[3] SCHOLL, WANKA u. DEHNERT: B. **69**, 2433 (1936).

Eigenschaften. *Naphtho-[2'.3':6.7]-pentaphen* II bildet farblose, ver-filzte Nadeln vom Schmelzpunkt 392° (korr.), die in Lösung blau fluo-rescieren und sich in heißer Schwefelsäure mit gelber Farbe lösen. Mit Pikrinsäure entsteht ein in roten Prismen krystallisierendes Pikrat, das über 260° schmilzt. Mit Jodwasserstoff und rotem Phosphor unter Druck wird es bis zum *Tetrakosi-hydro-Derivat* III reduziert. *Absorptionsspek-trum* s. Abb. 53.

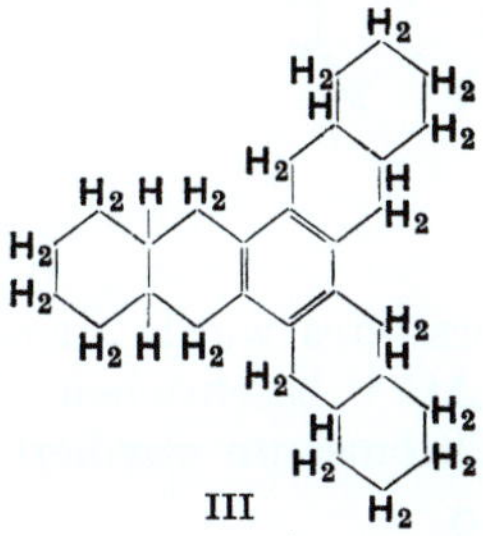

III

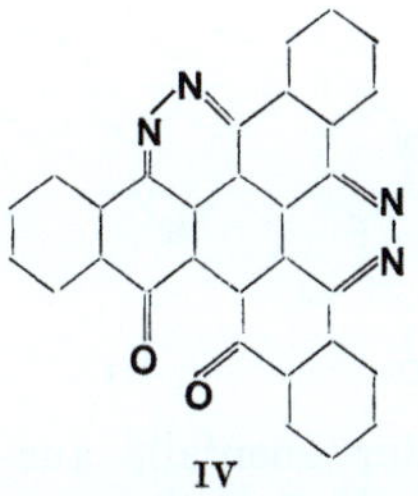

IV

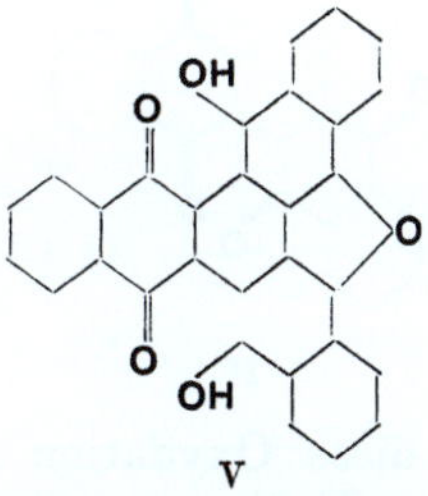

V

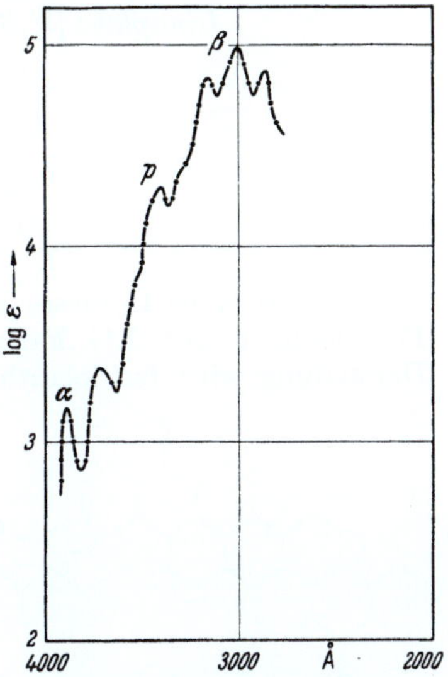

Abb. 53. Absorptionsspektrum des *Naphtho-(2'.3':6.7)-pentaphens* in Benzol. (Nach E. CLAR: Privatmit-teilung.) Lage der Banden in Å: α, 3890, 3710; p, 3400, 3260; β, 3150, 3000, 2860.

Das *Trichinon* I bildet glänzende gelbe Prismen, die sich über 400° zersetzen und in konzentrierter Schwefelsäure mit gelber Farbe löslich sind. Mit alkalischem Hydrosulfit entsteht eine gelbgrüne Küpe. Mit Salpetersäure unter Druck erhitzt bildet es Mellithsäure. Mit Hydrazinhydrat gibt Triphthalylbenzol ein *Bisdiazin* IV. Interesse können auch die Reduktionsprodukte des Triphthalylbenzols beanspruchen. Mit milden Reduktionsmitteln entsteht zunächst das grüne *Anhydrochin-hydron* V. Reduktion mit Jodwasserstoff führt zu dem blauen *Dioxy-chinon* VI und zum violetten Chinon VII[1]. Durch Kondensation von

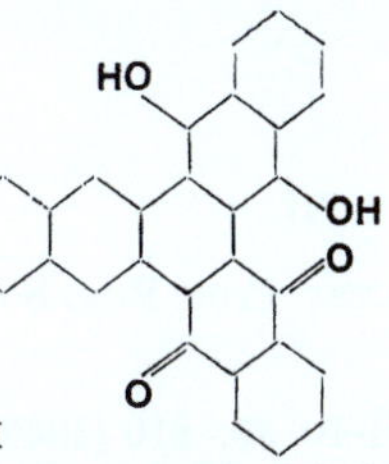

VI

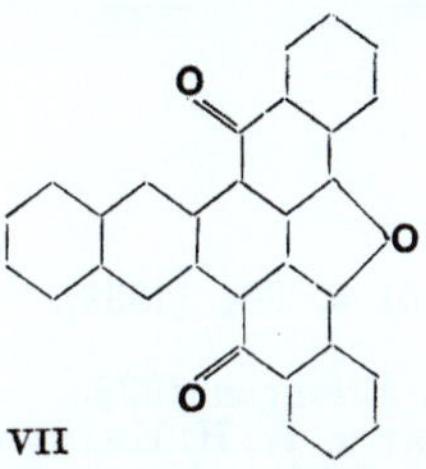

VII

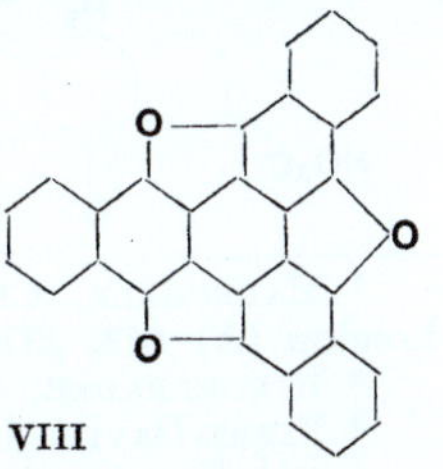

VIII

[1] PUMMERER, PFAFF, RIEGELBAUER u. ROSENHAUER: B. 72, 1623 (1939).

1.4-Naphthochinon mit Aluminiumchlorid in Nitrobenzol[1] oder in Chlorbenzol[2] wird das schwach graugelbe, unlösliche und sublimierbare *Trioxydo-trinaphthylen* VIII erhalten. Mehrere Derivate des Trichinons wurden dargestellt[3].

17.) Naphtho-[2'.3':3.4]-pentaphen.

Dinaphtho-[2'.3':1.2], [2''.3'':5.6]-anthracen.

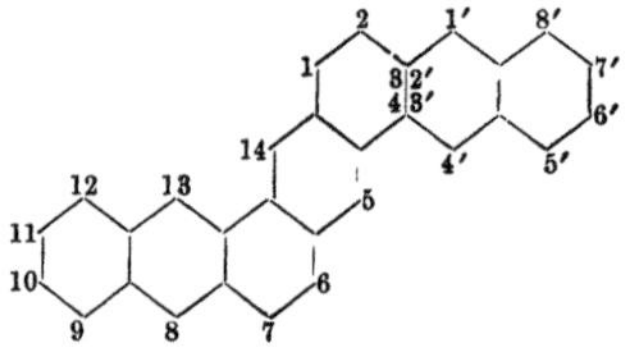

Das *Trichinon* II dieses Kohlenwasserstoffes wurde zuerst in einer Patentschrift der I.G. Farbenindustrie AG.[4] beschrieben. Zu seiner Darstellung wird Isoviolanthron I mit Chromsäure oxydiert:

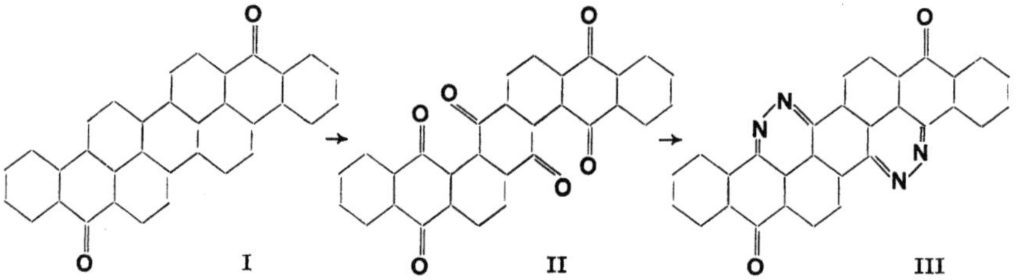

ScHOLL und MEYER[5], die diese Oxydation später ebenfalls ausführten, reduzierten das Trichinon II, das sie mit *Indochinonanthren* be-

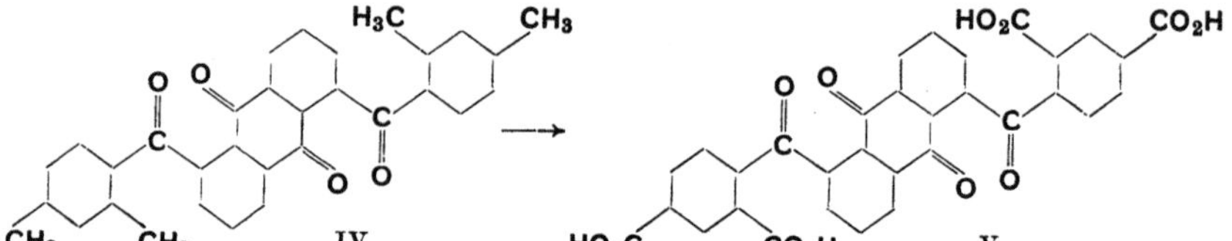

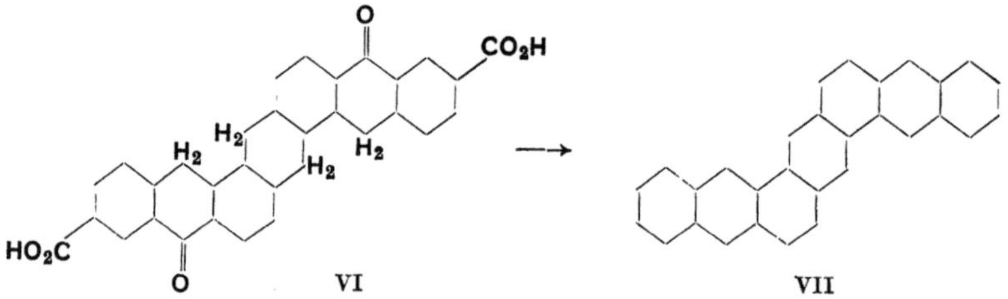

---

[1] MARSCHALK, CH.: Bl. (5) **5**, 304 (1938). — ERDMANN: Proc. Roy. Soc. London (A) **143**, 231 (1933).

[2] RIEGELBAUER, G.: Diss. Erlangen 1938.

[3] FIERZ-DAVID, L. BLANGEY u. W. H. KRANICHFELDT: Helv. **30**, 816 (1947).

[4] I.G. Farbenindustrie AG.: DRP. 487725 (1926) — C. **1930** I, 3240. — Vgl. GRASSELLI DYESTUFF CORP.: A. P. 1706493 (1927) — C. **1929** I, 3039.

[5] SCHOLL u. MEYER: B. **61**, 2550 (1928); **65**, 1396 (1932).

zeichneten, zur *Hexahydroverbindung* des Grundkohlenwasserstoffes, die mit Kupferpulver sublimiert VII lieferte.

Ein anderer Weg von SCHOLL und MEYER[1] geht vom 1.5-Di-*m*-xyloyl-anthrachinon IV aus, das mit verdünnter Salpetersäure unter Druck zur Tetracarbonsäure V oxydiert wird. Diese wird zuerst mit Zinkstaub, Natronlauge und ammoniakalischer Kupferlösung bei 200° und dann mit Jodwasserstoff in Essigsäure-anhydrid über Zwischenstufen zu VI reduziert und kondensiert. VI gibt bei der Zinkstaubdestillation den Grundkohlenwasserstoff VII.

Die einfachste Darstellungsmethode besteht in der Einwirkung eines Überschusses von Phthalanhydrid und Aluminiumchlorid auf Anthracen in Tetrachloräthan bei 100°, wobei die Dicarbonsäure VIII entsteht. In siedendem Benzoylchlorid läßt sie sich zum 1.2,5.6-Diphthaloyl-anthracen IX kondensieren. Dieses violette Dichinon vermag Maleinsäureanhydrid zu addieren zu X, dessen Reduktion mit Natronlauge und Zinkstaub liefert das Dilacton XI, das leicht unter Abspaltung von Maleinsäureanhydrid und Wasser in *Naphtho-[2'.3':3.4]-pentaphen* VII übergeführt werden kann. Es kann auch durch Zinkstaubschmelze direkt aus dem Dichinon erhalten werden[2].

Mit Sulfurylchlorid in Nitrobenzol entsteht aus IX merkwürdigerweise das *Trichinon* II, das so ebenso wie das *Diazin* III leicht zugänglich wird[3].

[1] SCHOLL u. MEYER: **65**, 1396 (1932).
[2] CLAR, E.: Chem. Ber. **81**, 169 (1948).   [3] CLAR, E.: Privatmitteilung.

Eine andere Synthese besteht in der Grignardierung von Anthracen-1.5-dinitril mit *o*-Tolyl-magnesiumbromid und Pyrolyse des 1.5-Di-*o*-toluyl-anthracens XIV[1].

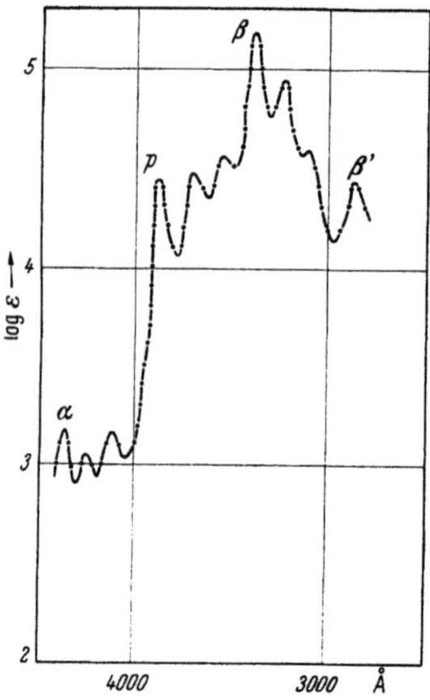

Abb. 54. Absorptionsspektrum des *Naphtho-(2'.3':3.4)-pentaphens* in Benzol. [Nach E. CLAR: Chem. Ber. 81, 169 (1948).] Lage der Banden in Å: α, 4360, 4240, 4110; *p*, 3875, 3690, 3530; β, 3380, 3230, 3100; β' 2875.

Eigenschaften. *Naphtho-[2'.3'':3.4]-pentaphen* VII bildet gelbe, kleine Blättchen, die sublimierbar, sehr schwer löslich sind und bei 408° (unkorr.) schmelzen. Die Lösungen zeigen eine blaue Fluorescenz. In konzentrierter Schwefelsäure ist der Kohlenwasserstoff in der Kälte unlöslich und löst sich beim Erhitzen olivgrün. *Absorptionsspektrum* s. Abb. 54. *1.2,5.6-Diphthalyl-anthrachinon* II krystallisiert in hellgelben Prismen, die sublimierbar sind und mit alkalischem Hydrosulfit eine rote Küpe geben, aus der mit Luft eine chinhydronartige Verbindung ausfällt. Mit Hydrazin-Hydrat gibt das Trichinon ein rotbraunes *Diazin*, das mit blauer Farbe verküpbar ist[2].

Homologe. *7'.10-Dimethyl-naphtho-[2'.3':3.4]-pentaphen* XIII kann durch Pyrolyse des Diketons XII dargestellt werden, das aus Anthracen-1.5-dicarbonsäurechlorid und *m*-Xylol mit Eisenchlorid gewonnen wird[3].

18.) Anthraceno-[2'.1':1.2]-anthracen.

Zur Synthese dieses Kohlenwasserstoffes stellten E. CLAR, H. WALLENSTEIN und R. AVENARIUS[4] aus 2.6-Dimethylnaphthalin und Ben-

---

[1] WALDMANN, H., u. R. STENGL: B. **83**, 167 (1950).

[2] I.G. Farbenindustrie AG.: DRP. 471377 (1926) — C. **1929 I**, 2705. — Vgl. SCHOLL u. MEYER: B. **61**, 2550 (1928).

[3] SCHOLL u. MEYER: B. **65**, 1396 (1932).

[4] CLAR, E., H. WALLENSTEIN u. R. AVENARIUS: B. **62**, 950 (1929).

zoylchlorid mit Aluminiumchlorid zunächst das Diketon I dar, das bei der Pyrolyse unter Verlust von Wasser *Anthraceno-[2′ 1′:1.2]-anthracen* II liefert.

Eigenschaften. Es bildet aus Xylol oder Nitrobenzol schwerlösliche, intensiv gelbe Blättchen oder Sternchen, die bei etwa 400° schmelzen, sich in konzentrierter Schwefelsäure erst braun, dann grün lösen und in organischen Lösungsmitteln eine tiefblaue Fluorescenz zeigen. *Absorptionsspektrum* siehe Abb. 55.

Oxydation. Bei der Oxydation mit Chromsäure in Eisessig gibt der Kohlenwasserstoff *Anthrachinono-[2′.1′:1.2]-anthrachinon* III, das sehr schwer löslich ist und in goldgelben bis messingfarbenen Blättchen krystallisiert, die bei etwa 395° schmelzen. In konzentrierter Schwefelsäure löst sich das Dichinon braunrot und gibt mit alkalischem Hydrosulfit eine rotbraune Küpe.

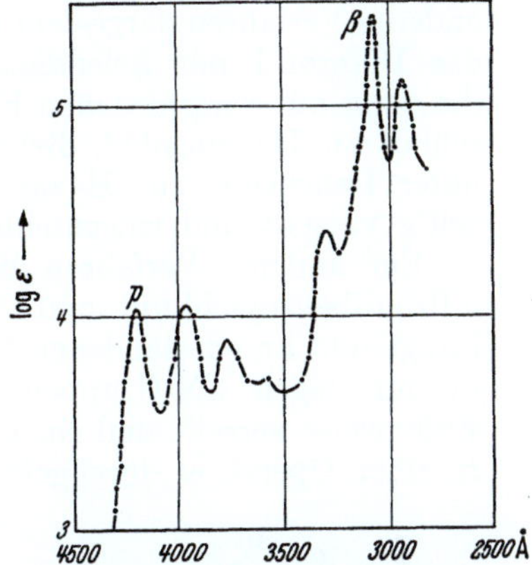

Abb. 55. Absorptionsspektrum des *Anthraceno-[2′.1′:1.2]-anthracens* in Benzol. [Nach E. CLAR: B. **65**, 510 (1932).] Lage der Banden in Å: *p*, 4200, 3960, 3770, 3580; 3290; *β*, 3070, 2940.

Ein *6.6′-Dimethyl-anthraceno-[2′.1′:1.2]-anthracen* V kann nach einer Patentschrift der I.G. Farbenindustrie AG.[1] durch Destillieren von 1.5-Di-m-xyloyl-naphthalin IV über aktive Kohle erhalten werden. Sein Schmelzpunkt liegt bei 378—379°.

---

[1] I.G. Farbenindustrie AG.: DRP. 481819 (1925) — C. **1930 I**, 1053.

Anthrachinono-[2'.1':1.2]-anthrachinon III ist aus dem 2.6-Dimethyl-1.5-dibenzoyl-naphthalin I von CLAR, WALLENSTEIN und AVENARIUS[1] später noch von der I.G. Farbenindustrie AG. nach zwei anderen Verfahren dargestellt worden. Das eine Verfahren besteht darin, das Diketon I mit Selendioxyd zur Dicarbonsäure VI zu oxydieren, die dann mit verschiedenen Kondensationsmitteln den doppelten Ringschluß zu III eingeht[2]. Beim zweiten Verfahren wird das Diketon I unter Belichtung zur Hexachlorverbindung VII[3] chloriert, die gleichzeitig verseift und ringgeschlossen werden kann.

Ein anderes Verfahren besteht darin, daß man Naphthalin mit *o*-Brom-benzoylchlorid und Aluminiumchlorid zweimal zur Reaktion bringt und im entstandenen Diketon VIII die Bromatome mit Kupfercyanür gegen CN-Gruppen austauscht. Das Dinitril IX kann nun stufenweise verseift und ringgeschlossen oder beide Reaktionen können in einer Operation durchgeführt werden[4].

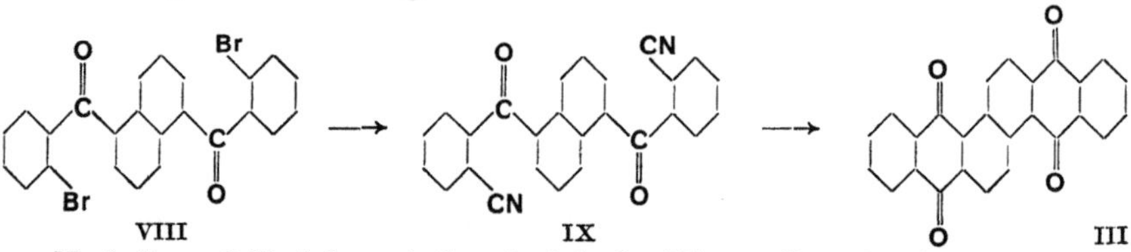

VIII → IX → III

Nach diesen 3 Verfahren sind auch einfache Abkömmlinge des Anthrachinono-[2'.1':1.2]-anthrachinons dargestellt worden.

Biochemisches Verhalten. Anthraceno-[2'.1':1.2]-anthracen wirkt nicht krebserregend[5].

19.) Anthraceno-[2'.1':8.9]-tetraphen.

4.5-Benzo-naphtho-[1'.2':10.11]-chrysen.

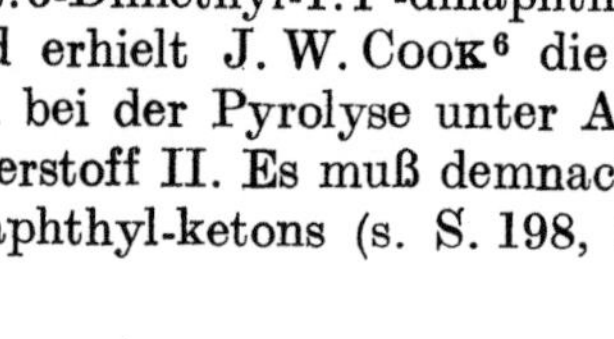

Durch Einwirkung von Benzoylchlorid auf 2.6-Dimethyl-1.2'-dinaphthyl-keton bzw. 2.6-Dimethyl-1.1'-dinaphthyl-keton in Gegenwart von Aluminiumchlorid erhielt J. W. COOK[6] die Diketone I bzw. III. Beide Diketone geben bei der Pyrolyse unter Abspaltung von Wasser denselben Kohlenwasserstoff II. Es muß demnach wie bei der Pyrolyse des 2-Methyl-1.1'-dinaphthyl-ketons (s. S. 198, 202) eine Umlagerung stattgefunden haben.

---

[1] CLAR, WALLENSTEIN u. AVENARIUS: B. **62**, 950 (1929).

[2] I.G. Farbenindustrie AG.: E. P. 368930 (1931) — C. **1932 II**, 777.

[3] I.G. Farbenindustrie AG.: DRP. 595025 (1932) — C. **1934 II**, 3440.

[4] I.G. Farbenindustrie AG.: F. P. 694890 (1930) — C. **1931 I**, 3290; E. P. 353113 (1930) — C. **1931 II**, 2664; I. P. 289452 (1930) — C. **1936 II**, 3594.

[5] COOK, HIEGER, KENNAWAY u. MAYNEORD: Proc. Roy. Soc. London (B) **111**, 455 (1932).

[6] COOK, J. W.: Soc. **1931**, 499.

Eigenschaften. *Anthraceno-[2′.1′ : 8.9]-tetraphen* II krystallisiert aus Tetralin in sehr schwer löslichen, sublimierbaren, goldgelben Blättchen vom Schmelzpunkt 435—440° (zers.).

20.) Tetrapheno-[9′.8′ : 8.9]-tetraphen.

4.5,10.11-Di-(naphtho-1′.2′)-chrysen.

L. F. FIESER und E. M. DIETZ[1] stellten diesen Kohlenwasserstoff durch Pyrolyse des Diketons I dar, das sie durch doppelte Einwirkung

von 2-Naphthoylchlorid und Aluminiumchlorid auf 2.6-Dimethylnaphthalin gewannen.

Eigenschaften. *Tetrapheno-[9′.8′ : 8.9]-tetraphen* II krystallisiert in sublimierbaren, orangefarbigen Blättchen vom Schmelzpunkt 500°, die sehr schwer löslich sind. Es besitzt keine cancerogene Aktivität[2].

21.) 2.3, 8.9-Dibenzpicen.

Phenanthren gibt mit überschüssigem Benzoylchlorid und Aluminiumchlorid ein einheitliches Dibenzoyl-phenanthren, F. 183—184°, das

---

[1] FIESER, L. F., u. E. M. DIETZ: B. **62**, 1827 (1929).
[2] COOK, HIEGER, KENNAWAY u. MAYNEORD: Proc. Roy. Soc. London (B) **111**, 455 (1932).

15*

wahrscheinlich die 2.7-Verbindung ist, wie aus der folgenden Synthese hervorgeht. Wird an Stelle von Benzoylchlorid *o*-Toluylchlorid verwendet und das Diketon I über 400° pyrolysiert, so erhält man ein Kohlenwasserstoffgemisch, das in der Hauptsache aus *2.3,8.9-Dibenzpicen* II besteht. Die orangefarben Begleitkohlenwasserstoffe, die offenbar Tetracenderivate sind, können auf Grund ihrer erhöhten Reaktivität durch fraktionierte Behandlung mit Maleinsäureanhydrid in siedendem 1-Methylnaphthalin entfernt werden. Die Konstitution des *2.3,8.9-Dibenzpicens* II wird durch das Absorptionsspektrum sichergestellt (s. Abb. 56). Jeder andere bei dieser Kondensation mögliche Kohlenwasserstoff müßte 4 Benzolkerne in linearer Anordnung enthalten, und somit als Tetracenderivat an der weiter gegen Rot zu liegenden Absorption auch in geringer Konzentration zu erkennen sein.

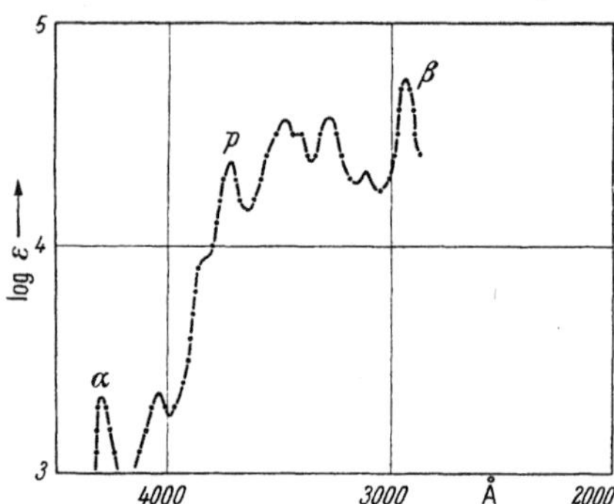

Eigenschaften. *2.3,8.9-Dibenzpicen* II krystallisiert aus 1-Methylnaphthalin in blaßgelben Blättchen, die bei 462° (unkorr.) schmelzen und sich in konzentrierter Schwefelsäure langsam braun, später grün werdend, lösen. Die Lösungen in organischen Lösungsmitteln zeigen eine stark blaue Fluorescenz. *Absorptionsspektrum* s. Abb. 56. Bei der Oxydation mit überschüssiger Chromsäure in siedendem Eisessig entsteht ein sublimierbares 1.4,7.10-Dichinon III vom Schmelzpunkt 416 bis 417° (unkorr.), das sich konzentrierte Schwefelsäure braun löst und mit alkalischem Natriumhydrosulfit eine rote Küpe liefert[1].

Abb. 56. Absorptionsspektrum des *2.3,8.9-Dibenzpicens*. (Nach E. CLAR: Privatmitteilung.) Lage der Banden in Å: α, 4280, 4040; *p*, 3710, 3450 (in 1-Methylnaphthalin), 3260, 3140; β, 2930 (in Benzol).

22.) Anthraceno-[1′.2′:1.2]-tetraphen.

Ein *Dichinon* dieses Kohlenwasserstoffes wird durch Reduktion von ω-Tetrabrom-2.2′-dimethyl-1.1′-dianthrachinonyl I beim Kochen in Aceton mit Natriumjodid erhalten[2]. Das *3.4,5.6-Diphthalyl-*

---

[1] CLAR, E.: Privatmitteilung. — [2] Höchst: DRP. 260662 (1911).

phenanthren II ist ein gelber Küpenfarbstoff. Seine Reduktion zum Kohlenwasserstoff wurde nicht durchgeführt.

IV. Kohlenwasserstoffe, die vier linear kondensierte Benzolringe enthalten.

1.) Tetracen.

Naphthacen.   2.3-Benzanthracen.   Ruben

Die erste Synthese des Tetracens geht von einer Kondensation zwischen Bernsteinsäure und Phthalanhydrid unter Mitwirkung von Natriumacetat aus. Mit Natriummethylat wird das entstandene Äthin-diphthalid I zu dem Dinatriumsalz des Dioxy-tetracenchinons II (Iso-äthin-diphthalid) und zu Bis-diketo-hydrinden III umgelagert[1], durch dessen Oxydation ebenfalls *Dioxytetracenchinon* II entstehen soll[2]. Die Zinkstaubdestillation von II ergibt Tetracen IV neben *5.12-Dihydro-tetracen* V, das sich allein bildet, wenn die Reduktion mit Jodwasserstoff ausgeführt wird[3].

Die Umwandlung des Bis-indandions III in *Dioxytetracenchinon* II läßt sich auch mit Ammoniak, Natriumacetatlösung oder Pyridin be-wirken[3]. Sie ist in verschiedener Weise gedeutet worden[3,4]. *Dioxytetra-cenchinon* II läßt sich auch aus Äthin-diphthalid durch eine Schmelze mit Aluminiumchlorid-Natriumchlorid gewinnen[5]. Es läßt sich ferner aus Phthalanhydrid und 1.4-Dioxynaphthalin in der Aluminiumchlorid-Natriumchlorid-Schmelze darstellen[6].

---

[1] GABRIEL u. MICHAEL: B. **10**, 1559, 2207 (1877); **11**, 1682 (1878). — ROSER: B. **17**, 2744 (1884). — NATHANSON: B. **26**, 2582 (1893). — GABRIEL u. LEUPOLD: B. **31**, 1159, 1272 (1898).

[2] LIEBERMANN: B. **30**, 3137 (1897). — GABRIEL u. LEUPOLD: B. **31**, 1272 (1898). — Vgl. KAUFMANN: B. **30**, 382 (1897).

[3] WANAG, G.: B. **70**, 274 (1937).

[4] POSNER, TH., u. R. HOFMEISTER: B. **59**, 1827 (1926).

[5] CLAR, E.: Privatmitteilung. — RAUDNITZ, H.: B. **62**, 509 (1929).

Einen anderen Weg zur Darstellung von Tetracenderivaten beschritten DEICHLER und WEIZMANN[1]. Sie kondensierten 1-Naphthol und Phthalanhydrid mittels Schwefelsäure und Borsäure, oder besser

mit Borsäure allein zur *1-Oxy-2-naphthoyl-o-benzoesäure* VI. Der Ringschluß mit Schwefelsäure liefert *6-Oxy-tetracen-5.12-chinon* VII, das bei der Zinkstaubdestillation *Tetracen* IV und sein *Dihydroderivat* V gibt.

Diese Synthese wurde auch mit 1.5-Dioxynaphthalin ausgeführt[2].

Eine Angabe von HELLER[3], daß sich 2-Chlornaphthalin mit Phthalanhydrid und Aluminiumchlorid zu einer Chlornaphthoyl-o-benzoesäure kondensieren läßt, die beim Ringschluß 8-Chlortetracen-5.12-chinon geben soll, hat sich als unrichtig erwiesen. Das erhaltene Chinon ist ein *Chlortetraphen-chinon*[4].

Nach SCHROETER[5] reagiert Phthalanhydrid mit Tetralin in Gegenwart von Aluminiumchlorid unter Bildung der Ketonsäure IX. Diese liefert beim Ringschluß *1.2.3.4-Tetrahydro-tetracenchinon* XI und *1.2.3.4-*

[1] DEICHLER u. WEIZMANN: B. **36**, 547, 719 (1903). — BAYER: DRP. 298345 (1916).

[2] BENTLEY, FRIEDL, THOMAS u. WEIZMANN: Soc. **91**, 411, 1588 (1907).

[3] HELLER: B. **45**, 671 (1912); **46**, 1497 (1913).

[4] BADGER, G. M.: Soc. **1948**, 1756. — MARSCHALK u. DASSIGNY: Bl. (5) **15**, 812 (1948).

[5] SCHROETER: B. **54**, 2242 (1921). — Tetralingesellschaft: DRP. 346673 (1918).

Tetrahydro-tetraphenchinon X. Aus XI läßt sich nach E. CLAR[1] durch Destillation mit Zinkstaub und Kupferpulver leicht Tetracen gewinnen. Mit Brom ist XI von L. F. FIESER[2] zum *5.12-Tetracenchinon* dehydriert worden. Tetracen wird ferner als Nebenprodukt bei der in der Hauptmenge zu Tetraphen führenden Zinkstaubdestillation des 2-Methyl-1-benzylnaphthalins gewonnen (s. S. 184).

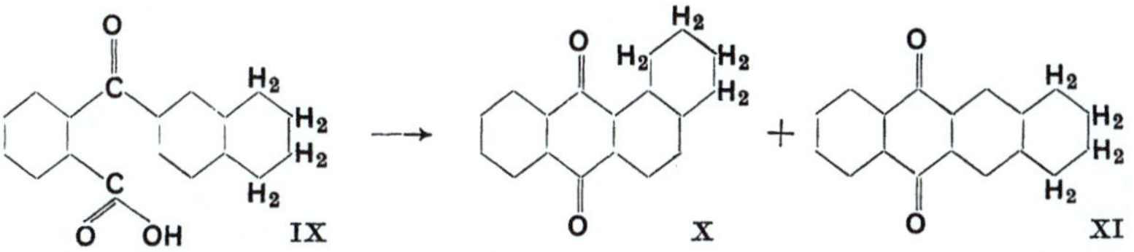

Die einfachste Darstellung des *Tetracens* besteht in der Reduktion der Ketonsäure IX mit Zinkstaub und Natronlauge. Sie verläuft unter Bildung eines Phthalides VIIIa und der Säure VIIIb. Beide Reduktionsprodukte gaben beim Verschmelzen mit Natriumchlorid und Zinkchlorid und folgender Vakuumdestillation *5.12-Dihydrotetracen* V neben etwas Tetraphen, das sich durch Krystallisation aus Xylol als leichter löslicher Teil leicht abtrennen läßt[3].

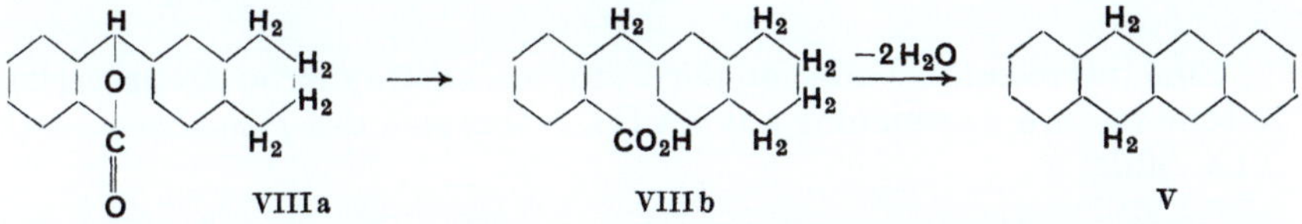

Statt aus Phthalanhydrid und einem Naphthalinderivat kann das Skelett des Tetracens auch aus Naphthalin-2.3-dicarbonsäureanhydrid und Benzolderivaten aufgebaut werden, z. B.[4]:

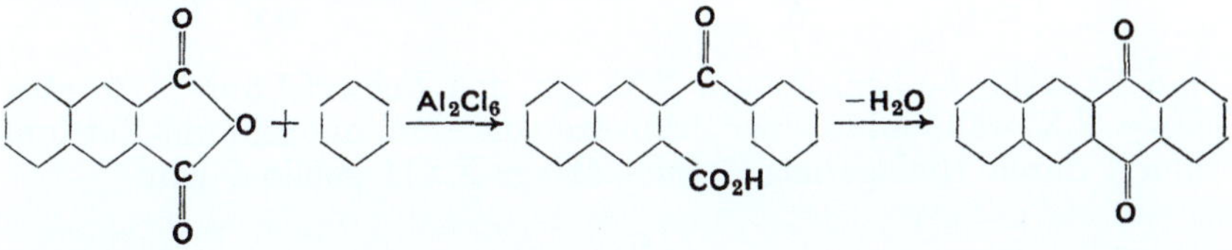

Auf diese Weise sind eine ganze Anzahl Tetracenderivate dargestellt worden[4].

Auch durch eine Diensynthese aus 1-Oxy-4.9-anthrachinon und Butadien ist *6-Oxy-tetracen-5.12-chinon* VII erhalten worden[5].

[1] CLAR, E.: B. **65**, 517 (1932). — Vgl. DUFRAISSE u. HORCLOIS: B. (5) **3**, 1885 (1936).

[2] FIESER, L. F.: Am. Soc. **53**, 2329 (1931).

[3] CLAR, E.: B. **75**, 1271 (1942). — MARSCHALK, CH.: Privatmitteilung.

[4] WALDMANN u. MATHIOWETZ: B. **64**, 1713 (1931). — WEIZMANN, HASKELBERG u. BERLIN: Soc. **1939**, 398. — WALDMANN u. POLAK: J. pr. (N. F.) **150**, 113, 121 (1938).

[5] ZAHN: B. **67**, 2068 (1934).

Aus den Ketonen XII und XIV sind die *Tetracenderivate* XIII bzw. XV, XVI und das *Methyltetraphen* XVII durch Pyrolyse dargestellt worden[1].

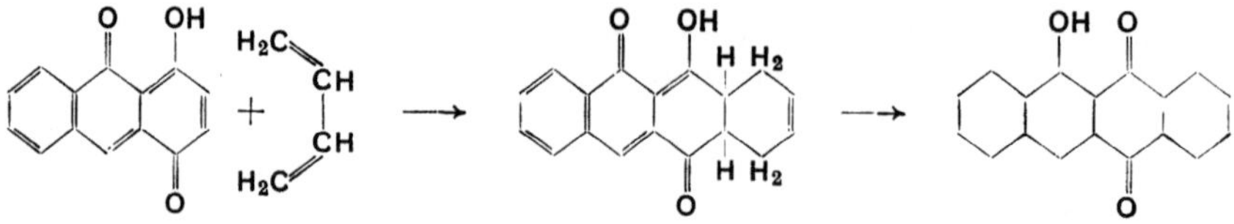

VII

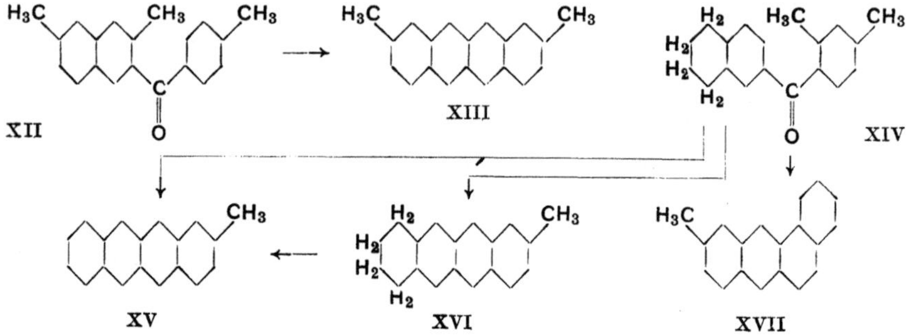

XII XIII XIV

XV XVI XVII

Eine interessante Variation der Pyrolyse *o*-methylierter aromatischer Ketone ist ihre Anwendung auf XVIII, wobei sich das *Dimethyl-tetracen* XIX bildet[2].

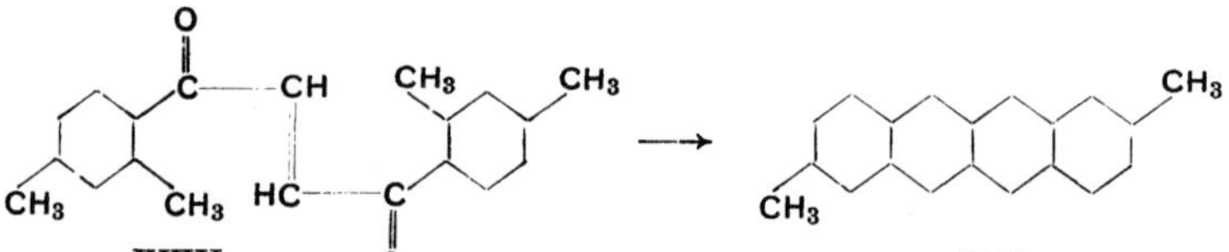

XVIII XIX

α-Naphthoyl-*o*-benzoesäure XXI gibt mit Schwefelsäure *Tetraphenchinon* XX, während in einer Schmelze von Aluminiumchlorid-Natriumchlorid durch Umlagerung *Tetracenchinon* XXII gebildet wird[3].

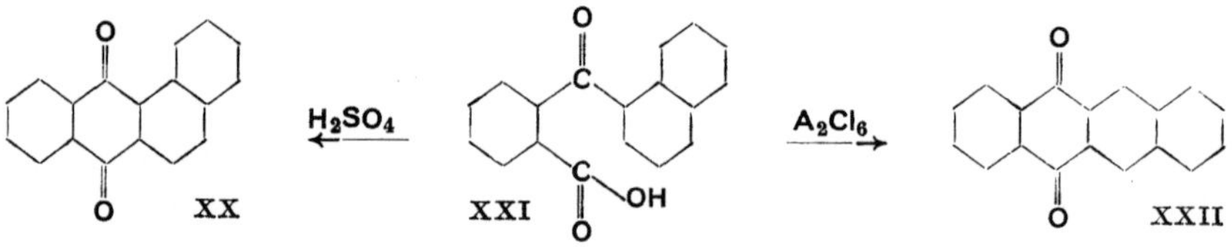

XX XXI XXII

Eigenschaften. Reines Tetracen bildet aus Xylol krystallisiert ziemlich schwer lösliche, sublimierbare, orangegelbe Blättchen, die bei 357° (korr.) schmelzen und in Lösung grün fluorescieren. Es bildet kein

[1] Coulson: Soc. **1935**, 77. — [2] Coulson: Soc. **1934**, 1406.
[3] Weizmann, Bergmann u. Bergmann: Soc. **1935**, 1367.

Pikrat[1], während mit Antimonpentachlorid und mit Zinntetrachlorid Molekelverbindungen entstehen[1]. Konzentrierte Schwefelsäure löst moosgrün. *Absorptionsspektrum* s. Abb. 57.

Additionsreaktionen. Maleinsäureanhydrid wird von Tetracen erheblich schneller als von Anthracen addiert unter Bildung von farblosem XXIII[2]. Bei ultravioletter Bestrahlung und Schütteln mit Luft seiner Lösung in Xylol entsteht *Tetracenchinon*[2]. In Schwefelkohlenstoff gelöst bildet Tetracen bei Bestrahlung und mit Sauerstoff ein farbloses *Photooxyd* XXIV, das sich beim Erwärmen explosiv zersetzt[3].

Von den hydrierten Tetracenen ist das *5.12-Dihydrotetracen* V schon lange bekannt und wird bei der Darstellung des Tetracens oft als Nebenprodukt erhalten. Höher hydrierte Tetracene haben v. BRAUN, BAYER und FIESER[4] aus Tetrahydro-tetracenchinon XI durch katalytische Hydrierung mit Nickel dargestellt, und zwar XXV, XXVI und XXVII. XXVIII wird mit Natrium und Alkohol aus XXV gewonnen.

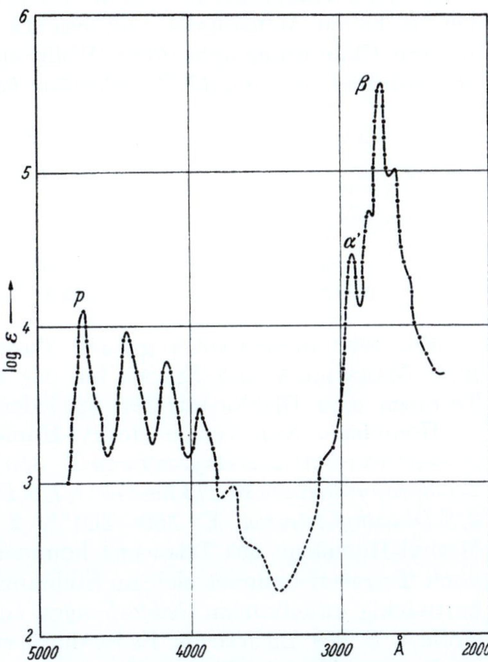

Abb. 57. Absorptionsspektrum des *Tetracens* in Alkohol, unter log ε = 3 in Benzol. (Nach E. CLAR: Privatmitteilung.) Lage der Banden in Å: *p*, 4710, 4410, 4150, 3930, 3730; α′, 2930; β, 2740, 2645.

Substitutionsreaktionen. Tetracen gibt bei der direkten Chlorierung mit Chlorschwefel oder Sulfurylchlorid nach CH. MARSCHALK und

---

[1] BRASS u. FANTA: B. **69**, 1 (1936). — [2] CLAR, E.: B. **65**, 518 (1932).
[3] DUFRAISSE, CH., u. R. HORCLOIS: Bl. (5) **3**, 1880 (1936).
[4] v. BRAUN, BAYER u. FIESER: A. **459**, 287 (1927).

CH. STUMM[1], *5.11-Dichlortetracen* XXIX und nicht, wie I. YA. PO-
STOVSKY und L. N. GOLDEREV[2] angeben, *5.12-Dichlortetracen* XXX. Mit
Brom wird entsprechend *5.11-Dibromtetracen* erhalten. Den Strukturbeweis haben MARSCHALK und STUMM durch Synthese geführt. Die
weitere Chlorierung gibt über Additionsprodukte hinweg *5.6.11-Tri-
chlor-tetracen* und *5.6.11.12-Tetrachlor-tetracen*.

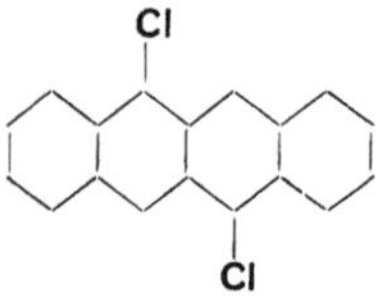

Ein sehr interessantes grünes *Tetracen-tetrasulfid* XXXI entsteht
nach MARSCHALK und STUMM bei der Einwirkung von Schwefel auf
Tetracen oder Dichlor-tetracen in siedendem Trichlorbenzol.

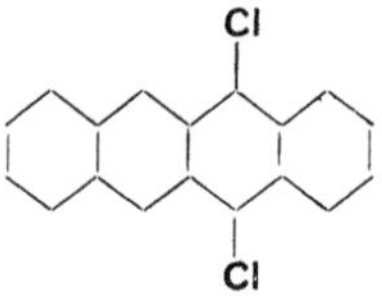

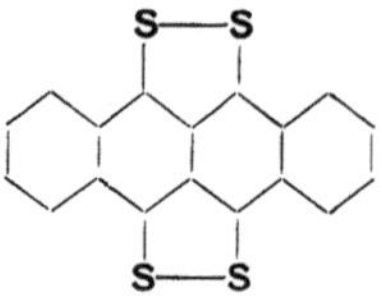

Homologe. Nur wenige Methyl-Homologe des Tetracens sind dargestellt worden: *2-Methyl-tetracen* F: 350°[3], *5-Methyl-tetracen* F: 160°[4],
2-Isopropyl-tetracen F: 273 bis 274°[5], *1.6-Dimethyl-tetracen* F: 138—139°[6],
2.8-Dimethyl-tetracen F: 350—360°[6], *2.9-Dimethyl-tetracen* F: 362°[3].
Methyl-Homologe des Tetracens kommen auch im Tieftemperaturteer
vor[7]. Tetracen befindet sich im Steinkohlenteer und verursacht die oft
hartnäckig anhaftenden *Gelbfärbungen* an sich farbloser Kohlenwasserstoffe, z. B. des Anthracens. Es ist durch *chromatographische Adsorptionsanalyse* aus Teer isoliert worden[8].

Biochemisches Verhalten. Tetracen wirkt nicht krebserregend[9].

Oxydation. *Tetracenchinone. Tetracen-5.12-chinon* I entsteht durch
Oxydation von Tetracen oder 5.12-Dihydro-tetracen mit Chromsäure[10].
Die weitere Oxydation von Tetracenchinon I und einigen seiner Ab-

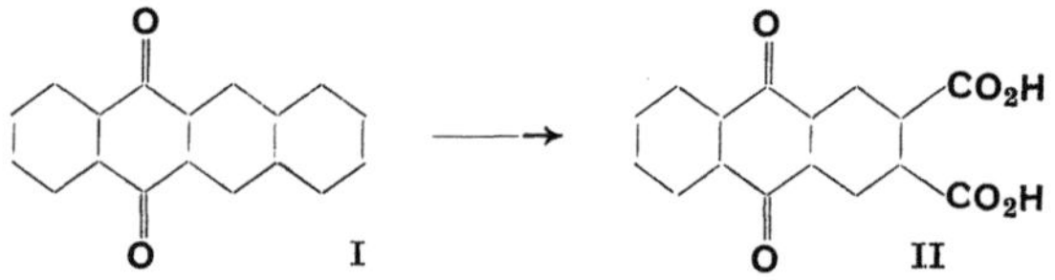

[1] MARSCHALK, CH., u. CH. STUMM: Bl. (5) **15**, 418, 777 (1948).

[2] POSTOVSKY, I. YA., u. L. N. GOLDEREV: Rev. de Chim. gén. USSR **13**, 823 (1941); **11**, 429, 451 (1943). — Vgl. R. G. BEILES, u. I. Y. POSTOVSKY: J. gén. Chem. (Russ.) **20**, 1711 (1950) — Am. Abstr. **1951**, 2462.

[3] COULSON: Soc. **1934**, 1406; **1935**, 77.

[4] CLAR, E., u. J. W. WRIGHT: Nature, **163**, 921 (1949).

[5] COOK: Soc. **1934**, 1412.

[6] FIESER u. HERSHBERG: Am. Soc. **62**, 49 (1940).

[7] MORGAN u. COULSON: Chem. and Ind. **53**, 71 (1934).

[8] WINTERSTEIN, SCHÖN u. VETTER: H. **230**, 158 (1934).

[9] COOK, HIEGER, KENNAWAY u. MAYNEORD: Proc. Roy. Soc. London (B) **111**, 455 (1932). — COOK: Soc. **1934**, 1412. — OESTERLIN, M.: Klin. Wschr. **16**, 1598 (1937).

[10] GABRIEL u. LEUPOLD: B. **31**, 1272 (1898).

kömmlinge mit Permanganat und Salpetersäure liefert Anthrachinon-2.3-dicarbonsäure II[1].

Tetracen-5.12-chinon I krystallisiert aus Eisessig in langen, sublimierbaren, gelben Nadeln vom Schmelzpunkt 294°, die sich in konzentrierter Schwefelsäure rotviolett lösen. In feinster Verteilung ist Tetracen-5.12-chinon mit alkalischem Hydrosulfit eben noch verküpbar. Es gibt dabei eine schnell vorübergehende tiefgrüne Küpe[2]. Von den Reduktionsprodukten des Tetracenchinons, die von L. F. FIESER[2] untersucht worden sind, ist noch das *Tetracenon-(5)* III von Interesse. Es zeigt eine im Verhältnis zum Anthron viel geringere Neigung zur Enolisierung. Tetracenchinon gibt mit Antimonpentachlorid und Zinntetrachlorid Molekelverbindungen[3].

Über einige Derivate des Tetracenchinons mit anellierten N-haltigen Ringen berichten H. WALDMANN und K. G. HINDENBURG[4].

Tetracen-5.12,6.11-dichinon V läßt sich aus 6.11-Dioxytetracen-5.12-chinon (Iso-äthin-diphthalid) IV durch Oxydation mit Salpetersäure darstellen[5]. Im Gegensatz zum Monochinon ist das Dichinon sehr leicht reduzierbar. Es ist eine hellgelbe, sublimierbare Verbindung vom Schmelzpunkt 330—333°[5]. Die mittlere Doppelbindung des Dichinons V besitzt ein großes Additionsvermögen. Hier werden Chlor und Brom leicht addiert. An einem der Carbonyle kann auch die Anlagerung von Phenol und Resorcin stattfinden[6]. Die mittlere Doppelbindung ist der Diensynthese zugänglich und vermag Butadien oder 2.3-Dimethylbutadien zu VI zu addieren[7].

[1] HELLER: B. **46**, 1497 (1913). — SCHROETER: B. **54**, 2242 (1921). — Tetralingesellschaft u. SCHROETER: DRP. 408117 (1921).

[2] FIESER, L. F.: Am. Soc. **53**, 2329 (1931). — Vgl. E. DE BARRY BARNETT u. R. A. LOWRY: B. **65**, 1649 (1932).

[3] BRASS u. FANTA: B. **69**, 5 (1936).

[4] WALDMANN, H., u. K. G. HINDENBURG: J. pr. **156**, 157 (1940).

[5] GABRIEL u. LEUPOLD: B. **31**, 1272 (1898).

[6] VOSWINCKEL: B. **38**, 4015 (1905); **42**, 458 (1909). — VOSWINCKEL u. DE WEERTH: B. **42**, 4648 (1909).

[7] FIESER u. DUNN: Am. Soc. **58**, 1054 (1936).

Das sehr interessante *Tetracen-5.11-chinon* (Naphthacendiachinon) VIII ist von Ch. Dufraisse und J. Houpillart[1] durch doppelten Ringschluß von Diphenylfulgensäure VII erhalten worden. Es läßt sich auch durch Hydrolyse des 5.11-Dichlortetracens gewinnen[2] und bildet tiefrote Krystalle vom Schmelzpunkt 322°, die sich in konzentrierter Schwefelsäure violett lösen. Bei der Alkalischmelze an der Luft entsteht *Dioxy-tetracenchinon* IV; über dessen Tautomerie mit einer 5.11-chinoiden Form siehe[3].

Im Tetracen-5.11-chinon wird das Skelett des 1.5-Naphthochinons durch die beiden angegliederten Benzolringe stabilisiert. 1.5-Naphthochinon ist zwar noch unbekannt, aber nach den Messungen des Oxydationspotentials des 1.5-Dioxynaphthalins von L. F. Fieser[4] ist es sehr wahrscheinlich, daß es existenzfähig ist, wenn auch nur für kurze Zeit.

Rubren, 5.6.11.12-Tetraphenyl-tetracen. Ein sehr interessanter Abkömmling des Tetracens ist das von Ch. Moreau, Ch. Dufraisse und P. M. Dean[5] entdeckte *Rubren* III. Dieser rote Kohlenwasserstoff bildet sich beim Erhitzen des Phenäthinyl-diphenylmethylchlorids II. Seine bemerkenswerte Eigenschaft ist die *Photooxydation*. Das dabei entstehende *Peroxyd* IV gibt beim Erhitzen seinen Sauerstoff wieder ab unter Rückbildung von Rubren[5, 6].

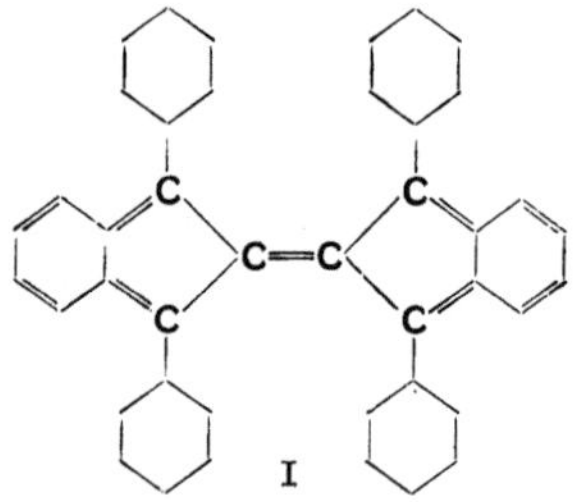

I

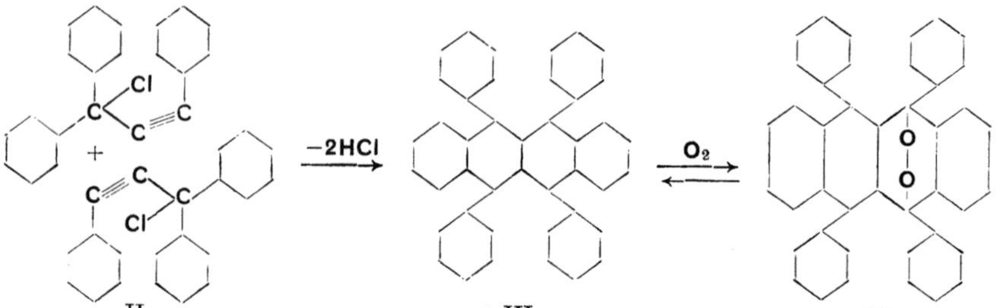

II $\xrightarrow{-2\,\text{HCl}}$ III $\underset{\longleftarrow}{\xrightarrow{\text{O}_2}}$ IV

[1] Dufraisse, Ch., u. J. Houpillart: C. r. **206**, 756 (1938). — Vgl. E. Bergmann u. A. Weizmann: C. r. **209**, 539 (1939). — Weizmann, H.: J. org. Chemistry **8**, 285 (1943).

[2] Marschalk, C. H., u. Ch. Stumm: Bl. (5) **15**, 418 777 (1948).

[3] Postovsky, I. Ya., u. L. N. Goldyrev: Rev. Chim. gén. USSR **11**, 429, 451 (1941) (J. allg. Chem.) — C. **1942 I**, 1875, 1876.

[4] Fieser, L. F.: Am. Soc. **52**, 5220 (1930).

[5] Moureu, Ch., Ch. Dufraisse u. P. M. Dean: C. r. **182**, 1440 (1926). — Eine Vereinfachung siehe auch G. Wittig u. D. Waldi: J. pr. **160**, 242 (1942).

[6] Moureu, Dufraisse u. Butler: C. r. **183**, 101 (1926).

Rubren wurde früher die Formel I erteilt. Durch verschiedene Arbeiten[1] und zwei unabhängige Synthesen konnte aber gezeigt werden, daß Rubren die Formel eines *Tetraphenyl-tetracens* III zukommen muß. Seine große Reaktivität wird nunmehr auf die Acen-Struktur zurückgeführt. Die zum Strukturbeweis durchgeführte Synthese von CH. DUFRAISSE und L. VELLUZ[2] beginnt mit *6.11-Dioxy-tetracen-5.12-chinon* V,

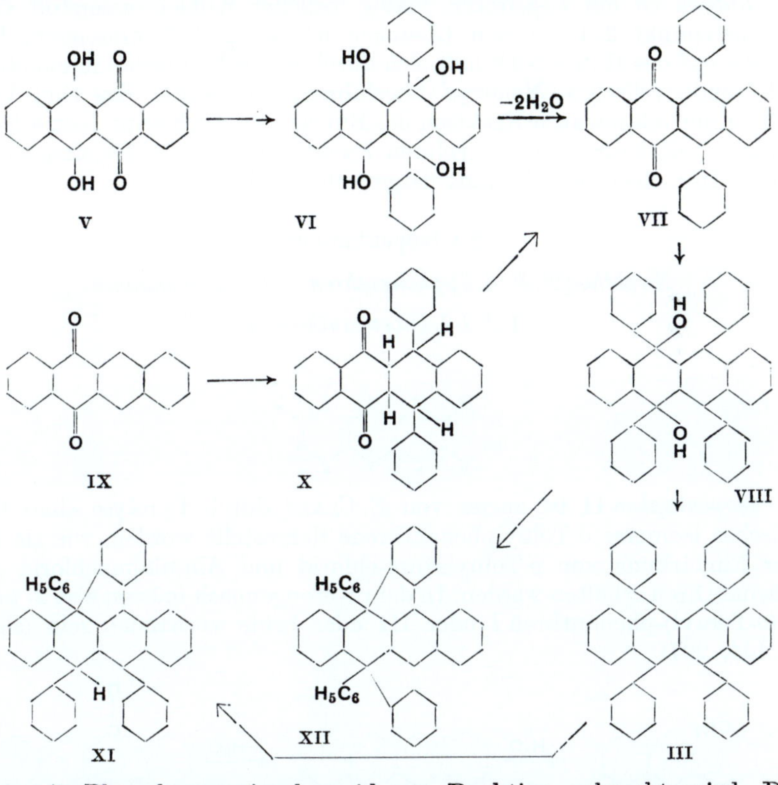

das mit Phenylmagnesiumbromid zur Reaktion gebracht wird. Das gebildete Diol VI gibt bei der Dehydratisierung *6.11-Diphenyltetracen-5.12-chinon* VII, welches bei nochmaliger Behandlung mit Phenylmagnesiumbromid zum Diol VIII führt, dessen Reduktion *Rubren* III ergibt. Wasserabspaltung aus dem Diol VIII liefert das bereits früher bei der Darstellung des Rubrens als Nebenprodukt erhaltene farblose, in Lösung violett fluorescierende XII[3,4].

Nach der Synthese des *Rubrens* von C. F. H. ALLEN und L. GILMAN[5] wird *Tetracen-5.12-chinon IX* mit Phenylmagnesiumbromid zu X gri-

[1] ECK, J. C., u. C. S. MARVEL: Am. Soc. **57**, 1898 (1935). — KOELSCH, C. F., u. H. J. RICHTER: Am. Soc. **57**, 2010 (1935).

[2] DUFRAISSE, CH., u. L. VELLUZ: C. r. **201**, 1394 (1935).

[3] DUFRAISSE, CH., u. L. VELLUZ: C. r. **201**, 1394 (1935).

[4] MOUREU, DUFRAISSE u. LOTTE: Bl. (4) **47**, 216, 221 (1930). — DUFRAISSE u. ENDERLIN: C. r. **194**, 183 (1932).

[5] ALLEN, C. F. H., u. L. GILMAN: Am. Soc. **58**, 937 (1936).

gnardiert, das in alkalischer Lösung leicht zu VII oxydiert werden kann. Der weitere Teil der Synthese ist fast derselbe wie oben, nur daß von VII zu VIII Phenyllithium verwendet wird. Das in beiden Synthesen vorkommende *6.11-Diphenyl-tetracen-5.12-chinon* VII wurde von E. BERGMANN[1] auch durch Diensynthese aus 1.2-Diphenyliso-benzofuran und 1.4-Naphthochinon gewonnen.

Rubren ist ein ziegelroter, mäßig löslicher Kohlenwasserstoff vom Schmelzpunkt 334°, dessen Lösungen lebhaft gelb fluorescieren. Das *Photooxyd* des Rubrens IV läßt sich durch milde Reduktion in ein ebenfalls endocyclisches *Monoxyd* überführen, das weiter das Diol VIII gibt. Eine interessante Reaktion des Rubrens ist auch seine Isomerisierbarkeit mit Säuren zum farblosen Pseudorubren XI[2]. Es sind ferner einige Homologe des Rubrens dargestellt worden[3,4].

2.) Isopentaphen.

Naphtho-[2'.3':2.3]-phenanthren.   1.2-Benztetracen.

1.2,6.7-Dibenzanthracen.

Isopentaphen II ist zuerst von E. CLAR[5] durch Pyrolyse eines Gemisches isomerer *o*-Toluylphenanthrene dargestellt worden, wie sie bei der Einwirkung von *o*-Toluylsäure-chlorid und Aluminiumchlorid auf Phenanthren erhalten werden. In dem Ketongemisch müssen also 2- oder 3-(*o*-Toluyl)-phenanthren I oder III oder beide vorhanden sein (siehe S. 144, 207).

I   II   III

3-(*o*-Toluyl)-phenanthren III ist später von J. W. COOK[6] aus *o*-Toluyl-magnesiumbromid und 3-Phenanthroylchlorid dargestellt und ebenfalls zu *Isopentaphen* II pyrolysiert worden.

Zur Abscheidung von Isopentaphen aus Kohlenwasserstoffgemischen kann man sehr gut von der großen Geschwindigkeit, mit der es mit

---

[1] BERGMANN, E.: Soc. **1938**, 1147.

[2] MOUREU, DUFRAISSE u. BERCHET: C. r. **185**, 1085 (1927). — DUFRAISSE: Bl. (5) **3**, 1855 (1936).

[3] MOUREU, DUFRAISSE u. WILLEMART: C. r. **187**, 266 (1928).

[4] Weitere Literatur über Rubren, insbesondere über die Umdeutung früherer Iso-diinden-Formeln, s. DUFRAISSE u. Mitarb.: Bl. (5) **3**, 1847, 1857, 1873, 1880, 1894, 1905 (1936).

[5] CLAR, E.: B. **62**, 1574 (1929).   [6] COOK, J. W.: Soc. **1931**, 499.

Maleinsäure-anhydrid reagiert, Gebrauch machen. Aus dem erwähnten Kohlenwasserstoffgemisch von der Pyrolyse der *o*-Toluylphenanthrene wird es in Form seiner Additionsverbindung mit Maleinsäure-anhydrid VI als erste Fraktion entfernt. Beim Sublimieren zerfällt diese wieder in Isopentaphen und Maleinsäure-anhydrid[1]. Auch durch *chromatographische Adsorptionsanalyse* kann eine Trennung der Kohlenwasserstoffe erreicht werden[2].

Eine bessere Synthese geht vom 2-Methyl-5.6.7.8-tetrahydronaphthalin aus, das in Gegenwart von Aluminiumchlorid mit 1- oder 2-Naphthoyl-chlorid zur Reaktion gebracht wird. Die dabei gebildeten Ketone IV bzw. V geben bei der Pyrolyse unter Zusatz von Kupferpulver bei gleichzeitiger Dehydrierung *Isopentaphen* II[3].

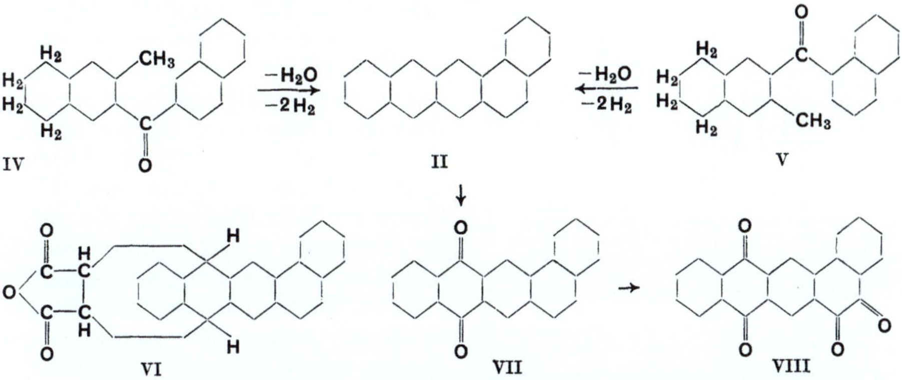

Oxydation. *Isopentaphen* wird durch Chromsäure in siedendem Eisessig zum *Isopentaphen-8.13-chinon* VII und weiter zum *Isopentaphen-5.6,8.13-dichinon* VIII oxydiert. Als *o*-Chinon kondensiert sich letzteres mit *o*-Phenylendiamin zu dem *Phenazinderivat* IX. Bei mäßiger Reduktion oder aus der Küpe mit Luft gibt es ein *chinhydronartiges Dihydroderivat* X[3].

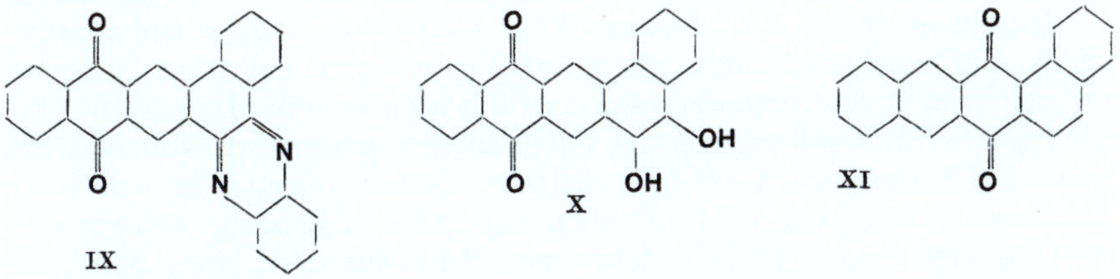

Isopentaphen-7.14-chinon XI wurde von WALDMANN und MATHIOWETZ[4] durch Kondensation von Naphthalin-2.3-dicarbonsäure-anhydrid und Naphthalin mit Aluminiumchlorid dargestellt. In der ersten Stufe

---

[1] CLAR, E., u. L. LOMBARDI: B. **65**, 1418 — Gazz. chim. ital. **62**, 539 (1932). — Vgl. COOK: Soc. **1932**, 1472.

[2] WINTERSTEIN u. SCHÖN: H. **230**, 146 (1934).

[3] CLAR, E.: B. **62**, 1574 (1929).

[4] WALDMANN u. MATHIOWETZ: B. **64**, 1713 (1931). — Vgl. WEIZMANN, BERGMANN u. BERGMANN: Soc. **1935**, 1367.

der Kondensation bilden sich 2 Naphthoyl-*o*-naphthoesäuren, die beim Ringschluß ein Gemisch von *Isopentaphen-7.14-chinon* (*1.2,6.7-Dibenzanthrachinon*) XI und *Pentacen-6.13-chinon* (2.3,6.7-Dibenz-anthrachinon) geben. In ähnlicher Weise wurde aus Naphthalin-1.2-dicarbonsäure-anhydrid und 1.4-Dioxynaphthalin ein *8.13-Dioxy-isopentaphen-7.14-chinon* dargestellt[1].

Eigenschaften und biochemisches Verhalten. *Isopentaphen* krystallisiert aus Xylol in fächerförmigen, lebhaft gelben Nadeln vom Schmelzpunkt 263—264° (unkorr.), die sich in konzentrierter Schwefelsäure erst violettrot, dann schmutzigbraun und olivgrün lösen. Die Lösungen in organischen Lösungsmitteln zeigen eine stark grüne Fluorescenz. *Absorptionsspektrum* s. Abb. 58. In seiner Reaktionsfähigkeit steht es dem Tetracen nahe, das es aber nicht erreicht. Isopentaphen addiert in Äther-Benzol Natrium oder Lithium zu Metallderivaten, die bei der Hydrolyse *8.13-Dihydro-isopentaphen* liefern[2]. Isopentaphen kommt auch im Steinkohlenteer vor, denn es ist im gelben „*Chrysogen*" des Pyrens enthalten[3]. Es wirkt nicht krebserregend[4].

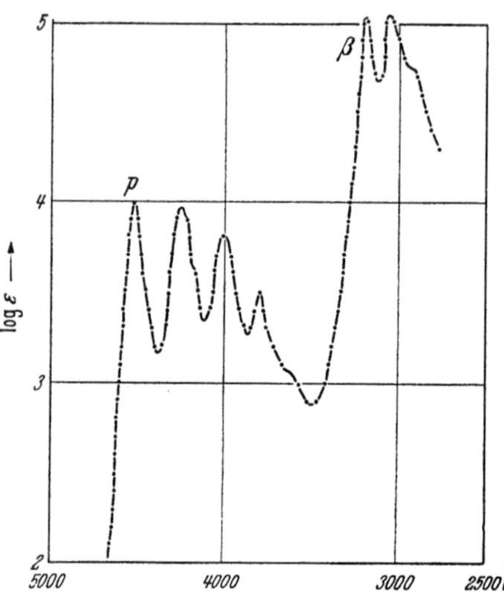

Abb. 58. Absorptionsspektrum des *Iso-pentaphens* in Benzol. [Nach E. CLAR: B. 65, 1417 (1932).] Lage der Banden in Å: *p*, 4525, 4250, 4010, 3800; β, 3190, 3060.

Isopentaphen-8.13-chinon (2.3-Phthalylphenanthren) VII krystallisiert aus Eisessig in langen, schwachgelben Nadeln vom Schmelzpunkt 272—273°, die sich in konzentrierter Schwefelsäure mit blauer Farbe lösen und mit alkalischem Hydrosulfit eine braunrote Küpe geben.

Isopentaphen-5.6,8.13-dichinon VIII bildet aus Nitrobenzol orangegelbe, sublimierbare Nadeln, die bei 318° schmelzen, sich in konzentrierter Schwefelsäure orangerot lösen und mit alkalischem Hydrosulfit eine braungelbe Küpe geben, aus der mit Luft das grüne Dinatriumsalz des inneren *Chinhydrons* X ausfällt. Dieses entsteht daraus sowohl beim Ansäuern als auch aus VIII mit Phenylhydrazin in Eisessig. Es krystallisiert in tief braunroten Nadeln vom Schmelzpunkt etwa 375°, ist sublimierbar und löst sich in Schwefelsäure schmutziggrünbraun.

Isopentaphen-7.14-chinon (1.2,6.7-Dibenzanthrachinon) XI krystallisiert aus Xylol in gelben Nadeln, die bei 229° schmelzen und sich in konzentrierter Schwefelsäure blau lösen.

---

[1] WALDMANN, H.: J. pr. (2) **131**, 71 (1931).
[2] BACHMANN u. PENCE: Am. Soc. **59**, 2339 (1937).
[3] WINTERSTEIN, SCHÖN u. VETTER: H. **230**, 158 (1934).
[4] COOK, HIEGER, KENNAWAY u. MAYNEORD: Proc. Roy. Soc. London (B) **111**, 455 (1932).

3.) 1.2, 3.4-Dibenztetracen.

5.6-Benz-isopentaphen.

Obwohl in diesem Kohlenwasserstoff der größte Komplex, der einen Trivialnamen hat, das Isopentaphen ist, erscheint es doch vorteilhafter, den Namen des Kohlenwasserstoffes vom symmetrischen Tetracen abzuleiten, ähnlich wie im vorangehenden einige fünfkernige Kohlenwasserstoffe vom Anthracen abgeleitet wurden.

1.2,3.4-Dibenztetracen ist von E. CLAR[1] aus Triphenylen, Phthalanhydrid und Aluminiumchlorid in Benzol als Lösungsmittel über die Ketonsäure I erhalten worden. Es ist bemerkenswert, daß dabei keine Isomeren entstehen. Die Erklärung dürfte darin zu suchen sein, daß eine Substitution in 1- oder 4-Stellung des Triphenylens einer direkten Substitution des Phenanthrens in 4-Stellung entsprechen würde, die niemals beobachtet worden ist.

Der Ringschluß vollzieht sich in siedendem Nitrobenzol und Benzoylchlorid, dem etwas Chlorzink zugesetzt worden ist. Die Reduktion des dabei entstandenen Chinons II mittels der Zinkstaubschmelze ergibt hier merkwürdigerweise ein Gemisch des *Dibenz-tetracenons* III und des *Dibenztetracens* IV, das nicht leicht zu trennen ist. Der Kohlenwasserstoff kann hingegen leicht erhalten werden, wenn das Chinon mittels Zinkstaub, Pyridin und Essigsäure reduziert und das Reduktionsprodukt im Vakuum sublimiert wird, wobei *1.2,3.4-Dibenztetracen* allein entsteht.

Eigenschaften. *1.2,3.4-Dibenztetracen* krystallisiert aus Xylol in orangegelben Nadeln, die bei 265—266° schmelzen und sich in konzentrierter Schwefelsäure erst rot, beim Erhitzen grünbraun werdend, lösen. Die Lösung fluoresciert blaugrün. In siedendem Xylol reagiert es wie andere Tetracen-Derivate rasch mit Maleinsäureanhydrid unter Entfärbung. *Absorptionsspektrum* s. Abb. 59.

---

[1] CLAR, E.: Chem. Ber. **81**, 68 (1948).

1.2,3.4-Dibenztetracen-6.11-chinon IV bildet bei der Sublimation oder aus Nitrobenzol lange, gelbe Nadeln, die bei 350—351° schmelzen und sich in konzentrierter Schwefelsäure braunviolett lösen. Mit alkalischem Hydrosulfit bildet sich eine unbeständige violette Küpe, die bald braun wird. Eines seiner Derivate kann durch Einwirkung von 1.4-Naphthochinon auf Phencyclon V erhalten werden[1]. Das erste Reaktionsprodukt dieser Diensynthese ist VI, das mit Chromsäure in Eisessig oder beim Kochen mit Pyridin in das *Diphenyl-dibenz-tetracenchinon* VIII übergeht. Beim Kochen mit Pyridin in Gegenwart eines Reduktionsmittels entsteht hingegen VII, das mit dem Hydrochinon von VIII isomer ist. Das grüne Kaliumsalz des Hydrochinons bildet sich aus VII mit methylalkoholischem Kali.

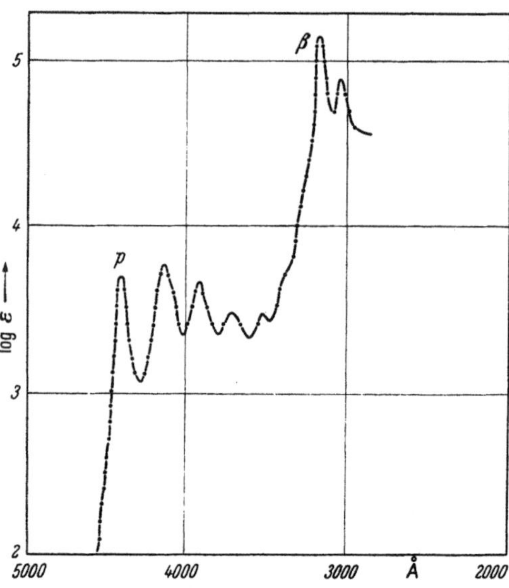

Abb. 59. Absorptionsspektrum des *1.2,3.4-Dibenztetracens* in Benzol. [Nach E. CLAR: Chem. Ber. **81**, 68 (1948).] Lage der Banden in Å: *p*, 4415, 4140, 3920, 3720, 3520; *β*, 3180, 3045, 2910.

5.12-Diphenyl-1.2,3.4-dibenztetracen-6.11-chinon VIII bildet aus Xylol rotgelbe Krystalle vom Schmelzpunkt 376°, die mit alkalischem Hydro-

sulfit eine grüne Küpe geben und sich in konzentrierter Schwefelsäure erst hellgrün, dann nußbraun lösen.

Eine analoge Synthese läßt sich mit Naphthazarin an Stelle von Naphthochinon durchführen.

[1] ARBUSOW, B. A., W. S. ABRAMOW u. J. B. DEWJATOW: J. Chim. gén. **9**, 1559 (1939) — C. **1940 I**, 705. — DILTHEY, W., u. M. LEONHARD: B. **73**, 430 (1940).

4.) 1.2, 7.8-Dibenztetracen.

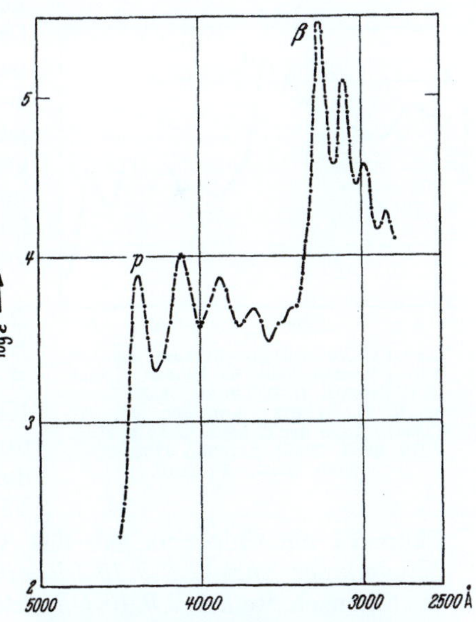

1.2,7.8-Dibenztetracen wurde zuerst von J. W. Cook[1] durch Pyrolyse aus 2-Methyl-1-naphthyl-3′-phenanthryl-keton I erhalten. Letzteres

wurde aus 3-Phenanthroylchlorid und 2-Methyl-1-naphthylmagnesiumbromid oder aus 2-Methylnaphthalin, Phenanthroylchlorid und Aluminiumchlorid gewonnen. Dabei sollte nur *1.2,7.8-Dibenztetracen* erhalten werden. Tatsächlich entstehen 2 Kohlenwasserstoffe. Der höher schmelzende wurde irrtümlicherweise für das isomere *1.2,9.10-Dibenztetracen*, das nachfolgend beschrieben ist, gehalten, während er, wie sich später herausstellte, das *1.2,7.8-Dibenztetracen* ist.

Die Pyrolyse wurde später von E. Clar[2] unter Verwendung eines Gemisches der Ketone I und II durchgeführt. Aus dem leicht zugänglichen Gemisch von 2- und 3-Phenanthroylchlorid lassen sich die Ketone I und II durch Reaktion mit 2-Methylnaphthalin und Aluminiumchlorid darstellen. Beide Ketone gaben bei der Pyrolyse *1.2,7.8-Dibenztetracen* IV neben *3.4,8.9-Dibenz-tetraphen* (s. S. 209).

Abb. 60. Absorptionsspektrum des *1.2,7.8-Dibenz-tetracens* in Benzol. [Nach E. Clar: B. 76, 153 (1943).] Lage der Banden in Å: *p*, 4375, 4110, 3880, 3680; *β*, 3255, 3110, 2980, 2850.

---

[1] Cook, J. W.: Soc. 1931, 499. — [2] Clar, E.: B. 76, 149 (1943).

J. Ch. Nichol, G. D. Thorn, R. N. Jones und R. B. Sandin[1] gewannen *1.2,7.8-Dibenz-tetracen* auch aus dem 9.10-Dihydro-Derivat III.

Eigenschaften und biochemisches Verhalten. *1.2,7.8-Dibenztracen* IV krystallisiert aus Xylol in gelben sublimierbaren Blättchen vom Schmelzpunkt 345°, die sich in konzentrierter Schwefelsäure blau, beim Erwärmen grün lösen. Das Dipikrat schmilzt bei 234—237°. Es wirkt nicht krebserregend[2]. *Absorptionsspektrum* s. Abb. 60.

5.) 1.2, 9.10-Dibenztetracen.

Phenanthro-[2'.3':2.3]-phenanthren.

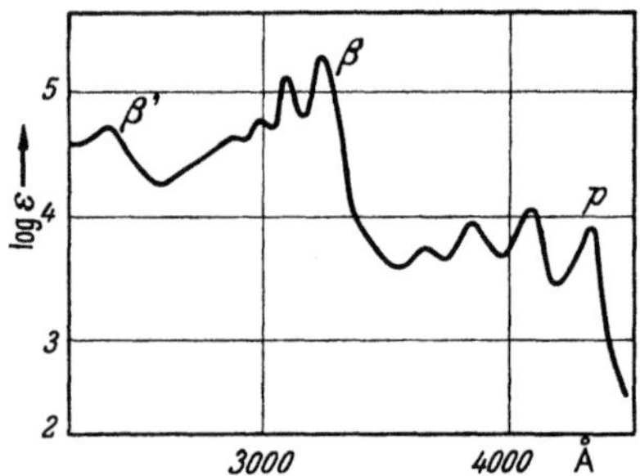

Durch Reaktion von 3-Phenanthroylchlorid mit 2-Methyl-1-naphthyl-magnesiumbromid I oder mit 2-Methylnaphthalin und Aluminium-chlorid erhielt J. W. Cook[3] 2-Methyl-1-naphthyl-3'-phenanthryl-keton. Durch Pyrolyse werden daraus 2 Kohlenwasserstoffe erhalten. Dem höher schmelzenden der beiden gab Cook die Formel eines *1.2,9.10-Dibenztetracens* III und dem niedriger schmelzenden die Formel des *1.2,7.8-Dibenztetracens* IV. Später konnte jedoch gezeigt werden, daß die beiden Formeln zu vertauschen sind[4]. Die Pyrolyse ist hier wie in ähnlichen Fällen von einer Umlagerung begleitet.

Eine eindeutige Synthese des *1.2,9.10-Dibenztetracens* III führten J. Ch. Nichol, G. D. Thorp, R. N. Jones und R. B. Sandin[1] durch, indem sie das Keton II mit seleniger Säure in Wasser unter Druck zur Säure V oxydierten, diese mit Zinkstaub und Kalilauge zu VI reduzierten. Der Ringschluß der Säure VI mit Chlorzink gab das Anthron VII, das mit Zinkstaub und Natronlauge zum *1.2,9.10-Dibenztetracen* III reduziert wurde.

Abb. 61. Absorptionsspektrum des *1.2, 9.10-Dibenztetracens* in Dioxan. [Nach J. C. Nichol, G. D. Thorn, R. N. Jones u. R. B. Sandin: Am. Soc. **69**, 378 (1947).] Lage der Banden in Å: *p*, 4325, 4070, 3860, 3660; *β*, 3260, 3130, 3000, 2890, 2740; *β'*, 2240.

Eigenschaften. *1.2.9.10-Dibenztetracen* krystallisiert aus Aceton oder Alkohol in kleinen gelben Krystallen, die bei 253—254° schmelzen und

---

[1] Nichol, J. Ch., G. D. Thorn, R. N. Jones u. R. B. Sandin: Am. Soc. **69**, 376 (1947).

[2] Cook, Hieger, Kennaway u. Mayneord: Proc. Roy. Soc. London (5) **111**, 455 (1932).

[3] Cook, J. W.: Soc. **1931**, 499.

[4] Clar, E.: B. **76**, 149 (1943).

ein rotes *Dipikrat* vom Schmelzpunkt 217—219° geben. *Absorptions-spektrum* s. Abb. 61.

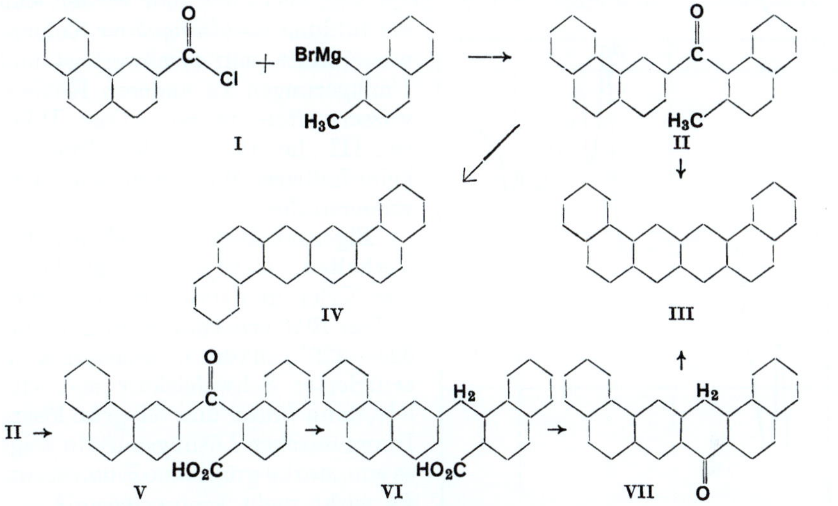

6.) Hexaphen.

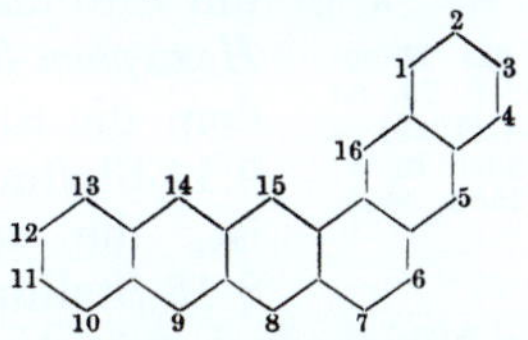

Durch Einwirkung von Benzoylchlorid und Aluminiumchlorid auf 2.7-Dimethylnaphthalin erhielten E. CLAR, FR. JOHN und R. AVENARIUS[1] ein nichtkrystallisiertes Diketon, dem sie unter Berücksichtigung der α-dirigierenden Wirkung der Methylgruppen die Formel I gaben. Dementsprechend wäre bei der Pyrolyse *Anthraceno-[1'.2':1.2]-anthracen* II zu erwarten gewesen.

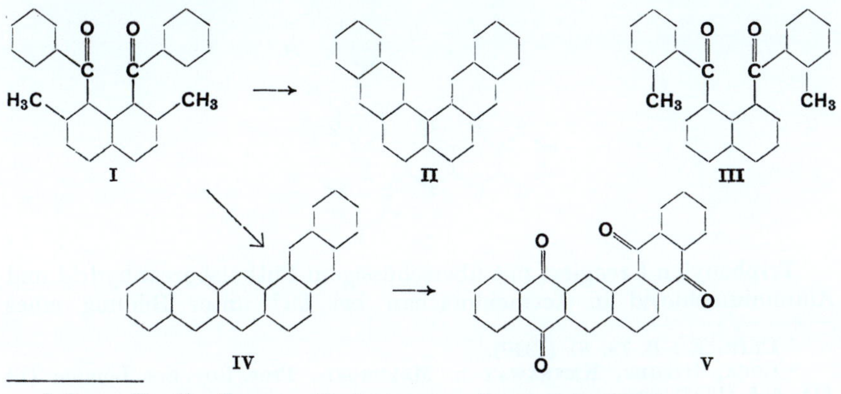

---

[1] CLAR, E., FR. JOHN u. R. AVENARIUS: B. **62**, 950 (1929).

E. CLAR[1] konnte jedoch später zeigen, daß das *Absorptionsspektrum* des Kohlenwasserstoffes (s. Abb. 62) nur mit der Konstitution eines *Hexaphens* IV übereinstimmt. Es zeigt sich also auch hier wieder, daß die Bildung *cis-bisangularer* Kohlenwasserstoffe sehr erschwert ist und Umlagerungen zu anderen Kohlenwasserstoffen führen. Das Diketon III liefert bei der Pyrolyse keine faßbaren Mengen eines Kohlenwasserstoffes.

Eigenschaften und biochemisches Verhalten. *Hexaphen* krystallisiert aus Xylol in sublimierbaren, goldgelben Blättern vom Schmelzpunkt 324—325° (unkorr.), die sich in konzentrierter Schwefelsäure erst violett, dann braun und olivgrün lösen. In organischen Lösungsmitteln zeigt es eine starke grünblaue Fluorescenz. Es wirkt nicht krebserregend[2].

Oxydation. Bei der Oxydation mit Chromsäure in Eisessig entsteht *Hexaphen-5.16,9.14-dichinon* V, bei dem die Stellung der Carbonyle in 9.14-Stellung noch nicht bewiesen ist, die möglicherweise auch in 8.15-Stellung sich befinden könnten.

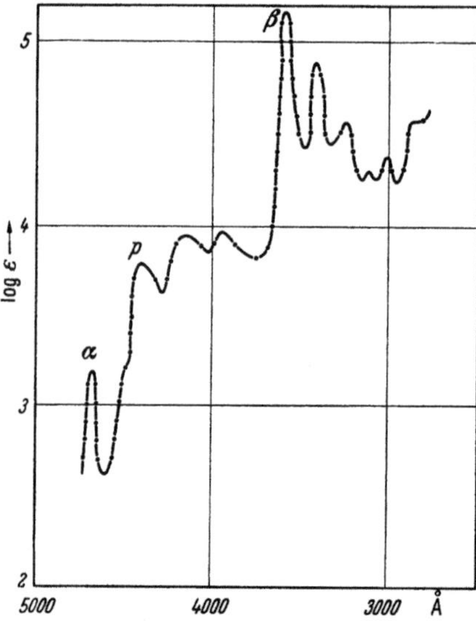

Abb. 62. Absorptionsspektrum des *Hexaphens* in Benzol. [Nach E. CLAR: B. **73**, 83 (1940) — Chem. Ber. **82**, 496, 514 (1949) — Soc. 2442 (1949).] Lage der Banden in Å: α, 4670; *p*, 4400, 4140, 3910; β, 3580, 3405, 3250, 3090, 3000.

Das Dichinon bildet aus Nitrobenzol grünstichig-gelbe Blättchen, die nicht bis 360° schmelzen, sich in konzentrierter Schwefelsäure orangegelb lösen und mit alkalischem Hydrosulfit eine rotbraune Küpe geben, aus der mit Luft ein grüner Niederschlag ausfällt.

7.) 7.8-Benzheptaphen.

Triphenylen I reagiert mit überschüssigem Phthalsäureanhydrid und Aluminiumchlorid in Tetrachloräthan bei 60° unter Bildung eines

---

[1] CLAR, E.: B. **73**, 81 (1940).
[2] COOK, HIEGER, KENNAWAY u. MAYNEORD: Proc. Roy. Soc. London (B) **111**, 455 (1932).

Dicarbonsäure-Gemisches, das offenbar die 3 Säuren II, III, IV enthält[1].

Beim Ringschluß mit siedendem Benzoylchlorid und einigen Tropfen konzentrierter Schwefelsäure geben alle 3 Säuren das Dichinon V. Diese grünlichgelbe Verbindung liefert bei der Reduktion mit Pyridin, Essigsäure und Zinkstaub und anschließender Sublimation das *7.8-Benzheptaphen* VI.

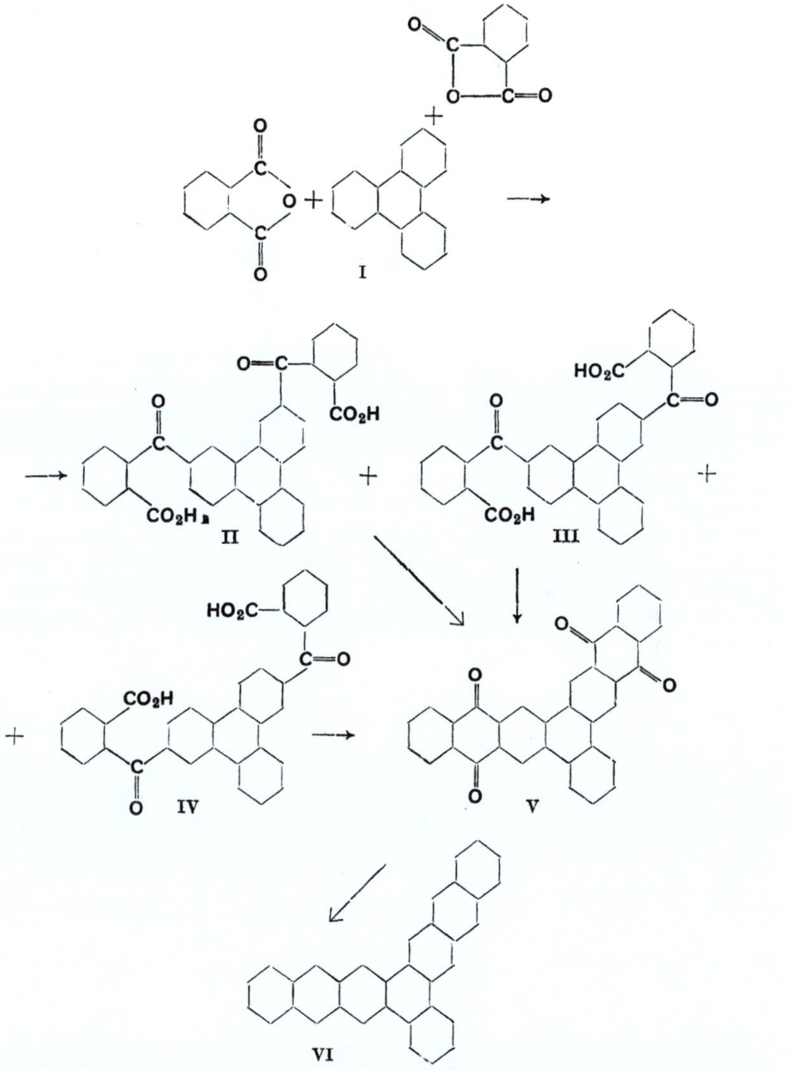

Eigenschaften. *7.8-Benzheptaphen* krystallisiert aus siedendem 1-Methylnaphthalin in dunkelgelben Nadeln, die bei 410° (unkorr.)

---

[1] CLAR, E.: Soc. **1949**, 2440. — Vgl. auch S. 241.

schmelzen und sich in konzentrierter Schwefelsäure erst violettrot, bald braun werdend, lösen. Die Fluorescenz in organischen Lösungsmitteln ist grün.

Das grünlichgelbe *7.8-Benzheptaphen-5.18,10,15-dichinon* V (F:435°) gibt mit alkalischem Natriumhydrosulfit eine unbeständige violette Küpe, die bald nach braun umschlägt. *Absorptionsspektrum* s. Abb. 63.

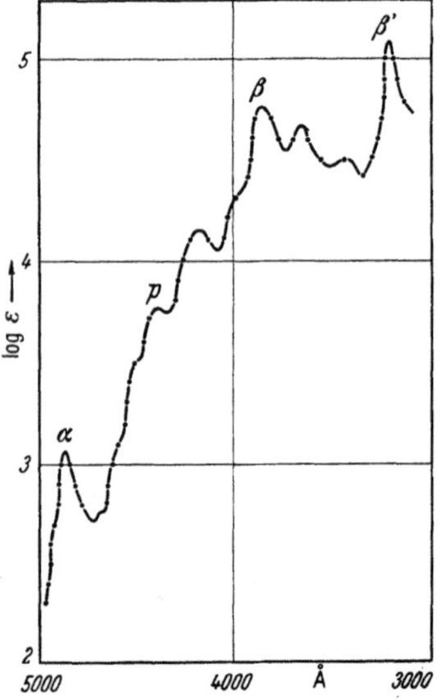

Abb. 63. Absorptionsspektrum des *7.8-Benzheptaphens* in Trichlorbenzol. (Nach E. CLAR: Soc. **1949**, 2440.) Lage der Banden in Å: α, 4850; p, 4380, 4180; β, 3850, 3650, 3450; β', 3220.

V. Kohlenwasserstoffe, die fünf linear kondensierte Benzolringe enthalten.

1.) Pentacen.

2.3,6.7-Dibenzanthracen.

Pentacen wurde erstmalig von E. CLAR und FR. JOHN[1] durch Dehydrierung von *Dihydro-pentacen* V erhalten. Letzteres bildet sich bei der Pyrolyse der Ketone I, II und III neben Pentaphen, das zum Teil auch durch Umlagerung entsteht (s. S. 211). I wurde aus *m*-Xylol, Benzoylchlorid und Aluminiumchlorid in der Wärme gewonnen, II aus Terephthalylchlorid und *o*-Tolylmagnesiumbromid und III aus 4-Benzyl-1.3-dimethylbenzol, Benzoylchlorid und Aluminiumchlorid.

Die *Dehydrierung* kann durch Leiten der Dihydroverbindung V über auf 380° erhitztes Kupfer, durch Kochen von V mit Nitrobenzol und Phenanthrenchinon oder durch Kochen mit Chloranil in Xylol geschehen.

---

¹ CLAR, E., u. FR. JOHN: B. **62**, 3027 (1929); **63**, 2967 (1930); **64**, 981 (1931).

Die beiden Dihydroverbindungen stehen miteinander im thermodynamischen Gleichgewicht, das sich spektrographisch nachweisen läßt. Bei Zimmertemperatur ist V beständiger als VI[1].

Beim längeren Aufbewahren verwandelt sich das farblose *6.13-Dihydro-pentacen* V manchmal in ein höher schmelzendes, ebenfalls farbloses Isomeres.

Eigenschaften. Das violettblaue, kupferglänzende *Pentacen* IV ist sehr schwer löslich, sublimierbar und zersetzt sich über 300°, wobei sich durch Disproportionierung *Dihydropentacen* V und Kohlenstoff bilden. In konzentrierter Schwefelsäure löst es sich violett. *Absorptionsspektrum* siehe Abb. 64.

Reaktionen. *Pentacen* war bis zur Entdeckung des *Hexacens* der reaktionsfähigste, nur aus kondensierten Benzolringen aufgebaute Kohlenwasserstoff. In Xylol gelöst, reagiert es leicht mit feuchter Luft oder Sauerstoff, unter Bildung zweier *Peroxyde*. Das eine ist *endocyclisch* zu formulieren (Formel VII), sehr zersetzlich und leicht in *Pentacen-6.13-chinon* XV übergehend, das zweite kann man sich durch Addition von Wasserstoffsuperoxyd an Pentacen (Formel VIII) entstanden denken. Es ist farblos und bildet beim Erhitzen zum Teil Pentacen zurück[2].

Mit Maleinsäure-anhydrid reagiert Pentacen augenblicklich unter Entstehung des farblosen Additionsproduktes IX[3]. Mit *p*-Benzochinon

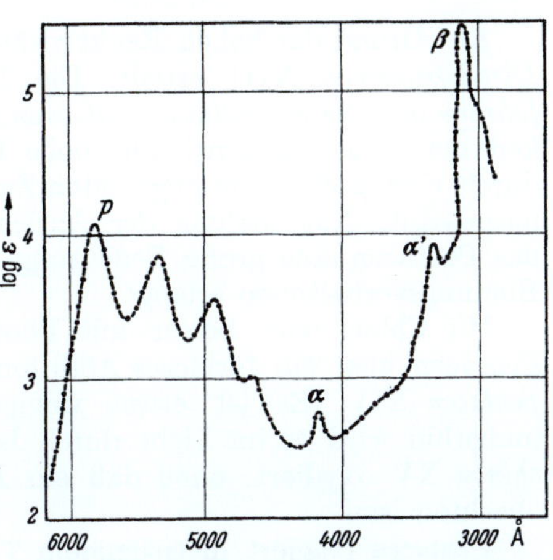

Abb. 64. Absorptionsspektrum des *Pentacens* in Benzol. [Nach E. CLAR: B. **69**, 608 (1936).] Lage der Banden in Å: *p*, 5755, 5335, 4950, 4650; α, 4280; α′ 3300; β, 3100.

<hr>

[1] CLAR, E.: B. **82**, 506 (1949).
[2] CLAR, E., u. FR. JOHN: B. **63**, 2968 (1930).
[3] CLAR, E.: B. **64**, 2194 (1931).

bildet sich schnell schwachgelbes X, mit Chloranil XI und noch ein Produkt unbestimmter Konstitution. XI verliert beim Kochen mit Eisessig 2 Cl-Atome und gibt XII[1].

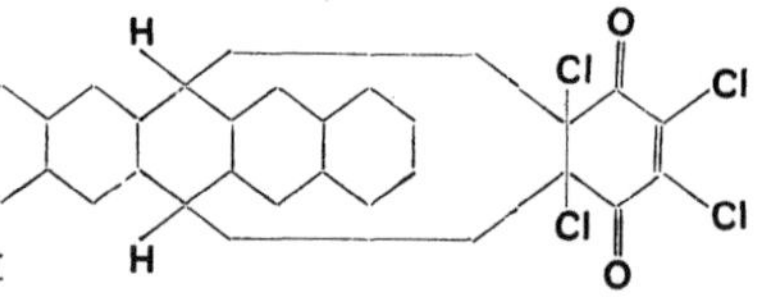

XI 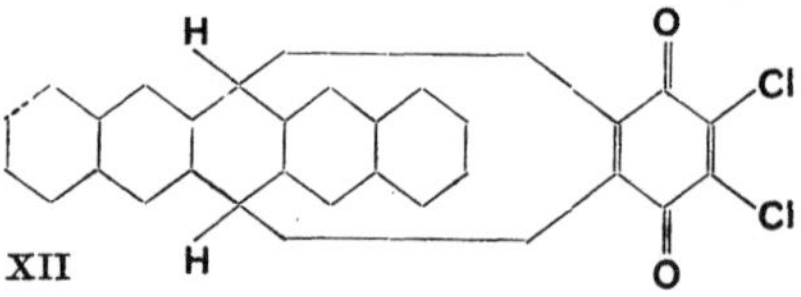   XII

Auf Grund der hohen Reaktivität wurde früher dem Pentacen eine *Diradikalformel* XIII erteilt. Die Entwicklung des *Anellierungsverfahrens* und die *magnetischen Messungen* ergaben jedoch die Unhaltbarkeit der Diradikalformel. Die hohe Reaktivität wird jetzt am besten durch eine *p-Form* im angeregten Zustand erklärt (s. S. 65). Durch die interessante Entwicklung der Ansichten über seine Feinstruktur hat das Pentacen eine große Bedeutung für die Theorie der aromatischen Bindungsverhältnisse erlangt.

Mit Chlor, oder besser mit Phosphorpentachlorid in Xylol, gibt Pentacen über ein farbloses Additionsprodukt das blaue *6.13-Dichlorpentacen* XIV. Es ist etwas weniger reaktionsfähig als Pentacen, immerhin wird es im Licht durch Luft noch rasch zu *Pentacen-6.13-chinon* XV oxydiert, ohne daß ein *Peroxyd* als Zwischenstufe zu beobachten ist.

Pentacen reagiert in siedendem Trichlorbenzol mit Schwefel unter Bildung einer grünen Verbindung, die 6 Atome Schwefel enthält[2].

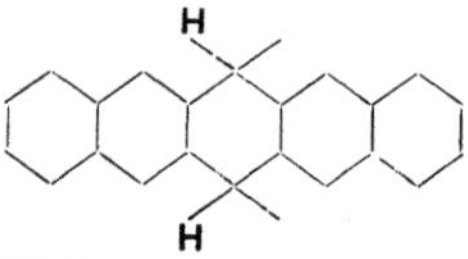

XIII 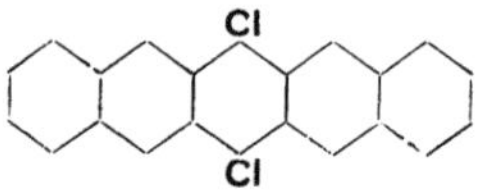   XIV 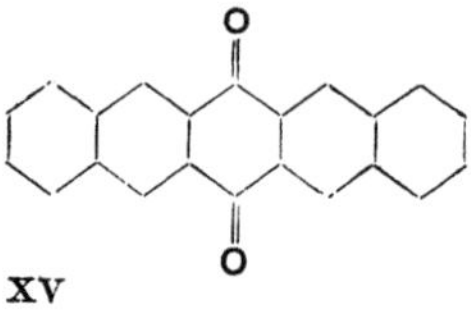   XV

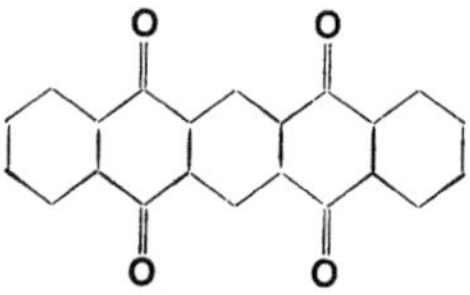

XVI 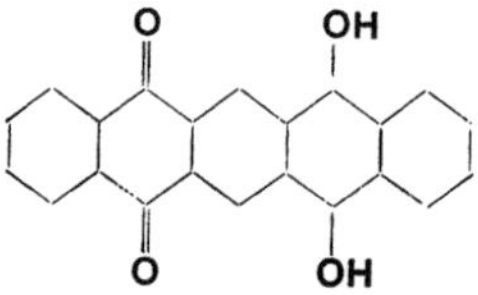   XVII 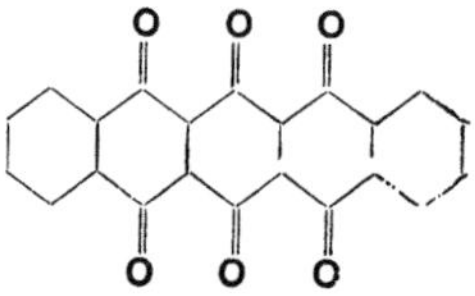   XVIII

Homologe. Methylderivate des Pentacens sind durch entsprechende Synthesen dargestellt worden[3]. Von besonderem Interesse ist das durch Einwirkung von Methylmagnesiumbromid auf Pentacenon-(6) XIX erhältliche *6-Methylpentacen* XX, das bei Zimmertemperatur fast nur als das schwach gelbe *Methylen-dihydropentacen* XXI vorliegt, das sich

---

[1] CLAR, E., u. FR. JOHN: B. **63**, 2968 (1930). — CLAR, E.: B. **64**, 1679 (1931).

[2] MARSCHALK, CH.: Bl. (5) **6**, 1124 (1939).

[3] CLAR, E., u. FR. JOHN: B. **64**, 981 (1931).

beim Erhitzen in hochsiedenden Lösungsmitteln zu einem geringen
Prozentsatz reversibel in *6-Methylpentacen* XX umlagert (vgl. S. 62)[1].

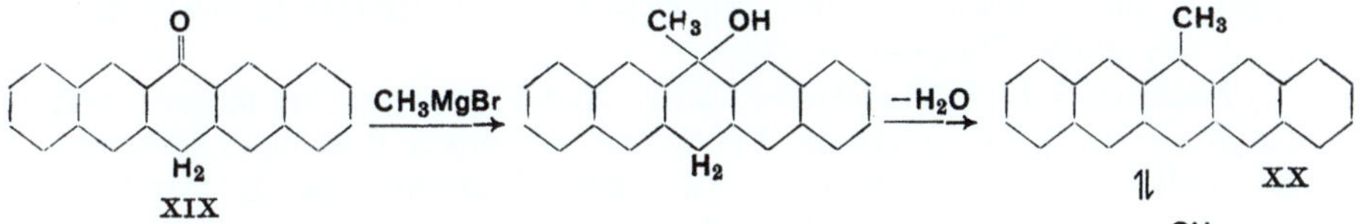

Auch ein *6.13-Diphenyl-pentacen* und ein *5.14,
7.12-Tetraphenylpentacen* sind aus Phenyl-magnesiumbromid und Pentacen-6.13-chinon bzw. Penta-
cen-5.14,7.12-dichinon und Reduktion der Car-
binole gewonnen worden. In ihren Eigenschaften stehen sie dem Pentacen sehr nahe und können kein darüber hinausgehendes Interesse
beanspruchen[2].

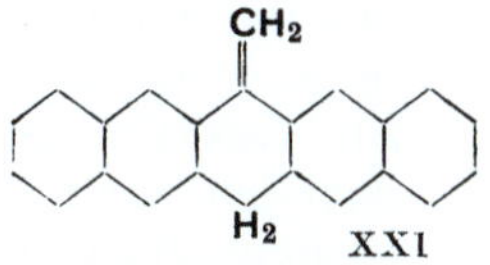

Chinone. Das *Monochinon* XV kann auch durch Oxydation des
Pentacens[3] oder des niedriger schmelzenden Dihydro-pentacens V[3,4] mit
Chromsäure in Eisessig erhalten werden. Das höher schmelzende Di-
hydro-pentacen gibt bei der Oxydation nur *Pentacen-5.14,7.12-dichinon*
XVI[3]. Außerdem sind noch ein inneres *Chinhydron* XVII und ein
Trichinon XVIII bekannt.

Ebenso wie das Pentacen unter den Kohlenwasserstoffen, so nimmt
auch das gelbe *Pentacen-6.13-chinon* unter den Chinonen eine Sonderstellung ein, allerdings im umgekehrten Sinne. Es ist nämlich nur sehr
wenig reaktionsfähig und mit alkalischem Hydrosulfit nicht verküpbar[4],
bei längerer Einwirkung entsteht *Pentacenon-(6)* XIX, das keine Neigung zur Enolisierung zeigt[5]. Letzteres kann auch aus Dihydropentacen V durch Oxydation mit Eisenchlorid erhalten werden[4,5]. Die
Konstitution des Pentacen-6.13-chinons XV ergibt sich aus seinem
Abbau durch Kalischmelze, wobei nur 2-Naphthoesäure entsteht[4]. Mit
der Formel XV steht auch die Synthese aus Naphthalin-2.3-dicarbon-
säure-anhydrid und Naphthalin in Gegenwart von Aluminiumchlorid
im Einklang, wobei aus den als Zwischenprodukt erhaltenen Ketonsäuren XXII und XXIII bei dem Ringschluß neben *Pentacen-6.13-chinon*
XV auch *Isopentaphen-7.14-chinon* (s. S. 239) entsteht[6].

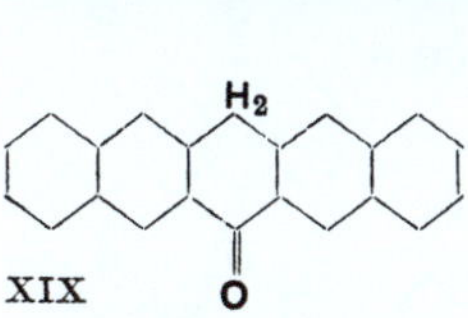

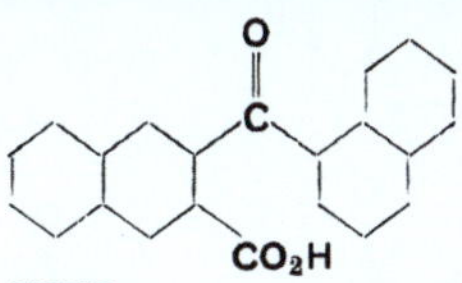

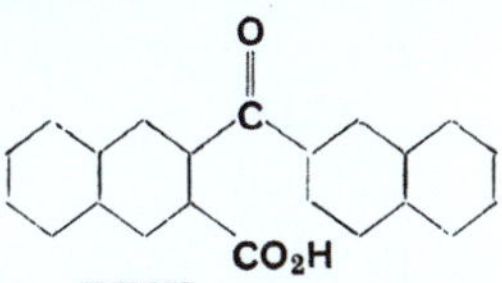

[1] CLAR, E.: Chem. Ber. **82**, 508 (1949). — CLAR, E., u. J. WRIGHT: Nature
163, 921 (1949).
[2] ALLEN, C. F. H., u. A. BELL: Am. Soc. **64**, 1253 (1942).
[3] CLAR, E., u. FR. JOHN: B. **62**, 3021 (1929); **63**, 2967 (1930).
[4] MILLS, W. H., u. M. MILLS: Soc. **101**, 2194 (1912).
[5] MARSCHALK, CH.: Bl. (5) **4**, 1547 (1937).
[6] WALDMANN u. MATHIOWETZ: B. **64**, 1713 (1931).

Pentacen-6.13-chinon (2.3,6.7-Dibenzanthrachinon) XV bildet aus Nitrobenzol oder Pyridin gelbe Nadeln vom Schmelzpunkt 388—398° (korr.), die unverküpbar sind und sich in konzentrierter Schwefelsäure blau mit roter Fluorescenz lösen.

Pentacen-5.14,7.12-dichinon XVI (2.3-Phthalylanthrachinon) war lange vor der Entdeckung des Pentacens bekannt und ist nach mehreren Methoden dargestellt worden. Die erste Synthese von E. PHILIPPI[1] besteht in der Übertragung der Phthalanhydridsynthese auf Pyromellith-säure-anhydrid, das mit Benzol in Gegenwart von Aluminiumchlorid zur Reaktion gebracht wird. Als Zwischenprodukte bilden sich die zwei isomeren Ketonsäuren XXIV und XXV, die beim Ringschluß zu demselben Dichinon XXVIII führen.

Eine ähnliche Synthese ist die von FAIRBOURNE[2], die vom Anthra-chinon-2.3-dicarbonsäure-anhydrid XXVI, Benzol und Aluminium-chlorid ausgeht und über die Ketonsäure XXVII das Dichinon XXVIII gibt.

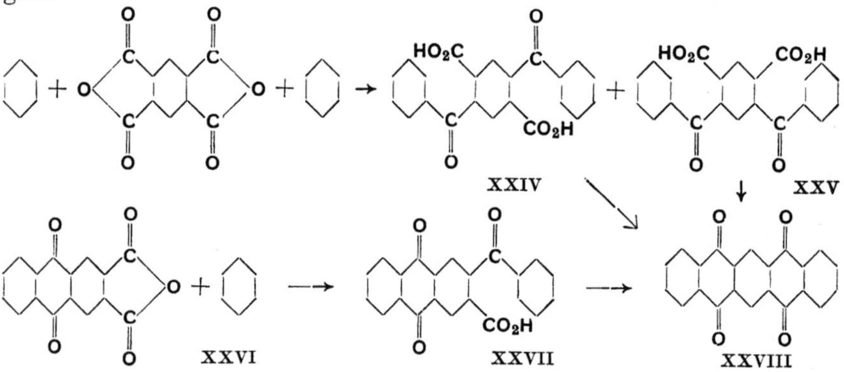

Ebenfalls mit einem Anthrachinonderivat beginnen SCHOLL und SEER[3]. Sie stellen zunächst aus Anthrachinon-2-carbonsäurechlorid,

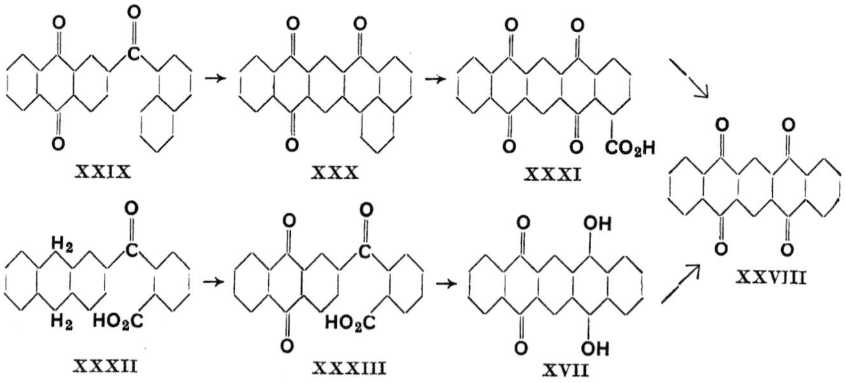

[1] PHILIPPI, E.: Mh. Chem. **32**, 631 (1911).
[2] FAIRBOURNE: Soc. **119**, 1573 (1921).
[3] SCHOLL u. SEER: A. **394**, 120, 158 (1912).

Naphthalin und Aluminiumchlorid das Keton XXIX her, das mit Aluminiumchlorid bei höherer Temperatur den Ringschluß zum 5.6.-Phthalyl-benzanthron XXX eingeht. Dieses gibt bei der Oxydation die Säure XXXI, die durch Erhitzen zum Dichinon XXVIII decarboxyliert werden kann.

Nach DIESBACH und CHARDONNES[1] gibt 9.10-Dihydro-anthracen mit Phthalanhydrid und Aluminiumchlorid neben *meso*-substituierten Produkten zu einem kleinen Teil auch die Ketonsäure XXXII, die sich durch Oxydation zu XXXIII nachweisen läßt. Beim Ringschluß mit Oleum und Borsäure wird das innere *Chinhydron* XVII erhalten, welches zum *Dichinon* XXVIII oxydiert werden kann.

Bei einer anderen Synthese von DIESBACH[2] wird α- oder β-Cumidinsäurechlorid mit Benzol zur Reaktion gebracht. Die so erhaltenen Diketone XXXIII und XXXIV werden mit verdünnter Salpetersäure zu den *Dicarbonsäuren* XXXV und XXXVI oxydiert, die beide beim Ringschluß das *Dichinon* XXVIII ergeben.

Nach dem Pyromellithsäure-anhydrid-Verfahren sind einige Methyl-, Oxy- und Halogenderivate des Dichinons dargestellt worden[3]. Ferner haben PHILIPPI und SEKA[4] *Brom-* und *Nitroderivate* und eine *Disulfonsäure* durch direkte Substitution des Dichinons erhalten.

Die wichtigsten Abkömmlinge der Pentacenchinone sind aber ihre *Oxyderivate*, die durch neue Synthesen gewonnen werden. Von diesen ist das *5.14,7.12-Tetraoxy-pentacen-6.13-chinon* II besonders leicht zu-

---

[1] DIESBACH u. CHARDONNES: Helv. **7**, 609 (1924).

[2] DIESBACH: Helv. **6**, 539 (1923).

[3] PHILIPPI u. SEKA: Mh. Chem. **45**, 261 (1924). — PHILIPPI u. AUSLAENDER: Mh. Chem. **42**, 1 (1921). — PHILIPPI u. SEKA: Mh. Chem. **43**, 621 (1922). — DIESBACH u. SCHMIDT: Helv. **7**, 644 (1924).

[4] PHILIPPI u. SEKA: Mh. Chem. **43**, 621 (1922); **45**, 261 (1924).

gänglich. Es wird nach einer Patentschrift von Bayer[1] durch Einwirkung von Phthalanhydrid und Aluminiumchlorid auf Leuko-chinizarin I dargestellt. Ch. Marschalk[2], der das Verfahren verbesserte, konnte zeigen, daß die Kondensation auch ohne Aluminiumchlorid beim Erhitzen stattfindet. Damit ist ein neuer bequemer Weg in die Pentacenreihe eröffnet worden.

6.13-Dioxy-pentacen-5.14,7.12-dichinon V ist aus Chinizarin-dicarbonsäure-anhydrid IV und Benzol über eine Ketonsäure durch Friedel-Craftssche Reaktion gewonnen worden[3]. Reduktion von V gibt die *Tetraoxyverbindung* II. Bei der dritten Synthese wird Leuko-chinizarin VI (Enol-Form in alkalischer Lösung) mit Phthalaldehydsäure zur Reaktion gebracht. Das Kondensationsprodukt VII liefert beim Ringschluß mit Schwefelsäure, Chlorsulfonsäure oder Aluminiumchlorid das Anthronderivat VIII, das bei der direkten Oxydation mit Manganisulfat, Schwefelsäure und Borsäure oder über das Diacetat IX mit Bleidioxyd in Eisessig V gibt[4].

Pentacen-5.14,6.13,7.12-trichinon III ist erstmalig von Ch. Marschalk[5] durch Oxydation des *Dioxy-* oder *Tetraoxy-chinons* V bzw. II mit Bleitetraacetat in Eisessig dargestellt worden. Pentacentrichinon ist ein starkes Oxydationsmittel, das aus Jodkalium Jod frei macht. Es krystallisiert aus Eisessig in schwach strohgelben Prismen, die sich in konzentrierter Schwefelsäure violettrot lösen. Es wird sehr leicht, z. B. durch schweflige Säure, Hydrazin-Hydrat oder Phenylhydrazin zu II reduziert.

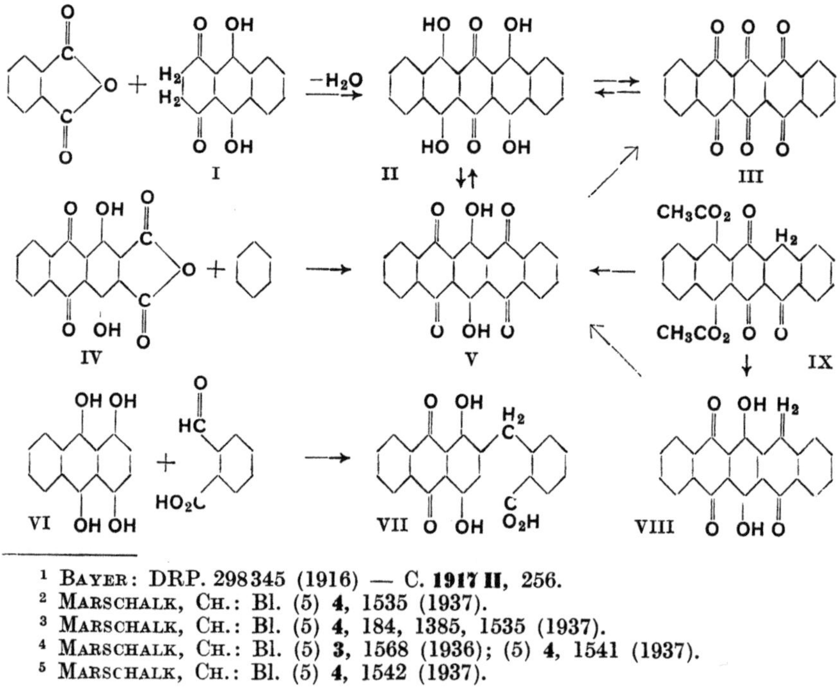

[1] Bayer: DRP. 298345 (1916) — C. **1917 II**, 256.
[2] Marschalk, Ch.: Bl. (5) **4**, 1535 (1937).
[3] Marschalk, Ch.: Bl. (5) **4**, 184, 1385, 1535 (1937).
[4] Marschalk, Ch.: Bl. (5) **3**, 1568 (1936); (5) **4**, 1541 (1937).
[5] Marschalk, Ch.: Bl. (5) **4**, 1542 (1937).

Pentacen-5.14,7.12-dichinon XIV krystallisiert in schwachgelben, sublimierbaren Nadeln vom Schmelzpunkt 398—400°, die sich in konzentrierter Schwefelsäure gelb lösen. Mit alkalischem Hydrosulfit gibt es eine grünlichgelbe Küpe, aus der mit Luft das grüne Dinatriumsalz des inneren *Chinhydrons* XIII ausfällt, das beim Ansäuern rot wird.

Pentacen-5.12-chinon XII wurde von E. CLAR[1] durch Reduktion aus *5.14,7.12-Dioxy-pentacen-6.13-chinon* II erhalten. Letzteres ist ebensowenig wie *Pentacen-6.13-chinon* verküpbar. Bei stärkerer Reduktion mit Zinkstaub, Eisessig und Pyridin liefert es das Anthronderivat X, welches mit Zinkstaub und Natronlauge weiterhin zu *5.14,7.12-Tetraoxy-6.13-dihydropentacen* XI reduziert wird. Beim Sublimieren tritt Wasserabspaltung ein und es entsteht *Pentacen-5.12-chinon* XII. Dieses leitet sich vom unbekannten, aber zweifellos wenig beständigen 1.5-Anthrachinon durch zwei linear angefügte Benzolkerne ab, die eine stabilisierende Wirkung haben.

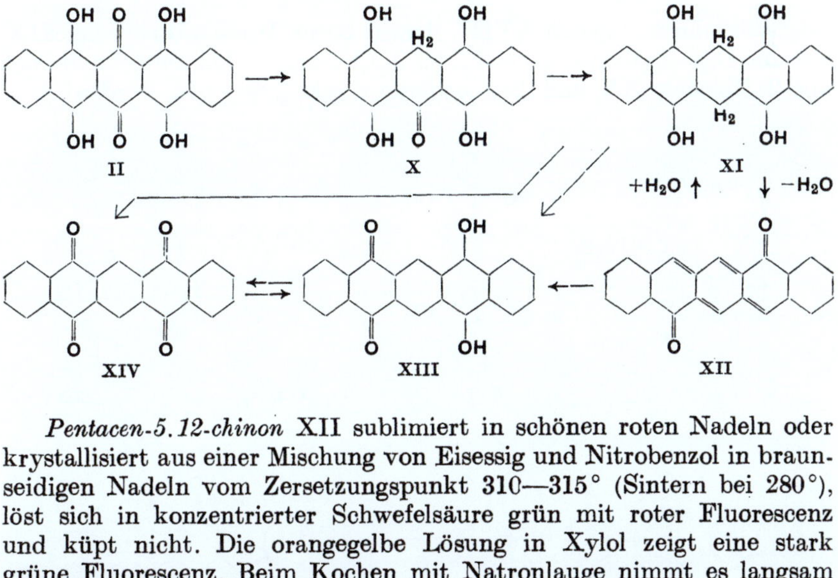

Pentacen-5.12-chinon XII sublimiert in schönen roten Nadeln oder krystallisiert aus einer Mischung von Eisessig und Nitrobenzol in braunseidigen Nadeln vom Zersetzungspunkt 310—315° (Sintern bei 280°), löst sich in konzentrierter Schwefelsäure grün mit roter Fluorescenz und küpt nicht. Die orangegelbe Lösung in Xylol zeigt eine stark grüne Fluorescenz. Beim Kochen mit Natronlauge nimmt es langsam wieder Wasser auf unter Bildung von XI, das in Gegenwart von Luft zum grünen Dinatriumsalz von XIII oxydiert wird.

Oxydation mit Chromsäure in Eisessig liefert sowohl aus XI wie aus XII oder XIII das *Dichinon* XIV, das auf diesem Wege vorteilhaft dargestellt werden kann.

Als ein endocyclisches Derivat des Pentacen-6.13-chinons ist die aus XV und Anthracen entstehende Verbindung XVI aufzufassen, die leicht zum goldgelben 5.14,7.12-Di-[o-phenylen]-pentacen-6.13-chinon XVII oxydiert werden kann. Im Gegensatz zum Pentacen-6.13-chinon ist XVII leicht reduzierbar[2].

---

[1] CLAR, E.: B. **73**, 409 (1940). — [2] CLAR, E.: B. **64**, 1681 (1931).

Tetraphenyl-pentacenchinon XXI ist in einer interessanten Synthese, von Chinizarin ausgehend, dargestellt worden. Chinizarin und Phenyl-

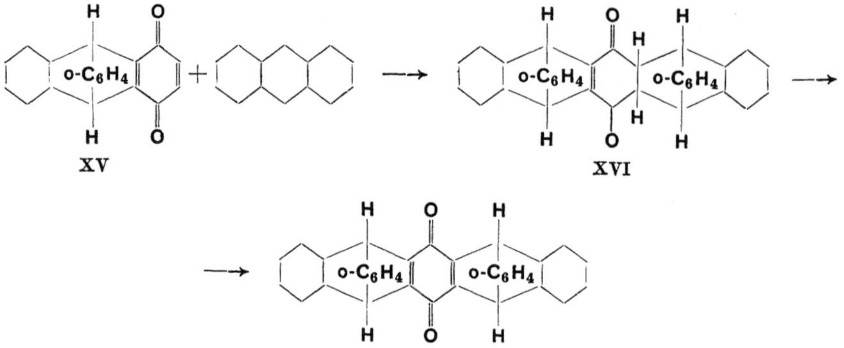

XV XVI XVII

magnesiumbromid geben XVIII, daraus durch Wasserabspaltung XIX, das mit Diphenylbenzofuran XX zu XXI reagiert. Letzteres kann auch aus 2 Molekeln XX und Benzochinon direkt gewonnen werden[1].

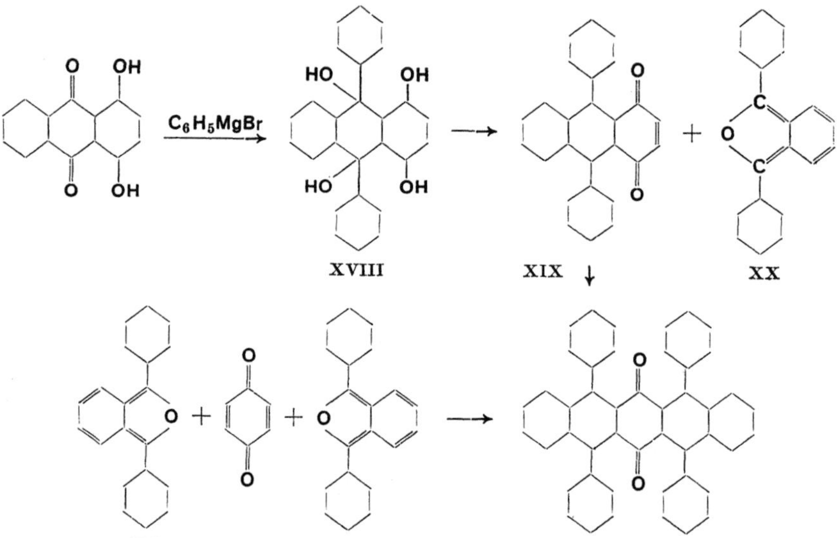

XVIII XIX XX

XX XXI

Biochemisches Verhalten. In Schweineschmalz gelöstes Pentacen hat auf der Haut von Mäusen keine bösartigen Tumoren hervorgerufen[2].

---

[1] Dufraisse, Ch., u. L. Velluz: Bl. **1947**, 1037. — Etienne, A., u. R. Heymès: Bl. **1947**, 1038. — Vgl. C. F. H. Allen u. J. W. Gates jr.: Am. Soc. **65**, 1502 (1943).

[2] Cook, Hieger, Kennaway u. Mayneord: Proc. Roy. Soc. London, (B), **111**, 455 (1932).

2.) 1.2-Benz-pentacen.

Isohexaphen.

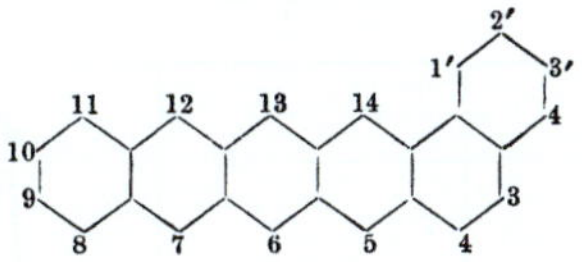

Die Synthese dieses Kohlenwasserstoffes wird von E. CLAR[1] beschrieben. Dabei wird aus Pseudocumol, Benzoylchlorid und Aluminiumchlorid zunächst 5-Benzoyl-pseudocumol I gewonnen. Durch Kochen mit verdünnter Salpetersäure wird es zu einer Monocarbonsäure oxydiert, deren alkalische Lösung mit Kaliumpermanganat die Benzophenontricarbonsäure II gibt. Deren Anhydrid III läßt sich in Gegenwart von Aluminiumchlorid mit Naphthalin und mit Benzol oder Tetrachloräthan als Lösungsmittel zu der Dicarbonsäure IV, die vermutlich auch Isomere enthält, kondensieren. Der Ringschluß mit siedendem Benzoylchlorid und ein wenig konzentrierter Schwefelsäure liefert das *1.2-Benz-pentacen-5.14,7.12-dichinon* V.

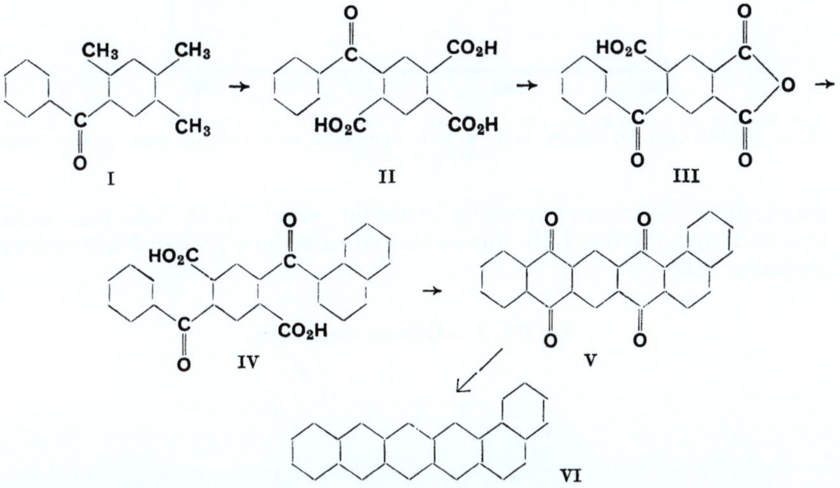

Die Zinkstaubschmelze ergibt eine Dihydroverbindung, deren Dehydrierung mit Chloranil in siedendem Xylol *1.2-Benz-pentacen* VI liefert.

Eigenschaften. *1.2-Benz-pentacen* oder *Isohexaphen* VI krystallisiert aus Nitrobenzol in tief violettblauen Blättchen, die sich in konzentrierter Schwefelsäure erst violett, dann braun lösen und im evakuierten Röhrchen bei 357° (unkorr.) schmelzen. Es ist im Vakuum sublimierbar. Die orangerote Lösung in Benzol zeigt eine stark gelbgrüne Fluorescenz, reagiert rasch unter Entfärbung mit Maleinsäure-anhydrid und ist photooxydabel. *Absorptionsspektrum* s. Abb. 65.

---

[1] CLAR, E.: B. **81**, 63 (1948).

1.2-Benz-pentacen-5.14,7.12-dichinon krystallisiert aus Nitrobenzol in braungelben Nadeln vom Schmelzpunkt 350—352° (unkorr., evak. Röhrchen), die sich in konzentrierter Schwefelsäure braun lösen. Mit

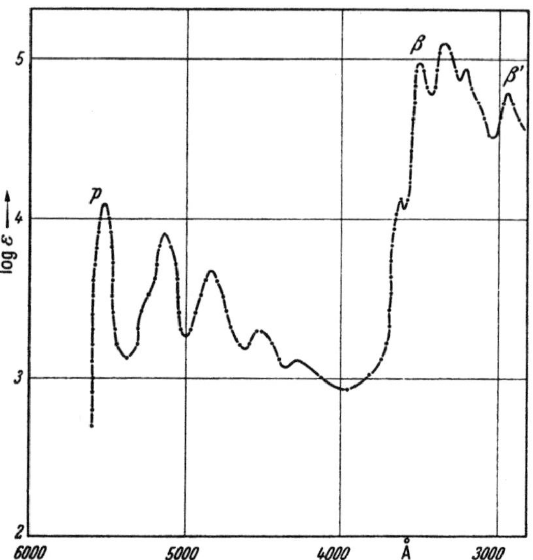

Abb. 65. Absorptionsspektrum des *1.2-Benzpentacens* in Benzol. [Nach E. Clar: Chem. Ber. 81, 65 (1948).] Lage der Banden in Å: *p*, 5510, 5110, 4820, 4520, 4260; *α′*, 3600; *β*, 3480, 3320, 3190; *β′*, 2910.

alkalischem Natriumhydrosulfit entsteht eine zuerst violette, dann braune Küpe, die mit Luft einen chinhydronartigen grünen Niederschlag ausfallen läßt.

3.) 1.2,3.4-Dibenz-pentacen.

1.2,3.4-Dibenz-pentacen stellten E. Clar und H. Frömmel[1] aus dem im vorangehenden beschriebenen Anhydrid I durch Kondensation mit 1.2.3.4.5.6.7.8.-Oktahydro-phenanthren und Aluminiumchlorid dar, wobei zunächst die Diketon-dicarbonsäure II erhalten wird. Die Reduktion mit Zinkstaub und Natronlauge führt zu III und IV, die beide beim Verschmelzen mit Natriumchlorid und Zinkchlorid *6.13-Dihydro-1.2,3.4-dibenz-pentacen* V liefern. Daraus wird das *1.2,3.4-Dibenz-pentacen* VI durch Dehydrierung mit Chloranil in siedendem Xylol erhalten.

---

[1] Clar, E., u. H. Frömmel: B. **81**, 163 (1948).

Eigenschaften. *1.2,3.4-Dibenz-pentacen* VI krystallisiert aus Nitrobenzol in violetten kupferglänzenden Blättchen, die sich beim Erhitzen langsam zersetzen und sich in konzentrierter Schwefelsäure erst blau, dann braun lösen. Die orangefarbene, stark fluorescierende Lösung in

Xylol wird beim Belichten und Schütteln mit Luft bald unter Entfärbung photooxydiert. Sie reagiert beim Kochen mit Maleinsäureanhydrid unter Entfärbung und Bildung von VIII, das erwartungsgemäß fast dasselbe Absorptionsspektrum wie V hat. *Absorptionsspektrum* s. Abb. 66.

1.2,3.4-Dibenz-pentacen VI, das in der Reaktivität merklich hinter Pentacen zurücksteht, läßt sich in siedendem Nitrobenzol mit Selendioxyd zu *1.2,3.4-Dibenz-pentacen-6.13-chinon* VII oxydieren. Es bildet braungelbe Nadeln vom Schmelzpunkt 403—405° (unkorr., evak. Kapillare), die sich in konzentrierter Schwefelsäure smaragdgrün lösen.

Es ist im Vakuum sublimierbar und gibt mit alkalischem Natriumhydrosulfit keine Küpe.

4.) 1.2, 8.9-Dibenz-pentacen und 1.2, 10.11-Dibenz-pentacen.

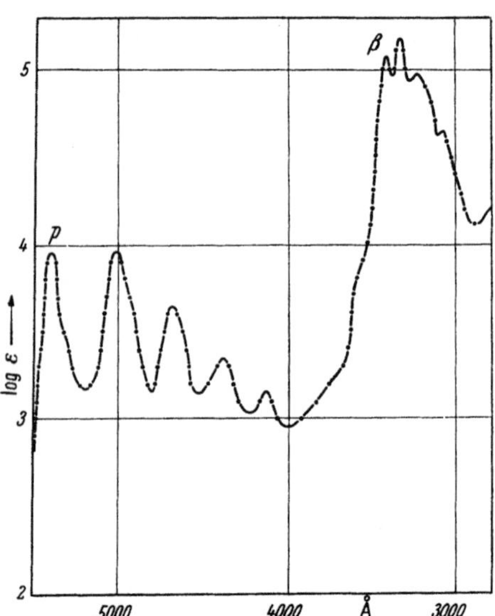

Abb. 66. Absorptionsspektrum des *1.2,3.4-Dibenzpentacens* in Benzol. [Nach E. CLAR u. H. FRÖMMEL: Chem. Ber. 81, 165 (1948).] Lage der Banden in Å: *p*, 5385, 5005, 4670, 4380, 4140; *β*, 3430, 3340, 3230.

Nach H. DE DIESBACH und V. SCHMIDT[1] lassen sich die beiden Dichinone III und IV aus den aus Pyromellithsäure-anhydrid und Naphthalin mit Aluminiumchlorid erhältlichen Dicarbonsäuren I und II beim Erhitzen mit Phosphorpentoxyd bei 300° gewinnen. Sie geben dem höher schmelzenden Dichinon die zentrosymmetrische Formel IV.

E. CLAR[2] konnte aus dem rohen Dicarbonsäuregemisch, das zweifellos auch noch weitere Isomere mit in *β*-Stellung substituierten Naphthalinresten enthält, beim Erhitzen mit Benzoylchlorid und einer kleinen Menge konzentrierter Schwefelsäure ein einheitliches Dichinon erhalten, das dem höher schmelzenden von DIESBACH und SCHMIDT entspricht.

[1] DIESBACH, H. DE, u. V. SCHMIDT: Helv. 7, 644 (1924).
[2] CLAR, E.: B. 76, 257 (1943).

Wird das Dichinon IV der Zinkstaubschmelze unterworfen, so erhält man *1.2,8.9-Dibenz-pentacen* VI neben seiner farblosen Dihydroverbindung V.

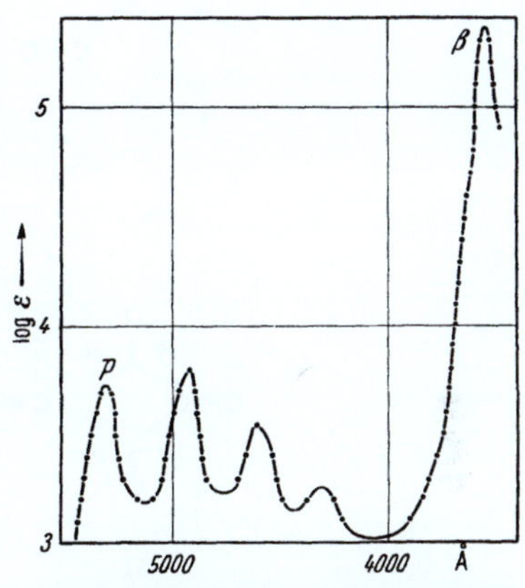

1.2,8.9-Dibenz-pentacen VI und *1.2,10.11-Dibenz-pentacen* werden in allerdings nicht ganz reinem Zustande auch als Nebenprodukte bei der Darstellung des *3.4,9.10-Dibenzpentaphens* (s. S. 215) erhalten.

Eigenschaften. *1.2,8.9-Dibenz-pentacen* VI krystallisiert oder sublimiert in stark glänzenden roten Blättchen vom Schmelzpunkt 440° (unkorr. Zers., evak. Röhrchen), die sich in konzentrierter Schwefelsäure erst blau, dann braungelb lösen. Die orangerote, stark grün fluorescierende Lösung in Pseudocumol reagiert beim Erhitzen rasch mit Maleinsäureanhydrid unter Bildung des farblosen Adduktes IX. Das Absorptionsspektrum von IX ist sehr ähnlich dem von V, da beide Verbindungen 2 Phenanthren-Reste enthalten. Das *Absorptionsspektrum* von *1.2,8.9-Dibenz-pentacen* ist in Abb. 67 wiedergegeben.

Abb. 67. Absorptionsspektrum des *1.2, 8.9-Dibenzpentacens* in 1-Methylnaphthalin. [Nach E. CLAR: B. **76**, 261 (1943).] Lage der Banden in Å: *p*, 5290 4930, 4590, 4300; *β*, 3540. Lage der Banden in Benzol in Å: *p*, 5230, 4860, 4540.

Oxydation. *1.2,8.9-Dibenz-pentacen* wird in Suspension in Schwefelkohlenstoff bei Belichtung und Einleiten von Luft zum farblosen *Photooxyd* VII oxydiert. In siedendem Xylol entsteht dabei direkt das *1.2,8.9-Dibenz-pentacen-6.13-chinon* VIII, das sich auch leicht aus dem Kohlenwasserstoff in siedendem Nitrobenzol mit Selendioxyd erhalten läßt. Es sublimiert oder krystallisiert in hell ockergelben Nadeln, die bei 437—438° (unkorr.) im Vakuumröhrchen schmelzen und sich in konzentrierter Schwefelsäure smaragdgrün lösen. Mit alkalischem Natriumhydrosulfit gibt es keine Küpe.

1.2,8.9-Dibenz-pentacen-5.14,7.12-dichinon IV sublimiert oder krystallisiert in orangeroten Nadeln vom Zersetzungspunkt 420—440° (unkorr.). In konzentrierter Schwefelsäure lösen sie sich braun und geben mit alkalischem Natriumhydrosulfit eine violette Küpe.

5.) 1.2, 3.4, 8.9, 10.11-Tetrabenz-pentacen.

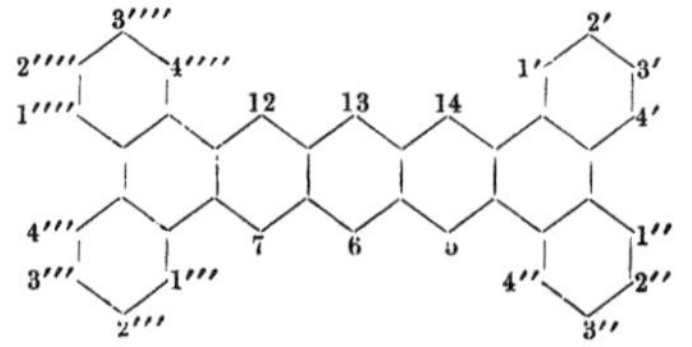

Von den höheren Benzologen des Pentacens ist nur das Chinon III bekannt, welches ARBUSOW, ABRAMOW und DEWTJATOW[1] durch Diensynthese aus 2 Mol Phencyclon I und p-Benzochinon über das sich zunächst bildende Additionsprodukt II gewannen. II spaltet beim Kochen mit Nitrobenzol Kohlenoxyd ab und wird zu III dehydriert.

5.14.7.12-Tetraphenyl-1.2,3.4,8.9,10.11-tetrabenz-pentacen-6.13-chinon III bildet aus Nitrobenzol gelbe Krystalle vom Schmelzpunkt 460 bis 461°.

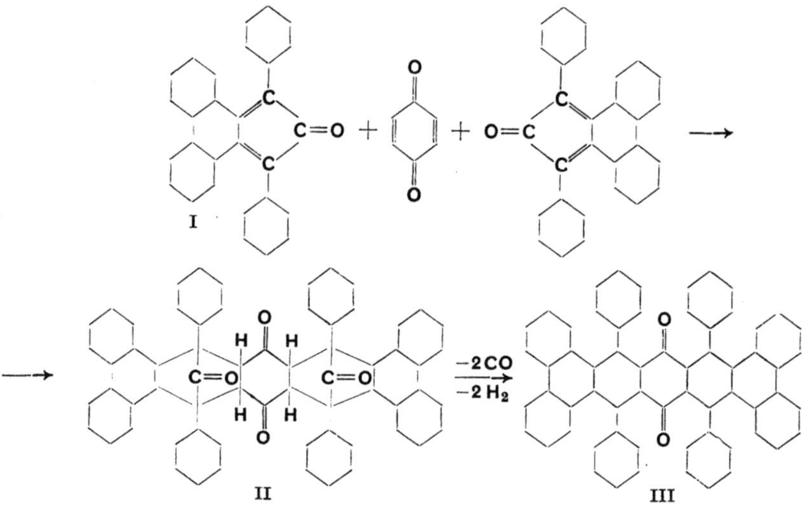

VI. Kohlenwasserstoffe, die sechs linear kondensierte Benzolringe enthalten.

1.) Hexacen.

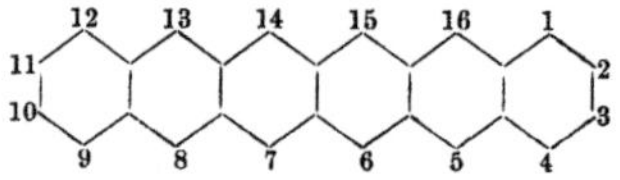

Nach BENTLEY, FRIEDL, THOMAS und WEIZMANN[2] kann 1.5-Dioxynaphthalin in Gegenwart von Borsäure zweimal mit Phthalanhydrid unter Bildung von I kondensiert werden. Die Autoren konnten aber diese Ketonsäure nicht zum *Dioxy-hexacen-dichinon* II ringschließen.

---

[1] ARBUSOW, B. A., W. S. ABRAMOW u. J. B. DEWTJATOW: J. Chim. gén. **9**, 1559 (1939) — C. **1940 I**, 705.

[2] BENTLEY, FRIEDL, THOMAS u. WEIZMANN: Soc. **91**, 411, 1588 (1907).

Später zeigte aber E. CLAR[1], daß Kondensation und Ringschluß in einer Operation ausgeführt werden können, wenn 1.5-Dioxy-naph-

thalin und Phthalanhydrid in einer Schmelze von Aluminiumchlorid-Natriumchlorid zur Reaktion gebracht werden. Statt der Schmelze kann auch Tetrachloräthan als Lösungsmittel angewandt werden.

Das rotbraune *6.14-Dioxy-hexacen-5.16,8.13-dichinon* II läßt sich durch die Zinkstaubschmelze zum orangegelben *5.16-Dihydro-hexacen* III reduzieren, das mit Maleinsäure-anhydrid rasch entfärbt wird und sich beim Umkrystallisieren zum schwachgelben *6.15-Dihydro-hexacen* IV

[1] CLAR, E.: B. **72**, 1817 (1939) — A. P. 2210396 (1940) — C. **1941 I**, 3151.

umzulagern scheint. Beide *Dihydroverbindungen* geben beim Sublimieren mit Kupferpulver im Vakuum im CO_2-Strom *Hexacen* V.

Ch. Marschalk[1] konnte noch auf anderen Wegen *Hexacenderivate* gewinnen. In ähnlicher Weise wie in der Pentacenreihe läßt sich auch hier die Phthalanhydridsynthese anwenden. So ergibt die Kondensation von Leukochinizarin mit Naphthalin-2.3-dicarbonsäure-anhydrid, unter Zusatz einer kleinen Menge Aluminiumchlorid, dasselbe *5.16.7.14-Tetraoxy-hexacen-6.15-chinon* VI, das auch aus „Leukonaphthochinizarin" VII und Phthalanhydrid mit wenig Aluminiumchlorid erhalten werden kann.

Ferner läßt sich „Leukonaphthochinizarin" (Enolform VIII) in alkalischer Lösung mit Phthalaldehydsäure zu IX kondensieren. Der Ringschluß zu dem Anthronderivat X vollzieht sich in einer Schmelze von Aluminiumchlorid-Natriumchlorid. X wird mit Manganisulfat zum violetten *6.15-Dioxy-hexacen-5.16,7.14-dichinon* XI oxydiert, welches auch aus VI durch Oxydation mit Luft in alkalischer Lösung erhalten werden kann.

Die Zinkstaubdestillation der Tetraoxyverbindung VI liefert *5.16-Dihydro-hexacen* III, S. 263, das von Marschalk mit Palladiumkohle in Trichlorbenzol unter Kohlensäure zum Hexacen V, S. 263, dehydriert wurde.

Eine weitere Synthese des *Hexacens* berichtet E. Clar[2]. Sie geht von dem Anhydrid I aus, das mit Tetralin und Aluminiumchlorid zur Reaktion gebracht wird. Die Dicarbonsäure II wird mit Natronlauge und Zinkstaub zu III reduziert, welches beim Verschmelzen mit Natriumchlorid und Zinkchlorid *Dihydro-hexacen* IV liefert.

Wie später festgestellt wurde, ergibt die Methode nicht immer spektralreines *6.15-Dihydro-hexacen* IV, weil manchmal beträchtliche

---

[1] Marschalk, Ch.: Bl. (5) **6**, 1112 (1939).
[2] Clar, E.: B. **75**, 1283 (1942).

Mengen von *3.4-Benzpentaphen* V und *Hexaphen* VI nebenher gebildet werden. Die voranstehenden Methoden sind daher der letzteren überlegen.

Eigenschaften. *Hexacen* krystallisiert oder sublimiert in fast schwarzen, tiefgrünen, derben Krystallen, mit stahlblauem Oberflächenglanz, die sich bei hoher Temperatur, ohne zu schmelzen, zersetzen und sich in konzentrierter Schwefelsäure grün lösen. Hexacen übertrifft Pentacen noch an Reaktivität. Es löst sich in hochsiedenden Lösungsmitteln nur sehr schwer. Die Lösung in 1-Methylnaphthalin zeigt Absorptionsbanden bei 6930, 6120, 5620 Å. Die Lösungen reagieren sofort mit Maleinsäureanhydrid unter Entfärbung ebenso wie mit Sauerstoff.

Das Absorptionsspektrum des *6.15-Dihydro-hexacens* IV besteht aus den Absorptionen eines Anthracen- und eines Naphthalinrestes[1], während das des *5.16-Dihydro-hexacen* dem des Tetracens nahesteht[1].

<h3 align="center">2.) 1.2-Benz-hexacen.</h3>

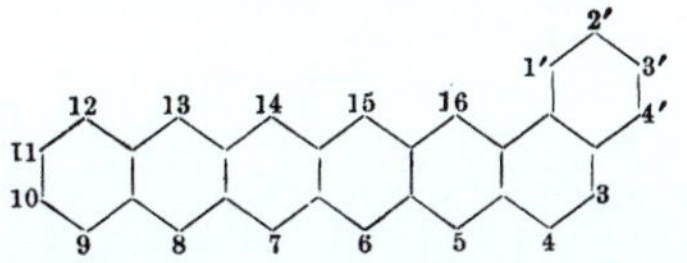

Dieser sehr reaktionsfähige tiefgrüne Kohlenwasserstoff läßt sich, vom Pyromellithsäure-anhydrid ausgehend, aufbauen, das mit Hilfe

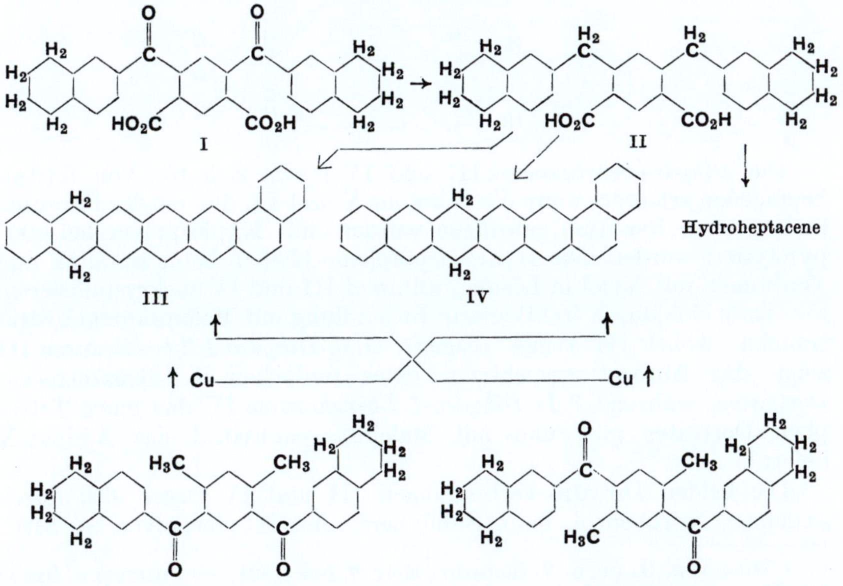

Hydroheptacene

---

[1] CLAR, E.: Chem. Ber. **82**, 514 (1949).

von Aluminiumchlorid zweimal mit Tetralin kondensiert wird[1]. Die Reduktion der Dicarbonsäure I zu II erfolgt mit Hilfe von Natronlauge und Zinkstaub. Der Ringschluß durch Verschmelzen mit Natriumchlorid und Zinkchlorid liefert neben hauptsächlich *Hydro-heptacenen*[2] (s. S. 269) auch etwas der beiden *Dihydro-1.2-benzhexacene* III und IV. Da das Gemisch der rohen Hydro-heptacene bei der Dehydrierung mit Kupferpulver bei 310°[2] oder mit Chloranil in Xylol[2] oder mit Palladiumkohle in Trichlorbenzol[3] einen grünen Kohlenwasserstoff gab, wurde dieser zunächst für *Heptacen* gehalten. Nachdem sich aber gezeigt hatte, daß auf andere Weise dargestellte Hydro-heptacene sich so nicht dehydrieren lassen[3], wurde es offenbar, daß der grüne Kohlenwasserstoff nur *1.2-Benzhexacen* VII sein kann[4].

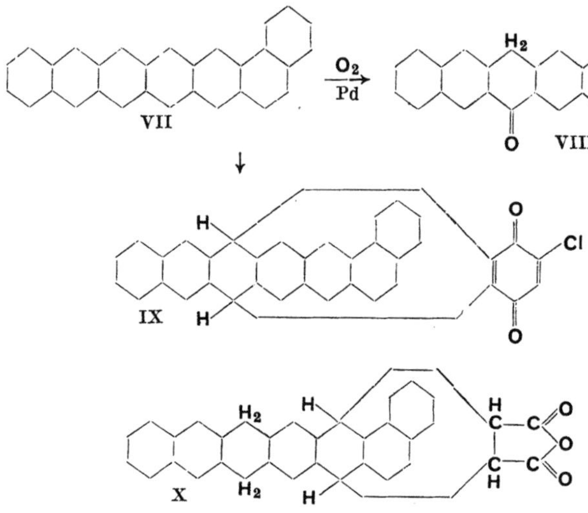

Die *Dihydro-benzhexacene* III und IV lassen sich frei von Hydroheptacenen erhalten, wenn die Diketone V und VI, die mit der FRIEDEL-CRAFTSschen Reaktion gewonnen wurden, mit Kupferpulver bei 400° pyrolysiert werden. Die Hydro-heptaphene bleiben beim Erkalten und Verdünnen mit Xylol in Lösung, während III und IV auskrystallisieren. Sie lassen sich durch fraktionierte Behandlung mit Maleinsäureanhydrid trennen, wobei III zuerst reagiert. *8.13-Dihydro-1.2-benzhexacen* III zeigt das Absorptionsspektrum eines einfachen 1.2-Benztetracen-Derivates, während *7.14-Dihydro-1.2-benzhexacen* IV das eines Tetraphens-Derivates gibt und mit Maleinsäureanhydrid das Addukt X liefert[4].

Die beiden Dihydro-Verbindungen III und IV lassen sich durch siedendes Nitrobenzol, beim Sublimieren mit Kupferpulver bei 310°,

---

[1] DIESBACH, H. DE, u. V. SCHMIDT: Helv. **7**, 644 (1924). — PHILIPPI u. SEKA: Mh. Chem. **45**, 261 (1924).
[2] CLAR, E.: B. **75**, 1330 (1942).
[3] MARSCHALK, CH.: Bl. (5) **10**, 511 (1943).
[4] CLAR, E., u. CH. MARSCHALK: Bl. **1950**, 444.

mit Palladiumkohle in Trichlorbenzol bei 200° oder mit Chloranil in Trichlorbenzol zum *1.2-Benzhexacen* VII dehydrieren[1].

Eigenschaften. *1.2-Benz-hexacen* VII krystallisiert aus Trichlorbenzol oder sublimiert im Hochvakuum in tief blaugrünen Krystallen, die bei hoher Temperatur, ohne zu schmelzen, verkohlen. Die Lösung in heißem Trichlorbenzol zeigt Absorptionsbanden bei 6510, 5920 und 5460 Å[1].

Reaktionen. Die Lösungen des Benzhexacens werden durch Maleinsäureanhydrid oder durch Sauerstoff sofort entfärbt. Wird die Dehydrierung der Dihydro-benzhexacene III und IV mit Palladiumkohle in Trichlorbenzol in Gegenwart von Luft ausgeführt, so erhält man an Stelle von 1.2-Benzhexacen das *Benzhexacenon* VIII. Ein Überschuß an Chloranil bei der Dehydrierung von III und IV in Trichlorbenzol liefert eine Verbindung der wahrscheinlichen Formel IX[1].

VII. Kohlenwasserstoffe, die sieben linear kondensierte Benzolringe enthalten.

Heptacen.

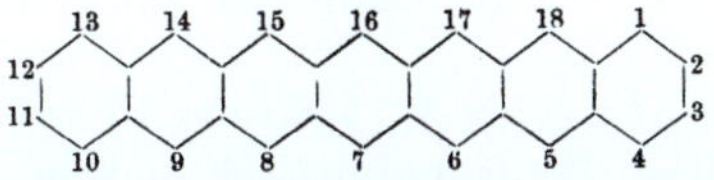

Bei der Einwirkung von Anthrachinon-2.3-dicarbonsäure-anhydrid auf Leukochinizarin in Gegenwart von 5—10% Aluminiumchlorid entsteht in 60 proz. Ausbeute 5.18.7.16-Tetraoxy-heptacen-6.17,9.14-dichinon I[2].

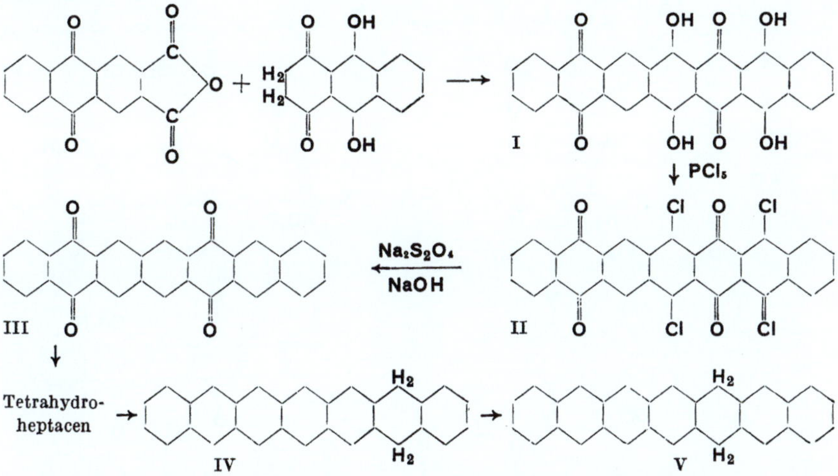

Da die Zinkstaubdestillation von I nicht zum Ziele führte, ersetzte MARSCHALK die 4 Oxygruppen in I mit Phosphorpentachlorid durch

---

[1] CLAR, E., u. CH. MARSCHALK: Bl. **1950**, 444.

[2] MARSCHALK, CH.: Bl. (5) **5**, 306 (1938); (5) **8**, 354 (1941) — Chemie et Industrie (Dix-huitième Congrès de Chimie Industrielle) Nancy **1938**, 976 C.

Cl-Atome. II wurde dann mit alkalischem Hydrosulfit dehalogeniert und zu einer Leukoverbindung von III reduziert, die mit Jodwasserstoff und Phosphor bei 200° 2 Reduktionsprodukte gibt, von denen das eine ein Tetrahydro-heptacen sein dürfte. Letzteres wird beim Kochen mit Nitrobenzol zum *5.18-Dihydro-heptacen* IV dehydriert. Dieser blauviolette Kohlenwasserstoff zeigt entsprechend seiner Formel IV die Farbe und die hohe Reaktivität des Pentacens. So wird er durch Luft und Licht sowie durch Maleinsäure-anhydrid schnell entfärbt. Bei der Sublimation im Vakuum im CO_2-Strom verschieben sich zwei Wasserstoffatome, und es bildet sich *6.17-Dihydro-heptacen* V, welches die Eigenschaften eines Tetracenderivates hat. Dieser orangebraune Kohlenwasserstoff bildet sich auch, wenn das Leukoderivat von III mit Zinkstaub destilliert, oder wenn die Hexahydroverbindung im Vakuum mit Kupferpulver dehydriert wird.

Die Dehydrierung zum Heptacen ist bisher nicht gelungen, die Aussichten dazu sind aus theoretischen Gründen gering.

In der obigen Synthese kann an Stelle von Anthrachinon-2.3-dicarbonsäure-anhydrid auch Anthracen-2.3-dicarbonsäure-anhydrid verwendet werden. Man erhält dann Tetraoxy-heptacen-chinon entsprechend I[1].

6.17.7.16-Tetraoxy-heptacen-8.15-chinon VI wird aus Naphthalindicarbonsäure-anhydrid, Hydronaphthochinizarin und Aluminiumchlorid dargestellt[1].

---

[1] MARSCHALK, CH.: Bl. (5) **9**, 400 (1942).

9.10-Dihydro-anthracen-2.3,6.7-tetracarbonsäure-dianhydrid VII re-
agiert zweimal mit Benzol und Aluminiumchlorid unter Bildung von
VIII. Der Ringschluß gibt *Heptacen-5.18,9.14-dichinon* IX, daraus
durch Oxydation mit Chromsäure das *Trichinon* X, das auch durch
Ringschluß der aus VIII durch Oxydation mit Chromsäure erhältlichen
Dicarbonsäure XI mit Schwefelsäure dargestellt werden kann[1].

Die Verschmelzung der Dicarbonsäure XII mit Natriumchlorid und
Zinkchlorid und die Sublimation des Rohproduktes im Vakuum liefert
neben einer kleinen Menge der violettblauen Dihydroverbindung IV die
orangefarbige Dihydroverbindung V, die farblose Dihydroverbindung
XIV, die farblose Tetrahydroverbindung XIII und *Dihydro-1.2-benzhexa-*
cene (S. 265). XIII läßt sich aus dem Gemisch durch Behandlung mit
überschüssigem Maleinsäureanhydrid gewinnen[2]. Ein Gemisch von V

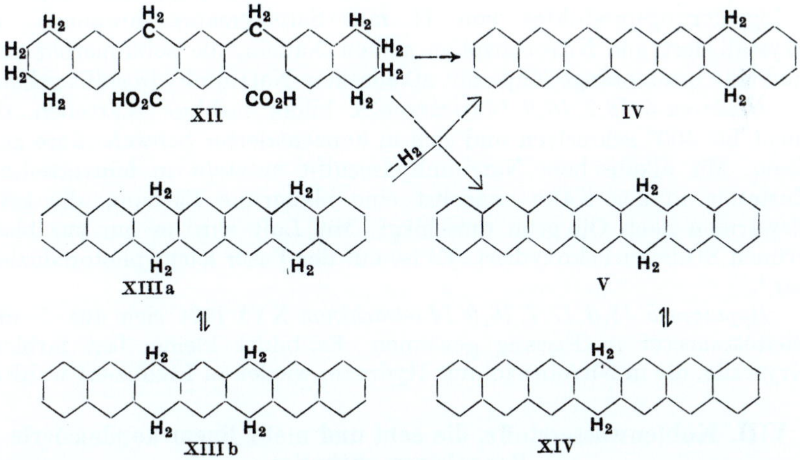

und XIV wird am besten durch Zinkstaubschmelze des Reduktions-
produktes von II, S. 267, erhalten. Die Trennung von V und XIV erfolgt
durch fraktionierte Behandlung der Lösung in Trichlorbenzol mit Maleinsäureanhydrid, wobei XIV schwerer reagiert und daher krystallisiert
rein erhalten werden kann. Es geht schon in siedendem Trichlorbenzol
wieder teilweise in V über. Auch die Tetrahydroverbindung besteht aus
zwei im thermodynamischen Gleichgewicht befindlichen Formen XIIIa
und XIIIb, die sich spektrographisch nachweisen lassen[3]. XIIIa gibt
bei der Dehydrierung mit siedendem Nitrobenzol das violettblaue *5.18-*
Dihydroheptacen IV, das trotz seiner geringen Symmetrie das schwerst-
löslichste der Dihydroheptacene ist.

Oxydation. *Heptacen-7.16-chinon* XV wird durch Oxydation der
Dihydro-heptacene in siedendem Nitrobenzol mit Selendioxyd gewonnen.
Es sublimiert oder krystallisiert in braunen Nadeln, die bei hoher Tem-

[1] CLAR, E., u. CH. MARSCHALK: Bl. **1950**, 444. — MARSCHALK, CH.: Bl. (5) **17**, 311 (1950).

[2] CLAR, E.: B. **75**, 1330 (1942).

[3] CLAR, E., u. CH. MARSCHALK: Bl. **1950**, 444.

peratur verkohlen, ohne zu schmelzen und keine Küpe geben. In konzentrierter Schwefelsäure lösen sie sich braungrün[1].

XV   XVI

Heptacen-5.18,9.14-dichinon IX löst sich in konzentrierter Schwefelsäure mit grüner Farbe und wird daraus beim langsamen Verdünnen in Form intensiver gelber Nadeln abgeschieden, die mit alkalischem Natriumhydrosulfit eine orange Küpe geben[2].

Heptacen-6.17,9.14-dichinon III wird durch Oxydation des Dehalogenierungsproduktes von II mit Salpetersäure gewonnen. Es krystallisiert aus Nitrobenzol in gelben Nadeln, die sublimierbar sind und eine braunorange Küpe mit alkalischem Natriumhydrosulfit geben[2].

Heptacen-5.18,7.16,9.14-trichinon X bildet farblose Blättchen, die nicht bis 400° schmelzen und sich in konzentrierter Schwefelsäure gelb lösen. Mit alkalischem Natriumhydrosulfit entsteht in feinverteiltem Zustande in der Kälte zunächst eine blaugrüne Färbung, die beim Erwärmen nach Olivgrün umschlägt. Mit Luft wird es nur zur blaugrünen Stufe zurückoxydiert. Es ist auf der Faser leicht photoreduzierbar[3].

Heptacen-5.18,6.17,7.16,9.14-tetrachinon XVI läßt sich aus I mit Bleitetraacetat in Eisessig gewinnen. Es bildet kleine, fast farblose Krystalle, die in Nitrobenzol mit Hydrazin wieder zu I reduziert werden.

VIII. Kohlenwasserstoffe, die acht und mehr linear kondensierte Benzolringe enthalten.

Oktacen.

Von diesem Kohlenwasserstoff, der nicht bekannt ist, hat Ch. Marschalk[4] 2 Derivate dargestellt. Diese wurden erhalten, indem Anthracen-

---

[1] Clar, E.: B. **75**, 1330 (1942).
[2] Marschalk, Ch.: Bl. (5) **9**, 401 (1942).
[3] Clar, E., u. Ch. Marschalk: Bl. **1950**, 444 (1950).
[4] Marschalk, Ch.: Bl. (5) **5**, 306 (1938); (5) **8**, 366 (1941).

2.3-dicarbonsäure-anhydrid bzw. Anthrachinon-2.3-dicarbonsäure-anhydrid mit Leukonaphthochinizarin zur Reaktion gebracht wurden.

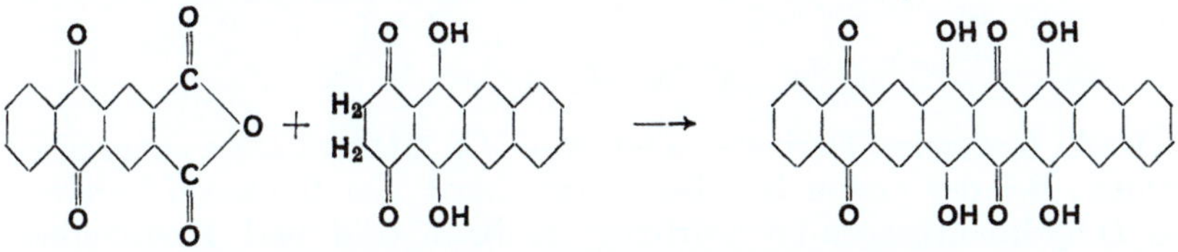

Das erstere Kondensationsprodukt ist alkaliunlöslich, sehr schwer löslich in siedendem Diphenyl-Diphenylenoxyd, woraus es in braunvioletten Krystallen sich abscheidet.

Das zweite Produkt ist ebenfalls sehr schwer löslich und bildet bronzeglänzende braune Nadeln, die sich in konzentrierter Schwefelsäure grünblau lösen.

Nonacen.

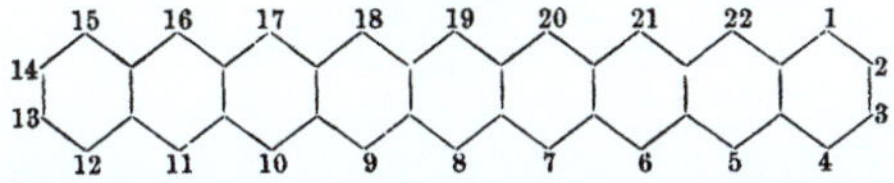

Ein Derivat des *Nonacens* kann erhalten werden, wenn man Pyromellithsäureanhydrid mit Leuko-chinizarin und etwas Aluminiumchlorid kondensiert. Das braunorange *Hexaoxy-dichinon* I läßt sich mit

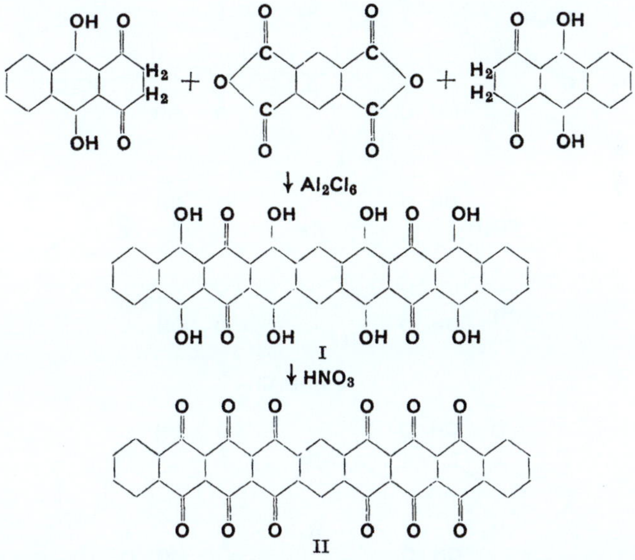

Salpetersäure in Eisessig zum *Nonacen-hexachinon* II oxydieren. Dieses stellt ein graues Pulver dar, das sich in schwachem Oleum blau löst und aus Jodkalium in Eisessig Jod frei macht[1]. *Nonacen* oder eines seiner Hydro-Derivate sind nicht bekannt.

---

[1] MARSCHALK, CH.: Bl. (5) **17**, 311 (1950).

Undecacen.

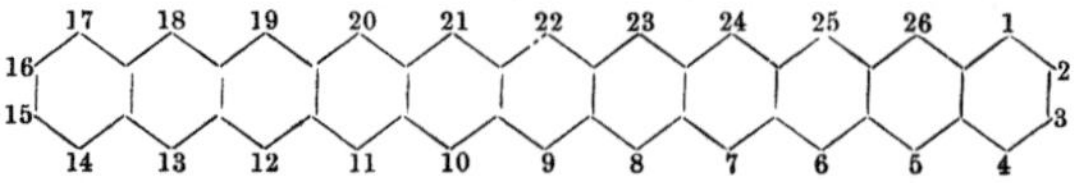

Drei *Undecacen*-Derivate sind von Ch. Marschalk[1] dargestellt worden. Bei der ersten Synthese wird zuerst das Heptacen-Derivat I aus Dihydroanthracen-tetracarbonsäure-dianhydrid und Hydrochinon gewonnen, das sich in reduzierender alkalischer Lösung mit Phthalaldehydsäure zu II kondensieren läßt. Der Ringschluß mit Chlorsulfonsäure gibt je nach der Temperatur die braunorange Verbindung III oder ein Oxydationsprodukt davon.

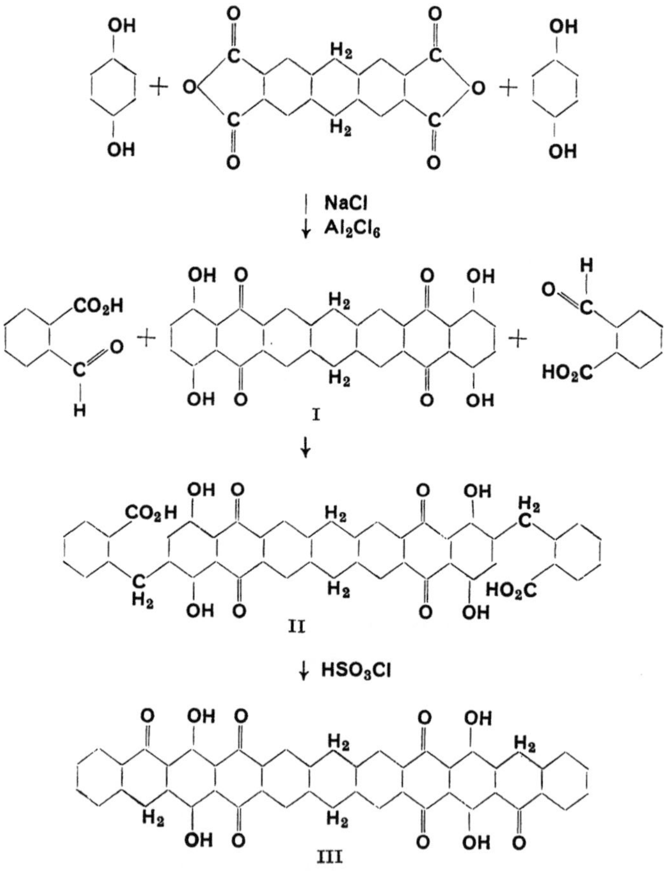

Die Kondensation von Dihydroanthracen-tetracarbonsäure-dianhydrid mit Leukochinizarin und Aluminiumchlorid gibt die in blauen Nadeln krystallisierende Verbindung IV, die sich in konzentrierter Schwefelsäure blau löst.

Wird Pyromellithsäure-anhydrid zweimal mit Leuko-naphthochinizarin und Aluminiumchlorid zur Reaktion gebracht, so erhält man

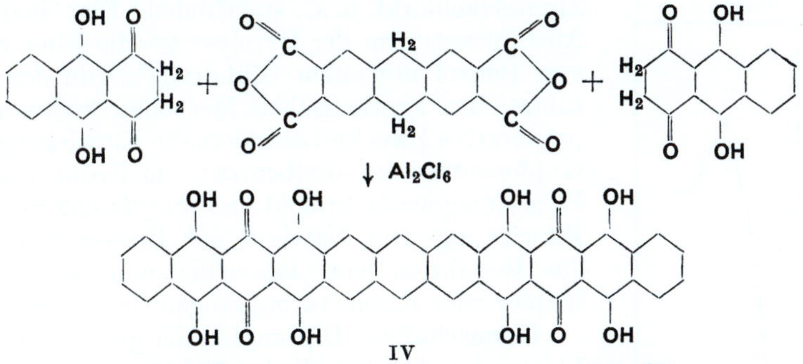

die braunorange Verbindung V, die sich in konzentrierter Schwefelsäure grün löst. *Keine* dieser Verbindungen ist bis zu einem Kohlenwasserstoff reduziert worden.

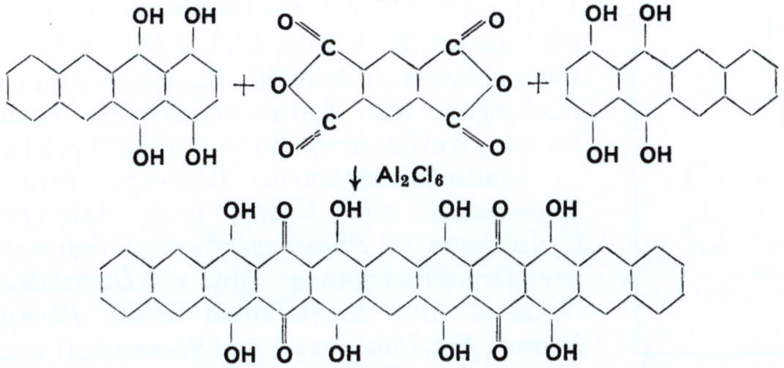

B. *peri*-kondensierte Kohlenwasserstoffe aus sechsgliedrigen Ringen.

a) Kohlenwasserstoffe des 2. Kondensationsgrades.

I. Kohlenwasserstoffe, die sich von Diphenyl ableiten.

1.) Diphenyl.

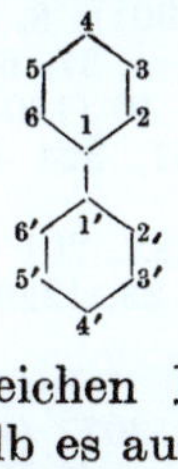

Diphenyl entsteht in zahlreichen Pyrolysen aus Benzol, Benzol-Derivaten und Acetylen, weshalb es auch in beträchtlichen Mengen im Steinkohlenteer anzutreffen ist[1]. Die Pyrolyse des Benzols im glühenden

[1] FITTIG u. BÜCHNER: B. **8**, 22 (1875). — SCHULZE, K. E.: B. **17**, 1203 (1884). — MEYER, H., u. HOFMANN: Mh. Ch. **39**, 121 (1918).

Rohr kann auch unter gleichzeitigem Zusatz von Oxydationsmitteln, wie Bleioxyd, Antimontrichlorid, Antimontrisulfid, Arsentrichlorid, Zinntetrachlorid u. a., stattfinden. Eine bequeme Ausführungsform der Pyrolyse ist die Einwirkung von Benzol auf einen Glühdraht[1]. Von den sehr zahlreichen synthetischen Methoden kommen für präparative Zwecke besonders die Einwirkung von Kupferpulver auf Jodbenzol[2], die Reduktion von Phenylmagnesiumbromid mit Kupferchlorid[3], die Einwirkung von Natrium auf Brombenzol[4] und die Reduktion von Benzoldiazoniumsalzen mit Kupfer oder Kupferverbindungen[5] in Frage.

Eigenschaften. *Diphenyl* bildet große glänzende Blätter aus Alkohol, die bei 70° schmelzen und bei 256° sieden. Es hat die Dichte $D_4^0 = 1.180$. *Absorptionsspektrum* s. Abb. 68. Es bildet Additionsverbindungen mit Antimontrichlorid, Antimontribromid, Antimontrijodid und mit Pikrylchlorid.

Additionsreaktionen. *Diphenyl* wird durch Wasserstoff und Nickel nach SABATIER und SENDERENS zu *Phenylcyclohexan* I reduziert[6]. Bei der Druckhydrierung gibt es *Dicyclohexyl* II[7]. Natrium und Amylalkohol liefert *Phenyl-cyclohexan*[8]. Mit Platinoxyd und Wasserstoff in Eisessig gibt es *Dicyclohexyl* und *Phenyl-cyclohexan*[9]. Mit Ozon entsteht ein *Diphenyltetraozonid*[10].

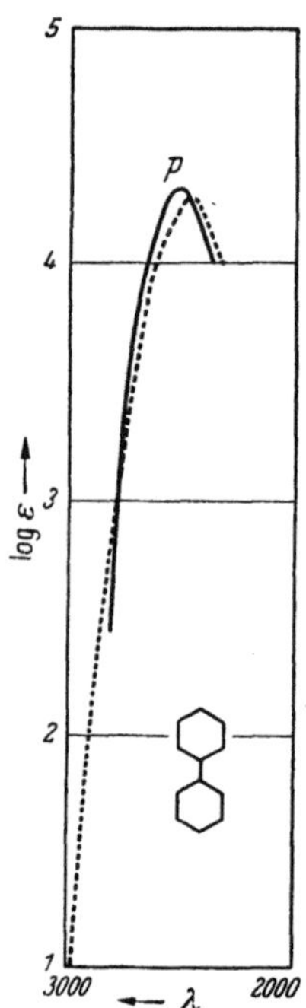

Abb. 68. Absorptionsspektrum des *Diphenyls* in Methylalkohol-Äthylalkohol. [Nach E. CLAR: Spectrochimica Acta 4, 119 (1950).]
———— bei −170°, Maximum bei 2530 Å;
−−−−−− bei +18°, Maximum bei 2500 Å.

Substitutionsreaktionen. *Diphenyl* gibt mit Chlor in Gegenwart von Antimonpentachlorid *2-Chlordiphenyl*, *4-Chlordiphenyl* und *4.4′-Dichlor-diphenyl*[11]. Letzteres wird auch mit Jod als Katalysator gebildet[12]. Die weitere Chlorierung bei höherer Temperatur liefert schließlich ein *Perchlordiphenyl*[13]. *4-Brom-*

[1] LÖB, W.: Z. El. Ch. 7, 903 (1901); 8, 777 (1902) — B. 34, 917 (1901). — MEYER, H., u. HOFMANN: Mh. Chem. 37, 681 (1916).
[2] ULLMANN u. MEYER: A. 332, 40 (1904).
[3] SAKELLARIOS, KYRIMIS: B. 57, 324 (1924). — KRIZEWSKI u. TURNER: Soc. 115, 560 (1919).
[4] FITTIG: A. 121, 363 (1862); 132, 201 (1864).
[5] GATTERMANN u. EHRHART: B. 23, 1226 (1890). — GERNGROSS u. DUNKEL: B. 57, 742 (1924).
[6] EIJKMAN: C. 1903 II, 989.   [7] IPATJEW: B. 40, 1286 (1907).
[8] BAMBERGER u. LODTER: B. 20, 3077 (1887).
[9] HÜCKEL: A. 477, 118 (1930).   [10] HARRIES u. WEISS: A. 343, 374 (1905).
[11] KRAMERS: A. 189, 142 (1877).   [12] RUOFF: B. 9, 1491 (1876).
[13] WEBER u. SÖLLSCHER: B. 16, 883 (1883). — MERZ u. WEITH: B. 16, 2882 (1883).

diphenyl erhält man durch Bromierung in Schwefelkohlenstoff[1]. *4.4'-Dibrom-diphenyl* entsteht mit überschüssigem Brom unter Wasser[2]. Die Jodierung wird mit Jod und Salpetersäure oder Jodschwefel und Salpetersäure vorgenommen und gibt *4.4'-Dijod-diphenyl*[3]. Bei der Nitrierung in Eisessig bilden sich *2-* und *4-Nitro-diphenyl*[4]. Mit rauchender Salpetersäure oder Nitriergemisch entstehen *2.4-* und *4.4'-* und *2.2'-Dinitrodiphenyl*[5]. *2.4.4'-Trinitro-diphenyl* wird mit Äthylnitrat und Schwefelsäure erhalten[6]. Mit großem Überschuß an Nitriersäure bildet sich *2.4.2'.4'-Tetranitro-diphenyl*[7]. Die Sulfonierung liefert *Diphenyl-4-sulfonsäure* und *Diphenyl-4.4'-disulfonsäure*[8].

Diphenyl gibt mit Oxalchlorid und Aluminiumchlorid in Schwefelkohlenstoff *Diphenyl-4-carbonsäure*[9]. Mit Acetylchlorid entsteht *4-Acetyl-* und *4.4'-Diacetyl-diphenyl*[10]. Mit Cyclohexen und Aluminiumchlorid wird *4-Cyclohexyl-* und *4.4'-Dicyclohexyl-diphenyl* gebildet[11]. Terephthaloylchlorid führt zu *1.4-Bis-(4-phenyl-benzoyl)-benzol*[12], Phthaloylchlorid zum *3.3-Bis-diphenylyl-phthalid*[13]. Phthalanhydrid gibt je nach den Bedingungen die *4-* oder *4.4'-Keto-* bzw. *Diketonsäure*[14].

Bei der Oxydation des Diphenyls mit Chromsäure und Eisessig wird *Benzoesäure* erhalten[15]. Von den Homologen des Diphenyls sind jene von besonderem Interesse, in denen sich in den *o*-Stellungen mehrere Substituenten befinden. Die Benzolringe stehen dann senkrecht zueinander, sind nicht drehbar um die Diphenyl-Bindung und verhalten sich im Spektrum wie isolierte Benzolringe (s. S. 90).

2.) Fluoren.

Fluoren ist als ein Homologes des Diphenyls aufzufassen und verhält sich dementsprechend. Es findet sich in reichlicher Menge im Stein-

---

[1] SCHULTZ, G.: A. **174**, 207 (1874).   [2] FITTIG: A. **132**, 204 (1864).

[3] WILLGERODT u. HILGENBERG: B. **42**, 3832 (1909).

[4] HÜBNER u. LÜDDENS: B. **8**, 871 (1875) — A. **209**, 341 (1881). — SCHULTZ, G.: A. **174**, 210 (1874). — SCHULTZ, G., H. SCHMIDT u. STRASSER: A. **207**, 352 (1881). — VAN HOVE: Bull. Acad. Belgique (5) **8**, 507, 527 (1923).

[5] SCHULTZ, G.: A. **174**, 221 (1874). — FITTIG: A. **124**, 276, 285 (1862). — BELL u. KENYON: Soc. **1926**, 2707.

[6] RAUDNITZ: B. **60**, 740 (1927).

[7] LOSANITSCH: B. **4**, 405 (1872). — ULLMANN u. BIELECKI: B. **34**, 2178 (1901).

[8] ENGELHARDT u. LATSCHINOW: C. **1871**, 259. — FITTIG: A. **132**, 209 (1864).

[9] LIEBERMANN u. ZUFFA: B. **44**, 857 (1911).

[10] FERRIS u. TURNER: Soc. **117**, 1142, 1147 (1920). — DILTHEY: J. pr. (2) **101**, 194, 195 (1920).

[11] BODROUX: A. ch. (10) **11**, 527 (1928). — BASFORD: Soc. **1936**, 1593.

[12] SCHLENK u. BRAUNS: B. **46**, 4063 (1913).

[13] ELBS: J. pr. (2) **41**, 147 (1890). — KAISER: A. **257**, 96 (1890).

[14] SCHOLL u. NEOVIUS: B. **44**, 1078 (1911).

[15] SCHULTZ, G.: A. **174**, 206 (1874).

kohlenteer[1], der das beste Ausgangsmaterial für seine Darstellung bildet. Es entsteht auch bei der Pyrokondensation des Acetylens[2]. Diphenylmethan I gibt beim Durchleiten durch ein glühendes Rohr Fluoren II[3],

>CH₂ →   >CH₂ ←   CH₃   CH₂   CHK

I   II   III   IV   V

das sich in ähnlicher Weise auch aus 2-Methyl-diphenyl III[4] bildet. Dicyclohexylmethan IV, Diphenylmethan und Dicyclohexylketon lassen sich durch Platin-Kohle bei 300° dehydrieren und ringschließen[5].

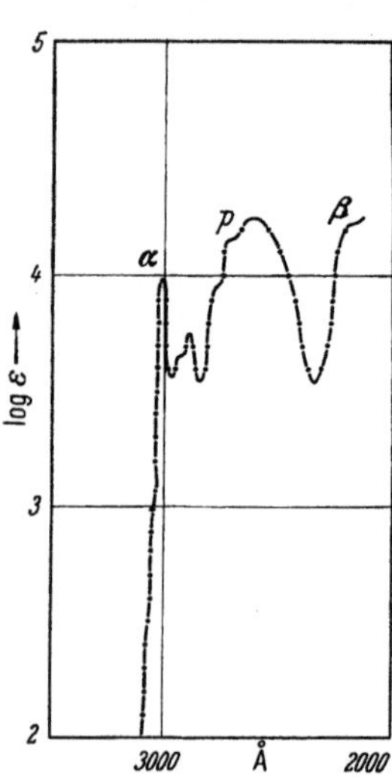

Abb. 69. Absorptionsspektrum des *Fluorens* in Alkohol. (Nach E. CLAR: Privatmitteilung.) Lage der Banden in Å: α, 3005, 2890; p, 2610; β, 2080.

Fluoren entsteht auch aus 2.2'-Dibromdiphenyl und Methylenbromid in Äther mit Natrium[6].

Eigenschaften. *Fluoren* bildet aus Alkohol farblose Blättchen vom Schmelzpunkt 116°, die bei 293—295° sieden und leicht sublimierbar sind. *Absorptionsspektrum* s. Abb. 69. Es bildet Molekelverbindungen mit Dinitro-benzolen, Dinitrotoluolen, 2.4.6-Trinitroxylol, 2.4.6-Trinitrokresol, Pikrinsäure, Pikrylchlorid und 1.3,6.8-Tetranitro-naphthalin.

Additionsreaktionen. Mit Jodwasserstoff und rotem Phosphor gibt Fluoren *Dekahydro-fluoren* und *Perhydrofluoren*[7]. Beide Verbindungen werden auch bei der katalytischen Druckhydrierung erhalten[8].

Fluoren reagiert mit molekularem Sauerstoff unter Bildung des *Hydro-peroxydes* VI[9]. In ähnlicher Weise wird auch Maleinsäureanhydrid unter Wasserstoffverschiebung zu VII addiert[10].

Substitutionsreaktionen. *9-Fluorenkalium* V wird aus Fluoren beim Verschmelzen mit Kaliumhydroxyd erhalten[11], entsprechend die Na-Verbindung[12]. Die Metallverbindungen lassen sich zu

[1] BERTHELOT: A. ch. (4) 12, 222 (1876).   [2] MEYER, R.: B. 45, 1631 (1912).
[3] GRAEBE: B. 7, 1624 (1874) — A. 174, 194 (1874).
[4] MILTON u. ORCHIN: Am. Soc. 67, 504 (1945).
[5] ZELINSKY, TITZ u. GAWERDOWSKAJE: B. 59, 2591 (1916).
[6] DOBBIE, FOX u. GAUGE: Soc. 99, 1620 (1911).
[7] LIEBERMANN u. SPIEGEL: B. 22, 781 (1889); 41, 885 (1908); 42, 919 (1909). — GUYE: Bl. (3) 4, 266 (1890). — SCHMIDT, J., u. MEZGER: B. 40, 4566 (1907). — SCHMIDT, J., u. E. FISCHER: B. 41, 4228 (1908).
[8] IPATJEW: B. 42, 2093 (1909). — SSADIKOW u. MICHAILOW: B. 61, 1792 (1928).
[9] HOCK, LANG u. KNAUEL: B. 83, 229 (1950).
[10] I.G. Farbenindustrie AG.: DRP. 607380 (1933) — C. 1935 I, 2087. — ALDER, K., F. PASCHER u. VAGT: B. 75, 1501 (1942).
[11] WEISSGERBER: B. 34, 1659 (1901).   [12] WEISSGERBER: B. 41, 2914 (1908).

zahlreichen Synthesen verwenden. Die Wasserstoffatome in der Methylen-Gruppe sind allgemein sehr vielen Kondensationen zugänglich. Bei der Dehydrierung bildet sich zuerst das farblose *Äthan* VIII und dann das orangerote *Bis-diphenylen-äthylen* IX[1].

$$\text{VI} \qquad \text{VII} \qquad \text{VIII}$$

$$\text{IX} \qquad \text{X}$$

2-Chlorfluoren wird aus Fluoren mit Sulfurylchlorid erhalten[2] oder mit Chlor in kaltem Chloroform[3]. Daraus bildet sich weiter *2.7-Dichlor-fluoren* und *2.4.7-Trichlorfluoren*[4,3]. *9-Bromfluoren* bildet sich aus Fluoren mit Tribromphenolbrom[5]. Bei der direkten Bromierung ent-stehen *2-Brom-fluoren*, *2.7-Dibromfluoren*[3] und ein *Tribromfluoren*[6]. In Eisessig wird Fluoren mit zuerst zum *2-Nitro-*[7] und dann zu einer Mischung vom *2.7-* und weniger *2.5-Dinitro-fluoren*[3,6,8] nitriert.

Fluoren gibt in Chloroform mit Chlorsulfonsäure *Fluoren-2-sulfon-säure*[9]. Dieselbe Verbindung wird auch mit Schwefelsäure in Essigsäure-anhydrid erhalten[10]. *Fluoren-2.7-disulfonsäure* entsteht neben Isomeren mit konzentrierter Schwefelsäure auf dem Wasserbad[11].

Fluoren reagiert mit Benzoylchlorid und Aluminiumchlorid unter Bildung von *2-Benzoyl-fluoren*[12]. Phthalanhydrid gibt *o-Fluorenoyl-benzoesäure*[13].

Bei der Oxydation mit Natriumbichromat in Eisessig liefert Fluoren *Fluorenon* X[14]. Es bildet aus Alkohol gelbe Krystalle vom Schmelz-

[1] DE LA HARPE u. VAN DORP: B. **8**, 1049 (1875). — GRAEBE: B. **25**, 3146 (1892). — GRAEBE u. V. MANTZ: A. **290**, 241 (1896).

[2] STREITWIESER, A.: Am. Soc. **66**, 2127 (1944).

[3] COURTOT u. VIGNATI: C. r. **184**, 1179, 608 — A. ch. (10) **14**, 52, 55, 58, 59, 83, 98 (1930) — Bl. (4) **41**, 59, 60 (1927).

[4] SIEGLITZ u. SCHATZKES: B. **54**, 2073 (1921); **53**, 1236 (1920).

[5] WITTIG u. VIDAL: B. **81**, 368 (1948).

[6] COURTOT u. MOREAUX: C. r. **217**, 453, 506 (1943).

[7] STRASBURGER: B. **17**, 107 (1884). — DIELS: B. **34**, 1759 (1901).

[8] FITTIG u. A. SCHMITZ: A. **193**, 140 (1878). — MORGAN u. THOMASON: Soc. **1926**, 2693.

[9] HODGKINSON u. MATTHEWS: Soc. **43**, 166 (1883). — COURTOT u. GEOFFROY: C. r. **178**, 2261 (1924).

[10] WEDEKIND u. STÜSSER: B. **56**, 1561 (1923).

[11] SCHMIDT, J., RETZLAFF u. HAID: A **390**, 217 (1912).

[12] FORTNER: Mh. Chem. **23**, 922 (1902). — PERRIER: Mh. Chem. **24**, 591 (1903).

[13] GOLDSCHMIEDT u. LIPSCHITZ: B. **36**, 4035 (1903). — BARNETT, E. DE BARRY, GOODWAY u. WATSON: B. **66**, 1880 (1933).

[14] GRAEBE u. RATEANU: A. **279**, 258 (1894).

punkt 84—86°, die sich in konzentrierter Schwefelsäure tief rotviolett lösen.

Benzologe des Fluorens. Es sind eine ganze Anzahl Benzologe des Fluorens bekannt. Die höheren Glieder wurden im Zusammenhang mit der Erforschung der krebserregenden Kohlenwasserstoffe synthetisiert. *1.2-* und *2.3-Benzfluoren* können im technischen Maßstabe aus Steinkohlenteer dargestellt werden[1].

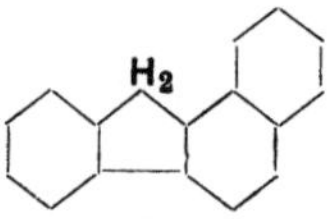

GRAEBE: B. **27**, 954 (1904) B. **29**, 826 (1896)

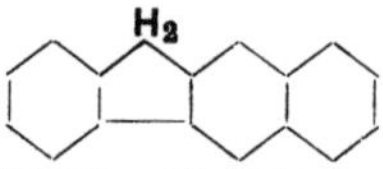

THIELE u. WANSCHEIDT A. **376**, 276 (1910)

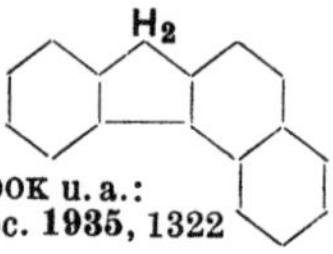

COOK u. a.: Soc. **1935**, 1322

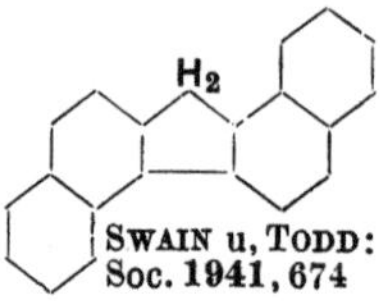

SWAIN u. TODD: Soc. **1941**, 674

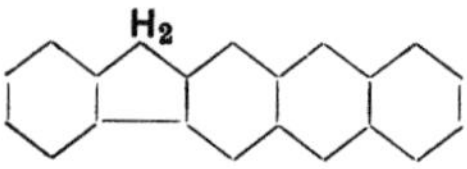

DE BARRY BARNETT GOODWAY, WATSON: B. **66**, 1880 (1933)

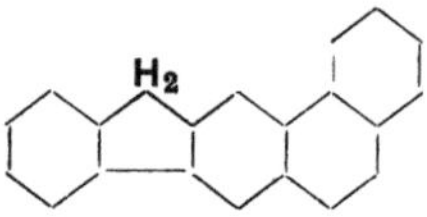

COOK u. a.: Soc. **1935**, 1323

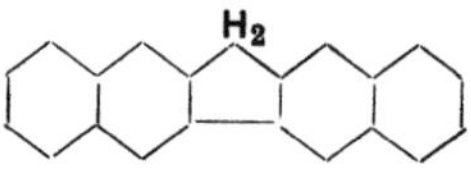

R. H MARTIN: Soc. **1941**, 679

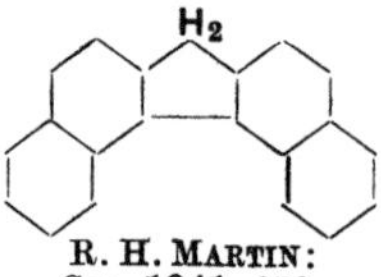

R. H. MARTIN: Soc. **1941**, 679

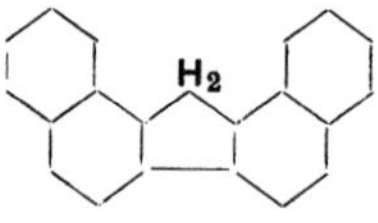

SCHMIDLIN u. MASSINI: B. **42**, 2387 (1909)

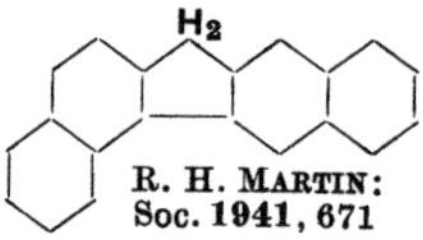

R. H. MARTIN: Soc. **1941**, 671

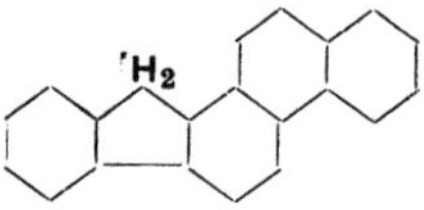

BAMBERRGER u. CHATTAWAY: A. **284**, 70 (1895) — COOK: Soc. **1941**, 685

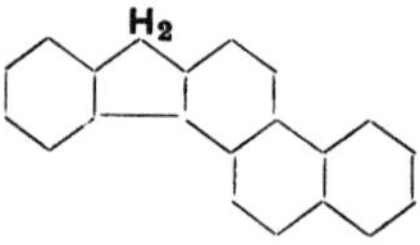

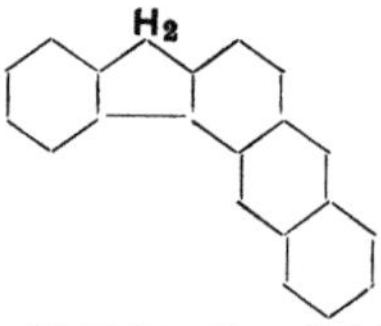

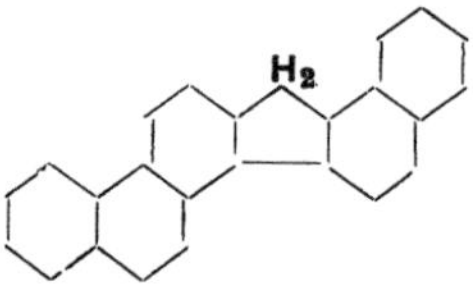

BUU-HOI u. CAGNIANT: Rev. Sci. **80**, 319 (1942)

3.) Diphenylen.

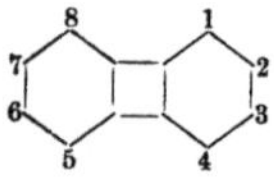

Dieser interessante Kohlenwasserstoff läßt sich zwar formal vom Diphenyl ableiten, gehört aber seinem *Absorptionsspektrum* (Abb. 70)

[1] KRUBER: B. **70**, 1556 (1937).

nach eher in die Reihe der *Acene*. Er konnte von LOTHROP[1] durch Destillation von *2.2'-Dibromdiphenyl* I oder *2.2'-Diphenyl-jodonium-*

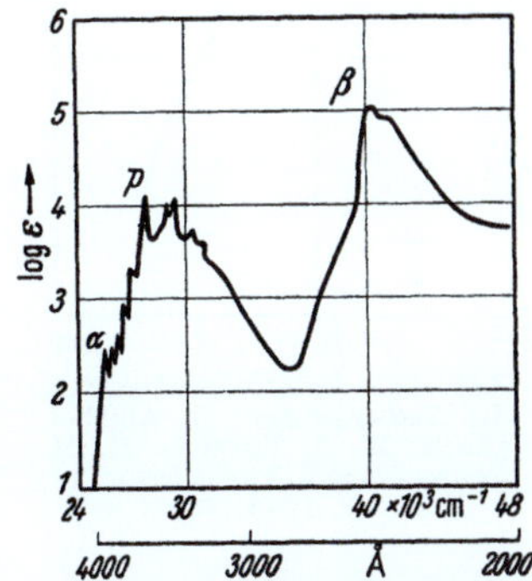

jodid II mit Kupferoxydul in 5proz. Ausbeute gewonnen werden. Er bildet sich ferner aus der GRIGNARD-Verbindung von I mit Kupferchlorid in 4proz. Ausbeute[2].

Eigenschaften. *Biphenylen* III bildet aus Alkohol große strohgelbe Nadeln, die bei 110° schmelzen und ein bei 122° schmelzendes, in orangegelben Nadeln krystallisierendes *Pikrat* bilden. *Absorptionsspektrum* s. Abb. 70. Bei der Hydrierung mit RANEY-Nickel oder Kupfer liefert es Diphenyl. Die Oxydation mit Chromsäure oder verdünnter Salpetersäure gibt Phthalsäure.

Ein weiterer Strukturbeweis wird durch die Darstellung des *2.7-Dimethyl-biphenylens* aus *2.2'-Dibrom-4.4'-dimethyl-diphenyl* IV oder dem Jodoniumjodid oder aus dem *5.5'-Dimethyl-diphenyl-2.2'-jodoniumjodid* VI mit Kupferoxydul erbracht. Das in allen 3 Fällen erhaltene *2.7-Dimethyl-biphenylen* V schmilzt bei 112°, sein *Pikrat* bei 110—111°.

Abb. 70. Absorptionsspektrum des *Biphenylens* in Hexan. [Nach E. P. CARR, L. W. PICKETT u. D. VORIS: Am. Soc. **63**, 3230 (1941).] Lage der Banden in Å: α, 25530; *p*, 27910; β, 40250 cm⁻¹. Teilbanden in Abständen von 800, 1200 und 1600 cm⁻¹.

4.) Tetraphenylen.

Im Gegensatz zum Biphenylen ist die Ableitung des *Tetraphenylens* vom Diphenyl durch das *Absorptionsspektrum* gerechtfertigt (s. Abb. 71).

[1] LOTHROP, W. C.: Am. Soc. **63**, 1187 (1941).
[2] RAPSON, W. S., R. G. SHUTTLEWORTH u. J. N. VAN NIEKERK: Soc. **1943**, 326.

Die diffuse Absorption ist mit der des Diphenyls verwandt und weist auf einen π-Elektronenaustausch durch die Diphenylbindung hin. Der mittlere Cyclooktatetraenring hingegen hat keinen Einfluß auf das Spektrum. Die Molekel ist sicherlich nicht eben gebaut.

Tetraphenylen II wird in 16 proz. Ausbeute neben Biphenylen bei der Einwirkung von Kupferchlorid auf die GRIGNARD-Verbindung des 2.2′-Dibrom-diphenyls I erhalten. Es ist sublimierbar und bildet aus Ligroin monokline, farblose Krystalle vom Schmelzpunkt 233°. Mit Brom in Tetrachlorkohlenstoff gibt es ein Monobrom-, mit Nitriersäure ein *Tetranitro-Derivat*. Bei der Oxydation mit Chromsäure liefert es *Tribenz-cyclooktatatetraen-dicarbonsäure* III, deren Decarboxylierung mit Bariumoxyd *Tribenz-cyclooktatetraen* IV gibt[1].

Tetraphenylen reagiert nicht mit alkalischem Kaliumpermanganat und bildet keine Molekelverbindungen mit Trinitrobenzol, Pikrinsäure und Styphninsäure.

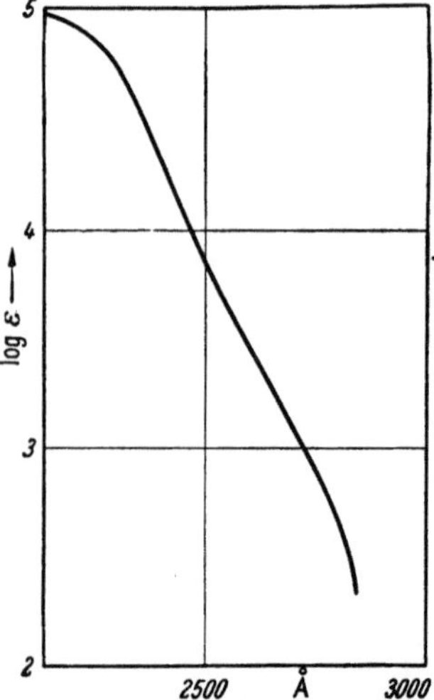

Abb. 71. Absorptionsspektrum des *Tetraphenylens* in Alkohol. [Nach W. S. RAPSON, H. M. SCHWARTZ u. E. THEAL STEWART: Soc. 1944, 73.]

II. Kohlenwasserstoffe, die sich vom Perylen ableiten.

1.) Perylen.

peri-Dinaphthylen.

Perylen II wurde von SCHOLL und WEITZENBÖCK[2] aus 1.1′-Dinaphthyl I und aus Naphthalin beim Erhitzen mit Aluminiumchlorid in geringer Ausbeute erhalten. Seine Konstitution bewiesen sie, indem sie Perylen II aus 1.8-Dijodnaphthalin III nach der ULLMANNschen

---

[1] RAPSON, W. S., R. G. SHUTTLEWORTH u. J. N. VAN NIEKERK: Soc. **1943**, 326; **1944**, 71.

[2] SCHOLL u. WEITZENBÖCK: Mh. Chem. **43**, 2202 (1910).

Methode mit Kupferpulver darstellten. Auch aus 1-Bromnaphthalin und Aluminiumchlorid wird es in etwa 4proz. Ausbeute erhalten[1].

In 3proz. Ausbeute entsteht es merkwürdigerweise auch aus 1-Bromnaphthalin und Lithium[2].

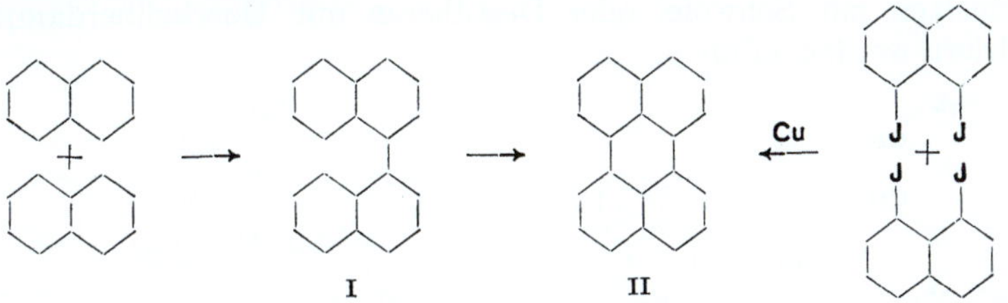

Ungefähr gleichzeitig mit SCHOLL und WEITZENBÖCK[1] hatte auch A. HOMER[3] Perylen aus Naphthalin und Aluminiumchlorid in Tetrachloräthan erhalten, es aber nicht als solches erkannt, sondern für *1.2,7.8-Dibenzanthracen* gehalten. Die HOMERschen Angaben wurden erst durch J. W. COOK[4] richtiggestellt.

Die erste praktisch brauchbare Methode zur Darstellung von Perylen wurde von HANSGIRG und ZINKE[5] angegeben. Sie besteht im Erhitzen des leichterhältlichen 2.2'-Dioxy-1.1'-dinaphthyls IV mit Phosphorpentachlorid und sirupöser phosphoriger Säure bei 400—500°, wobei das Perylen abdestilliert. Bei einem ähnlichen Verfahren wird Phosphoroxychlorid und Zinkstaub verwendet[6].

Der Ringschluß bei 1.1'-Dinaphthyl mit Aluminiumchlorid läßt sich auch auf einige seiner Derivate anwenden. So ergeben 2.2'-Dioxy-1.1'-dinaphthyl IV und 4.4'-Dioxy-1.1'-dinaphthyl V beim Erwärmen mit Aluminiumchlorid *1.12-Dioxy-perylen* VI[7] bzw. *3.10-Dioxy-perylen* VII[8], die beide bei der Zinkstaubdestillation *Perylen* liefern.

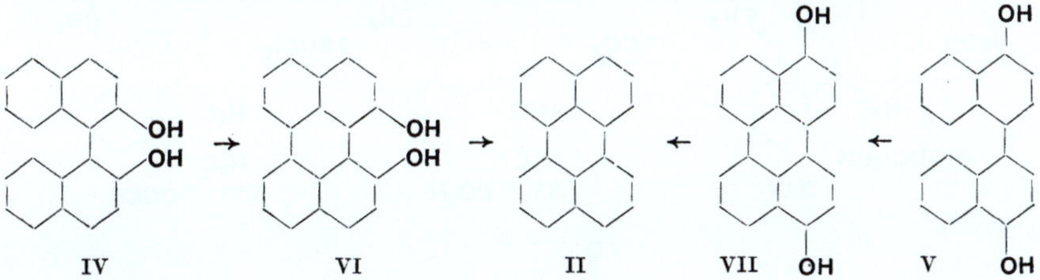

[1] WEITZENBÖCK u. SEER: B. **46**, 1994 (1913).

[2] GILMAN, H., u. C. G. BRANNEN: Am. Soc. **71**, 657 (1949).

[3] HOMER, A.: Soc. **97**, 1148 (1910).   [4] COOK, J. W.: Soc. **1931**, 488.

[5] HANSGIRG u. ZINKE: Mh. Chem. **40**, 403 (1919). — HANSGIRG: DRP. 386040 (1918).

[6] Compagnie Nationale de Matière Colorantes et de Produits Chimiques: F. P. 571739 (1922); 571738 (1922); 28528 (1923); E. P. 208721 u. 208722 (1923) — C. **1926 I**, 498. — Vgl. CH. MARSCHALK: Bl. (4) **43**, 1388 (1928).

[7] ZINKE u. DENGG: Mh. Chem. **43**, 125 (1922). — PEREIRA: DRP. 390619; 391825 (1921); 394437 (1922). — ZINKE u. VON SCHLIESZL: Mh. Chem. **67**, 196 (1936).

[8] ZINKE u. SCHÖPFER: Mh. Chem. **44**, 365 (1923). — ZINKE, STIMLER u. REUSS: Mh. Chem. **64**, 415 (1934).

Eine wertvolle neue Perylensynthese ist von V. WEINMAYR[1] ausgearbeitet worden. Phenanthren reagiert dabei zweimal mit Acrolein in
wasserfreier Flußsäure (VIII → II). Das Rohprodukt besteht zum
großen Teil aus Hydro-perylenen, die durch Zinkstaubdestillation,
Schmelzen mit Schwefel oder Destillieren mit Quecksilberdampf dehydriert werden können.

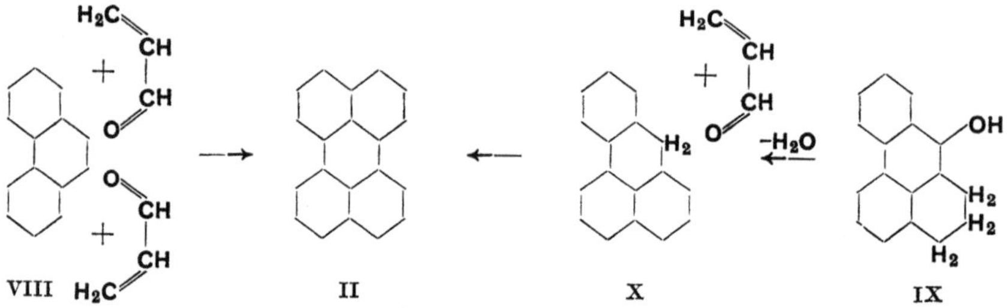

Auch 1.10-Trimethylen-9-oxyphenanthren IX, das sich leicht aus
Benzanthron darstellen läßt[2], ist nach dieser Methode mit Acrolein und
Flußsäure zum Perylen kondensiert worden[3]. Allerdings wird man in

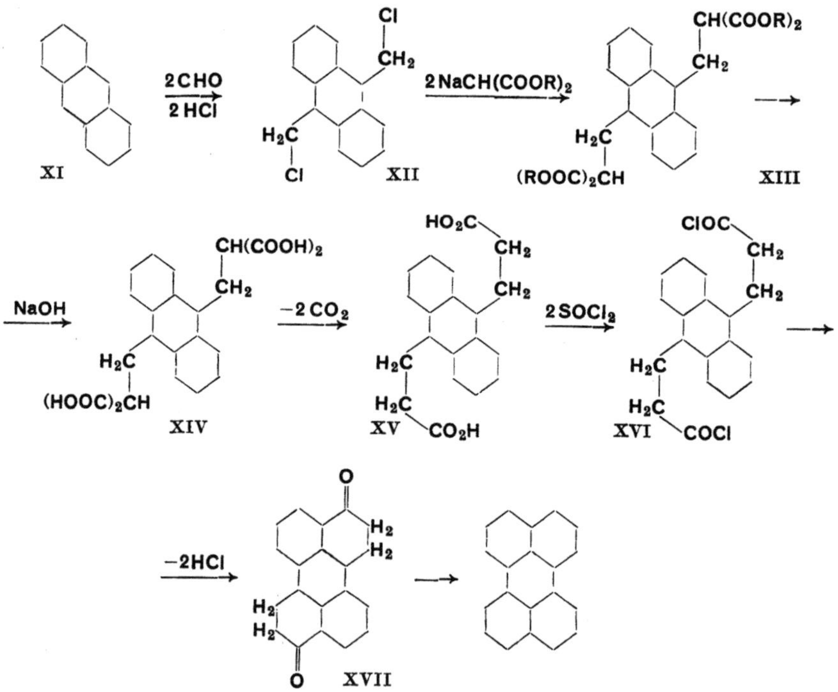

---

[1] WEINMAYR, V.: A. P. 2145905 (1937) — C. **1939 II**, 230 — Am. Soc. **61**,
949 (1939).

[2] CLAR, E., u. FR. FURNARI: B. **65**, 1420 (1932).

[3] WEINMAYR, V.: A. P. 2145905 (1937), übertragen an *E. I. du Pont
de Nemours & Co.*: C. **1939 II**, 230 — Vgl. Am. Soc. **61**, 949 (1939).

diesem Falle eine vorherige Wasserabspaltung und Bildung von Benzanthren X in Erwägung ziehen müssen[1].

Von mehr theoretischer Bedeutung ist die neue Synthese des Perylens von I. J. POSTOWSKI und N. P. BEDNJAGINA[2], die insofern ein besonderes Interesse beanspruchen darf, als hier erstmalig Perylen vom Anthracen aus aufgebaut worden ist. Anthracen XI reagiert leicht mit Formaldehyd und Chlorwasserstoff unter Bildung von XII, dessen Chloratome mit Natrium-malonsäure-ester umgesetzt werden zu XIII, Verseifung zu XIV, Decarboxylierung zu XV, Darstellung des Säurechlorides XVI und dessen Kondensation mit Aluminiumchlorid führen schließlich zum *Tetrahydroperylenchinon* XVII, das bei der Zinkstaubdestillation Perylen liefert.

Im *Steinkohlenteerpech* wurde *Perylen* von COOK, HEWETT und HIEGER aufgefunden[3].

Über andere Synthesen des Perylen-Ringsystems wird weiter unten bei den betreffenden Derivaten berichtet werden.

Eigenschaften. *Perylen* krystallisiert in goldgelben Blättchen. Sein Schmelzpunkt wurde lange Zeit mit 264—265° angegeben, bis G. T. MORGAN und J. G. MITCHELL[4] zeigten, daß über das Pikrat gereinigtes Perylen bei 273—274° schmilzt. In organischen Lösungsmitteln ist es mäßig gut löslich. Die Lösungen zeigen eine intensiv blaue Fluorescenz. Der Umstand, daß der Schmelzpunkt des Perylens fast immer zu tief gefunden wird, dürfte damit zusammenhängen, daß es in Lösung im Licht langsam Sauerstoff aufnimmt[5]. Diese *Photooxydation* bringt es offenbar mit sich, daß die Krystalle statt rein goldgelb häufig bronzefarben aussehen[5]. Das *Absorptionsspektrum* des Perylens s. Abb. 72.

Perylen bildet sowohl ein *Monopikrat* als auch ein *Dipikrat*[6]. Mit Styphninsäure vereinigt es sich im Verhältnis 1 : 1[7], ebenso mit Trinitrobenzol[8]. Molekelverbindungen mit Metallchloriden wurden ebenfalls von BRASS und TENGLER[9] dargestellt. Perylen verbindet sich mit Antimonpentachlorid im Verhältnis 2 : 1, mit Zinntetrachlorid 1 : 2 und Ferrichlorid 1 : 1.

In konzentrierter Schwefelsäure löst sich Perylen tiefgrün, diese Färbung schlägt aber nach einigen Sekunden in Rotviolett um, womit eine Oxydation zu *Perylen-3.10-chinon* verbunden sein soll[10].

Hydrierung des Perylens. Perylen gibt mit Jodwasserstoff und rotem Phosphor bei 200° ein *Hexahydro-perylen*[11], das auch mit Wasserstoff

[1] CLAR, E., u. FR. FURNARI: B. **65**, 1420 (1932).
[2] POSTOWSKI, I. J., u. N. P. BEDNJAGINA: Chem. J. Ser. A. J. allg. Chem. **7**, (69), 2919 (1937) — C. **1938 II**, 3920.
[3] COOK, HEWETT u. HIEGER: Soc. **1933**, 396.
[4] MORGAN, G. T., u. J. G. MITCHELL: Soc. **1934**, 536.
[5] CLAR, E.: Privatmitteilung.
[6] BRASS u. TENGLER: B. **64**, 1650 (1931).
[7] BRASS u. FANTA: B. **69**, 1 (1936).
[8] HERTEL u. BERGK: Ph. Ch. **33**, 324 (1936).
[9] BRASS u. TENGLER: B. **64**, 1650 (1931).
[10] ZINKE, A.: Mh. Chem. **61**, 1 (1932).
[11] ZINKE u. UNTERKREUTER: Mh. Chem. **40**, 405 (1929).

und Palladiumkohle[1] oder mit Natrium in Amylalkohol gewonnen werden kann[2]. Von verschiedenen Möglichkeiten scheinen die Formulierungen I oder II am wahrscheinlichsten.

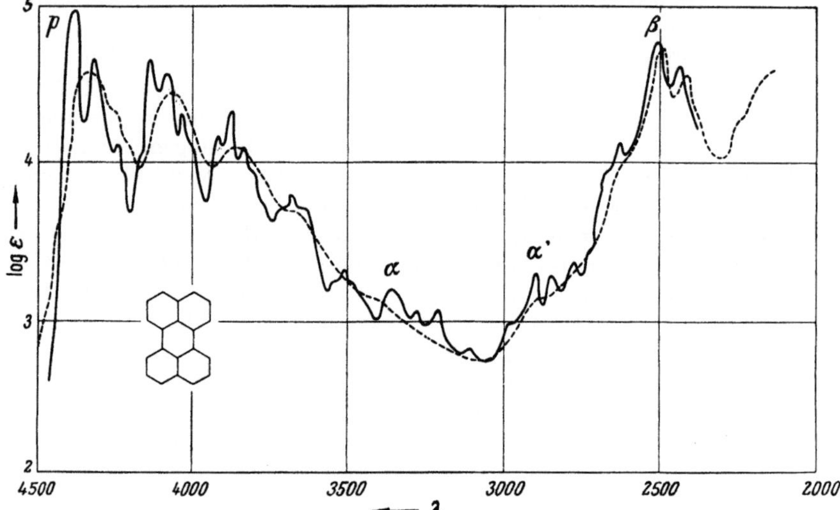

Die beiden letzten Hydrierungsmethoden ergeben ferner ein *Oktahydroperylen*, dem Formel III oder IV zukommen kann. Die weitere

Abb. 72. Absorptionsspektrum des *Perylens* in Methylalkohol-Äthylalkohol. [Nach E. CLAR: Spectrochimica Acta **4**, 119 (1950).] —————— bei −170°, −−−−−− bei +18°.

Perylene

bei +18°		bei −170°			bei +18°	bei −170°	
p-Banden	4340 4060 3870 3860	4395, 4145, 3920, 3698 3525	4330, 4095, 3883,	4260 4045 3845	α′-Banden	2915, 2795 2645	2865
α-Banden		3375, 3235	3305		β-Banden	2510, 2450	2530 2460

Hydrierung führt schließlich zum *Tetradekahydro-perylen* der wahrscheinlichen Formel V. Durch Hydrierung von Perylen in Dekalin mit

---

[1] ZINKE u. SCHNIEDERSCHITSCH: Mh. Chem. **51**, 280 (1929).
[2] ZINKE u. BENNDORF: Mh. Chem. **59**, 241 (1932); **64**, 87 (1934).

Palladiumkohle unter Druck entstehen 2 isomere *Tetradekahydroperylene*[1].

Substitutionsreaktion. Ähnlich wie beim Pyren sind es auch beim Perylen fast nur 2 Stellungen, wo die Di-Substitution eintritt. Es sind dies die Stellungen *3.9-* und *3.10-*. Die einzige Ausnahme bildet die von E. CLAR[2] entdeckte Reaktion des Perylens mit Maleinsäureanhydrid in siedendem Nitrobenzol, die in der *1.12*-Stellung erfolgt und daher als eine Diensynthese mit nachfolgender Dehydrierung zum *1.12-Benzperylen-dicarbonsäure-anhydrid* I formuliert werden kann.

Die Reaktion erfolgt quantitativ, wenn sie in überschüssigem, siedendem Maleinsäureanhydrid unter allmählichem Zusatz von Chloranil als Oxydationmittel vorgenommen wird[3].

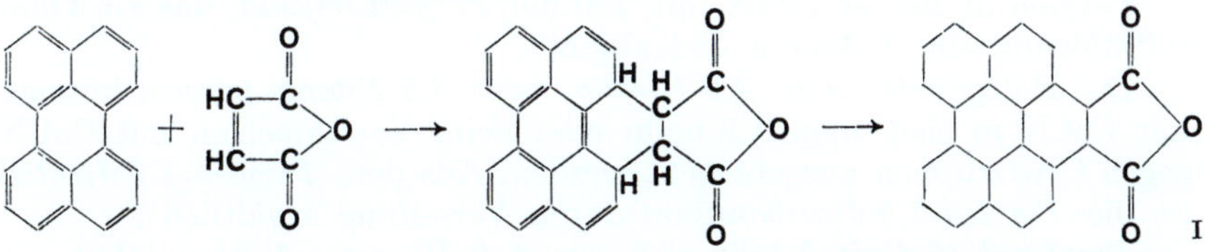

Perylen wird sehr leicht chloriert. Um zu *Dichlor-perylenen* zu gelangen, sind daher besondere Arbeitsweisen notwendig. ZINKE, PONGRATZ und FUNKE[4] erhielten *3.9-* und *3.10-Dichlor-perylen* nebeneinander durch Einwirkung von Perhydrol und Salzsäure auf Perylen in Nitrobenzol. Ihre Konstitution ergibt sich aus der Tatsache, daß sie beim Erhitzen mit Schwefelsäure *Perylen-3.9-chinon* bzw. *Perylen-3.10-chinon* geben[5]. Die beiden *Dichlor-perylene* entstehen auch aus Perylen in Nitrobenzol mit Natriumbichromat, Eisessig und Chlorwasserstoff[6], ferner auch mit Sulfurylchlorid in Benzol[7]. Bei weiterer Chlorierung bilden sich *3.4.9.10-Tetrachlorperylen* und ein *Hexachlor-perylen*[4,6]. Ersteres entsteht schon beim Erwärmen von Perylen in Nitrobenzol mit Aluminiumchlorid, während die Einwirkung von Phosphorpentachlorid sogar *Hexachlorperylen* ergibt. Auch ein *Pentachlor-perylen* ist beschrieben worden[8]. Bei tiefer Temperatur entstehen aus 3.9-Dichlor-perylen und aus Perylen in Tetrachlorkohlenstoff mit Chlor farblose Produkte der Zusammensetzung $C_{20}H_9Cl_7$ bzw. $C_{20}H_{11}Cl_9$[9], die zum Teil addiertes Chlor enthalten.

In Benzol gelöstes Perylen gibt mit Brom eine tief braunschwarze „*Vorverbindung*", von der Zusammensetzung $C_{20}H_{12}Br_3$. Dieses *Tri-*

---

[1] UCHIDA u. TAKATA: J. Soc. chem. Ind. Japan (Suppl.) **36**, 222 B (1933).

[2] CLAR, E.: B. **65**, 846 (1932). Auf diese Reaktion ist von der I.G. Farbenindustrie AG. das DRP. 651677 (1934) — C. **1938 I**, 2447 genommen worden, nach dem auch andere Oxydationsmittel wie Nitrobenzol, z. B. Luft, Stickoxyde, Bleioxyd oder Kupferoxyd, verwendet werden.

[3] CLAR, E.: Privatmitteilung.

[4] ZINKE, PONGRATZ u. FUNKE: B. **58**, 330 (1925).

[5] ZINKE, SPRINGER u. SCHMID: B. **58**, 2386 (1925). — ZINKE u. HIRSCH: Mh. Chem. **52**, 13 (1929).

[6] ZINKE, FUNKE u. LORBER: B. **60**, 577 (1927).

[7] PONGRATZ u. EICHLER: B. **69**, 1292 (1936).

[8] FELICE BENSA: Ö. P. 104133 (1924) — C. **1926 II**, 3007.

[9] ZINKE, FUNKE u. IPAVIC: Mh. Chem. **48**, 741 (1927).

bromid ist im festen Zustand verhältnismäßig beständig, zersetzt sich aber leicht beim Erwärmen in polaren Lösungsmitteln und gibt an Thiosulfatlösung elementares Brom ab unter Bildung von bromierten Perylenen[1]. Vorsichtige Bromierung von Perylen in Schwefelsäure liefert *3.9-* und *3.10-Dibromperylen*, die durch Krystallisation getrennt werden können und deren Konstitution, wie bei den entsprechenden Chlorderivaten, durch Überführung in Perylenchinone bewiesen wurde[2]. *3.9-Dibrom-perylen* ist ferner durch Erwärmen von Perylen in Nitrobenzol mit Aluminiumbromid oder aus Perylen in Nitrobenzol mit Natriumbromid, Eisessig und Perhydrol gewonnen worden[3]. Die weitere Bromierung von 3.9-Dibrom- oder 3.10-Dibrom-perylen in Benzol mit Brom und Jod liefert zwei bzw. ein *Tetrabrom-perylen*[4].

Perylen in Benzol bildet mit Jod ein *Perylen-trijodid*, das an Thiosulfatlösung alle 3 Atome Jod abgibt[1].

Die Halogenatome in *3.9-Dichlor-* oder *3.9-Dibrom-perylen* können mit CuCN in siedendem Chinolin oder beim Verschmelzen mit CuCN gegen CN-Gruppen ausgetauscht werden. Aus dem *Perylen-3.9-dinitril* ist die *Perylen-3.9-dicarbonsäure* durch Verseifung erhältlich[5].

Perylen-3.10-dinitril läßt sich aus *4.4'-Dicyan-1.1'-dinaphthyl* mit Aluminiumchlorid darstellen. Die Verseifung liefert *Perylen-3.10-dicarbonsäure*[6].

Naphthalsäure-imid II gibt bei der Kalischmelze einen Küpenfarbstoff III, aus dem mit Schwefelsäure bei 200° *Perylen-3.4.9.10-tetracarbonsäure* IV erhältlich ist[7]. Sie entsteht auch, wenn das Kondensationsprodukt VI aus der Kalischmelze vom *peri*-Naphthindandion V oxydiert wird[8]. Die Tetracarbonsäure kann durch Erhitzen in neutraler

| II | III | IV | VI | V |

<hr>

[1] BRASS, K., u. E. CLAR: B. **65**, 1660 (1932); **69**, 1977 (1936); **72**, 604 (1939). — Vgl. ZINKE u. PONGRATZ: B. **69**, 1591 (1939); **70**, 214 (1937). — PESTEMER, M., u. E. TREIBER: B. **74**, 964 (1941). Letztere fassen diese Verbindungen als $C_{20}H_{12}Br_4$ bzw. $C_{20}H_{12}J_4$ auf.

[2] ZINKE, LINNER u. WOLFBAUER: B. **58**, 323 (1925).

[3] ZINKE, FUNKE u. LORBER: B **60**, 577 (1927).

[4] ZINKE, NOCULAK, SKRABAL u. TROGER: B. **73**, 1187 (1940).

[5] PONGRATZ: Mh. Chem. **48**, 585, 639 (1927).

[6] WEITZENBÖCK u. SEER: B. **46**, 1994 (1913).

[7] KALLE: DRP. 394794 (1921). — PORAI-KOSHITS u. I. S. PAVLUSHENKO: J. Chim. gén. (Russ.) **17**, 1739 (1947) — Am. Abstr. **1948**, 5892.

[8] KALLE: DRP. 408513 (1922).

oder alkalischer Lösung teilweise oder ganz bis zum Perylen decarboxyliert werden, so daß die Darstellung der Tetracarbonsäure auch eine Phase einer neuen Synthese des Perylens ist[1].

Perylenketone lassen sich durch FRIEDEL-CRAFTSsche Reaktion zwischen Perylen und Säurechloriden gewinnen, wobei meist Gemische von 3.9- und 3.10-Derivaten entstehen. Es wurden so dargestellt: *3.9-Diacetyl-perylen*[2], *3.9-* und *3.10-Dibenzoyl-perylen*[3], außerdem bilden sich noch ein *3.4-Dibenzoylperylen*[4] und bei energischerer Reaktion auch ein *Tribenzoylperylen*[5], ferner mit *o*-Toluylsäure-chlorid *3.9-Di-o-toluyl-perylen*[2], mit *p*-Chlorbenzoylchlorid *3.9-Di-p-chlorbenzoyl-perylen*[2], mit *o*-Chlorbenzoylchlorid *3.9-Di-o-chlorbenzoyl-perylen*[6]. Auch 3.9-Dichlor- oder Dibromperylen können mit Säurechloriden zur Reaktion gebracht werden[7]. Ferner werden Perylenketone auch aus Perylen-3.9-dicarbonsäure-chlorid und aromatischen Kohlenwasserstoffen erhalten[8].

Perylen reagiert mit Phthalanhydrid und Aluminiumchlorid unter Bildung einer *Mono-* und einer *Di-ketonsäure*. Letztere läßt sich weiter zu *2.3,8.9-Diphthaloyl-perylen* kondensieren[9,10]. Mit Succinylchlorid ist eine *Monoketonsäure* erhalten worden[10].

Beim Nitrieren des Perylens bilden sich je nach den Reaktionsbedingungen *3.10-Dinitro-perylen*[11] oder *Trinitro-perylen* und *3.4.9.10-Tetranitroperylen*[12]. Die Konstitution des letzteren ergibt sich aus seiner Überführbarkeit in *Perylen-3.4.9.10-dichinon*[13].

Bei niederer Temperatur entstehen aus Perylen und Schwefelsäure *Perylen-disulfonsäuren*[14]. Wegen der leichten Oxydierbarkeit des Perylens wird die Reaktion am besten in Eisessig mit Schwefelsäure ausgeführt. Man erhält so *Perylen-3.9-disulfonsäure* und *Perylen-3.10-disulfonsäure* nebeneinander[15].

Perylenchinone und Abbau des Perylens. Von allen Perylenchinonen läßt sich am leichtesten das *Perylen-3.10-chinon* I gewinnen. Es entsteht bei der Oxydation des Perylens mit wäßriger Chromsäure[16]. Es

[1] I.G. Farbenindustrie AG.: F. P. 635599 (1927) — C. **1929 I**, 2472.

[2] PONGRATZ, A.: Mh. Chem. **48**, 585 (1927).

[3] ZINKE, LINNER u. WOLFBAUER: B. **58**, 323 (1925).

[4] ZINKE u. BENNDORF: Mh. Chem. **56**, 153 (1930).

[5] ZINKE u. GESELL: Mh. Chem. **67**, 187 (1936).

[6] SCHARWIN, W. W., u. L. S. SSOBOROWSKI: J. russ. physik.-chem. Ges. **61**, 789 (1929) — C. **1931 II**, 236.

[7] ZINKE, FUNKE u. PONGRATZ: B. **58**, 799 (1925). — ZINKE u. FUNKE: B. **58**, 2222 (1925). — PONGRATZ: Mh. Chem. **48**, 585 (1927).

[8] PONGRATZ, A.: Mh. Chem. **56**, 163 (1927).

[9] ZINKE, GORBACH u. SCHIMKA: Mh. Chem. **48**, 593 (1927) — I.G. Farbenindustrie AG.: DRP. 642650 (1934) — C. **1937 I**, 5057.

[10] ZINKE, TROGER u. ZIEGLER: B. **73**, 1042 (1940).

[11] ZINKE, FUNKE u. LORBER: B. **60**, 577 (1927). — Vgl. FUNKE, KIRCHMAYR u. WOLF: Mh. Chem. **51**, 221 (1929). — FUNKE u. WOLF: Mh. Chem. **52**, 1 (1929).

[12] ZINKE u. HIRSCH: Mh. Chem. **52**, 13 (1929).

[13] ZINKE u. UNTERKREUTER: Mh. Chem. **40**, 405 (1919). — ZINKE, HIRSCH u. BROZEK: Mh. Chem. **51**, 205 (1929).

[14] KALLE & Co.: DRP. 432178 (1923).

[15] MARSCHALK, CH.: Bl. (4) **41**, 74 (1927).

[16] ZINKE u. UNTERKREUTER: Mh. Chem. **40**, 405 (1919). — ZINKE u. SCHÖPFER: Mh. Chem. **44**, 365 (1923).

ist gelb, schmilzt über 350°, löst sich in konzentrierter Schwefelsäure
blutrot und gibt mit alkalischem Hydrosulfit eine rote Küpe.

Bei weiterer Oxydation mit Chromsäure oder mit Mangandioxyd
und Schwefelsäure liefert Perylen-3.10-chinon I 1.9-Benzanthron-(2)-
5.10-dicarbonsäure-anhydrid II[1], das mit Salpetersäure in Eisessig über
eine Mononitroverbindung zu Phenanthren-1.8.9.10-tetracarbonsäure-
dianhydrid III abgebaut wird[2].

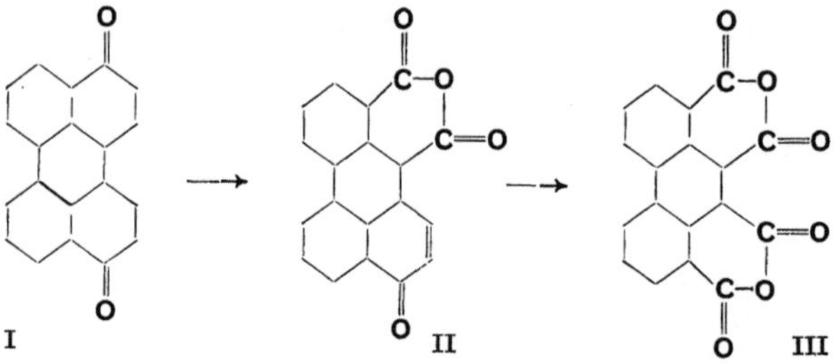

Perylen-3.9-chinon V läßt sich durch Erhitzen von 3.9-Dichlor- oder
3.9-Dibrom-perylen IV mit Schwefelsäure darstellen[3]. Da Perylen-3.9-
chinon dabei auch zu *Perylen-3.4.9.10-dichinon* weiteroxydiert werden
kann, ist eine vorsichtige Arbeitsweise notwendig[4].

Perylen-3.9-chinon V krystallisiert aus Nitrobenzol in violetten
Nadeln, die sich in konzentrierter Schwefelsäure rot lösen und mit
alkalischem Hydrosulfit eine rote Küpe geben, aus der Baumwolle lila
bis violett angefärbt wird.

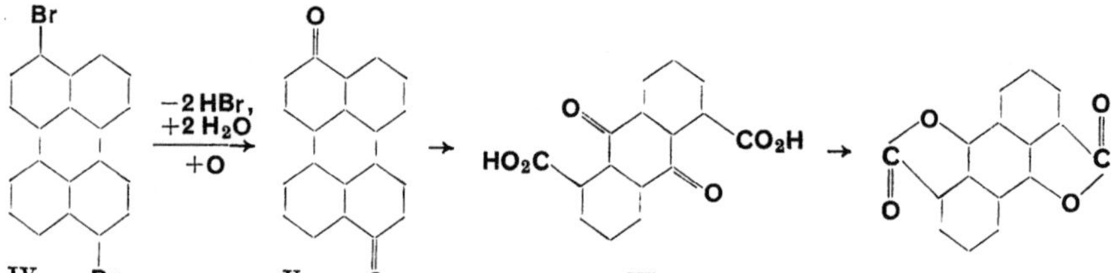

Die Oxydation des Chinons V mit Braunstein und Schwefelsäure
liefert Anthrachinon-1.5-dicarbonsäure VI, welche neben *Perylen-3.10-
chinon* und seinen Abbauprodukten auch aus Perylen direkt erhalten
werden kann. Mit Schwefelsäure und Kupferpulver gibt die Dicarbonsäure VI das auch auf anderem Wege erhaltene Dilacton VII[5].

Perylen-1.12-chinon X kann durch Oxydation des durch Kondensation von 2.2'-Dioxy-1.1'-dinaphthyl VIII mit Aluminiumchlorid erhältlichen *1.12-Dioxyperylens* IX in alkalischer Lösung mit Luft er-

[1] ZINKE u. WENGER: Mh. Chem. **56**, 143 (1930).

[2] ZINKE: Mh. Chem. **57**, 405 (1931). — ZINKE, HERZOG u. SKRABAL: B. **77**,
272 (1944).

[3] ZINKE, SPRINGER u. SCHMID: B. **58**, 2386 (1925).

[4] ZINKE u. HIRSCH: Mh. Chem. **52**, 13 (1929).

[5] ZINKE u. WENGER: Mh. Chem. **55**, 52 (1930).

halten werden. Es ist braunrot, schmilzt bei 287° und löst sich braun in konzentrierter Schwefelsäure[1].

$$\text{VIII} \longrightarrow \text{IX} \longrightarrow \text{X} \qquad \text{XI}$$

Das *Chinon* X ist isomer mit *Perylen-1.12-peroxyd* XI, das aus 1.12-Dioxy-perylen IX durch Verschmelzen mit Chlorzink entstehen soll[2]. Es ist im Gegensatz zum Chinon X weder mit Jodwasserstoff noch mit Hydrosulfit reduzierbar, schmilzt nicht bis 340°, löst sich in konzentrierter Schwefelsäure rotstichig gelb mit grüner Fluorescenz. Es ist sublimierbar und krystallisiert aus Toluol in braunen oder orange-gelben Nadeln.

Perylen-3.4.9.10-dichinon XII wird nach ZINKE, HIRSCH und BROZEK[3] durch Erhitzen von 3.9.-Dichlor-4.10-dinitro-perylen XI oder *3.4.9.10*-Tetranitro-, 3.4.9.10-Tetrachlor- oder 3.10-Dinitro-perylen mit Schwefelsäure gewonnen.

Es krystallisiert aus Nitrobenzol in granatroten Nadeln, die mit alkalischem Hydrosulfit eine dunkelrote Küpe geben. Halogenierte Perylen-3.4.9.10-dichinone können aus hochhalogenierten Perylenen beim Erwärmen mit Oleum erhalten werden[4].

$$\text{XI} \longrightarrow \text{XII} \longrightarrow \text{XIII}$$

Perylen-3.4.9.10-dichinon XII wird beim Erhitzen mit Salpetersäure unter Druck zur Mellitsäure XIII abgebaut[5].

Als ein inneres *Chinhydron* des unbekannten *Perylen-2.3,10.11-dichinons* kann das *Dioxy-perylen-chinon* XV aufgefaßt werden, das aus 1.1′-Dinaphthyl-3.4,3′.4′-dichinon XIV mit Aluminiumchlorid dargestellt werden kann[6]. Es läßt sich nicht zum Dichinon oxydieren,

---

[1] ZINKE u. DENGG: Mh. Chem. **43**, 125 (1922). — ZINKE u. HASELMAYER: Mh. Chem. **45**, 231 (1921).

[2] ZINKE u. VON SCHLIESZL: Mh. Chem. **67**, 196 (1936).

[3] ZINKE, HIRSCH u. BROZEK: Mh. Chem. **51**, 205 (1929). — ZINKE u. HIRSCH: Mh. Chem. **52**, 13 (1929).

[4] ZINKE, FUNKE u. IPAVIC: Mh. Chem. **48**, 741 (1927).

[5] ZINKE: Mh. Chem. **57**, 405 (1931).

[6] Bad. DRP. 412120 (1922).

sondern wird wie das 3.10-Chinon dabei abgebaut. Mit *o*-Phenylen-
diamin bildet es das *Phenazin-Derivat* XVI[1].

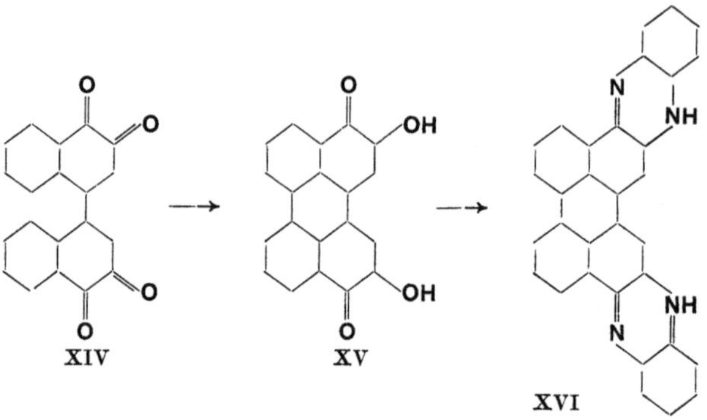

XIV   XV   XVI

Biochemisches Verhalten. Perylen wirkt *nicht krebserregend*[2].

2.) 1.2-Benzperylen.

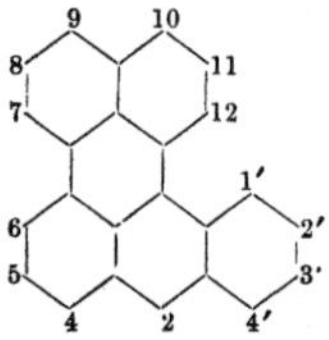

1.2-Benzperylen III wird bei der Darstellung von 7.8-Benzterrylen II
aus 9.10-Di-(α-naphthyl)-9.10-dioxy-9.10-dihydro-anthracen I neben
Anthracen und Naphthalin als Nebenprodukt erhalten und durch
Chromatographie abgetrennt[3].

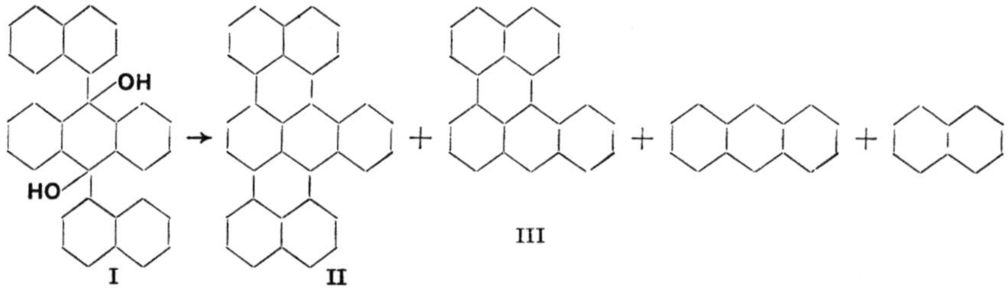

I   II   III

Durch Kondensation von Dichloranthron mit Naphthalin und Aluminiumchlorid in Benzol erhält man das *3-Oxy-1.2-benzperylen*, das
bei der Oxydation mit Chromsäure *1.2-Benzperylen-3.10-chinon* liefert,
aus dem durch Zinkstaubschmelze *1.2-Benzperylen* gewonnen werden
kann[4].

---

[1] ZINKE, STIMLER u. REUSS: Mh. Chem. **64**, 415 (1934).
[2] COOK, HIEGER, KENNAWAY u. MAYNEORD: Proc. Roy. Soc. London (B) **111**,
455 (1932). — RONDONI: Z. Krebsforsch. **47**, 59 (1937).
[3] CLAR, E., u. A. GUZZI: B. **65**, 1521 (1932). — CLAR, E., u. J. WRIGHT:
Privatmitteilung.
[4] CLAR, E., u. H. FRÖMMEL: Chem. Ber. **82**, 52 (1949).

Eigenschaften. *1.2-Benzperylen* III krystallisiert aus Petroläther in roten Nadeln, die im evakuierten Röhrchen bei 172° schmelzen und

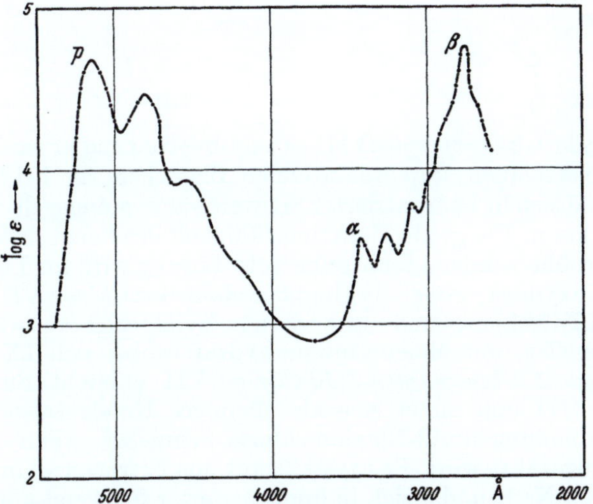

sich in konzentrierter Schwefelsäure erst grün, bald braungelb werdend, lösen. Die orangefarbigen Lösungen werden im Licht schnell entfärbt.

Abb. 73. Absorptionsspektrum des *1.2-Benzperylens* in Petroläther. (Nach E. CLAR: Privatmitteilung.) Lage der Banden in Å: *p*, 5140, 4800, 4540; α, 3430, 3270, 3110; β, 2775, 2675

Auch mit Maleinsäureanhydrid tritt bald Farbumschlag nach Blaßbraun ein. *Absorptionsspektrum* s. Abb. 73.

1.2-Benzperylen-3.10-chinon bildet aus Xylol oder bei der Sublimation im Vakuum braungelbe Nadeln, die im Vakuumröhrchen bei 302—304° (unkorr.) schmelzen und sich in konzentrierter Schwefelsäure carminrot mit stark orangeroter Fluorescenz lösen. Mit alkalischem Natriumhydrosulfit entsteht eine grünstichig blaue Küpe.

Leichter als der Kohlenwasserstoff ist sein *Oxydo-Derivat* VIII zugänglich. Es entsteht neben dem Chinon VII beim Verschmelzen von 1-(β-Naphthoxy)-anthrachinon IV mit Aluminiumchlorid-Natriumchlorid[1]. Dabei bildet sich zunächst das schon auch mit Schwefelsäure

---

[1] CLAR, E.: B. **73**, 351 (1940) — A. P. 2179920 (1938).

früher erhaltene *Benzocöroxonol* V[1], das durch einen zweiten Ringschluß in VI übergeht, welches offenbar unbeständig ist und sich leicht
zu VII und VIII disproportioniert.

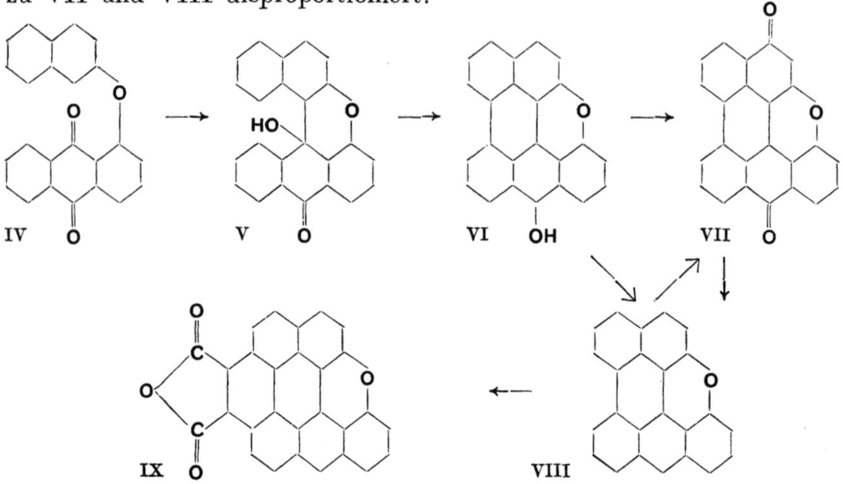

12. 1′-Oxydo-1.2-benzperylen VIII ist sublimierbar und krystallisiert aus
Xylol in violettblauen, kupferglänzenden Blättchen, die bei 280—281°
schmelzen und sich in konzentrierter Schwefelsäure orangegelb mit gelber
Fluorescenz lösen. Die große Reaktionsfähigkeit des Benzperylens ist bei
VIII noch erhöht worden, denn seine rote Lösung wird im Licht durch
Luft schnell oxydiert, wobei als Hauptprodukt das *Chinon* VII entsteht.
In siedendem Nitrobenzol und sogar schon in Xylol reagiert es wie Perylen,
nur viel schneller, mit Maleinsäure-anhydrid, wobei sich IX bildet.

12. 1′-Oxydo-1.2-benzperylen-3.10-chinon VII entsteht durch Oxydation von VIII und bildet sich als alleiniges Kondensationsprodukt
bei der Aluminiumchlorid-Natriumchlorid-Schmelze, wenn trockener
Sauerstoff eingerührt wird. Es krystallisiert aus Nitrobenzol in braunen,
sublimierbaren Nadeln, die sich in konzentrierter Schwefelsäure violettrot mit roter Fluorescenz lösen und mit alkalischem Hydrosulfit eine
grüne Küpe geben, aus der Baumwolle braun gefärbt wird.

3.) 1.2, 7.8-Dibenzperylen.

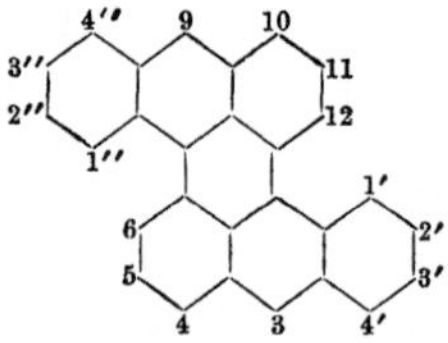

1.2, 7.8-Dibenzperylen-3.9-chinon III läßt sich am einfachsten nach
E. Clar[2] durch Erhitzen des leicht erhältlichen 1-Chlor-anthron-(10) I[3]

---

[1] Laube: B. **39**, 2245 (1906). — Decker: A. **348**, 233 (1913). — Bayer:
DRP. 186882 (1906).

[2] Clar, E.: B. **82**, 46 (1949).

[3] Barnett, E. de Barry, u. M. A. Matthews: Soc. **123**, 2549 (1923).

mit Zinkchlorid und Pyridin auf 245° erhalten. Das zuerst gebildete Hydrochinon II wird bei der Aufarbeitung zum Chinon III oxydiert. Die Reduktion zum Kohlenwasserstoff erfolgt nach der Pyridin-Zink-staub-Essigsäure-Methode. Der aus dem Reduktionsprodukt durch Vakuumsublimation erhältliche Kohlenwasserstoff wird noch über das bei 197—198° schmelzende, grünschwarze Pikrat gereinigt.

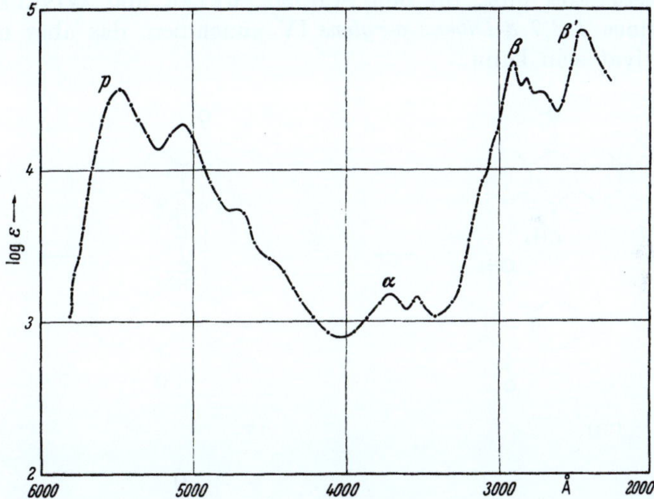

Eigenschaften. *1.2,7.8-Dibenzperylen* IV bildet aus Benzol-Alkohol tiefviolette, kupferglänzende Blättchen, die im Vakuumröhrchen bei 246° (unkorr.) schmelzen und sich in konzentrierter Schwefelsäure erst grün, dann violett lösen. Die roten Lösungen zeigen eine intensiv orange-

Abb. 74. Absorptionsspektrum des *1.2,7.8-Dibenzperylens* in Methylalkohol. [Nach E. Clar: Chem. Ber. 82, 47 (1949).] Lage der Banden in Å: *p*, 5460, 5050, 4680; *α*, 3710, 3530; *β*, 2900, 2820; *β′*, 2450.

rote Fluorescenz. Durch Maleinsäureanhydrid werden die Lösungen in der Wärme rasch vollständig entfärbt, während bei der Photooxydation eine gelbe Lösung entsteht. *Absorptionsspektrum* s. Abb. 74.

Das *3.9-Chinon* wurde von Scholl, Meyer und Winkler[1], von der Anthrachinon-1.5-dicarbonsäure ausgehend, dargestellt. Deren Säurechlorid reagiert mit Benzol und Aluminiumchlorid in der *pseudo-*

---

[1] Scholl, Meyer u. Winkler: A. **494**, 201 (1932).

Form und liefert 9.10-Diphenyl-9.10-dioxyd-9.10-dihydro-anthracen-1.5-dicarbonsäure-dilacton V. Mit Jodwasserstoff und Phosphor in Eis-

essig läßt es sich zur 9.10-Diphenyl-anthracen-1.5-dicarbonsäure VI reduzieren, die beim Ringschluß mit Schwefelsäure *1.2,7.8-Dibenz-perylen-3.9-chinon* (*hetero*-Coerdianthron) III liefert.

Das *Chinon* III, dessen Lösungen im Licht leicht durch *Photooxydation* entfärbt werden, läßt sich mit Chromsäure zu VII oxydieren. Mit Jodwasserstoff und rotem Phosphor bei 200° entsteht aus III ein *Hydro-dibenzperylen*, das bei der Dehydrierung mit Zinkstaub einen Kohlenwasserstoff gibt, für den SCHOLL, MEYER und WINKLER[1] die Formel eines *1.2,7.8-Dibenz-perylens* IV annehmen, das aber nur ein Hydroderivat sein kann.

---

[1] SCHOLL, MEYER u. WINKLER: A. **494**, 201 (1932).

1.2,7.8-Dibenz-perylen-3.9-chinon III (*hetero*-Coerdianthron) krystallisiert aus Essigsäure-anhydrid in violetten, bronzeglänzenden Nadeln, die sich in konzentrierter Schwefelsäure grün lösen und mit alkalischem Hydrosulfit eine grüne Küpe geben, aus der Baumwolle lichtunecht violett gefärbt wird. In organischen Lösungsmitteln löst es sich rotviolett mit stark roter Fluorescenz. Bei der Photooxydation entsteht XIII[1].

Eine andere einfachere Synthese des 1.2,7.8-Dibenz-perylen-3.9-chinons III besteht im Verschmelzen von Methylen-anthron VIII mit Aluminiumchlorid. Dabei bildet sich zunächst das endocyclische Ringsystem IX, das beim Erhitzen für sich oder mit Aluminiumchlorid Äthylen abspaltet und in *Dibenzperylen-chinon* III übergeht[2].

Durch Einwirkung von Anthracen-1.5-dicarbonsäurechlorid auf Benzol und Aluminiumchlorid entsteht 1.5-Dibenzoyl-anthracen X. Beim Verschmelzen mit Aluminiumchlorid und Braunstein wird es zu III kondensiert[3].

Vom 1.2,7.8-Dibenzperylen-3.9-chinon III sind auch einige *Oxydo-* und *Sulfido-Derivate* bekanntgeworden[4]. *Oxy-Derivate* bilden sich bei der Oxydation mancher Oxy-anthrone mit Jod in Pyridin[5], z. B. XI → XII.

4.) 1.2, 10.11-Dibenzperylen.

Nach E. CLAR und H. FRÖMMEL[6] kondensiert sich Dichloranthron I in Benzol und in Gegenwart von Aluminiumchlorid mit Phenanthren

[1] DUFRAISSE, Ch., u. M. T. MELLIER: C. r. **215**, 541 (1942).

[2] I.G. Farbenindustrie AG.: DRP. 566518 (1930); 571523, 568034, 577560; 580010 — C. **1932 II**, 1526, 3790; **1933 II**, 620.

[3] *E. I. du Pont de Nemours & Co.:* A. P. 1991687 (1933) — C. **1935 II**, 2454.

[4] SCHOLL, BÖTTGER u. WANKA: B. **67**, 599 (1934).

[5] PERKIN u. HADDOCK: Soc. **1933**, 1512.

[6] CLAR, E., u. H. FRÖMMEL: B. **82**, 50 (1949).

zur braungelben Keto-Form II des roten *3-Oxy-1.2,10.11-dibenzpery-
lens* III. II kann durch Kochen mit Pyridin in III übergeführt werden.
Letzteres bildet mit Natriumhydroxyd ein blaues Natriumsalz. Wird II
in siedendem Pyridin mit Zinkstaub und 80proz. Essigsäure reduziert,
so erhält man die fast farblose Verbindung IV, die bei der Vakuumsublimation Wasser abspaltet und in das rote *1.2,10.11-Dibenzperylen* V
übergeht.

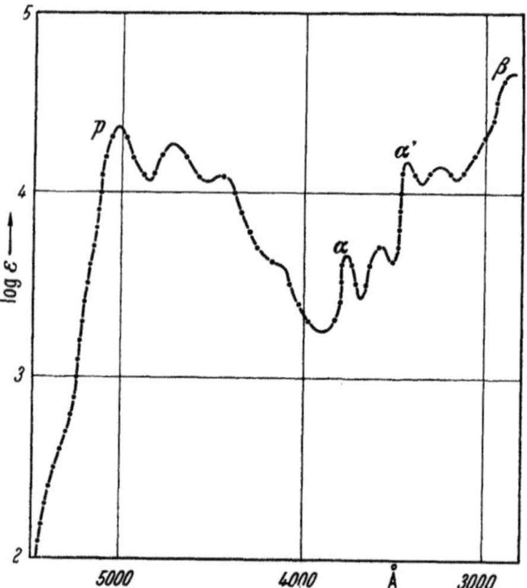

Eigenschaften. *1.2,10.11-Dibenzperylen* V bildet aus Xylol ziegelrote
Nadeln, die im Vakuumröhrchen bei 177—179° (unkorr.) schmelzen
und sich in konzentrierter Schwe-
felsäure olivgrün lösen. Die Lösungen in organischen Lösungsmitteln sind gelb und zeigen eine
gelbgrüne Fluorescenz. *Absorptionsspektrum* s. Abb. 75. In Eisessig entsteht mit Selendioxyd ein
violettes Chinon der wahrscheinlichen Formel VI. Es gibt mit
alkalischen Natriumhydrosulfit
eine blaugrüne Küpe.

Abb. 75. Absorptionsspektrum des *1.2,10,11-Di-
benzperylens* in Benzol. [Nach E. Clar: Chem.
Ber. **82**, 51 (1949).] Lage der Banden in Å:
p, 5025, 4710, 4460; α, 3760, 3670; α', 3410,
3230; β 2850.

5.) 1.2,11.12-Dibenzperylen.

*1.2,11.12-Dibenzperylen-3.10-
chinon* II (Helianthron, *ms*-Benzo-

dianthron) bildet sich leicht, wenn 1.1'-Dianthrachinonyl I, herstellbar aus 1-Chloranthrachinon mit Kupferpulver in Nitrobenzol nach ULLMANN, in konzentrierter Schwefelsäure mit Kupferpulver reduziert wird. Auch andere Reduktionsmittel, wie Zink und Eisessig, Stannochlorid und alkoholische Salzsäure, Zink und geschmolzenes Chlorzink oder alkoholische Kalilauge, sind verwendet worden[1].

Auf diese Weise sind auch Homologe, *Carbonsäuren*[2], *Chlor-*[3] und *Oxy-Derivate*[4] von II dargestellt worden. Andere Bildungsweisen sind die des *5.8-Dioxy-1,2,11.12-dibenzperylen-3.10-chinons* bei der Reduktion von 2-Oxyanthrachinon[5] oder von anderen Oxy-Derivaten von II durch Oxydation von manchen Oxyanthronen[6].

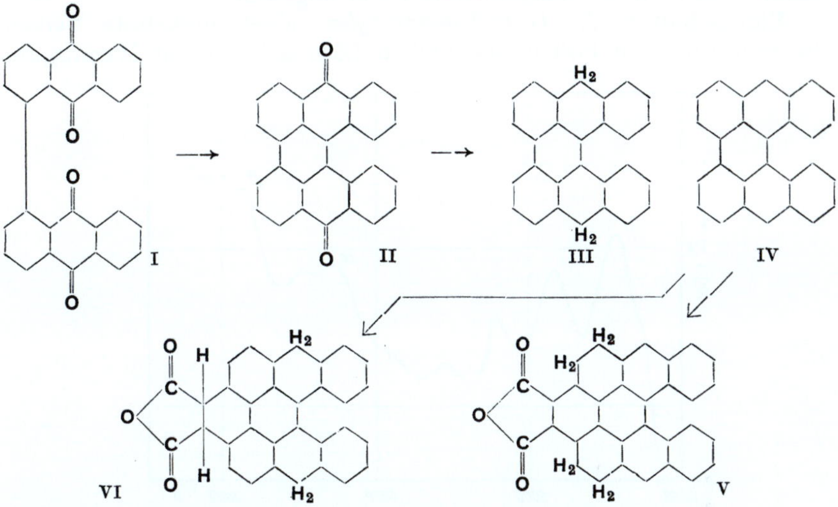

Durch Reduktion konnte der Grundkohlenwasserstoff des *Helianthrons* früher nicht erhalten werden, so daß man glaubte, dieser müßte sehr unbeständig sein[7]. Mit Hilfe der Zinkstaubschmelze kann jedoch leicht ein Gemisch von *1.2,11.12-Dibenzperylen* IV und seinem *Dihydroderivat* III dargestellt werden, aus dem sich letzteres leicht rein erhalten läßt, wenn man das Gemisch in siedendem Xylol mit einer kleinen Menge Maleinsäureanhydrid versetzt. Das *Dibenzperylen* IV reagiert dann sofort unter Bildung von V oder VI, das durch Kochen

[1] SCHOLL: DRP. 190799 (1906); 197933 (1906). — SCHOLL u. MANSFELD: B. **43**, 1734 (1910).

[2] ULLMANN u. W. MINAJEW: B. **55**, 689 (1912). — SCHOLL u. TÄNZER: A. **433**, 172 (1923).

[3] ECKERT u. TOMASCHECK: Mh. Chem. **39**, 839 (1918).

[4] SCHOLL u. SEER: B. **44**, 1091 (1911).

[5] PERKIN u. BRADSHAW: Soc. **121**, 911 (1922). — PERKIN u. WHATTAM: Soc. **121**, 297 (1922). — PERKIN u. HALLER: Soc. **125**, 231 (1924).

[6] PERKIN u. YODA: Soc. **127**, 1884 (1925). — ATTREE u. PERKIN: Soc. **1931**, 144. — PERKIN u. HADDOCK: Soc. **1933**, 1512.

[7] SCHOLL u. J. MANSFELD: B. **43**, 1734 (1910). — POTSCHIWAUSCHEG: B. **43**, 1746 (1910).

mit verdünnter Natronlauge abgeschieden werden kann, während die *Dihydroverbindung* nicht in Reaktion tritt[1].

3,10-Dihydro-1.2,11.12-dibenzperylen III krystallisiert aus Xylol in schwachgelben Nadeln vom Schmelzpunkt 269—270°, löst sich in konzentrierter Schwefelsäure langsam grün und zeigt in Lösung eine blaue Fluorescenz. Bei energischer Dehydrierung bildet es *Bisanthenchinon* (s. S. 314).

1.2,11.12-Dibenzperylen IV wird am besten nach der Pyridin-Zinkstaub-Essigsäure-Reduktion aus Helianthron II gewonnen, wobei das Sublimat der Reinigung durch Chromatographie unterworfen wird[1]. Chromatographie wurde auch mit Erfolg auf das Produkt der Zinkstaubschmelze und Zinkstaubdestillation angewandt[2].

Eigenschaften. *1.2,11.12-Dibenzperylen* bildet dunkelrote Nadeln, die ziemlich leicht löslich sind und in Lösung leicht mit Maleinsäure-

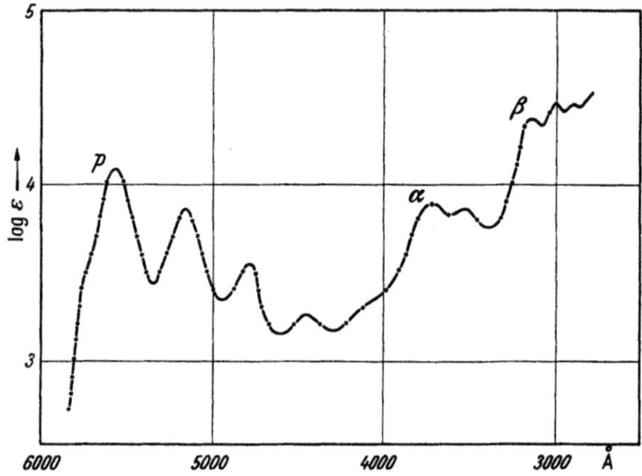

Abb. 76. Absorptionsspektrum des *1.2,11.12-Dibenzperylens* in Benzol. (Nach E. CLAR: Privatmitteilung.) Lage der Banden in Å: *p*, 5580, 5160, 4780, 4460; *α*, 3710, 3530; *β*, 3130, 3000.

anhydrid unter Bildung des Adduktes VI oder V reagieren. In Lösung wird es sehr leicht photooxydiert. Die violettroten Lösungen zeigen eine orangerote Fluorescenz. *Absorptionsspektrum* s. Abb. 76.

6.7-Dimethyl-1.2,11.12-dibenzperylen wurde durch Reduktion von Dimethyl-Helianthron erhalten[2]. *3.10-Diphenyl-1.2-11.12-dibenzperylen* wurde durch Einwirkung von Phenyl-magnesiumbromid auf Helianthron und Reduktion des Diols erhalten. Sein Photooxyd wurde nach VII formuliert[3]. Angesichts der energetisch sehr ungünstigen Verteilung der Doppelbindungen könnte man versucht sein, eine Formulierung analog V vorzuziehen.

Sehr interessant ist die Bildung von *Dihydro-helianthron* beim Belichten von Dianthron VIII. Damit erklärt sich die Bildung von *Bisanthenchinon* (S. 314) bei der Belichtung in Gegenwart von Luft[4]. Die roten Acyl-

[1] CLAR, E.: B. **82**, 48 (1949).
[2] BROCKMANN, POHL, MAIR u. HASCHAD: A. **553**, 11 (1942).
[3] DUFRAISSE u. SAUVAGE: C. r. **225**, 126 (1947).
[4] BROCKMANN, H., u. R. MÜHLMANN: B. **82**, 348 (1949).

Derivaten von IX geben Photooxyde, die analog VII formuliert worden und somit denselben Einwänden ausgesetzt sind[1].

VII   VIII   IX

1.2,11.12-Dibenzperylen-3.10-chinon II (Helianthron) bildet aus Nitrobenzol dunkelgelbe Krystalle, die sich in konzentrierter Schwefelsäure grün lösen und in feiner Verteilung mit alkalischem Hydrosulfit eine grüne Küpe geben, aus der Baumwolle gelb gefärbt wird.

6.) 1.2, 5.6, 7.8, 11.12-Tetrabenz-perylen.

Das 3.10-Chinon, aus dem sich dieser Kohlenwasserstoff vielleicht gewinnen lassen wird, wurde von H. WALDMANN und G. POLLAK[2] dargestellt. 1-Oxy-2-naphthoyl-*o*-benzoesäure I wird mit Phosphorpentachlorid in das Chlorderivat II und dann in 6-Chlor-tetracen-5.12-chinon III übergeführt. Die Reaktion kann auch in einer Operation

I   II   III   IV   V

---

[1] BROCKMANN, H., u. R. MÜHLMANN: B. **81**, 467 (1948).
[2] WALDMANN, H., u. G. POLLAK: J. pr. (N. F.) **150**, 113 (1938).

durchgeführt werden. Aus III läßt sich nach der ULLMANNschen Methode mit Kupferpulver IV gewinnen, das sich mit Schwefelsäure und Kupferpulver zu V reduzieren läßt.

1.2,5.6,7.8,11.12-Tetrabenz-perylen-3.10-chinon V (2.3,2′.3′-Dibenzhelianthron) krystallisiert aus der gelben Lösung in Dichlorbenzol in orangefarbigen Nadeln, die sich in konzentrierter Schwefelsäure grün lösen und bis 350° nicht schmelzen.

7.) 1.12-Benzperylen.

Perylen I reagiert nach E. CLAR[1] in siedendem Nitrobenzol mit Maleinsäureanhydrid unter Bildung des Dicarbonsäureanhydrides III, das bei der Decarboxylierung mit Natronkalk im Vakuum *1.12-Benzperylen* IV liefert. Die Reaktion hat man sich wohl als eine, allerdings ungewöhnliche, Diensynthese vorzustellen, die zu dem Additionsprodukt II führt, welches durch Nitrobenzol zu III dehydriert wird.

Eine fast quantitative Ausbeute an dem Dicarbonsäure-anhydrid III erhält man, wenn Perylen in siedendem, überschüssigem Maleinsäureanhydrid mit Chloranil versetzt wird[2].

I   II   III   IV

Eine andere Synthese des 1.12-Benzperylens ist von C. L.HEWETT[3] beschrieben worden. 1-Brom-2-naphthylessigsäure läßt sich mit1.2.3.4-Tetrahydro-6-naphthaldehyd zu V kondensieren, das mit geschmolzenem Kaliumhydroxyd den Ringschluß zu VI eingeht, wobei noch ein Isomeres entsteht (s. S. 206). VI wird durch Erhitzen mit Schwefel in Chinolin zur *1.12-Benzperylen-1′-carbonsäure* VII dehydriert, die bei der Decarboxylierung in 1.12-Benzperylen IV übergeht (vgl. S. 170).

1.12-Benzperylen kann auch durch eine Diensynthese aus Tetrahydro-1.1′-dinaphthyl VIII und Maleinsäure-anhydrid erhalten werden. Das Additionsprodukt IX wird mit Brom in Eisessig zu X dehydriert, das bei weiterer Dehydrierung und gleichzeitiger Decarboxylierung mit Bariumhydroxyd und Kupferpulver Benzperylen gibt[4] (vgl. S. 170). Es

---

[1] CLAR, E.: B. **65**, 846 (1932) — Vgl. I.G. Farbenindustrie AG.: DRP. 651677 (1934) — C. **1938 I**, 2448.
[2] CLAR, E.: Privatmitteilung. — [3] HEWETT, C. L.: Soc. **1938**, 1286.
[4] WEIDLICH: B. **71**, 1203 (1938).

bildet sich auch durch Ringschluß bei der Dehydrierung von 3.4,5.6-Dibenzphenanthren mit Palladiumkohle[1].

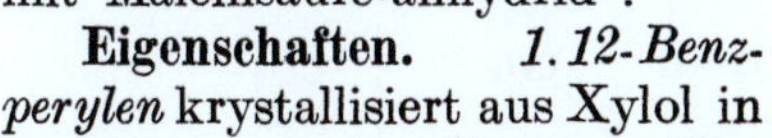

1.12-Benzperylen wird auch aus den Rückständen der Hydrierung von *Steinkohlen* oder *Steinkohlenextrakten* durch *dehydrierende Destillation* gewonnen[2]. Aus einer bei 270—340° bei 0.8 mm siedenden Fraktion des Steinkohlenteeres ist es von J. W. Cook und N. Percy[3] durch Chromatographie isoliert worden.

Die Clarsche Methode zur Darstellung von 1.12-Benzperylen kann auch unter Verwendung von 3.9-Dichlor-, 3.9-Dibenzoyl-, Tribenzoyl- oder 1.2-Diphenyl-aceperylen als Ausgangsmaterial durchgeführt werden, wobei die entsprechenden 1.12-Benzperylen-Derivate erhalten werden[4]. Sie ist das einfachste Verfahren für präparative Zwecke. 3.4, 9.10-Tetrachlor-, 3.4.9.10-Tetranitro- oder die zwei Tetrabromperylene reagieren jedoch nicht mit Maleinsäure-anhydrid[4].

Eigenschaften. *1.12-Benzperylen* krystallisiert aus Xylol in großen, schwach gelbgrünen Platten vom Schmelzpunkt 273° (unkorr.), die sich in konzentrierter Schwefelsäure smaragdgrün lösen und in

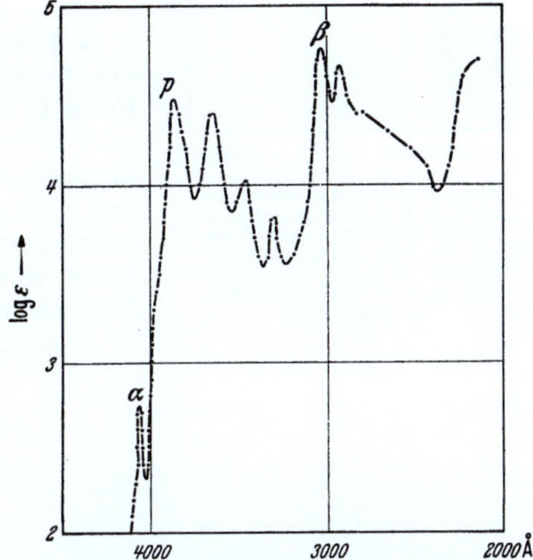

Abb. 77. Absorptionsspektrum des *1.12-Benzperylens* in Benzol, ab 2800 Å in Alkohol. [Nach E. Clar: B. **65**, 848 (1932).] Lage der Banden in Å: α, 4065; *p*, 3875, 3670, 3480, 3310; β, 3030, 2920 (in Benzol).

[1] Cook, J. W.: Privatmitteilung.

[2] I.G. Farbenindustrie AG.: E. P. 470338 (1936); 497089 (1937); F. P. 816162 (1937) — C. **1937 II**, 3846; F. P. 49332 (1938); Belg. P. 427268 (1938) — C. **1939 I**, 3832; E. P. 510736 (1938).

[3] Cook, J. W., u. N. Percy: J. Soc. chem. Ind. **64**, 27 (1945).

[4] Zinke, A., U. Noculak, R. Skrabal u. H. Troger: B. **73**, 1187 (1940.)

organischen Lösungsmitteln blaue Fluorescenz zeigen. Das *Absorptionsspektrum* ist in Abb. 77 wiedergegeben. Die Atomabstände im *1.12-Benzperylen* wurden von WHITE[1] durch Röntgenstrukturanalyse bestimmt. Mit Pikrinsäure bildet 1.12-Benzperylen ein bei 267° schmelzendes Pikrat der Zusammensetzung 1:1. Im selben Verhältnis verbindet es sich mit Styphninsäure[2]. Andere Molekelverbindungen mit Antimonpentachlorid bzw. Zinntetrachlorid haben die Zusammensetzung 2 Mol. Benzperylen : 1 Mol. Antimonpentachlorid bzw. 1 Mol. Benzperylen : 2 Mol. Zinntetrachlorid[2].

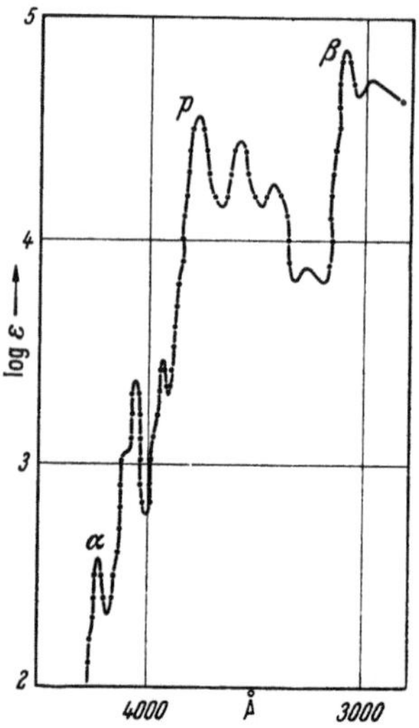

8.) 1.12, 2.3-Dibenzpyren.

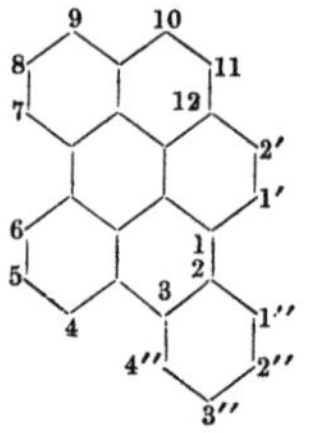

2.3 - Benz - naphtho- [2′.7′ : 1.8]-anthren I, das, wenn auch weniger wahrscheinlich in der Form II vorliegen könnte, kondensiert sich nach E. CLAR[3] in siedendem Xylol mit Maleinsäureanhydrid unter Wasserstoffverschiebung und Bildung von III bzw. IV. Beide Dicarbonsäureanhydride, falls sich überhaupt 2 Isomere bilden sollten, geben beim Verschmelzen mit Natriumchlorid-Zinkchlorid *1.12, 2.3-Dibenz-*

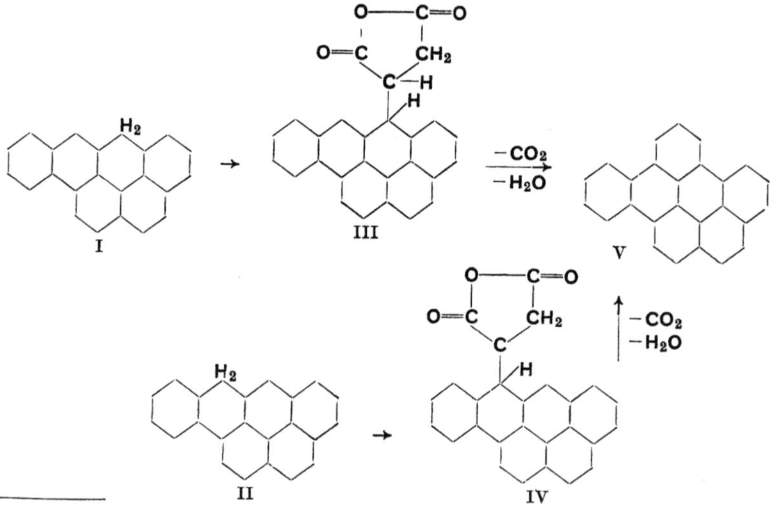

Abb. 78. Absorptionsspektrum des *1.12, 2.3-Dibenzperylens* in Benzol. [Nach E. CLAR: Chem. Ber. 81, 523 (1948).] Lage der Banden in Å: α, 4215, 4050, 3920; p, 3775, 3585, 3430, 3270; β, 3095, 2970.

[1] WHITE, J. G.: Soc. **1948**, 1398. — [2] BRASS u. FANTA: B. **69**, 3 (1936). [3] CLAR, E.: B. **81**, 520 (1948).

perylen V. Da in ähnlichen Fällen der Ringschluß immer nach dem am meisten eingeschlossenen Benzolring erfolgt, ist die Bildung isomerer Kohlenwasserstoffe unwahrscheinlich.

Eigenschaften. *1.12, 2.3-Dibenzperylen* V krystallisiert aus Xylol in blaßgelben Blättchen oder flachen Nadeln, die im Vakuumröhrchen bei 288° (unkorr.) schmelzen und sich in konzentrierter Schwefelsäure erst rot, dann gelbgrün lösen. Die Lösungen in Xylol zeigen eine stark blaue Fluorescenz. *Absorptionsspektrum* siehe Abb. 78.

9.) 1.12, 2.3, 8.9-Tribenzperylen.

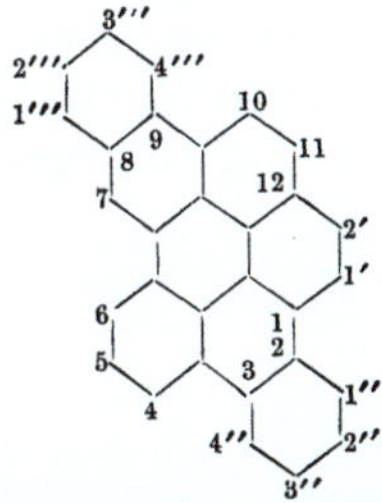

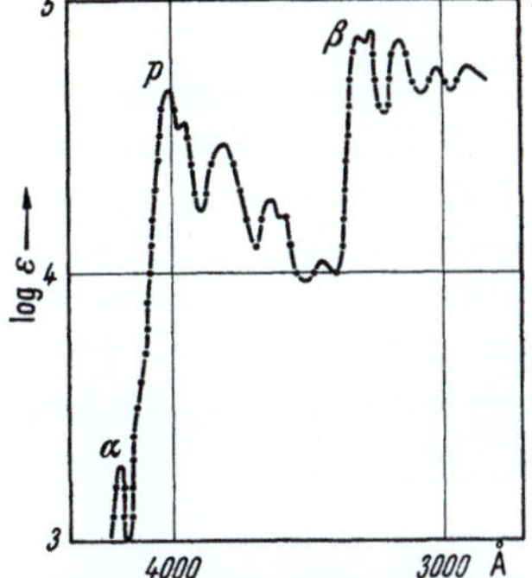

Abb. 79. Absorptionsspektrum des *1.12, 2.3, 8.9-Tribenzperylens* in Benzol. [Nach E. CLAR: Chem. Ber. **82**, 54 (1949).] Lage der Banden in Å: α, 4210; *p*, 4020, 3920, 3630 3440; β, 3290, 3155, 3030, 2910.

Ähnlich wie Perylen reagiert auch 2.3, 8.9-Dibenzperylen I (s. S. 308) mit Maleinsäureanhydrid in siedendem Nitrobenzol oder in fast quantitativer Ausbeute in überschüssigem, siedendem Maleinsäureanhydrid unter Zusatz von Chloranil oder Bromanil unter Bildung des *Dicarbonsäureanhydrids* II. Die Decarboxylierung durch Vakuumsublimation mit Natronkalk gibt *1.12, 2.3, 8.9-Tribenzperylen* III[1].

I   II   III

Eigenschaften. *1.12, 2.3, 8.9-Tribenzperylen* III sublimiert oder krystallisiert aus 1-Methylnaphthalin in langen, gelben Nadeln, die im Vakuumröhrchen bei 391° (unkorr.) schmelzen und sich in konzentrierter Schwefelsäure erst violett, dann braun lösen. Die Lösungen in Benzol oder Xylol zeigen eine starke blaue Fluorescenz. *Absorptionsspektrum* s. Abb. 79.

---

[1] CLAR, E.: B. **82**, 53 (1949). — Vgl. E. CLAR: B. **65**, 846 (1932).

10.) 1.12, 5.6, 7.8-Tribenzperylen.

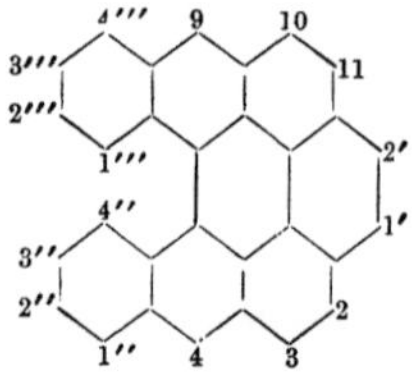

Bei der Reduktion von 2.2′-Dimethyl-1.1′-dianthrachinonyl I (siehe S. 381) mit Kupferpulver in Schwefelsäure bildet sich *6.7-Dimethyl-1.2,11.12-dibenzperylen-3.10-chinon* II (2.2′-Dimethyl-helianthron[1]), das beim Kochen in Nitrobenzol mit Bariumoxyd, beim Verschmelzen mit alkoholischem Kaliumhydroxyd oder mit Kaliumhydroxyd und Anilin in *1.12,5.6,7.8-Tribenz-perylen-4.9-chinon* III übergeht[2]. Es färbt Baumwolle aus der Küpe orange.

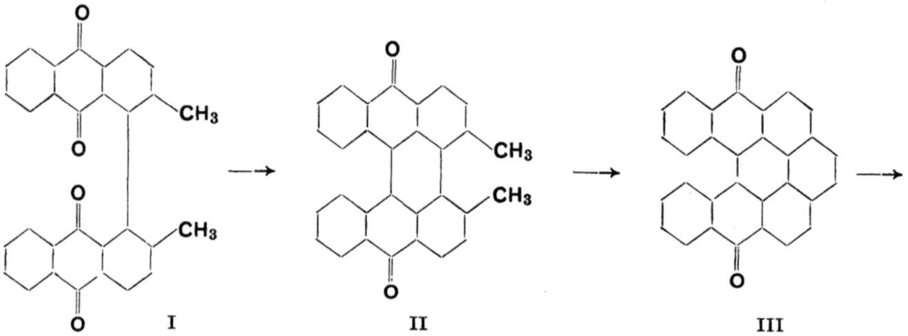

Bei der Reduktion mit Pyridin, Zinkstaub und 80proz. Essigsäure liefert das Chinon III ein Produkt, das bei der Vakuumsublimation in *1.12,5.6,7.8-Tribenzperylen* IV ergibt[3].

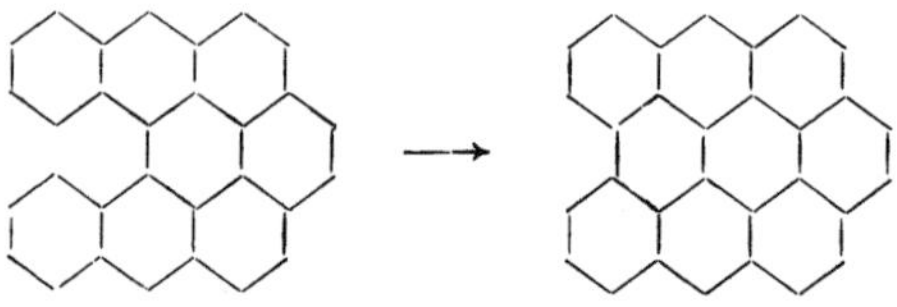

Eigenschaften. *1.12,5.6,7.8-Tribenzperylen* bildet gelbe Krystalle, die sich nicht ganz rein erhalten lassen, da sie leicht in *1.14-Benz-bisanthen* V (s. S. 316) übergehen. Die nur IV zugehörigen *Absorptions-banden* liegen in Benzol bei 4650, 4370, 4140 Å.

---

[1] SCHOLL u. TÄNZER: A. **433**, 172 (1923).
[2] I.G. Farbenindustrie AG.: DRP. 456583 (1926) — C. **1928 I**, 2011.
[3] CLAR, E.: B. **82**, 54 (1949).

11.) Coronen. 1.12, 6.7-Dibenz-perylen.

Hexabenzobenzol.

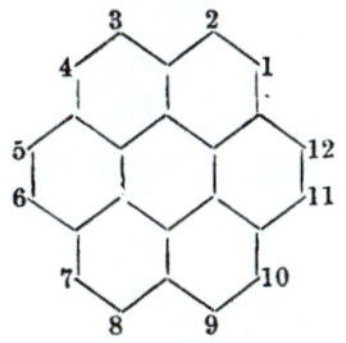

Coronen wurden von SCHOLL und MEYER[1] dargestellt, indem sie *Dibenz-coronen-chinon* I (s. S. 372) mit verdünnter Salpetersäure bei 220° unter Druck zur *Coronen-2.3.8.9-tetracarbonsäure* II oxydierten. Beim Erhitzen mit Natronkalk wird die Säure zum Coronen III decarboxyliert.

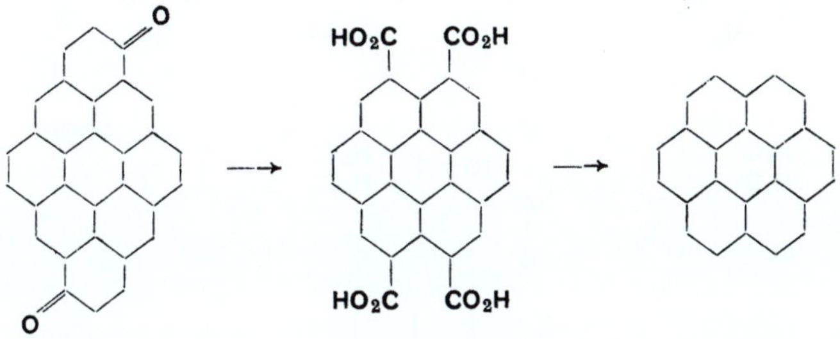

I   II   III

Eine andere *Coronen-Synthese* ist von M. S. NEWMAN[2] ausgeführt worden. Dabei wird Methyltetralon IV mit Aluminiumamalgam und Alkohol zum Pinakon V reduziert. Wasserabspaltung gibt das Dien VI, das mit Maleinsäureanhydrid in siedendem Xylol zur Reaktion gebracht wird. Das Addukt VII läßt sich mit Bleitetraacetat in Eisessig und Essigsäureanhydrid zu VIII dehydrieren. Die weitere Dehydrierung wird mit Palladium-Kohle bei 320—350° durchgeführt und liefert IX und X. Diese beiden Verbindungen geben beim Verschmelzen mit Kaliumhydroxyd bei 320° in 5,5proz. Ausbeute *Coronen.*

In geringerer Ausbeute läßt sich Coronen aus *p*-Xylylen-dibromid XI darstellen. Mit Natrium wird aus XI etwas des vielgliedrigen Ringsystems XII erhalten, das beim Dehydrieren mit Palladiumoxyd 1,9 % Coronen liefert[3]. Die Coronensynthese von BAKER, GOCKLING und McOMIE[4] liefert bessere Ausbeuten. Sie geht vom 2.7-Dimethylnaphthalin XIII aus, das zunächst mit Brom-bernsteinsäure-imid zu XIV (49 %) bromiert wird. Natrium in Dioxan gibt XV, dessen Dehydrierung mit Palladium Coronen in 49proz. Ausbeute ergibt. Behandlung von XV mit Aluminiumchlorid in Schwefelkohlenstoff liefert 1.2-Dihydro-coronen XVI neben

---

[1] SCHOLL u. MEYER: B. **65**, 902 (1932).
[2] NEWMAN, M. S.: Am. Soc. **62**, 1683 (1940).
[3] BAKER, W., J. F. W. McOMIE u. J. M. NORMAN: Soc. **1951**, 1114.
[4] BAKER, W., F. GOCKLING u. J. F. W. McOMIE: Soc. **1951**, 1118.

Clar, Aromatische Kohlenwasserstoffe. 2. Aufl.   **20**

Coronen. Das Dihydrocoronen XVI wird mit Palladium in 87proz. Ausbeute zu Coronen dehydriert.

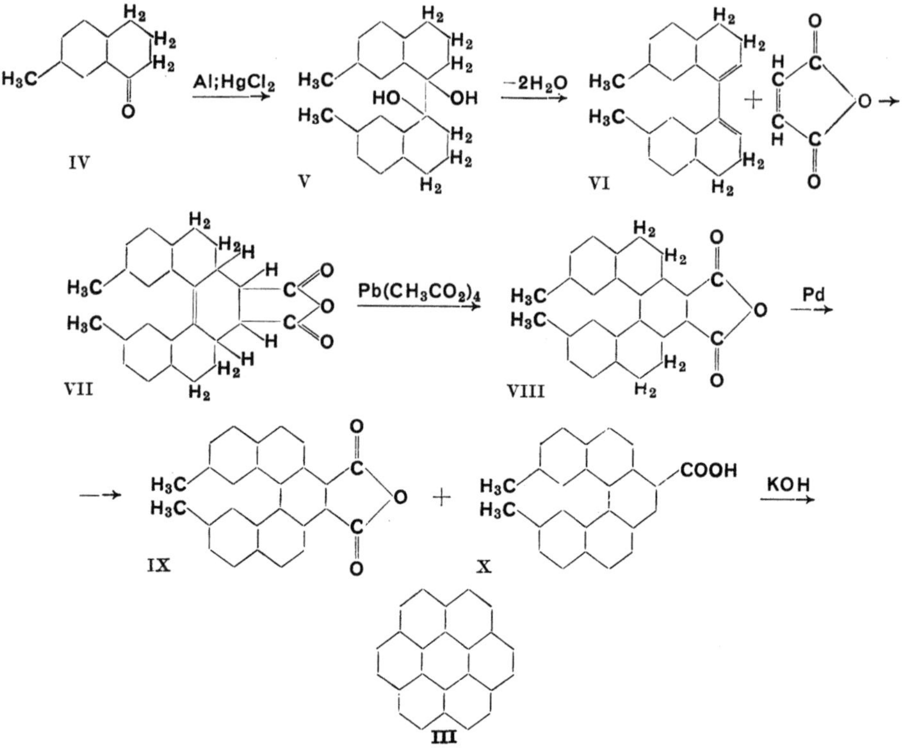

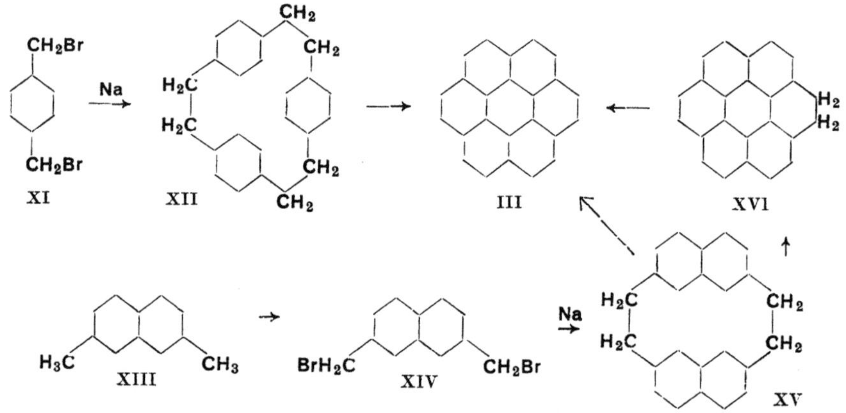

Die obigen Synthesen haben jedoch keine praktische Bedeutung, da es der *I. G. Farbenindustrie AG.*[1] gelungen ist, Coronen in reichlichen

[1] I.G. Farbenindustrie AG.: E. P. 470338 (1936); 497089 (1937); F. P. 816162 (1937) — C. **1937 II**, 3846; F. P. 49332 (1938); Belg. P. 427268 (1938) — C. **1939 I**, 3832; E. P. 510736 (1938).

Mengen aus den Rückständen von der Hydrierung der Steinkohlen oder Steinkohlenextrakte zu gewinnen. *Coronen* ist ferner von WIELAND und MÜLLER[1] aus den hochsiedenden Anteilen des Steinkohlenteeres durch Chromatographie erhalten worden.

Eigenschaften. *Coronen* sublimiert oder krystallisiert in blaßgelben Nadeln, die im zugeschmolzenen Röhrchen bei 438—440° (korr.) schmelzen und sich in konzentrierter Schwefelsäure in der Kälte nicht lösen. In der Wärme tritt dabei *Sulfurierung* ein. In Lösung zeigt es blaue Fluorescenz. Mit Pikrinsäure bildet es ein zersetzliches, dunkelrotes Pikrat und mit Trinitrobenzol eine orangefarbige, zersetzliche Molekelverbindung. *Absorptionsspektrum* siehe Abb. 80. Die Atomabstände im Coronen wurden mittels Röntgenstrukturanalyse bestimmt[2] (vgl. S. 88).

Hydrierung. *Coronen* gibt bei der Druckhydrierung zunächst ein *Hexahydro-coronen*, dessen Strukturformel XVII durch das *Absorptionsspektrum*, das einen Triphenylenrest anzeigt, sichergestellt wird.

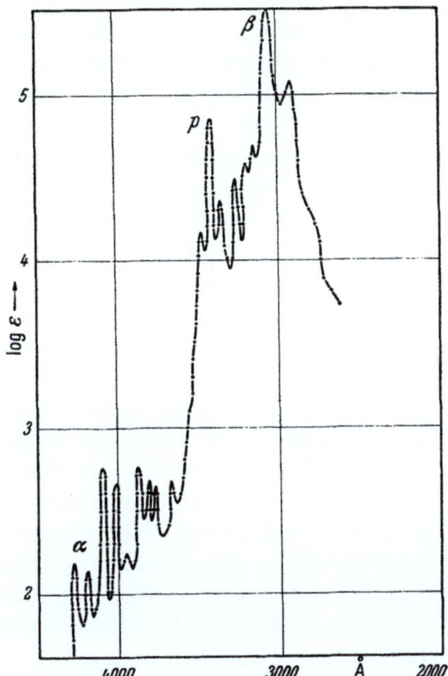

Abb. 80. Absorptionsspektrum des *Coronens* in Benzol, ab 2800 Å in Alkohol. (Nach E. CLAR: Privatmitteilung.) Lage der Banden in Å: α, 4280, 4200; 4100, 4020, 3965, 3880, 3815, 3780, 3685, 3550, 3475; *p*, 3415, 3360, 3255, 3195, 3165; β, 3050, 2930, in Benzol.

XVII   XVIII   XIX

XX   XXI

[1] WIELAND, H., u. W. MÜLLER: A. **564**, 199 (1949).

[2] ROBERTSON, J. M., u. J. G. WHITE: Soc. **1945**, 607. — RUSTON, W. R., u. W. RÜDORF: Bull. Soc. Chim. Belges **56**, 97 (1947).

Die weitere Hydrierung liefert ein *Oktahydro-coronen* XVIII, dessen Spektrum einen Pyren-Rest erkennen läßt. Die nächste Stufe führt zu dem Naphthalin-Derivat XIX. Schließlich wird das Benzol-Derivat XX und dann *Perhydro-coronen* erhalten[1].

ZINKE, HANUS und FERRARI[2] geben an, mit Natrium und Amylalkohol das 14fach hydrierte Coronen XXI (isomer mit XIX), Schmelzpunkt 267—268°, mit 2 isolierten Doppelbindungen erhalten zu haben.

Substitutionsreaktionen. Coronen gibt mit Salpetersäure *Nitrocoronen* F: 365° (unkorr.), daraus das *Aminocoronen* und die *Acetyl-Verbindung* F: 353°. Mit siedender Salpetersäure entsteht Dinitrocoronen F: über 450°[2]. Auch ein *Trinitrocoronen* und ein *Hexanitrocoronen* sind bekannt[3]. Coronen gibt in Trichlorbenzol mit Chlor *Pentachlorcoronen*[3]. Mit Brom in Eisessig entsteht *Dibromcoronen*[3,2]. Auch Schwefelfarbstoffe sind aus Coronen erhalten worden[3]. Mit Benzoylchlorid in Schwefelkohlenstoff und Aluminiumchlorid entsteht *Benzoylcoronen*. Oxydation mit wäßriger Chromsäure und Schwefelsäure gibt ein Chinon, das braune Nadeln bildet und rotbraun küpt[2].

Coronen läßt sich in Dichlorbenzol dreimal mit Phthalanhydrid und Aluminiumchlorid kondensieren. Die so erhaltene *Triketo-tricarbonsäure* geht den dreifachen Ringschluß zu einem *Triphthalyl-coronen* mit Schwefelsäure, Phosphorsäure oder Methylschwefelsäure ein. Das Trichinon dürfte eine zentrosymmetrische Struktur haben. Es gibt mit alkalischem Natriumhydrosulfit eine violette Küpe, aus der Baumwolle rot gefärbt wird[4].

12.) 2.3, 8.9-Dibenzperylen.

Durch Kondensation von Phenanthren oder Phenanthrendibromid in Benzol mit Aluminiumchlorid erhielt E. CLAR[5] ein Dibenzperylen, für das nach seiner Bildungsweise die Formel des *2.3,10.11-Dibenzperylens* I oder des *2.3,8.9-Dibenzperylens* II in Frage kam. Wegen der Bildung aus Phenanthren schien die Formel I zunächst den Vorzug zu verdienen. IOFFE[6] konnte jedoch durch die Synthese des *2.3,10.11-*

---

[1] FROMHERZ, H., L. THALER u. G. WOLF: Z. El. Ch. **49**, 387 (1943).

[2] ZINKE, A., F. HANUS u. O. FERRARI: Mh. Chem. **78**, 343 (1948).

[3] *General Anilin & Film Corp.*: A. P. 2222482 (1939) — C. **1941 I**, 3151.

[4] I.G. Farbenindustrie AG.: F. P. 857395; A. P. 2210041 (1939) — C. **1941 I**, 1096.

[5] CLAR, E.: B. **65**, 846 (1932).

[6] IOFFE, I. S.: Chem. J. Ser. A. J. allg. Chem. (russ.) **3** (65), 524 (1933) — C. **1935 I**, 391.

Dibenzperylens I (s. S. 310) zeigen, das dem Kondensationsprodukt aus Phenanthren die Formel II zukommen muß.

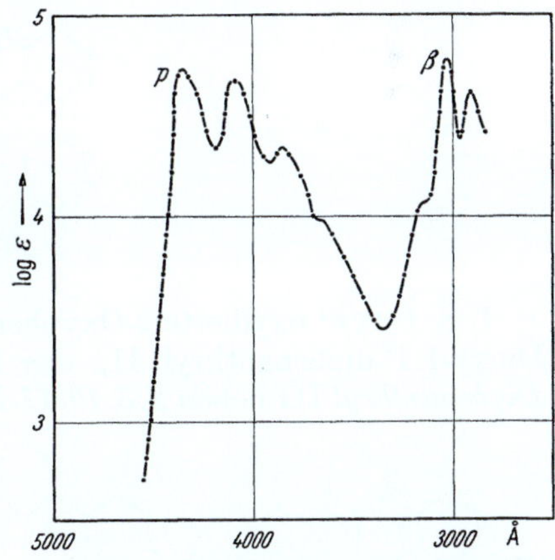

I   II   III   IV

Eigenschaften. *2.3, 8.9-Dibenzperylen* II krystallisiert aus Xylol oder Nitrobenzol in langen, goldgelben Nadeln vom Schmelzpunkt 343° (unkorr.). Es ist sublimierbar, löst sich in konzentrierter Schwefelsäure violettblau und zeigt in organischen Lösungsmitteln eine stark blaue Fluorescenz[1]. Mit Pikrinsäure bildet es ebenso wie mit Styphninsäure Molekelverbindungen im Verhältnis 1 : 2, mit Antimonpentachlorid und mit Zinntetrachlorid solche im Verhältnis 1 : 1[2]. *Absorptionsspektrum* s. Abb. 81.

Bei der Oxydation mit Chromsäureanhydrid in Eisessig gibt *2.3, 8.9-Dibenzperylen* ein Chinon, das 3 Atome Sauerstoff enthält[3]. Durch Umküpen aus alkalischem Hydrosulfit läßt sich der Sauerstoffgehalt auf 2 Atome herabdrücken[4]. Bei weiterer Oxydation entsteht eine orangerote bis ziegelrote Säure, die 5 Atome Sauerstoff enthält[3]. Da das Chinon mit Hydrazin-Hydrat kein Azin gibt[3] und die Säure kein aromatisches Pentacenskelett VI enthalten kann, kommt dem Chinon sehr wahrscheinlich die Formel eines *2.3, 8.9-Dibenzperylen-1.10-chinons* III und der Säure die Formel IV zu.

ZINKE, ZIEGLER und GOTTSCHALL[4] geben dem Chinon die Formel V und der orangeroten Säure die Formel VI. Angesichts der bekannten Eigenschaften des violetten, sehr reaktiven Pentacens sind jedoch die Formel VI, da das Pentacen-Skelett enthält, und damit auch die Formel V für das Chinon abzulehnen.

Abb. 81. Absorptionsspektrum des *2.3, 8.9-Dibenzperylens* in Benzol. [Nach E. CLAR: B. **65** 848 (1932).] Lage der Banden in Å: *p*, 4335, 4080, 3860, 3655; *β*, 3035, 2910.

---

[1] Siehe Fußnote 6, S. 308. — [2] BRASS u. FANTA: B. **69**, 1 (1936).
[3] CLAR, E.: B. **65**, 846 (1932).
[4] ZINKE, A., ZIEGLER u. GOTTSCHALL: B. **75**, 148 (1942).

2.3,8.9-Dibenzperylen-1.10-chinon III krystallisiert in tiefbraunen Nadeln, die bei 365° (unkorr.) schmelzen und sich in konzentrierter Schwefelsäure violettbraun lösen. Mit alkalischem Natriumhydrosulfit entsteht eine orangerote Küpe.

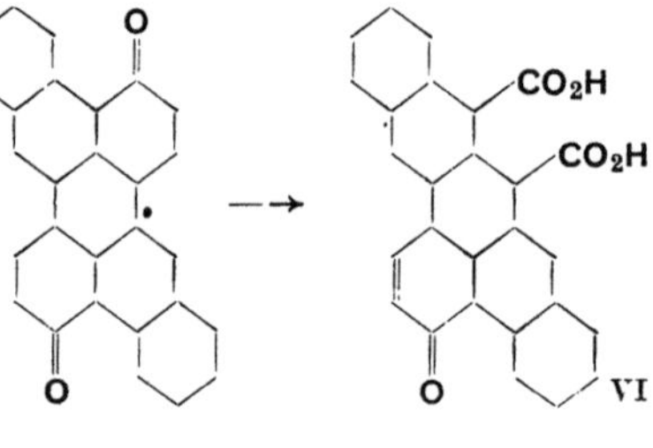

V VI

13.) 2.3, 10.11-Dibenzperylen.

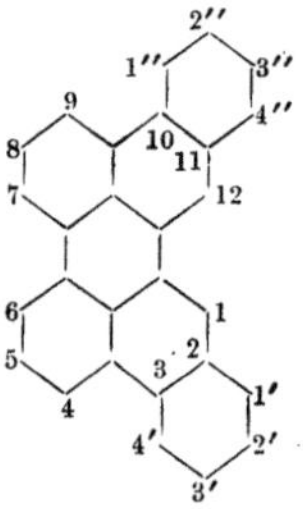

I. S. Ioffe[1] oxydierte 2-Oxyphenanthren I mit Eisenchlorid zu 2.2'-Dioxy-1.1'-diphenanthryl II, das bei der Zinkstaubdestillation *1.1'-Diphenanthryl* III neben *2.3,10.11-Dibenzperylen* IV gibt. Ioffe konnte

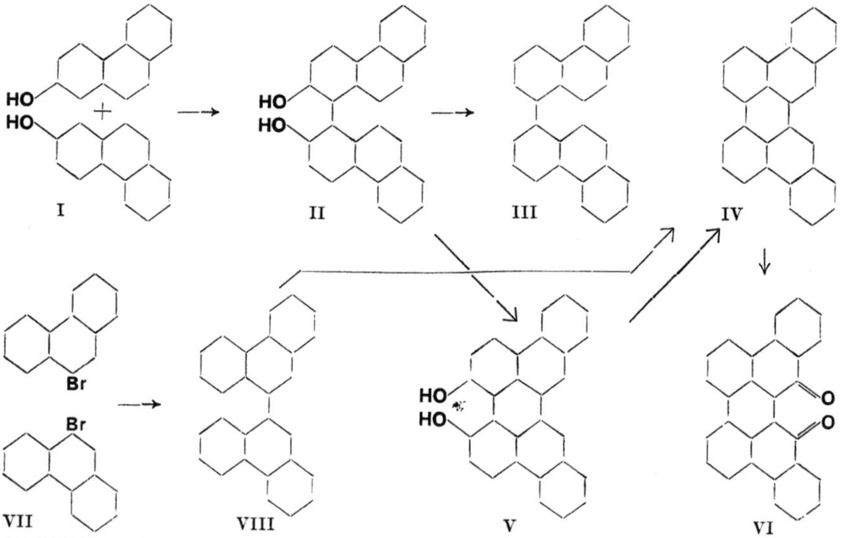

I II III IV VII VIII V VI

[1] Ioffe, I. S.: Chem. J. Ser. A. J. allg. Chem. (russ.) **3** (65), 524 (1933) — C. **1935 I**, 391.

es auch durch Verschmelzen von II mit Aluminiumchlorid unter Zusatz von Natriumcarbonat zu V und dessen Zinkstaubdestillation gewinnen.

Nach BACHMANN[1] läßt sich 9.9′-Diphenanthryl VIII aus der GRIGNARD-Verbindung des 9-Bromphenanthrens VII mit Kupferchlorid darstellen. Es kann auch aus 9-Bromphenanthren VII durch Erhitzen mit Kupferpulver gewonnen werden[2]. Wird VIII in der bekannten Weise mit Natriumchlorid und Aluminiumchlorid verschmolzen, so entsteht ebenfalls *2.3,10.11-Dibenzperylen* IV[2,3].

Eigenschaften. *2.3,10,11-Dibenzperylen* IV bildet gelbe Nadeln, die sich in konzentrierter Schwefelsäure violett lösen und in organischen Lösungsmitteln eine blaue Fluorescenz zeigen. *Absorptionsspektrum* siehe Abb. 82. Hinsichtlich des Schmelzpunktes bestehen starke Abweichungen in den verschiedenen Angaben. Nach IOFFE liegt er bei 315—318°, nach SCHAUENSTEIN und BÜRGERMEISTER bei 329—332°, während er nach ZINKE und ZIEGLER nach vorherigem Sintern sogar bei 343—345° liegen soll, das ist etwas höher als der des symmetrischeren *2.3,8.9-Dibenzperylens*.

Bei der Oxydation bildet *2.3,10.11-Dibenzperylen* ein Chinon, dem die Konstitution VI zugeschrieben wird, da es in Pyridin mit Hydrazin-Hydrat ein *Azin* liefert[4]. Das Chinon sublimiert in tiefbraunen Nadeln vom Zersetzungspunkt 360°, die sich in konzentrierter Schwefelsäure dunkelgrün lösen und eine gelbe Küpe geben. Das Azin wird als eine gelbe Verbindung beschrieben, die sich in konzentrierter Schwefelsäure blauviolett löst.

14.) Dinaphtho-[1′.2′:2.3], [2″.1″:10.11]-perylen.

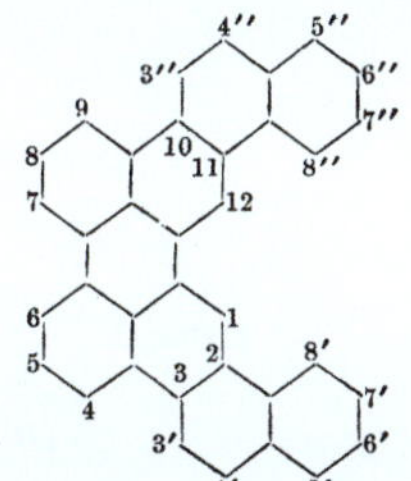

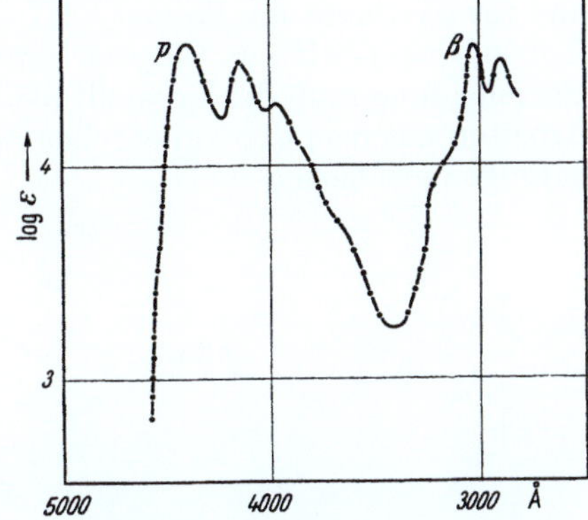

Abb. 82. Absorptionsspektrum des *2.3,10.11-Dibenzperylens* in Benzol. [Nach SCHAUENSTEIN u. BÜRGERMEISTER: B. **76**, 208 (1943).] Lage der Banden in Å: *p*, 4380, 4140; *β*, 3040, 2910.

Ähnlich wie beim Phenanthren lassen sich auch 2 Molekeln Chrysen I oder deren Halogenderivate mit Aluminiumchlorid in siedendem Benzol zu einem Perylen-Derivat verknüpfen[5]. Es muß überraschend wirken, daß hier im Gegensatz zum Phenanthren gleiche Stellungen der beiden

---

[1] BACHMANN, W. E.: Am. Soc. **56**, 1363 (1934).
[2] ZINKE, A., u. E. ZIEGLER: B. **74**, 115 (1941).
[3] SCHAUENSTEIN, E., u. E. BÜRGERMEISTER: B. **76**, 205 (1943).
[4] ZINKE, A.: Mh. Chem. **80**, 202 (1949) — Am. Abstr. **1949**, 7928.
[5] I.G. Farbenindustrie AG.: F. P. 795447 (1935) — C. **1936 II**, 4051.

Chrysen-Molekeln zu II kondensiert werden. Die Reaktion wurde später von B. Schiedt[1] etwas genauer untersucht und der Kohlenwasserstoff II der Oxydation mit Natriumbichromat in Eisessig unterworfen. Dabei bildet sich ein Chinon, das 3 Atome Sauerstoff, und eine Säure, die 6 Atome Sauerstoff enthält.

Nach Zinke, Bossert und Ziegler soll dem Chinon die Struktur III und der Säure die Formel IV zukommen. Letztere liefert bei der Zinkstaubdestillation einen Kohlenwasserstoff, dem die Struktur eines *Dinaphthyl-phenanthrens* V zuerteilt wird[2]. Bei der Destillation mit Natronkalk gibt IV Phenanthren und Naphthalin[2].

Neuerdings sind diese Formulierungen abgelehnt worden, und es wird für den Kohlenwasserstoff die Formel eines 1.2,4.5-Dibenzpyrens VII und für die Säure die Formel VIII angenommen. Danach soll sich der Kohlenwasserstoff aus Chrysen und Benzol VI gebildet haben. Eine Entscheidung muß dahingestellt bleiben, bis weitere in Aussicht gestellte Arbeiten mit dem experimentellen Material und etwaigen weiteren Änderungen erschienen sind[3].

Eigenschaften. *Dinaphtho-perylen* II oder 1.2,4.5-Dibenzpyren VII[1] krystallisiert in glänzenden orangegelben Nadeln vom Schmelzpunkt 240°. In konzentrierter Schwefelsäure löst es sich langsam mit roter Farbe[2]. Mit Sulfurylchlorid in Benzol bildet sich ein *Trichlorderivat*, mit Salpetersäure in Eisessig ein *Trinitro-Derivat*. Die Einwirkung von Benzoylchlorid und Aluminiumchlorid gibt eine *Tribenzoylverbindung*[2].

Das *Chinon* krystallisiert aus Nitrobenzol in glänzenden braunroten Nadeln vom Schmelzpunkt 288°, die sich in konzentrierter Schwefel-

[1] Schiedt, B.: B. **71**, 1248 (1938).
[2] Zinke, A., F. Bossert u. E. Ziegler: Mh. Chem. **80**, 204 (1949) — Am. Abstr. **1949**, 7928.
[3] Zinke, A., u. W. Zimmer: Mh. Chem. **81**, 783 (1950).— Am. Abstr. **1951**, 1992.

äure rotviolett lösen und mit alkalischem Hydrosulfit eine rote Küpe geben. Bei der reduzierenden Acetylierung mit Zinkstaub und Essigsäureanhydrid bildet sich anscheinend unter Öffnung des Sauerstoffringes ein *Triacetat*. Die Säure IV oder VIII gibt bei der gleichen Behandlung ein *Acetat*. Mit alkalischem Hydrosulfit entsteht eine rote Küpe, in konzentrierter Schwefelsäure löst es sich grün.

Dinaphtho-[2′.3′:2.3], [2″.3″:8.9]-perylen.

Von diesem Kohlenwasserstoff ist vorläufig nur ein Chinon bekannt. Es entsteht, wenn Phthalanhydrid in der Natrium-Aluminiumchlorid-Schmelze mit Perylen zur Reaktion gebracht wird[1].

I   II

Nach dem sonstigen Verhalten des Perylens bei FRIEDEL-CRAFTS-schen Reaktionen erscheint es wahrscheinlich, daß das Kondensationsprodukt ein Gemisch der beiden Isomeren I und II ist[2]. Die Kondensation ist auch mit Chlor-phthalanhydriden ausgeführt worden.

2.3,8.9-Diphthaloyl-perylen I krystallisiert aus Nitrobenzol in schwerlöslichen, dunkelgrünen Krystallen, die in konzentrierter Schwefelsäure blaugrün löslich sind und mit alkalischem Hydrosulfit aus blauer Küpe Baumwolle weinrot anfärben.

---

[1] ZINKE, GORBACH u. SCHIMKA: Mh. Chem. **48**, 593 (1927) — I.G. Farbenindustrie AG.: DRP. 642650 (1934).

[2] ZINKE, TROGER u. ZIEGLER: B. **73**, 1042 (1940).

III. Kohlenwasserstoffe, die sich von Bisanthen ableiten.

1.) Bisanthen.

meso-Naphtho-dianthren.

Die Darstellung des *Bisanthens* IV erfolgt durch Reduktion seines *4.11-Chinons*, des *meso*-Naphtho-dianthrons II, das nach SCHOLL und MANSFELD[1] durch kurzes Erhitzen des 1.2,11.12-Dibenzperylen-3.10-chinons I (Helianthrons) mit Aluminiumchlorid oder besonders rein nach MEYER, BONDY und ECKERT[2] durch Belichten von Lösungen des Dibenz-perylen-chinons I (s. S. 298) oder des Dianthrons III erhalten werden kann.

Bei der Reduktion mit Jodwasserstoff und rotem Phosphor bei 200° wird *meso-Naphtho-dianthron* II zu einem *Hexahydro-bisanthen* reduziert, das bei 500° durch Kupfer zum *Bisanthen* IV dehydriert wird[3]. Einfacher ist es jedoch, die Reduktion des *meso-Naphtho-dianthrons* II mittels der Zinkstaubschmelze oder mit der Pyridin-Zinkstaub-Essig-säure-Methode durchzuführen[4].

Eigenschaften und Reaktionen. *Bisanthen* IV krystallisiert aus Nitrobenzol oder sublimiert in schwerlöslichen, dunkelblauen Nadeln. Seine Lösungen sind blau mit violettblauer Fluorescenz. In konzentrier-ter Schwefelsäure löst es sich beim Erwärmen über Grün blauviolett. Nach dem Eingießen dieser Lösung in Wasser kann der ausfallende Niederschlag durch Zusatz von Bichromat leicht zum 4.11-Chinon oxydiert werden.

Mit Maleinsäureanhydrid in siedendem Nitrobenzol reagiert Bisanthen je nach den Bedingungen einmal oder zweimal (s. S. 316, 317). *Absorp-tionsspektrum* s. Abb. 83.

---

[1] SCHOLL u. J. MANSFELD: B. **43**, 1734 (1910).

[2] MEYER, BONDY u. ECKERT: Mh. Chem. **33**, 1451 (1912). — BROCKMANN u. MÜHLMANN: B. **82**, 348 (1949).

[3] SCHOLL u. MEYER: B. **67**, 1236 (1934).

[4] CLAR, E.: B. **81**, 62 (1948); **82**, 54 (1949).

1.14-, 2.13- und 3.12-Dimethyl-bisanthen sind durch Reduktion aus den Chinonen dargestellt worden. Es ist bemerkenswert, daß V infolge sich behindernter Methylgruppen und verminderter Resonanz eine Ultraviolettverschiebung seiner langwelligen Banden gegenüber Bisanthen zeigt[1]. Bisanthen und sein Chinon sind elektrische Halbleiter[2].

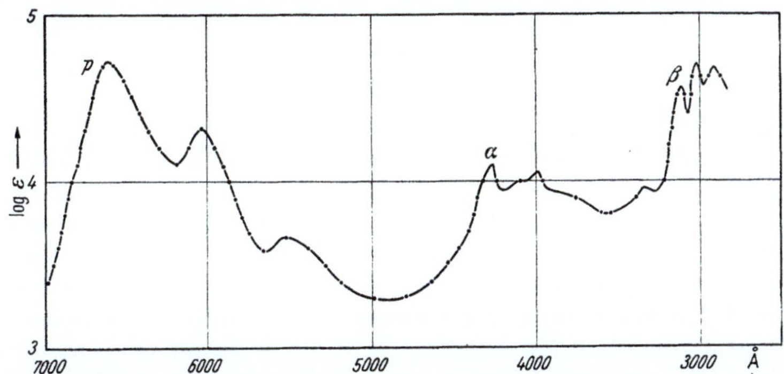

Abb. 83. Absorptionsspektrum des *Bisanthens* in Benzol. [Nach E. CLAR: Chem. Ber. 82, 55 (1949).] Lage der Banden in Å: *p*, 6625, 6030, 5560; α, 4240, 3990; β, 3120, 3005.

Bisanthen-4.11-chinon, meso-Naphtho-dianthron II ist ein sehr schwer lösliches, gelbes Chinon, das sich in konzentrierter Schwefelsäure violettrot löst. Mit alkalischem Hydrosulfit küpt es erst, wenn Zinkstaub zugesetzt wird. Hier bestätigt sich wieder die von E. CLAR aufgefundene Regel, daß einem sehr reaktiven Kohlenwasserstoff ein wenig reaktives Chinon mit niedrigem Reduktionspotential entspricht und umgekehrt (s. S. 37).

Vom *meso-Naphtho-dianthron* II sind eine Anzahl Derivate bekanntgeworden, z. B. *Methyl*[3]-, *Chlor*[4]-, *Oxy-Derivate*[5] und *Carbonsäuren*[6].

Ein besonders interessantes Derivat ist das Hypericin[7], VI der rote Farbstoff des Johanneskrautes.

[1] BROCKMANN u. RADEBROCK: B. 84, 533 (1951).

[2] INOKUCHI, H.: Bull. Chem. Soc. Japan 24, 222 (1951).

[3] ULLMANN u. W. MINAJEW: B. 45, 689 (1912). — SCHOLL u. TÄNZER: A. 433, 172 (1923).

[4] ECKERT u. TOMASCHEK: Mh. Chem. 39, 839 (1918). — ECKERT: B. 58, 322 (1925).

[5] ECKERT u. HAMPEL: B. 60, 1693 (1927). — PERKIN u. BRADSHAW: Soc. 121, 911 (1922). — PERKIN u. WHATTAM: Soc. 121, 297 (1922). — PERKIN u. HALLER: Soc. 125, 231 (1924). — ATTREE u. PERKIN: Soc. 1931, 144. — PERKIN u. HADDOCK: Soc. 1933, 1512. — BROCKMANN, NEEF u. MÜHLMANN: B. 83, 467 (1950).

[6] SCHOLL u. TÄNZER: A. 433, 173 (1923).

[7] BROCKMANN, POHL, MAIER u. HASCHAD: A. 553, 11 (1942).

2.) 1.14-Benz-bisanthen.

meso-Anthro-dianthren.

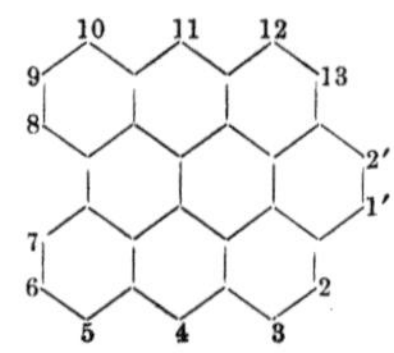

1.14-Benz-bisanthen, meso-Anthro-dianthron wird erhalten, wenn 1.12,5.6,7.8-Tribenz-perylen-4.9-chinon I mit Aluminiumchlorid bei Anwesenheit oder Abwesenheit von Lösungsmitteln, gegebenenfalls unter Zusatz von Oxydationsmitteln behandelt wird. Der Ringschluß kann auch durch Belichtung vollzogen werden[1]. Es bildet sich ferner beim Erhitzen von 2.2'-Dimethyl-*bisanthenchinon*III[2] mit alkoholischem Kali[3].

Das *4.11-Chinon, meso-Anthrodianthron* II wird durch Jodwasserstoff und roten Phosphor bei 180—190° unter Druck zu einem *Hexahydro-bisanthen* unbestimmter Konstitution reduziert, das beim Sublimieren über auf 500° erhitztes Kupfer zum *Benzbisanthen* IV dehydriert wird[4]. Der Kohlenwasserstoff IV ist auch aus Bisanthen V (s. S. 314) mit Hilfe der von E. CLAR[5] gefundenen Reaktion zwischen Perylenen und Maleinsäure-anhydrid dargestellt worden[6]. Der sehr reaktionsfähige blaue Kohlenwasserstoff V reagiert dabei in siedendem Nitrobenzol schnell und quantitativ unter Bildung von VI. Dessen Decarboxylierung mit Natronkalk liefert IV. Bei der Oxydation mit Chromsäure gibt das Anhydrid VI *1.14-Benz-bisanthen-chinon-dicarbonsäureanhydrid* VII.

<hr>

[1] I.G. Farbenindustrie AG.: DRP. 457494 (1926) — C. **1928 I**, 2544.
[2] SCHOLL u. TÄNZER: A. **433**, 172 (1923).
[3] I.G. Farbenindustrie AG.: DRP. 458710 (1926) — C. **1928 II**, 398.
[4] SCHOLL u. MEYER: B. **67**, 1229 (1934). — BROCKMANN, POHL, MAIER u. HASCHAD: A. **553**, 11 (1942).
[5] CLAR, E.: B. **65**, 846 (1932). — [6] SCHOLL u. MEYER: B. **67**, 1236 (1934).

Am leichtesten läßt es sich IV aus II mittels der Pyridin-Zinkstaub-Essigsäure-Reduktion über ein farbloses Zwischenprodukt gewinnen, das bei der Krystallisation aus siedendem Nitrobenzol glatt *1.14-Benz-bisanthen* IV liefert[1]. Es ist ferner durch Zinkstaubdestillation, und Zinkstaubschmelze aus dem roten Farbstoff des Johanneskrautes, Hypericin (s. S. 315), gewonnen worden[2].

Eigenschaften. *1.14-Benz-bisanthen* IV krystallisiert aus Nitrobenzol in schönen dunkelroten, blauschillernden Nadeln vom Schmelzpunkt 452° (Vakuumröhrchen, unkorr.), die sich in konzentrierter Schwefelsäure rotviolett, beim Erwärmen grün werdend, lösen. Die Lösung in Xylol zeigt eine grüne Fluorescenz und gibt mit Bromdampf eine blaue Verbindung. *Absorptionsspektrum* s. Abb. 84.

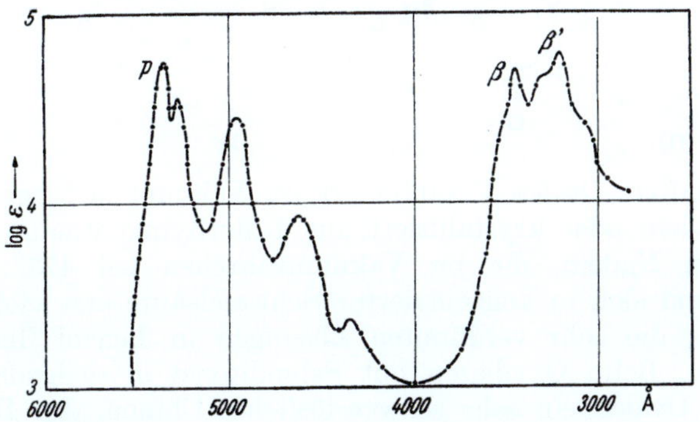

Abb. 84. Absorptionsspektrum des *1.14-Benz-bisanthens* in Benzol. [Nach E. CLAR; Chem. Ber. 82, 56 (1949).] Lage der Banden in Å: *p*, 5355, 5260, 4955, 4625, 4340; *β*, 3450; *β'*, 3205.

1.14-Benzbisanthen-4.11-chinon II, *meso-Anthrodianthron*, krystallisiert in orangegelben Nadeln, die sich in konzentrierter Schwefelsäure violett lösen und Baumwolle aus violetter Küpe goldgelb färben.

3.) Ovalen.

1.14,7.8-Dibenz-bisanthen.

Nach CLAR[3] reagiert 1.14-Benzbisanthen I in siedendem Nitrobenzol mit Maleinsäureanhydrid quantitativ unter Bildung des *Ovalen-dicarbon-säure-anhydrids* II. In ähnlicher Weise konnte *Ovalen-tetracarbonsäure-dianhydrid* IV mit überschüssigem Maleinsäureanhydrid aus Bisanthen

[1] CLAR, E.: B. 82, 55 (1949).
[2] BROCKMANN, POHL, MAIER u. HASCHAD: A. 553, 1 (1942).
[3] CLAR, E.: Nature 161, 238 (1948) — B. 82, 55 (1949).

III erhalten werden. Die Decarboxylierung wird im Vakuum bei 400°
mit Natronkalk vorgenommen.

Eigenschaften. *Ovalen* V sublimiert im Vakuum in langen orangefarbigen Nadeln oder krystallisiert aus 1-Methylnaphthalin in langen
dunkelgelben Nadeln, die im Vakuumröhrchen bei 473° (unkorr.)
schmelzen und sich in konzentrierter Schwefelsäure erst violett, dann
braun lösen; die sehr verdünnten Lösungen in Benzol fluorescieren
orangefarben. Beim Oxydieren mit Selendioxyd in siedendem Nitrobenzol gibt Ovalen ein sehr schwer lösliches Chinon, das Baumwolle
aus carminroter Natriumhydrosulfitküpe
braungelb anfärbt. *Absorpionsspektrum*
s. Abb. 85. Die Atomabstände im Ovalen
wurden von DONALDSON und ROBERTSON
bestimmt[1]. Ovalen ist ein elektrischer
Halbleiter und zeigt eine sehr hohe magne-
tische Anisotropie[2].

IV. Kohlenwasserstoffe, die sich vom Pyren ableiten.

1.) Pyren.

Pyren ist zwar schon seit fast 80 Jahren
bekannt, wurde aber nach den ersten Untersuchungen wegen seiner schweren Zu-

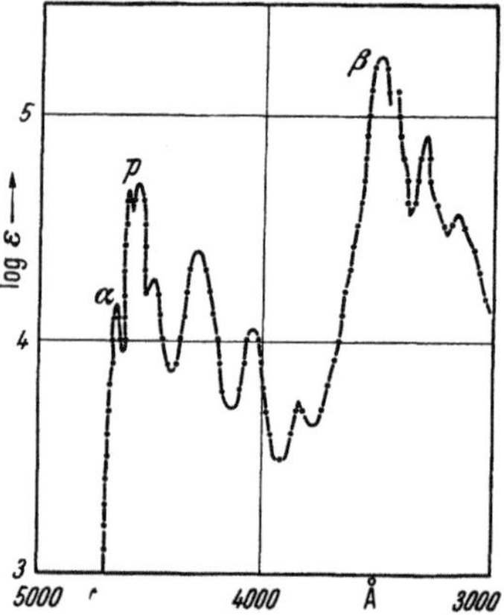

Abb. 85. Absorptionsspektrum des
Ovalens in 1-Methylnaphthalin, ab
3400 Å in Benzol. [Nach E. CLAR:
Chem. Ber. **82**, 57 (1949).] Lage der
Banden in Å: α, 4650, 4600; *p*, 4560,
4480, 4280, 4035, 3820; β, 3490.
Lage der Banden in Benzol in Å:
α, 4635, 4585; *p*, 4525, 4450, 4250;
β, 3450, 3300, 3150.

---

[1] DONALDSON, D. M., u. J. M. ROBERTSON: Nature **184**, 1002 (1949).

[2] AKAMATU, INOKUCHI u. HANDA: Nature **168**, 520 (1951). — INOKUCHI: Bull.
chem. Soc. Japan **24**, 222 (1951).

gänglichkeit längere Zeit nicht eingehender erforscht. Im Steinkohlenteer entdeckte es GRAEBE[1]. Zur Darstellung wurden die höchstsiedenden Anteile des Teeres mit Schwefelkohlenstoff behandelt, wobei das Pyren in Lösung geht, während Chrysen zurückbleibt. Nach dessen Abtrennung wird der Schwefelkohlenstoff verdampft, der Rückstand in Alkohol gelöst und mit Pikrinsäure versetzt. Das auskrystallisierende *Pyrenpikrat* liefert nach Umkrystallisieren, Zerlegen mit Ammoniak und wiederholten Krystallisationen Pyren in gelben Tafeln oder Blättchen.

Wesentlich verbessert wurde die Darstellung des Pyrens aus Steinkohlenteer erst durch KRUBER[2], so daß Pyren jetzt im großen gewonnen werden kann und im Handel zu haben ist. Nach dem neuen Verfahren wird eine bei 370—390° siedende neutrale Teerölfraktion in technischem Lösungsbenzol bei 160° mit Natrium behandelt. Dabei bildet das gleichzeitig vorhandene Fluoranthen eine feste Natriumverbindung, die durch Filtration abgetrennt wird. Aus der Mutterlauge wird das Pyren durch Destillation, Ausfrieren und Umkrystallisieren gewonnen.

Außer bei der trockenen Destillation der Steinkohlen wird Pyren auch noch bei anderen pyrogenen Prozessen gebildet. So bei der destruktiven Destillation von *Braunkohlenteeröl*[3], aus Acetylen und Wasserstoff[4] und bei der Zinkstaubdestillation von *Thebenol* oder *Thebenin*[5]. Aus *Petroleum* kann es mittels des *Catarolprozesses* (S. 126) gewonnen werden. Die wichtigste Quelle für Pyren waren für einige Zeit die Abfallprodukte der Destillation der Quecksilbererze beim Muffelofenbetrieb von Idria, die als „Stupp" und „Stuppfett" bezeichnet wurden. Sie enthielten bis zu 20% Pyren und waren das Ausgangsmaterial für die Arbeiten von G. GOLDSCHMIEDT[6] und BAMBERGER und PHILIP[7], bis 1882 der Muffelofenbetrieb eingestellt wurde.

In neuerer Zeit ergibt neben der Verarbeitung des Steinkohlenteeres auch die destruktive Steinkohlenhydrierung größere Mengen Pyren und andere kondensierte Ringsysteme[8].

Die erste Synthese des Pyrens wurde von R. WEITZENBÖCK[9] durchgeführt. Aus *o,o'*-Ditolyl wurde über Dichlor- und Dicyan-ditolyl die

I   →   II   →   III

---

[1] GRAEBE: A. **158**, 285 (1871). — [2] KRUBER: B. **64**, 84 (1931).

[3] SCHULTZ u. WÜRTH: C. **1905 I**, 1444.

[4] MEYER, R.: B. **45**, 1632 (1912). — MEYER u. TAEGER: B. **53**, 1263 (1920).

[5] FREUND u. MICHAELIS: B. **30**, 1357, 1383 (1897). — VONGERICHTEN: B. **34**, 768 (1901).

[6] GOLDSCHMIEDT, G.: B. **10**, 2027 (1877) — Mh. Chem. **2**, 1, 21 (1881).

[7] BAMBERGER u. PHILIP: A. **240**, 147 (1887).

[8] I.G. Farbenindustrie AG.: F. P. 781543; E. P. 435254; DRP. 639240 u. 640580; 654201; F. P. 816162; 834062; E. P. 493447; 493508; F. P. 49332; E. P. 497089; Belg. P. 427268 — C. **1937 II**, 3846; **1939 I**, 3296, 3832.

[9] WEITZENBÖCK, R.: Mh. Chem. **34**, 193 (1913).

o,o'-Diphenylen-diessigsäure I dargestellt, die zum 1.6-Dioxypyren II kondensiert werden kann. Letzteres gibt bei der Zinkstaubdestillation Pyren III.

Die isomere Diphenyl-diessigsäure IV liefert über das Chlorid mit Aluminiumchlorid das *1.7-Dioxypyren* V, das bei der Zinkstaubdestillation *Pyren* gibt[1].

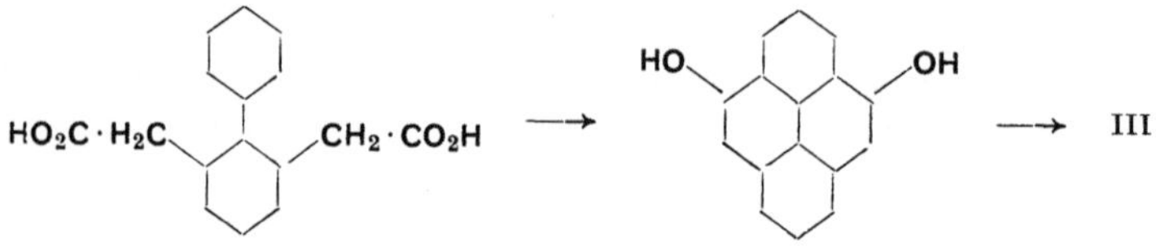

M. FREUND und K. FLEISCHER[2] kondensierten Naphthalin-1.8,4.5-tetracarbonsäure-dianhydrid VI mit Malonester und destillierten das erhaltene *Naphthalin-1.8.4.5-di-indandion* VII mit Zinkstaub.

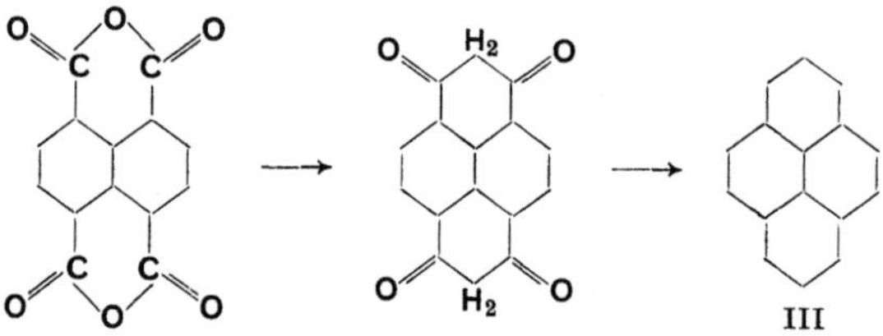

Eine andere Synthese von K. FLEISCHER und E. RETZE[3] geht vom *peri*-Trimethylen-naphthalin VIII aus, das mit Malonylchlorid und Aluminiumchlorid zur Reaktion gebracht wird. Das entstandene Kondensationsprodukt gibt bei der Zinkstaubdestillation Pyren.

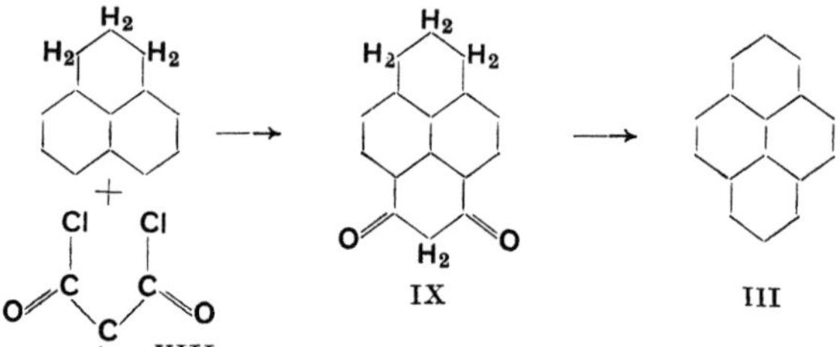

Auf einem etwas längeren Weg wird die Pyrensynthese von J. v. BRAUN und E. RATH[4] durchgeführt. Sie beginnt mit α-Tetralon, aus dem zunächst das Keton X aufgebaut und dieses mit Bromessigester und Zink

<hr>

[1] CHATTERJEE, BOSE u. ROY: J. Ind. chem. Soc. **24**, 169 (1947) — Am. Abstr. **1949**, 2613.
[2] FREUND, M., u. K. FLEISCHER: A. **402**, 77 (1914).
[3] FLEISCHER, K., u. E. RETZE: B. **55**, 3280 (1923).
[4] BRAUN, J. v., u. E. RATH: B. **61**, 956 (1928).

zu XI umgesetzt wird. Im Ester XI wird zuerst die Doppelbindung hydriert und dann die —CH$_2$ · CO$_2$C$_2$H$_5$-Gruppe zu —CH$_2$ · CH$_2$ · OH reduziert, daraus mit Bromwasserstoff —CH$_2$ · CH$_2$ · Br erhalten, das

mit Cyankalium das Nitril und durch Verseifung weiterhin die Säure XII gibt. Der Ringschluß zu XIII wird über das Säurechlorid mit Aluminiumchlorid bewirkt. Das *Keto-dekahydro-pyren* XIII läßt sich nach CLEMMENSEN zum *Dekahydropyren* XIV reduzieren. Die Dehydrierung von XIV zum Pyren wird schließlich durch erhitztes Bleioxyd erreicht.

G. LOCK und E. WALTER[1] bauten Pyren vom Naphthalin auf. Naphthalin liefert mit Formaldehyd und Salzsäure neben anderen Produkten 1.4-Dichlormethylnaphthalin XV, das mit Natrium-malon-

---

[1] LOCK, G., u. E. WALTER: B. **77**, 286 (1944). — Vgl. G. LOCK: B. **75**, 1158 (1942).

säureester XVI gibt. Durch partielle Decarboxylierung wird die Dipropionsäure XVII erhalten. Der Ringschluß mit Fluorwasserstoff führt zu XVIII, daraus wird XIX durch Hydrierung mit Platinoxyd unter späterem Zusatz von konzentrierter Schwefelsäure dargestellt. Der Ringschluß mit Fluorwasserstoff gibt das Keton XX, aus dem durch Hydrierung mit Platinoxyd in Alkohol unter Zusatz von konzentrierter Schwefelsäure das *3.4,5,8.9.10-Hexahydro-pyren* XXI erhalten wird. Die Dehydrierung mit Palladiumkohle 300° liefert *Pyren* III.

Nach J. W. COOK[1] wird 4-Keto-1.2.3.4-tetrahydrophenanthren XXII der REFORMATSKYSCHEN Reaktion mit Bromessigester und Zink unterworfen, der erhaltene Ester XXIII verseift und die Säure mit Schwefelsäure zu XXIV kondensiert. Dieses wird mit Amylalkohol und Natrium reduziert und dann mit Selen zum Pyren dehydriert.

$$\text{XXII} \xrightarrow[\text{Zn}]{Br\cdot CH_2\cdot CO_2C_2H_5} \text{XXIII} \longrightarrow \text{XXIV} \longrightarrow$$

Eine bemerkenswerte Pyren-Synthese geht vom *m*-Xylylen-dibromid XXV aus, das sich mit Natrium zum nicht eben gebauten Di-*m*-xylylen XXVI kondensieren läßt[2,3]. Daraus wird mit Palladium-Kohle bei 270—310° in 62proz. Ausbeute Pyren gewonnen[2]. Wird erst mit Aluminiumchlorid in Schwefelkohlenstoff kondensiert, so wird Hexahydropyren XXVII erhalten[2].

$$\text{XXV} \xrightarrow{Na} \text{XXVI} \xrightarrow{AlCl_3} \text{XXVII} \longrightarrow$$

Pyren ist lange Zeit für einen gelben Kohlenwasserstoff gehalten worden, dessen Farbigkeit nach G. GOLDSCHMIEDT[4] eine Folge seiner chinoiden Struktur sein sollte. E. CLAR[5] zeigte jedoch, daß die Gelbfärbung dem Pyren nicht eigentümlich ist, da sie beim Kochen mit Maleinsäure-anhydrid in Xylol vollkommen verschwindet, ohne daß Pyren dabei in Reaktion tritt. Die Gelbfärbung kommt daher sehr wahrscheinlich von einer geringen Menge eines reaktiven Kohlenwasserstoffes der Anthracenreihe. Später verwendeten WINTERSTEIN, SCHÖN

[1] COOK, J. W.: Soc. **1934**, 366.
[2] BAKER, W., McOMIE u. NORMAN: Chem. Ind. **1950**, 77 — Soc. **1951**, 1114.
[3] PELLEGRIN: R. **18**, 458 (1899).
[4] GOLDSCHMIEDT, G.: A. **351**, 218 (1907). — [5] CLAR, E.: B. **65**, 1427 (1932).

und VETTER[1] die chromatographische Adsorptionsanalyse zur Reinigung des Pyrens und fanden, daß die gelbe Verunreinigung aus *Tetracen* und *Isopentaphen* (Naphtho-[1′.2′:2.3]-anthracen) besteht. Außerdem fanden sie noch etwas *2.3,5.6-Dibenzocumarin* oder *Brasan* als Begleitstoff.

Eigenschaften. Reines *Pyren* krystallisiert in monoklin prismatischen Tafeln, die auch in dicker Schicht vollkommen farblos sind. Es ist ziemlich leicht löslich, schmilzt bei 156° (korr.) und siedet bei etwa 404°[2]. In Lösung zeigt es eine hellblaue Fluorescenz. Mit Pikrinsäure in Alkohol bildet Pyren ein in dunkelroten Nadeln krystallisierendes *Pikrat* vom Schmelzpunkt 222°. Auch mit Tetranitromethan entsteht eine dunkelviolette Molekelverbindung. Trinitrobenzol gibt eine gelbe Verbindung vom Schmelzpunkt 245°[3]. *Absorpticnsspektrum* des Pyrens s. Abb. 86. Die *Röntgenstrukturanalyse* führten ROBERTSON und WHITE[4] durch.

Hydrierung. Pyren in Äther gibt mit Lithium eine Metallverbindung, aus der bei der Hydrolyse ein sehr unbeständiges *Dihydropyren* gebildet wird[5]. Mit Kohlendioxyd entsteht aus der Li-Verbindung eine Dicarbonsäure. Die Reduktion von Pyren mit Natrium in Amylalkohol[6] liefert 2 *Hexahydro-pyrene*, denen nach den Arbeiten von COOK und HEWETT[7] die Struktur I bzw. II zukommen muß, denn das symmetrische *Hydro-*

V   I   III

VII   VIII   VI   IV   II

pyren I ergab bei der Oxydation 1.4,5.8-Naphthalintetracarbonsäure. Die katalytische Reduktion des Pyrens unter Verwendung eines Molybdänsulfid-Aktivkohle-Katalysators wurde von COULSON[8] studiert. Dabei zeigte sich, daß Pyren merkwürdig schwer zu reduzieren ist. Es bildet sich zunächst eine kleine Menge *Hexahydropyren* I und etwas *1.2-Dihydro-pyren* V. Unter energischeren Bedingungen entsteht dann noch *1.2,6.7-Tetrahydro-pyren* VI und *asym.-Hexahydropyren* II. Die Wiederholung der Reduktion mit Amylalkohol und Natrium durch COULSON[8]

[1] WINTERSTEIN, SCHÖN u. VETTER: H. **230**, 162 (1934).
[2] DECKER, H.: B. **67**, 1636 (1934). — [3] HERTEL, E.: A. **451**, 179 (1926).
[4] ROBERTSON, J. M., u. J. G. WHITE: Soc. **1947**, 358.
[5] BERGMANN, E., u. E. BOGRACHOV: Am. Soc. **62**, 3016 (1940).
[6] GRAEBE: A. **158**, 297 (1871). — GOLDSCHMIEDT, G.: A. **351**, 226 (1907).
[7] COOK u. HEWETT: Soc. **1933**, 401.
[8] COULSON: Soc. **1937**, 1298. — Vgl. I. KAGEHIRA: Bull. chem. Soc. Japan **6**, 241 (1931). — FIESER, L. F., u. F. C. NOVELLO: Am. Soc. **62**, 1855 (1940).

ergab, daß neben den bekannten beiden *Hexahydropyrenen* I und II auch noch *1.2-Dihydro-pyren* V, *1.2.6.7-Tetrahydropyren* VI und die

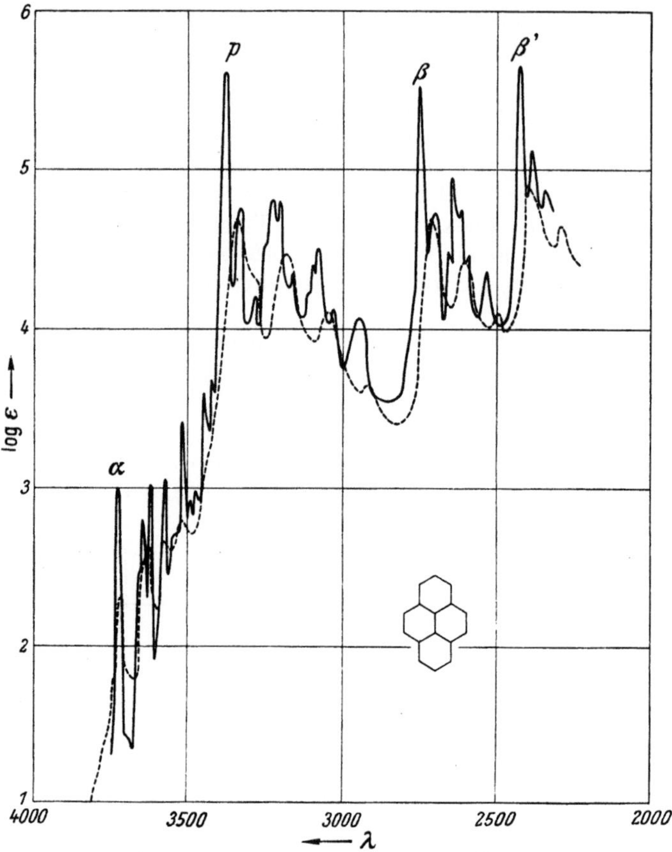

Abb. 86. Absorptionsspektrum des *Pryens* in Methylalkohol-Äthylalkohol. [Nach E. CLAR: Spectrochimica Acta 4, 117 (1950).] ——————— bei −170°, − − − − − − bei +18°.

Pyrene

bei +18°		bei −170°			bei +18°		bei −170°		
α-Banden	3715	3712				2720	2741,	2707,	2662
	3620	3635,	3612		β-Banden	2615	2638,	2618,	2600
	3560	3565,	3490			2510	2532		
	3515	3510,	3467,	3440					
		3415							
	3335	3372,	3328,	3282	β'-Banden	2410	2423,	2390,	2345
	3180	3223,	3202,	3165		2305			
p-Banden	3050	3093,	3070,	3030					
	2920	2950							

beiden *Decahydro-pyrene* III und IV gebildet werden. Die Trennung dieser Kohlenwasserstoffe wurde durch die verschiedene Stabilität ihrer *Pikrate* erreicht. Die Pikrate von *sym.-Hexahydropyren* I und von *1.2.6.7-*

Tetrahydro-pyren VI bilden sich in Benzol, sind aber in Alkohol nicht stabil. *1.2-Dihydropyren* V und *asym.-Hexahydro-pyren* II geben in Alkohol stabile Pikrate, während die beiden *Decahydro-pyrene* III und IV keine Pikrate geben und sehr leicht löslich sind. Das *Decahydropyren* III wurde bereits von J. v. BRAUN und RATH (s. S. 321) synthetisch dargestellt.

1.2-Dihydro-pyren V kann in Eisessig mit Wasserstoffsuperoxyd zu 9.10-Dihydro-phenanthren-4.5-dicarbonsäure VII oxydiert werden, während mit Kaliumpermanganat ebenso wie aus *1.2.6.7-Tetrahydropyren* VI die Diphenyl-2.6.2′.6′-tetracarbonsäure VIII erhalten wird.

Substitutionsreaktionen. Die Substitutionsreaktionen des Pyrens sind von H. VOLLMANN, H. BECKER, M. CORELL und H. STREECK[1] (im folgenden mit V.B.C.S. zitiert) in einer umfangreichen Arbeit ausführlich studiert worden. Dabei hat sich gezeigt, daß der erste Substituent in 3-Stellung eintritt. Die Di-Substitution erfolgt nebeneinander in 3.8- und 3.10-Stellung, die Tri-Substitution in 3.5.8- und die Tetra-Substitution in 3.5.8.10-Stellung. Zwischen Substituenten erster und zweiter Ordnung besteht bemerkenswerterweise dabei kein Unterschied.

Pyren wird sehr leicht halogeniert. G. GOLDSCHMIEDT und WEGSCHEIDER[2] chlorierten Pyren in Chloroform und erhielten *Monochlorpyren*, zwei *Dichlorpyrene* II und III, ein *Trichlorpyren* IV und ein *Tetrachlorpyren*, die sehr schwer voneinander zu trennen waren. *3-Chlorpyren* I läßt sich aber leicht darstellen, wenn die Chlorierung in Tetrachlor-

---

[1] VOLLMANN, H., H. BECKER, M. CORELL u. H. STREECK: A. **531**, 1—159 (1937).

[2] GOLDSCHMIEDT, G., u. WEGSCHEIDER: Mh. Chem. **4**, 238 (1883).

kohlenstoff mit Sulfurylchlorid vorgenommen wird (V.B.C.S.). *3.5.8.10-Tetrachlorpyren* V entsteht in guter Ausbeute in Tetrachloräthan mit Chlor bei 60° (V.B.C.S.). Die weitere Chlorierung von V in Trichlorbenzol bei 100—110° führt zur Addition von 4 Atomen Chlor unter Bildung von VI, die Abspaltung von Chlorwasserstoff daraus liefert 2 isomere *Hexachlorpyrene* VII und VIII. Beide ergeben bei weiterer Chlorierung unter Zusatz von Jod einheitliches *Oktachlorpyren* IX. Bei niedriger Temperatur in Chlorsulfonsäure mit Jod und Chlor bildet sich dagegen ein Additionsprodukt, das beim Erhitzen Chlorwasserstoff und Chlor abspaltet und in guter Ausbeute *Dekachlorpyren* X gibt (V.B.C.S.).

Analog der Chlorierung verläuft die Bromierung. In Tetrachlorkohlenstoff gibt Pyren mit Brom 3-Brompyren[1] und mit mehr Brom zwei *Dibrompyrene*, wahrscheinlich entsprechend II und III[2]. In Benzol entsteht auch mit der für ein Dibrompyren berechneten Menge Brom *3.5.8-Tribrompyren*[2]. Fast quantitativ kann *3.5.8.10-Tetrabrompyren* mit Brom in Nitrobenzol oder Trichlorbenzol bei 100—150° erhalten werden. Die Bromierung bleibt dann zum Unterschied von der Chlorierung stehen. Die Stellung der Halogenatome der meisten Halogenverbindungen des Pyrens wurde durch Oxydation zu *Pyrenchinonen* oder Abbau zu Naphthalin-tetracarbonsäuren bewiesen (V.B.C.S.). *3-Jodpyren* wurde aus der Li-Verbindung mit Jod erhalten[3].

3-Nitropyren wird aus Pyren mit verdünnter Salpetersäure[4] oder mit wäßrigem Kaliumnitrit, verdünnter Schwefelsäure und ätherischer Pyrenlösung[5], oder am besten mit Salpetersäure in Eisessig (V.B.C.S.) dargestellt. Mit diesen Methoden kann auch ein Gemisch zweier Dinitropyrene erhalten werden, aus dem das *3.8-Dinitropyren* rein abgeschieden wurde. Mit starker Salpetersäure bildet sich *3.5.8.10-Tetranitropyren*[4] (V.B.C.S.).

Pyren-3-sulfonsäure wird aus Pyren in Tetrachlorkohlenstoff mit Chlorsulfonsäure bei 0—5° dargestellt[6]. Mit Schwefelsäure wird bei gewöhnlicher Temperatur ein Gemisch von *Disulfonsäuren* erhalten[7] (V.B.C.S.), energischere Einwirkung führt schließlich zur Pyren-*3.5.8-trisulfonsäure* und weiter zur *Pyren-3.5.8.10-tetrasulfonsäure*[8].

FRIEDEL-CRAFTSsche Reaktionen mit Pyren sind viel bearbeitet worden, da sie zu wichtigen Kondensationsprodukten führen. Die Substitutionsgesetzmäßigkeiten sind nicht anders als bei den anderen Derivaten. Monosubstitution findet immer in 3-Stellung statt. So bildet sich aus Pyren, Aluminiumchlorid und Harnstoffchlorid *Pyren-3-carbon-*

---

[1] LOCK, G.: B. **70**, 926 (1937) — Vgl. I.G. Farbenindustrie AG.: F. P. 803820 — C. **1937 I**, 1550.

[2] CLAR, E.: B. **69**, 1685 (1936). — Vgl. GRAEBE: A. **158**, 294 (1871).

[3] BERG, A.: Acta Chem. Scand. **3**, 665 (1949) — Am. Abstr. **1950**, 2508.

[4] GRAEBE: A. **158**, 292 (1871).

[5] GOLDSCHMIEDT, G.: Mh. Chem. **2**, 580 (1881).

[6] Gesellschaft für Chemische Industrie in Basel: Schwz. P. 172726 (1933) — C. **1935 II**, 923 — Vgl. V.B.C.S.

[7] GOLDSCHMIEDT, G.: Mh. Chem. **4**, 681 (1883).

[8] TIETZE, E., u. O. BAYER: A. **540**, 189 (1939).

säureamid, und daraus durch Verseifung dieselbe *Pyren-3-carbonsäure*[1], die auch durch Oxydation von ebenfalls durch FRIEDEL-CRAFTSsche Reaktion erhaltenen *3-Acetyl-pyren*[2] dargestellt werden kann. Mit Chloracetylchlorid, Pyren und Aluminiumchlorid werden *3.8-* und *3.10-Di[chloracetyl]-pyren* dargestellt, die bei der Oxydation die entsprechenden *Dicarbonsäuren* liefern (V.B.C.S.). Mit Propionylchlorid an Stelle von Acetylchlorid wird *3-Propionylpyren* gebildet[3]. Auch *3-n-Butyryl-* und *3-Isovaleryl-pyren* sind mit den Säurechloriden erhalten worden[4]. Phenylessigsäurechlorid gibt *3-Phenylacetyl-pyren*[5]. Aus Pyren, Phosgen und Aluminiumchlorid entsteht *3.3'-Dipyrenyl-keton*[6]. *3.8-Di-tert.-butylpyren* bildet sich aus Pyren, tert.-Butyl-chlorid und Aluminiumchlorid[7].

Die sehr wichtige Kondensation von Bernsteinsäure-anhydrid mit Pyren und Aluminiumchlorid ist die erste Operation auf dem Wege zum *3.4-Benzpyren* von COOK und HEWETT[8] und ergibt *Pyrenoyl-(3)-β-propionsäure*.

Mit Benzoylchlorid, Aluminiumchlorid und Pyren wird je nach den Reaktionsbedingungen *3-Benzoyl-pyren*[9], ein Gemisch von *3.8-* und *3.10-Dibenzoyl-pyren*[10] oder *3.5.8.10-Tetrabenzoyl-pyren*[11] erhalten. Pyren läßt sich mit Benzoylchlorid in einer Schmelze vom Aluminiumchlorid-Natriumchlorid direkt zum *Pyranthron* (s. S. 381) kondensieren[12]. *Diaroyl-pyrene* sind ferner mit α- und β-Naphthoylchlorid und α-Thiophencarbonsäurechlorid dargestellt worden[9]. Ferner sind auch Kondensationsprodukte aus Pyren bzw. 3-Benzoyl-pyren und Zimtsäurechlorid bekanntgeworden[13].

Phthalanhydrid und Aluminiumchlorid geben mit Pyren unter milden Bedingungen *3-Pyrenoyl-o-benzoesäure*[14], bei energischerer Einwirkung wird *3.8-* und *3.10-Di-(o-carboxy-benzoyl)-pyren*[15] und *3.4-Phthaloyl-*

---

[1] Gesellschaft für Chemische Industrie in Basel: Schwz. P. 190716 (1936) — C. **1937 II**, 4107 — Imper. Chem. Industries: E. P. 486668 (1936) — C. **1938 II**, 3317.

[2] DZIEWOŃSKI u. STERNBACH: Roczniki Chem. **17**, 101 (1937) — C. **1937 II**, 65 — Vgl. V.B.C.S.

[3] DZIEWOŃSKI u. TRZESINSKI: Bull. int. Acad. polon. Sci. Lettres Ser. A. **1937**, 579.

[4] BACHMANN, W. E., u. M. CARMACK: Am. Soc. **63**, 2494 (1941).

[5] BUU-HOI u. ROYER: Bl. **1946**, 659.

[6] BERG, A.: Acta Chem. Scand. **3**, 665 (1949) — Am. Abstr. **1950**, 2508.

[7] BUU-HOI u. CAGNIANT: B. **77**, 121 (1944).

[8] COOK u. HEWETT: Soc. **1933**, 398. — Vgl. FIESER, HERSHBERG, LONG jr. u. NEWMAN: Am. Soc. **59**, 475 (1937); (V.B.C.S.).

[9] SCHOLL u. SEER: A. **394**, 162 (1912). — SCHOLL, MEYER u. DONAT: B. **70**, 2180 (1937).

[10] V.B.C.S. dort S. 38 nach Richtigstellung einer Angabe von SCHOLL u. SEER: A. **394**, 162 (1912).

[11] V.B.C.S. dort S. 46. — Vgl. SCHOLL u. MEYER: Schwz. P. 176919 (1934) — C. **1936 I**, 2637.

[12] I.G. Farbenindustrie AG.: E. P. 382877 (1932) — C. **1933 I**, 1525.

[13] SCHOLL u. MEYER: Schwz. P. 176919 (1934) — C. **1936 I**, 2637.

[14] I.G. Farbenindustrie AG.: DRP. 589145 — C. **1934 I**, 771. — COOK u. HEWETT: Soc. **1933**, 403. — CLAR, E.: B. **69**, 1684 (1936).

[15] CLAR, E.: Soc. **1949**, 2013.

pyren[1] gebildet, auch ein *Diphthaloyl-pyren* oder ein Gemisch von 2 Isomeren ist beschrieben worden[2].

Pyren-3-aldehyd ist aus Pyren, Formyl-methylanilin und Phosphoroxychlorid dargestellt worden. *Pyrenyl-3-essigsäure* bildet sich beim Kochen von Pyren, Monochloressigsäure und Dichlorbenzol (V.B.C.S.). Eine merkwürdige Beweglichkeit kommt den Cl-Atomen im *3.5.8.10-Tetrachlor-pyren* zu, das mit Benzol und Aluminiumchlorid unter Bildung von *3.5.8.10-Tetraphenyl-pyren* reagiert. Auch das Cl-Atom im *3-Chlor-pyren* ist beweglich, denn mit Aluminiumchlorid tritt Kondensation zweier Pyrenmolekeln zu einem 9-kernigen Kohlenwasserstoff unsicherer Konstitution ein (V.B.C.S.). Mit Benzophenonchlorid und Aluminiumchlorid reagiert Pyren sehr leicht und bildet das kondensierte Benzanthrenderivat XI[3]. Mit Glycerin und Schwefelsäure wird Pyren zum *1.8.9-Naphthanthron-(10)* XII kondensiert[4].

Diazoessigester reagiert mit Pyren unter Bildung von XIII[5]. Als echtes Phenanthren-Derivat gibt es bei der Oxydation ein *o*-Chinon.

Homologe. Es sind nur wenig homologe Pyrene bekanntgeworden. COOK und HEWETT[6] beschrieben ein *Methylpyren* vom Schmelzpunkt 142,5—143,5° und eines vom Schmelzpunkt 68—70°, die von V.B.C.S. (dort S. 36) als *4-Methylpyren* bzw. *3-Methylpyren* (F = 72°) erkannt worden sind. Durch Zinkstaubdestillation wurde von V.B.C.S. aus *3-Acetyl-pyren* ein *3-Äthyl-pyren* vom Schmelzpunkt 94—95° gewonnen. Ferner wurden dargestellt: 1-Methyl-, (F = 149°), 1-Äthyl- (F = 75°) und 1.2-Dimethyl-pyren (F = 211°)[7]. *Methyl-* und *Dimethylpyrene* sollen auch bei der destruktiven Hydrierung von Steinkohlen entstehen[8].

---

[1] Verein für Chemische und Metallurgische Produktion, Außig: DRP. 574189 (SEDLMAYER: E. P. 366472) — C. **1932 II**, 447.

[2] V.B.C.S. S. 49. — SCHOLL, MEYER u. DONAT: B. **70**, 2180 (1937).

[3] CLAR, E.: B. **69**, 1685 (1936) — B. **81**, 524 (1948).

[4] V.B.C.S., dort S. 56; nach Richtigstellung einer Angabe von SCHOLL u. MEYER: B. **69**, 152 (1936).

[5] BADGER, G. M., J. W. COOK u. A. R. M. GIBB: Soc. **1951**, 3456.

[6] COOK u. HEWETT: Soc. **1934**, 366. — BERG, A.: Acta Chem. Scand. **3**, 665 (1949).

[7] NEWMAN, M. S.: J. org. Chemistry **16**, 860 (1951). — DANNENBERG, H., u. H. BRACHERT: B. **84**, 504 (1951).

[8] I.G. Farbenindustrie AG.: F. P. 816162 (1937); 834062 (1938); E. P. 493447 u. 493508 (1937); F. P. 49332 (1938); E. P. 497089 (1937); Belg. P. 427268 (1938) — C. **1937 II**, 3846; **1939 I**, 3862.

Oxydation. Bei der Oxydation mit Chromsäure erhielt Graebe[1] aus Pyren ein *Pyrenchinon*, dessen Struktur oft diskutiert worden ist, da sein weiterer Abbau zu 1.8-Naphthindenon-4.5-dicarbonsäure III (Pyrensäure), Naphthindenon IV und Naphthalin-4.5,1.8-tetracarbonsäure V[2] nur ergibt, daß sich die Carbonyle nicht in den Stellungen 1,2,6,7 befinden, aber nicht, welche Lage sie in den abgebauten Ringen eingenommen haben. Erst Vollmann, Becker, Corell und Streeck[3] fanden, daß das bisher für einheitlich angesehene Pyrenchinon aus zwei isomeren Chinonen I und II besteht, die sie mit Hilfe der Diacetate der durch Reduktion entstehenden *Dioxy-pyrene* trennen konnten. Aus den *Dioxypyrenen* wurden dann die reinen *Chinone* durch milde Oxydation erhalten. *Pyren-3.8-chinon* I krystallisiert aus Nitrobenzol in langen, goldgelben Nadeln, die sich bei 290° dunkel färben und bei 309° schmelzen und sich in konzentrierter Schwefelsäure gelborange lösen. Mit alkalischem Hydrosulfit bildet sich eine hellgelbe, intensiv blau fluorescierende Küpe.

Das sich bei der Oxydation in größerer Menge bildende *Pyren-3.10-chinon* II krystallisiert aus Eisessig in bräunlichroten, langen Nadeln vom Schmelzpunkt 270°. Die Lösung in konzentrierter Schwefelsäure ist olivgrün. Die Küpe ist hellgelb und zeigt eine intensive blaugrüne Fluorescenz.

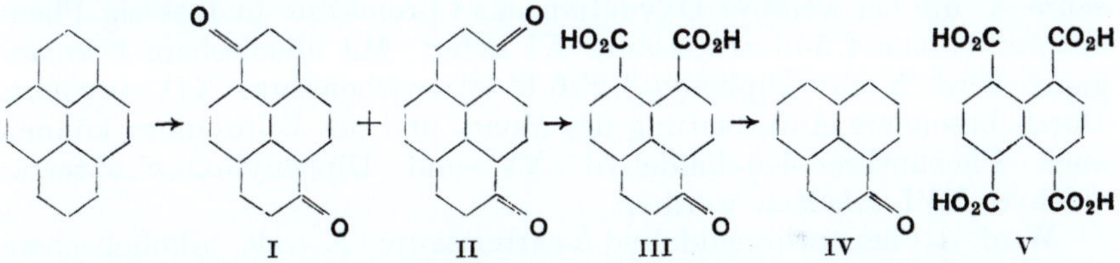

Die Konstitution der beiden Chinone I und II ergibt sich daraus, daß *3.8-Diamino-pyren* von gesicherter Konstitution durch Diazotieren, Verkochen und milde Oxydation in *Pyren-3.8-chinon* I übergeführt wird. Für *Pyren-3.10-chinon* bleibt dann nur noch die Formel II (V.B.C.S.).

Eine interessante Bildungsweise von Abkömmlingen dieser Pyrenchinone ist die Dehalogenierung von *3.5.8.10-Tetrachlor-pyren* VI, aus dem

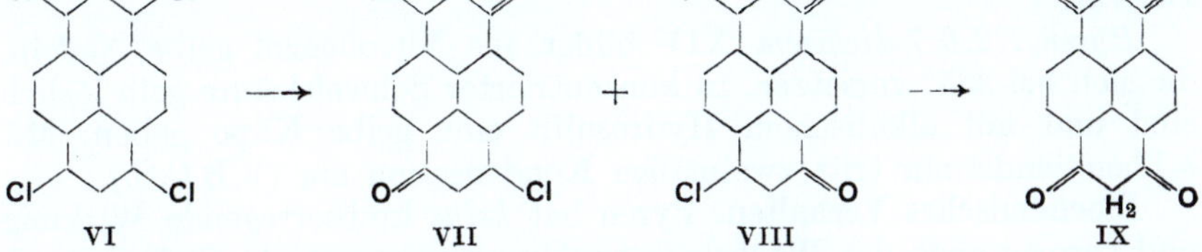

---

[1] Graebe: B. **3**, 742 (1870) — A. **158**, 285 (1871).
[2] Bamberger u. Philip: B. **19**, 1427 (1886); **20**, 365 (1887) — A. **240**, 147 (1887).
[3] Vollmann, Becker, Corell u. Streeck: A. **531**, 5 (1937).

mit 20proz. Oleum bei 85° zunächst ein Gemisch der *Dichlor-pyren-chinone* VII und VIII entsteht, das bei weiterer Einwirkung von 98proz. Schwefelsäure bei 200° *3.5.8.10-Tetraoxo-3.4.5.8.9.10-hexahydropyren* IX gibt.

Diese Methode ist mancher Variationen fähig (V.B.C.S.). Ein bemerkenswertes Ergebnis hat die Einwirkung von Ozon auf in Eisessig gelöstes Pyren. Dabei bildet sich 4-Phenanthren-aldehyd-5-carbon-

X → XI → XII

XIII → XIV XV XVI

säure X, die bei weiterer Oxydation mit Chromsäure in Eisessig Phenanthren-chinon-4.5-dicarbonsäure XI liefert. Mit alkalischem Permanganat wird X zur Diphenyl-2.2'.6.6'-tetracarbonsäure XII oxydiert. Durch besondere Aufarbeitung des Mono- und des Di-ozonides können auch Phenanthren-4.5-dialdehyd XV und Diphenyl-*o.o.o',o'*-tetraaldehyd XVI erhalten werden[1].

Wird 4-Phenanthrenaldehyd-5-carbonsäure X mit alkoholischem Kali oder Cyankali behandelt, so bildet sich das bemerkenswert beständige *Pyren-1.2-chinon* XIII. Bei weiterer Oxydation mit Chromsäure in Eisessig entsteht *Pyren-1.2.6.7-dichinon* XIV.

Pyren-1.2-chinon XIII, das auch durch Oxydation von 1-Oxy-2-aminopyren erhalten werden kann, krystallisiert aus Chlorbenzol in langen orangeroten Nadeln vom Schmelzpunkt 310°, die sich in konzentrierter Schwefelsäure mit grünstichig-blauer Farbe lösen. Alkalisches Hydrosulfit gibt eine gelbe, kaum fluorescierende Küpe. Als *o*-Chinon bildet XIII mit *o*-Phenylendiamin ein *Phenazin*-Derivat.

Pyren-1.2,6.7-dichinon XIV bildet aus Nitrobenzol gelbe Nadeln, die sich bei 365° zersetzen, in konzentrierter Schwefelsäure gelb löslich sind und mit alkalischem Hydrosulfit eine gelbe Küpe geben. Mit *o*-Phenylendiamin tritt zweimalige Kondensation ein (V.B.C.S.).

Biochemisches Verhalten. Pyren hat *keine* krebserregende Wirkung und vermag auch das Wachstum von Impftumoren nicht zu hemmen[2].

---

[1] FIESER, L. F., u. F. C. NOVELLO: Am. Soc. **62**, 1855 (1940).
[2] HADDOW, SCOTT u. SCOTT: Proc. Roy. Soc. London (B) **122**, 477 (1937). — HADDOW: J. Path. Bact. **47**, 567 (1938).

2.) 1.2-Benzpyren.

J. W. Cook und C. L. Hewett[1] kondensierten 3.4.5.8.9.10-Hexahydropyren I mit Bernsteinsäure-anhydrid und Aluminiumchlorid in Nitrobenzol. Die erhaltene Ketonsäure II wurde in das Semicarbazon übergeführt und dieses nach Kishner-Wolff mit Natriumalkoholat in Alkohol bei 180—190° zur *Hexahydro-pyrenyl-buttersäure* III reduziert.

Der Ringschluß zum *Keto-dekahydro-benzpyren* IV gelingt mit 80 proz. Schwefelsäure. IV wird mit Natrium in Alkohol reduziert und dann mit Selen zum 1.2-Benzpyren V dehydriert.

1.2-Benzpyren wurde von Cook, Hewett und Hieger[2] auch aus *Steinkohlenteerpech* dargestellt. Sie destillierten und lösten es in Benzol. Nach der Abscheidung von 2.3-Benzcarbazol wurde die Mutterlauge mit verdünnter Schwefelsäure gewaschen, das Benzol verdampft, der Rückstand mit heißer Essigsäure behandelt und gekühlt. Dabei wird rohes Chrysen abgeschieden. Die Mutterlauge liefert nach dem Versetzen mit Pikrinsäure krystallisierte Pikrate, die nach mehrmaligem Umkrystallisieren aus Benzol reines *1.2-Benzpyren-Pikrat* geben. Nach Cook und Hewett[1] ist ein Kohlenwasserstoff unbekannter Konstitution vom Schmelzpunkt 183°, den Meyer und Taeger[3] durch Pyrokondensation aus Acetylen darstellen, identisch mit *1.2-Benzpyren.*

Eine andere Synthese des *1.2-Benzpyrens* wurde später noch von E. Ghigi[4], vom Benzanthron ausgehend, durchgeführt. Dieses gibt beim Behandeln mit Propyl-magnesiumjodid wahrscheinlich über ein Dihydro-

[1] Cook, J. W., u. C. L. Hewett: Soc. **1933**, 401.
[2] Cook, Hewett u. Hieger: Soc. **1933**, 396.
[3] Meyer u. Taeger: B. **53**, 1261 (1920).
[4] Ghigi, E.: Atti X. Congr. Intern. Chimica, Roma Vol. **III**, 178 (1938) — C. **1939 II**, 3984.

benzanthron-Derivat 4-Propyl-benzanthron VI[1], das bei der Zinkstaubdestillation in 1.2-Benzpyren übergeht. In derselben Arbeit[2] wird ohne

experimentelle Angaben noch auf die Möglichkeit einer ähnlichen Kondensation von 4-*o*-Tolyl-benzanthron VII zu *1.2,4.5-Dibenzpyren* VIII
hingewiesen.

Nach E. CLAR[3] läßt sich Benzanthren X in siedendem Xylol mit
Maleinsäureanhydrid unter Wasserstoffverschiebung zu XI kondensieren.
Die Dicarbonsäure XII gibt beim Verschmelzen mit Natriumchlorid-
Zinkchlorid *1.2-Benzpyren* V neben nur 0.4% Perylen XIII.

Nach V. WEINMAYR (*E. I. du Pont de Nemours & Co.*)[4] entsteht
1.2-Benzpyren aus 9.10-Dihydroanthracen, Acrolein und wasserfreier
Flußsäure und folgender Destillation des Rohproduktes mit Quecksilber IX → V.

[1] CHARIER, G., u. E. GHIGI: B. **69**, 2220 (1936).
[2] Siehe Fußnote 4, Seite 331. — [3] CLAR, E.: B. **76**, 609 (1943).
[4] WEINMAYR, V. (*E. I. du Pont de Nemours & Co.*): A. P. 2145905 (1937) —
C. **1939 II**, 230.

Eigenschaften. *1.2-Benzpyren* krystallisiert aus Benzol in farblosen Prismen oder zentimetergroßen, 4seitigen Platten, die bei 178—179° schmelzen und ein rubinrotes, in Nadeln krystallisierendes Pikrat vom Schmelzpunkt 229—230° geben. *Absorptionsspektrum* s. Abb. 87.

Biochemisches Verhalten. 1.2-Benzpyren besitzt *keine* cancerogene Aktivität[1].

3.) 3.4-Benzpyren.

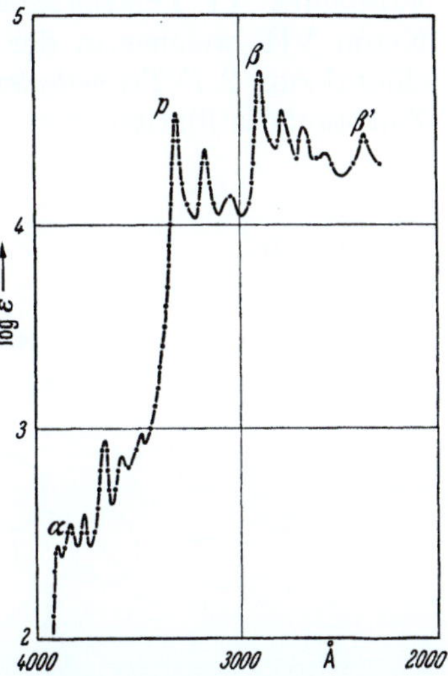

Abb. 87. Absorptionsspektrum des *1.2-Benzpyrens* in Alkohol. [Nach E. CLAR: B. **76**, 610 (1943).] Lage der Banden in Å: α, 3880, 3830, 3770, 3660, 3570, 3480; *p*, 3315, 3165, 3040; β, 2890, 2780, 2670, 2570; β′, 2370.

Dieser für die Erforschung des Krebsproblems sehr wichtige Kohlenwasserstoff wurde zuerst von COOK und HEWETT[2] synthetisiert und von COOK, HEWETT und HIEGER[3] aus *Steinkohlenteerpech* isoliert.

Die Kondensation von Bernsteinsäureanhydrid und Aluminiumchlorid mit Pyren in Nitrobenzol gibt β-3-Pyrenoylpropionsäure I. Mit Ammoniak und Zinkstaub wird sie zu γ-3-Pyrenylbuttersäure II reduziert, die beim Ringschluß mit Zinntetrachlorid bei 115—120° in *4′-Keto-1′.2′3′.4′-tetrahydro-3.4-benzpyren* III übergeht. III kann nach vorheriger Reduktion des Carbonyls oder direkt durch Erhitzen mit Selen in *3.4-Benzpyren* IV übergeführt werden.

Diese Synthese wurde von mehreren Forschern[4] wiederholt und etwas abgeändert mit dem Erfolg, daß die Ausbeuten erhöht werden konnten.

---

[1] COOK, HEWETT u. HIEGER: Soc. **1933**, 397.

[2] COOK u. HEWETT: Soc. **1933**, 398.

[3] COOK, HEWETT u. HIEGER: Soc. **1933**, 396.

[4] MAISIN u. LIÉGEOIS: C. r. Soc. Biol. (Paris) **115**, 733 (1934). — WINTERSTEIN, VETTER u. SCHÖN: B. **68**, 1082 (1935) — H. **230**, 173 (1934). — FIESER, L. F., u. M. FIESER: Am. Soc. **57**, 782 (1935). — RONDONI u. CORBELLINI: Atti R. Accad. naz. Lincei, Rend. **21**, 128 (1935). — WINDAUS u. RENNHAK: H. **249**, 256 (1937). — VOLLMANN, BECKER, CORELL u. STREECK: A. **531**, 48 (1937). — FIESER u. NOVELLO: Am. Soc. **62**, 1855 (1940).

Eine andere, neue Synthese führten L. F. FIESER und E. B. HERSH-
BERG[1] durch. Sie reduzierten *peri*-Naphthindenon V mit Wasserstoff
in Gegenwart eines Kupfer-Chromit-Katalysators zum *peri-Trimethylen-
naphthalin* VI (*Perinaphthan*). Dieses gibt mit Benzoylchlorid das
Keton VII, welches in der Schmelze von Aluminiumchlorid-Natriumchlorid zum *2.1'-Trimethylen-benzanthron* VIII kondensiert wird, dessen
Zinkstaubdestillation zum *3.4-Benzpyren* führt.

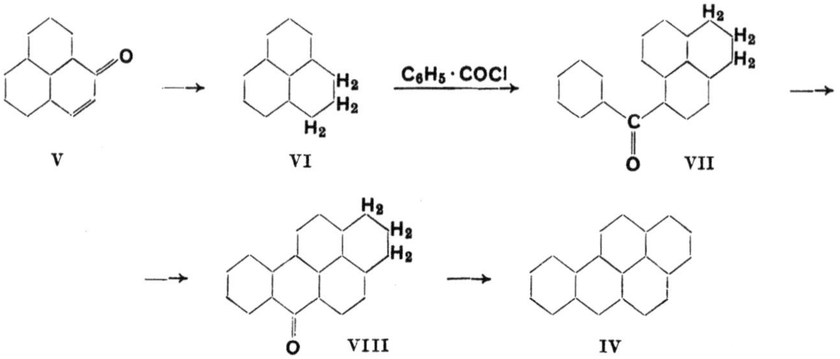

Eine weitere Synthese von FIESER und GATES[2] geht vom *Peri-
naphthanon* IX aus, das mit der GRIGNARD-Verbindung des *o*-Chlor-
brombenzols in Reaktion gebracht wird. Wasserabspaltung und folgende
Hydrierung geben aus X → XI.

Das Cl-Atom in XI kann mit CuCN unter Druck bei 230° gegen CN
ausgetauscht werden. Die stufenweise Verseifung des Nitrils über das
Amid gibt die Carbonsäure, deren Ringschluß mit Fluorwasserstoff das
Trimethylenbenzanthron VIII liefert, das wie oben in *3.4-Benzpyren*
übergeführt werden kann.

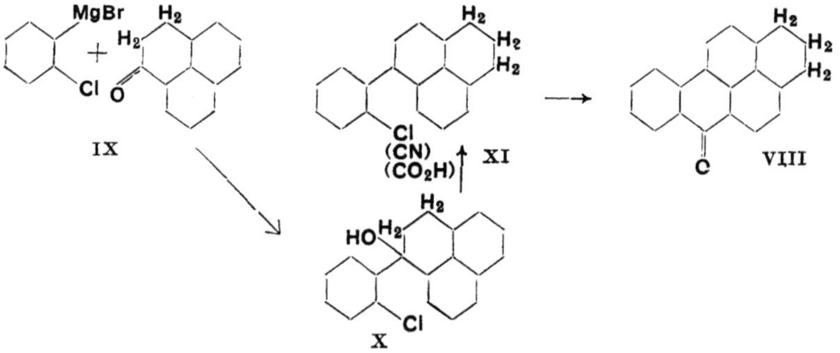

Nach FIESER und HEYMANN[3] wird das Keton XII mit Bromessigester und Zink zu XIII kondensiert, aus dem durch Wasserabspaltung

[1] FIESER, L. F., u. E. B. HERSHBERG: Am. Soc. **60**, 1658 (1938).
[2] FIESER, L. F., u. M. D. GATES jr.: Am. Soc. **62**, 2335 (1940).
[3] FIESER, L. F., u. H. HEYMANN: Am. Soc. **63**, 2333 (1941).

und Dehydrierung die Propionsäure XIV erhalten wird. Mit Fluorwasserstoff läßt sich der Ring zu *2-Oxy-3.4-benzpyren* XV schließen.

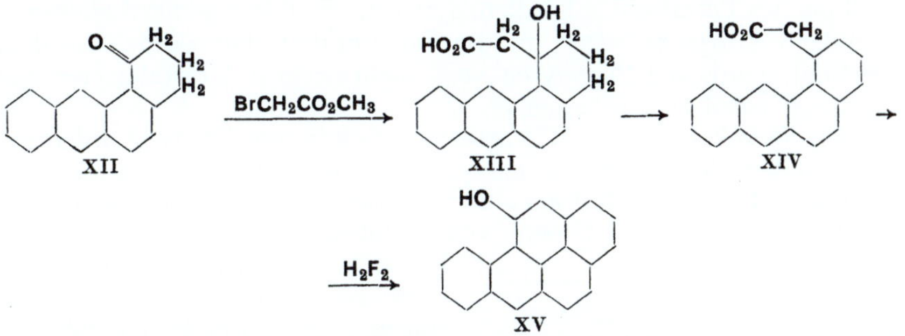

Cook, Ludwiczak und Schoental[1] reduzierten die aus Anthracenaldehyd und Malonester erhältliche Anthracenyl-acrylsäure XVI mit Natrium in Amylalkohol zu XVII. Der Ringschluß mit Fluorwasserstoff gibt XVIII, woraus mit Äthylsuccinat und Kalium-*tert.*-butoxyd nach Stobbe der Halbester XIX erhältlich ist, dessen Behandlung mit Bromwasserstoff in Eisessig Benzanthren-propionsäure XX und das Tetrahydro-Derivat XXI liefert. Letzteres existiert in 2 stereoisomeren Formen, die beide auch aus XX mit Natrium in Amylalkohol erhalten werden konnten. Beide Formen von XXI geben beim Ringschluß mit Fluorwasserstoff das Keton XXII, dessen Dehydrierung mit Palladium in siedendem 1-Methylnaphthalin *8-Oxy-3.4-benzpyren* XIII liefert. Dieses ist eines der biologischen Abbauprodukte des 3.4-Benzpyrens und läßt sich zum *3.10-Chinon* oxydieren und zu *3.4-Benzpyren* reduzieren.

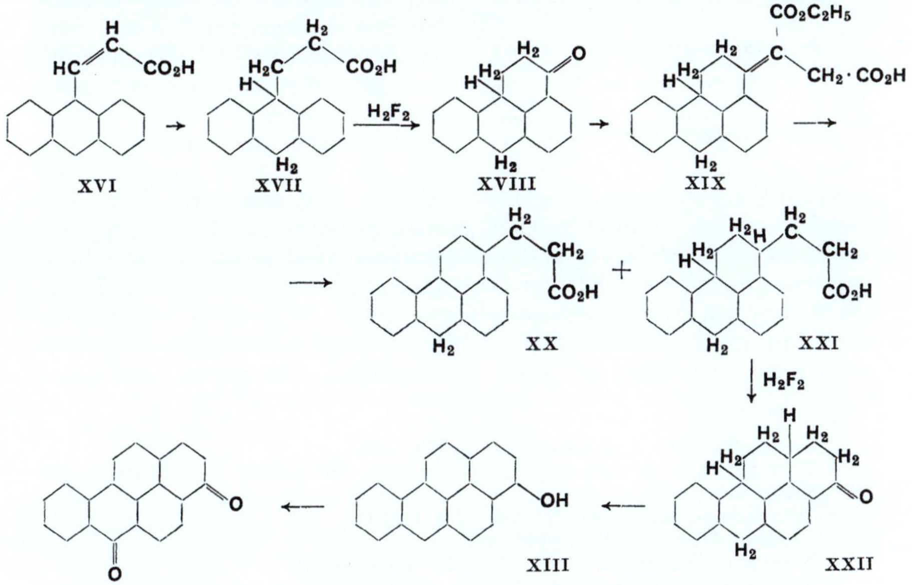

---

[1] Cook, J. W., R. S. Ludwiczak u. R. Schoental: Soc. **1950**, 1112.

Zur Isolierung des *3.4-Benzpyrens* aus Steinkohlenteerpech verwendeten COOK, HEWETT und HIEGER[1] die Mutterlauge von der Darstellung des Pikrates des 1.2-Benzpyrens (s. S. 331), die mit Sodalösung von der Pikrinsäure befreit und im Vakuum destilliert wurde. Aus dem Destillat wurde 3.4-Benzpyren nach mehrmaligem Krystallisieren aus Benzol-Alkohol rein erhalten.

Aus *Rohpicen* stellten WINTERSTEIN, SCHÖN und VETTER[2] *3.4-Benzpyren* mit Hilfe der chromatographischen Adsorptionsanalyse dar.

Eigenschaften. *3.4-Benzpyren* krystallisiert aus Benzol-Methylalkohol in blaßgelben Nadeln vom Schmelzpunkt 176.5—177.5°. Es löst sich in konzentrierter Schwefelsäure orangerot mit grüner Fluorescenz, beim Erwärmen rot mit graublauer Fluorescenz. Sein *Pikrat* bildet dunkelrote Nadeln vom Schmelzpunkt 197—198°. *Absorptionsspektrum* von 3.4-Benzpyren s. Abb. 88.

Additions- und Substitutionsreaktionen. *3.4-Benzpyren* reagiert nicht mit Maleinsäure-anhydrid[1], obwohl es 3 linear kondensierte Benzolkerne enthält, da nur eine *meso*-Stellung frei ist.

Mit Brom in Schwefelkohlenstoff gibt es *Tribrom-3.4-benzpyren*[3], mit Salpetersäure in Eisessig je nach den Bedingungen ein *5-Mono-* oder ein *Dinitroderivat*[3,4,5]. Die Reduktion des *Mononitro-3.4-benzpyrens* liefert dasselbe *5-Amino-3.4-benzpyren*, welches auch durch Reduktion des aus 3.4-Benzpyren und

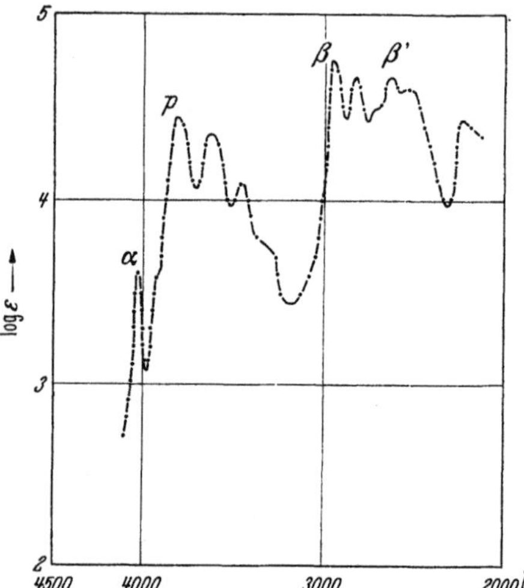

Abb. 88. Absorptionsspektrum des *3.4-Benzpyrens* in Alkohol. [Nach W. V. MAYNEORD u. E. M. F. ROE: Proc. Roy. Soc. London (A) **152**, 323 (1935).] Lage der Banden in Å: α, 4030; 3845, *p*, 3636, 3470, 3300; β, 2965, 2843, 2740, 2655, 2540; β', 2250.

p-Nitrobenzoldiazoniumchlorid erhältlichen Kupplungsproduktes dargestellt werden kann[3,5,6]. Eine *Monosulfonsäure* des 3.4-Benzpyrens wurde mit Schwefelsäure und Essigsäureanhydrid erhalten[3]. Die Rhodanierung liefert die *5-Rhodan*-Verbindung[7]. Die Einwirkung von Essigsäure-anhydrid und Aluminiumchlorid liefert *10-Acetyl-3.4-benzpyren*, aus dem durch Oxydation mit Hypochloritlösung *3.4-Benzpyren-10-carbonsäure* erhalten worden ist. Auch ein *Diacetyl-3.4-benzpyren* wurde dar-

[1] COOK, HEWETT u. HIEGER: Soc. **1933**, 396.
[2] WINTERSTEIN, SCHÖN u. VETTER: H. **230**, 163 (1934) — Naturwiss. **22**, 237 (1934).
[3] WINDAUS u. RENNHAK: H. **249**, 256 (1937).
[4] COOK u. HEWETT: Soc. **1933**, 403.
[5] FIESER u. HERSHBERG: Am. Soc. **61**, 1565 (1939).
[6] FIESER u. CAMPBELL: Am. Soc. **60**, 1142 (1938).
[7] WOOD, J. L., u. L. F. FIESER: Am. Soc. **63**, 2323 (1941).

gestellt[1,2]. Aus *3.4-Benzpyren-10-carbonsäure* läßt sich über das Hydrazid durch CURTIUSschen Abbau *10-Amino-3.4-benzpyren* gewinnen[2]. Mit Methylformanilid und Phosphoroxychlorid in *o*-Dichlorbenzol bildet sich aus 3.4-Benzpyren *3.4-Benzpyren-5-aldehyd*[3]. 3.4-Benzpyren und Sulfurylchlorid in Tetrachlorkohlenstoff ergeben *5-Chlor-3.4-benzpyren*, aus dem mit CuCN *3.4-Benzpyren-5-nitril* darstellbar ist[2]. Mit Bleitetraacetat in Eisessig wird 3.4-Benzpyren zum *5-Acetoxy-3.4-benzpyren* oxydiert[3,4]. Aus *2.1'-Trimethylen-benzanthron* (S. 334) wurden durch katalytische Hydrierung einige hydrierte Derivate des 3.4-Benzpyrens dargestellt[4].

Homologe. Auch einige Homologe des 3.4-Benzpyrens sind bekanntgeworden. *1'-Methyl-3.4-benzpyren*, Schmelzpunkt 190—190.8°, *2'-Methyl-3.4-benzpyren*, Schmelzpunkt 139—140°, *3'-Methyl-3.4-benzpyren*, Schmelzpunkt 147.5—148° und *3'.4'-Dimethyl-3.4-benzpyren*, Schmelzpunkt 215—216°, wurden von BACHMANN und CARMACK[5] erhalten. *2-Methyl-3.4-benzpyren*, Schmelzpunkt 167.4—168.4°, synthetisierten FIESER und HEYMANN[6]. *9-Methyl-3.4-benzpyren*, Schmelzpunkt 147 bis 148°, siehe FIESER und NOVELLO[7]. *5-Methyl-3,4-benzpyren* vom Schmelzpunkt 215.7—216.2° wird durch Reduktion des 5-Aldehyds nach WOLFF-KISHNER erhalten[8]. Die Einwirkung von Methyl-lithium auf 2.1'-Trimethylenbenzanthron und Zinkstaubdestillation des Reaktionsproduktes liefert *6-Methyl-3.4-benzpyren*, Schmelzpunkt 171—171.5°[9]. *2'-* und *3'-Methyl-3.4-benzpyren*, Schmelzpunkt 138—139° bzw. 146.5—147°, werden erhalten, wenn zur Synthese von FIESER und HERSHBERG (s. S. 334) an Stelle von Benzoylchlorid Toluylchloride verwendet werden[9]. Ein *2'-* oder *3'-Methyl-3.4-benzpyren*, Schmelzpunkt 143—144°, kann durch Kondensation von Pyren mit Methylbernsteinsäure-anhydrid dargestellt werden[10]. Durch Einwirkung von Methyl-magnesiumjodid auf *4'-Keto-1'.2'.3'.4'-tetrahydro-3.4-benzpyren* (S. 333, Formel III) und folgende Dehydrierung wird *4'-Methyl-3.4-benzpyren*, Schmelzpunkt 217.5—218°, erhalten[11]. *10-Äthyl-3.4-benzpyren* aus 10-Acetyl-benzpyren durch Reduktion schmilzt bei 112°[12]. 8-Methyl-3.4-benzpyren, Schmelzpunkt 192—193°, läßt sich aus XXII gewinnen[13].

Oxydation. Die Oxydation des 3.4-Benzpyrens mit Chromsäure verläuft ähnlich wie die des Pyrens. Es entstehen auch hier 2 Chinone nebeneinander, die sich durch fraktionierte Krystallisation der Diacetate

[1] WINDAUS u. RENNHAK: H. **249**, 256 (1937).
[2] WINDAUS u. RAICHLE: A. **537**, 157 (1939).
[3] FIESER u. HERSHBERG: Am. Soc. **60**, 2542 (1938).
[4] FIESER u. HERSHBERG: Am. Soc. **61**, 1565 (1939).
[5] BACHMANN, W. E., u. M. CARMACK: Am. Soc. **63**, 2494 (1941).
[6] FIESER, L. F., u. H. HEYMANN: Am. Soc. **63**, 2333 (1941).
[7] FIESER, L. F., u. F. C. NOVELLO: Am. Soc. **62**, 1855 (1940).
[8] FIESER u. HERSHBERG: Am Soc. **60**, 2542 (1938).
[9] FIESER u. HERSHBERG: Am Soc. **60**, 1658 (1938).
[10] WINTERSTEIN, VETTER u. SCHÖN: B. **68**, 1079 (1935).
[11] FIESER, L. F., u. M. FIESER: Am. Soc. **57**, 782 (1935).
[12] WINDAUS u. RAICHLE: A. **537**, 157 (1939).
[13] CAMERON, J. M. I., J. W. COOK u. R. SCHOENTAL: Soc. **1952**, 257.

der Hydrochinone nach VOLLMANN, BECKER, CORELL und STREECK[1] trennen lassen. Die Verseifung der letzteren und milde Oxydation ergeben die reinen Chinone I und II.

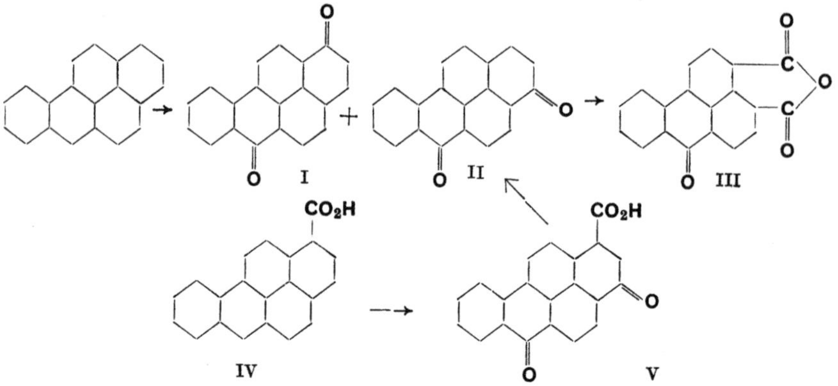

3.4-Benzpyren-5.8-chinon II wurde von WINDAUS und RAICHLE[2] auch durch Oxydation von *3.4-Benzpyren-10-carbonsäure* IV über die *Chinoncarbonsäure* V und deren Decarboxylierung dargestellt. Die beiden Chinone I und II geben bei weiterer Oxydation *Benzanthron-2.1'-dicarbonsäure-anhydrid* III, das schon auf anderem Wege erhalten worden ist[3].

3.4-Benzpyren-5.10-chinon I krystallisiert aus Chlorbenzol in glänzenden goldorange-farbigen Nadeln vom Schmelzpunkt 295°, die sich in konzentrierter Schwefelsäure carminrot lösen und mit alkalischem Hydrosulfit eine orangegelbe Küpe geben.

3.4-Benzpyren-5.8-chinon II bildet aus Eisessig orangerote Nadeln, die bei 245° schmelzen. In konzentrierter Schwefelsäure lösen sie sich olivbraun und geben mit alkalischem Hydrosulfit eine rotstichig gelbe Küpe.

Biochemische Wirkung des 3.4-Benzpyrens. 3.4-Benzpyren ist ein *stark krebserregender Kohlenwasserstoff*, der in dieser Eigenschaft höchstens vom *Methyl-cholanthren* übertroffen wird. Die Tumoren auf der Haut von Mäusen erscheinen 90—100 Tage nach dem Beginn der Pinselung mit 3.4-Benzpyren in Benzollösung. Injektion führt rasch zu Sarkomen. Infolge dieser Eigenschaften wurde der Kohlenwasserstoff bald nach seiner Entdeckung durch COOK, HEWETT und HIEGER[4] in mehreren Laboratorien[5] auf seine carcinogene Fähigkeit untersucht.

[1] VOLLMANN, BECKER, CORELL u. STREECK: A. **531**, 51 (1937). — Vgl. COOK u. HEWETT: Soc. **1933**, 403. — WINTERSTEIN u. VETTER: H. **230**, 173 (1934).

[2] WINDAUS u. RAICHLE: A. **537**, 157 (1939).

[3] I.G. Farbenindustrie AG.: DRP. 494111 (1927) — C. **1930 II**, 820.

[4] COOK, HEWETT u. HIEGER: Soc. **1933**, 395.

[5] BARRY, COOK, HASLEWOOD, HEWETT, HIEGER u. KENNAWAY: Proc. Roy. Soc. London (B) **117**, 318 (1935). — MAISIN u. COOLEN: C. r. Soc. Biol. (Paris) **117**, 109 (1934). — MAISIN u. LIÉGEOIS: C. r. Soc. Biol. (Paris) **115**, 733 (1934). — OBERLING, SANNIE u. GUÉRIN: Bull. Assoc. franç. Etude Canc. **25**, 156 (1936). — RONDONI u. CORBELLINI: Atti R. Accad. naz. Lincei, Rend. **21**, VI, 128 (1936). — SCHÜRCH u. WINTERSTEIN: H. **236**, 79 (1935). — SHEAR: Am. J. Cancer **322**

Der biologische Abbau von injiziertem *3.4-Benzpyren* liefert in den Exkrementen von Kaninchen *8-* und *10-Oxy-3.4-benzpyren* sowie *3.4-Benzpyren-5.8-* und *5.10-chinon*[1].

Während die Einführung der *Tribrom-, Mononitro-, Dinitro-, Monoamino-* und der *Sulfonsäuregruppe* die Aktivität des 3.4-Benzpyrens zum Erlöschen bringt[2], ist *4'-Methoxy-3.4-benzpyren* vielleicht *schwach* wirksam, *4'-Oxy-3.4-benzpyren* ist aber wieder *unwirksam*[3].

Auch an die *Hemmung des Wachstums von Impftumoren* durch 3.4-Benzpyren im Tierexperiment sei hier nochmals erinnert (s. S. 104).

Bemerkenswert ist noch, daß 3.4-Benzpyren nach COOK, DODDS, HEWETT und LAWSON[4] eine sehr deutliche *oestrogene Wirkung* besitzt.

4.) 1.2, 3.4-Dibenzpyren.

Die Synthese des *1.2,3.4-Dibenzpyrens* wurde von E. CLAR[5] von der α-Naphthoyl-*o*-benzoesäure ausgehend durchgeführt. Mit Thionylchlorid bildet diese Säure ein Säurechlorid in der Pseudoform I, das in Gegenwart von Aluminiumchlorid bei Zimmertemperatur mit Benzol reagiert und Phenyl-α-naphthyl-phthalid II liefert. Dieses erleidet beim Kochen mit Benzol und Aluminiumchlorid eine Umlagerung zur *o*-Benzanthrenyl-10)-benzoesäure III[6]. Durch Zinkstaubdestillation wird III in *1.2,3.4-Dibenzpyren* IV übergeführt.

1.2,3.4-Dibenzpyren IV kann auch aus Phenyl-α-naphthyl-phthalid II direkt dargestellt werden, wenn dieses bei höherer Temperatur mit Aluminiumchlorid verschmolzen wird.

(1936). — FIESER, L. F.: Nucleus **15**, 107 (1938) — Am. J. Cancer **34**, 37 (1938). — BACHMANN, COOK, DANSI, DE WORMS, HASLEWOOD, HEWETT u. ROBINSON: Proc. Roy. Soc. London (B) **123**, 343 (1937). — COOK, HASLEWOOD, HEWETT, HIEGER, KENNAWAY u. MAYNEORD: Am. J. Cancer **29**, 119 (1937). — COOK u. KENNAWAY: Am. J. Cancer **33**, 50 (1938).

[1] BERENBLUM u. SCHOENTAL: Cancer Res. **3**, 145 (1943). — BERENBLUM, CROWFOOT, HOLIDAY u. SCHOENTAL: Cancer Res. **3**, 151 (1943). — BERENBLUM, SCHOENTAL, HOLIDAY u. JOPE: Cancer Res. **6**, 699 (1946). — COOK, LUDWICZAK u. SCHOENTAL: Soc. **1950**, 1112.

[2] WINDAUS u. RENNHAK: H. **249**, 256 (1937).

[3] FIESER, HERSHBERG, LONG jr. u. NEWMAN: Am. Soc. **59**, 475 (1937). — Vgl. dagegen COOK, HASLEWOOD, HEWETT, HIEGER, KENNAWAY u. MAYNEORD: Am. J. Cancer **29**, 220 (1937).

[4] COOK, DODDS, HEWETT u. LAWSON: Proc. Roy. Soc. London (B) **114**, 272 (1934).

[5] CLAR, E.: B. **63**, 112 (1930).

[6] Weitere unveröffentlichte Arbeiten haben gezeigt, daß diese Umlagerung unter Umständen auch zur isomeren *1.2-Benzofluorenyl-(9)-o-benzoesäure* führen kann. CLAR, E.: Privatmitteilung.

Da der Ringschluß bei der obigen Synthese nicht eindeutig ist, stellten CLAR und STEWART[1] *1.2,3.4-Dibenzpyren* noch auf folgendem

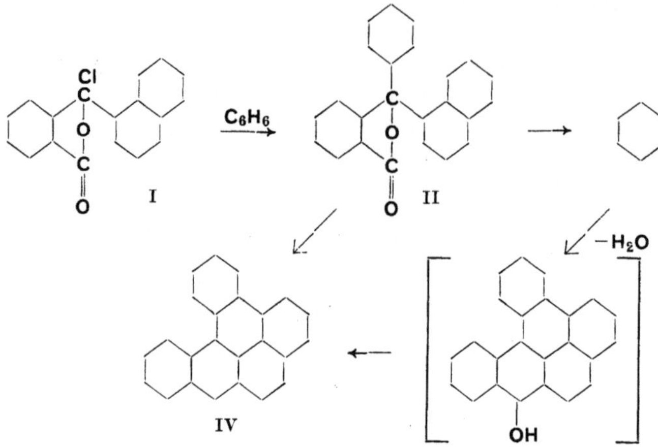

Wege dar: Das leicht zugängliche Keton V wird bei 220° mit wäßriger seleniger Säure zu VI oxydiert. Das Säurechlorid von VI reagiert mit Benzol und Aluminiumchlorid in der Pseudoform und liefert das Lakton VII. Dieses läßt sich nicht wie das isomere Lakton II zu 1.2,3.4-Dibenzpyren kondensieren. Es kann jedoch mit alkoholischem Kalium und Zinkstaub zur Säure VIII reduziert werden, deren Ringschluß mit konzentrierter Schwefelsäure das empfindliche Anthron ⇌ Anthranol-Derivat IX ⇌ IXa gibt. Es kann durch Verschmelzen mit Natrium-chlorid-Aluminiumchlorid zu *1.2,3.4-Dibenzpyren* kondensiert werden. Besser ist es jedoch, zuerst durch Reduktion mit Kaliumhydroxyd und Zinkstaub das *12-Phenyl-tetraphen* X darzustellen, das schon beim Kochen mit Aluminiumchlorid in Benzol *1.2,3.4-Dibenzpyren* IV liefert. Es wird am besten durch Chromatographie gereinigt, da nebenher noch ein roter hochkondensierter und ein höher hydrierter farbloser Kohlen-wasserstoff entstehen.

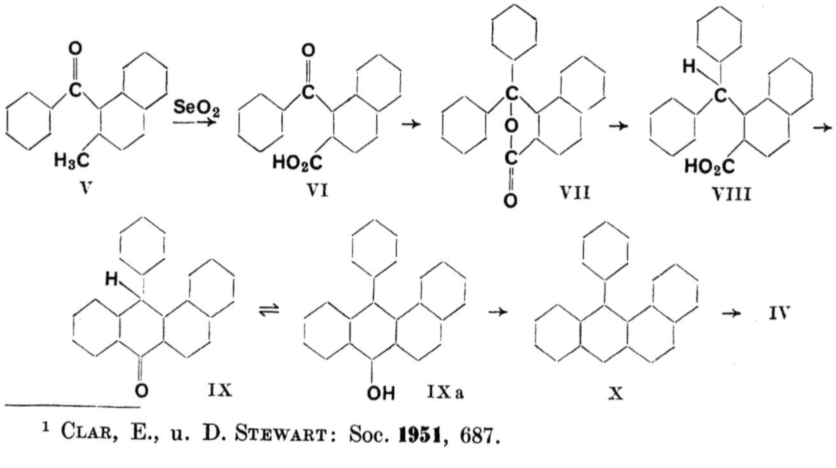

[1] CLAR, E., u. D. STEWART: Soc. **1951**, 687.

Eigenschaften. *1.2,3.4-Dibenzpyren* IV krystallisiert aus Benzol-Eisessig in langen, gelben, sublimierbaren Nadeln vom Schmelzpunkt 226—227°, die sich in konzentrierter Schwefelsäure mit bordeauxroter Farbe lösen, die nach einigen Minuten nach olivgrün umschlägt. In Lösung zeigt es eine intensiv grüne Fluorescenz. Das *Absorptionsspektrum* ist in Abb. 89 wiedergegeben. Mit Pikrinsäure in Benzol bildet 1.2,3.4-Dibenzpyren ein in dunkelroten Nadeln krystallisierendes *Pikrat* vom Schmelzpunkt 231°.

Homologe. Nach der ersten Methode lassen sich auch *Homologe* des 1.2,3.4-Dibenzpyrens darstellen. Die Einwirkung von 1-Methylnaphthalin auf das Pseudochlorid der Benzoyl-o-benzoesäure in Gegenwart von Aluminiumchlorid gibt Phenyl-(1-methylnaphthyl)-phthalid, das im weiteren Reaktionsverlauf zu *7-Methyl-1.2,3.4-dibenzpyren* vom Schmelzpunkt 225 bis 226° führt[1].

5-Phenyl-1.2,3.4-dibenzpyren läßt sich vom Tetra-

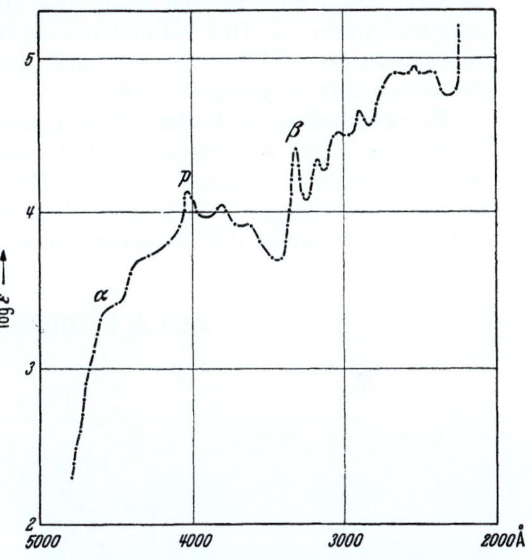

Abb. 89. Absorptionsspektrum des *1.2,3.4-Dibenzpyrens* in Benzol, ab 2800 Å in Alkohol. [Nach E. CLAR: B. **69**, 1679 (1936).] Lage der Banden in Å: α, 4540, 4330; p, 4020, 3810, 3620; β, 3320, 3170, 3030; (in Benzol) 2910, 2640, 2550, 2460 (in Alkohol).

---

[1] CLAR, E.: Privatmitteilung.

phen-7.12-chinon (1.2-Benzanthrachinon) aus synthetisieren. Mit Phenyl-magnesiumbromid entsteht daraus das Diol XI, das mit Aluminium-chlorid in Benzol Wasser abspaltet und in *5-Phenyl-1.2,3.4-dibenz-pyren* XIII übergeht. Als Nebenprodukt bilden sich wechselnde Mengen des *Dihydroderivates* XII, welches mit Platinkohle bei 300° sehr leicht zu XIII dehydriert werden kann. Das Dihydroderivat XII wird ferner erhalten, wenn das Diol XI erst mit Jodkalium in Eisessig zu *7.12-Di-phenyl-tetraphen* XIV reduziert und dann mit Aluminiumchlorid in Benzol zu XII umgelagert wird[1].

Biochemisches Verhalten. Schon nach einer vorläufigen Prüfung haben sich *1.2,3.4-Dibenzpyren* und sein *7-Methylderivat* als in *hohem Maße carcinogen* wirksam erwiesen. Obwohl beide Kohlenwasserstoffe beträchtlich weniger löslich sind als 3.4-Benzpyren oder Methylchol-anthren, erschienen die Tumoren schnell[2].

<h3 style="text-align:center">5.) 1.2, 4.5-Dibenzpyren.</h3>

E. CLAR[3] kondensierte Naphtho-[1′.3′:1.9]-anthren I mit Malein-säureanhydrid in siedendem Xylol. Die Anlagerung erfolgt unter Wasserstoffverschiebung und Bildung von II. Die Kondensation der Säure III durch Verschmelzen mit Natriumchlorid und Zinkchlorid ergibt *1.2,4.5-Dibenzpyren* IV.

Eigenschaften. *1.2,4.5-Dibenzpyren* bildet aus Xylol blaßgelbe Krystalle, die im Vakuumröhrchen bei 225° (unkorr.) schmelzen und

[1] CLAR, E.: B. **63**, 112 (1930).
[2] BACHMANN, COOK, DANSI, DE WORMS, HEWETT u. ROBINSON: Proc. Roy. Soc. London (B) **123**, 350 (1937). — COOK u. KENNAWAY: Am. J. Cancer **33**, 53 (1938).
[3] CLAR, E.: B. **76**, 609 (1943).

sich in konzentrierter Schwefelsäure erst rot, dann braun lösen. Die Lösung in Xylol oder Benzol fluoresciert blau. *Absorptionsspektrum* s. Abb. 90.

6.) 1.2, 6.7-Dibenzpyren.

Zur Darstellung dieses Kohlenwasserstoffes bereitete SHIN-ICHI SAKO[1] 3-Nitro-2-jod-diphenyl aus 2-Amino-3-nitro-diphenyl durch Diazotieren und Behandeln mit Jodkalium. Mit Kupferpulver wird dann aus ersterem 2.2'-Dinitro-6.6'-diphenylbiphenyl I gewonnen. Die beiden Nitro-Gruppen von I werden mit Zinnchlorür und Chlorwasserstoff in Eisessig zu Amino-Gruppen II reduziert. Durch Tetrazotieren und Zersetzen entsteht neben anderen Produkten *1.2, 6.7-Dibenzpyren* III.

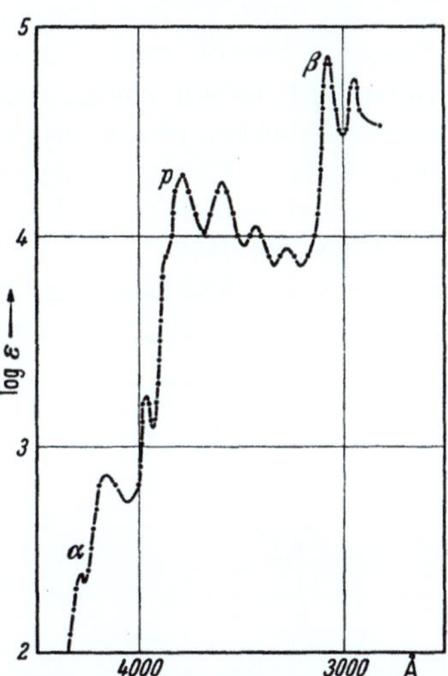

Abb. 90. Absorptionsspektrum des *1.2, 4.5-Dibenzpyrens* in Benzol. [Nach E. CLAR: B. **76**, 615 (1943).] Lage der Banden in Å: α, 4280, 4160, 3960; p, 3780, 3600, 3430, 3275; β, 3065, 2945.

---

[1] SAKO, S.: Bull. chem. Soc. Japan **9**, 55 (1934) — C. **1935 I**, 1239.

1.9,2.3-Dibenz-anthren IV addiert nach E. Clar[1] Maleinsäureanhydrid in siedendem Xylol unter Wasserstoffverschiebung und Bildung von V. Die Dicarbonsäure VI liefert beim Verschmelzen mit Natriumchlorid und Zinkchlorid in guter Ausbeute *1.2,6.7-Dibenzpyren* III neben etwas *3-Oxy-1.2,6.7-dibenzpyren* VII. Letzteres hat bemerkenswerterweise so geringen Phenol-Charakter, daß es sich nicht in wäßrigem Alkali, sondern erst in alkoholischem Kali löst. Das Phenolat dissoziiert schon beim Verdünnen mit Wasser.

Eigenschaften. *1.2,6.7-Dibenzpyren* krystallisiert oder sublimiert in schönen farnkrautartigen, blaßgelben Blättchen, die im Vakuumröhrchen bei 340—342° (unkorr.) schmelzen und sich in konzentrierter Schwefelsäure langsam grün lösen. Die Lösungen in Benzol oder Xylol zeigen eine blaue Fluorescenz. *Absorptionsspektrum* s. Abb. 91.

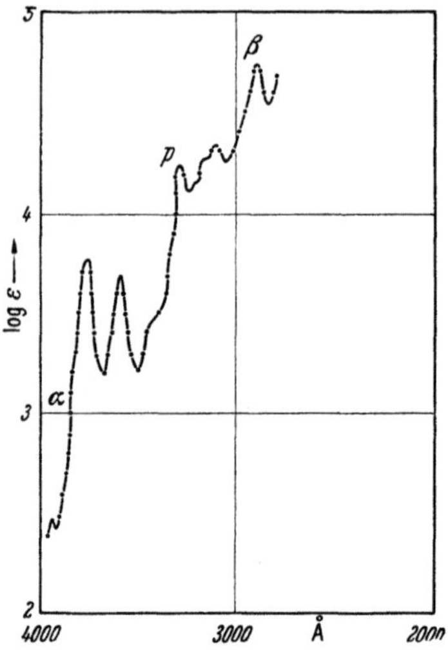

Abb. 91. Absorptionsspektrum des *1.2,6.7-Dibenzpyrens* in Benzol. [Nach E. Clar: B. **76**, 613 (1943).] Lage der Banden in Å: α, 3925, 3765, 3580; p, 3290, 3100; β, 2890.

7.) 3.4,8.9-Dibenzpyren.

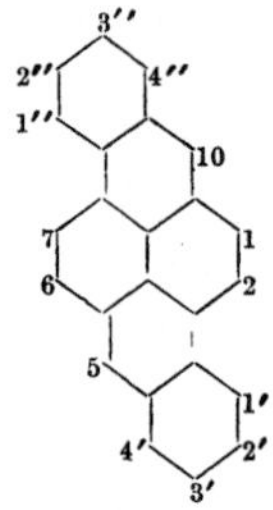

3.4,8.9-Dibenzpyren-5.10-chinon I wurde erstmalig in den Höchster Farbwerken[2] dargestellt, indem Benzoylchlorid und Aluminiumchlorid auf Benzanthron bei gleichzeitigem Einleiten von Luft oder in Gegenwart von Oxydationsmitteln zur Einwirkung gebracht wurden. Auch 1.5-

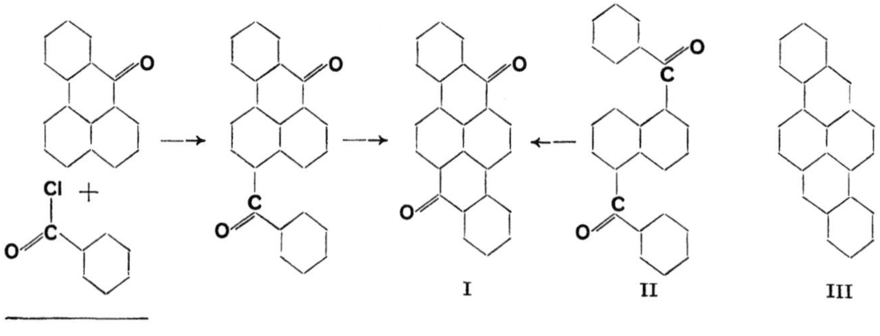

I   II   III

[1] Clar, E.: B. **76**, 609 (1943).

[2] Höchster Farbwerke: DRP. 412053 (1922); 423720 (1924); 420412 (1923); 423283 (1923) — I.G. Farbenindustrie AG.: DRP. 430558 (1924); 440890 (1924).

Dibenzoylnaphthalin II erleidet auf diese Weise einen doppelten Ring-schluß zu I[1]. Am besten werden diese technisch wichtigen Kondensationen in einer dünnflüssigen Schmelze von Aluminiumchlorid Natriumchlorid ausgeführt, in die sich trockener Sauerstoff leicht einrühren läßt[2].

Aus 3.4,8.9-Dibenzpyren-5.10-chinon I ist *3.4,8.9-Dibenzpyren* III zuerst von E. CLAR[3] mittels der Zinkstaubschmelze (s. S. 107) in über 80proz. Ausbeute gewonnen worden. Durch Reduktion des Chinons mit Jodwasserstoff und Phosphor und anschließende Dehydrierung wurde

3.4,8.9-Dibenzpyren von G. B. SILBERMANN[4] dar-gestellt. Eine geringere Aus-beute liefert die Zinkstaub-destillation des Chinons[5].

Eigenschaften. *3.4,8.9-Dibenzpyren* krystallisiert aus Xylol in goldgelben Plättchen vom Schmelz-punkt 308° (unkorr.), die sich in konzentrierter Schwefelsäure erst carmin-rot, dann violett und rein-blau mit roter Fluorecsenz lösen. *Absorptionsspektrum* s. Abb. 92.

Die Nitrierung mit Salpetersäure in Nitro-benzol liefert *5-Nitro-* und *5.10-Dinitro-dibenzpyren,* die auch zu den Aminover-bindungen reduziert wur-den[6].

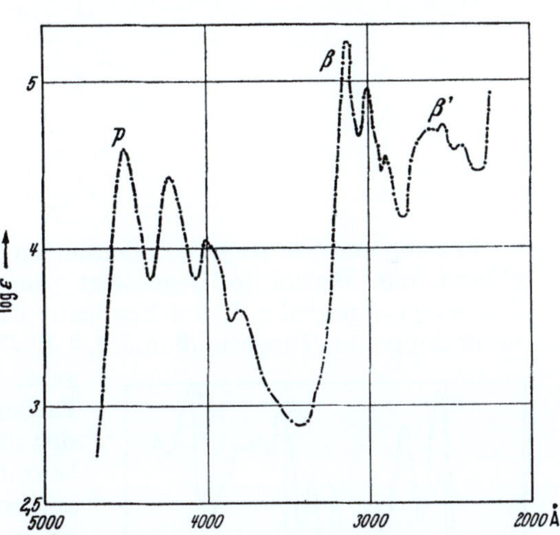

Abb. 92. Absorptionsspektrum des *3.4, 8.9-Dibenz-pyrens* in Benzol, ab 2800 Å iu Alkohol. [Nach E. CLAR: B. **69**, 1677 (1936).] Lage der Banden in Å: *p*, 4510, 4240, 4010, 3790; *β*, 3135, 3010, 2900; *β'* (in Benzol) 2640, 2560, 2420 (in Alkohol).

Auch über Carbazol-Derivate des Dibenzpyrens wird berichtet[7].

Biochemisches Verhalten. *3.4,8.9-Dibenzpyren* ist in hohem Grade *cancerogen aktiv*[8]. Die Injektion seiner Lösung in Olivenöl ergab in allen Fällen maligne Tumoren[9].

3.4,8.9-Dibenzpyren-5.10-chinon III (*Indanthrengoldgelb*) gibt aus Nitrobenzol gelbe Krystalle vom Schmelzpunkt 391—392° (korr.). In

---

[1] I.G. Farbenindustrie AG.: DRP. 426711 (1924); 483229 (1927).

[2] I.G. Farbenindustrie AG.: DRP. 518316; 555180 — C. **1932 II**, 3627.

[3] CLAR, E.: A. P. 2172020 (1936) — B. **72**, 1645 (1939).

[4] SILBERMANN, G. B.: Chem. J. Ser. A. J. allg. Chem. **7**, 234 (1937) — C. **1937 I**, 4787.

[5] VOLLMANN, BECKER, CORELL u. STREECK: A. **531**, 129 (1937).

[6] IOFFE, I. S., u. L. S. EFROS: J. Chim. gén. (Russ.) **16**, 111 (1946) — Am. Abstr. **1947**, 116.

[7] I.G. Farbenindustrie AG.: DRP. 728333 (1937) — C. **1943 I**, 2144.

[8] BACHMANN, COOK, DANSI, DE WORMS, HASLEWOOD, HEWETT u. ROBINSON: Proc. Roy. Soc. London (B) **123**, 350 (1937). — COOK u. KENNAWAY: Am. J. Cancer **33**, 53 (1938).

[9] KLEINENBERG, G. E.: Arch. d. Sci. biol. **51**, 127 (1938); **56**, 39, 48 (1939) — C. **1940 II**, 1031.

konzentrierter Schwefelsäure löst es sich violettrot. Mit alkalischem Hydrosulfit bildet sich eine rote Küpe. Als *Indanthrengoldgelb* hat das Chinon technische Bedeutung erlangt. Zahlreiche Derivate wurden mit Hilfe der obenerwähnten Synthesen oder durch direkte Substitution gewonnen.

8.) 3.4, 9.10-Dibenzpyren.

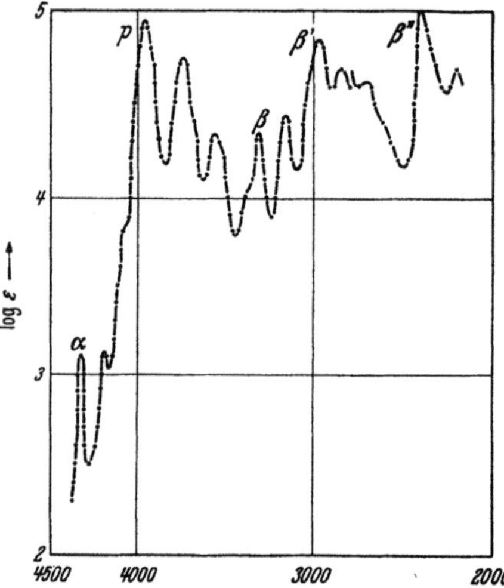

SCHOLL und NEUMANN[1] kondensierten Naphthalin-1.4-dicarbonsäure-chlorid mit Benzol in Gegenwart von Aluminiumchlorid zum 1.4-Dibenzoyl-naphthalin I, welches beim Erhitzen mit Aluminiumchlorid unter doppeltem Ringschluß in *3.4,9.10-Dibenzpyren-5.8-chinon* II übergeht. Wie Untersuchungen der I.G. Farbenindustrie AG.[2] ergaben, bildet sich das Chinon auch aus 2-Benzoyl-benzanthron III, welches aus Benz-anthron-2-carbonsäure-chlorid, Benzol und Aluminiumchlorid gewonnen werden kann. Für die technische Brauchbarkeit der Verfahren ist jedoch die Anwendung der Aluminium-chlorid-Natriumchlorid-Schmelze unter Einrühren von trockenem Sauerstoff beim Ringschluß notwendig.

SCHOLL und NEUMANN gewannen *3.4,9.10-Dibenzpyren* IV aus seinem Chinon durch Zinkstaubdestillation. Bessere Ausbeute von etwa 85% werden auch hier mit der Zinkstaub-schmelze von E. CLAR[3] erzielt.

Eigenschaften. Aus Xylol kry-stallisiert, bildet *3.4,9.10-Dibenz-pyren* grünlichgelbe Nadeln oder Blättchen vom Schmelzpunkt 280°, die sich in konzentrierter Schwefelsäure blau mit roter Fluorescenz lösen. In organischen Lösungsmitteln ist es wenig löslich und zeigt

Abb. 93. Absorptionsspektrum des *3.4, 9.10-Dibenzpyrens* in Benzol, ab 2800 Å in Alkohol. [Nach E. CLAR: B. **69**, 1677 (1936).] Lage der Banden in Å: α, 4330, 4190, 4080; *p*, 3970, 3750, 3565; β, 3320, 3170, β′, 2970, 2850 (in Benzol); β″, 2720; 2420, 2220 (in Alkohol).

[1] SCHOLL u. NEUMANN: B. **55**, 118 (1922).
[2] I.G. Farbenindustrie AG.: DRP. 518316 (1927); 555180 (1929); E. P. 287050 (1928) — C. **1932 II**, 3627; **1928 I**, 3000.
[3] CLAR, E.: B. **72**, 1645 (1939).

darin eine blaue Fluorescenz. Das *Absorptionsspektrum* ist in Abb. 93 wiedergegeben.

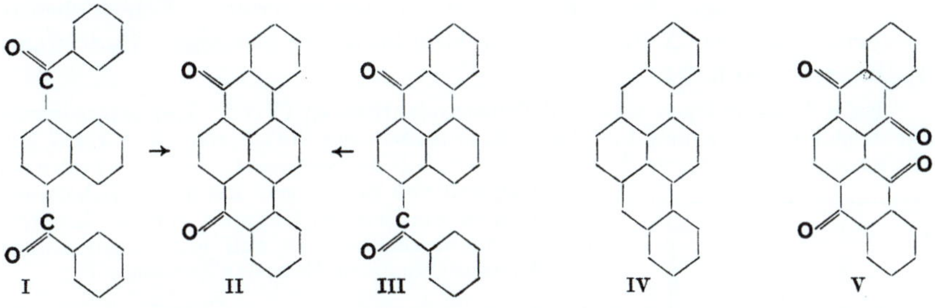

3.4,9.10-Dibenzpyren-5.8-chinon II krystallisiert aus Nitrobenzol in scharlachroten Nadeln vom Schmelzpunkt 365° (unkorr.). Die Lösungsfarbe in konzentrierter Schwefelsäure ist olivgrün. Mit alkalischem Hydrosulfit ist das Chinon gelbrot verküpbar.

Oxydation. Die Oxydation des Kohlenwasserstoffes mit Chromsäure führt zuerst zum Chinon II und dann zum *Pentaphen-5.14,8.13-dichinon* V (s. S. 213).

9.) 1.2, 4.5, 8.9-Tribenzpyren.

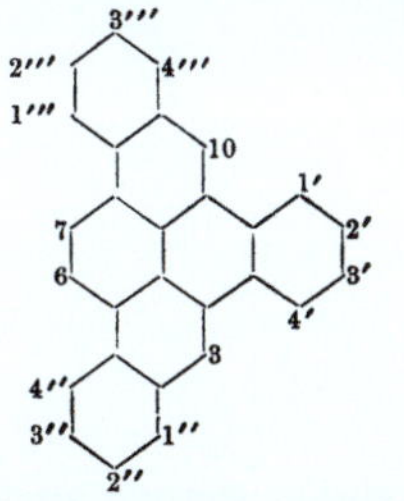

1.2.3.4.5.6.7.8-Oktahydroanthracen reagiert nach E. CLAR[1] zweimal mit Benzylchlorid und katalytischen Mengen von Aluminiumchlorid in Tetrachloräthan unter Bildung vom I. Mehrstündiges Erhitzen von I mit 15% Kupferpulver auf 400—420° bewirkt Dehydrierung und Ringschluß zu *1.2,4.5,8.9-Tribenzpyren* II. Manchmal wird dabei eine geringe Menge *2.3,8.9-Dibenzperylen* III erhalten, die sich durch Chromatographie abtrennen läßt.

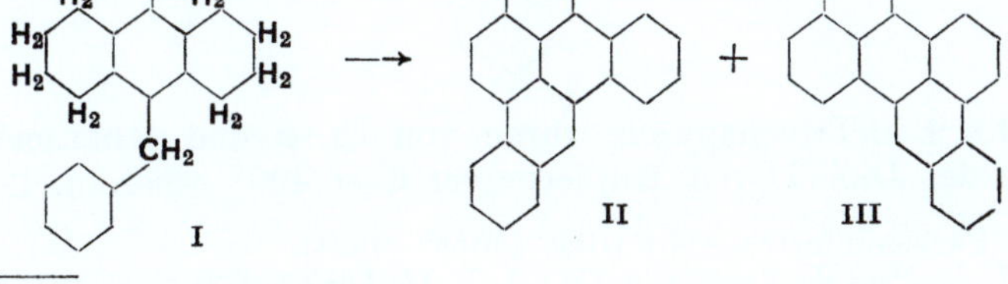

---

[1] CLAR, E.: Soc. **1949**, 2168.

Eigenschaften. *1.2,4.5,8.9-Tribenzpyren* krystallisiert oder sublimiert in blaßgelben Blättchen, die im Vakuumröhrchen bei 297° (unkorr.) schmelzen und sich beim Erwärmen mit konzentrierter Schwefelsäure olivgrün lösen. In Xylol zeigen sie eine blaue Fluorescenz. *Absorptionsspektrum* s. Abb. 94.

Beim Verschmelzen von 9.10-Dibenzoylanthracen IV mit Aluminiumchlorid bildet sich ein rotviolett bis blaues Kondensationsprodukt[1], das ein 1.2,4.5,8.9-*Tribenzpyren*-3.10-*chinon* V oder ein 2.3,8.9-*Dibenzperylen-1.7-chinon* VI oder ein Gemisch von beiden sein kann. Möglicherweise werden die Benzoyl-Gruppen vor der Kondensation verschoben, so daß auch noch andere Konstitutionen in Betracht kommen.

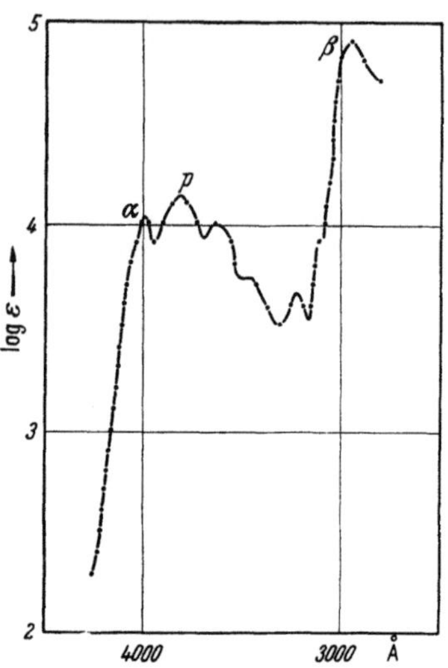

Abb. 94. Absorptionsspektrum des *1.2,4.5,8.9-Tribenzpyrens* in Benzol. (Nach E. CLAR: Soc. **1949**, 2169.) Lage der Banden in Å: α, 3990; *p*, 3820, 3640, 3470, 3220; β, 2950.

Ähnliche Kondensationsprodukte werden auch aus anderen *Dibenzoylanthra*cenen erhalten[2], unter denen auch ein 1.2,3.4,8.9-*Tribenzpyren*-5.10-*chinon* beschrieben wird[2]. Ihre Konstitution kann jedoch noch nicht als gesichert gelten.

10.) 1.2, 3.4, 9.10-Tribenzpyren.

1.2.3.4.9.10-Tribenzpyren wurde von CLAR und HOLKER[3] durch Erhitzen des Diols II mit Kupferpulver über 400° erhalten. Letzteres

[1] I.G. Farbenindustrie AG.: DRP. 430557 (1924).
[2] E. I. *du Pont de Nemours & Co.*: A. P. 1991687 (1933) — C. **1935 II**, 2454.
[3] CLAR, E., u. J. R. HOLKER: Soc. **1951**, 3259.

läßt sich aus 1.4-Dimethylanthrachinon I und Phenyllithium darstellen. II existiert in 2 stereomeren Formen.

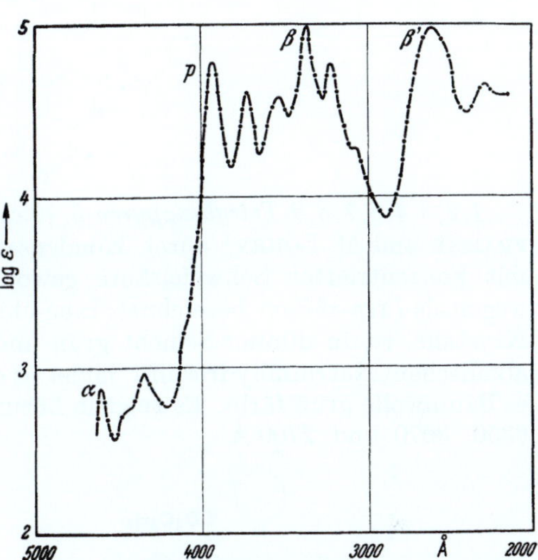

Eigenschaften. 1.2.3.4.9.10-Tribenzpyren krystallisiert aus Benzol in orangegelben Blättchen, die bei 238° schmelzen und sich in konzentrierter Schwefelsäure erst grün, dann braun werdend, lösen. Die Lösungen in organischen Lösungsmitteln zeigen eine grüne Fluorescenz. *Absorptionsspektrum* s. Abb. 95.

Bei der Oxydation mit Selendioxyd in siedendem Nitrobenzol entsteht ein blaues Chinon, das mit alkalischem Natriumhydrosulfit eine orangerote Küpe liefert. In konzentrierter Schwefelsäure löst es sich rot.

Nach SCHOLL und MEYER[1] entstehen bei der Einwirkung von Anthrachinon-1.4-dicarbonsäure-chlorid auf Toluol bzw.

Abb. 95. Absorptionsspektrum des *1.2,3.4,9.10 Tribenzpyrens* in Alkohol. (Nach E. CLAR: Privatmitteilung.) Lage der Banden in Å: α, 4610, 4340; p, 3930, 3730, 3540; β, 3375, 3220; β′, 2600, 2290.

---

[1] SCHOLL u. MEYER: A. **512**, 112 (1934).

Anisol und Aluminiumchlorid in Nitrobenzol neben anderen Produkten auch die Dilactone I (R = CH$_3$ bzw. OCH$_3$), die sich mit Jodwasserstoff in Eisessig zu den 9.10-Diaryl-anthracen-1.4-dicarbonsäuren II reduzieren lassen. Letztere gehen mit Schwefelsäure einen doppelten Ringschluß ein und bilden die *1.2,3.4,9.10-Tribenzpyren-5.8-chinone* (*homöo*-Coerdianthrone) III (R = CH$_3$ bzw. OCH$_3$). Das *Dimethylderivat* von III ist ein blauer, das *Dimethoxyderivat* ein grüner Küpenfarbstoff.

11.) 1.2, 3.4, 6.7, 8.9-Tetrabenzpyren.

Ixen.

1.2,3.4,6.7,8.9-Tetrabenzpyren-5.10-chinon II wurde von Ch. Du-FRAISSE und M. LOURY[1] durch Kondensation des Dicarbonsäureester I mit konzentrierter Schwefelsäure gewonnen. Es wurde seiner Form wegen als *Ixen-chinon* bezeichnet. Ixen-chinon bildet schwarze, kubische Krystalle, ist in dünner Schicht grün und schmilzt bei 393—394°. Mit alkalischem Natriumhydrosulfit bildet es eine orangerote Küpe, aus der es Baumwolle grün färbt. Es zeigt in Lösung *Absorptionsbanden* bei 6960, 6350, 3070 und 2700 Å.

12.) Naphtho-[2'.3':1.2]-pyren.

Dekahydro-pyren I regiert mit Phthalanhydrid und Aluminiumchlorid in Benzol unter Bildung der Ketonsäure II. Beim Verschmelzen

---

[1] DUFRAISSE, CH., u. M. LOURY: C. r. **213**, 689 (1941).

mit Natriumchlorid und Zinkchlorid gibt sie ein Gemisch von Hydro-
Derivaten, das bei der Dehydrierung mit Kupferpulver bei 400—410°
in *Naphtho-[2'.3':1.2]-pyren* III übergeht[1].

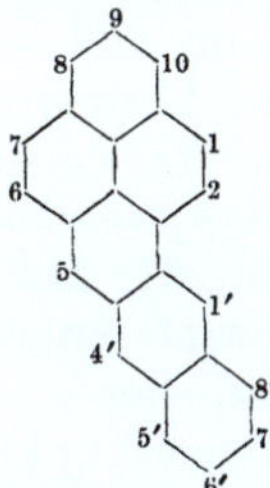

Eigenschaften. *Naphtho-[2'.3':1.2]-pyren* III krystallisiert aus Xylol
in langen blaßgelben Nadeln vom Schmelzpunkt 259—260° (Vakuumröhrchen unkorr.), die sich in konzen-
trierter Schwefelsäure rotbraun lösen.
Die Lösung in Xylol zeigt eine blaue
Fluorescenz. *Absorptionsspektrum* siehe
Abb. 96. Mit Pikrinsäure entsteht ein
bei 212—213° (Zers. unkorr.) schmelzendes *Pikrat*. In siedendem Xylol wird
Maleinsäureanhydrid zu IV addiert[1].

13.) Naphtho-[2'.3':3.4]-pyren.

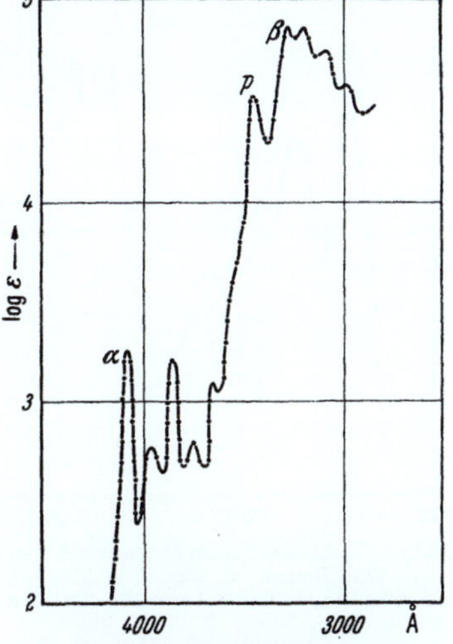

Abb. 96. Absorptionsspektrum des
Naphtho-(2'.3':1.2)-pyrens in Benzol.
(Nach E. CLAR: Soc. 1949, 2168.)
Lage der Banden in Å: α, 4075, 3960,
3860, 3750, 3670; p, 3450; β, 3280,
3210, 3090, 2970.

Die Einwirkung von Phthal-anhydrid
und Aluminiumchlorid auf Pyren ist von
mehreren Autoren[2] beschrieben worden.
Dabei bildet sich zuerst 3-Pyrenoyl-o-benzoesäure I, die in derselben
oder einer besonderen Operation durch Ringschluß in 3.4-Phthaloyl-

[1] CLAR, E.: Soc. **1949**, 2168.
[2] I.G. Farbenindustrie AG.: DRP. 589145 — C. **1934 I**, 771. — COOK u. HE-
WETT: Soc. **1933**, 403. — CLAR, E.: B. **69**, 1684 (1936). — Verein für Chemische und
Metallurgische Produktion, Außig: DRP. 574189 (SEDLMAYER: E. P. 366472) —
C. **1932 II**, 447 — I.G. Farbenindustrie AG.: DRP. 590579 — C. **1934 II**, 3846.

pyren II übergeführt werden kann. J. W. Cook[1] reduzierte die Säure I vor dem Ringschluß zu III, welches mit Chlorzink das Anthronderivat IV gibt.

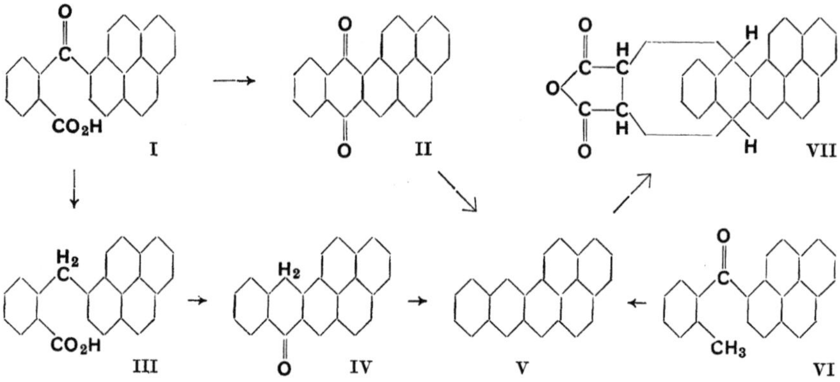

Letzteres kann mit Natronlauge und Zinkstaub zum *Naphtho-[2'.3':3.4]-pyren* V reduziert werden. Außer diesem Verfahren und der Zinkstaubdestillation des Chinons II[2] kann der Kohlenwasserstoff auch noch durch Pyrolyse von 3-(o-Toluyl)-pyren VI gewonnen werden[1,2].

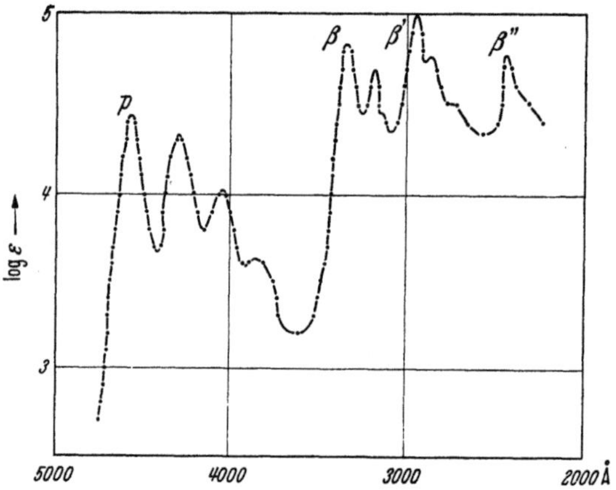

Eigenschaften und biochemisches Verhalten. *Naphtho-[2'.3':3.4]-pyren* V bildet aus Xylol sublimierbare, orangerote Blättchen vom Schmelzpunkt 273°. In konzentrierter Schwefelsäure löst es sich erst violett, dann braun und schließlich grün. Die Lösung in Xylol zeigt eine stark grüne Fluorescenz. *Absorptionsspektrum* siehe Abb. 97. Mit Pikrinsäure in Benzol entsteht ein zersetzliches *Pikrat* vom Schmelzpunkt 205°. *Naphtho-[2'.3':3.4]-pyren* hat die besondere Eigenschaft eines Acens, mit Maleinsäure-anhydrid zu reagieren. Dabei bildet sich schnell das endocyclische, farblose Additionsprodukt VII[1,2]. *Naphtho-[2'.3':3.4]-pyren* wirkt nicht krebserregend[1].

Abb. 97. Absorptionsspektrum des *Naphtho-[2'.3':3.4]-pyrens* in Benzol, ab 2800 Å in Alkohol. [Nach E. Clar: B. **69**, 1679 (1936).] Lage der Banden in Å: *p*, 4580, 4310, 4060, 3850; *β*, 3350, 3200; *β'* 2970, 2860 (in Benzol); *β''*, 2465 (in Alkohol).

3.4-Phthalyl-pyren krystallisiert aus Nitrobenzol in hellroten Nadeln, die bei 250—251° (unkorr.) schmelzen und sich in konzentrierter Schwefelsäure mit grüner Farbe lösen. Die Küpe ist in dicker Schicht grün, in dünner rosa.

---

[1] Cook u. Hewett: Soc. **1933**, 403. — [2] Clar, E.: B. **69**, 1684 (1936).

14.) 8.9-Benz-naphtho-[2′.1′:3.4]-pyren und 3.4-Benz-anthraceno-[2″.1″:8.9]-pyren.

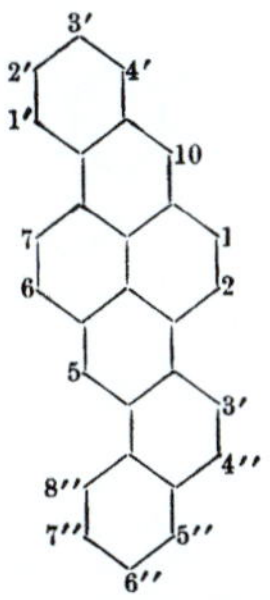

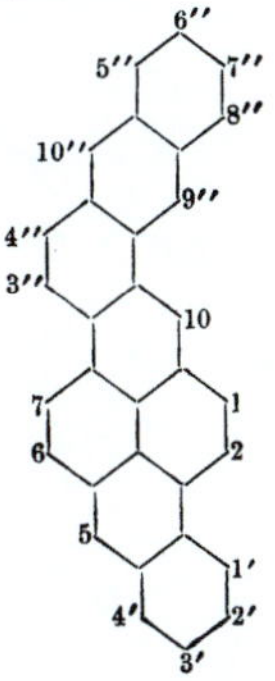

Von diesen höheren Benzologen des Pyrens sind nur einige Chinone bekanntgeworden.

Bei der Aluminiumchloridschmelze von 1′-(α-Naphthoyl)-benz-anthron I unter Zuführung von Luft entsteht *8.9-Benz-naphtho-[2′.1′:3.4]-pyren-5.10-chinon* II. Es färbt Baumwolle aus der Küpe in braunorangen Tönen. Ein ähnlicher Farbstoff wird aus *1′-(α-Acenaphthoyl)-benzanthron* erhalten [1].

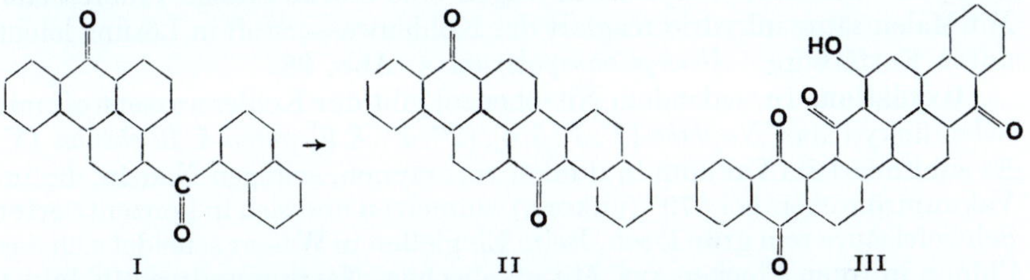

Das *3.4-Benz-anthraceno-[2″.1′:8.9]-pyren-Derivat* III wird durch Oxydation von *Violanthron-chinon* erhalten (vgl. S. 369). Durch Alkylierung lassen sich aus III orangerote Küpenfarbstoffe gewinnen [2].

15.) Dinaphtho-[2′.3′:3.4], [2″.3″:8.9]-pyren.

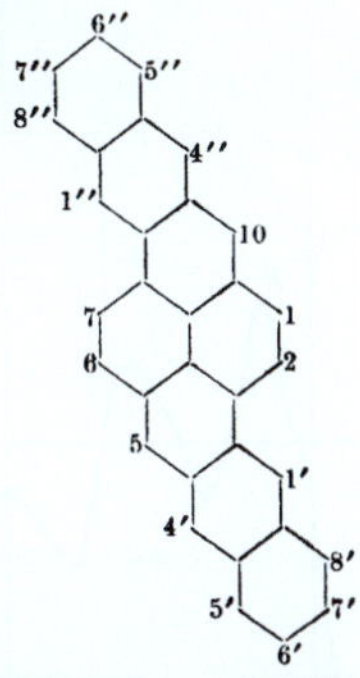

Pyren läßt sich nach E. CLAR [3] zweimal mit Phthalanhydrid und Aluminiumchlorid kondensieren, wenn die Reaktion bei 70—80° in Tetrachloräthan ausgeführt wird. Man erhält $^1/_3$ der 3.8-Diketon-dicarbonsäure I und $^2/_3$ der isomeren 3.10-Verbindung (s. S. 356). Der Ringschluß zu II wird am besten in siedendem Nitrobenzol mit Benzoylchlorid und einer kleinen Menge konzentrierter Schwefelsäure vorgenommen. Die Reduktion

---

[1] I.G. Farbenindustrie AG.: DRP. 446187 (1925) — C. **1927 II**, 1096 — C. **1927 I**, 1228.

[2] I.G. Farbenindustrie AG.: E. P. 480882 (1936) — C. **1938 II**, 1134 — DRP.: 695031 (1936) — C. **1941 I**, 582.

[3] CLAR, E.: Soc. **1949**, 2013.

zum Kohlenwasserstoff III kann durch Zinkstaubschmelze oder besser durch die Pyridin-Zinkstaub-Essigsäure-Reduktion bewirkt werden.

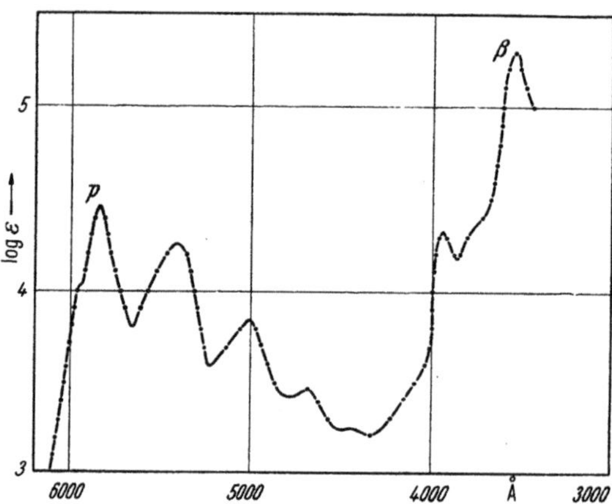

Eigenschaften. *Naphtho-[2′.3′:3.4], [2′′.3′′:8.9]-pyren* III krystallisiert aus 1-Methylnaphthalin oder sublimiert im Vakuum in schönen blauen Blättchen, die im Vakuumröhrchen bei 460° (unkorr.) schmelzen und sich in konzentrierter Schwefelsäure braungelb lösen. Die Lösungen in Xylol oder Methylnaphthalin zeigen eine starke orange Fluorescenz. Mit Maleinsäureanhydrid reagiert der Kohlenwasserstoff in Lösung leicht unter Entfärbung. *Absorptionsspektrum* s. Abb. 98.

Oxydation. In siedendem Nitrobenzol gibt der Kohlenwasserstoff mit Selendioxyd das *Naphtho-[2′.3′:3.4], [2′′.3′′:8.9]-pyren-5.10-chinon* IV. Es sublimiert im Vakuum in dunkel rotbraunen, seidigen Nadeln, die im Vakuumröhrchen bei 479° (unkorr.) schmelzen und sich in konzentrierter Schwefelsäure rein grün lösen. Beim Eingießen in Wasser scheidet sich das Chinon in roten Flocken aus. Mit alkalischem Natriumhydrosulfit bildet sich eine bräunlich olivrote Küpe, aus der Baumwolle tiefrot gefärbt wird.

Naphtho-[2′.3′:3.4], [2′′.3′′:8.9]-pyren-1′.4′,1′′.4′′-dichinon II, *3.4,8.9 Diphthaloylpyren* krystallisiert aus Nitrobenzol in orangefarbigen Nadeln, die im Vakuumröhrchen bei 450° (unkorr.) sintern und dann verkohlen, ohne zu schmelzen. In konzentrierter Schwefelsäure ist das reine Dichinon bei Zimmertemperatur nicht löslich. Mit alkalischem Natriumhydrosulfit gibt es eine braunrote Küpe.

Abb. 98. Absorptionsspektrum des *Dinaphtho-(2′.3′:3.4),(2′′.3′′:8.9)-pyrens* in 1-Methylnaphthalin. (Nach E. CLAR: Soc. 1949, 2014). Lage der Banden in Å: *p*, 5820, 5390, 4990, 4660, 4400; 3930; β, 3530. In Benzol: 5760, 5330, 4930, 4620.

16.) Naphtho-[2'.3':3.4], [2''.3'':9.10]-pyren.

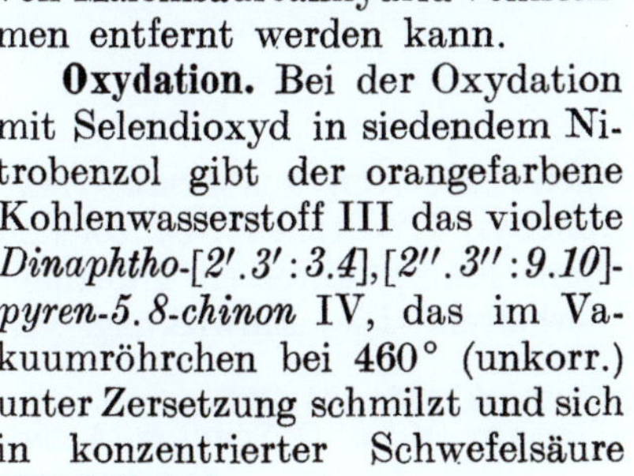

Wie im voranstehenden beschrieben, läßt sich Pyren zweimal mit Phthalanhydrid kondensieren[1]. Dabei bestehen $^2/_3$ des Reaktionsproduktes aus der 3.10-Diketondicarbonsäure I, deren Natriumsalz schwerer löslich ist als das der 3.8-Verbindung, und die sich in siedendem Nitrobenzol und Benzoylchlorid unter Zusatz von etwas konzentrierter Schwefelsäure zum Dichinon II ringschließen läßt. Die Reduktion zum Kohlenwasserstoff III wird mittels der Zinkstaubschmelze oder der Pyridin-Zinkstaub-Essigsäure-Reduktion durchgeführt.

Eigenschaften. *Naphtho-[2'.3' : 3.4], [2''.3'' : 9.10]-pyren* III krystallisiert aus 1-Methylnaphthalin in gelben Blättchen. Im Vakuumröhrchen schmelzen sie bei 420° (unkorr.) und lösen sich in konzentrierter Schwefelsäure braun, bald grün und schließlich blau werdend. Die Lösung in Xylol zeigt eine stark grüne Fluorescenz. *Absorptionsspektrum* siehe Abb. 99. Mit Maleinsäureanhydrid in heißem 1-Methylnaphthalin reagiert der Kohlenwasserstoff beträchtlich langsamer als der isomere blaue Kohlenwasserstoff unter Entfärbung, so daß der blaue Kohlenwasserstoff aus einem Gemisch der beiden Naphtho-pyrene mit einer angemessenen Menge von Maleinsäureanhydrid vollkommen entfernt werden kann.

Oxydation. Bei der Oxydation mit Selendioxyd in siedendem Nitrobenzol gibt der orangefarbene Kohlenwasserstoff III das violette *Dinaphtho-[2'.3' : 3.4], [2''.3'' : 9.10]-pyren-5.8-chinon* IV, das im Vakuumröhrchen bei 460° (unkorr.) unter Zersetzung schmilzt und sich in konzentrierter Schwefelsäure

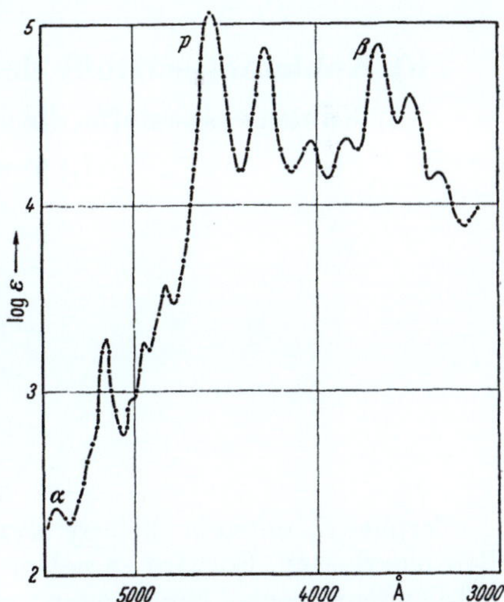

Abb. 99. Absorptionsspektrum des *Dinaphtho-(2'.3':3:4),(2''.3'': 9.10)-pyrens* in Trichlorbenzol. (Nach E. CLAR: Soc. **1949**, 2014.) Lage der Banden in Å: α, 5450; 5150, 4940, 4820; *p*, 4560, 4270, 4030, 3820; β, 3655, 3490, 3310. In Benzol: α, 5130, 4810; *p*, 4520, 4240, 4000, 3790; β, 3640, 3470, 3310.

---

[1] CLAR, E.: Soc. **1949**, 2013.

braun löst. Mit alkalischem Natriumhydrosulfit entsteht eine violette Küpe, aus der Baumwolle violett gefärbt wird.

Naphtho-[2'.3':3.4],[2''.3'':9.10]-pyren-1'.4'.1''.4''-dichinon,3.4,9.10-Diphthaloyl-pyren II krystallisiert aus Nitrobenzol in orangefarbigen Nadeln, die im Vakuumröhrchen bei 450—455° (unkorr.) schmelzen und sich im Gegensatz zum nichtlöslichen isomeren *3.4,8.9-Diphthaloylpyren* (S. 354) in konzentrierter Schwefelsäure mit rein grüner Farbe lösen. Die beiden Dichinone können auf diese Weise getrennt werden. Mit alkalischem Natriumhydrosulfit bildet IV eine braunrote Küpe.

Ein in der Literatur[1] beschriebenes *Diphthaloyl-pyren*, das aus Pyren und Phthalanhydrid in der Natriumchlorid-Aluminiumchlorid-Schmelze erhalten wurde, dürfte nach seinen Eigenschaften aus einem Gemisch von 3.4,8.9- und 3.4,9.10-*Diphthaloyl-pyren* bestehen.

$$\text{I} \longrightarrow \text{II} \longrightarrow \text{III} \longrightarrow \text{IV}$$

b) Kohlenwasserstoffe des 3. Kondensationsgrades.

I. Kohlenwasserstoffe, die sich vom Terphenyl ableiten.

1.) Terphenyl.

Terphenyl entsteht bei pyrolytischen Prozessen aus Benzol oder Benzolderivaten. So wird es neben Diphenyl, 1,2-Diphenyl-benzol und 1.3-Diphenyl-benzol beim Leiten von Benzoldampf durch ein glühendes Rohr[2] oder über einen Glühdraht[3] erhalten. Die Einwirkung von

---

[1] VOLLMANN, BECKER, CORELL u. STREECK: A. **531**, 128 (1937).

[2] SCHULTZ, G.: A. **174**, 230 (1874). — SCHMIDT, H., u. G. SCHULTZ: A. **203**, 124 (1880).

[3] LÖB, W.: Z. El. Ch. **7**, 903 (1901); **8**, 777 (1902) — B. **34**, 917 (1901).

Natrium auf 1.4-Dibrombenzol und Brombenzol in Äther[1] oder von festem Benzoldiazoniumchlorid auf geschmolzenes Diphenyl unter Zusatz von Aluminiumchlorid[2] ergibt gleichfalls *Terphenyl*, ebenso wie die Zersetzung von Benzoldiazoniumsulfat mit Kupferpulver[3].

Durch Diensynthese läßt sich *Terphenyl* über das Addukt II aus Diphenylbutadien I und Maleinsäureanhydrid mit oder ohne vorherige Dehydrierung von II zu *Terphenyl-dicarbonsäure* III durch Decarboxylierung mit Natronkalk gewinnen[4].

Eigenartig ist die Bildung von *Terphenyl* neben *Hydrocinnamoin* bei der Reduktion von Zimtaldehyd mit verkupfertem Zinkstaub[5]:

Die Einwirkung von Phenylmagnesiumbromid[6] oder Phenyllithium[7] auf Cyclohexandion liefert das Diol IV, aus dem durch Wasserabspaltung und Dehydrierung *Terphenyl* entsteht.

Eigenschaften. *Terphenyl* bildet farblose, sublimierbare Krystalle vom Schmelzpunkt 208°, die bei etwa 400° sieden. *Absorptionsspektrum*

[1] RIESE: A. **164**, 172 (1872).

[2] MÖHLAU, R., u. R. BERGER: B. **26**, 1998 (1893).

[3] GERNGROSS, SCHACHNOW u. JONAS: B. **57**, 749 (1924). — GERNGROSS u. DUNKEL: B. **57**, 742 (1924).

[4] DIELS, O., u. K. ALDER: B. **62**, 2081 (1929). — KUHN, R., u. T. WAGNER-JAUREGG: B. **63**, 2662 (1930).

[5] KUHN, R., u. A. WINTERSTEIN: B. **60**, 432 (1927).

[6] MAYER, FR.: B. **65**, 1337 (1932).

[7] MÜLLER, EUGEN, u. G. SOK: B. **70**, 1992 (1937).

s. Abb. 100. Bei der Oxydation mit Chromsäure in Eisessig liefert es *Diphenyl-4-carbonsäure*. Die Einwirkung von Benzoylchlorid oder 4-Diphenoylchlorid und Aluminiumchlorid gibt die *4.4''-Diketone*[1].

Als ein homologes Terphenyl kann das „*doppelte*" Fluoren-Derivat V aufgefaßt werden[2].

II. Kohlenwasserstoffe, die sich vom Terrylen ableiten.

1.) Terrylen.

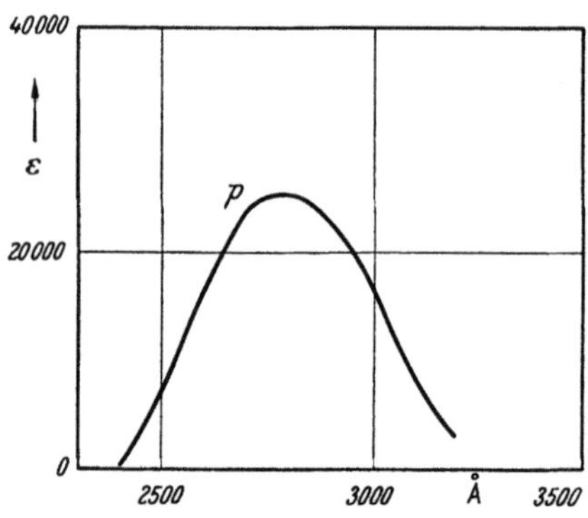

Abb. 100. Absorptionsspektrum des *Terphenyls* in Hexanol. (Nach A. E. GILLAM u. D. H. HEY: Soc. **1939**, 1170.) Maximum bei 2760 Å.

Wird eine innige Mischung vom 1-Bromnaphthalin und Perylen I in eine auf 130° erwärmte Schmelze von Natriumchlorid und Aluminiumchlorid eingetragen, so erhält man den aus 3 Naphthalinkomplexen bestehenden Kohlenwasserstoff II, der in Analogie zu Terphenyl mit *Terrylen* bezeichnet wurde. Gleichzeitig gebildetes Bromterrylen kann durch Behandlung des Rohproduktes mit Natrium in siedendem Xylol entfernt werden[3].

Eigenschaften. *Terrylen* sublimiert oder krystallisiert aus Xylol in braunen Blättchen, die im Vakuumröhrchen bei 384—386° (unkorr.) schmelzen und sich in konzentrierter Schwefelsäure violett lösen. Dabei tritt Oxydation ein, denn beim Eingießen der grünen Lösung in Wasser entsteht ein orangefarbiger Niederschlag, der mit alkalischem Hydrosulfit eine grüne Küpe gibt. Die orangefarbene Lösung in Xylol zeigt eine stark gelbgrüne Fluorescenz. Mit Pikrinsäure bildet sich ein braunes seidiges Pikrat vom Schmelzpunkt 270° (Vakuumröhrchen, Zers.).

[1] MÜLLER, EUGEN, u. H. PFANZ: B. **74**, 1069 (1941).
[2] NIERENSTEIN, M., u. C. W. WEBSTER: Am. Soc. **67**, 691 (1945).
[3] CLAR, E.: B. **81**, 52 (1948).

Absorptionsspektrum s. Abb. 101. In siedendem Nitrobenzol gibt Terrylen mit Maleinsäureanhydrid ein bräunliches Kondensationsprodukt[1].

Beim Überleiten von Acenaphthen im CO_2-Strom durch ein rotglühendes Quarzrohr entstehen neben *Acenaphthylen* noch 3 andere Kohlenwasserstoffe: das farblose *Leukacen* vom Schmelzpunkt 250 bis 252°, das violette *Rhodacen* vom Schmelzpunkt 338—340° mit Absorptionsbanden bei 5700, 5265, 4910, 4600 Å und das kupferrote *Chalkacen* vom Schmelzpunkt 358—360° mit Absorptionsbanden bei 5480, 4910 und 4600 Å[2].

Leukacen zersetzt sich beim Erhitzen zu Rhodacen und Acenaphthylen. Rhodacen und *Chalkacen* sollen 2 Formen eines Kohlenwasserstoffes sein, der dieselbe Strukturformel II wie Terrylen hat[2]. Da aber sowohl *Rhodacen* als auch *Chalkacen* in ihren Eigenschaften völlig verschieden vom *Terrylen* sind, muß ihnen eine andere Struktur zukommen[1].

2.) 7.8-Benzterrylen.

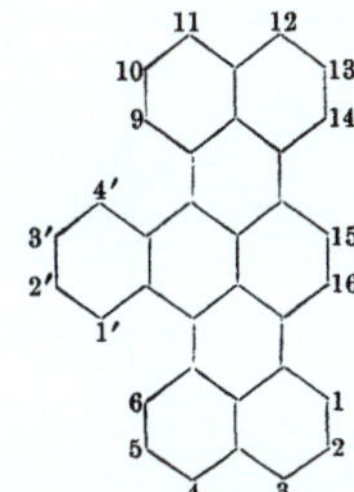

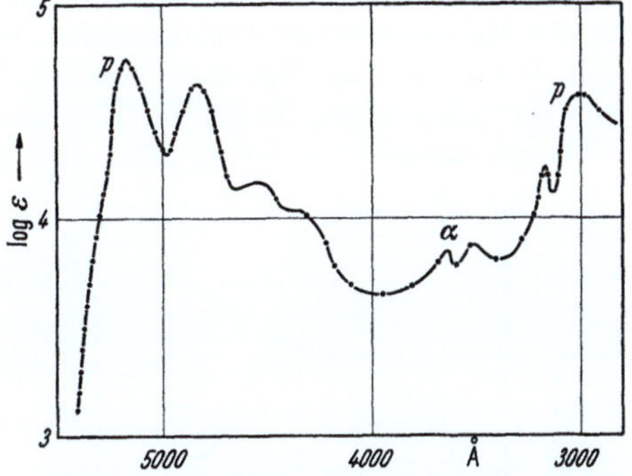

Abb. 101. Absorptionsspektrum des *Terrylens* in Benzol. [Nach E. CLAR: Chem. Ber. 81, 53 (1948).] Lage der Banden in Å: *p*, 5160, 4830, 4530; *α*, 3650, 3520, 3180; *β*, 3010.

E. CLAR und A. GUZZI[3] erhitzen 9.10-Di-(1-naphthyl)-9.10-dioxy-9.10-dihydro-anthracen I (R = H) mit Aluminiumchlorid und einer Spur Pyridin auf 110° und erhielten einen grünblauen Kohlenwasserstoff, für den nach seiner Bildungsweise die Formel II oder III in Frage kam. E. CLAR und J. WRIGHT[4], die eine bessere Ausbeute durch Verschmelzen von I mit Natriumchlorid und Aluminiumchlorid und chromatographische Reinigung des Rohproduktes erhalten konnten,

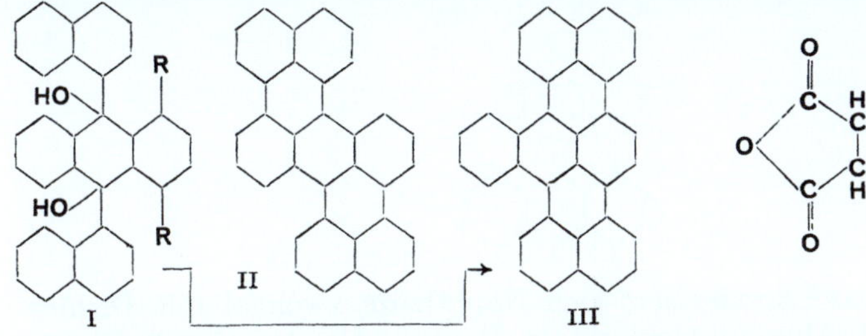

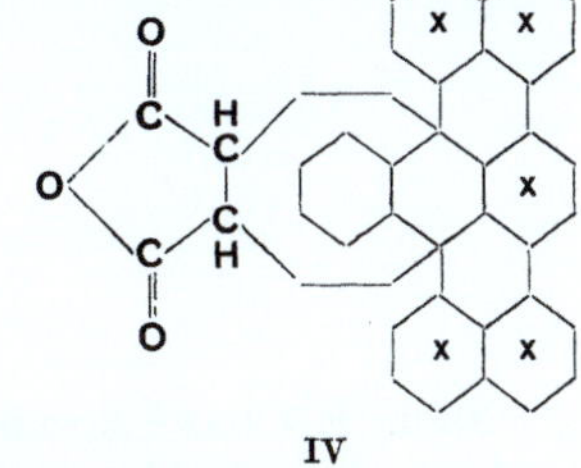

---

[1] CLAR, E.: B. **81**, 52 (1948). — [2] DZIEWOŃSKI: B. **53**, 2173 (1920).
[3] CLAR, E., u. A. GUZZI: B. **65**, 1521 (1932).
[4] CLAR, E., u. J. WRIGHT: Unveröffentlicht.

zeigten, daß derselbe Kohlenwasserstoff auch aus dem 1.4-Dichlor-Derivat von I (R = Cl) neben chlorhaltigen Produkten erhalten werden kann. Er muß daher die Formel III haben. Diese Ansicht wird weiterhin durch das Absorptionsspektrum des farblosen Adduktes mit Maleinsäureanhydrid (Formel IV) gestützt, das als größten resonierenden aromatischen Komplex das *Dibenzterphenyl-System* (mit Kreuzen gekennzeichnet) erkennen läßt. (Vgl. S. 32.)

Eigenschaften. *7.8*-Benzterrylen bildet aus Xylol kupferglänzende, schwarzgrüne Prismen oder Nadeln, die im Vakuumröhrchen bei 348 bis 350° (unkorr.) schmelzen und sich in konzentrierter Schwefelsäure blaugrün lösen. Die tief grünblauen Lösungen in Xylol oder Benzol zeigen eine starke rote Fluorescenz. Das Addukt IV wird beim Erhitzen wieder in seine Komponenten gespalten. Es wird aus diesem Grunde am besten durch Verschmelzen von *7.8-Benzterrylen* mit überschüssigem Maleinsäureanhydrid bereitet. Die Lösung von III in Benzol gibt mit Brom einen gelbgrünen Niederschlag, der beim Erwärmen wieder mit der grünblauen Farbe des Kohlenwasserstoffes in Lösung geht. Das *Absorptionsspektrum* ist in Abb. 102 wiedergegeben.

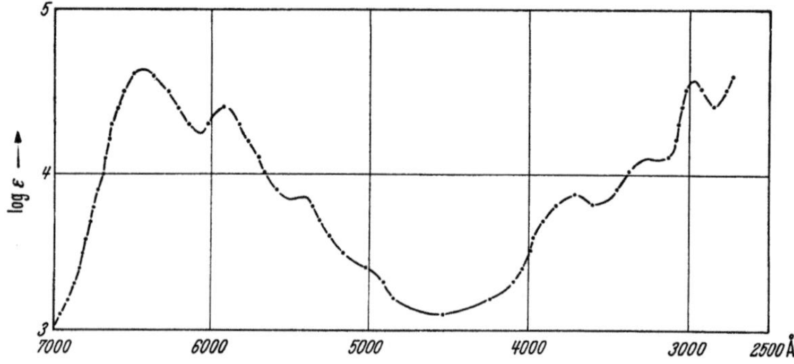

Abb. 102. Absorptionsspektrum des *7.8-Benzterrylens* in Benzol. [Nach E. CLAR u. A. GUZZI: B. **65**, 1523 (1932).] Lage der Banden in Å: *p*, 6430, 5910, 5440; *α*, 3720, 3270; *β*, 2960.

3.) 1.2, 13.14-Dibenz-terrylen.

Nach E. CLAR[1] kondensiert sich Naphthalin zweimal mit Dichloranthron I und Aluminiumchlorid in Benzol. Als Zwischenstufe tritt dabei *3-Oxy-1.2-benzperylen* II (s. S. 291) auf. Die Einwirkung der

---

[1] CLAR, E.: B. **82**, 52 (1949).

zweiten Molekel kann nun auf zweierlei Weise erfolgen. Reagiert das Perylen-Derivat zuerst in der 9-Stellung, so muß III entstehen, reagiert es zuerst in 10-Stellung, so ist IV zu erwarten. In Analogie zu dem Verlauf der Oxydation von II dürfte die Formel IV den Vorzug verdienen. Das Hydrochinon IV wird durch Kochen mit Nitrobenzol zu dem blauen Chinon V oxydiert.

Die Reduktion zum Kohlenwasserstoff VI wird durch die Pyridin-Zinkstaub-Essigsäure-Methode bewirkt. Das Reduktionsprodukt spaltet offenbar in siedendem 1-Methylnaphthalin Wasser ab und gibt den sehr unbeständigen grünblauen Kohlenwasserstoff VI.

Eigenschaften. *1.2, 13.14-Dibenz-terrylen* VI krystallisiert aus Nitrobenzol oder 1-Methylnaphthalin in kupferglänzenden, tief blaugrünen Krystallen. Die grünblauen Lösungen sind selbst im Vakuum so zersetzlich, daß sich die Banden des *Absorptionsspektrums* schon in Minuten um 100 Å nach Violett verschieben. Die zuerst beobachteten Banden liegen in Xylol bei 6200 und 5700 Å und in 1-Methylnaphthalin bei 6360 und 5820 Å.

1.2, 13.14-Dibenzterrylen-3.12-chinon V bildet aus Nitrobenzol tiefblaue kupferglänzende Nadeln, die bei hoher Temperatur verkohlen, ohne zu schmelzen, und sich in konzentrierter Schwefelsäure violett lösen. Es ist mit alkalischem Natriumhydrosulfit nicht verküpbar, da sich anscheinend ein unlösliches grünes Küpensalz bildet. In Gegenwart von Pyridin geht die Reduktion weiter und es entsteht ein violettes Produkt.

III. Kohlenwasserstoffe, die sich vom Peropyren ableiten.

1.) Peropyren.

Peropyren wurde von E. CLAR[1] neben 1.8-Trimethylen-naphthalin bei der Zinkstaubschmelze von *peri*-Naphthindenon I erhalten. Die Bildung von bimolekularen Reduktionsprodukten, unter Verknüpfung der Carbonyl-C-Atome, kann zwar bei der Zinkstaubschmelze (s. S. 107)

manchmal beobachtet werden, doch ist dieser der erste Fall, wo 4 C-Atome unter Bildung eines neuen Benzolringes verbunden werden. Es ist daher wahrscheinlich, daß die Reduktion in der ersten Phase keine pinakonartige ist, sondern, daß sie ähnlich wie bei ungesättigten Ketonen erfolgt unter Verknüpfung der C-Atome der Doppelbindung zu II. Die Wasserabspaltung von II zu III dürfte dann die alleinige Wirkung des Chlorzinks sein.

Eigenschaften. *Peropyren* III krystallisiert aus Xylol in goldgelben Blättchen, die bei 374—375° (unkorr.) schmelzen und sich in kon-

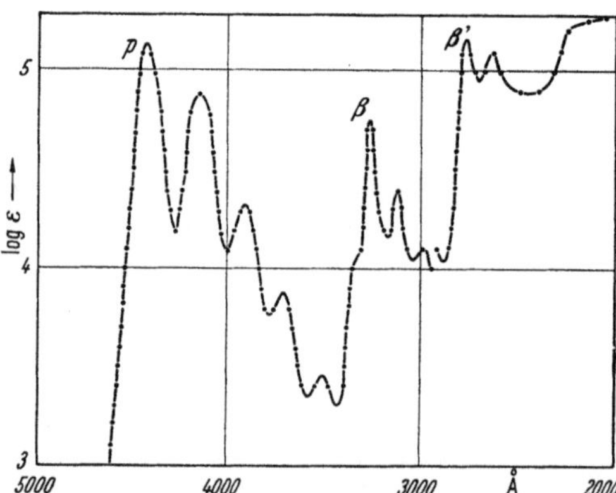

Abb. 103. Absorptionsspektrum des *Peropyrens* in Alkohol, unter $\log \varepsilon = 3.7$ in Benzol. [Nach E. CLAR: B. **76**, 462 (1943).] Lage der Banden in Alkohol in Å: *p*, 4365, 4100, 3860, 3660; β, 3235, 3090, 2950; β', 2770, 2640. Lage der Banden in Benzol in Å: *p*, 4435, 4155, 3920, 3710, 3520; β, 3260, 3120, 2990.

[1] CLAR, E.: B. **76**, 458 (1943).

zentrierter Schwefelsäure grünstichig blau lösen. Die Lösung in Xylol fluoresciert stark blau. *Absorptionsspektrum* s. Abb. 103.

Chinone. *Oxo-Derivate* des Peropyrens waren schon viel früher bekannt. Sie entstehen bei der Schmelze von *peri*-Naphthindenon und seinen Abkömmlingen mit methylalkoholischem Kali. So gibt *peri*-Naphthindenon I ein Chinon, dem die Konstitution eines *Peropyren-1.10-chinons* IV zugeschrieben worden ist, dem aber auch die Formel eines *Peropyren-1.8-chinons* V zukommen könnte[1]. *peri*-Naphthindandion VI läßt sich zu *1.2.3.8.9.10-Hexahydro-1.3.8.10-tetraketo-peropyren* VII kondensieren[2].

I IV V VI VII VIII

Bei der Oxydation geben diese Peropyren-Derivate Perylen-3.4.9.10-tetracarbonsäure VIII[3].

IX X XI XII XIII

Derivate von VII, in denen H-Atome der Methylen-Gruppe substituiert sind, können durch Kondensation von Perylen-tetracarbonsäure-dianhydrid mit Verbindungen, die eine reaktive Methylen-Gruppe enthalten, dargestellt werden[4]. IX → X. Ein *Diamino-peropyren-chinon* XIII erhielt A. PONGRATZ[5] aus 4.10-Diacetyl-3.9-dichlorperylen XI beim Erhitzen mit Kupfercyanür in Chinolin, wobei das Dinitril XII

[1] Bad. DRP.: 283066 (1913). — [2] Bad. DRP.: 283365 (1913).
[3] KALLE: DRP. 408513 (1922). — [4] KALLE: DRP.: 413942 (1923).
[5] PONGRATZ, A.: Mh. Chem. **50**, 87 (1928).

als Zwischenprodukt anzunehmen ist. Diese Reaktion kann auch mit anderen Verbindungen ausgeführt werden, in denen die Acetyl-Gruppen durch andere Fettsäurereste ersetzt sind.

Peropyrenchinon IV oder V ist ein purpurroter Küpenfarbstoff, von dem Abkömmlinge durch Verwendung substituierter *peri*-Naphthindenone bei der Kalischmelze erhalten werden können[1].

2.) 1.2, 8.9-Dibenz-peropyren.

Isoviolanthren.

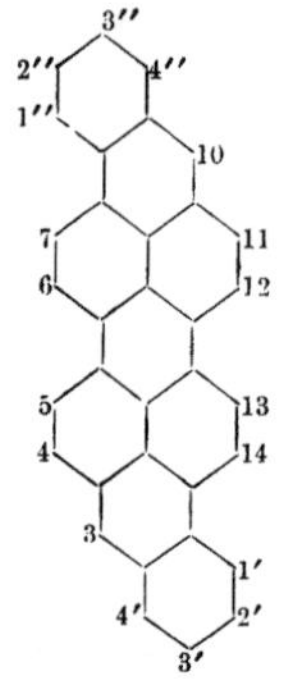

1.2,8.9-Dibenz-peropyren-3.10-chinon II, *Isoviolanthron*, Isodibenzanthron bildet sich neben Violanthron beim Verschmelzen von Benzanthron I mit alkoholischem Kali[2]. Bei 170—175° entsteht am meisten

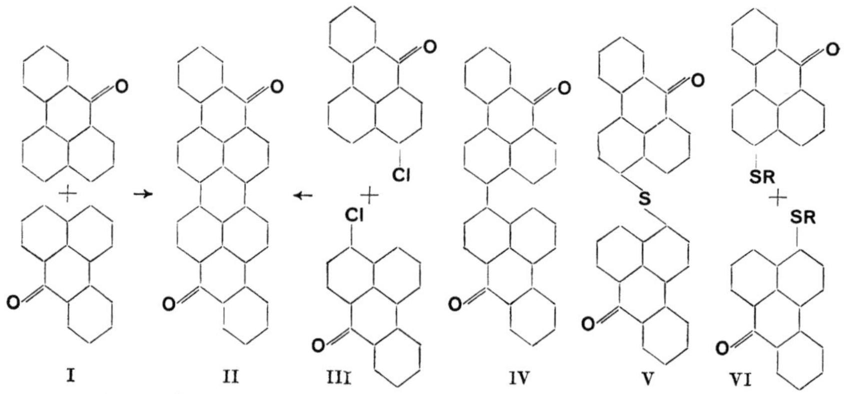

Isoviolanthron, während bei tieferen oder bei höheren Temperaturen mehr *Violanthron* gebildet wird[3]. Isoviolanthron II allein wird aus 1′-Chlor- oder 1′-Brombenzanthron III mit alkoholischem Kali bei etwa 120—140° erhalten[4]. In gleicher Weise läßt es sich aus einem Gemisch

---

[1] I.G. Farbenindustrie AG.: F. P. 823261 (1937) — C. **1938 I**, 3539.
[2] Bad. DRP.: 185221 (1904). — BOHN: B. **28**, 195 (1905).
[3] LÜTTRINGHAUS, A., u. H. NERESHEIMER: A. **473**, 259 (1929).
[4] Bad. DRP.: 194252 (1906).

von 1'-Halogen-benzanthronen mit Benzanthron darstellen[1], wobei 2.1'-Dibenzanthronyl IV als Zwischenprodukt anzunehmen ist, da es auch aus demselben Gemisch mit Na-Anilin bei 0—5° zu gewinnen ist[2]. Bei der Kalischmelze geht IV glatt in Isoviolanthron II über. Auch die Thioäther des Benzanthrons V oder VI geben bei der Kalischmelze Isoviolanthron[3].

Als Zwischenprodukt bei der Bildung der Dibenzanthronyle ist eine Diradikalform eines enolisierten Benzanthrons VII angenommen worden, die sich zu VIII dimerisieren und dann oxydieren soll[4]. Man könnte

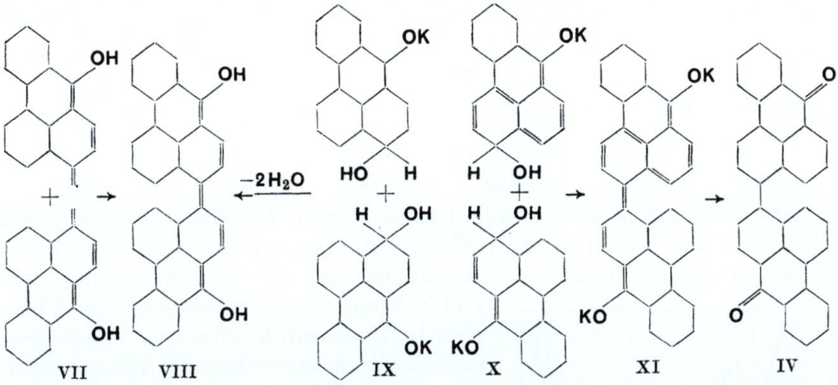

aber auch an eine Anlagerung von Kaliumhydroxyd an Benzanthron zu IX bzw. X denken. Durch Wasserabspaltung aus IX bzw. X und Oxydation des entstandenen VIII bzw. XI würde sich die Bildung der Bibenzanthronyle leicht erklären lassen. Für die Entstehung der Violanthrone in der zweiten Phase könnte bei den Dibenzanthronylen dann wieder Anlagerung von Kaliumhydroxyd, Wasserabspaltung und Oxydation angenommen werden.

Isoviolanthron bildet sich auch leicht bei niedrigeren Temperaturen, wenn die Einwirkung von Kaliumhydroxyd in Gegenwart von Lösungsmitteln, wie Benzol oder Trichlorbenzol, vorgenommen wird[5]. Gute Kondensationsmittel sind auch Metallanilide[6].

Isoviolanthron II wurde von ZINKE und Mitarbeitern vom Perylen aus synthetisiert. 3.9-Dibenzoyl-perylen XII gibt beim Erhitzen mit Aluminiumchlorid Isoviolanthron[7]. Die Ausbeute läßt sich verbessern, wenn dem Gemisch Oxydationsmittel, insbesondere Braunstein, zugesetzt werden[8].

---

[1] I.G. Farbenindustrie AG.: DRP.: 436888 (1924).

[2] LÜTTRINGHAUS, A., u. H. NERESHEIMER: A. **473**, 259 (1929).

[3] I.G. Farbenindustrie AG.: DRP. 448262 (1924); 445889 (1925); 453134 (1925).

[4] SCHWENK: Chemiker-Ztg. **52**, 62 (1928).

[5] I.G. Farbenindustrie AG.: DRP. 431775 (1924).

[6] I.G. Farbenindustrie AG.: DRP. 436533 (1925).

[7] ZINKE, LINNER u. WOLFBAUER B. **58**, 323 (1925). — I.G. Farbenindustrie AG.: DRP. 436077 (1924).

[8] ZINKE, FUNKE u. PONGRATZ: B. **58**, 799, 2222 (1925).

Besonders gut kann 4.10-Dibrom-3.9-dibenzoyl-perylen XIII mit Aluminiumchlorid kondensiert werden[1]. Diese Reaktion gelingt aber auch schon beim Erhitzen von XIII mit Kaliumhydroxyd in Chinolin[2].

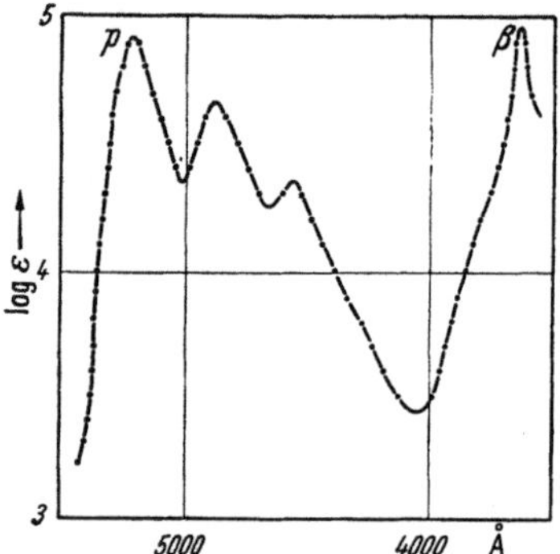

XII II XIII XIV XV XVI

Die Reduktion des Isoviolanthrons II zum *1.2,8.9-Dibenzperopyren* XIV wird am besten in etwa 85 proz. Ausbeute mittels der Zinkstaub-schmelze durchgeführt[3]. Umständlicher ist die Reduktion des Iso-violanthrons mit Jodwasserstoff und Phos-phor im Bombenrohr zu einem *Tetrahydro-isoviolanthren* unbestimmter Konstitution und dessen Dehydrierung durch Sublima-tion über auf 460° erhitztes Kupfer[4].

Eigenschaften. *1.2,8.9-Dibenzperopy-ren* XIV (Isoviolanthren) sublimiert in tief dunkelroten, sehr schwer löslichen großen Plättchen, die sich in warmer kon-zentrierter Schwefelsäure schmutzigviolett lösen und bei 510° (unkorr.) schmelzen. In Trichlorbenzol löst es sich rotgelb mit grüner Fluorescenz. *Absorptionsspektrum* s. Abb. 104. Der Kohlenwasserstoff und sein Chinon II sind elektrische Halbleiter[5].

Derivate. *Isoviolanthron* II bildet aus viel Nitrobenzol dunkelviolette, kupfer-glänzende Krystalle, die sich in konzen-trierter Schwefelsäure grün lösen. Sie färben Baumwolle aus blauer Küpe rotviolett. Vom oft gleichzeitig entstehenden Violanthron kann Isoviol-anthron abgetrennt werden auf Grund der Unlöslichkeit seines Küpen-salzes in 4 proz. Natronlauge[6]. Bei der Oxydation mit Chromsäure gibt

Abb. 104. Absorptionsspektrum des *1.2,8.9-Dibenz-peropyrens* in 1-Me-thylnaphthalin. [Nach E. CLAR: B. **76**, 463 (1943).] Lage der Banden in Å: p, 5230, 4880, 4590; β, 3640. Lage der Banden in Benzol in Å: p, 5150, 4800, 4570.

[1] I.G. Farbenindustrie AG: DRP. 436077 (1924). — ZINKE, LINNER u. WOLFBAUER: B. **58**, 323 (1925).
[2] ZINKE, FUNKE u. PONGRATZ: B. **58**, 799 (1925).
[3] CLAR, E.: B. **72**, 1649 (1939); **76**, 458 (1943).
[4] SCHOLL u. MEYER: B. **67**, 1229 (1934).
[5] AKAMATU u. INOKUCHI: J. chem. Phys. **18**, 810 (1950). — INOKUCHI: Bull. chem. Soc. Japan **24**, 222 (1951).
[6] LÜTTRINGHAUS, A., u. H. NERESHEIMER: A. **473**, 259 (1929).

Isoviolanthron 1.2, 5.6-Diphthalylanthrachinon XV[1], wobei als Zwischen-produkt das Trichinon XVI anzunehmen sein dürfte[2].

Vom technisch sehr wichtigen Isoviolanthron sind Derivate in großer Zahl dargestellt worden, von denen nur wenige hier erwähnt werden können. *Methyl-Homologe* sind sowohl von Aroyl-perylenen[3] als auch von Methyl-benzanthronen aus zu gewinnen[4]. Sehr wichtig ist die *Halogenierung* des Isoviolanthrons. Sie kann mit Chlor, Sulfurylchlorid oder Brom in Nitrobenzol durchgeführt werden[5]. Andere Halogen-Derivate können von Halogen-benzanthronen[6] oder von halogenierten Diaroyl-perylenen[7] aus hergestellt werden.

Nitro- und *Amino-Derivate* lassen sich durch Nitrieren und Reduzieren gewinnen[8]. *Oxy-Derivate* erhält man aus Oxybenzanthronen[9] sowie durch Oxydation von Isoviolanthron in Schwefelsäure in Gegenwart von Bor-säure mit Braunstein[10]. *Äther* des Isoviolanthrons lassen sich auch aus Halogen-isoviolanthronen mit Phenolaten darstellen[11].

3.) 1.2, 9.10-Dibenz-peropyren.

Violanthren.

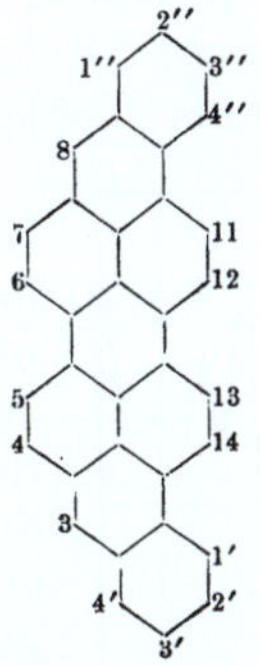

Violanthron (Dibenzanthron) wurde zuerst durch Verschmelzen von Benzanthron I mit alkoholischem Kali erhalten[12]. Dabei bildet sich zunächst 2.2′-Dibenzanthronyl II, das bei niedriger Temperatur das

---

[1] I.G. Farbenindustrie AG.: DRP. 487725 (1926). — Graselli Dyestuff Corp.: A. P. 1706493 (1927). — Vgl. SCHOLL u. MEYER: B. **61**, 2550 (1928); **65**, 1396 (1932).

[2] MAKI, T., u. Y. NAGAI: B. **70**, 1867 (1937).

[3] ZINKE u. FUNKE: B. **58**, 2222 (1925).

[4] Bad. DRP. 188193 (1905). — HEY, NICHOLLS u. PRITCHETT: Soc. **1944**, 97.

[5] Bad. DRP. 217570 (1909). — I.G. Farbenindustrie AG.: DRP. 436828 (1922).

[6] Bad. DRP. 188193 (1905). — I.G. Farbenindustrie AG.: DRP. 435533 (1925).

[7] ZINKE, FUNKE u. PONGRATZ: B. **58**, 799 (1925).

[8] Bad. DRP. 185222 (1904); DRP. 234749 (1910).

[9] Höchst: DRP. 414203; 414924 (1923).

[10] Bad. DRP. 259370; 260020 (1912); 280710 (1913). — Scottish Dyes Ltd.: DRP. 416208; 418639 (1921).

[11] KALLE: DRP. 424881 (1923).

[12] Bad. DRP. 185221 (1904). — BOHN: B. **28**, 195 (1905).

einzige Reaktionsprodukt ist[1]. Der Reaktionsmechanismus ist bereits auf S. 365 erörtert worden. Violanthron III kann auch vom 1.1′-Dinaphthyl V aus aufgebaut werden, indem man es zweimal mit Benzoyl-chlorid in Gegenwart von Aluminiumchlorid zur Reaktion bringt und dann das entstandene IV durch Erwärmen mit Aluminiumchlorid und dreifachem Ringschluß in Violanthron III verwandelt[2].

Zur Darstellung von *1.2, 9.10-Dibenzperopyren* VI aus Violanthron III benutzt man auch hier am besten die Zinkstaubschmelze, die eine Aus-beute von etwa 85% an reinem Kohlenwasserstoff liefert[3].

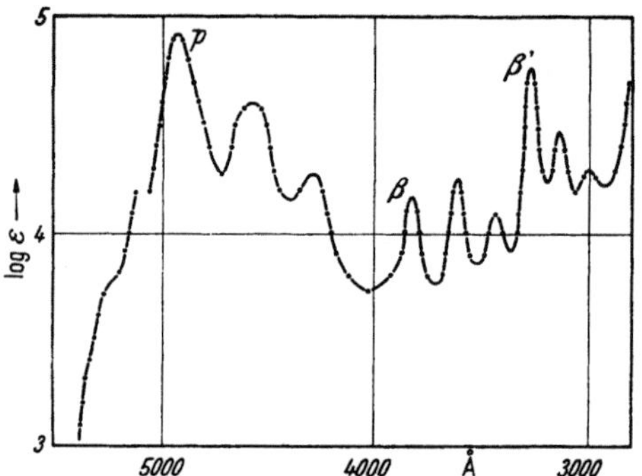
Abb. 105. Absorptionsspektrum des *1.2,9.10-Dibenz-peropyrens* in Benzol, der absteigende Ast im Sichtbaren unter log ε = 4.2 in 1-Methyl-naphthalin. [Nach E. CLAR: B. **76**, 465 (1943).] Lage der Banden in Benzol in Å: *p*, 4920, 4580, 4280; β, 3820, 3610, 3430; β′, 3275, 3040, 3000. Lage der Banden in 1-Methylnaphthalin in Å: *p*, 4980, 4640, 4340.

Weniger einfach ist es durch Reduktion von Violanthron mit Jodwasserstoff und rotem Phosphor im Bombenrohr bei 220° zu einem *Tetrahydro-violanthren* unbestimmter Konstitution und durch dessen Dehydrierung mit erhitztem Kupfer bei 450° dar-gestellt worden[4].

Eigenschaften. *1.2, 9.10-Di-benzperopyren* (Violanthren) VI sublimiert in leuchtend roten, großen Plättchen, die bei 478° (un-korr.) schmelzen. In Trichlorben-zol löst es sich gelbrot mit grüner Fluorescenz. *Absorptionsspektrum* s. Abb. 105. Der Kohlenwasser-stoff und Violanthron sind elek-trische Halbleiter[5].

Derivate. *Violanthron* (1.2, 9.10-Dibenz-peropyren-3.8-chinon, Di-benzanthron) ist sehr schwer löslich und gibt aus viel Nitrobenzol

[1] Bad. DRP. 407838 (1922). — LÜTTRINGHAUS u. NERESHEIMER: A. **473**, 259 (1929).
[2] SCHOLL u. SEER: A. **394**, 126 (1912). — SCHOLL: DRP. 239671 (1910).
[3] CLAR, E.: B. **72**, 1648 (1939); **76**, 458 (1943).
[4] SCHOLL u. MEYER: B. **67**, 1229 (1934).
[5] AKAMATU u. INOKUCHI: J. chem. Phys. **18**, 810 (1950). — INOKUCHI: Bull. chem. Sec. Japan **24**, 222 (1951).

dunkelviolette, kupferglänzende Krystalle. Sie lösen sich in konzentrierter Schwefelsäure violett und färben Baumwolle aus rotvioletter Küpe violett.

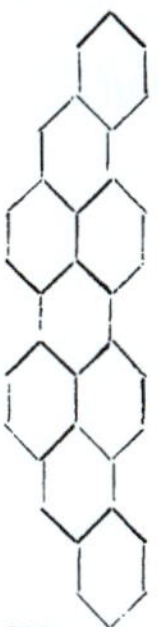

VI 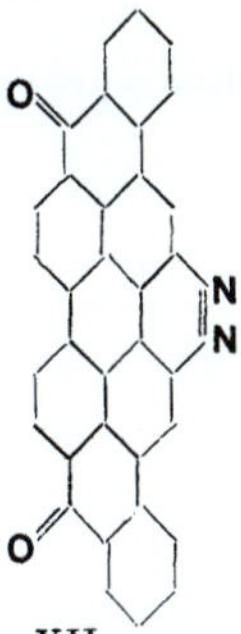 VII 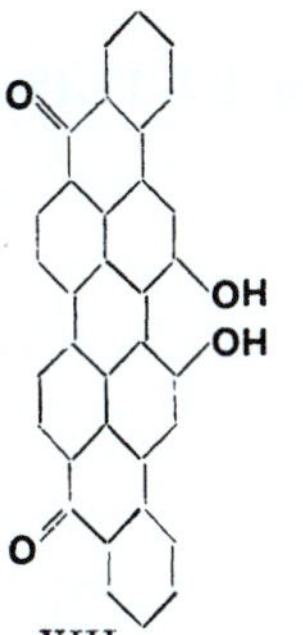 VIII 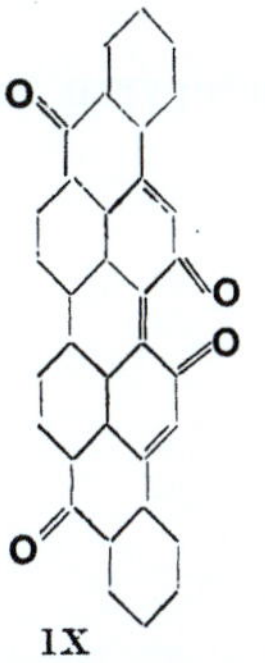 IX 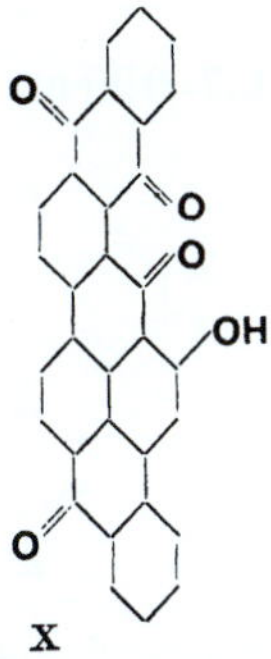 X 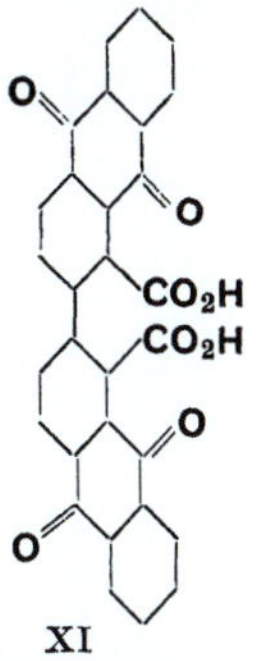 XI

Auch vom Violanthron sind viele Abkömmlinge von teilweise großer Bedeutung für die Farbenindustrie dargestellt worden. Aus entsprechend substituierten Benzanthronen können *Homologe*[1], *Halogenverbindungen*[1], *Oxy-* und *Alkoxy-Derivate*[2] dargestellt werden. Halogen-Derivate[3] und *Nitroverbindungen*[4] entstehen durch Substitution aus Violanthron. Die Dinitroverbindung gibt beim Verküpen eine grüne Aminoverbindung, die bei der Einwirkung von Hypochlorit auf der Faser ein wertvolles Schwarz liefert[5], dem nach MAKI Formel VII zukommt[6]. Nach BENNET, PRITCHARD und SIMONSEN findet die Nitrierung in 3'.2''-Stellung statt, so daß daraus nicht VII entstehen könnte[7].

Technisch wichtig ist die Oxydation des Violanthrons in Schwefelsäure mit Braunstein unter Zusatz von Borsäure[8]. Man erhält dabei *Violanthron-chinon* IX, aus dem durch Reduktion das *Dioxy-violanthron* VIII und durch dessen Methylierung das entsprechende *Dimethoxy-violanthron*, das ein wertvoller grüner Küpenfarbstoff ist, gewonnen werden kann[9]. Ein weiteres Oxydationsprodukt aus Violanthron-chinon IX ist das Pyren-Derivat X, das aus IX in Schwefelsäure mit Nitrosylschwefelsäure und Ammoniumvanadat darstellbar ist[10]. Wird Viol-

---

[1] Bad. DRP. 188 193 (1905). — I.G. Farbenindustrie AG.: DRP. 435 533 (1925).

[2] Höchst: DRP. 414 203, 414 924 (1923). — IG. Farbenindustrie AG.: DRP. 436 887 (1924). — Höchst: DRP. 413 738 (1923); 442 511 (1924).

[3] Bad. DRP. 217 570 (1909); 402 640 (1922). — IG. Farbenindustrie AG.: DRP. 436 828 (1922).

[4] Bad. DRP. 185 222 (1904); DRP. 234 749 (1910).

[5] Bad. DRP. 226 215 (1909).

[6] MAKI, T., Y. NAGAI u. Y. HAYASHI: J. Soc. chem. Ind. Japan (Suppl.) **38**, 710 B (1935) — C. **1936 II**, 470.

[7] BENNET, PRITCHARD u. SIMONSEN: Soc. **1943**, 31.

[8] Bad. DRP. 259 370, 260 020 (1912); 280 710 (1913); 411 013 (1922) — Scottish Dyes Ltd.: DRP. 416 208, 418 639 (1921) — Bad. DRP. 395 691 (1922); 403 394 (1923) — Höchst: DRP. 420 146 (1923) — I.G. Farbenindustrie AG.: DRP. 436 829, 438 478 (1922).

[9] Scottish Dyes Ltd.: DRP. 417 068 (1921) — Bad. DRP. 398 485 (1922) — Höchst: DRP. 420 147 (1923) — I.G. Farbenindustrie AG.: DRP. 443 610 (1923); 436 887 (1924); 451 122, 452 449 (1922).

[10] I.G. Farbenindustrie AG.: E. P. 480 882 (1936) — C. **1938 II**, 1134.

anthron in verdünnter schwefelsaurer Suspension mit Chromsäure oxydiert, so entsteht 2.2′-Dianthrachinonyl-1.1′-dicarbonsäure XI, die sich auch nach demselben Verfahren aus 2.2′-Dibenzanthronyl gewinnen läßt[1].

4.) 1.2, 6.7-Dibenz-peropyren und 1.2, 11.12-Dibenz-peropyren.

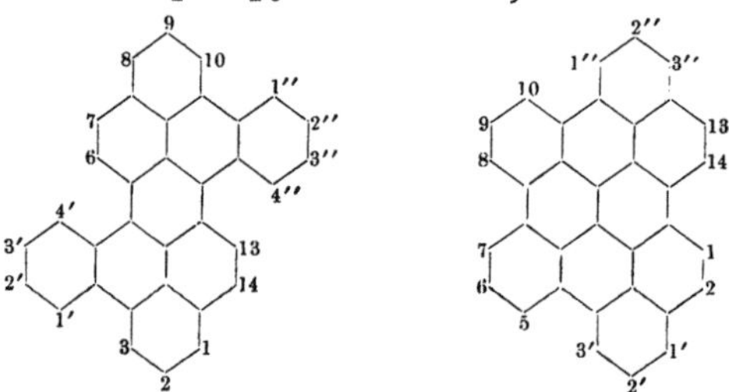

Bei der Darstellung des Violanthrons und Isoviolanthrons durch Kalischmelze aus Benzanthron oder 1′-Halogen-benzanthron entstehen als Nebenprodukte unverküpbare oder schwer verküpbare Farbstoffe, die als „*Violanthron B*" bzw. „*Isoviolanthron B*" bezeichnet werden und in denen wahrscheinlich 2 Benzanthron-Reste nach Formel I bzw. II kondensiert sind. Diese Nebenprodukte bestehen wahrscheinlich aus Gemischen von Verbindungen, deren Hydroxylgruppen teils reduziert, teils in andere Kerne abgewandert und unter Mitwirkung von Luftsauerstoff zur Carbonylgruppe oxydiert worden sind. Genaueres läßt sich darüber zur Zeit noch nicht aussagen[2].

5.) 4.5, 11.12-Dibenz-peropyren und 3.4,11.12-Dibenz-bisanthen.

Läßt man nach E. CLAR[3] auf Benzanthron und Aluminiumchlorid in Benzol Zinkstaub einwirken, so erhält man 2 Kohlenwasserstoffe,

[1] SCHOLL, MÜLLER u. BÖTTGER: B. **68**, 45 (1935).

[2] LÜTTRINGHAUS, A., u. H. NERESHEIMER: A. **473**, 259 (1929). — MAKI, T., u. Mitarb.: J. Soc. chem. Ind. Japan (Suppl.) **35**, 577 B (1932); **36**, 99 B (1933); **37**, 213 B (1934); **38**, 487 B (1935); **1933 I**, 1778; **1933 II**, 60; **1934 II**, 1300; **1936 I**, 4904 — B. **71**, 2036 (1938).

[3] CLAR, E.: DRP. 621861 (1933) — C. **1936 II**, 3601 — B. **76**, 458 (1943).

von denen der leichter lösliche, goldgelbe die Konstitution I und der schwerer lösliche orangerote die Konstitution III hat. Statt Benzol als Lösungsmittel können auch *Flußmittel*, wie ein Alkalichlorid oder Pyridin, an Stelle des Zinkstaubes können aktivierte oder nicht-aktivierte Metallpulver, wie Magnesium, mit Jod aktiviertes Magnesium, verkupferter Zinkstaub oder amalgamiertes Aluminium verwendet werden. Die Reaktion kann auch gegebenenfalls durch Einleiten von trockenem Chlorwasserstoff in Gang gebracht werden.

Eigenschaften. Der orangerote Kohlenwasserstoff III ist in Xylol schwerer löslich wie der gelbe Kohlenwasserstoff I, so daß beide durch Krystallisation getrennt werden können. Den orangeroten Kohlen-wasserstoff III, der bei der Reaktion nur in geringer Menge oder manchmal nicht gebildet wird, kann man sich aus II entstanden denken. Die Bildung von II erinnert an die Darstellung des Peropyrens durch Zinkstaubschmelze aus *peri*-Naphthindenon (s. S. 362). Das *Absorptions-spektrum* des gelben Dibenzpero-pyrens s. Abb. 106. Es schmilzt bei 331—332° (unkorr.).

6.) 5.6, 12.13-Dibenz-peropyren.

2.3, 8.9-Dibenz-coronen.

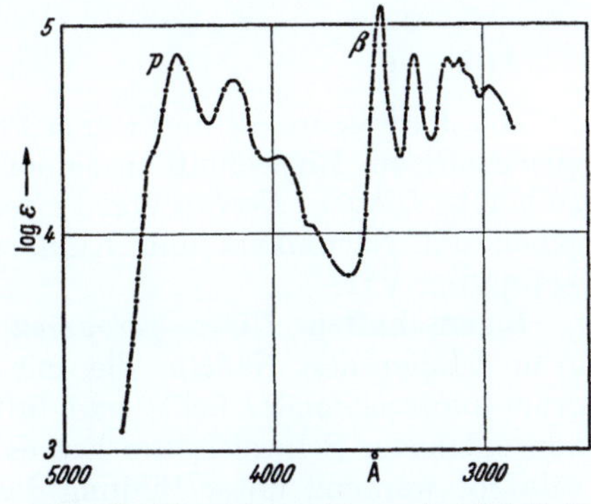

Abb. 106. Absorptionsspektrum des *4.5,11.12-Dibenz-peropyrens* in Benzol. [Nach E. CLAR: B. **76**, 4650 (1943).] Lage der Banden in Å: *p*, 4450, 4180, 3980; *β*, 3480, 3320, 3165, 3110, 2960.

Nach SCHOLL und MEYER[1] bil-det sich aus Anthrachinon-1.5-di-carbonsäure-chlorid und *m*-Xylol in Gegenwart von Aluminiumchlorid neben einem isomeren Diketon das Dilacton I. Dieses wird in alkalischer

---

[1] SCHOLL u. MEYER: B. **65**, 902 (1932). — Vgl. SCHOLL, MEYER u. WINKLER: A. **494**, 201 (1932).

Lösung mit Permanganat zur Dilacton-tetracarbonsäure II oxydiert,
welche mit Jodwasserstoff und rotem Phosphor in siedendem Eisessig
zur Diphenyl-anthracen-hexacarbonsäure III reduziert wird. Letztere
geht mit Oleum bei 100° zweifachen Ringschluß zu IV und weiter
mit Phosphorsäure und Phosphorpentoxyd bei 340—350° einen noch-
maligen doppelten Ringschluß zu V ein.

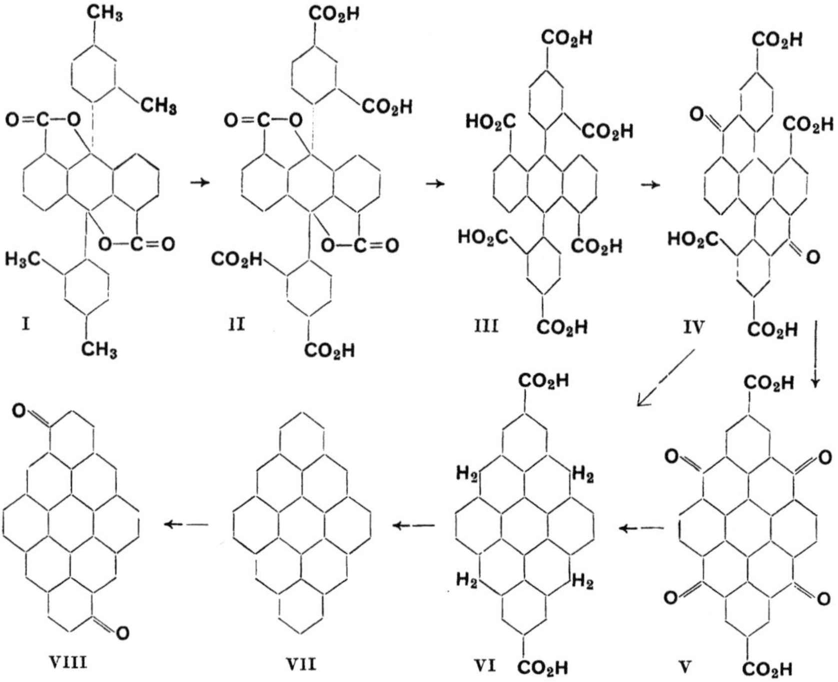

Mit Jodwasserstoff und rotem Phosphor unter Druck wird IV unter
gleichzeitigem Ringschluß zu einem *Tetrahydro-Derivat* von VI, und V
zu einem *Dihydro-Derivat* von VI reduziert. Beide Reduktionsprodukte
geben mit Natronkalk und Kupferpulver bei 500° 5.6,12.13-Dibenz-
peropyren VII.

Eigenschaften. *Dibenz-peropyren* VII sublimiert in roten, smaragdgrün schillernden Nadeln, die mit organischen Lösungsmitteln rote,
grün fluorescierende, licht- und luftempfindliche Lösungen geben. In
konzentrierter Schwefelsäure löst es sich zuerst violettblau, dann aber
bald rot werdend unter Bildung des Chinons VIII. Die Lösungen des
Dibenz-peropyrens geben mit Brom ein dunkelblaues Dibromid.

Dibenz-peropyren-chinon VIII wird außer durch Schwefelsäure aus
dem Kohlenwasserstoff auch noch durch Oxydation mit verdünnter
Salpetersäure oder mit Chromsäure in Eisessig erhalten. Es küpt mit
blauer Farbe und krystallisiert aus Trichlorbenzol in roten, mikro-
skopischen Nadeln. Die Lösung ist rot und zeigt gelbe Fluorescenz.
Nach den Erfahrungen bei der Oxydation des Pyrens wird man die
Formulierung VIII von Scholl und Meyer nicht als die einzige Mög-

lichkeit ansehen dürfen, man wird vielmehr an die Möglichkeit denken
müssen, daß das Oxydationsprodukt des Dibenz-coronens ein Gemisch
zweier *isomerer Chinone* ist.

7.) 2.3, 5.6, 8.9-Tribenz-peropyren.

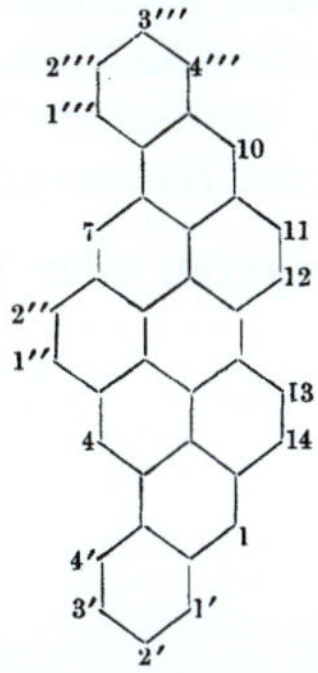

Dieser Kohlenwasserstoff ist noch nicht bekannt. Sein 1.10-*Chinon* III
kann erhalten werden, wenn 2'-Methyl-benzanthron I mit Kalium-

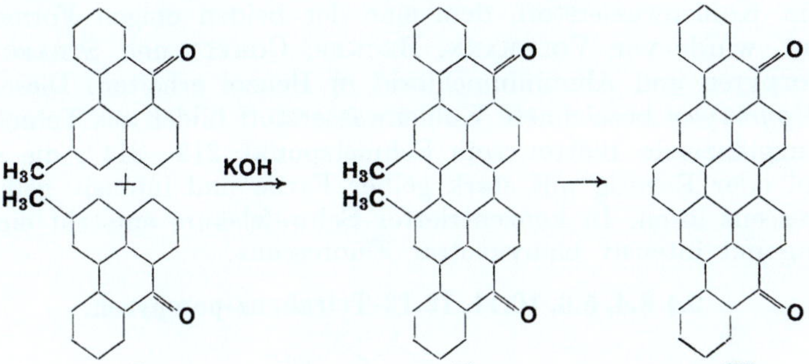

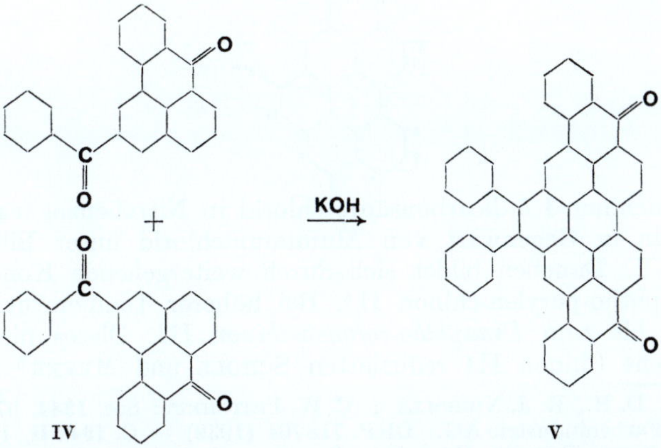

hydroxyd unter Zusatz von Glucose oder mit Naphthalin, Kaliumhydroxyd und Mangandioxyd verschmolzen wird. Das zunächst gebildete

Dimethylviolanthron II geht beim Kochen mit Nitrobenzol, besonders
wenn Bariumoxyd zugesetzt wird, in III über[1].

2.3,5.6,8.9-Tribenzperopyren-1.10-chinon III bildet ein dunkel-
braunes Pulver, das mit alkalischem Natriumhydrosulfit eine blaue
Küpe gibt, aus der Baumwolle trübrot angefärbt wird.

Das *1''.2''-Diphenyl-Derivat* V wird beim Verschmelzen des 2'-Phenyl-
benzanthrons IV mit alkoholischem Kali erhalten. Es bildet rubinrote, messingglänzende Platten, die mit alkalischem Natrium-hydrosulfit eine korn-
blumenblaue Küpe geben, aus der Baumwolle klar rubinrot gefärbt wird[2].

8.) 1.14, 10.11-Dibenz-peropyren oder 1.14, 7.8-Dibenz-peropyren.

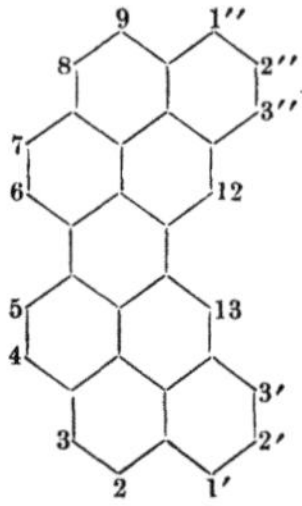

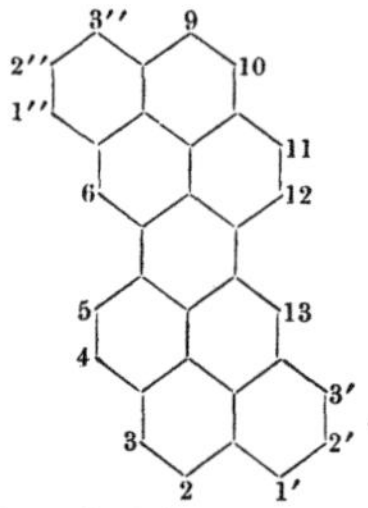

Ein Kohlenwasserstoff, dem eine der beiden obigen Formeln zukommt, wurde von VOLLMANN, BECKER, CORELL und STREECK[3] aus
3-Chlorpyren und Aluminiumchlorid in Benzol erhalten. Dieser auch
als *Dipyrenylen* bezeichnete Kohlenwasserstoff bildet aus Toluol große
messingglänzende Blätter vom Schmelzpunkt 213—214°, die sich in
Benzol oder Eisessig mit stark gelber Farbe und intensiv gelbgrüner
Fluorescenz lösen. In konzentrierter Schwefelsäure entsteht eine rosa
Lösung mit intensiv blauvioletter Fluorescenz.

9.) 3.4, 5.6, 10.11, 12.13-Tetrabenz-peropyren.

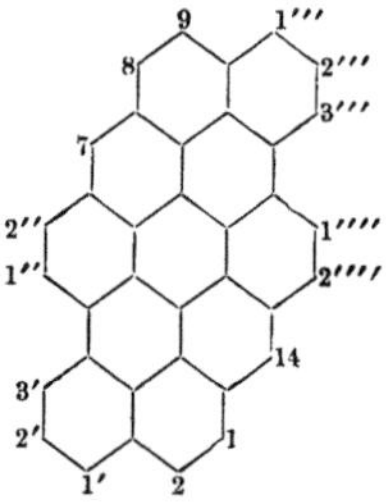

Anthrachinon-1.5-dicarbonsäure-chlorid in Nitrobenzol reagiert mit
Naphthalin in Gegenwart von Aluminiumchlorid unter Bildung des
Dilactons I. Daneben bildet sich durch weitergehende Kondensation
das Dinaphtho-perylen-chinon II[4]. Bei höherer Temperatur geht die
Reaktion bis zum *Dinaphtho-coronen-chinon* III. Dieses nicht näher
beschriebene Chinon III reduzierten SCHOLL und MEYER[5] mit Jod-

[1] HEY, D. H., R. J. NICHOLLS u. C. W. PRITCHETT: Soc. **1944**, 97.
[2] I.G. Farbenindustrie AG.: DRP. 718704 (1939) — C. **1942 II**, 101.
[3] VOLLMANN, BECKER, CORELL u. STREECK: A. **531**, 47 (1937).
[4] SCHOLL, MEYER u. WINKLER: A. **494**, 220 (1932).
[5] SCHOLL u. MEYER: B. **67**, 1229 (1934).

wasserstoff und rotem Phosphor bei 180—190° und dehydrierten den erhaltenen hydroaromatischen Kohlenwasserstoff durch Erhitzen mit Kupferpulver bei 500° zum *Tetrabenz-peropyren* oder *Dinaphthocoronen* IV.

Eigenschaften. Es bildet aus Xylol rote, sublimierbare Nadeln. Die Lösung ist rot, fluoresciert grün und scheidet mit Bromdampf ein dunkelblaues Bromid aus.

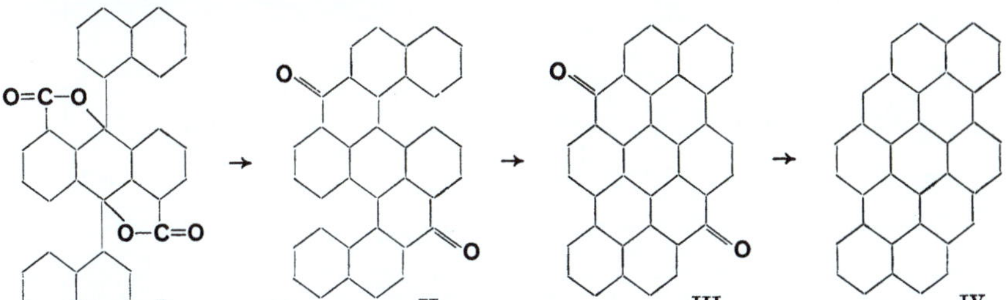

Tetrabenzperopyren ist ferner als ein Begleitprodukt bei der Bildung des Coronens durch destruktive Hydrierung von Steinkohlen aufgefunden worden[1]. Sein *Absorptionsspektrum* s. Abb. 107[1].

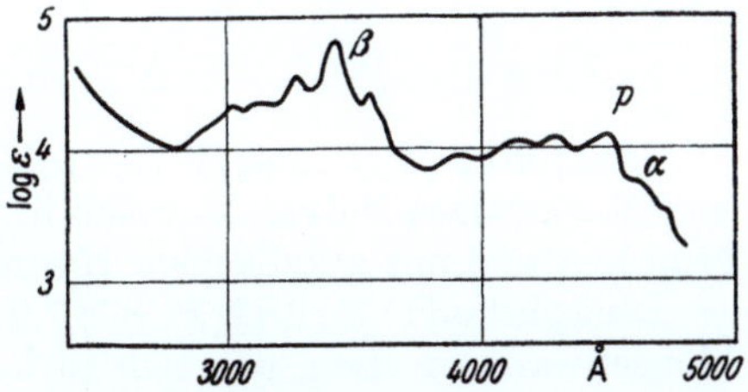

Solange nicht der Verlauf der Oxydation und andere Reaktionen der beiden in den letzten beiden Kapiteln beschriebenen Kohlenwasserstoffe bekannt sind, muß ihre Zuordnung zur Klasse

Abb. 107. Absorptionsspektrum des *3.4,5.6,10. 11,12.13-Tetrabenz-peropyrens* in Chloroform. [Nach H. FROMHERZ, L. THALER u. G. WOLF: Z. El. Ch. **49**, 390 (1943).] Lage der Banden in Å: α, 4650; p, 4510, 4300, 4150, 3940; 3580; β, 3440, 3280.

der *Peropyrene* zweifelhaft erscheinen. Sie leiten sich vom Peropyren durch zweimalige Anellierung in *peri*-Stellung ab, die meist den Charakter eines Kohlenwasserstoffes durchgreifend ändert.

10.) Dinaphtho-[1'.7': 2.4] [1''.7'': 9.11]-peropyren und Dinaphtho-[1'.7': 2.4] [2''.8'': 7.9]-peropyren.

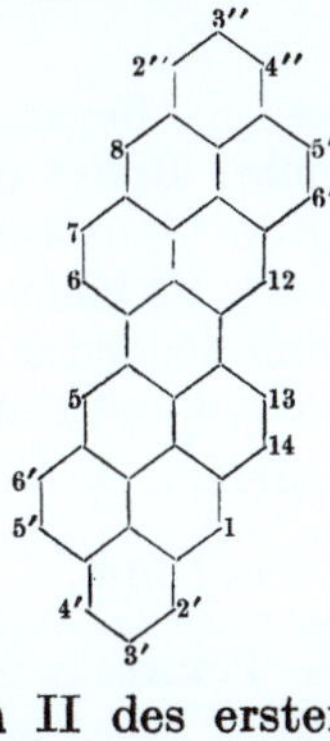

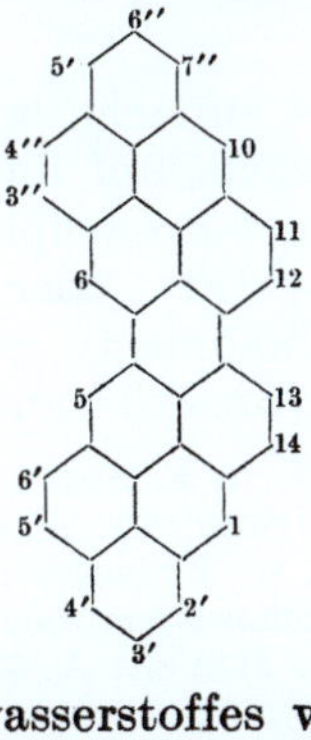

Das Chinon II des ersteren Kohlenwasserstoffes wird beim Verschmelzen von 3'-Brom-naphthanthron I mit alkoholischem Kalium-

[1] FROMHERZ, H., L. THALER u. G. WOLF: Z. El. Ch. **49**, 387 (1943).

hydroxyd bei 115—120° und das Chinon IV aus III mit schmelzendem Kaliumhydroxyd und Kaliumacetat bei 240—250° erhalten. II wurde über die Küpe und IV durch Chromatographie in Trichlorbenzol gereinigt.

Br   Br   + $\xrightarrow{\text{KOH}}$ + $\xrightarrow{\text{KOH}}$

I   II   III   IV

Dinaphtho-[1′.7′ : 2.4][1″.7″ : 9.11]-peropyren-1.8-chinon II bildet ein violettschwarzes Pulver, das sich in konzentrierter Schwefelsäure blaugrün löst und mit alkalischem Hydrosulfit eine blaugrüne Küpe liefert.

Dinaphtho-[1′.7′ : 2.4][2″.8″ : 7.9]-peropyren-1.10-chinon IV ist ein blauschwarzes Pulver, das sich in konzentrierter Schwefelsäure violett löst und darin Absorptionsbanden bei 5320 und 7400 Å zeigt. Mit alkalischem Hydrosulfit bildet es eine blaugrüne Küpe[1].

Die Kohlenwasserstoffe sind daraus nicht dargestellt worden.

c) Kohlenwasserstoffe des 4., 5. und 6. Kondensationsgrades.

1.) Quaterphenyl.

4.4′-Diphenyl-diphenyl. Bisdiphenyl.

5 6   6‴ 5‴

4   4‴

3 2   2‴ 3‴

Quaterphenyl entsteht bei der Pyrolyse des Benzols, beim Durchleiten von Benzoldampf durch ein glühendes Rohr[2] oder über einen Glühdraht[3]. Aus 4-Bromdiphenyl mit Natrium[4], aus 4-Joddiphenyl mit Kupfer bei 250—270[5]° oder mit Magnesium[6]. Es bildet sich ferner aus 4-Brom- oder Joddiphenyl mit Hydrazin und siedenden methylalkoholischem Kaliumhydroxyd[7], aus Dibenzoylperoxyd und Benzol[8] oder durch

[1] BRADLEY, W., u. F. SUTCLIFFE: Soc. **1951**, 2118.

[2] SCHMIDT u. SCHULTZ: A. **203**, 134 (1880).

[3] MEYER, H., u. HOFMANN: Mh. Chem. **37**, 711 (1916).

[4] NOYES u. ELLIS: Am. Soc. **17**, 620 (1895).

[5] ULLMANN u. MEYER: A. **332**, 52 (1904). — PUMMERER u. SELIGSBERGER: B. **64**, 2477 (1931).

[6] RUPE u. ISELIN: B. **49**, 45 (1916).

[7] BUSCH u. SCHMIDT: B. **62**, 2618 (1929).

[8] GELISSEN u. HERMANS: B. **58**, 290, 293, 764 (1925).

Reduktion des diazotierten 4-Aminodiphenyl[1]. Besonders interessant ist die Bildung aus 1.8-Diphenyl-oktatetraen I mit Maleinsäureanhydrid,

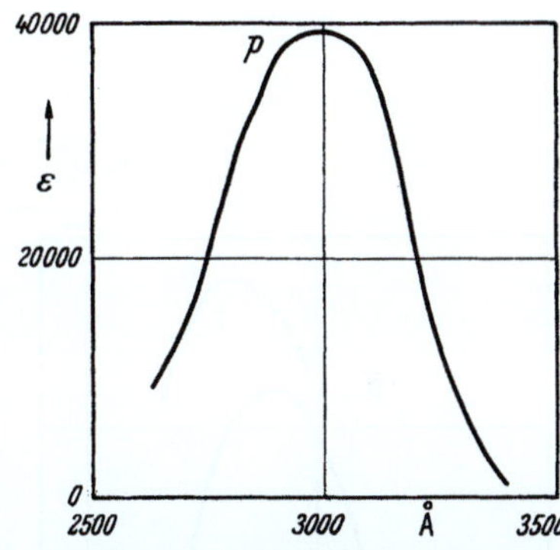

wobei zunächst das Tetracarbonsäure-dianhydrid II entsteht, dessen Dehydrierung mit Kaliumferricyanid und Decarboxylierung mit Natronkalk Quaterphenyl gibt[2]. Quaterphenyl kann auch aus Lithium-diphenyl durch Oxydation mit Sauerstoff erhalten werden[3].

Eigenschaften. *Quaterphenyl* bildet farblose sublimierbare Krystalle, die bei 318° (korr.) schmelzen und sich in konzentrierter Schwefelsäure farblos lösen. Der Siedepunkt liegt bei etwa 428° bei 18 mm. *Absorptionsspektrum* s. Abb. 108.

Das aus den Jod-Verbindungen mit Kupferpulver gewonnene *4.4'''-Dimethyl-quaterphenyl* schmilzt bei 469°, es läßt sich zur Dicarbonsäure oxydieren[4].

4.4'''-Dibenzoyl-quaterphenyl ist aus Quaterphenyl, Benzoylchlorid und Aluminiumchlorid erhältlich.[5]

Abb. 108. Absorptionsspektrum des *Quaterphenyls* in Hexan. (Nach A. E. Gillam u. D. H. Hey: Soc. **1939**, 1170.) Maximum bei 2920 Å.

2.) Quinquiphenyl.

1.4-Bis-diphenylyl-benzol.

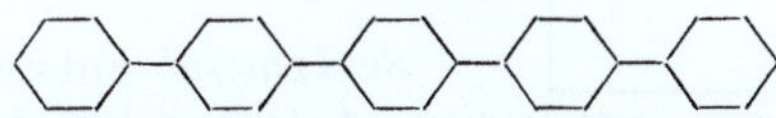

Quinquiphenyl bildet sich neben anderen Polyphenylen aus Benzoldiazoniumsulfat in konzentrierter Schwefelsäure und Eisessig durch Reduktion mit Ameisensäure und Kupferpulver[6], ferner aus einer Mischung von 4-Joddiphenyl und 4-Jodterphenyl mit Silberpulver bei 310—330°[6]. Interessant ist die Bildung aus 4-Diphenyl-Lithium und

[1] Gerngross, Schachnow u. Jonas: B. **57**, 749 (1924).

[2] Kuhn, R.: A. **475**, 132 (1929). — Kuhn, R., u. T. Wagner-Jauregg: B. **63**, 2662 (1930).

[3] Müller, Eugen, u. T. Töpel: B. **72**, 282 (1939).

[4] Pummerer u. Seligsberger: B. **64**, 2477 (1931).

[5] Müller, Eugen, u. H. Pfanz: B. **74**, 1075 (1941).

[6] Gerngross u. Dunkel: B. **57**, 730 (1924). — Gerngross, Schachnow u. Jonas: B. **57**, 749 (1924).

Cyclohexandion. Das Diol I verliert leicht 2 Mol Wasser und gibt die Dihydro-Verbindung II, die durch Oxydation mit Luft teilweise

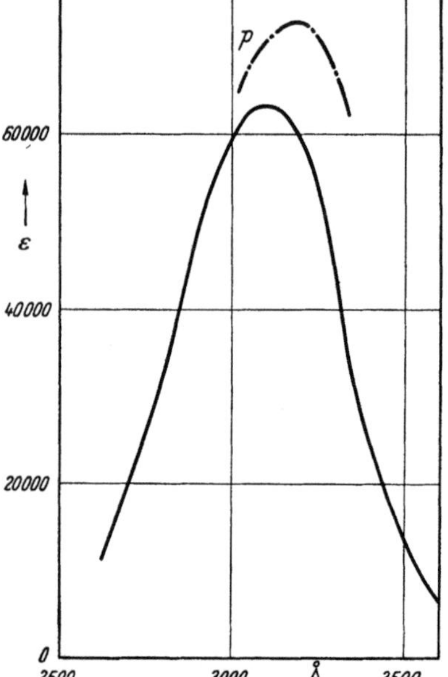

Abb. 109. Absorptionsspektrum des *Quinquiphenyls* und *Sexiphenyls* in Chloroform. (Nach A. E. GILLAM u. D. H. HEY: Soc. **1939**, 1170.) Maxima bei 3100 Å bzw. 3175 Å.

dehydriert wird und eine gelbe Verbindung aus 1 Mol *Quinquiphenyl* und 1 Mol seiner Dihydro-Verbindung II liefert. Vollständige Dehydrierung wird durch Erhitzen mit Selen erreicht[1].

Eigenschaften. *Quinquiphenyl* bildet aus Chinolin farblose Nadeln, die unter CO_2 bei 365° sintern, bei 380° (korr.) zu einer krystallinen Flüssigkeit und bei 431° (korr.) zu einer amorphen Flüssigkeit schmelzen[2]. *Absorptionsspektrum* siehe Abb. 109.

3.) Sexiphenyl.

Sexiphenyl entsteht beim Erhitzen von 4-Jodterphenyl mit Silberpulver auf 330°[3] oder mit Kupferpulver[4], ferner aus 4-Joddiphenyl und 4.4'-Dijoddiphenyl mit Kupferpulver[4].

Eigenschaften. *Sexiphenyl* bildet farblose rhombische Blättchen, ist sehr schwer löslich, sublimierbar und schmilzt bei 475°. *Absorptionsspektrum* s. Abb. 109. *4·4'''''' Dimethyl-sexiphenyl* schmilzt bei 469°[4].

[1] MÜLLER, EUGEN, u. T. TÖPEL: B. **72**, 282 (1939).
[2] VORLÄNDER: Ph. Ch. **126**, 471; **134**, 160 (1927).
[3] PUMMERER u. BITTNER: B. **57**, 84 (1924).
[4] PUMMERER u. SELIGSBERGER: B. **64**, 2477 (1931).

C. *peri*-kondensierte Kohlenwasserstoffe aus sechsgliedrigen Ringen, die nicht nach dem Kondensationsgrad geordnet werden.

I. Kohlenwasserstoffe, die sich vom Anthanthren ableiten.

1.) Anthanthren.

Anthanthron II ist von KALB[1] durch doppelten Ringschluß sowohl von 1.1′-Dinaphthyl-2.2′-dicarbonsäure I als auch von 1.1′-Dinaphthyl-8.8′-dicarbonsäure III erhalten worden. Er gelingt direkt mit den Säuren sowie mit ihren Estern mit Schwefelsäure und mit ihren Säurechloriden mit Aluminiumchlorid.

Mit Jodwasserstoff und rotem Phosphor bei 200° wird Anthanthron II zu einem *Hydro-anthanthren* unbestimmter Konstitution reduziert, das beim Leiten über Kupfer bei 500° zu *Anthanthren* dehydriert wird[2]. Die Ausbeute bei der Zinkstaubdestillation ist nur schlecht, auch hier ist die Zinkstaubschmelze das einfachste und beste Verfahren zur Darstellung von Anthanthren[3].

Eigenschaften und biochemisches Verhalten. *Anthanthren* bildet aus Xylol goldgelbe Plättchen vom Schmelzpunkt 261°, die sich in konzentrierter Schwefelsäure braun lösen. Die Lösung in Xylol zeigt eine stark blaue Fluorescenz. In Benzol gelöst gibt Anthanthren mit Brom eine tiefbraune „*Vorverbindung*", die der des Perylens ähnelt, aber unbeständiger ist als diese. Mit Jod in Benzol bildet Anthanthren eine beständigere Verbindung, die in fast schwarzen, glänzenden Nadeln krystallisiert und die Zusammensetzung *Anthanthren + 3 Atome Jod* hat[4]. Anthanthren wirkt nicht krebserregend[5]. Das *Absorptionsspektrum* des Anthanthrens ist in Abb. 110 wiedergegeben.

Anthanthron ist ein orangegelber Farbstoff von industrieller Bedeutung. Es schmilzt bei etwa 340°, löst sich in konzentrierter Schwefel-

---

[1] KALB: B. **47**, 1724 (1914) — D.R.P. 280787 (1913).
[2] SCHOLL u. MEYER: B. **67**, 1229 (1934). — [3] CLAR, E.: B. **72**, 1645 (1939).
[4] BRASS, K., u. E. CLAR: B. **72**, 1882 (1939).
[5] DOMAGK: Medizin und Chemie **3**, 291 (1936). — COOK u. KENNAWAY: Am. J. Cancer **33**, 50 (1938). — RONDONI: Chim. e Ind. (Milano) **17**, 148 (1935).

säure grün und ist leicht mit violettroter Farbe verküpbar. Vom Anthanthron sind eine große Anzahl Derivate beschrieben worden, auf die hier
nur kurz hingewiesen werden kann: *Halogenderivate*[1], *Nitroderivate*[2],
Sulfonsäuren[3]. Die Synthese des An-
thanthrons, vom Acenaphthen ausgehend, und die Darstellung einiger
seiner Abkömmlinge ist von COR-
BELLINI und Mitarbeitern ausführ-
licher beschrieben worden[4].

2.) 1.2,7.8-Dibenzanthanthren.

Pyranthren.

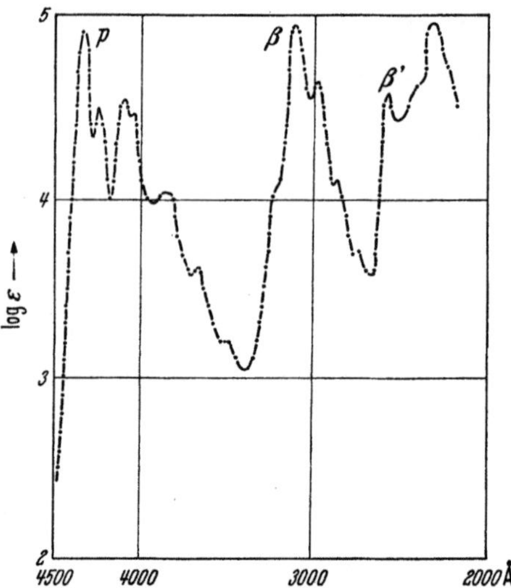

Abb. 110. Absorptionsspektrum des *Anthan-*
threns in Benzol, ab 2700 Å in Alkohol. [Nach
E. CLAR: B. **73**, 604 (1940).] Lage der Banden
in Å: *p*, 4330, 4240, 4080, 4020, 3850, 3670,
3500; *β*, 3100, 2970, 2870 (in Benzol); *β′*, 2570;
2400; 2310 (in Alkohol).

Zur Synthese des technisch wichtigen *Pyranthrons* [Indanthren-gold-
orange G, 1.2, 7.8-Dibenzanthan-
thren-chinon-(3.9)] sind zwei Wege
beschritten worden. Der erste und
wichtigste geht von 2.2′-Dimethyl-
1.1′-dianthrachinonyl I aus, das sich aus 1-Chlor- oder 1-Jod-2-methyl-
anthrachinon mit Kupferpulver nach der ULLMANNschen Methode oder
durch Reduktion des 2-Methylanthrachinon-1-diazoniumsulfates gewonnen werden kann. Die zweifache Wasserabspaltung aus I wird
nach SCHOLL[5] am besten mit alkoholischem Kali bewirkt, kann aber
auch durch Erhitzen für sich, mit Chlorzink oder mit Ätzkali und
Natriumacetat geschehen (I → II).

Die zweite Synthese besteht in der Kondensation von 3.8-Dibenzoyl-
pyren III mit Aluminiumchlorid nach SCHOLL und SEER[6] oder besser

[1] KALB: DRP. 287250 (1913) — Casella & Co.: E. P. 260998 (1926); 280217
(1927); 304613 (1929) — I.G. Farbenindustrie AG.: E. P. 286669 (1928); F. P.
678055 (1929) — C. **1930 II**, 2968 — Casella & Co.: E. P. 295600 (1928); DRP.
507558 (1928) — C. **1930 II**, 3652. — CORBELLINI u. BARBARO: G. Chim. ind.
appl. **15**, 335 (1933). — CORBELLINI u. ATTI: Chim. e Ind. (Milano) **18**, 295 (1936).

[2] KALB: DRP. 287250 (1913) — I.G. Farbenindustrie AG.: E. P. 327712
(1928) — C. **1930 II**, 932: F. P. 669520 (1929) — C. **1930 I**, 2172. — CORBELLINI
u. ATTI: Chim. e Ind. (Milano) **18**, 295 (1936).

[3] Casella & Co.: E. P. 304613 (1929) — C. **1929 I**, 2927. — CORBELLINI u.
ATTI: Chim. e Ind. (Milano) **18**, 295 (1936).

[4] CORBELLINI u. Mitarb.: G. Chim. ind. appl. **13**, 109 (1931) — R. Ist.
lombardo Sci. Lettre, Rend. (2) **69**, 258, 287, 429, 580 (1936).

[5] SCHOLL: B. **43**, 346 (1910) — Bad. DRP. 175067 (1905); DRP. 212019
(1908); 287270 (1913).

[6] SCHOLL: DRP. 239671 (1910). — SCHOLL u. SEER: A. **394**, 111 (1912) —
Mh. Chem. **33**, 1 (1912).

durch Verschmelzen mit Aluminiumchlorid-Natriumchlorid und Einleiten von trockenem Sauerstoff nach VOLLMANN, BECKER, CORELL
und STREECK[1], wobei die Ausbeute 80% an reinem Pyranthron II

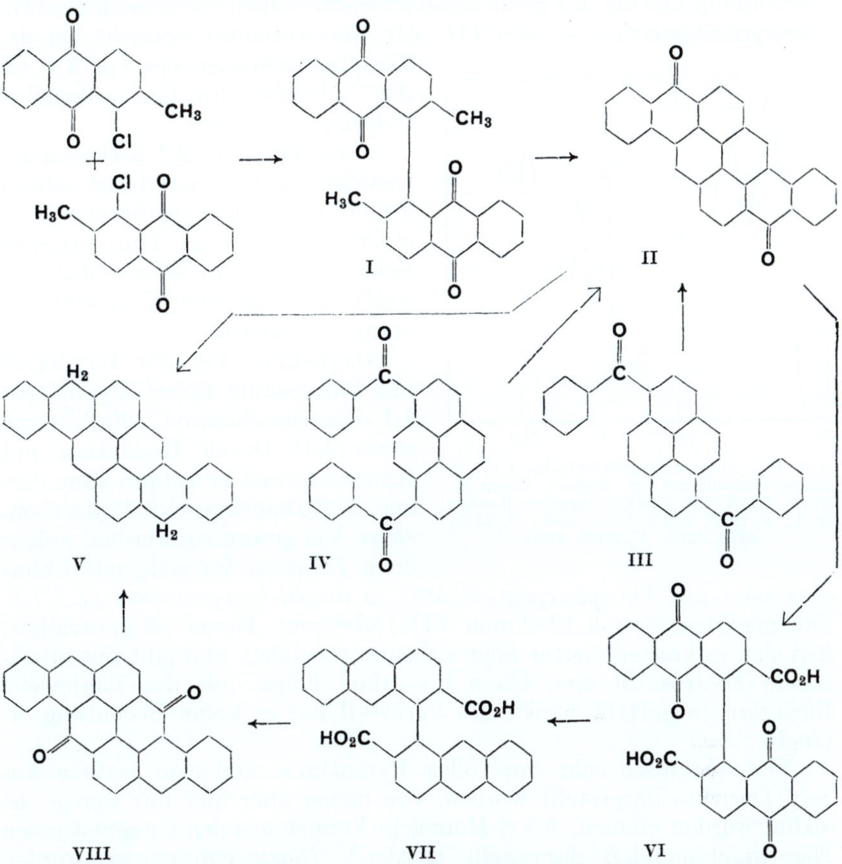

beträgt. Es ist bemerkenswert, daß auch 3.10-Dibenzoylpyren IV auf
diese Weise in einer Ausbeute von 20—25% sich zum Pyranthron II
kondensieren läßt[1], wobei eine vorausgehende Umlagerung anzunehmen
ist. Pyranthron läßt sich auch aus Pyren, Benzoylchlorid und Aluminiumchlorid in einer Operation darstellen[2].

Bei der Reduktion mit Jodwasserstoff und rotem Phosphor gibt
Pyranthron ein *Dihydro-1.2,7.8-dibenz-anthanthren*[3] von der wahrscheinlichen Formel V, das sich mit Kupfer bei 400° zum *1.2,7.8-Di-
benzanthanthren* (Pyranthren) dehydrieren läßt[4].

Eigenschaften. *1.2.7.8-Dibenz-anthanthren* (Pyranthren), das noch
einfacher durch die Zinkstaubschmelze aus Pyranthron gewonnen werden

---

[1] VOLLMANN, BECKER, CORELL u. STREECK: A. **531**, 38 (1937).
[2] I.G. Farbenindustrie AG.: E. P. 382877 (1932) — C. **1933 I**, 1525.
[3] SCHOLL: B. **43**, 353 (1910) — A. **433**, 180 (1923).
[4] SCHOLL u. MEYER: B. **67**, 1229 (1934).

kann[1], sublimiert in rötlichbraunen Nadeln, die im Vakuumröhrchen bei 372—373° (unkorr.) schmelzen und sich in konzentrierter Schwefelsäure in der Kälte mit violettblauer, in der Wärme mit blauer Farbe lösen und in Lösung mit Brom einen schwarzbraunen Niederschlag geben. *Absorptionsspektrum* s. Abb. 111. Als Nebenprodukt entsteht bei der Zinkstaubschmelze ein bei 310 bis 320° schmelzendes, blaß grüngelbes *Tetrahydro-Derivat*[1].

Pyranthron (1.2,7.8-Dibenz-anthanthren-3.9-chinon) II ist schwer löslich und bildet rotbraune Krystalle, die sich in konzentrierter Schwefelsäure blau lösen und Baumwolle aus purpurroter Küpe sehr echt orangerot färben.

Oxydation. Bei der Oxydation mit Chromsäure liefert Pyranthron 1.1′-Dianthrachinonyl-2.2′-dicarbonsäure VI. Durch Reduktion mit Ammoniak und Zinkstaub kann daraus *1.1′-Dianthracyl-2.2′-dicarbonsäure* VII gewonnen werden, welche beim Erhitzen für sich, mit Chlorzink oder mit Phosphorpentachlorid, in *amphi-Isopyranthron* (1.2,7.8-Dibenzanthanthren-6.12-chinon VIII) übergeht. Dieses ist grauviolett, löst sich in konzentrierter Schwefelsäure rotviolett und gibt mit alkalischem Hydrosulfit eine blaue bis grüne Küpe, aus der Baumwolle fliederfarben gefärbt wird[2]. Als Farbstoff hat es keine Bedeutung erlangt.

Vom technisch sehr wertvollen Pyranthron sind eine größere Anzahl Derivate dargestellt worden, von denen aber hier nur wenige erwähnt werden können. Alkyl-Homologe können aus den entsprechenden Dianthrachinonylen dargestellt werden[3]. *Diaryl-pyranthrone* werden durch Reduktion von 2.2′-Bis-aroyl-1.1′-dianthrachinonylen erhalten, dementsprechend liefert 1.1′-Dianthrachinonyl-2.2′-dialdehyd Pyranthron selbst, und zwar schon beim Verküpen[4].

Halogen-Derivate des Pyranthrons können teils durch Synthese[5], teils durch Halogenierung von Pyranthron gewonnen werden[6]. Nitrierungen können mit Salpeterschwefelsäure oder mit Salpetersäure in Nitrobenzol durchgeführt werden[7]. Ein *Dibenzoyl-pyranthron* kann aus dem Tetrachlorid des *3.5.8.10-Tetrabenzoyl-pyrens* mit Kaliumhydroxyd in

Abb. 111. Absorptionsspektrum des *1.2,7.8-Dibenz-anthanthrens* in Benzol. [Nach E. CLAR: B. **76**, 332 (1943).] Lage der Banden in Å: *p*, 4620, 4340, 4075, 3860; *β*, 3540, 3370, 3205; *β′*, 3040, 2880.

[1] CLAR, E.: B. **76**, 332 (1943).

[2] SCHOLL u. TÄNZER: A. **433**, 177 (1923).

[3] SCHOLL: B. **43**, 353 (1910) — Bad. DRP. 175067 (1905). — SCHOLL, POTSCHIWAUSCHEG u. LENKO: Mh. Chem. **32**, 687 (1911).

[4] Bad. DRP. 238980 (1910); DRP. 278424 (1913).

[5] Bad. DRP. 211927 (1908). — [6] Bad. DRP. 186596 (1906).

[7] BAYER: DRP. 220580 (1909); Bad. DRP. 268504 (1912).

siedendem Chinolin gewonnen werden[1]. Ein früher beschriebenes *Mono-benzoylpyranthron* von SCHOLL und SEER[2] existiert nach Untersuchungen von VOLLMANN, BECKER, CORELL und STREECK nicht[3].

3.) 2.3, 8.9-Dibenzanthanthren.

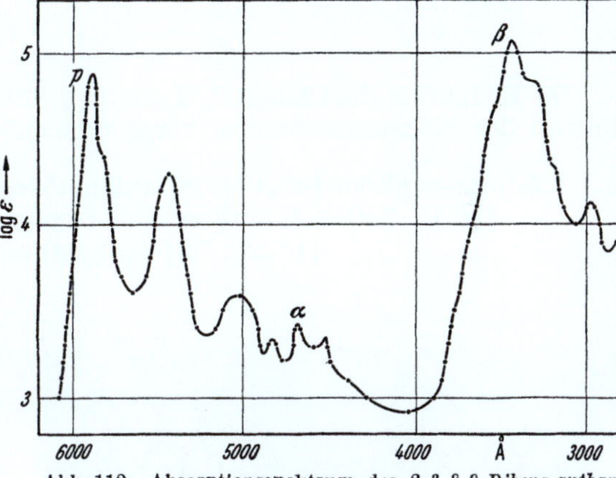

Das aus 3.4.5.8.9.10-Hexahydro-pyren und Benzoylchlorid erhältliche 1.6-Dibenzoyl-3.4.5.8.9.10-hexahydropyren I[4] läßt sich nach CLAR[5] durch Erhitzen mit Kupferpulver auf 400° und anschließende Vakuumsublimation zum *2.3,8.9-Dibenzanthanthren* II kondensieren.

Eigenschaften. *2.3,8.9-Dibenzanthanthren* II krystallisiert aus Xylol in schönen blauen Nadeln, die im Vakuumröhrchen bei 382—390° (unkorr.) unter Zersetzung schmelzen und sich in konzentrierter Schwefelsäure erst rot, dann grün lösen. Die violettroten Lösungen in Xylol oder Benzol zeigen eine prächtig rote Fluorescenz und werden am Licht in Gegenwart von Sauerstoff bald entfärbt. *Absorptionsspektrum* s. Abb. 112.

VOLLMANN, BEKKER, CORELL und STREECK[6] bromierten 3.4.5.8.9.10-Hexahydro-pyren zum 1.6-Dibrom-Derivat III, das beim Erhitzen mit Kupfercyanür unter gleichzeitiger Dehydrierung Pyren-1.6-dinitril IV

Abb. 112. Absorptionsspektrum des *2.3,8.9-Dibenz-anthanthrens* in Benzol. [Nach E. CLAR: B. **76**, 331 (1943).] Lage der Banden in Å: *p*, 5890, 5450, 5020, 4840; α, 4680, 4530; β, 3450; 2980.

[1] SCHOLL, MEYER u. DONAT: B. **70**, 2180 (1937).
[2] SCHOLL u. SEER: A. **394**, 111 (1912) — Mh. Chem. **33**, 1 (1912).
[3] VOLLMANN, BECKER, CORELL u. STREECK: A. **531**, 38 (1937).
[4] VOLLMANN, BECKER, CORELL u. STREECK: A. **531**, 145 (1937).
[5] CLAR, E.: Privatmitteilung — B. **76**, 330 (1943).
[6] VOLLMANN, BECKER, CORELL u. STREECK: A. **531**, 63 (1937).

liefert. Dieses wurde nach der Verseifung zur Dicarbonsäure V in das Säurechlorid übergeführt, das mit Benzol und Aluminiumchlorid zur Reaktion gebracht wurde. Das entstandene 1.6-Dibenzoyl-pyren VI ergibt bei der Aluminiumchlorid-Natriumchlorid-Schmelze unter Einrühren von Sauerstoff in fast quantitativer Ausbeute *2.3,8.9-Dibenz-anthanthren-1.7-chinon* VII.

Das Chinon VII bildet aus α-Chlornaphthalin dunkelrote, grünlich metallglänzende Nadeln, die sich in konzentrierter Schwefelsäure blau lösen und mit alkalischem Hydrosulfit eine violette Küpe geben, aus der ein schwer lösliches dunkelviolettes Küpensalz teilweise ausfällt. Nach einigem Stehen wird die Küpe braunoliv. Aus der Küpe wird Baumwolle kräftig blaustichigrot gefärbt.

Die Reduktion des Chinons VII zum *2.3,8.9-Dibenz-anthanthren* kann mittels der Zinkstaubschmelze vorgenommen werden[1].

4.) 1.2-Benz-naphtho-[2″.1″:7.8]-anthanthren, Dinaphtho-[2′.1′:1.2], [2″.1″:7.8]-anthanthren und Dinaphtho-[1′.2′:1.2], [1″.2″:7.8]-anthanthren.

Von diesen 3 Ringsystemen sind 3 Chinone, *Benzologe des Pyranthrons*, bekannt. Sie lassen sich analog der Darstellung des Pyranthrons aus Pyren, Benzoylchlorid und Aluminiumchlorid gewinnen, wenn das Benzoylchlorid teilweise oder ganz durch 1- oder 2-Naphthoylchlorid ersetzt wird. So entsteht aus 3-Benzoyl-pyren und 1-Naphthoylchlorid und Aluminiumchlorid zunächst 3-Benzoyl-8-(α-naphthoyl)-pyren I, das

____

[1] CLAR, E.: B. **76**, 331 (1943).

bei der Kondensation das *Benzo-pyranthron* II liefert[1]. 1- oder 2-Naph-
thoylchlorid, Pyren und Aluminiumchlorid bilden die Ketone III bzw. V,

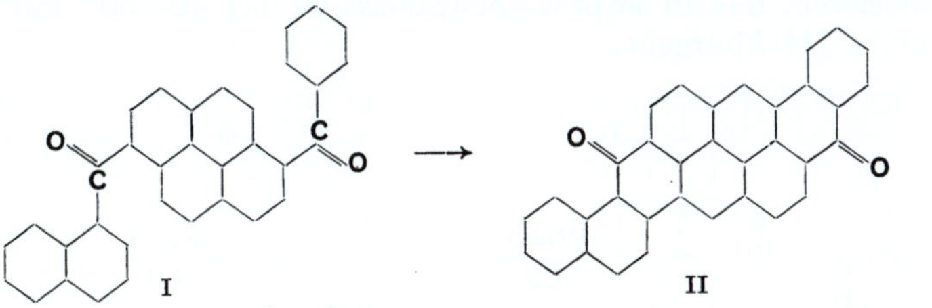

aus denen beim Ringschluß die *Dibenz-pyranthrone* IV bzw. VI entstehen[2]. Sie sind Pyranthron ähnlich, färben aber aus blauer Küpe
Baumwolle in röteren Tönen.

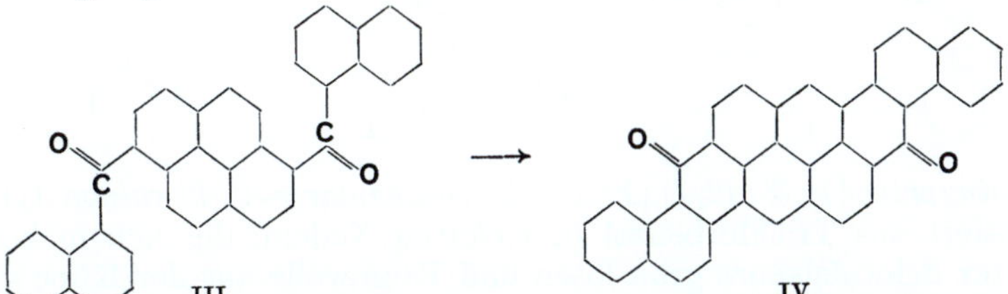

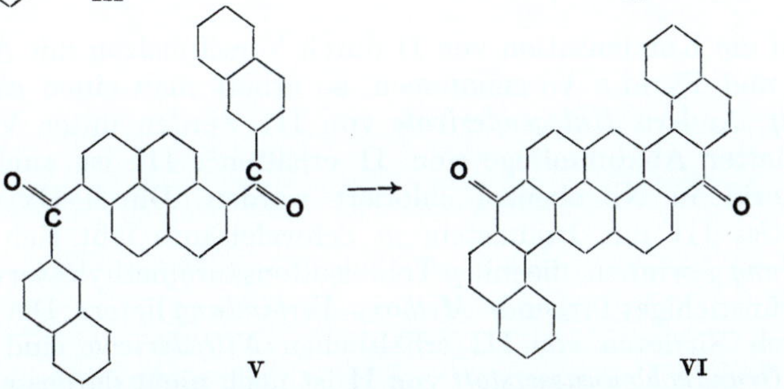

5.) Dinaphtho-[1′.3′ : 12.1], [1″.3″ : 6.7]-anthanthren.

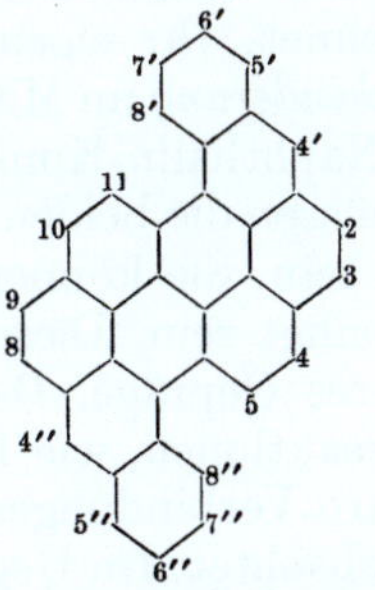

Nach einem Verfahren der I.G. Farbenindustrie AG.[3] läßt sich
1-Chlor-tetraphen-7.12-chinon (1′-Chlor-1.2-benzanthrachinon) I, dar-

---

[1] SCHOLL, MEYER u. DONAT: B. **70**, 2180 (1937).
[2] SCHOLL u. SEER: A. **394**, 121 (1912).
[3] I.G. Farbenindustrie AG.: DRP. 576131 (1931); 553000 (1930) — C. **1932 II**, 2245; **1933 II**, 288.

stellbar aus der 1-Nitroverbindung[1] mit Chlor in Trichlorbenzol, mit Kupferpulver in Trichlorbenzol zu 1′.1′-Di-(tetraphen-7.12-chinonyl) II kondensieren, das in 96proz. Schwefelsäure bei 40—50° mit Kupferpulver in III übergeht.

$$\text{I} \quad + \quad \xrightarrow[+\,\text{Cu}]{-2\,\text{CuCl}} \quad \text{II} \quad \xrightarrow[+\,2\,\text{H}]{-2\,\text{H}_2\text{O}} \quad \text{III}$$

Dinaphtho-[1′.3′:12,1],[1″.3″:6.7]-*anthanthren*-4′.4″-*chinon* III krystallisiert aus Trichlorbenzol in violetten Nadeln, die sich in konzentrierter Schwefelsäure grün lösen und Baumwolle aus der Küpe violett färben.

Wird die Kondensation von II durch Verschmelzen mit Aluminiumchlorid und Pyridin vorgenommen, so erhält man einen *chlor*haltigen *Farbstoff*. Andere *Halogenderivate* von III werden unter Verwendung halogenierter Abkömmlinge von II erhalten[2]. III ist auch mit Sulfurylchlorid in Nitrobenzol chloriert worden. Durch Oxydation des Farbstoffes III mit Braunstein in Schwefelsäure läßt sich eine *Oxy-Verbindung* gewinnen, die mit *p*-Toluolsulfonsäuremethylester eine Baumwolle grünstichiger färbende *Methoxy-Verbindung* liefert. Die Färbungen der durch Nitrieren von III erhältlichen *Nitroderivate* sind grau[2].

Der *Grundkohlenwasserstoff* von II ist noch nicht dargestellt worden.

II. Kohlenwasserstoffe, die sich vom Zethren ableiten.

Die Kohlenwasserstoffe, die sich von der Stammverbindung der nebenstehenden Formel ableiten, werden besser *nicht* als Dibenzo-Derivate der Acene bezeichnet. Ihr eigenartiges Verhalten hat ihren Ursprung in der *Resonanzbehinderung* im Mittelteil der Molekel. Während in dem oberen und unteren Naphthalin-Komplex wie sonst alle 3 KEKULÉ-Strukturen möglich sind, müssen die beiden Doppelbindungen im Mittelteil, wie angegeben, fixiert sein. Sie können demnach nur an einer Art aliphatischer Resonanz beteiligt sein. Dieser Umstand gibt Verbindungen dieser Art ihr besonderes Gepräge. Das Skelett ist offenbar nicht sehr stabil, und Ausweichreaktionen, wie Polymerisierung, die Bildung von Dihydro- und Tetrahydro-Verbindungen und eine besondere Stabilität der Chinone, werden beobachtet. Im Gegensatz dazu sind die Hydrochinone, die das Zethrenskelett enthalten müssen, wenig stabil. Das zeigt sich darin, daß die Küpen der Chinone leicht überreduziert werden

[1] SCHOLL: B. **44**, 2370 (1911).
[2] I.G. Farbenindustrie AG.: DRP. 551447, 553000 (1930); 549206; E. P. 362965 (1930) — C. **1932 II**, 2245; **1933 II**, 288.

oder überhaupt nicht entstehen. Wegen der Resonanzbehinderung verdienen Kohlenwasserstoffe dieser Art, für die wegen ihrer Z-förmigen Gestalt der Name *Zethrene* vorgeschlagen wird, die besondere Aufmerksamkeit der zukünftigen Forschung.

<h3 style="text-align:center">1.) Zethren.</h3>

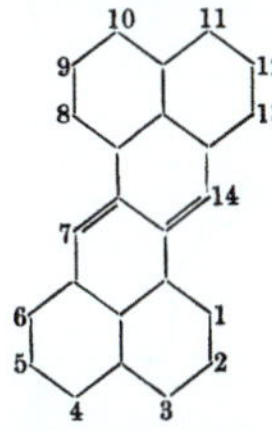

Die Einwirkung von Fumaroylchlorid auf Naphthalin und Aluminiumchlorid mit Benzol als Lösungsmittel liefert bei Eiskühlung erwartungsgemäß das Di-(1-naphthoyl)-äthylen I. Wird die Reaktion ohne Kühlung bei Zimmertemperatur durchgeführt, so erhält man etwa 5—10% einer schwerlöslichen tiefbraunen Verbindung, deren Acetyl-Verbindung sich

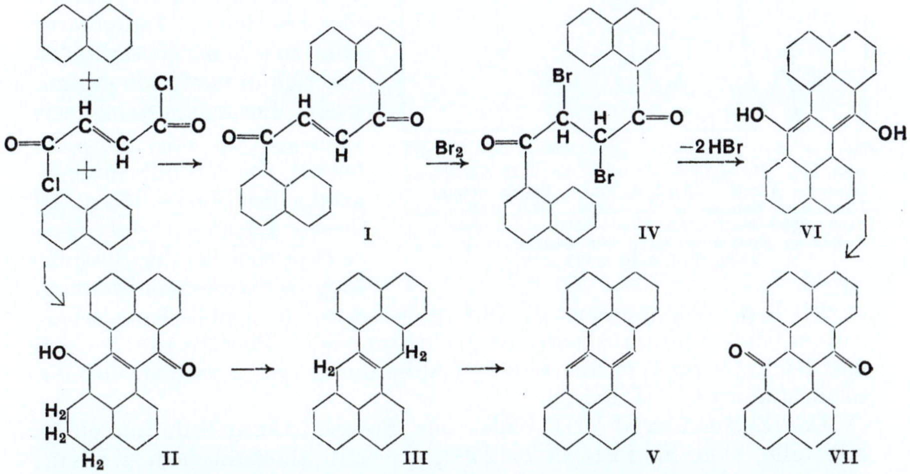

von der Formel II herleitet. Die Zinkstaubschmelze von II gibt einen blaßgelben Kohlenwasserstoff von der Zusammensetzung des *7.14-Dihydrozethrens* III[1].

Eigenschaften. *7.14-Dihydrozethren* III ist sublimierbar, krystallisiert aus Xylol in blaßgelben Blättchen, die im Vakuumröhrchen bei 234° (unkorr.) schmelzen und sich in konzentrierter Schwefelsäure erst rot, dann violett lösen. Die Lösungen in Benzol oder Xylol zeigen eine stark blaue Fluorescenz. *Absorptionsspektrum* s. Abb. 113.

Zethren-7.14-chinon VII läßt sich aus dem Diketon I über das Brom-Additionsprodukt IV durch Verschmelzen mit Natriumchlorid und Aluminiumchlorid erhalten. Wenn kein Sauerstoff eingeleitet wird, erhält

---

[1] CLAR, E.: Privatmitteilung.

man zunächst VI, das sich bei der Aufarbeitung oxydiert. *Zethren-7.14-chinon* VII sublimiert in braunen Nadeln, die bei hoher Temperatur verkohlen und sich in konzentrierter Schwefelsäure braun lösen. Mit alkalischem Natriumhydrosulfit entsteht bei kurzem Erwärmen eine blaue Küpe. Bei längerer Behandlung tritt Überreduktion unter Bildung einer braunen Lösung ein.

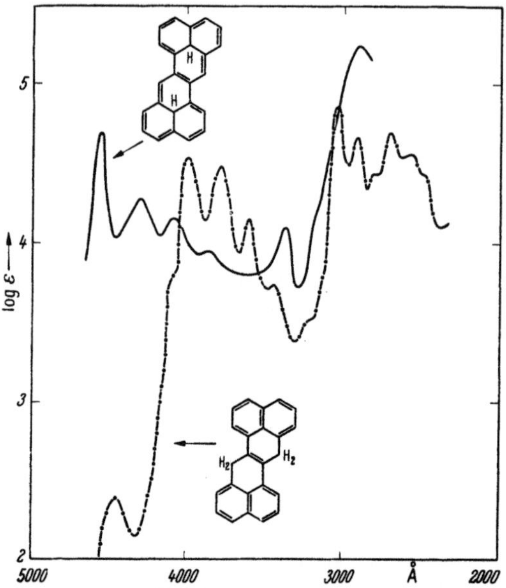

Die Dehydrierung des 7.14-Dihydrozethrens III durch Sublimieren über Palladiumkohle bei 310° im CO_2-Strom oder in siedendem Trichlorbenzol mit Palladiumkohle gibt den Grundkohlenwasserstoff Zethren[1].

Zethren V oder besser IX sublimiert oder krystallisiert in dunkelgrünen Krystallen, die bei hoher Temperatur ohne zu schmelzen verkohlen und sich in neutralen organischen Lösungsmitteln, wie Benzol, Xylol oder Trichlorbenzol, schwer mit intensiv grüngelber Farbe lösen. In diesen Lösungen polymerisiert es sich bei der Bestrahlung bald zu einem braunen, unlöslichen Kohlenwasserstoff. In Gegenwart von überschüssigem Sauerstoff entstehen ihrem Absorptionsspektrum nach 2 Photooxyde, die sich sehr leicht, besonders mit aktivem Aluminiumoxyd, zersetzen und ein rotes Monoxyd VIII liefern.

Abb. 113. Absorptionsspektrum des *7.14-Dihydro-zethrens* in Alkohol. (Nach E. CLAR: Privatmitteilung.) Lage der Banden in Å: 4450; 4000, 3790, 3690, 3430; 3030, 2910, 2785; 2700, 2570. — *Zethreniumhydrid* in Essigsäure. Lage der Banden in Å: 4555, 4300, 4070, 3840; 3375; 2895.

Das Zethren-oxyd VIII bildet aus Essigsäureanhydrid dunkelrote Krystalle vom Schmelzpunkt 270°, die mit alkoholischem Kaliumhydroxyd nicht zu einem Phenol enolisiert werden und auch nicht acetyliert werden können. Die Formel VIII mit einem zentralen O-Atom erscheint daher möglich.

Das Absorptionsspektrum ist in Abb. 114 wiedergegeben. Zethren-oxyd löst sich in konzentrierter Schwefelsäure, Salzsäure und Phosphorsäure mit violetter Farbe. Aus diesen Lösungen wird es jedoch beim Verdünnen im Gegensatz zum Zethren wieder ausgefällt. Bei der Reduktion der essigsauren Lösung mit Zinkstaub entsteht ebenso wie mit alkalischem Natriumhydrosulfit eine reoxydable gelbe Lösung[1].

Zethreniumsalze bilden sich aus Zethren mit Säuren. Ihnen allen ist das violette Kation X mit der intensiven Absorptionsbande bei

---

[1] Nach unveröffentlichten Versuchen von E. CLAR, D. G. STEWART u. W. HOPKIN.

5800 Å gemeinsam. Diese Komplexsalze werden beim Verdünnen mit
viel Wasser nicht in ihre Komponenten gespalten.

Das Absorptionsspektrum des Zethrenium-acetats ist in Abb. 114
wiedergegeben. Alle Zethreniumsalzlösungen werden sehr leicht zum

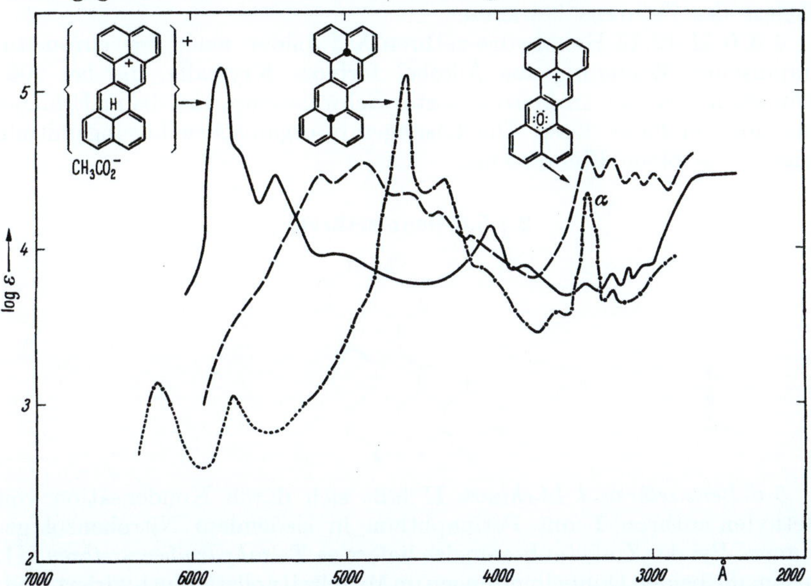

Abb. 114. Absorptionsspektren von *Zethren* in Benzol (—·—·—). Maxima in Å: 6220, 5730; 4610,
4360; 4140; 3600; 3420, 3270. *Zethrenium-acetat* in 90 proz. Essigsäure (————). Maxima: 5800,
5440, 4960; 4040, 3830; 3430, 3260, 3150, 3020. *Zethren-oxyd* in Benzol (— — —). Maxima: 5160,
4870, 4600, 4360, 4140; 3405, 3265, 3125, 3010. (Nach E. CLAR: Privatmitteilung.)

Dihydrozethren XI (Zethreniumhydrid) reduziert, z. B. mit Zinnchlorür,
Zinkstaub oder mit Natriumhydrosulfit in Eisessig. Zethreniumhydrid XI
hat ein völlig anderes Absorptionsspektrum als das isomere 7.14-Di-
hydrozethren III (s. Abb. 113). Mit Zinkstaub in 90 proz. Essigsäure
gewonnenes Zethreniumhydrid XI wandelt sich nach 5 stündigem
Kochen der Lösung zu etwa 50% in 7.14-Dihydrozethren III um.
Zethreniumhydrid XI wird selbst im festen Zustande und im Dunkeln
sehr leicht durch Luftsauerstoff zu Zethren dehydriert. Anscheinend
sind die beiden zentralen C—H-Bindungen sehr schwach. Alle Reaktionen des Zethrens sprechen sehr für die Formeln mit dem 8 förmigen
aromatischen System von Doppelbindungen nach VIII, IX, X und XI
(s. S. 95).

Mehrtägiges Kochen des 7.14-Dihydrozethrens III in Xylol mit Jod-wasserstoff und rotem Phosphor gibt das farblose 4.5.6.11.12.13-Hexa-hydrozethren XII, dessen Absorptionsspektrum entsprechend XII das eines einfachen Chrysen-Derivates ist. Damit ist auch das Z-förmige Skelett des Zethrens bewiesen.

4.5.6.11.12.13-Hexahydro-zethren XII bildet nach der chromato-graphischen Reinigung aus Alkohol farblose Krystalle, die bei 205° schmelzen und sich in konzentrierter Schwefelsäure erst beim Erhitzen mit violetter Farbe lösen. Die Lösungen in organischen Lösungsmitteln zeigen eine blaue Fluorescenz.

2.) 5.6-Benz-zethren.

5.6-Benz-zethren-4.14-chinon II läßt sich durch Kondensation von Methylen-anthron I mit Perinaphthon in siedendem Nitrobenzol ge-winnen. Bei der Zinkstaubschmelze liefert es *Tetrahydro-benz-zethren* III, in dem die beiden Doppelbindungen im Mittelteil vollständig hydriert sind, damit ihre Unbeständigkeit andeutend. Dennoch scheint *5.6-Benz-zenthren* eine wenn auch nur sehr unbeständige Existenz zu haben, wie aus der Bildung einer grünen unbeständigen Küpe aus dem Chinon II hervorgeht[1].

Eigenschaften. *Tetrahydro-5.6-benzzethren* III sublimiert oder kry-stallisiert aus Xylol in fast farblosen Blättchen, die im Vakuumröhrchen bei 206—207° (unkorr.) schmelzen und sich in konzentrierter Schwefel-säure erst gelb, dann grün lösen. Die Lösungen in Benzol oder Xylol zeigen eine blaue Fluorescenz. Das *Absorptionsspektrum* in Abb. 115 zeigt deutlich die Absorption des Anthracen-Komplexes.

---

[1] CLAR, E.: Privatmitteilung.

5.6-Benz-zethren-4.14-chinon II sublimiert oder krystallisiert in schönen orangefarbigen Nadeln, die im Vakuumröhrchen bei 345° (unkorr.) schmelzen und sich in konzentrierter Schwefelsäure rot lösen. Im fein verteilten Zustande geben sie mit Natriumhydrosulfit eine unbeständige grüne Küpe[1].

3.) 5.6, 12.13-Dibenz-zethren.

Wird Benzanthron-1'-aldehyd I, der aus Methylenanthron und Acrolein erhältlich ist, mit Anthron in Pyridin und Piperidin kondensiert, so erhält man die Verbindung II, die beim Verschmelzen mit Natriumchlorid und Aluminiumchlorid unter Einleiten von Sauerstoff *5.6,12.13-Dibenz-zethren-4.11-chinon* III liefert[2].

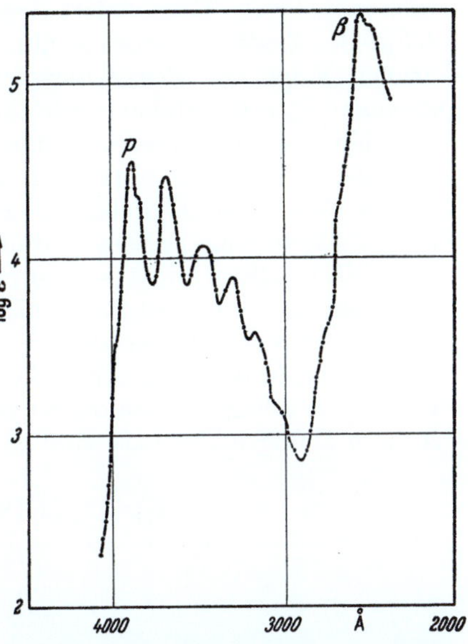

Abb. 115. Absorptionsspektrum des *Tetrahydro-5.6-benz-zenthrens* in Alkohol. (Nach E. CLAR: Privatmitteilung.) Lage der Banden in Å: *p*, 3880, 3670, 3480, 3300, 3150, 3010; *β*, 2540.

5.6,12.13-Dibenz-zethren-4.11-chinon III bildet aus Nitronaphthalin krystallisiert orangegelbe Nadeln, die über 450° schmelzen und sich in konzentrierter Schwefelsäure rosafarben mit leuchtend roter Fluorescenz lösen. Mit alkalischem Natriumhydrosulfit entsteht eine weinrote Küpe, aus der Baumwolle orangegelb gefärbt wird.

Da die Farbe einer Küpe immer in einem bestimmten Verhältnis zum Kohlenwasserstoff steht, dessen Na-Salz seiner Dioxy-Verbindung sie

---

[1] CLAR, E.: Privatmitteilung.
[2] I.G. Farbenindustrie AG.: DRP. 724833 (1938) — C. **1943 I**, 98.

ist, so kann man aus der Küpe auch umgekehrt auf den Kohlenwasserstoff schließen. Die Absorption des Kohlenwasserstoffes muß daher
immer mehr im Ultraviolett liegen als die der Küpe. Von der blauen
Küpe des *Zenthrenchinons* kommt man nach der ersten Anellierung zur
grünen Küpe des *Benz-zenthrenchinons*. Die Küpe des *Dibenz-zethren-
chinons* III sollte daher noch tiefer grün sein und die maximale Absorption fast im Ultrarot beginnen. Die weinrote Küpe von III leitet
sich also sicher nicht vom Hydrochinon, sondern eher vom *Tetrahydro-
chinon* IV ab. Das Hydrochinon scheint also wie Pentacen-hydrochinon
nicht existenzfähig zu sein. Daraus kann man aber noch nicht schließen,
daß *Dibenzzethren* nicht existenzfähig ist, immerhin muß es noch viel
unbeständiger und reaktionsfähiger als *Zethren* sein. Seine Synthese ist
noch nicht versucht worden.

Werden in der obigen Synthese halogenierte Methylenanthrone verwendet, so erhält man chlorierte bzw. bromierte Abkömmlinge von III [1].
Andere Halogen-Derivate sind durch direkte Halogenierung erhältlich.

4.) 4.5, 11.12-Dibenz-zethren.

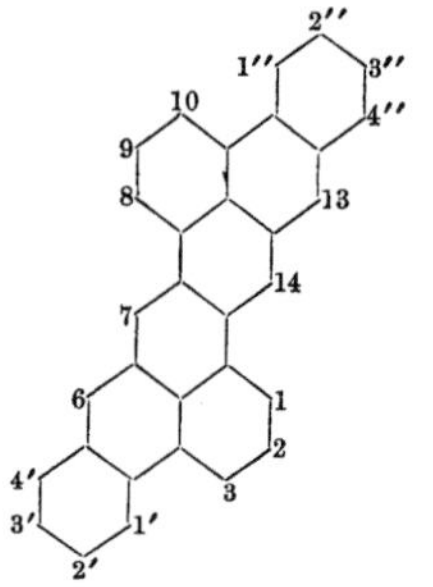

Ein Chinon dieses Kohlenwasserstoffes bildet sich nach einer Patentschrift der I.G. Farbenindustrie AG. [2], wenn 2.8-Dibenzoyl-chrysen I
bei 140—150° unter Durchleiten von trockenem Sauerstoff mit Aluminiumchlorid-Natriumchlorid verschmolzen wird. Sofern man die Möglichkeit der Verschiebung von Benzoyl-Gruppen ausschließen will,
könnte die Reaktion wie folgt formuliert werden.

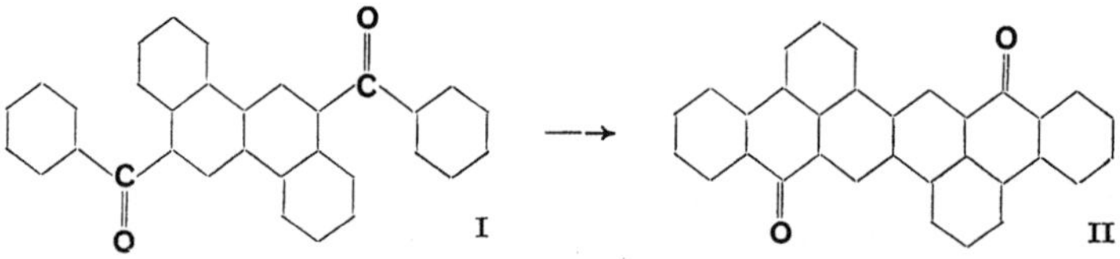

4.5, 11.12-Dibenzzethren-6.13-chinon II krystallisiert aus Nitrobenzol
in braunen Nädelchen, die aus blaugrüner Küpe Baumwolleorange gelb
färben. Ein ähnliches Kondensationsprodukt wird unter Verwendung
von 2.8-Di-*p*-chlorbenzoyl-chrysen erhalten.

---

[1] I.G. Farbenindustrie AG.: DRP. 724833 (1938) — C. **1943 I**, 98.
[2] I.G. Farbenindustrie AG.: DRP. 691644 (1934) — C. **1940 II**, 1947.

Nach dem im vorangehenden Kapitel Gesagten kann man aus der blaugrünen Küpe von II auf ein *4.5,11.12-Dibenz-zethren* schließen, das in seinen Eigenschaften dem Zethren nahestehen dürfte.

5.) Hepta-zethren.

1.14,7.8-Dibenz-pentacen.

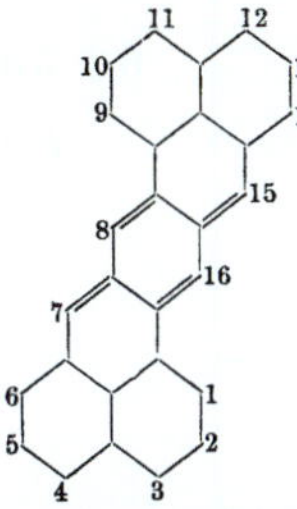

Der Kohlenwasserstoff, bei dem sich im Mittelteil an Stelle von 2 Ringen 3 Ringe befinden, ist folgerichtig als *Hepta-zethren* zu bezeichnen. Die Resonanzbehinderung erstreckt sich hier auf 4 Doppelbindungen.

Dieses Ringsystem ist nur durch ein Chinon bekanntgeworden, das von E. CLAR[1] aus 5.14,7.12-Tetraoxy-6.13-dihydro-pentacen I (siehe S. 255) durch Einwirkung von Glycerin und Schwefelsäure erhalten wurde.

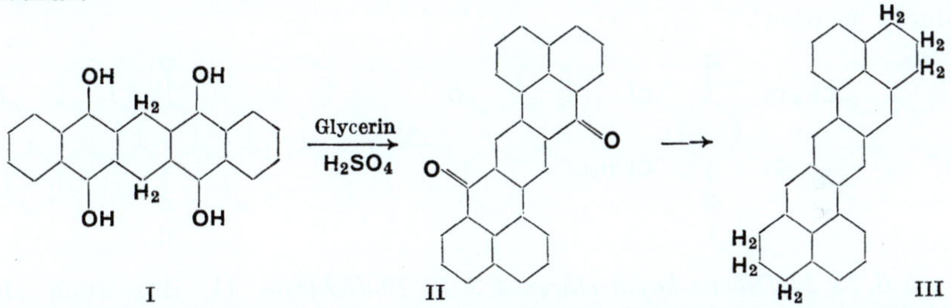

Heptazethren-7.15-chinon II sublimiert im Vakuum in schönen, orangegelben Nadeln, die nicht bis 370° schmelzen, unverküpbar sind und sich in konzentrierter Schwefelsäure rot mit orangeroter Fluorescenz lösen. Bei der Zinkstaubschmelze wird das Chinon bis zur Hexahydroverbindung III reduziert, die als *3.4',7.4''-Bis-[trimethylen]-1.2,5.6-dibenzanthracen* III zu formulieren ist. Die Unverküpbarkeit des Chinons und der Verlauf seiner Reduktion lassen es fraglich erscheinen, ob das rein aromatische *Heptazethren* überhaupt existenzfähig ist.

Der Kohlenwasserstoff III bildet, aus Xylol krystallisiert, blaßgelbe, sublimierbare, lange Nadeln vom Schmelzpunkt 255—256° (unkorr.), die in organischen Lösungsmitteln eine violettblaue Fluorescenz zeigen

---

[1] CLAR, E.: B. **73**, 409 (1940).

und sich in konzentrierter Schwefelsäure erst grünblau mit roter Fluorescenz, beim Erwärmen olivgrün lösen. Mit Maleinsäure-anhydrid in Xylol gekocht entsteht ein farbloses Additionsprodukt, das wahrscheinlich wie in sonstigen Fällen endocyclisch zu formulieren ist. *Absorptionsspektrum* s. Abb. 116.

6.) 5.6,13.14-Dibenz-hepta-zethren.

1.14,3.4,7.8,10.11-Tetrabenz-pentacen.

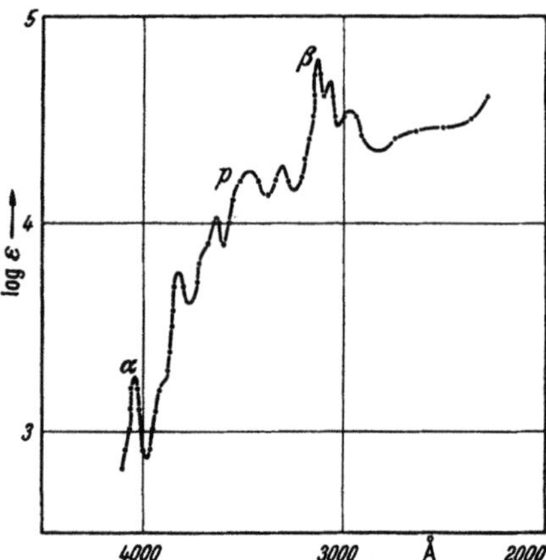

Abb. 116.
Absorptionsspektrum des *4.5.6.12.13,14-Hexahydrohepta-zethrens* in Alkohol. (Nach E. CLAR: Privatmitteilung.) Lage der Banden in Å: α, 4040, 3820, 3630; *p*, 3470, 3300; β, 3115, 3055, 2970.

Ein Dichinon dieses noch unbekannten Kohlenwasserstoffes entsteht, wenn 2 Mol Methylen-anthron mit 1 Mol Chloranil I oder 1 Mol Benzochinon in siedendem Nitrobenzol oder Eisessig zur Reaktion gebracht werden[1].

5.6,13.14-*Dibenz-heptazethren-4.8.12.16-dichinon* II, das auch als *Di-(benzanthrono-Bz-1.' 2'):2.3,5.6-benzochinon-(1.4)* aufgefaßt werden kann, bildet aus Nitrobenzol sehr schwer lösliche, sublimierbare, braunseidig glänzende Nadeln. In konzentrierter Schwefelsäure löst es sich braunorange ohne Fluorescenz und gibt mit alkalischem Hydrosulfit eine grüne Küpe, aus der leicht ein schwerlösliches, grünes Küpensalz ausfällt. Eine *cis-bisangulare* Formulierung an Stelle der *trans-bisangularen* von II kann nicht ausgeschlossen werden, ist aber sehr unwahrscheinlich.

Wird das Dichinon der Reduktion mit Pyridin, Zinkstaub und Essigsäure unterworfen und das mit Wasser ausgefällte Reduktionsprodukt sublimiert, so erhält man ein *Dihydro-heptazethren*, das offenbar ein Gemisch der im Gleichgewicht stehenden *7.15-* und *4.12-Dihydro-*

---

[1] I.G. Farbenindustrie AG.: DRP. 591496 (1932). — CLAR, E.: B. **69**, 1686 (1936).

Verbindung III ⇌ IV ist. Die Intensität der Absorptionsbanden (siehe Abb. 117) ist stark temperaturabhängig. Die Farbe der Lösung in

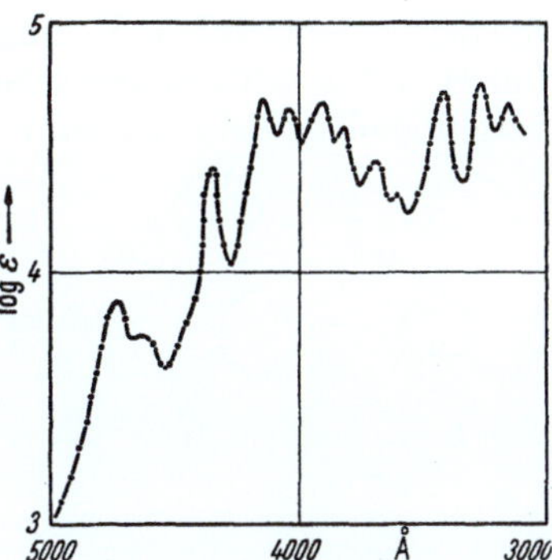

Trichlorbenzol vertieft sich beim Erhitzen sehr stark[1].

Eigenschaften. *Dihydro-dibenzhepta-zethren* sublimiert im Vakuum in hellbraunen Nadeln, die im Vakuumröhrchen bei 435° (unkorr.) unter Gasentwicklung schmelzen und sich in konzentrierter Schwefelsäure erst grün, dann braun und schließlich violett lösen. *Absorptions-spektrum* s. Abb. 117.

Bei der Oxydation mit Selendioxyd in siedendem Nitrobenzol liefert es ein *Monochinon*, dem wahrscheinlich die Struktur V zukommt. Es sublimiert im Vakuum oder krystallisiert aus Nitrobenzol in kleinen braunen Nadeln, die im Vakuumröhrchen bei 480° (unkorr.) unter Gasentwicklung schmelzen und sich in konzentrierter Schwefelsäure braunviolett lösen. Mit alkalischem Natriumhydrosulfit entsteht keine Küpe[1].

Abb. 117. Absorptionsspektrum des *Dihydro-5.6,13.14-Dibenz-hepta-zethrens* in Trichlorbenzol. (Nach E. CLAR: Privatmitteilung.) Lage der Banden in Å: 4750; 4370; 4150, 4050, 3910, 3830, 3700, 6310; 3430, 3260.

D. *peri*-kondensierte Kohlenwasserstoffe aus sechsgliedrigen und fünfgliedrigen Ringen, in denen an kein C-Atom mehr als ein H-Atom gebunden ist.

I. Kohlenwasserstoffe, die einen fünfgliedrigen Ring enthalten.

1.) Fluoranthen.

Idryl.

Fluoranthen ist schon seit vielen Jahren bekannt. Im *Steinkohlenteer* wurde es von FITTIG und GEBHARD[2] und

<hr>

[1] CLAR, E.: Privatmitteilung.

[2] FITTIG u. GEBHARD: B. **10**, 2141 (1877) — A. **193**, 142 (1878). — FITTIG u. LIEPMANN: A. **200**, 3 (1880).

im *Stupp* und *Stuppfett*, Nebenprodukten bei der Verhüttung der Quecksilbererze in Idria, von GOLDSCHMIEDT[1] aufgefunden. Nach der Ein-
stellung des Muffelofenbetriebes in Idria stand den Chemikern auch
nicht mehr das Stuppfett zur Verfügung, so daß viele Jahre nicht über
Fluoranthen gearbeitet wurde. Die vom Anfang an unrichtige Formulierung I des Kohlenwasserstoffes blieb daher unwidersprochen, bis
J. VON BRAUN und E. ANTON[2] die erste Synthese des Fluoranthens
durchführten.

   v. BRAUN und ANTON brachten die Natriumverbindung des Fluoren-
9-carbonsäure-esters II mit β-Chlorpropionsäure-ester zur Reaktion.
Die Verseifung und Decarboxylierung des Reaktionsproduktes III gibt
glatt β-9-Fluorenyl-propionsäure IV, die nach der Umwandlung in das
Säurechlorid mit Aluminiumchlorid den Ringschluß zu *4-Keto-1.2.3.4-
tetrahydro-fluoranthen* V eingeht. Die CLEMMENSEN-Reduktion von V
liefert *1.2.3.4-Tetrahydro-fluoranthen* VI, das durch Destillieren über
rotglühendes Bleioxyd zum *Fluoranthen* VII dehydriert wird.

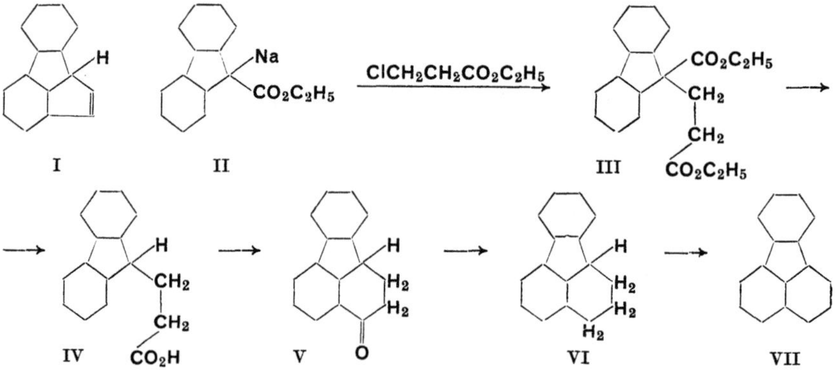

Die *Fluorenyl-propionsäure* IV läßt sich jetzt einfacher durch Addition
von Acrylnitril an Fluoren-carbonsäure-ester erhalten[3].

   Nach einer anderen Synthese von J. W. COOK und C. A. LAWRENCE[4]
wird 2-Methyl-cyclohexanon mit α-Naphthylmagnesiumbromid VIII
umgesetzt. Das erhaltene Carbinol IX spaltet mit $KHSO_4$ Wasser ab
unter Bildung von X, welches mit Aluminiumchlorid zum Ringschluß
zu XI gebracht werden kann.

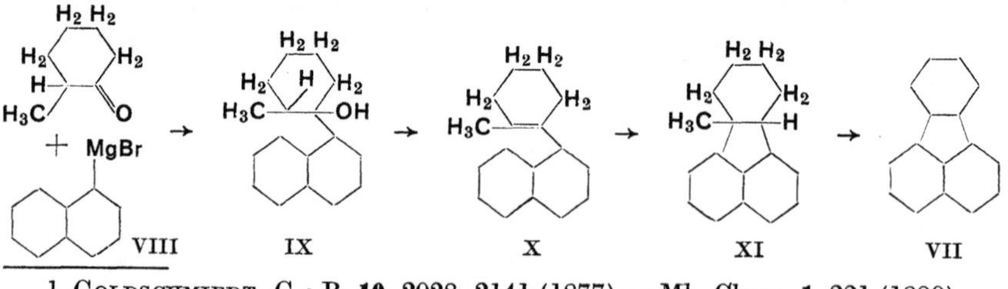

[1] GOLDSCHMIEDT, G.: B. **10**, 2028, 2141 (1877) — Mh. Chem. **1**, 221 (1880). —
GOLDSCHMIEDT, G., u. M. v. SCHMIDT: M. Chem. **2**, 7 (1881).
[2] BRAUN, J. v., u. E. ANTON: B. **62**, 145 (1929).
[3] CAMPBELL, A., u. S. H. TUCKER: Soc. **1949**, 2623.
[4] COOK, J. W., u. C. H. LAWRENCE: Soc. **1936**, 1431.

Ohne die Methyl-Gruppe in X gelingt der Ringschluß nicht. Das Rohprodukt von XI gibt bei der Dehydrierung mit Selen bei 310—320° in geringer Ausbeute Fluoranthen.

ORCHIN und REGGEL[1] konnten den Ringschluß von 1-Phenylnaphthalin XII und von Cyclohexenyl-naphthalin XIII mit Palladiumkohle bei etwa 450° oder mit Chromoxyd und Aluminiumoxyd bei 500° bewirken, ferner von 1-Naphthyl-cyclohexanon XIIIa über XIIIb mit HBr.

$$XII \rightarrow VII \leftarrow XIII \xleftarrow{HBr} XIIIb \quad XIIIa$$

Das Additionsprodukt von Maleinsäureanhydrid an Fluoren XIV läßt sich mit Aluminiumchlorid in Nitrobenzol zu XV ringschließen. Durch Reduktion nach CLEMMENSEN wird daraus XVI, durch Dehydrierung mit Schwefel XVII und durch Decarboxylierung mit Kupfer schließlich *Fluoranthen* gewonnen[2].

$$XIV \rightarrow XV \rightarrow XVI \rightarrow XVII \rightarrow VII$$

Das Diol XVIII, das sich durch die GRIGNARD-Reaktion aus Acenaphthenchinon gewinnen läßt, spaltet bei der Diensynthese mit Maleinsäureanhydrid gleichzeitig Wasser ab und gibt so XIX. Dehydrierung führt zu XX und Decarboxylierung zu *Fluoranthen*[3].

$$XVIII + \rightarrow XIX \rightarrow XX \rightarrow VII$$

[1] ORCHIN u. REGGEL: Am Soc. **69**, 505 (1947); **73**, 2955 (1951).
[2] BERGMANN, E., u. M. ORCHIN: Am. Soc. **71**, 1917 (1949).
[3] CAMPBELL, N., u. R. S. GOW: Soc. **1949**, 1555.

Eine ähnliche Synthese geht vom Carbinol XXI aus, das bei der Einwirkung von Maleinsäureanhydrid in Essigsäureanhydrid XXII und bei der Decarboxylierung *Fluoranthen* liefert [1].

FORREST und TUCKER [2] verknüpften 1-Jodnaphthalin und *o*-Bromnitrobenzol mit Kupferpulver bei 240—250° zu XXIII. Reduktion in Gegenwart von Palladium oder mit Stannochlorid gibt das Amin, dessen Diazotierung in Eisessig *Fluoranthen* in 48proz. Ausbeute gibt.

Fluoranthen läßt sich ferner aus Acenaphthylen [3] oder Acenaphthen [4] mit Butadien gewinnen:

Aus *Steinkohlenteer* lassen sich neuerdings nach einem Verfahren von O. KRUBER [5] große Mengen Fluoranthen gewinnen, indem eine neutrale Teerölfraktion vom Siedepunkt 370—390° nach dem Verdünnen mit Lösungsbenzol bei 160° mit Natrium verrührt wird. Dabei nimmt Fluoranthen 4 Atome Natrium auf unter Bildung einer unlöslichen Verbindung (anwesendes Pyren bleibt unverändert), die mit Wasser *Tetrahydrofluoranthen* gibt, welches auf verschiedene Weise zum Fluoranthen dehydriert werden kann.

Fluoranthen wird ferner bei der destruktiven Hydrierung von Steinkohlen gewonnen [6].

[1] CAMPBELL, N., u. H. WANG: Soc. **1949**, 1513.
[2] FORREST, J., u. J. H. TUCKER: Soc. **1948**, 1137.
[3] KLOETZEL, M. C., u. H. E. MERTEL: Am. Soc. **72**, 4786 (1950).
[4] BERGMANN, E.: E. P. 646214 (1950). — Am. Abstr. **1951**, 6222.
[5] KRUBER, O.: B. **64**, 84 (1931).
[6] I. G. Farbenindustrie AG.: E. P. 435254 (1934); F. P. 781543, 45561 (1934) — C. **1936 II**, 3618.

Eigenschaften. *Fluoranthen* krystallisiert aus Alkohol in farblosen Nadeln oder Tafeln vom Schmelzpunkt 110°. Es löst sich in konzentrierter Schwefelsäure grünblau und bildet mit alkoholischer Pikrinsäure ein gelbes, bei 184—185° schmelzendes Pikrat. *Absorptionsspektrum* s. Abb. 118.

Hydrierung. Fluoranthen gibt mit Natrium in Alkohol *1.2.3.4-Tetrahydro-fluoranthen* XXIV, dessen Konstitution sich aus seiner Oxydierbarkeit zur Fluorenon-propionsäure XXV ergibt [1]. Bei weiterer Reduktion mit Wasserstoff und Nickel erhält man *Dekahydro-fluoranthen* XXVI, welches zur Hemimellithsäure XXVII oxydierbar ist und dann *Perhydro-fluoranthen* XXVIII [2].

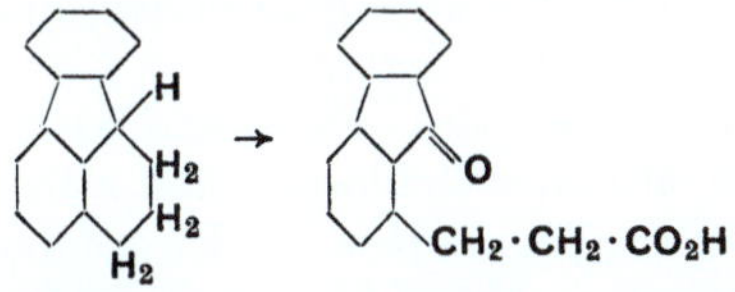

XXIV   XXV

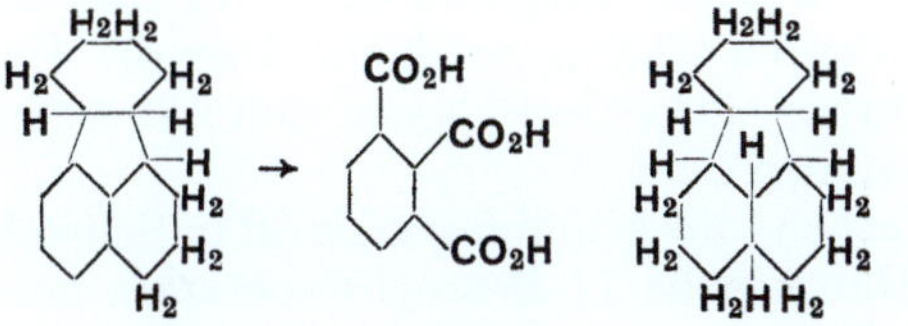

XXVI   XXVII   XXVIII

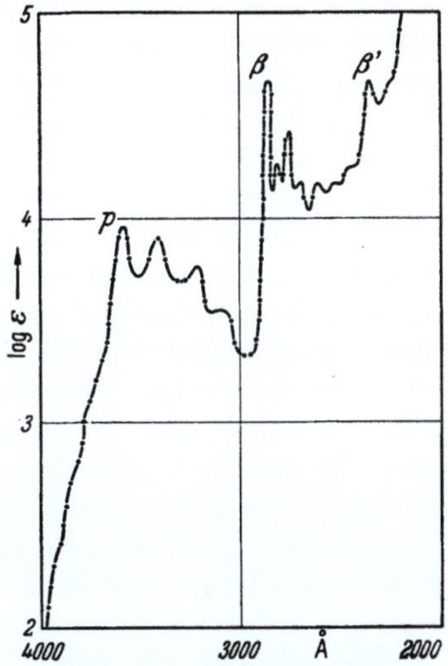

Abb. 118. Absorptionsspektrum des *Fluoranthens* in Alkohol. (Nach E. CLAR: Privatmitteilung.) Lage der Banden in Å: *p*, 3585, 3420, 3230, 3090; *β*, 2870, 2820, 2760, 2715, 2615, 2525, 2450; *β'*, 2360.

Substitutionsreaktionen. Die reaktionsfähigen C-Atome im Fluoranthen befinden sich in 4- und 11-Stellung, während im 1-Phenylnaphthalin nur die 4-Stellung des Naphthalinrestes reagiert [3].

In Chloroform gelöstes Fluoranthen bildet mit Chlor ein *Trichlorfluoranthen* [4]. Mit Brom in Schwefelkohlenstoff und etwas Phosphortribromid, unter Bestrahlung mit einer Quarzlampe, entsteht in der Hauptsache *4-Brom-fluoranthen* neben *11-Brom-fluoranthen* [5]. Mit 4 Atomen Brom erhält man ein *Dibrom-fluoranthen* [4,5], welches das *4.11-Derivat* ist [6]. Brom in Eisessig liefert daneben noch ein *Tribromfluoranthen* [4]. In Nitrobenzol wird ein *Tri-* und ein *Tetrabrom-fluoranthen* erhalten [7]. Das Brom im 4-Brom und 4.11-Dibromfluoranthen ist durch Erhitzen mit CuCN gegen die CN-Gruppe austauschbar [8].

[1] KRUBER, O.: B. **64**, 84 (1931).
[2] BRAUN, J. v., u. G. MANZ: B. **63**, 2608 (1930). — Vgl. GOLDSCHMIEDT: Mh. Chem. **1**, 225 (1880).
[3] BRAUN, J. v., u. E. ANTON: B. **67**, 1051 (1934).
[4] GOLDSCHMIEDT, G.: Mh. Chem. **1**, 222 (1880).
[5] BRAUN, J. v., u. G. MANZ: A. **488**, 111 (1931); **496**, 170 (1932).
[6] TOBLER, R., TH. HOLBRO, P. SUTTER u. W. KERN: Helv. **24**, 100 E (1941).
[7] TOBLER, HOLBRO, SUTTER u. KERN: Helv. **24**, 100 E (1941).
[8] Gesellschaft für Chemische Industrie in Basel: F. P. 859394; DRP. 729492 (1939) — C. **1941 I**, 2861; **1943 I**, 1619. — CAMPBELL, EASTON, RAYMENT u. WILSHIRE: Soc. **1950**, 2784.

Die *Nitrierung* des Fluoranthens mit Salpetersäure in Eisessig ergibt *4-Nitro-* neben weniger *11-Nitro-fluoranthen*[1]. Mit rauchender Salpetersäure bildet sich ein *Trinitro-fluoranthen*[2].

Durch konzentrierte Schwefelsäure wird Fluoranthen in *Mono-* und *Disulfonsäuren* übergeführt[1,3]. Bei der Kalischmelze gibt die Fluoranthen-disulfonsäure *4-11-Dioxy-fluoranthen*[3]. Mit Chlorsulfonsäure in Chloroform wird Fluoranthen zu einem Gemisch von Monosulfonsäuren sulfuriert, aus dem sich über die Sulfochloride mit Äthylamin die *Äthylamide* gewinnen lassen, die durch Krystallisation getrennt werden können. Eines der beiden *Sulfoäthylamide* liefert mit Alkalicyanid dasselbe *Nitril*, das aus 4-Bromfluoranthen gewonnen werden kann[1]. Reduktion des 4-Nitrofluoranthens gibt *4-Amino-fluoranthen*, aus dem mit Salzsäure unter Druck *4-Oxyfluoranthen* entsteht[1].

Das Verhalten des Fluoranthens bei der FRIEDEL-CRAFTSschen *Reaktion* wurde ausführlich studiert. Mit Acetylchlorid bildet sich *4-* und *11-Acetylfluoranthen* und ein *4.11-Diacetylfluoranthen*. In Schwefelkohlenstoff wird mit Oxalylchlorid und Aluminiumchlorid *Fluoranthen-11-carbonsäure* neben weniger *Fluoranthen-4-carbonsäure* und eine *4.11-Dicarbonsäure* erhalten. Die Trennung des Gemisches geschieht über die Ester bzw. Hydrazide[4]. Aus dem Carbonsäurechlorid lassen sich mit Aminoanthrachinonen Farbstoffe gewinnen[5].

Aus Benzoylchlorid, Fluoranthen und Aluminiumchlorid in Schwefelkohlenstoff bildet sich in der Hauptsache *11-Benzoyl-fluoranthen* neben weniger *4-Benzoyl-fluoranthen*. Trennung über die Oxime[6].

Die Einwirkung von Phthalanhydrid und Aluminiumchlorid auf Fluoranthen in Schwefelkohlenstoff führt zu einem Gemisch von *11-* und *4-Fluoranthoylbenzoesäure*, das durch Krystallisation aus Chloroform getrennt werden kann[4,6]. Der Ringschluß liefert Phthaloylfluoranthene, die ebenso wie die *Diphthaloyl-fluoranthene* auch in einer Operation gewonnen werden können[4,6].

Oxydation. *Fluoranthen* wird durch Kaliumbichromat und Schwefelsäure zum *Fluoranthen-3.4-chinon* I (rote Nadeln vom Schmelzpunkt 188°) und weiter zur Fluorenon-1-carbonsäure II oxydiert[7].

In Eisessig suspendiertes Fluoranthen gibt mit Ozon ein *Ozonid*, das bei der Zersetzung ein Gemisch von Fluorenon-1-aldehyd III und Fluorenon-1-carbonsäure II liefert. Die beiden Reaktionsprodukte werden mit Bisulfitlösung getrennt, die nur den Aldehyd löst[8].

[1] BRAUN, J. v., u. G. MANZ: A. **488**, 111 (1931); **496**, 170 (1932).

[2] FITTIG u. GEBHARD: A. **193**, 147 (1878).

[3] I.G. Farbenindustrie AG.: DRP. 575953 (1931) — C. **1933 II**, 134.

[4] BRAUN, J. v., u. G. MANZ: A. **496**, 170 (1932). — CAMPBELL u. EASTON: Soc. **1949**, 341. — CAMPBELL, LEADILL u. WILSHIRE: Soc. **1951**. 1404.

[5] Gesellschaft für Chemische Industrie in Basel: F. P. 859494 (1939) — C. **1941 II**, 3125.

[6] I.G. Farbenindustrie AG.: DRP. 624918 (1932) — C. **1936 I**, 3914 — C. **1937 II**, 2597 — Gesellschaft für Chemische Industrie in Basel: E. P. 468648 (1936); F. P. 816853 (1937) — C. **1938 I**, 738.

[7] BRAUN, J. v., u. E. ANTON: B. **62**, 145 (1929). — Vgl. FITTIG u. GEBHARD: A. **193**, 148 (1878). — FITTIG u. LIEPMANN: A. **200**, 1 (1880).

[8] I.G. Farbenindustrie AG.: F. P. 817584 (1937); E. P. 472167 (1936) — C. **1938 I**, 728.

Homologe. Eine größere Anzahl von *Methyl-* und *Phenyl-fluoranthenen* sind bekanntgeworden, die zu einem großen Teil insbesondere durch TUCKER und seine Mitarbeiter durch neuartige und interessante Fluoranthen-Synthesen aufgebaut wurden.

Substituent	Schmelz-punkt	Literatur
2-Methyl	72—75°	CAMPBELL u. WANG: Soc. **1949**, 1513. — TUCKER: Soc. **1949**, 2182.
3-Methyl	78—80°	TUCKER, S. H.: Soc. **1952**, 803.
4-Methyl	66°	v. BRAUN u. MANZ: B. **70**, 1603 (1937). — STUBBS u. TUCKER: Soc. **1950**, 3288.
10-Methyl.	132—135°	TUCKER u. WHALLEY: Soc. **1949**, 3213 u. Privatmitteilung.
10.Methyl	135°	KLOETZEL u. MERTEL: Am. Soc. **72**, 4786 (1950) u. Privatmitteilung.
11-Methyl.	88—90°	TUCKER u. WHALLEY: Soc. **1949**, 3213.
11-Methyl	91°	KLOETZEL u. MERTEL: Am. Soc. **72**, 4786 (1950) u. Privatmitteilung.
2.4-Dimethyl	113—115°	FORREST u. TUCKER: Soc. **1948**, 1137. — TUCKER u. WHALLEY: Soc. **1949**, 632. — TUCKER: Soc. **1949**, 2182.
11.12-Dimethyl	144—145°	KLOETZEL u. MERTEL: Am. Soc. **72**, 4786 (1950) u. Privatmitteilung.
2.3.4-Trimethyl	133—134°	FRANCE, MAITLAND u. TUCKER: Soc. **1934**, 1739. — FORREST u. TUCKER: Soc. **1948**, 1137. — TUCKER u. WHALLEY: Soc. **1949**, 632.
4-Phenyl	144°	v. BRAUN u. MANZ: B. **70**, 1603 (1937).
	141—143°	STUBBS u. TUCKER: Soc. **1950**, 3288.
2.4-Diphenyl	158—160°	TUCKER u. WHALLEY: Soc. **1949**, 50.
2-Phenyl-4-methyl	150—153°	TUCKER u. WHALLEY: Soc. **1949**, 50.

I   II   III

Biochemische Wirkung. Fluoranthen besitzt keine cancerogene Wirksamkeit[1] und vermag auch das Wachstum von Impftumoren nicht zu hemmen[2].

2.) 2.3-Benz-fluoranthen.

R. WEISZ und E. KNAPP[3] kondensierten Fluorenon mit *o*-Tolylmagnesiumbromid zum Carbinol I, dessen Oxydation mit alkalischem Permanganat zum Phthalid II führt. Letzteres wird zur Säure III reduziert, die mit Phosphorpentoxyd den Ringschluß zu IV eingeht.

---

[1] DOMAGK, G.: Medizin u. Chemie **3**, 274 (1936).
[2] HADDOW, SCOTT u. SCOTT: Proc. Roy. Soc. London (B) **122**, 477 (1937).
[3] WEISZ, R., u. E. KNAPP: Mh. Chem. **61**, 61 (1932).

Das in gelbbraunen Prismen vom Schmelzpunkt 249° krystallisierende *1.9-(o-Phenylen)-anthron* IV zeigt keine Neigung zur Enolisierung.

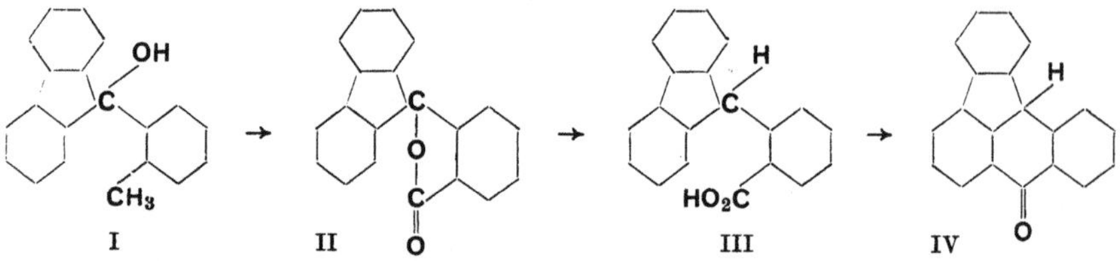

Bei der Zinkstaubschmelze gibt II unter gleichzeitigem Ringschluß und Reduktion 2.3-Benzfluoranthen VIII. Wird die Reduktion durch Kochen von II mit Jodwasserstoff vorgenommen, so entsteht das farblose 2.3-Benz-1.4-dihydro-fluoranthen VII, das sich leicht mit Palladium dehydrieren läßt[1].

Der zweite Weg beginnt ebenfalls mit Fluoren, das mit *o*-Chlorbenzolmagnesium-bromid zu Reaktion gebracht wird. Nach der Reduktion des Hydroxyls in V wird das Chloratom mit CuCN ausgetauscht zu VI. Verseifung liefert die Säure III. Der Ringschluß zu IV wurde hier mit Phosphorpentachlorid und Zinntetrachlorid vorgenommen. Die Reduktion von IV zum Dihydro-Derivat und dessen Dehydrierung mit Chloranil gaben gute Ausbeuten[2].

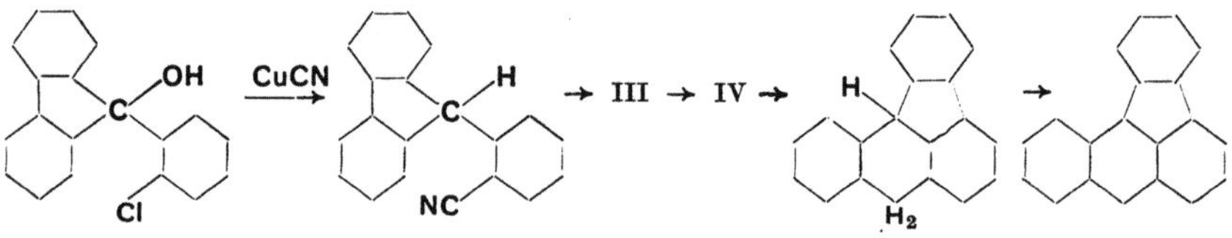

Eigenschaften. 2.3-Benzfluoranthen VIII krystallisiert aus Petroläther in orangeroten Nadeln vom Schmelzpunkt 144—145°, die sich in konzentrierter Schwefelsäure erst gelb, dann rasch violett werdend, lösen. Die Lösungen in organischen Lösungsmitteln zeigen eine grüne Fluorescenz. *Absorptionsspektrum* s. Abb. 119. 2.3-Benzfluoranthen bildet ein farbloses Photooxyd und mit Maleinsäureanhydrid ein farbloses Addukt.

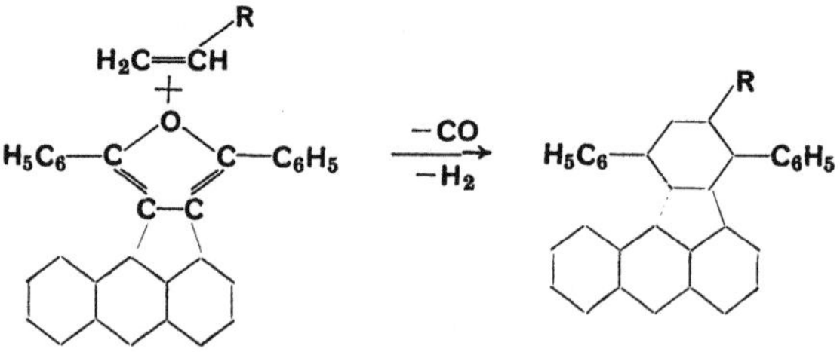

Ein Diphenyl-Derivat des 2.3-Benzfluoranthens wird durch Diensynthese aus IX, das aus Aceanthrenchinon und Dibenzylketon dar-

---

[1] STUBBS, H. W. D., u. S. H. TUCKER: Soc. **1951**, 2939.
[2] CAMPBELL, N., u. A. MARKS: Soc. **1951**, 2941.

stellbar ist, gewonnen. R im Äthylen-Derivat kann dabei OBr, CO_2H, O_2CCH_3, Br oder OC_2H_2 sein. 10.13-Diphenyl-2.3-benzfluoranthen X bildet orangegelbe Krystalle, die bei 194—6° schmelzen[1].

3.) 2.3, 6.7-Dibenz-fluor-anthen.

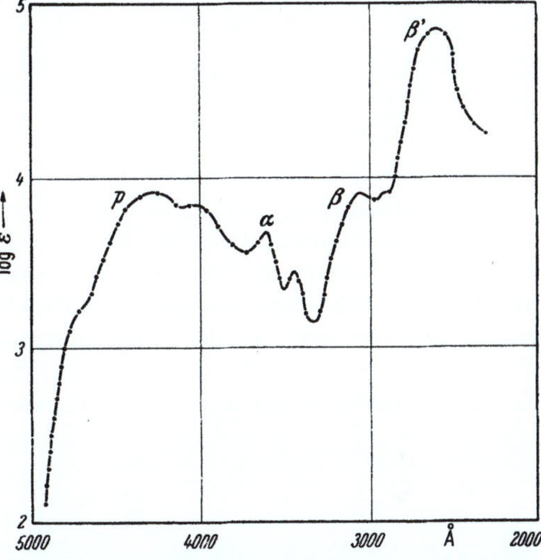

Abb. 119. Absorptionsspektrum des *2.3-Benz-fluor-anthens* in Alkohol. (Nach E. CLAR: Privatmitteilung.) Lage der Banden in Å: p, 4280; α, 3630, 3460; β, 3080; β', 2560.

Ein Abkömmling dieses Kohlenwasserstoffes entsteht, wenn aus 5.11-Di-phenyl-6.12-dichlor-tetra-cen I durch Erhitzen auf 200° Chlorwasserstoff abgespalten wird. In sieden-dem Naphthalin oder mit Kaliumhydroxyd bei 325 bis 330° verliert das tief-violette, in Lösung durch Luft und Licht leicht entfärbbare *5-Chlor-4-phenyl-2.3,6.7-dibenz-fluor-anthen* II nochmals Chlorwasserstoff unter Bildung von III (s. S. 416)[2].

Ein *Diphenyl-dibenz-fluoranthen* V läßt sich aus der Jod-Verbindung IV durch Belichten oder durch Erhitzen auf 160° gewinnen[3].

[1] ABRAMOV, V. S.: Bull. Acad. Sci. USSR., Classe sci. Chim. **1945**, 330 — Am. Abstr. **1946**, 5024.

[2] DUFRAISSE, CH., R. BURET u. R. GIRARD: Bl. (4) **53**, 782 (1933).

[3] BADOCHE, M.: Bl. (5) **9**, 393 (1942).

4.) 3.4-Benz-fluoranthen und 3.4, 5.6-Dibenz-fluoranthen.

o-Chlorbenzaldehyd läßt sich mit Fluoren bzw. 2.3-Benz-fluoren zu I bzw. III kondensieren. Beide Reaktionsprodukte gehen beim Erhitzen mit Chinolin und Kaliumhydroxyd Ringschlüsse ein. Dabei kann aus I nur *3.4-Benz-fluoranthen* II entstehen, während für das Kondensationsprodukt aus III die Formulierungen IV und V möglich sind[1]. Wegen der größeren Reaktivität des Naphthalinrestes gegenüber der des Benzolrestes in III darf man wohl der Formel IV den Vorzug geben.

Auch ein *5-Brom-Derivat* von II ist auf ähnliche Weise gewonnen worden. An Stelle des Cl-Atoms in I war dabei eine Acetamino-Gruppe, die diazotiert den Ringschluß gab[2].

3.4-Benz-fluoranthen II kann auch durch Anlagerung von Maleinsäureanhydrid an 3.4-Benz-fluoren VI bei 200° und Verschmelzen des Adduktes VII mit Natriumchlorid und Zinkchlorid gewonnen werden[3].

3.4-Benzfluoren-1'.4'-chinon IX läßt sich aus dem aus Fluoren gewinnbaren Carbinol VIII mit Benzochinon darstellen. Es bildet orangefarbene Nadeln vom Schmelzpunkt 245—246°, die sich in konzentrierter Schwefelsäure purpurrot lösen und mit alkalischem Natriumhydrosulfit eine weinrote Küpe geben[4].

[1] I.G. Farbenindustrie AG.: E.P. 459108 (1936); C. **1937** II, 2262: F.P. 807704 (1936): C. **1937** I, 5053.

[2] TOBLER, HOLBRO, SUTTER u. KERN: Helv. **24**, 100 E (1941).

[3] CLAR, E.: Privatmitteilung.

[4] CAMPBELL, N. u. H. WANG: Soc. **1949**, 1513.

Eigenschaften und biochemisches Verhalten. *3.4-Benzfluoranthen* krystallisiert in farblosen Nadeln vom Schmelzpunkt 167°. *Absorptionsspektrum* s. Abb. 120. *Dibenzfluoranthen* IV oder V bildet farblose

Nadeln, die bei 230—231° schmelzen. Beide Kohlenwasserstoffe zeigen keine cancerogene Wirkung[1].

5.) 10.11-Benz-fluoranthen.

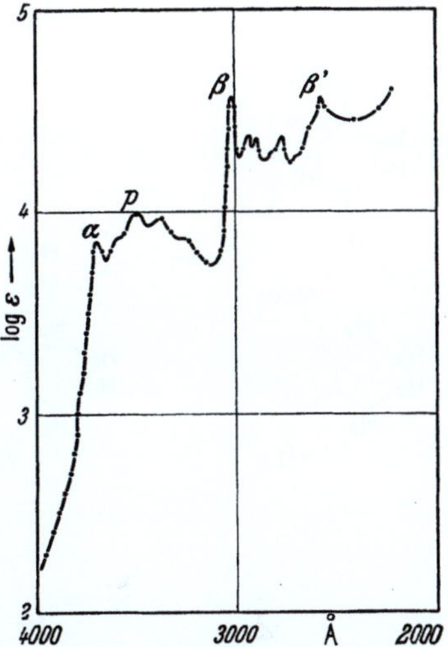

Abb. 120. Absorptionsspektrum des *3.4-Benz-fluoranthens* in Alkohol. (Nach E. CLAR: Privatmitteilung.) Lage der Banden in Å: α, 3690; *p*, 3500, 3380; β, 3010, 2930, 2890, 2760; β', 2560.

10.11-Benz-fluoranthen wurden erst kürzlich von C. D. NENITZESCU und M. AVRAM[2] auf mehreren Wegen erhalten. Die GRIGNARD-Verbindung aus β-Brom-äthylbenzol und Acenaphthenon I liefert das Carbinol II. Daraus wird mit Phosphorpentoxyd die Tetrahydroverbindung III und mit Palladium-Kohle weiterhin 10.11-Benz-fluoranthen IV erhalten.

Der zweite Weg geht vom α-Tetralon und α-Naphthylmagnesiumbromid V aus. Wasserabspaltung aus dem Carbinol VI ergibt einen flüssigen Kohlenwasserstoff, dessen Dehydrierung mit Palladium-Kohle ebenfalls IV liefert. Zu demselben Ergebnis führt die Reaktion zwischen Tetralyl-magnesiumjodid und β-Tetralon VII. Das Carbinol VIII wird mit P_2O_5 in einen flüssigen Kohlenwasserstoff verwandelt, dessen Dehydrierung mit Pd—C IV liefert.

Nicht als solches erkannt, wurde 10.11-Benz-fluoranthen aus Tetralin und Aluminiumchlorid über die Oktahydro-Verbindung IX und folgende Dehydrierung mit Selen von A. DANSI und G. FERRI[3] erhalten. IX läßt sich auch aus IV durch Reduktion mit Natrium und Amylalkohol dar-

[1] DOMAGK, G.: Medizin u. Chemie **3**, 274 (1936).
[2] NENITZESCU, C. D., u. M. AVRAM: Am. Soc. **72**, 3486 (1950).
[3] DANSI, A., u. C. FERRI: Gazz. chim. ital. **71**, 648 (1941).

stellen. Es entsteht ferner, wenn das aus α-Tetralon X und 1.2.3.4.-Tetrahydro-2-naphthyl-magnesiumbromid erhältliche Carbinol XI mit P_2O_5 behandelt wird[1].

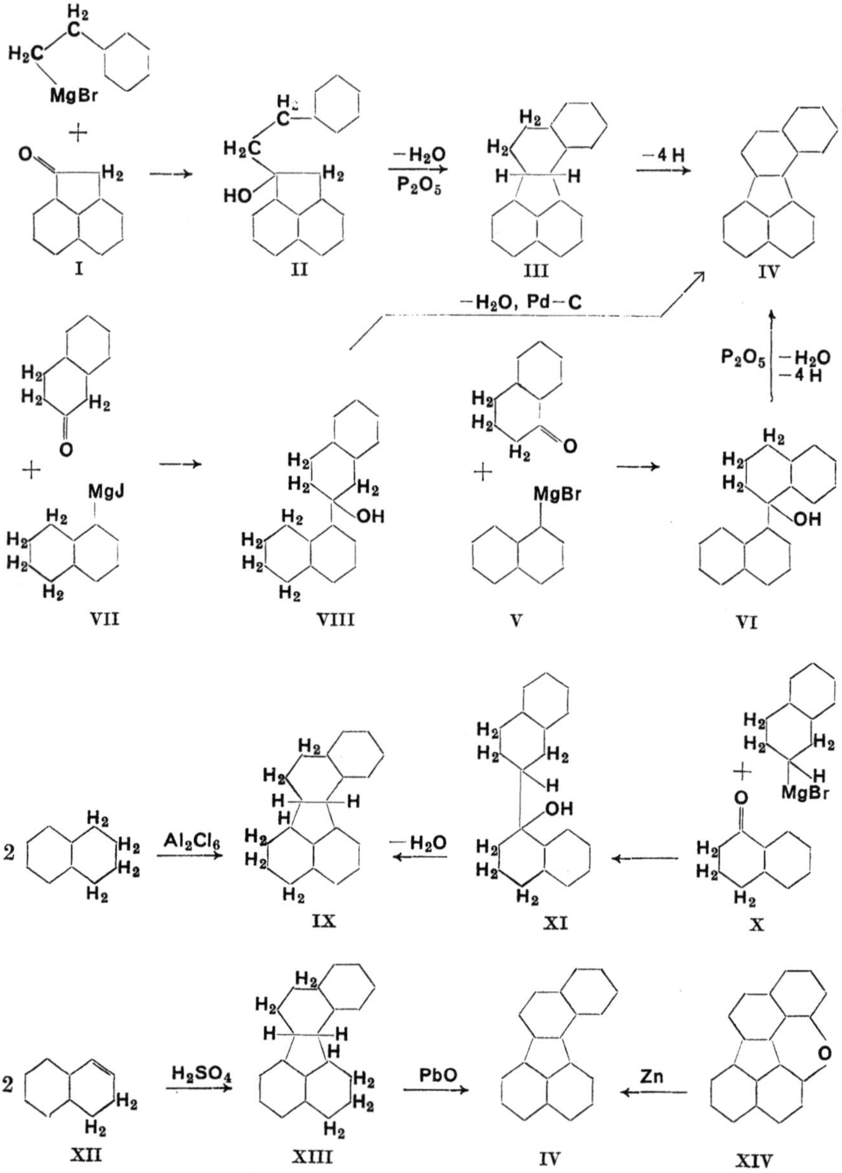

Eine isomere Oktahydro-Verbindung XIII entsteht aus Dialin XII und Schwefelsäure. Die Dehydrierung mit erhitztem PbO führt eben-

[1] Nenitzescu, C. D., u. M. Avram: Am. Soc. 72, 3486 (1950).

falls zu IV[1,2]. 10.11-Benzfluoranthen IV ist auch noch durch Zinkstaub-destillation des für „Furoperylen" gehaltenen Oxydo-Derivates XIV erhalten worden[3].

9-Methyl-3.4-benzfluorenol XV reagiert mit Maleinsäureanhydrid in Essigsäureanhydrid unter Bildung von XVI, dessen Decarboxylierung 10.11-Benzfluoranthen liefert[4]:

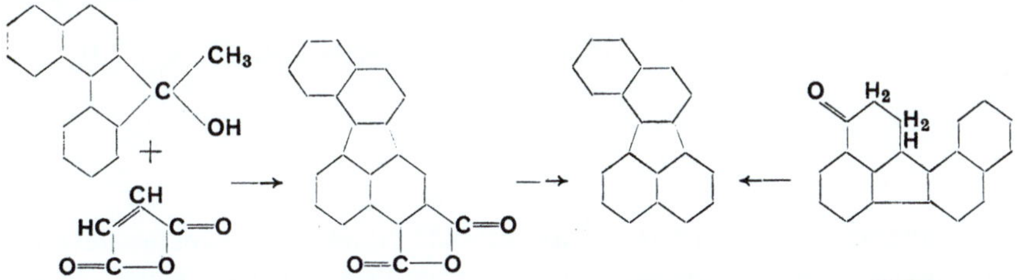

XV   XVI   IV   XVIII

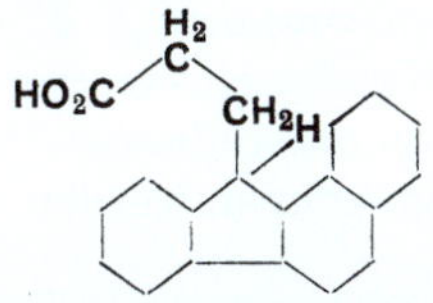

XVII

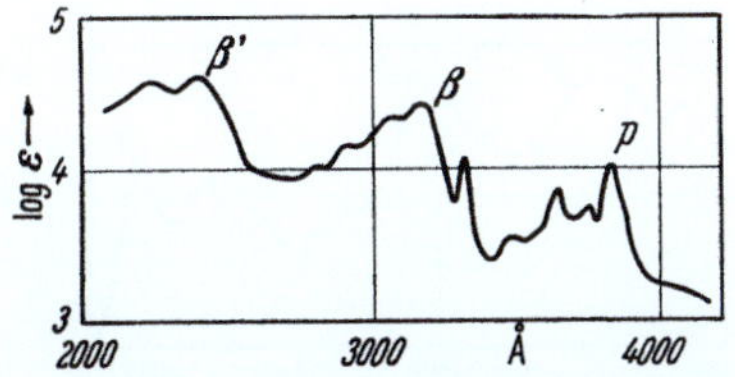

Der Ringschluß der Propionsäure XVII gibt XVIII, woraus nach vor-heriger Clemmensen-Reduktion 10.11-Benzfluoranthen gewonnen wird[5].

Eigenschaften. 10.11-Benzfluor-anthen IV krystallisiert aus Alkohol

Abb. 121. Absorptionsspektrum des *10,11-Benz-fluoranthens* in Alkohol. [Nach ORCHIN, REGGEL, FRIEDEL u. WOOLFOLK: Bureau of Mines, Technical Paper **708**, 19 (1948).] Lage der Banden in Å: *p*, 3830, 3760, 3650, 3490; 3320; β, 3180, 3080, 2920, 2810; β', 2420, 2260.

in gelben Plättchen oder Nadeln, die bei 165° schmelzen und ein ziegel-rotes Pikrat vom Schmelzpunkt 195° geben. *Absorptionsspektrum* siehe Abb. 121.

6.) 11.12-Benzfluoranthen.

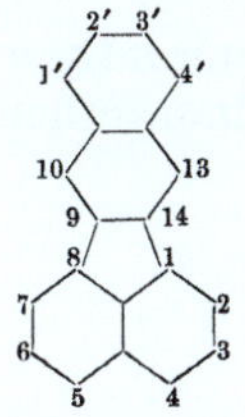

1.2'-Dinaphthyl I gibt beim Überleiten über einen Chromoxyd-Aluminiumoxyd-Katalysator neben einem Isomeren (s. oben) *11.12-*

---

[1] BRAUN, J. v., u. G. KIRSCHBAUM: B. **54**, 597 (1921).
[2] NENITZESCU, C. D., u. M. AVRAM: Am. Soc. **72**, 3486 (1950).
[3] ZINKE, A., u. G. PACK: Mh. Chem. **158**, 213 (1949).
[4] CAMPBELL, KHANNA u. MARKS: Soc. **1951**, 2511.
[5] ORCHIN u. REGGEL: Am Soc. **73**, 436 (1951).

Benzfluoranthen II[1]. Es kann ferner durch Kondensation von *o*-Phenylendiessigsäure-dinitril III mit Acenaphthenchinon, Verseifung des Dinitrils IV und Decarboxylierung der Dicarbonsäure gewonnen werden[2].

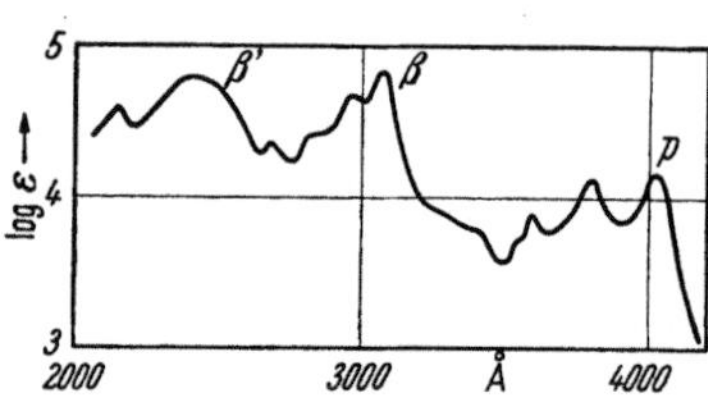

Eigenschaften. *11.12-Benzfluoranthen* II bildet aus Benzol fast farblose Nadeln vom Schmelzpunkt 217°, die mit Trinitrobenzol gelbe Nadeln vom Schmelzpunkt 180—182° geben. *Absorpticnsspektrum* s. Abb. 122.

11.12-Benzfluoranthen-1'.4'-chincn VI kann durch Kondensation des aus Acenaphthenchinon darstellbaren Diols V mit Benzochinon gewonnen werden. Es bildet

Abb. 122. Absorptionsspektrum des *11.12-Benzfluoranthens* in Alkohol. [Nach ORCHIN, REGGEL, FRIEDEL u. WOOLFOLK: Bureau of Mines, Technical Paper **708**, 19 (1948).] Lage der Banden in Å: *p*, 4000, 3800, 3610; *β*, 3080, 2960, 2820, 2690, *β'*, 2400.

gelbe Prismen vom Schmelzpunkt 265° (Zers.), die sich in konzentrierter Schwefelsäure blau lösen und mit alkalischem Natriumhydrosulfit eine weinrote Küpe geben[3].

Ein durch direkte Oxydation erhältliches Chinon schmilzt bei 221–223°[4].

7.) Naphtho-[1'.2': 2.3[-fluoranthen und Naphtho-[2'.1': 2.3]-fluoranthen.

Bei der FRIEDEL-CRAFTSschen Reaktion zwischen Fluoren-1-carbonsäurechlorid (aus Fluorenon-1-carbonsäure s. S. 401) und Naphthalin

[1] ORCHIN, M., u. L. REGGEL: Am. Soc. **69**, 505 (1947).
[2] MOUREU, H., P. CHOVIN u. G. PIVOD: C. r. **223**, 951 (1946).
[3] CAMPBELL, N., u. R. S. GOW: Soc. **1949**, 1555.
[4] MOUREU, CHOVIN u. PIVOD: C. r. **223**, 951 (1946).

erhielten FIESER und SELIGMAN [1] ein Gemisch der beiden Ketone I und III.
I bildet sich überwiegend, wenn die Reaktion in Schwefelkohlenstoff ausgeführt wird, während mehr III in Tetrachloräthan oder Nitrobenzol
entsteht. Bei der Pyrolyse unter Abspaltung von Wasser gibt I *Naphtho-
[2′.1′ : 2.3]-fluoranthen* II und III gibt *Naphtho-[1′.2′ : 2.3]-fluoranthen* IV.
Das Keton I wird allein erhalten, wenn Fluoren-1-carbonsäurechlorid mit
α-Naphthyl-magnesiumbromid zur Reaktion gebracht wird.

Eigenschaften und biochemisches Verhalten. *Naphtho-[1′.2′ : 2.3]-
fluoranthen* IV krystallisiert aus Benzol-Äther in goldgelben Nadeln vom
Schmelzpunkt 178—179° (korr.). Sein Pikrat bildet carminrote Nadeln,
die bei 181—182° (korr.) schmelzen.

Naphtho-[2′.1′ : 2.3]-fluoranthen II, gelbe Nadeln aus Benzol, schmilzt
bei 181—181.3° (korr.) und bildet ein in ziegelroten Nadeln krystallisierendes Pikrat vom Schmelzpunkt 174.5—175.5° (korr.).

Naphtho-[2′.1′ : 2.3]-fluoranthen II, das wegen seiner Verwandtschaft
mit Cholanthren auch als 15.16-Benzdehydrocholanthren bezeichnet
wird, ist schwach cancerogen wirksam [2].

8.) Naphtho-[2′.3′ : 3.4]-fluoranthen.

Dieser Kohlenwasserstoff II läßt sich durch Pyrolyse aus 4-*o*-
Toluylfluoranthen I darstellen. Als Nebenprodukt wird dabei der

[1] FIESER u. SELIGMAN: Am. Soc. **57**, 2174 (1935).
[2] FIESER, FIESER, HERSHBERG, NEWMAN, SELIGMAN u. SHEAR: Am. J.
Cancer **29**, 260 (1937).

farblose, bei 208—210° schmelzende Kohlenwasserstoff III erhalten[1].

Eigenschaften: Naphtho-[2'.3':3.4]-fluoranthen II bildet gelbe sublimierbare Nadeln vom Schmelzpunkt 229—230°. In Lösung zeigt es eine blaue Fluorescenz.

Das aus Fluorenon erhältliche Carbinol IV kondensiert sich mit *1.4-Naphthochincn* im Essigsäureanhydrid unter Bildung des *3.4-Phthaloyl-fluoranthens* V[2].

IV   V   VI   VII

Die Ketonsäure VI, die neben einem Isomeren aus Fluoranthen Phthalanhydrid und Aluminiumchlorid erhalten wird, gibt beim Ringschluß neben V ein *Phthaloyl-fluoranthen* (Schmelzpunkt 296—297°)[2,3], das nicht mit V identisch ist und daher wahrscheinlich die 4.5-Verbindung VII ist.

Naphtho-[2'.3':3.4]-fluoranthen-1'.4'-chinon V bildet aus Nitrobenzol orangerote Nadeln, die bei 252—523° schmelzen und sich in konzentrierter Schwefelsäure blaugrün lösen. Mit alkalischem Natriumhydrosulfit bilden sie eine blauviolette Küpe[2].

9.) Naphtho-[2'.3':10.11]-fluoranthen und Naphtho-[2'.3':11.12]-fluoranthen.

Die beiden Kohlenwasserstoffe II und III werden nebeneinander bei der Pyrolyse des 11-o-Toluyl-fluoranthens I erhalten und durch Chromatographie getrennt[4]:

[1] CAMPBELL, N., A. MARKS u. D. H. REID: Soc. **1950**, 3466.
[2] CAMPBELL, N., u. H. WANG: Soc. **1949**, 1513.
[3] v. BRAUN u. MANZ: A. **496**, 170 (1932) — DRP. 624918 (1932) — C. **1936 I**, 3914.
[4] CAMPBELL, MARKS u. REID: Soc. **1950**, 3466.

Eigenschaften.   Naphtho-[2′.3′:10.11]-fluoranthen II bildet rote Prismen vom Schmelzpunkt 225.5—227.5°, die sich in konzentrierter

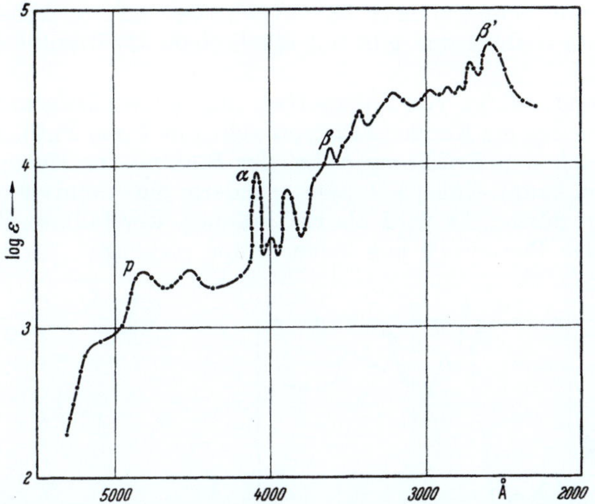

Schwefelsäure erst purpur, blau und schließlich carminrot lösen. Das *Absorptionsspektrum* s. Abb. 123.

Abb. 123. Absorptionsspektrum des Naphtho-[2′.3′:10.11]-fluoranthens in Alhohol. (Nach E. CLAR: Privatmitteilung.) Lage der Banden in Å: *p*, 4820, 4520; *α*, 4075, 3980, 3870; *β*, 3590, 3420, 3190, 2960, 2870, 2770, 2690; *β′*, 2550.

Naphtho-[2′.3′:10.12]-fluoranthen III kristallisiert in gelben Nadeln vom Schmelzpunkt 301—303°, die in konzentrierter Schwefelsäure rosa, braun und dann grünbraun löslich sind. *Absorptionsspektrum* s. Abb. 124.

Das aus Acenaphthenchinon darstellbare Diol IV läßt sich mit 1.4-Naphthochinon in Essigsäureanhydrid zu *11.12-Phthaloyl-fluoranthen* V kondensieren[1]. Dieselbe Verbindung wird erhalten, wenn die neben einem Isomeren aus Fluoranthen, Phthalanhydrid und Aluminium-chlorid erhältliche Ketonsäure VI in das Säurechlorid übergeführt und durch Erhitzen in siedendem Trichlorbenzol ringgeschlossen wird[2]. Ein gleichzeitig entstehendes Isomeres muß daher die Struktur VII haben[1].

[1] CAMPBELL, N., u. R. S. GOW: Soc. **1949**, 1555.
[2] v. BRAUN u. MANZ: A. **496**, 170 (1932).

Naphtho-[2'.3':10.11]-fluoranthen-1'.4'-chinon VII, gelbe Platten, schmilzt bei 319—320°, löst sich in konzentrierter Schwefelsäure rot und gibt mit alkalischem Hydrosulfit keine Küpe.

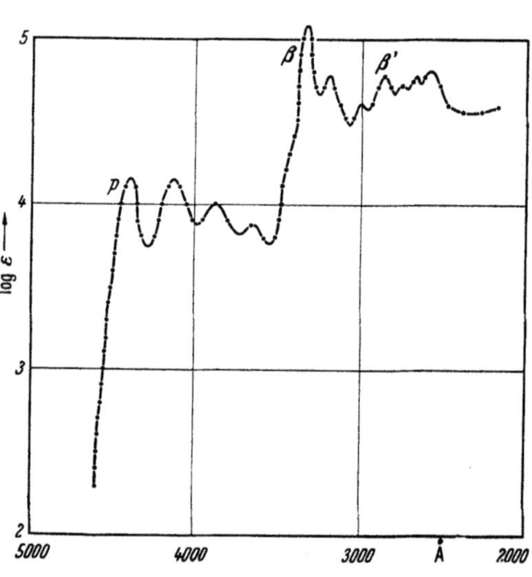

Naphtho-[2'.3':11.12]-fluoranthen-1'.4'-chinon V bildet goldgelbe Krystalle vom Schmelzpunkt 338—340°, löst sich in konzentrierter Schwefelsäure tiefblau und gibt mit alkalischem Hydrosulfit eine blaue Küpe.

Beim Kondensieren von Fluoranthen mit überschüssigem Phthalanhydrid bildet sich ein Kondensationsprodukt mit 2 Mol Phthalanhydrid, das aber nach den Erfahrungen bei der Bildung der Monophthaloylfluoranthene kaum einheitlich sein, sondern ein Gemisch von VIII und IX sein dürfte. Es wird als ein braunes, krystallines Pulver beschrieben, das Baumwolle aus blauer Küpe rötlichgelb färbt[1].

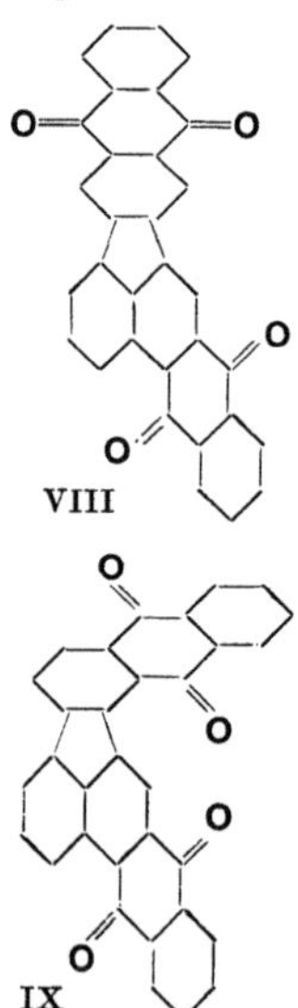

Abb. 124.
Absorptionsspektrum des Naphtho-[2'.3': 11.12]-fluor-anthens in Alkohol. (Nach E. CLAR: Privatmitteilung.)
Lage der Banden in Å: *p*, 4380, 4130, 3900, 3640; β, 3340, 3195, 2980; β', 2870. 2770, 2680; 2560.

Durch Kondensation von Fluoranthen mit Naphthalin-2.3-dicarbonsäure-anhydrid

<hr>

[1] Gesellschaft für Chemische Industrie in Basel: E. P. 468648 (1936); F. P. 816853 (1937) — C. **1938 I**, 738.

und Aluminiumchlorid läßt sich über eine Ketonsäure ein *Naphthaloyl-[2.3]-fluoranthen* darstellen. Auch hier wird man mit einer Mischung zweier Chinone rechnen müssen. Das Kondensationsprodukt bildet gelbe Nadeln, die über 300° schmelzen[1].

10.) 10.11-Benz-naphtho-[2′.3′:3.4]-fluoranthen und Dinaphtho-fluoranthene.

9-Methyl-3.4-benz-fluorenol I läßt sich in siedendem Essigsäure-anhydrid mit 1.4-Naphthochinon zu II kondensieren. 3.4-Phthaloyl-10.11-benzfluoranthen II bildet scharlachrote Prismen, die über 360° schmelzen und sich grünlich braun in konzentrierter Schwefelsäure lösen. Mit alkalischem Hydrosulfit geben sie eine tiefblaue Küpe. Der Kohlenwasserstoff wurde nicht dargestellt.

II. Kohlenwasserstoffe, die zwei fünfgliedrige Ringe enthalten.

1.) 11.12-[*peri*-Naphthylen]-fluoranthen.

Di-[naphthylen-(1.8)]-benzol.

Von diesem einfachen Kohlenwasserstoff mit zwei fünfgliedrigen Ringen ist nur ein Diphenyl-Derivat bekannt. Es wird nach DILTHEY,

---

[1] I.G. Farbenindustrie AG.: DRP. 624918 (1932) — C. **1936 I**, 3914.

HENKELS und SCHAEFER[1] aus Acecyclon und Acenaphthylen I durch Diensynthese erhalten.

Das Kondensationsprodukt II bildet gelbe Nadeln vom Schmelzpunkt 403°, die sich nur schwer mit gelber Farbe und grüner Fluorescenz lösen.

2.) 2.3, 6.7-[*peri*-Naphthylen]-anthracen.

Die Kondensation von 2 Mol Diols I mit 1 Mol Benzochinon gibt *2.3,6.7-Di-[peri-naphthylen]-anthrachinon* II.

Es bildet braune Prismen, die über 300° schmelzen und sich in konzentrierter Schwefelsäure blau lösen. Mit alkalischem Natriumhydrosulfit bildet sich eine blaue Küpe, die nur wenige Sekunden beständig ist[2]. Die Reduktion zum Kohlenwasserstoff wurde nicht durchgeführt.

3.) 4.5-[*peri*-Phenylen]-fluoranthen.

Dieser Kohlenwasserstoff läßt sich nach TUCKERS Fluoranthen-Synthese (s. S. 398) gewinnen. Dabei wird 4-Nitro-fluoranthen I zur

[1] DILTHEY, HENKELS u. SCHAEFER: B. **71**, 974 (1938).
[2] CAMPBELL, N., u. R. S. GOW: Soc. **1949**, 1555.

Amino-Verbindung reduziert und über die Diazo-Verbindung in 4-Jod-fluoranthen II übergeführt. Letzteres wird gemeinsam mit *o*-Brom-nitrobenzol und Kupferpulver erhitzt und gibt so III. Die Nitro-Gruppe wird reduziert, die Amino-Gruppe diazotiert und mit Kupferpulver behandelt, wobei Ringschluß zu IV eintritt[1].

Eigenschaften. *peri-Phenylen-fluoranthen* bildet orangefarbige Nadeln, die bei 261—262° (unkorr.) schmelzen und konzentrierter Schwefelsäure keine charakteristische Farbe erteilen. *Absorptionsspektrum* s. Abb. 125.

4.) Isorubicen.

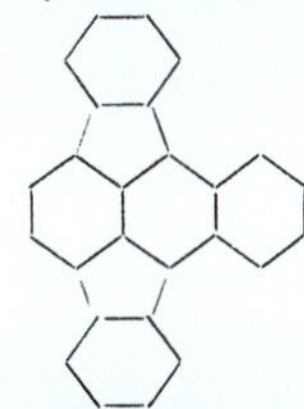

Isorubicen II entsteht durch Ringschluß des durch

Abb. 125. Absorptionsspektrum des *4.5-peri-Phenylen-fluoranthens* in Alkohol. (Nach E. CLAR: Privatmitteilung.) Lage der Banden in Å: *p*, 4100, 4020, 3870, 3795, 3670, 3490; *α′*, 3170, 3040; *β*, 2925, 2865, 2810, 2760, 2705, 2625, 2530.

die GRIGNARD-Reaktion erhältlichen Diols I mit Oxalsäure, Natrium-acetat, Kupfer- und Aluminiumpulver bei 365°. Es bildet rotbraune

---

[1] STUBBS, H. W. D., u. S. H. TUCKER: Soc. **1951**, 2936.

Nadeln vom Schmelzpunkt 278—279°, die mit Nitrobenzol und Aluminiumchlorid eine grünbraune Färbung geben. Es zeigt *Absorptionsbanden* bei 4480, 4150, 3800, 3600, 3450, 3150, 2950, 2760, 2650 Å [1].

5.) 5.6, 11.12-Di-*o*-phenylen-tetracen.

Diphenylen-ruben.

5.11-Diphenyl-6.12-dichlor-tetracen I spaltet nach CH. DUFRAISSE, R. BURET und R. GIRARD [2] beim Erhitzen auf 200° Chlorwasserstoff ab und kondensiert sich zu *5-Chlor-4-phenyl-2.3,6.7-dibenz-fluoranthen* II. Diese tiefviolette, in Lösung an Luft und Licht leicht entfärbbare Verbindung verliert in siedendem Naphthalin oder mit Kaliumhydroxyd bei 325—330° nochmals Chlorwasserstoff und bildet *5.6,11.12.Di-o-phenylen-tetracen* III [3].

III entsteht auch neben seinem *Dihydroderivat* V, wenn *Dehydrorubren* IV (s. S. 237) in Äther mit Natrium behandelt wird. Dabei werden anscheinend die beiden Phenylreste als Phenylnatrium abgespalten [4].

Eigenschaften und Reaktionen. *5.6,11.12-Di-o-phenylen-tetracen* III krystallisiert aus Xylol in blauen Nadeln vom Schmelzpunkt 465°.

[1] FEDEROV, B. P.: Bull. Acad. Sci. UdSSR, Classe, sci. Chim. **1947**, 397 — Am. Abstr. **1948**, 1585. — SETKINA, O. N., u. B. P. FEDEROV: Izvest. Akad. Nauk UdSSR, Otdel Khim. Nauk **1949**, 545 — Am. Abstr. **1950**, 1333.
[2] DUFRAISSE, CH., R. BURET u. R. GIRARD: Bl. (4) **53**, 782 (1933).
[3] DUFRAISSE u. GIRARD: Bl. (5)**1**, 1359 (1934).
[4] BADOCHE, M.: A. ch. (10) **20**, 200 (1933).

Seine blauen Lösungen werden an Licht und Luft gelbbraun unter
Bildung eines farblosen und eines orangeroten Stoffes. III kann mit
Eisessig und Eisen zum farblosen *Dihydro-Derivat* V reduziert werden.
Dessen Lösung in Benzol ist auch gegen Luft und Licht empfindlich,
verliert ihre Fluorescenz und wird bräunlich. III zeigt *Absorptions-*
banden bei 6100, 5650, 5250 Å.

Einige der hier beschriebenen Verbindungen wurden früher anders
formuliert. Einen Überblick über diese Änderungen bringt eine Arbeit
von CH. DUFRAISSE[1].

6.) Rubicen.

Bei der Destillation von Diphensäure mit Kalk erhielt FITTIG[2] einen
roten Kohlenwasserstoff, den PUMMERER[3] als Rubicen bezeichnete, für
den er die Zusammensetzung $C_{24}H_{14}$ fand und die Konstitutionsformel I
aufstellte. Diese Formel gewann scheinbar an Wahrscheinlichkeit, als
DZIEWOŃSKI und SUSZKO[4] Rubicen durch Pyrolyse von Fluoren ge-

[1] DUFRAISSE, CH.: Bl. (5) **3**, 1857 (1936).
[2] FITTIG u. OSTERMAYER: A. **166**, 373 (1873). — FITTIG u. SCHMITZ: A. **193**,
117 (1878).
[3] PUMMERER: B. **45**, 294 (1912); **58**, 1806 (1925).
[4] DZIEWOŃSKI u. SUSZKO: Bull. Acad. polon. Sci. Lettres **1921**, Sept. —
C. **1923 I**, 528 — B. **58**, 2544 (1925).

winnen konnten. Diese Pyrolyse des Fluorens führte dann A. Eckert[1] auch am glühenden Platindraht durch.

Die richtige Konstitutionsformel III ergab sich aber erst aus der einfachen Synthese des Rubicens aus Fluorenon II mit Calciumhydrid nach W. Schlenk und M. Karplus[2]. An Stelle von Calciumhydrid kann auch Magnesium verwendet werden[3]. Das Diol V gibt beim Erhitzen mit Oxalsäure, Natriumacetat, Kupfer und Aluminiumpulver auf 365° ebenfalls *Rubicen*[4].

Scholl und Meyer[5] zeigten, daß *Rubicen* neben 9.10-Diphenylanthracen bei der Zinkstaubdestillation von 9.10-Diphenyl-9.10-dihydro-9.10-dioxy-anthracen-1.5-dicarbonsäure-dilacton IV entsteht.

Eigenschaften. *Rubicen* krystallisiert in roten Nadeln vom Schmelzpunkt 306° (unkorr.). Seine Lösungen fluorescieren gelb. Konzentrierte Schwefelsäure löst es beim Erwärmen mit rötlichbrauner Farbe. Beim Kochen mit Zinkstaub in Eisessig bildet sich eine grünblau fluorescierende Lösung. Brom gibt ein braunrotes Substitutionsprodukt. In Nitrobenzol gelöstes Rubicen wird mit Aluminiumchlorid erst grün, dann violettschwarz.

Hydrierung. Die *Hydrierung* des Rubicens wurde von J. von Braun[6] untersucht. Mit Natrium und Amylalkohol wird eine *Perhydro*-Verbindung erhalten, die bei der Destillation, aber auch schon beim Erwärmen mit sauerstoffhaltigen Lösungsmitteln 12 H-Atome verliert und in einen Kohlenwasserstoff $C_{26}H_{28}$ übergeht, für den angenommen wird, daß er durch Dehydrierung der dem Anthracenrest aufgepfropften Phenylenreste des Rubicens entstanden sei. Bei der Hydrierung mit Nickel und Wasserstoff unter Druck entstehen neben Perhydro-rubicen die Kohlenwasserstoffe $C_{26}H_{34}$ und $C_{26}H_{28}$.

Derivate. Auch einige Abkömmlinge des Rubicens sind beschrieben worden[7]. So bildet Rubicen mit Schwefelsäuremonohydrat eine rote *Sulfonsäure*, die als Farbstoff verwendet werden kann. Mit Hydrosulfit entsteht daraus ein schwarzer Farbstoff. Beim Nitrieren des Rubicens wird eine *Dinitro*-Verbindung und daraus mit Na_2S eine *Diamino*-Verbindung gewonnen, die beim Sulfurieren einen graublauen Farbstoff bildet. Mit Phthalanhydrid in Gegenwart von Aluminiumchlorid in Chlorbenzol kann Rubicen zweimal kondensiert werden. Die sich bildende rote Diketonsäure hat ebenfalls Farbstoffeigenschaften. Weitere Kondensationen wurden unter Verwendung von *o*-Chlorphthalanhydrid, Bernsteinsäureanhydrid und Maleinsäureanhydrid durchgeführt.

[1] Eckert, A.: J. pr. (2) **121**, 278 (1929).
[2] Schlenk, W., u. M. Karplus: B. **61**, 1675 (1928).
[3] Chmelewski, W. I., u. I. Ja. Posstowski: J. Chim. gén. (Russ.) **9** (71) 620 (1939) — C. **1941 I**, 891.
[4] Federov, B. P.: Bull. Acad. Sci. USSR, Classe, Sci., Chim. **1947**, 397 — Am. Abstr. **1948**, 1585.
[5] Scholl u. Meyer: B. **65**, 926 (1932).
[6] Braun, J. v.: B. **67**, 214 (1934). — Vgl. Dziewoński u. Suszko: Roczniki Chem. **1921**, 409.
[7] I.G. Farbenindustrie AG.: DRP. 655 649, 656 554 (1936) — C. **1938 I**, 4538. — Dziewoński u. Suszko: Bull. int. Acad. polon. Sci. Lettres **1921**, Jan./Dez. — C. **1923 I**, 528.

7.) 1.2, 8.9-Dibenz-rubicen und 6.7, 13.14-Dibenz-rubicen.

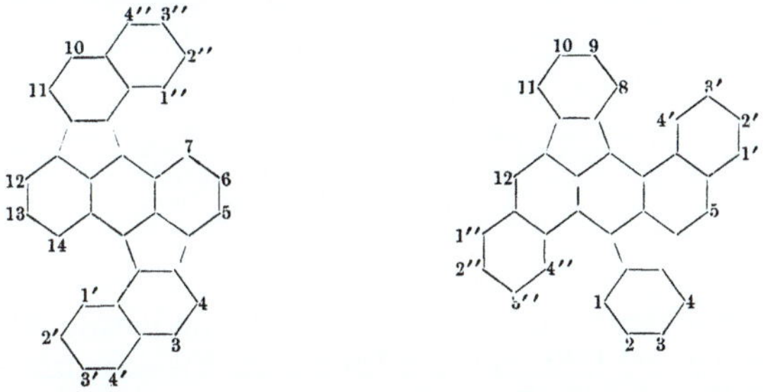

Wird 9.10-Di-α-naphthyl-9.10-dioxy-9.10-dihydro-anthracen-1.5-di-carbonsäure-dilacton I im Vakuum im Wasserstoffstrom über Zink-staub destilliert, so erhält man nach Scholl und Meyer[1] *1.2,8.9-Dibenz-rubicen* II. Es krystallisiert in kleinen braunschwarzen Nadeln, zeigt in roter Lösung gelbe Fluorescenz und löst sich nicht in kalter konzentrierter Schwefelsäure.

Wie bei der Rubicen-Synthese von Schlenk und Karplus vom Fluorenon ausgegangen wird, so läßt sich aus 2.3-Benz-fluorenon III mit Calciumhydrid ein *Dibenz-rubicen* gewinnen, das die Formel IV oder V haben kann. Wegen der größeren Reaktionsfähigkeit des Naphthalin-

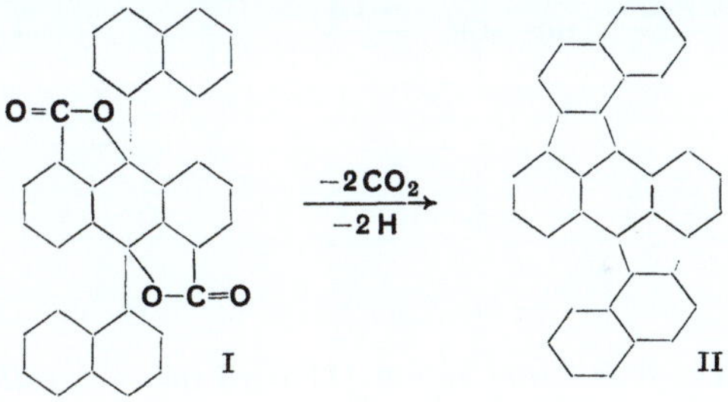

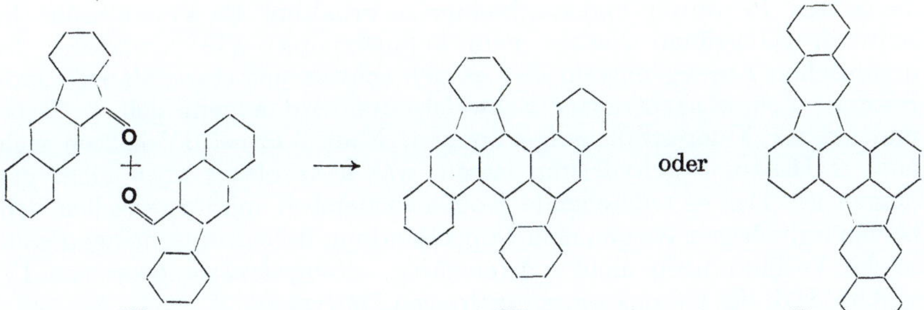

restes in III wird man Formel IV den Vorzug geben können. Der Schmelzpunkt dieses *Dibenzrubicens* wird mit 310° angegeben. Seine *Sulfonsäure* färbt gelbstichiger als die des Rubicens[2].

---

[1] Scholl u. Meyer: B. **67**, 1229 (1934).
[2] I.G. Farbenindustrie AG.: DRP. 655.649 (1936) — C. **1938 I**, 4538.

8.) Aceanthreno-[2'.1': 1.2]-aceanthren.

Nach einer Patentschrift der I.G. Farbenindustrie AG.[1] und einer
Arbeit von E. Clar[2] läßt sich Anthron I in Eisessig mit Glyoxalsulfat
bzw. mit Chloral und Zinnchlorür zu α-β-Bis-(9.9'-anthronyliden)-
äthan II kondensieren. Dieses geht mit Aluminiumchlorid in Gegenwart
von Oxydations- und Verdünnungsmitteln[3] oder beim Erhitzen seiner
Lösung in Nitrobenzol mit Benzoylchlorid oder anderen Säurechloriden[4]
einen doppelten Ringschluß zu *Aceanthrono-[2'.1'.1.2]-aceanthron* III ein.

I   II   III   IV

Eigenschaften. Aus dem Chinon III wird das *Aceanthreno-[2'.1'.1.2]-*
aceanthren IV durch Zinkstaubschmelze erhalten. Es krystallisiert in
schwach gelbgrünen Nadeln vom Schmelzpunkt 349° (unkorr.). In
organischen Lösungsmitteln löst es sich schwer mit stark blauer Fluorescenz. Von konzentrierter Schwefelsäure wird es mit gelber Farbe
und grüner Fluorescenz aufgenommen. Nach Formel IV sollten sich
noch 2 H-Atome dehydrieren lassen, was aber bisher noch nicht gelungen ist. Der so entstehende Kohlenwasserstoff müßte zwischen den
beiden 5gliedrigen Ringen eine Doppelbindung haben. Anscheinend sind
solche Verbindungen nicht existenzfähig. *Absorptionsspektrum* von IV
s. Abb. 126. Es ist das eines Anthracen-Derivates.

Aceanthrono-[2'.1':1.2]-aceanthron III krystallisiert aus Nitrobenzol
in tiefbraunen Nadeln, die sich in konzentrierter Schwefelsäure violett

[1] I.G. Farbenindustrie AG.: DRP. 453768 (1925) — Vgl. C. **1928 I**, 420.
[2] Clar, E.: B. **72**, 2134 (1939).
[3] I.G. Farbenindustrie AG.: DRP. 550712 (1930); 576466 (1931) — C. **1932 II**,
783; **1933 II**, 791.
[4] Clar, E.: B. **72**, 2134 (1939) — Mit unwesentlichen Änderungen auch
beschrieben in: Imperial Chemical Industries Ltd, E. P. 551622 (1942).

lösen. Mit alkalischem Hydrosulfit entsteht eine gelblichbraune Küpe, aus der Baumwolle kräftig rotbraun gefärbt wird. Von dem Farbstoff sind eine Anzahl Derivate bekanntgeworden[1,2].

9.) Periflanthen.

Di-peri-fluoranthenylen.

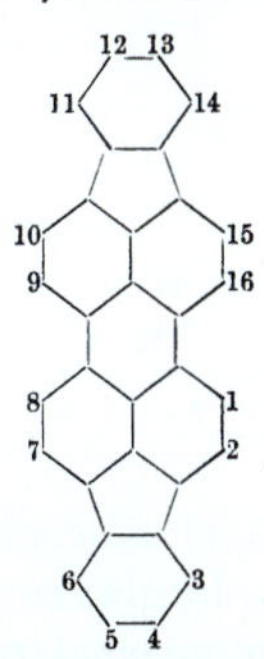

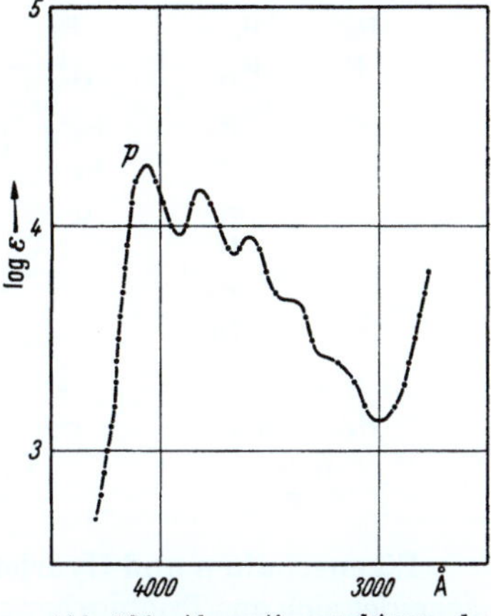

Abb. 126. Absorptionsspektrum des *Aceanthreno-(2'.1':1.2)-aceanthrens* in Benzol. (Nach E. CLAR: Privatmitteilung.) Lage der Banden in Å: *p*, 4060, 3830, 3630.

Während Natriumamid sonst zur Einführung der Amino-Gruppe in Ringsysteme dient, bewirkt es beim Fluoranthen I, wie J. VON BRAUN und G. MANZ[3] fanden, eine Kondensation zu dem Perylen-Derivat II, das den Namen *Periflanthen* erhalten hat. Es läßt sich auch auf dieselbe Weise aus 4.4'-Difluoranthyl III gewinnen, wodurch seine Konstitution bewiesen wird. III kann aus

NaNH₂   Cu   Br   Br

I   II   III   IV

4-Bromfluoranthen IV mit Kupferpulver dargestellt werden. Mit diesem Bildungsmechanismus steht in Übereinstimmung, daß 4-Methylfluoranthen oder 4-Phenylfluoranthen mit Natriumamid keine entsprechenden Periflanthene geben.

[1] I. G. Farbenindustrie AG.: F. P. 644782 (1927) — C. **1929 I**, 580 — DRP. 550712 (1930) — C. **1932 II**, 783 — DRP. 589639 (1932) — C. **1934 I**, 1890.

[2] I. G. Farbenindustrie AG.: DRP. 589639 (1932); 611512 (1933) — C. **1934 I**, 1890; **1935 II**, 282.

[3] BRAUN, J. v., u. G. MANZ: B. **70**, 1603 (1937).

Periflanthen scheint auch aus 1-(*o*-Tolyl)-naphthalin beim Überleiten über einem Chromoxyd-Aluminiumoxyd-Katalysator zu entstehen[1].

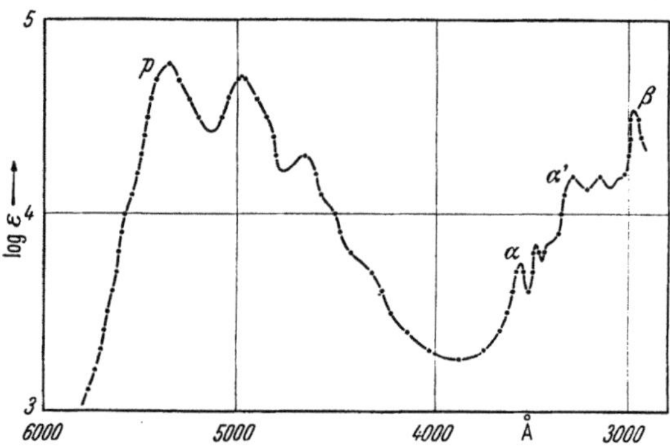

V   VI   VII   VIII

Eigenschaften und Hydrierung. *Periflanthen* ist sehr schwer löslich und scheidet sich aus Trichlorbenzol in tiefroten, kupferglänzenden Krystallen ab, die bis 360° nicht schmelzen. Das *Absorptionsspektrum* s. Abb. 127.

Bei der Hydrierung mit Wasserstoff und Nickel in Dekalin nimmt es 10 Mol H_2 auf unter Bildung zweier Kohlenwasserstoffe der Zusammensetzung $C_{32}H_{36}$, denen wahrscheinlich die Formeln V und VI zukommen. Beide verlieren beim Umkrystallisieren aus Benzol in

Abb. 127. Absorptionsspektrum des Periflanthens in Benzol. (Nach E. CLAR: Privatmitteilung. Lage der Banden in Å: *p*, 5370, 4980, 4660; *α*, 3570, 3489: *α'* 3280, 3170; *β*, 2970.

Gegenwart von Luft 4 H-Atome und gehen in die Verbindung $C_{32}H_{32}$ (Formel VII) über. Letztere kann neben $C_{32}H_{28}$ auch durch direkte Hydrierung unter milderen Bedingungen erhalten werden. Wird VII mit Selen vorsichtig dehydriert, so entsteht ebenfalls ein Kohlenwasserstoff $C_{32}H_{28}$, dem die Formel VIII zukommen mag.

Mit konzentrierter Schwefelsäure bei 100° gibt *Periflanthen* einen bordeauxroten Farbstoff und mit Phthalanhydrid und Aluminiumchlorid einen dunkelvioletten Küpenfarbstoff.

---

[1] ORCHIN, REGGEL, FRIEDEL u. WOOLFOLK: Bur. Mines, Techn. Paper **708**, 26 (1948).

10.) 1.2, 9.10-Dibenz-periflanthen.

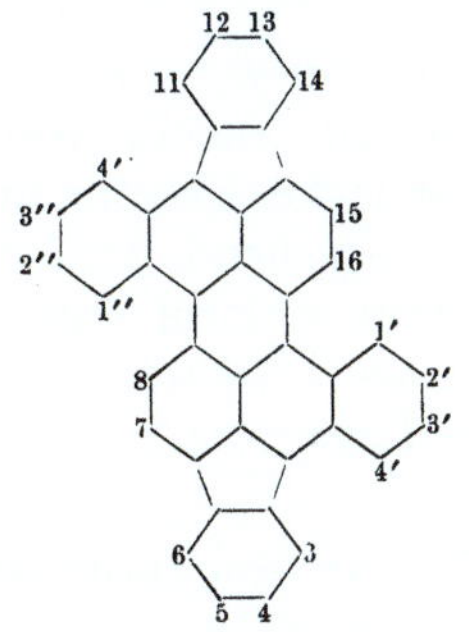

Bei der Kondensation des Adduktes von Dichloranthracen und Maleinsäure-anhydrid I mit Benzol und Aluminiumchlorid wird neben 9.10-Diphenyl-anthracen III ein hochkondensierter Kohlenwasserstoff erhalten, dem möglicherweise die Struktur II zukommt. Er wurde früher für *Isorubicen* (s. S. 415) gehalten[1]. Das später synthetisierte

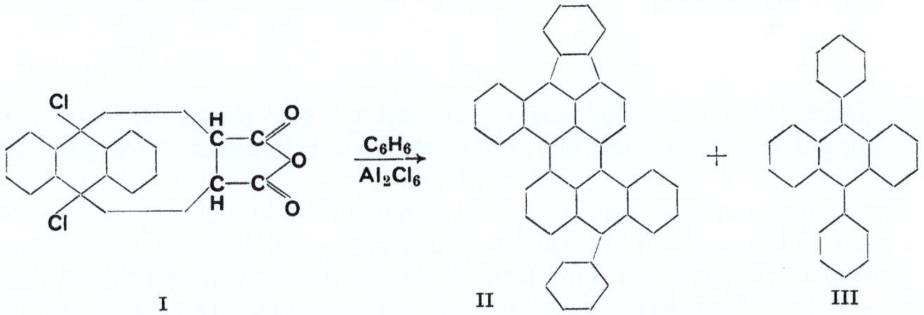

$$\xrightarrow[\text{Al}_2\text{Cl}_6]{\text{C}_6\text{H}_6}$$

I   II   III

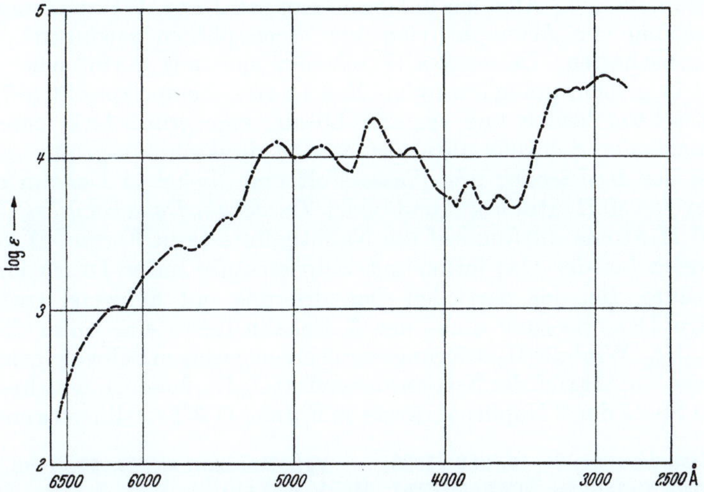

Abb. 128. Absorptionsspektrum des *Dibenz-periflanthens* in Benzol. (Nach E. CLAR: Privatmitteilung.) Lage in Banden in Å: α, 6180, 5760, 5460; *p*, 5130, 4810; β, 4480, 4210, 4000; β′, 3830, 3630; β″, 3240, 3120, 2940.

---

[1] CLAR, E.: B. **64**, 2194 (1931).

Isorubicen zeigte jedoch ganz andere Eigenschaften als dieser Kohlenwasserstoff.

Eigenschaften. *Dibenz-periflanthen* krystallisiert aus Eisessig-Nitrobenzol in glänzenden tiefroten Nadeln vom Schmelzpunkt 335°. In konzentrierter Schwefelsäure löst es sich erst braun, beim Erwärmen grün und dann in Violettblau übergehend. In Nitrobenzol gelöstes *Dibenzperiflanthen* gibt mit Aluminiumchlorid eine tiefgrüne Färbung, die beim Erhitzen grünblau wird. Das *Absorptionsspektrum* des Kohlenwasserstoffes ist in Abb. 128 wiedergegeben.

III. Kohlenwasserstoffe, die drei fünfgliedrige Ringe enthalten.

Dekacyclen.

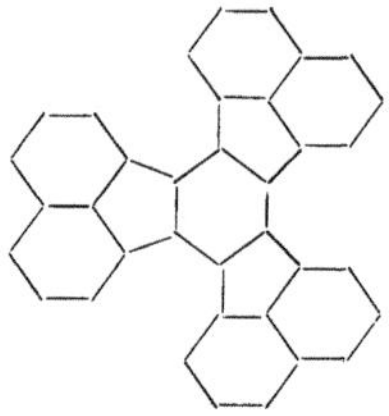

Dekacyclen II wurde zuerst von Dziewoński[1] durch Erhitzen von Acenaphthen I mit Schwefel neben anderen Produkten gewonnen. Es bildet sich ferner, wenn die Dehydrierung des Acenaphthens mit Bleioxyd vorgenommen wird[2]. Im letzteren Fall entsteht auch Fluorocyclen III, das beim thermischen Zerfall neben anderen Produkten *Dekacyclen* liefert[3]. Es wird ferner beim Erhitzen von Acenaphthylen oder Polyacenaphthylen erhalten[4]. Es läßt sich auch durch Einwirkung von schmelzenden Alkalien auf das Thiophen-Derivat V mit oder ohne Zumischung von Acenaphthylen oder Acenaphthen gewinnen[5].

Eigenschaften. *Dekacyclen* II scheidet sich aus Xylol oder Nitrobenzol in gelben, goldglänzenden Nadeln vom Schmelzpunkt 387° aus. Es ist schwer löslich und zeigt in Lösung eine grünliche Fluorescenz. In rauchender Schwefelsäure löst es sich dunkelbraun-grün.

Bei der *Hydrierung* mit Wasserstoff und Nickel in Dekalin nimmt Dekacyclen 30 H-Atome auf und bildet *Trisdekahydro-dekacyclen*, $C_{36}H_{48}$. Die 30 H-Atome dürften auf die Naphthalinreste in Formel II verteilt sein, denn bei der Oxydation mit Salpetersäure unter Druck entsteht Mellitsäure. Bei der partiellen Dehydrierung mit Schwefel tritt vollständige Dehydrierung eines der 3 Dekalin-Reste ein, unter Bildung von $C_{36}H_{38}$. Wird die Hydrierung durch einen geringen Schwefelgehalt abgebremst, so läßt sich der Kohlenwasserstoff $C_{36}H_{30}$ fassen, der wahrscheinlich an Stelle der 3 Naphthalinreste in Formel II 3 Tetralinreste enthält[6].

[1] Dziewoński: B. **36**, 962 (1903). — Vgl. Rehländer: B. **36**, 1586 (1903).
[2] Dziewoński u. Suknarowski: B. **51**, 460 (1918).
[3] Dziewoński u. Gizler: Bull. int. Acad. polon. Sci. Lettres Ser. A, **1937**, 441.
[4] Dziewoński u. Leyko: B. **47**, 1686 (1914).
[5] I.G. Farbenindustrie AG.: DRP. 738446 (1940) — C. **1943 II**, 2210.
[6] Braun, J. v.: B. **67**, 214 (1934).

Bei der *Oxydation* mit Chromsäure gibt Dekacyclen Tribenzoylen-benzoltricarbonsäure (wahrscheinlich IV)[1]. Die Einwirkung von Chlor

I + II V

III IV

auf in Schwefelkohlenstoff gelöstes Dekacyclen führt zum *Enneachlor-dekacyclen*[2]. Brom gibt unter gleichen Bedingungen *Tribrom-dekacyclen*[2]. Mit verdünnter Salpetersäure entsteht *Trinitro-dekacyclen*[2]. Mit Pikrin-säure wird ein *Pikrat* gebildet[2]. *Hexanitro-dekacyclen* wird mit Salpeter-säure D 1.5 bei 20° erhalten[3]. Die Sulfurierung des Dekacyclens liefert eine *Trisulfonsäure*, die mit Phosphorpentachlorid über das Sulfochlorid *Tri-* und *Tetrachlor-dekacyclen* liefert. Aus der Trisulfonsäure wird mit schmelzendem Kaliumhydroxyd ein *Trioxy-dekacyclen* erhalten, das mit Chromsäure zu IV abgebaut wird[4].

Aus Dekacyclen und einigen seiner Verbindungen lassen sich Schwefel-farbstoffe gewinnen[5,6]. Ein *Tribenzyl-dekacyclen* wird aus 4-Benzyl-acenaphthen mit Schwefel bei 210—245° erhalten[7].

E. *peri*-kondensierte Kohlenwasserstoffe aus sechsgliedrigen Ringen, in denen ein C-Atom mit zwei H-Atomen verbunden ist.

In diesem Abschnitt dieses Buches sollen nun noch einige Kohlen-wasserstoffe behandelt werden, die man nicht eigentlich als aromatische

[1] DZIEWOŃSKI: B. **46**, 2158 (1913). — [2] DZIEWOŃSKI: B. **36**, 3772 (1903).
[3] I.G. Farbenindustrie AG.: Schwz. P. 198892 (1937) — C. **1939 I**, 1074.
[4] DZIEWOŃSKI u. POCHWALSKI: Bull. int. Acad. polon. Sci. Lettres **1925**, 165.
[5] I.G. Farbenindustrie AG.: Schwz. P. 198892 (1937) — C. **1939 I**, 1074.
[6] I.G. Farbenindustrie AG.: F. P. 799342 (1935) — C. **1936 II**, 3602 — F. P. 799356 (1935), — C. **1937 I**, 1800 — DRP. 693862 (1936) — C. **1940 II**, 2384.
[7] DZIEWOŃSKI u. DOTTA: Bl. (3) **31**, 930 (1904).

bezeichnen kann, deren Keto-Derivate, die Benzanthrone, aber für den Aufbau höherer Ringsysteme von großer Bedeutung sind. Die Benzanthrone einschließlich des *peri-Naphthindenons* zeigen ein so eigentümliches Verhalten, daß sie als besondere Klasse von kondensierten Ringverbindungen behandelt werden müssen. Sie sind weder Ketone (wie das Fluorenon) noch Chinone, obwohl sie mit letzteren manche Ähnlichkeit haben. Man könnte sie vielleicht am ehesten als „*Halbchinone*" von „*Halbaromaten*" ansprechen.

1) *peri*-Naphthinden.

Phenalin.   Benznaphthen.   Perinaphthen.

$$\text{(Strukturformel: } 8,\ 9,\ H_2,\ 7,\ 6,\ 1,\ 5,\ 2,\ 4,\ 3\text{)}$$

Bei der Oxydation des Pyrens erhielten Bamberger und Philip[1] neben den Pyrenchinonen auch „*Pyrensäure*", d. h. *peri*-Naphthindenon-3.4-dicarbonsäure I, deren Bariumsalz bei der trockenen Destillation *peri*-Naphthindenon („*Pyrenketon*") II liefert. *peri-Naphthindenon* kann auch durch Anwendung der Benzanthron-Synthese auf α- oder β-Naphthol gewonnen werden[2]. Die Ausbeuten werden dabei sehr erhöht, wenn außer Naphthol, Glycerin und Schwefelsäure noch ein Oxydationsmittel, besonders technisches nitrobenzolsulfonsaures Natrium, hinzugefügt wird[3].

Von mehreren Autoren ist der Ringschluß des 1-Naphthyl-β-propionsäure-chlorides VI mit Aluminiumchlorid durchgeführt worden. Dabei bildet sich zuerst das *7.8-Dihydro-peri-naphthindenon* VII, das zu II dehydriert werden kann[4].

Das *Oxymethylen-keton* VIII wird mit Schwefelsäure zu II kondensiert. Dabei können die H-Atome in der Seitenkette durch andere Gruppen ersetzt sein[5]. Ungesättigte Ketone nach Formel IX ringschließen leicht mit Aluminiumchlorid. Dabei kann die Darstellung des Ketons ($R = C_6H_5$), z. B. aus Naphthalin und Cinnamoylchlorid, mit dem Ringschluß vereinigt werden[6]. Eine ähnliche Reaktion findet zwischen Maleinsäureanhydrid und Naphthalin statt (XI → XIII)[7].

[1] Bamberger u. Philip: A. **240**, 154 (1887). — Vgl. Vollmann, Becker, Corell u. Streeck: A. **531**, 7 (1937).

[2] Bad.: DRP. 283066 (1913).

[3] I.G. Farbenindustrie AG.: DRP. 614940 (1932) — C. **1935 II**, 3832. — Vgl. Silbermann u. Barkow: Chem. J. Ser. A. J. allg. Chem. **7** (69), 1733 (1937) — C. **1938 I**, 588. — Fieser u. Hershberg: Am. Soc. **60**, 1658 (1938).

[4] Mayer, Fr., u. A. Sieglitz: B. **55**, 1835 (1922). — Braun, J. v., G. Manz u. E. Reinsch: A. **468**, 277 (1929). — Cook, J. W., u. C. L. Hewett: Soc. **1934**, 365. — Darzens, G., u. A. Lévy: C. r. **201**, 902 (1935). — Koelsch: Am. Soc. **58**, 1326 (1936).

[5] I.G. Farbenindustrie AG.: DRP. 489571, 490358 (1926) — C. **1930 II**, 468.

[6] I.G. Farbenindustrie AG.: DRP. 491089 (1926) — C. **1930 II**, 469.

[7] I.G. Farbenindustrie AG.: DRP. 554879 (1926) — C. **1932 II**, 2238.

Einen etwas längeren Weg haben J. v. BRAUN und J. REUTTER[1] eingeschlagen. α-Tetralon wird mit Brom-essigester und Zink zu XIV

I II V VI VII II

VIII

III IV IX X

XI XII XIII

XIV XV XVI XVII

XVIII XIX XX XXI

umgesetzt. Dann erfolgt Wasserabspaltung zu XV und Reduktion zu XVI[2]. Der Ester von XVI wird mit Natrium und Alkohol zum Alkohol

[1] BRAUN, J. v., u. J. REUTTER: B. **59**, 1922 (1926).
[2] BRAUN, J. v., H. GRUBER u. G. KIRSCHBAUM: B. **55**, 3664 (1922).

XVII reduziert, dessen OH-Gruppe erst über Br durch —CN ersetzt und dieses zur Säure XVIII verseift wird. Der Ringschluß mit Aluminiumchlorid führt zum Keton XIX, das sich nach CLEMMENSEN zu XX reduzieren läßt. Über die Dehydrierung von XX zu *peri*-Naphthinden XXI sind noch keine genauen Angaben gemacht worden.

Die Reduktion des *peri*-Naphthindenons nach dem Verfahren der Zinkstaubschmelze liefert neben Peropyren in der Hauptsache 1.8-Trimethylen-naphthalin IV[1]. Die katalytische Hydrierung mit Cu-Chromit und Wasserstoff ergibt neben dem Alkohol V ebenfalls IV. Trimethylennaphthalin IV kann auch aus dem Bariumsalz der Trimethylen-naphthalindicarbonsäure III, die durch Reduktion von I darstellbar ist, durch trockene Destillation gewonnen werden[2].

Das *Dihydroderivat* des *peri*-Naphthindens, das *1.8-Trimethylennaphthalin* IV, krystallisiert aus verdünntem Methanol oder Eisessig in farblosen Blättchen vom Schmelzpunkt 65.1—65.4°, die sich an der Luft verfärben. Mit Pikrinsäure bildet es ein in orangeroten Nadeln krystallisierendes, bei 150—151° schmelzendes *Pikrat*, mit Trinitrobenzol verbindet es sich zu langen, gelben Nadeln vom Schmelzpunkt 160—161°.

Bei der Darstellung des *peri-Naphthindenons* II aus Naphthol ist neuerdings an Stelle von Schwefelsäure wasserfreie Flußsäure mit Erfolg verwendet worden, wobei aber Glycerin durch Acrolein ersetzt wird[3]. *peri-Naphthindenon* krystallisiert in gelben Nadeln vom Schmelzpunkt 156°. In konzentrierter Schwefelsäure löst es sich gelb mit intensiv grüner Fluorescenz. Auch in konzentrierter Salzsäure ist es löslich und wird beim Verdünnen unverändert ausgefällt. *peri*-Naphthindenon ähnelt in vieler Beziehung dem Benzanthron. Wie dieses verbindet es sich mit Zinntetrachlorid, Antimonpentachlorid, Eisenchlorid, Ferrocyanwasserstoffsäure und Überchlorsäure[4]. Mit Brom oder Jod bildet es vor der Substitution tieffarbige „*Vorverbindungen*"[5]. Bei der Kalischmelze entstehen violettrote Farbstoffe (Peropyrenchinone s. S. 363).

Nach fast allen den im voranstehenden beschriebenen Synthesen des *peri*-Naphthindenons sind auch seine Derivate darstellbar[6]. Durch direkte Einwirkung sind nur *Halogenderivate* erhalten worden. So entsteht mit Brom in Eisessig ein *8-Brom-peri-naphthindenon-(9)*, dessen weitere Bromierung *4.8-Dibrom-peri-naphthindenon-(9)*, gibt. Höher halogenierte Abkömmlinge bilden sich in Nitrobenzol mit Brom, Eisenpulver und Jod, beim Kochen mit Brom und Jod oder mit Phosphorhalogenen, Sulfurylchlorid oder Phosgen[7]. *peri*-Naphthindenon gibt mit Hydro-

---

[1] CLAR, E.: S. 362. — FIESER u. HERSHBERG: Am. Soc. **60**, 1658 (1938).

[2] LANGSTEIN: Mh. Chem. **31**, 867 (1910).

[3] *E. I. du Pont de Nemours & Co.,* übertragen von V. WEINMAYR: A. P. 2145905 (1937) — C. **1939 II**, 230. — CALCOTT, TINKER u. WEINMAYR: Am. Soc. **61**, 949 (1939).

[4] SILBERMANN u. BARKOW: Chem. J. Ser. A. J. allg. Chem. **7** (69) 1733 (1937) — C. **1938 I**, 588.

[5] BRASS u. CLAR: B. **72**, 1882 (1939). — LUKIN, A. M.: Bull. Acad. Sci. USSR., Cl. Sci. chi. **1941**, 695; **1942**, 55 — C. **1943**, 1873.

[6] Vgl. auch I.G. Farbenindustrie AG.: F. P. 823261 (1937) — C. **1938 I**, 3539. — KLYNE u. R. ROBINSON: Soc. **1938**, 1991.

[7] General Aniline Works, Inc.: A. P. 2145051 (1937) — C. **1939 I**, 4685.

xylamin ein Oxim[1] und mit Wasserstoffsuperoxyd ein Oxyd durch Addition von O an die dem Carbonyl benachbarte Doppelverbindung. Es läßt sich durch Schwefelsäure zum 8-Oxy-*peri*-naphthindenon-(9) umlagern[1]. Mit Benzoylchlorid und Aluminiumchlorid bildet *peri*-Naphthindenon neben Isomeren 8-Benzoyl-*peri*-napthindenon-(9)[1]. *peri*-Naphthindenon reagiert mit Phenylmagnesiumbromid wie Benzanthron nicht in der Carbonyl-Gruppe, sondern im Nachbarkern[2].

Obwohl *peri*-Naphthindenon schon über 60 Jahre bekannt ist, ist seine Reduktion zum *peri*-Naphthinden erst G. Lock und G. Gergely[3] durch Zersetzung des Hydrazons von II mit festem Natriumhydroxyd im Hochvakuum bei 130—140° gelungen. Später konnte es auch durch Wasserabspaltung mittels Chlorwasserstoff aus dem durch Reduktion von II mit Lithiumaluminiumhydrid erhältlichem *Carbinol* V in Alkohol dargestellt werden[4].

Eigenschaften. *peri-Naphthinden* XXI bildet farblose Nadeln vom Schmelzpunkt 85 bis 86°, die sich an der Luft rasch gelb färben und dabei ebenso wie mit Chromsäure zu *peri*-Naphthindenon oxydiert werden. Das *Pikrat* schmilzt bei 205—207° unter Zersetzung. Mit Phenyllithium bildet *peri*-Naphthinden leicht eine Li-Verbindung. Bei der katalytischen Hydrierung liefert es Trimethylennaphthalin IV. Mit Benzaldehyd kondensiert es sich zu einer roten Verbindung. *Absorptionsspektrum* s. Abb. 129.

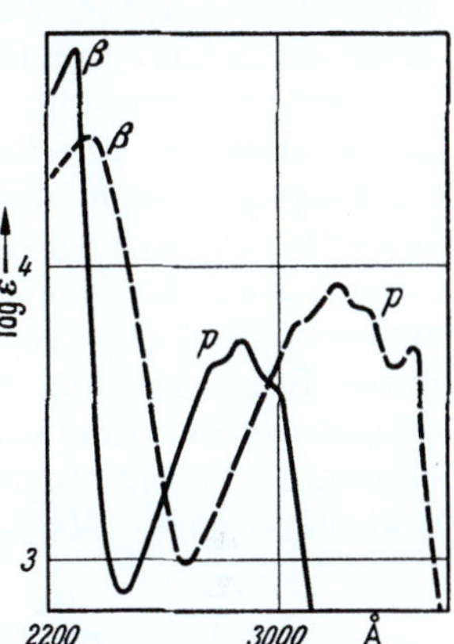

Abb. 129. Absorptionsspektrum des *peri-Naphthindens* — — — und des *1.8-Trimethylen-naphthalins* ————. [Nach Boeckelheide u. Larrabee: Am. Soc. 72, 1247 (1950).] Lage der Banden in Å im *peri-Naphthinden*: p, 3480, 3200; β, 2340. Im *Trimethylennaphthalin*: p, 2890; β, 2280.

[1] Fieser, L. F., u. L. W. Newton: Am. Soc. **64**, 917 (1942).
[2] Koelsch u. Anthes: J. org. Chemistry **6**, 558 (1941).
[3] Lock, G., u. G. Gergely: B. **77**, 461 (1944).
[4] Boekelheide, V., u. C. F. Larrabbee: Am. Soc. **72**, 1245 (1950).

peri-Naphthindandion XXIII, das auch als *7-Oxy-peri-naphthindenon-(9)* aufgefaßt werden kann, läßt sich aus Naphthalin, Malonylchlorid und Aluminiumchlorid darstellen (XXII → XXIII)[1]. Es bildet sich ferner aus Naphthalylchlorid und Na-Acetessigester XXV, die Carbonsäure XXIV wird beim Erwärmen mit wäßriger Lauge decarboxyliert zu XXIII[2]. α-Naphthoylessigester XXVI wird durch Schwefelsäure zu XXIII kondensiert[3].

Naphthalsäure-anhydrid XXVII, Malonsäure-ester und Chlorzink geben ebenfalls *peri*-Naphthindandion[4]. In ähnlicher Weise läßt sich *8-Phenyl-peri-naphthindandion* XXIX aus Naphthalsäureanhydrid XXVIII, Phenylessigsäure und Kaliumacetat gewinnen[5].

peri-Naphthindandion bildet gelbe Prismen, die sich bei etwa 265° zersetzen. Bei der Oxydation mit seleniger Säure in Nitrobenzol tritt unter Ringverengung Oxydation zum Acenaphthenchinon ein[6]. Der Äthyläther der Enolform, das *7-Äthoxy-peri-naphthindenon* regiert mit GRIGNARD-Verbindungen wie Benzanthron unter 1.4-Addition[7,8]. Es sind auch einige *Alkyl-peri-naphthindandione* dargestellt worden[9].

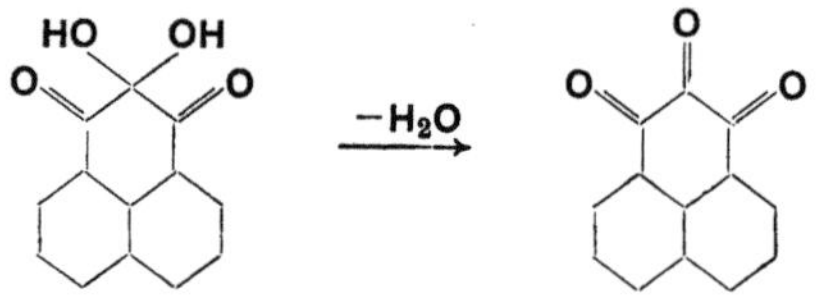

HO   OH
O⟍ ⟋O
XXX $\xrightarrow{-H_2O}$ XXXI

Das in orangeroten Nadeln krystallisierende, bei 265° schmelzende *peri-Naphthindantricn* XXXI kann durch Wasserabspaltung aus seinem Hydrat XXX[10] erhalten werden. Es löst sich erst violett, dann orange in konzentrierter Schwefelsäure und blau in Natronlauge[11].

Homologe. Die Homologen des *peri-Naphthindens* können insofern ein besonderes Interesse beanspruchen, als viel weniger Isomere bekannt sind, als die Formel mit festgelegter CH₂-Gruppe voraussehen läßt. So sollten z. B. *1-, 3-, 4-, 6-* und *7-Methyl-peri-naphthinden* verschiedene Verbindungen sein. Es ist jedoch nur ein *Methyl-peri-naphthinden* vom Schmelzpunkt 63—65° bekannt, unabhängig, auf welche Weise es dargestellt wurde. So liefert I durch Wasserabspaltung mit Chlorwasser-

[1] I.G. Farbenindustrie AG.: F. P. 729191 (1932) — C. **1933 II**, 783. — BLACK, SHAW u. WALKER: Soc. **1931**, 272.

[2] SUSZKO u. SZYCH: Roczniki Chem. **17**, 111 (1937) — C. **1937 II**, 221.

[3] WOJAK: B. **71**, 1102 (1938).

[4] ERRERA: Gazz. chim. ital. **41 I**, 191 (1911) — Vgl. Gesellschaft für Chemische Industrie in Basel: Schwz. P. 199450 (1937) — C. **1939 I**, 2873 — F. P. 843424 (1938); A. P. 2163110 (1938) — C. **1939 II**, 3346.

[5] KOELSCH u. ROSENWALD: Am. Soc. **59**, 2166 (1937).

[6] I.G. Farbenindustrie AG.: F. P. 729191 (1932) — C. **1933 II**, 783.

[7] KOELSCH u. ROSENWALD: Am. Soc. **59**, 2166 (1937).

[8] KOELSCH u. ROSENWALD: J. org. Chemistry **3**, 462 (1938).

[9] WOJAK: B. **71**, 1102 (1938). — FREUND u. FLEISCHER: A. **373**, 317 (1910).

[10] ERRERA: Gazz. chim. ital. **43 I**, 585; **44 II**, 18 (1913).

[11] MOUBASHER, R., u. W. I. AWAD: Soc. **1949**, 1137.

stoff[1], ebenso wie II, III[2] und IV[1] dieselbe Verbindung, die auch aus
peri-Naphthinden über die Li-Verbindung V mit Jodmethyl[2] oder aus
peri-Naphthindanon VI mit Methylmagnesiumjodid erhalten wird[1,3].

8-Methyl-*peri*-naphthinden VIII, Schmelzpunkt 57—58°, läßt sich aus
dem Carbinol VII durch Wasserabspaltung erhalten[2].

Auch bei anderen Derivaten des *peri*-Naphthindens ist die große
Beweglichkeit und Verschiebbarkeit der H-Atome in der CH_2-Gruppe
beobachtet worden[4].

Auch *4-Methyl-1.8-trimethylennaphthalin* $K_{p7} = 160$—170°, *2.7-* und
2.6-Dimethyl-1.8-trimethylennaphthalin, Schmelzpunkt 75° bzw. 43—44°,
wurden synthetisiert[5].

Perinaphthyle[6]: *peri*-Naphthindenon I zeigt eine auffallende Neigung in Verbindungen überzugehen, in denen die äußeren C-Atome
durch ein System alternierender Doppelbindungen verbunden sind, das
mit zwei KEKULÉ-Strukturen einen ausgesprochen aromatischen Charakter haben muß. Um dies zu ermöglichen, muß das zentrale C-Atom
mit einem anderen Atom einfach verbunden sein oder ein ungepaartes
Elektron haben. Diese Neigung zur Ausbildung des aromatischen
C-Rahmens zeigt sich z. B. in der Löslichkeit des *peri*-Naphthindenons I
in konzentrierter Salzsäure. Die gelbe Lösung enthält offenbar das
Oxy-perinaphthylium-chlorid II.

In ähnlicher Weise werden auch Säurechloride addiert zum gelben
III. Aus diesen Verbindungen läßt sich das Cl-Atom durch Metalle

[1] FIESER u. NEWTON: Am. Soc. **64**, 917 (1942). — KLYNE u. ROBINSON:
Soc. **1938**, 199.
[2] BOEKELHEIDE, V., u. C. E. LARRABBEE: Am. Soc. **72**, 1240, 1245 (1950).
[3] CRAIG, JACOBS u. LAVIN: J. biol. Chemistry **139**, 277 (1941).
[4] BADGER, G. M., W. CARRUTHERS u. J. W. COOK: Soc. **1949**, 1768.
[5] BUU-HOI u. CAGNIANT: Rev. Sci. **79**, 644 (1941); **80**, 130 (1942).
[6] Nach unveröffentlichten Versuchen von E. CLAR u. D. G. STEWART.

z. B. Zinkstaub oder besser aktiviertes Magnesium, in ätherischer
Lösung entfernen. Unter Verwendung von Acetyl- oder Benzoyl-chlorid

bilden sich dabei das tiefblaue Acetoxyperinaphthyl IV $(R = CH_3 \cdot CO)$
bzw. Benzoxy-perinaphthyl $(R = C_6H_5 \cdot CO)$. Diese blauen ätherischen
Lösungen sind im Dunkeln nicht sauerstoffempfindlich, jedoch leicht
photooxydabel und halten sich im Kühlschrank wochenlang. Beim
Kühlen werden die Lösungen *reversibel* unter Entfärbung polymerisiert,
beim Erhitzen, z. B. in siedendem Benzol, tritt jedoch dauernde Polymerisierung in kaum einer Minute ein.

Die blauen Lösungen sind immerhin so stabil, daß das Radikal
durch Chromatographie der gekühlten Lösung mit aktivem Aluminiumoxyd im spektralreinen Zustand erhalten werden kann. Auf diese Weise
gelingt es, durch die kondensierende Wirkung der aktiven Metalle
nebenher gebildetes Peropyren (s. S. 362) und nichtumgesetztes *peri*-
Naphthindenon abzutrennen.

Das Absorptionsspektrum des Acetoxy-perinaphthyls ähnelt sehr
dem des Zethren (s. S. 389), das man sich aus zwei kondensierten
Perinaphthyl-Resten aufgebaut denken kann. Nur die intensive Bande
des Zethren bei 4550 Å (in Alkohol), die der Bindung zwischen den
beiden Hälften der Molekel zugeordnet wurde, fehlt hier erwartungsgemäß. Die Banden des Acetoxy-perinaphthyls, die stark temperatur ab-
hängig sind, liegen bei: α, 6130 (breit); α', 3330, 3170, 3050; β', 3400 Å.

Beim Einleiten von trockenem Chlorwasserstoff in eine Lösung von
peri-Naphthindenon in Methanol entsteht ein Gemisch von Substanzen,
aus dem sich durch Chromatographie eine blaue Verbindung, wahrscheinlich Methoxy-perinaphthyl (III, $R = CH_3$) abtrennen läßt. Sie
ist weniger stabil als die obigen Lösungen, bildet aber im Gegensatz
zu letzteren schon mit verdünnten Säuren, analog Zethren, violette
Salzlösungen.

Die relativ große Stabilität der Perinaphthyle im Gegensatz zu
der sehr kurzen Lebensdauer anderer Aryl-Radikale läßt sich nur mit
einer Lokalisierung des ungepaarten Elektrons im Zentrum erklären.
Das schließt aber eine gleiche Beteiligung aller möglichen KEKULÉ-

Strukturen aus, denn es gibt nur 2 KEKULÉ-Strukturen nach V und
18 KEKULÉ-Strukturen mit dem ungepaarten Elektron im C-Rahmen
nach VI. Die letzteren werden erst beim Erhitzen als Übergangs-

Zustände bei der dauernden Polymerisation auftreten. Das bedeutet, daß nur die beiden KEKULÉ-Strukturen nach V *oder* die 18 KEKULÉ-Strukturen nach VI untereinander im Verhältnis unbeschränkter Resonanz stehen, hingegen beim Übergang von V zu VI eine Energieschwelle zu überschreiten ist.

Diese Überlegungen erklären auch das Verhalten des Zethrens (s. S. 387), und sie geben auch eine Erklärung für die leichte Oxydierbarkeit der Kohlenwasserstoffe vom Typus des *peri*-Naphthindens VII, des Zethrenium-hydrids (s. S. 389) und der Benzanthrene. Die Oxydation durch molekularen Sauerstoff dürfte hier in der zentralen Form IX stattfinden. Da die Valenzrichtungen des zentralen C-Atoms sehr stark vom Tetraeder-Model abweichen, wird dadurch auch die C-H-Bindung sehr geschwächt werden müssen. Es konnte beobachtet werden, daß Oxydationen dieser Art in Säuren, wie Eisessig, sehr beschleunigt werden. Demnach geht der Platzwechsel des H-Atoms über eine Addition von H$^+$ nach VIII. Mit dem Gleichgewicht VII $\rightleftarrows$ VIII $\rightleftarrows$ IX findet auch die Tatsache, daß bei den verschiedenen Synthesen stets nur *ein* Methyl-*peri*-naphthinden erhalten wird, eine einfache Erklärung.

2.) Benzanthren.

Für die Darstellung des *Benzanthrens* kommt fast nur die Reduktion des *Benzanthrons* in Frage, weshalb zuerst dessen Synthesen besprochen werden sollen. Benzanthron wurde von BALLY[1] durch Einwirkung von Glycerin und Schwefelsäure auf Anthrachinon gewonnen. Die Reaktion, die auch mit Anthracen ausgeführt werden kann, gelingt nach BALLY und SCHOLL[2] aber am besten, wenn Anthron oder Oxanthron verwendet werden. Aber auch Anthrachinon liefert gute Ergebnisse, wenn ein Reduktionsmittel, z. B. Anilinsulfat (Bildung von Chinolin), zugesetzt wird. Man kann auch so verfahren, daß man Anthrachinon in schwefelsaurer Lösung mit Kupferpulver, Zink oder Aluminiumpulver teilweise reduziert und dann unter Erwärmen Glycerin zusetzt[3]. Als Reaktionsmechanismus nahmen BALLY und SCHOLL[4] eine Wasserabspaltung zwischen den *meso*-H-Atomen des Anthrons und dem Carbonyl-O-Atom des aus Glycerin und Schwefelsäure entstehenden Acroleins zu I an. MEERWEIN[5] konnte aber aus Benzyliden-malonsäure-ester und Anthron das Kondensationsprodukt III fassen und ist der Meinung, daß auch

---

[1] BALLY: B. **38**, 194 (1905) — Bad.: DRP. 176018, 176019 (1904).
[2] BALLY u. SCHOLL: B. **44**, 1656 (1911).
[3] *E. I. du Pont de Nemours & Co.*: A. P. 1601319 (1924); 1626392 (1920) — C. **1927 II**, 2572.
[4] BALLY u. SCHOLL: B. **44**, 1656 (1911).
[5] MEERWEIN: J. pr. **97**, 284 (1918).

beim Acrolein primär eine Addition an die Doppelbindung zu IV stattfindet. Eine weitere Stütze für diese Auffassung erbrachten ALLEN
und OVERBAUGH[1] durch Isolierung des Kondensationsproduktes V aus
Anthron, Vinylphenylketon und 70proz. Schwefelsäure. Es bildet bei
weiterer Einwirkung *1'-Phenyl-benzanthron* VI, das auch aus Anthron
und Zimtaldehyd gewonnen werden kann[1,2]. Im letzteren Falle kann
aber das Zwischenprodukt VII gefaßt werden, das anzeigt, daß in diesem
Falle primär Wasserabspaltung zwischen Anthron-H_2-Gruppe und
Aldehyd-Carbonyl-O-Atom stattgefunden hat. Wie F. G. BADDER und
F. L. WARREN[3] fanden, ist dies aber der einzige Fall, denn Crotonaldehyd und Anthron VIII geben *3'-Methylbenzanthron* IX, dessen Konstitution durch Synthese auf anderem Weg sichergestellt wurde.

Die Benzanthron-Synthese durch Einwirkung ungesättigter Aldehyde, Ketone oder Säuren auf Anthron ist weiter Anwendung fähig,
und eine große Anzahl Benzanthron-Derivate ist auf diese Weise dargestellt worden[4].

J. S. TURSKI und R. PRAGIEROWA[5] gewannen Benzanthron aus
Phenanthrenchinon, Glycerin und Schwefelsäure unter Zusatz von Ferro-

[1] ALLEN u. OVERBAUGH: Am. Soc. **57**, 1322 (1935).
[2] I.G. Farbenindustrie AG.: E. P. 297129 (1927) — C. **1929 I**, 447. — GRAS-
SELLI DYESTUFF CORP.: A. P. 1713571 (1926) — C. **1929 II**, 1073.
[3] BADDAR, F. G., u. F. L. WARREN: Soc. **1939**, 944.
[4] I.G. Farbenindustrie AG.: F. P. 631995 (1927) — C. **1928 I**, 2210 — DRP.
488608 (1926) — C. **1930 II**, 3860 — DRP. 552269 (1927) — C. **1932 II**, 2736.
[5] TURSKI, J. S., u. R. PRAGIEROWA: Przemysl Chemiczny **13**, 33 — C. **1929 I**,
1692.

sulfat als Reduktionsmittel (X → II). SCHOLL und SEER[1] stellten Benz-
anthron durch Erwärmen von 1-Benzoyl-naphthalin mit Aluminium-
chlorid her (XII → II). So große Bedeutung die Methode bei ähnlichen
Ringschlüssen erlangt hat, konnte sie doch hier nicht die Methode von
BALLY und SCHOLL verdrängen. In manchen Fällen findet beim Ringschluß mit Aluminiumchlorid eine Wanderung von Substituenten statt.
So ergeben o- und m-Toluyl-naphthalin XVI bzw. XVIII nach FR. MAYER,
E. FLECKENSTEIN und H. GÜNTHER[2] dasselbe *6-Methyl-benzanthron*
XVII. Ebenso wird sowohl aus 1-Methyl-4-benzoyl-naphthalin als auch
aus 2-Methyl-1-benzoyl-naphthalin *2-Methylbenzanthron* erhalten[3]. Aus
o-Chlorbenzoyl-naphthalin XIII spaltet sich mit Alkalien Chlorwasserstoff ab unter Bildung von Benzanthron (XIII → II)[4]. Eine Wanderung
von Gruppen findet dabei anscheinend nicht statt. SCHAARSCHMIDT[5]
erhielt Benzanthron durch Ringschluß von 1-(o-Carboxyphenyl)-
naphthalin XI mit Schwefelsäure. In ähnlicher Weise läßt sich die
Dicarbonsäure XIV zur *Benzanthron-8-carbonsäure* XV kondensieren,
die zu Benzanthron decarboxyliert werden kann[6].

Eine neue Benzanthron-Synthese, die insbesondere zur Darstellung
von Derivaten und höheren Benzologen dienen kann, wurde unabhängig
voneinander von der I.G. Farbenindustrie AG.[7] und E. CLAR[8] aus-

---

[1] SCHOLL u. SEER: A. **394**, 111 (1912) — Mh. Chem. **33**, 1 (1912). — SCHOLL:
DRP. 239671 (1910).

[2] MAYER, FR. E. FLECKENSTEIN u. H. GÜNTHER: B. **63**, 1464 (1930). — Vgl.
FIESER u. MARTIN: Am. Soc. **58**, 1443 (1936).

[3] MAYER, FR., E. FLECKENSTEIN u. H. GÜNTHER: B. **63**, 1464 (1930). — Vgl.
FIESER u. MARTIN: Am. Soc. **58**, 1443 (1936).

[4] I.G. Farbenindustrie AG.: F. P. 629806 (1926) — C. **1928 I**, 2459.

[5] SCHAARSCHMIDT: B. **50**, 294 (1917). — SCHAARSCHMIDT u. GEORGEACOPOL:
B. **50**, 1082 (1917).

[6] RULE, PURSELL u. BARNETT: Soc. **1935**, 571.

[7] I.G. Farbenindustrie AG.: DRP. 591496, 597325; F. P. 754842 (1933) —
C. **1934 II**, 2044.

[8] CLAR, E.: B. **69**, 1686 (1936) — DRP. 619246 (1934), übertragen an die
I.G. Farbenindustrie AG. — C. **1936 I**, 1123.

gearbeitet. Sie ist eine Diensynthese zwischen Methylenanthronen und Verbindungen mit reaktionsfähigen Doppelbindungen in offener oder chinonider Bindung (s. auch S. 450, 459, 460). Im Falle der Einwirkung von Maleinsäureanhydrid auf Methylenanthron XIX in Eisessig läßt sich das Zwischenprodukt XX fassen, das beim Erhitzen mit Nitrobenzol oder Schwefelsäure unter Bildung von *Benzanthron-1'.2'-dicarbonsäureanhydrid* XXI zerfällt[1]. Auch Acetylen-Derivate lassen sich bei dieser Synthese verwenden[2].

Bei der Synthese von Benzanthron-Derivaten unter Verwendung von Aluminiumchlorid bei höherer Temperatur finden nicht nur bisweilen Wanderungen und Abspaltungen von Gruppen statt, es kommt auch vor, daß der Ringschluß nicht unter Bildung eines 6gliedrigen, sondern eines 5gliedrigen Ringes zu einem Fluoren-Derivat eintritt. So liefert z. B. 1-Oxy-4-benzoyl-naphthalin XXII nicht, wie SCHOLL und SEER[3] annahmen, *2-Oxy-benzanthron*, sondern wie H. E. FIERZ-DAVID und G. JACCARD[4] fanden, *3-Oxy-1.2-benzfluoren* XXIII.

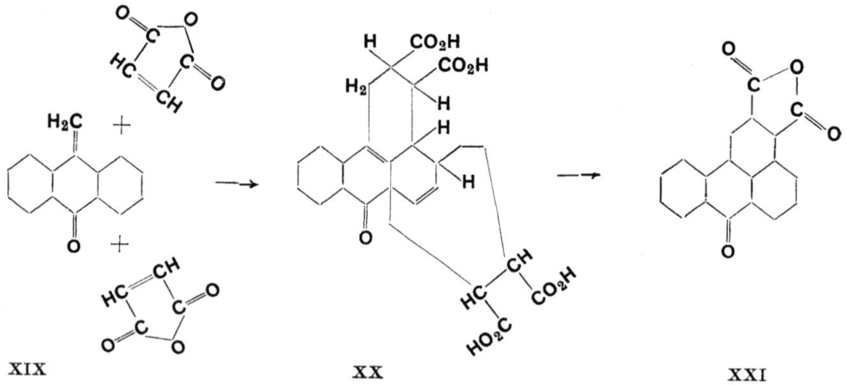

XIX   XX   XXI

Auch Naphtho-fuchson XXIV gibt nach E. CLAR[5] kein Benzanthren-Derivat, sondern fast quantitativ das Fluoren-Derivat XXV.

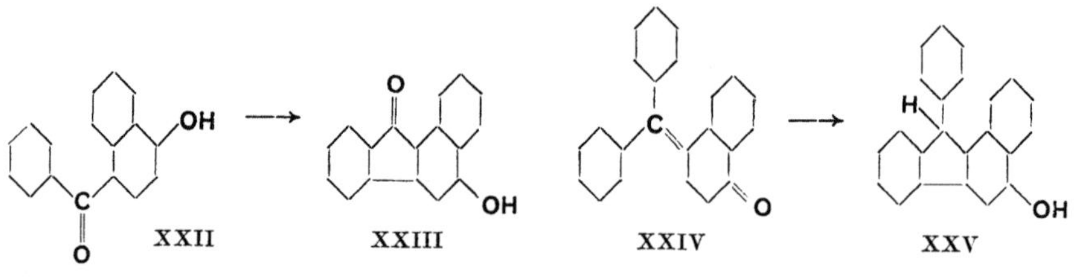

XXII   XXIII   XXIV   XXV

[1] CLAR, E.: B. **69**, 1686 (1936).
[2] IRVING, F., u. A. W. JOHNSON: Soc. **1948**, 2037.
[3] SCHOLL u. SEER: A. **394**, 111 (1912) — Mh. Chem. **33**, 1 (1912).
[4] FIERZ-DAVID, H. E., u. G. JACCARD: Helv. **11**, 1042 (1928).
[5] CLAR, E.: B. **63**, 512 (1930).

Eine neuartige *Benzanthronsynthese* besteht in Ringschlüssen der aus Anthracenaldehyden nach der PERKINschen Zimtsäuresynthese leicht erhältlichen Anthryl-acrylsäuren[1].

Eine Benzanthronsynthese, die bisher nur in einen Falle verwendet wurde, ist die Einwirkung von Butadien auf *peri*-Naphthindenon-carbonsäure. Die Reaktionsprodukte lassen sich leicht zu Benzanthronen dehydrieren[2].

Eigenschaften. Benzanthron krystallisiert aus Eisessig in gut löslichen gelben Nadeln vom Schmelzpunkt 170—171°. Es löst sich in konzentrierter Schwefelsäure rot mit stark roter Fluorescenz und ist mit überhitztem Wasserdampf flüchtig. Mit Ferrichlorid, Zinntetrachlorid und Platinchlorwasserstoffsäure entstehen krystallisierte Molekelverbindungen[3], ebenso mit Trichloressigsäure[4].

Substitutionsreaktionen. Die Chlorierung des Benzanthrons in verschiedenen Lösungsmitteln führt zuerst zum *1'-Chlorbenzanthron*, das aber am besten mit Dichloramin-T erhalten wird[5]. Die weitere Chlorierung ergibt zwei Dichlorbenzanthrone[6], die nach CAHN, JONES und SIMONSEN[7] *6.1'-* und *8.1'-Dichlorbenzanthron* sind.

Mit Brom oder Jod in Benzol bildet Benzanthron in Benzol ziemlich beständige, tieffarbige *Vorverbindungen* der Zusammensetzung 1 Benzanthron + 1 Atom Brom oder Jod, die ihr Halogen gegen Natriumthiosulfat quantitativ unter Rückbindung von Benzanthron abgeben[8]. Diese Verbindungen werden aber bimolekular zu formulieren sein, da sie *diamagnetisch* sind[9] und die *para-ortho-Wasserstoff-Umwandlung* nicht beschleunigen[10]. Bei der Bromierung in Eisessig entsteht *1'-Brombenz-*

---

[1] I.G. Farbenindustrie AG.: DRP. 696637 (1936) — C. **1941 I**, 1610.

[2] FIESER L. F., u. L. W. NEWTON: Am. Soc. **64**, 917 (1942).

[3] PERKIN: Soc. **117**, 696 (1920). — PERKIN u. SPENCER: Soc. **121**, 474 (1922). — BRADSHAW u. PERKIN: Soc. **121**, 911 (1922).

[4] CAMPBELL u. WOODHAM: Soc. **1952**, 843.

[5] LÜTTRINGHAUS u. NERESHEIMER: A. **473**, 259 (1929).

[6] Bad.: DRP. 193959 (1906).

[7] CAHN, JONES u. SIMONSEN: Soc. **1933**, 444.

[8] BRASS, K., u. E. CLAR: B. **69**, 690 (1936).

[9] MÜLLER, EUGEN u. WIESEMANN: B. **69**, 2173 (1936).

[10] SCHWAB, G. M., u. E. SCHWAB-AGALLIDIS: Ph. Ch. B. **49**, 196 (1941).

anthron[1]. Höher chlorierte oder bromierte Benzanthrone werden in Schwefelsäure oder Chlorsulfonsäure mit Katalysatoren[2] oder durch Kernsynthese erhalten[3].

Benzanthron gibt in Eisessig mit Salpetersäure *1'-Nitrobenzanthron*, das auch mit Stickoxyd dargestellt werden kann[4,5]. Durch Reduktion ist daraus *1'-Amino-benzanthron* erhältlich[4,5]. Bei weiterer Nitrierung mit Salpeter-Schwefelsäure entstehen ein *Tri-* und ein *Tetranitrobenz-anthron*[4].

Die Sulfurierung des Benzanthrons ergibt *Benzanthron-6-sulfonsäure* wahrscheinlich neben wenig *Benzanthron-1'-sulfonsäure*[6]. Mit Oleum entsteht die *1'.6-Disulfonsäure*[7]. Schwefelderivate des Benzanthrons können aus Benzanthron, Schwefelchlorür und etwas Jod oder durch Austausch von Halogenatomen mit Natriumsulfid erhalten werden[8].

So reaktionsfähig Benzanthron sonst ist, geht es doch die FRIEDEL-CRAFTSsche Reaktion erst unter energischeren Bedingungen ein. Mit Benzoylchlorid bildet sich zuerst *1'-Benzoyl-benzanthron* als Neben-produkt wird *6-Benzoyl-benzanthron* erhalten[9] und dann 3.4,8.9-Dibenz-pyren-5.10-chinon (s. S. 344), mit Phthalanhydrid *1'.2'-Phthaloyl-benzanthron* (s. S. 459). Benzanthron, Tetrachlorkohlenstoff und Alu-miniumchlorid geben bei 100° *Di-1'-benzanthronyl-dichlor-methan*[10]. Mit Natriumamid gibt Benzanthron *4-Amino-benzanthron* und mit Natron-lauge und Sauerstoff *2-Oxy-benzanthron*[11].

Mit Mercuroacetat läßt sich Benzanthron zum *1'-Benzanthronyl-mercuriacetat* merkurieren[12]. Benzanthron und Acetylennatrium geben ein *Acetylen-γ-glykol*[13]. Die Reaktion von Benzanthron mit Formaldehyd und Schwefelsäure liefert ein Kondensationsprodukt, das vermutlich ein *Dibenzanthronyl-methan* ist[14].

Halogen-benzanthrone geben mit CuCN *Nitrile*[15], mit Kupferpulver in siedendem Nitrobenzol *Dibenzanthronyle*[16]. *Benzanthroncarbonsäuren*

---

[1] Bad.: DRP. 193959 (1906).

[2] General Aniline Works Inc.: A. P. 1955135 (1932) — C. **1935 I**, 1618.

[3] I.G. Farbenindustrie AG.: DRP. 471021 (1925). — BRASS u. LAUER: Chim. et Ind. **29**, Sond.-Nr. **6** bis, 876 (1933) — C. **1933 II**, 3695.

[4] PIERONI, A.: Annali Chim. appl. **21**, 155 (1931) — C. **1931 II**, 235.

[5] LAUER, K., u. K. ATARASHI: B. **68**, 1373 (1935).

[6] LAUER, K., u. K. IRIE: J. pr. (2) **145**, 281 (1936). — PRITCHARD, R. R., u. J. L. SIMONSEN: Soc. **1938**, 2047.

[7] IOFFE, I. S., u. I. PAVLOVA: J. gén. Chim. USSR. **14**, 144 (1944) — Am. Abstr. **1945**, 2288.

[8] Höchst: DRP. 410011 (1923) — I.G. Farbenindustrie AG.: DRP. 441748, 443022 (1924).

[9] MOSCHTSCHINSKAJA, N. K.: J. Chim. gén. (Russ.) **11** (73), 45 (1941) — Russ. P. 59980 (1940) — C. **1941 II**, 1016; **1942 II**, 2645.

[10] *E. I. du Pont de Nemours & Co.*: A. P. 1990506 (1932) — C. **1936 I**, 1123.

[11] BRADLEY, W.: Soc. **1948**, 1175.

[12] BERNARDI, A.: Gazz. chim. ital. **67**, 380 (1937).

[13] I.G. Farbenindustrie AG.: DRP. 636456 (1934) — C. **1937 I**, 2685.

[14] I.G. Farbenindustrie AG.: DRP. 488604 (1925) — C. **1930 II**, 820.

[15] KALLE & Co.: E. P. 243026 (1925) — C. **1927 I**, 1377 — Schwz. P. 122904 (1925) — C. **1928 I**, 1100.

[16] LÜTTRINGHAUS u. NERESHEIMER: A. **473**, 259 (1929). — BRADLEY, W., u. G. V. JADHAV: Soc. **1948**, 1622.

werden durch Oxydation von Methyl-benzanthronen in Nitrobenzol mit Alkalien[1] oder mit Selendioxyd[2] gewonnen. Bei vorsichtiger Arbeitsweise können dabei auch Aldehyde erhalten werden.

Benzanthron ist sehr empfindlich gegen Alkalien. Schon bei niedriger Temperatur verbindet es sich mit sich selbst zu *Dibenzanthronyl* und bei höherer Temperatur zu den *Violanthronen* (s. S. 365). Alkalien können aber auch Kondensation mit anderen Verbindungen veranlassen. So entsteht aus Benzanthron, Anilin und Natriumamid *2-Phenyl-amino-benzanthron* I. An Stelle von Anilin können auch andere Amine verwendet werden, ebenso substituierte Benzanthrone[3].

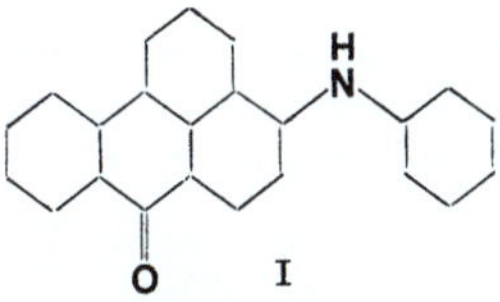

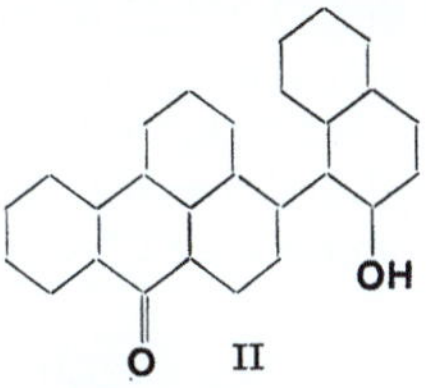

Benzanthron läßt sich mit Phenolen und Kaliumhydroxyd kondensieren. Aus Benzanthron und β-Naphthol bildet sich z. B. die Verbindung II[4]. Auch Ketone mit reaktiver Methylen-Gruppe reagieren in Gegenwart von Kaliumhydroxyd mit Benzanthron, so z. B. kondensiert es sich mit Aceton zu III[5]. Mit Piperidin liefert Benzanthron *2-Piperidinobenzanthron*[6]. In Gegenwart eines Oxydationsmittels wie Kaliumchlorat läßt sich Benzanthron mit Kaliumhydroxyd direkt zu *2-* und *4-Oxybenzanthron* hydroxylieren[7]. Auch mit Nitrilen, die eine benachbarte Methylen-Gruppe haben, reagiert Benzanthron in Gegenwart von Kaliumhydroxyd. So entsteht z. B. mit Benzylcyanid die Verbindung IV[8].

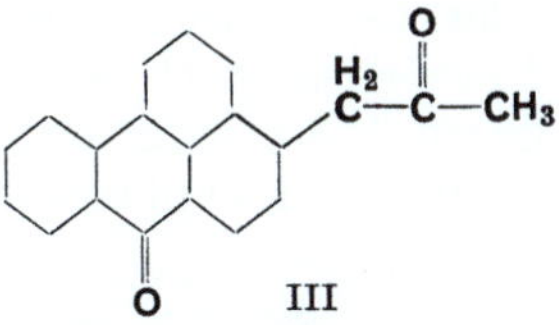

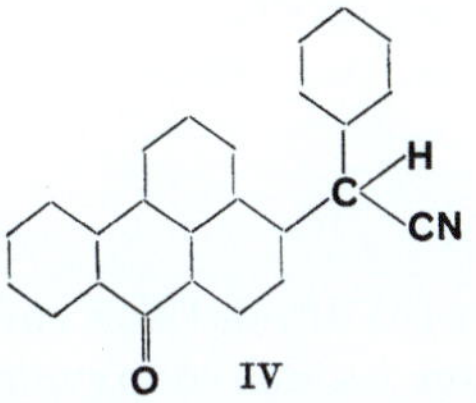

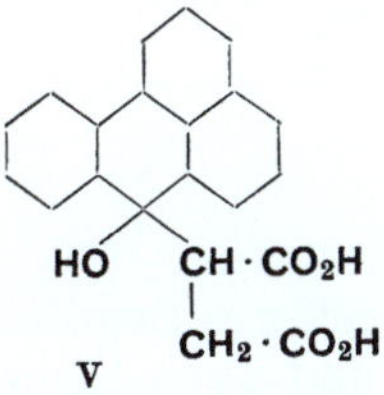

Benzanthron kondensiert sich mit Bernsteinsäureester und Kaliumtert.-butylat zu einer Verbindung, für die die Formel V angegeben wird[9].

[1] I.G. Farbenindustrie AG.: E. P. 321916 (1928) — C. **1930 I**, 3240.

[2] I.G. Farbenindustrie AG.: DRP. 557249 (1930) — C. **1932 II**, 2376.

[3] I.G. Farbenindustrie AG.: DRP. 501610 (1927) — C. **1930 II**, 1779 — DRP. 644537 (1935) — C. **1937 II**, 865.

[4] I.G. Farbenindustrie AG.: E. P. 300331; F. P. 640410 (1927); Schwz. P. 128993; 130609 (1927) — C. **1929 II**, 3072.

[5] I.G. Farbenindustrie AG.: DRP. 499320, 502042 (1927); 501082, 501083 (1928); E. P. 322745 (1928) — C. **1930 II**, 2696—2698.

[6] BRADLEY: Soc. **1937**, 1091.

[7] BRADLEY u. JADHAV: Soc. **1937**, 1791.

[8] I.G. Farbenindustrie AG.: DRP. 568783 (1931) — C. **1933 II**, 784.

[9] CLEMO, G. R., L. MUNDAY u. G. A. SWAN: Soc. **1950**, 1513.

Durch vorsichtige Oxydation in Schwefelsäure mit Braunstein oder Chromsäure kann Benzanthron direkt hydroxyliert werden. Als Nebenprodukt bildet sich ein *Dibenzanthronyl*. Die Hydroxyl-Gruppe dürfte nicht in 2- oder 1'-Stellung eintreten, da die Oxydationsprodukte mit schmelzendem Kaliumhydroxyd Farbstoffe vom *Violanthrontypus* geben [1].

Bei der Reaktion mit GRIGNARD-Verbindungen liefert Benzanthron *4-Alkyl-* oder *Aryl-benzanthrone*. Dabei muß 1.4-Addition und folgende Oxydation des *Dihydro-benzanthrons* angenommen werden. Benzanthron verhält sich also hier wie ein ungesättigtes Keton [2]. Mit Hydroxylamin entsteht das Oxim [3].

Oxydativer Abbau. Bei der Oxydation mit Chromsäure in Eisessig oder in schwefelsaurer Suspension gibt Benzanthron Anthrachinon-1-carbonsäure II → I [4]. Mit alkalischem Kaliumpermanganat wird dagegen 2'-3-Dicarboxydiphenyl-2-glyoxylsäure III erhalten, die in saurer Lösung zur Diphenyl-tricarbonsäure IV weiter oxydiert wird [5].

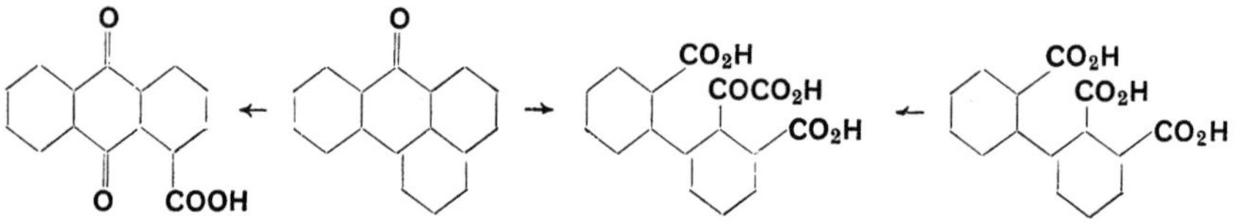

$$\text{I} \qquad \text{II} \qquad \text{III} \qquad \text{IV}$$

In Eisessig gelöstes Benzanthron wird durch Ozon zur Anthrachinon-1-carbonsäure und zum Anthrachinon-1-aldehyd oxydiert [6].

Reduktion. Wird eine warme Lösung von Benzanthron in Eisessig mit Zinkstaub versetzt, so wird die gelbe Lösung zunächst rot unter Bildung einer *chinhydronartigen Zwischenstufe*, dann wird sie mit dem Erreichen der *Dihydrostufe* farblos. Das gut krystallisierende farblose *Dihydro-benzanthron* II ist sehr luftempfindlich und oxydiert sich besonders am Licht schnell zu Benzanthron, wobei wieder die rote Zwischenstufe zu beobachten ist. In Xylol gelöstes Dihydro-benzanthron verbraucht genau 2 Atome Sauerstoff, so daß also in diesem Falle primär ein unbeständiges *Peroxyd* entstehen dürfte. Das Acetat des Dihydro-benzanthrons ist aber ganz beständig [7].

Benzanthron bildet mit alkalischem Hydrosulfit eine grüngelbe küpenartige Lösung, aus der es mit Luft wieder ausfällbar ist [8]. In

[1] Scottish Dyes Ltd.: E. P. 251313 — C. **1927 I**, 1230 — I.G. Farbenindustrie AG.: DRP. 431774 (1922) — C. **1926 II**, 2232 — Imperial Chemical Industries Ltd.: E. P. 359937 (1930) — C. **1932 I**, 1446 — I.G. Farbenindustrie AG.: DRP. 515327 (1926) — C. **1931 I**, 1367.

[2] CHARRIER u. GHIGI: Gazz. chim. ital. **62**, 928 (1932). — ALLEN u. OVERBAUGH: Am. Soc. **57**, 740 (1935). — CHARRIER u. GHIGI: B. **69**, 2211 (1936). — Vgl. E. CLAR: B. **65**, 854 (1932).

[3] CAMPBELL u. WOODHAM: Soc. **1952**, 843

[4] PERKIN, A. G.: Soc. **117**, 706 (1920). — BARNETT, COOK u. GRAINGER: B. **57**, 1775 (1924).

[5] CHARRIER u. GHIGI: Gazz. chim. ital. **63**, 685 (1933).

[6] I.G. Farbenindustrie AG.: F. P. 817584 (1937); E. P. 472167 (1936) — C. **1938 I**, 728.

[7] CLAR, E.: B. **68**, 2066 (1935). — [8] SCHOLL u. LENTZ: B. **44**, 1666 (1911).

Gegenwart von stärkerem Alkali oder beim Kochen mit alkoholischem Piperidin sowie beim Erhitzen wird Dihydro-benzanthron zu Benzanthron und zum farblosen 1.10-Trimethylen-9-oxy-phenanthren III disproportioniert[1]. Letzteres bildet sich auch bei längerer Einwirkung von alkalischem Hydrosulfit, mit Zinkstaub und Natronlauge oder mit Eisessig, Zink und Salzsäure[1]. Es entsteht ferner bei der katalytischen Hydrierung und wurde von J. von Braun und Bayer[2] als 1.9-Trimethylen-anthranol aufgefaßt. E. Clar[1] konnte jedoch auf spektrographischem Wege nachweisen, daß es ein *Phenanthren-Derivat* ist (siehe Abb. 131). Auch eine Anzahl von Estern und Äthern sind bekanntgeworden[3].

Wird 1.10-Trimethylen-9-oxyphenanthren III mit Zinkstaub[4], allein oder besser mit einer kleinen Menge Chlorzink destilliert[5], so entsteht unter Wasserabspaltung in glatter Reaktion *Benzanthren* IV. Auf diesem Weg ist es erstmalig von E. Clar[4] rein erhalten worden, während aus Benzanthron durch die nicht sehr gut verlaufende Zinstaubdestillation keine reinen Präparate gewonnen wurden[4,6]. Benzanthren läßt sich auch gut durch Reduktion von Benzanthron mit Aluminium-*iso*-propylat gewinnen[7].

Bei der Reduktion von Benzanthron mit Jodwasserstoff und rotem Phosphor bildet sich 1.10-Trimethylen-phenanthren V[6], das auch bei der Pyrolyse von 1-Benzylnaphthalin VI entsteht[8]. Seine Konstitution wurde ebenfalls erst durch die spektrographische Untersuchung aufgeklärt[4]. Wird die Pyrolyse des 1-Benzyl-naphthalins in Gegenwart von Dehydrierungskatalysatoren vorgenommen, so entsteht Benzanthren[9]. Benzanthren ist auch durch Zinkstaubdestillation eines Abbauproduktes des Perylens erhalten worden (s. S. 288)[10].

[1] Clar, E., u. Fr. Furnari: B. **65**, 1420 (1932). — Clar, E.: B. **68**, 2066 (1935).

[2] Braun, J. v., u. Bayer: B. **58**, 2667 (1925). — Vgl. Casella & Co.: DRP. 453578 (1925) — C. **1928 I**, 2665.

[3] Charrier, G., u. M. Jorio: Gazz. chim. ital. **72**, 451 (1942).

[4] Clar, E., u. Fr. Furnari: B. **65**, 1420 (1932).

[5] Clar, E.: Privatmitteilung.

[6] Liebermann u. Roka: B. **41**, 1423 (1908). — Bally u. Scholl: B. **44**, 1656 (1911). — Zinke, A., R. Ott u. E. Wiesenberger: Mh. Chem. **81**, 1137 (1950).

[7] Campbell u. Woodham: Soc. **1952**, 843.

[8] Graebe: B. **27**, 953 (1894). — Scholl u. Seer: B. **44**, 1671 (1911). — Vgl. I.G. Farbenindustrie AG.: E. P. 260000 (1926) — C. **1928 II**, 1489.

[9] I.G. Farbenindustrie AG.: DRP. 594564 (1932) — C. **1935 I**, 633.

[10] Zinke, A., u. R. Wenger: Mh. Chem. **56**, 143 (1930).

Eigenschaften. Benzanthren krystallisiert aus Alkohol in farblosen Blättern vom Schmelzpunkt 81—82° und löst sich in konzentrierter Schwefelsäure rot mit roter Fluorescenz. Seine Lösungen in organischen Lösungsmitteln sind farblos und zeigen eine violettblaue Fluorescenz. Das *Absorptionsspektrum* des Benzanthrens ist in Abb. 130 wiedergegeben. Am Licht wird Benzanthren bräunlichgelb. Mit Pikrinsäure entsteht ein bei 110—111° schmelzendes, in dunkelroten Nadeln krystallisierendes *Pikrat*. Bei erhöhter Temperatur läßt sich Benzanthren in Gegenwart eines Oxydationskatalysators mit Luft zu *Benzanthron* oxydieren [1].

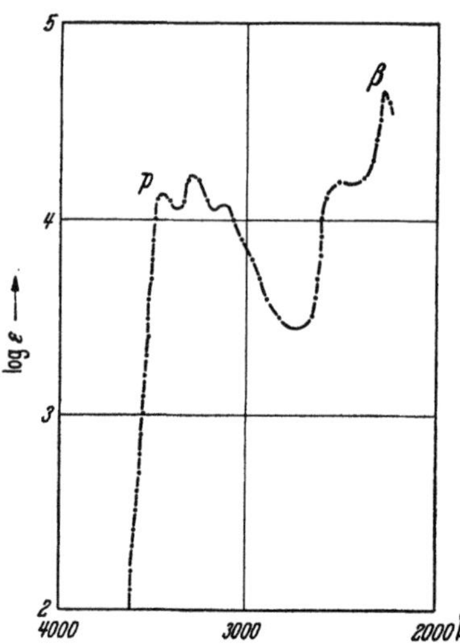

Abb. 130. Absorptionsspektrum des *Benzanthrens* in Alkohol. [Nach E. CLAR u. FR. FURNARI: B. **65**, 1421 (1932).] Lage der Banden in Å: *p*, 3440, 3290, 3120; 2500; *β*, 2280.

Wird Benzanthren oder ein Gemisch von Benzanthren und Benzanthron über 300° mit kondensierenden Mitteln behandelt, so entsteht eine gelbe, intensiv grün fluorescierende Verbindung der wahrscheinlichen Formel VII [2]. Derselbe Kohlenwasserstoff dürfte auch die hartnäckig anhaftende Gelbfärbung des durch Zinkstaubdestillation erhaltenen Benzanthrens verursachen. Das Reaktionsprodukt vom Erhitzen von Benzanthron mit Eisenpulver bei 300—350° ist anscheinend mit VII identisch [3]. Es läßt sich auch aus Benzanthron und Phosphoroxychlorid erhalten und bildet gelbe Nadeln vom Schmelzpunkt 346—347° [4].

Benzanthren reagiert mit Maleinsäureanhydrid unter Bildung einer Verbindung, der zunächst Formel VIII erteilt wurde [5], der aber nach neueren Untersuchungen Formel IX zukommt [6]. IX ist demnach nicht durch Diensynthese, sondern durch Wasserstoffverschiebung entstanden.

1.10-Trimethylen-phenanthren V, dessen Konstitution eines Phenanthrenderivates von E. CLAR und FR. FURNARI [7] aus dem *Absorptionsspektrum* (Abb. 131) erkannt wurde, bildet aus Alkohol lange, farblose Nadeln vom Schmelzpunkt 81—82°, die in Alkohol eine schwach violettblaue Fluorescenz zeigen und sich am Lichte bräunlichgelb färben. Mit Pikrinsäure entsteht ein bei 125° schmelzendes *Pikrat*.

1.10-Trimethylen-phenanthren ist auch von *β*-(1-Phenanthryl)-propionsäure bzw. *β*-(10-Phenanthryl)-propionsäure ausgehend, durch Re-

---

[1] I.G. Farbenindustrie AG.: DRP. 596592 (1932) — C. **1935 I**, 795.

[2] I.G. Farbenindustrie AG.: F. P. 767250 (1934); E. P. 419062 (1933) — C. **1936 I**, 1312.

[3] *E. I. du Pont de Nemours & Co.*: A. P. 2073662 (1934) — C. **1937 II**, 864.

[4] CAMPBELL u. WOODHAM: Soc. **1952**, 843.

[5] CLAR, E.: B. **65**, 1425.

[6] CLAR, E.: Privatmitteilung.

[7] CLAR, E., u. FR. FURNARI: B. **65**, 1420 (1932).

duktion der beim Ringschluß daraus entstehenden Ketone erhalten worden[1].

VII VIII IX

1.10-Trimethylen-9-oxy-phenanthren gibt bei weiterer katalytischer Hydrierung ein *Tetrahydro-Derivat* und *Tetrahydro-1.10-trimethylenphenanthren*. Letzteres wird durch Natrium und Alkohol zu einem Kohlenwasserstoff $C_{17}H_{20}$ reduziert[2].

3.) 1.2, 5.10-Dibenz-anthren.

In einer Patentschrift von R. SCHOLL[3] wird der Ringschluß von 1.1'-Dinaphthylketon I mit Aluminiumchlorid erwähnt. Genauere Angaben darüber wurden von J. W. COOK und C. G. M. DE WORMS[4] gemacht, welche zeigten, daß das erhaltene *1.2,5.10-Dibenz-anthron* II identisch ist mit dem Benzanthron-Derivat, das aus Tetraphen-7.12-chinon (1.2-Benzanthrachinon) III nach

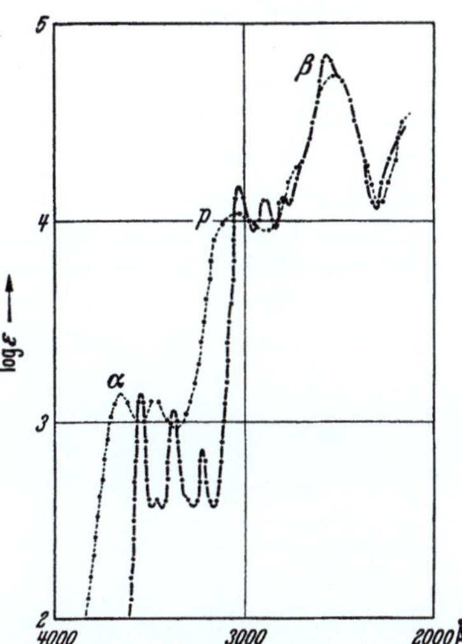

Abb. 131. Absorptionsspektrum des *1.10-Trimethylen-phenanthrens* (·—·—·) (Banden bei α, 3535, 3460, 3370, 3310, 3230; p, 3030, 2910, 2810, β. 2570 Å) und des *1.10-Trimethylen-9-oxyphenanthrens* (·······) (Banden bei α, 3650, 3480; p, 3050; β, 2550 Å), beide in Alkohol. [Nach E. CLAR u. F. FURNARI: B. **65**, 1421 (1932).]

der Glycerin-Schwefelsäure-Methode[5] erhalten wird. Bei letzterer Methode entsteht aber auch das Isomere S. 448, Formel V[6].

I → II ← Glycerin H_2SO_4 III

---

[1] BACHMANN u. KLOETZEL: Am. Soc. **59**, 2207 (1937).
[2] BRAUN, J. v., u. BAYER: B. **58**, 2667 (1925).
[3] SCHOLL, R.: DRP. 239671 (1910).
[4] COOK, J. W., u. C. G. M. DE WORMS: Soc. **1939**, 268.
[5] Bad.: DRP. 181176 (1904).
[6] BRADLEY, W., u. F. K. SUTCLIFFE: Soc. **1952**, 1247.

1.2,5.10-Dibenz-anthron II krystallisiert aus Eisessig in orange-farbenen, sublimierbaren Nadeln vom Schmelzpunkt 184—185°. Mit

Chromsäure in Eisessig erfolgt Oxydation zur Tetraphen-7.12-chinon-8-carbonsäure IV und mit Permangansäure weiterhin zur Anthrachinon-1.2.5-tricarbonsäure, die von J. W. Cook[1] schon auf anderem Wege erhalten wurde. *3-Methyl-1.2,5.10-dibenz-anthron* vom Schmelzpunkt 221—222° wurde von Cook und Robinson[2] ebenfalls durch Ringschluß von 4-Methyl-1.1'-dinaphthylketon dargestellt. Eine *Dicarbonsäure* von II bildet sich anscheinend, wenn 4-Naphthoyl-naphthalsäure-anhydrid mit Aluminiumchlorid kondensiert wird[3].

L. F. Fieser und A. M. Seligman[4] gewannen 5.6.7.8-Tetrahydro-1.1'-dinaphthyl-keton VII aus Tetralylmagnesiumbromid und α-Naph-thoylchlorid VI. Durch Pyrolyse bei 400° im N_2-Strom spaltet dieses Keton Wasser ab und liefert *2.3-Trimethylen-chrysen* VIII, dessen

Chrysen-Skelett auf *spektrographischem Wege* festgestellt wurde. Der Kohlenwasserstoff bildet aus Alkohol Nadeln vom Schmelzpunkt 116 bis 117° und ein in roten Nadeln krystallisierendes, bei 170—171° schmelzendes Pikrat. Bei der Oxydation in Eisessig mit Natrium-bichromat entsteht ein *Chinon* der Zusammensetzung $C_{21}H_{12}O_3$, das wahrscheinlich wie Chrysenchinon 2 Carbonyle in *o*-Stellung besitzt und außerdem noch ein Carbonyl im alicyclischen Ring hat. Es krystallisiert aus Benzol in orangefarbenen Nadeln vom Zersetzungspunkt 268—270°.

1.2,5.10-Dibenzanthren ist bisher weder aus 1.2,5.10-Dibenzanthron noch aus 2.3-Trimethylen-chrysen gewonnen worden.

4.) 1.2,8.9-Dibenz-anthren.

Ähnlich wie im vorangehenden Abschnitt beschrieben, haben Fieser und Seligmann[4] Tetralylmagnesiumbromid auch mit β-Naphthoyl-

---

[1] Cook, J. W.: Soc. **1933**, 1592. — [2] Cook u. Robinson: Soc. **1938**, 505.
[3] I.G. Farbenindustrie AG.: E. P. 308651 (1929) — C. **1929 II**, 662 — F. P. 39499 (1930) — C. **1932 I**, 880.
[4] Fieser, L. F., u. A. M. Seligman: Am. Soc. **58**,478 (1936); vgl. **57**, 228 (1935).

chlorid I zur Reaktion gebracht. Das Keton II gibt bei der Pyrolyse 3 Kohlenwasserstoffe $C_{21}H_{16}$, von denen einer als *8.9-Trimethylen-3.4-benzphenanthren* III erkannt wurde. Ein vierter gleichzeitig entstehender

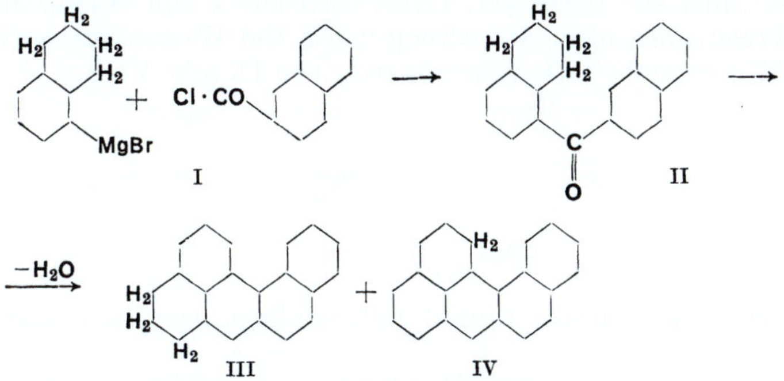

Kohlenwasserstoff hat die Zusammensetzung $C_{21}H_{14}$. Für diesen Kohlenwasserstoff halten FIESER und SELIGMANN die Konstitution IV für wahrscheinlich, die sich von der Formel unter der Überschrift durch einen anderen Platz der H_2-Atome unterscheidet.

8.9-Trimethylen-3.4-benzphenanthren III krystallisiert aus Alkohol in gelben Nadeln vom Schmelzpunkt 138—138.5°, löst sich gelb in konzentrierter Schwefelsäure und bildet ein bei 125—126° schmelzendes *Pikrat.*

Der *Kohlenwasserstoff* IV bildet aus Alkohol krystallisiert, Blättchen, die bei 149—149.5° schmelzen, sich in konzentrierter Schwefelsäure grün lösen und ein orangefarbenes, bei 146—147° schmelzendes Pikrat liefern. Bei der Oxydation gibt dieser Kohlenwasserstoff ein Keton der Zusammensetzung $C_{21}H_{12}O$, das aus Eisessig in langen, gelben Nadeln vom Schmelzpunkt 201° krystallisiert und sich in konzentrierter Schwefelsäure grün löst.

Wegen der fast gleichen Eigenschaften dieses Oxydationsproduktes mit dem 1.9, 6.7-Dibenz-anthron (s. S. 448, Formel III) sollte die letztere Formel in Erwägung gezogen werden, desgleichen für den entsprechenden Kohlenwasserstoff die Konstitution eines 1.9, 6.7-Dibenz-anthrens, dessen Bildung durch die obige Synthese möglich erscheint.

1.2, 8.9-Dibenz-anthron VII kann durch Kondensation von 2-Naphthoesäure-amylester V und N-Nitroso-acet-naphthalid über den Naphthyl-naphthoesäure-ester VI und Ringschluß zu VII erhalten werden[1]. Es bildet gelbe Nadeln vom Schmelzpunkt 186—187°.

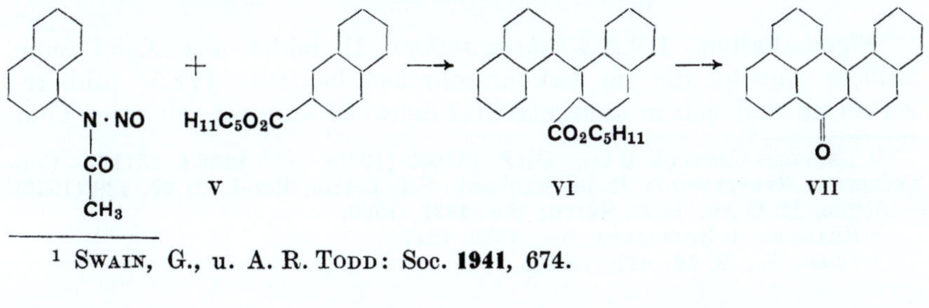

---

[1] SWAIN, G., u. A. R. TODD: Soc. **1941**, 674.

Eine *Carbonsäure* des 1.2,8.9-Dibenzanthrons wird erhalten, wenn man 1.1'-Dinaphthyl-8.8'-dicarbonsäure VIII mit Acetanhydrid oder mit Eisessig und Chlorzink oder mit Schwefelsäure bei Temperaturen nicht über 60° behandelt. Dabei wird nur 1 Mol Wasser abgespalten, während sonst nach Abspaltung von 2 Mol Wasser Anthanthron (siehe S. 379) entsteht[1]. Decarboxalierung von IX gibt VII[2].

Von IX sind eine Anzahl Abkömmlinge dargestellt worden.

5.) 1.9, 2.3-Dibenz-anthren.

Oktahydrophenanthren gibt mit Aluminiumchlorid und Benzoyl-chlorid in Benzol das Keton I, das beim Sieden mit Kupferpulver bei 400° Wasser und Wasserstoff abspaltet und in *1.9,2.3-Dibenzanthren* II übergeht. Bei der Oxydation mit Selendioxyd in Eisessig gibt es *1.9,2.3-Dibenz-anthron* III. Die weitere Oxydation mit Chromsäureanhydrid in Eisessig führt zur Tetracenchinon-6-carbonsäure IV, die beim Sulblimieren mit Kupferpulver CO_2 verliert und Tetracenchinon V liefert[3].

Eigenschaften. *1.9,2.3-Dibenz-anthren* II bildet aus Xylol feine, farblose Nadeln, die im Vakuumröhrchen bei 171—171.5° (unkorr.) schmelzen und sich in konzentrierter Schwefelsäure rot mit roter Fluo-

---

[1] Leopold Casella & Co.: DRP. 452063 (1925) — C. **1928 I**, 2311. — Corbellini u. Steffenoni: R. Ist. lombardo Sci. Lettre, Rend. (2) **69**, 429 (1936). — Rule, H. G., u. F. R. Smith: Soc. **1937**, 1096.
[2] Bradley u. Sutcliffe: Soc. **1952**, 1247.
[3] Clar, E.: B. **76**, 611 (1943).

rescenz lösen. *Absorptionsspektrum* s. Abb. 132. An der Luft wird es langsam oxydiert. *1.9,2.3-Dibenzanthren* II hat zwei gleichwertige Stellungen, an denen die beiden H_2-Atome sitzen können. Ein H-Atom wird daher eine gewisse Tendenz zur Ionisierung zeigen. Dabei können die π-Elektronen im Anion eine symmetrische Verteilung eingehen, wodurch ein stabiles Resonanzsystem entsteht. Die Folge davon ist die hohe Reaktivität gegen Sauerstoff und Maleinsäureanhydrid, die allerdings hinter der des *peri*-Naphthindens zurückbleibt. *1.9,2.3-Dibenz-anthron* III krystallisiert aus Xylol in langen, gelben Nadeln vom Schmelzpunkt 215—216° (Vakuum, unkorr.), die sich in konzentrierter Schwefelsäure rot mit roter Fluorescenz lösen[1].

6.) 1.9, 6.7-Dibenz-anthren.

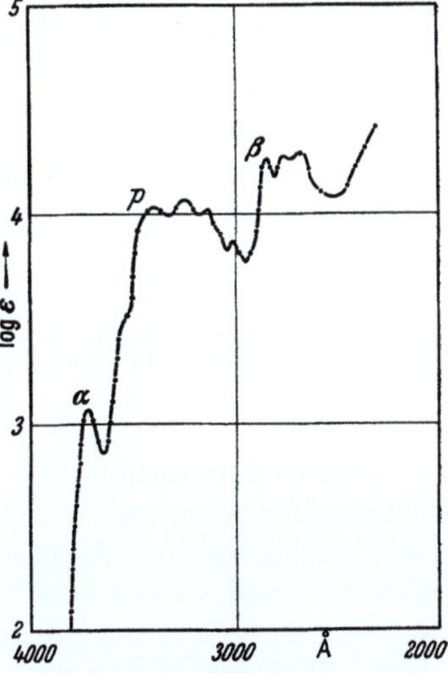

Abb. 132. Absorptionsspektrum des *1.9,2.3-Dibenz-anthrens* in Alkohol. [Nach E. CLAR: B. **76**, 611 (1943).] Lage der Banden in Å: α, 3720; p, 3390, 3270; 3020; β, 2850, 2760, 2690.

FRIEDEL-CRAFTSsche Reaktionen liefern in der Naphthalin-Reihe erwartungsgemäß Ketone. Eine Ausnahme bildet die Reaktion zwischen 1-Methylnaphthalin, 2-Naphthoylchlorid und Aluminiumchlorid in Schwefelkohlenstoff. Bei Verwendung von 1 Mol Aluminiumchlorid erhält man zwar auch hier das Keton, verwendet man aber 2.5 Mol, so bekommt man selbst bei einer Temperatur von 0—10° in guter Ausbeute das *2-Methyl-1.9,6.7-dibenz-anthron* I. Seine Konstitution ergibt sich aus dem oxydativen Abbau. Mit Bariumoxyd in Nitrobenzol entsteht die Säure II, die bei der Decarboxylierung in Chinolin mit Kupferpulver *1.9,6.7-Dibenz-anthron* III ergibt. Die Oxydation mit Chromsäure führt zur Methyl-tetracen-chinon-carbonsäure IV, deren Decarboxylierung das bekannte 2-Methyl-tetracen-5.12-chinon V liefert.

---

[1] CLAR, E.: B. **76**, 611 (1942).

1.9,6.7-Dibenz-anthron III bildet goldgelbe Nadeln, die bei 199 bis 200° schmelzen und sich in konzentrierter Schwefelsäure blaugrün lösen. Die obige Reaktion gibt bei Verwendung von 2-Phenanthroyl-chlorid und 1-Methylnaphthalin VI und mit 2-Naphthoylchlorid und Acenaphthen VII[1].

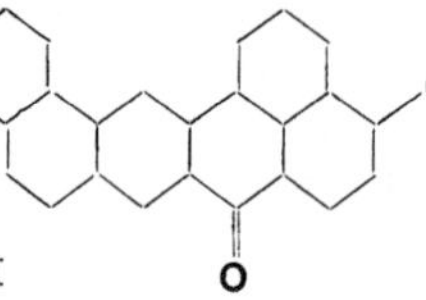

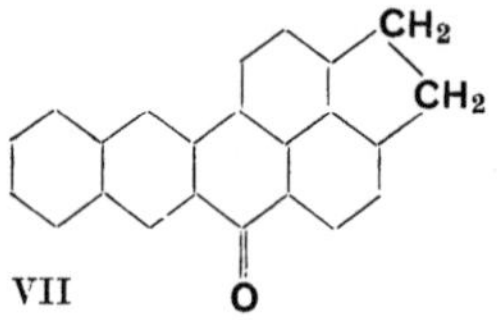

7.) Naphtho-[1′.3′:1.9]-anthren.

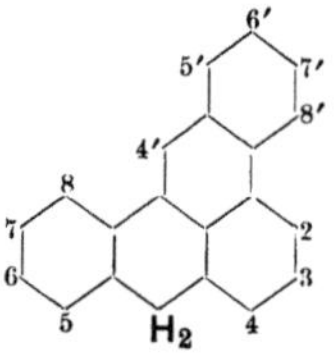

Durch Einwirkung von Benzoylchlorid und Aluminiumchlorid auf Oktahydroanthracen in Benzol läßt sich das Keton I gewinnen, das beim Erhitzen mit Kupferpulver auf 400° Wasser und Wasserstoff abspaltet und *Naphtho-anthren* II gibt. Gleichzeitig durch Umlagerung entstandenes 1.9,2.3-Dibenz-anthren wird durch seine größere Re-aktivität gegen Maleinsäureanhydrid entfernt. II kann in Eisessig mit Selendioxyd zum Naphtho-anthron III oxydiert werden, dessen Ab-sorptionsspektrum dem des gleichfalls das Phenanthren-Skelett ent-haltenden 1.9,2.3-Dibenzanthrons IV sehr ähnlich ist und daher nicht das Anthracen-Skelett wie in Formel V enthalten kann[2]. Letzteres (rote Nadeln, Schmelzpunkt 200°) bildet sich aus Tetraphenchinon, Glycerin und Schwefelsäure (s. S. 443)[3].

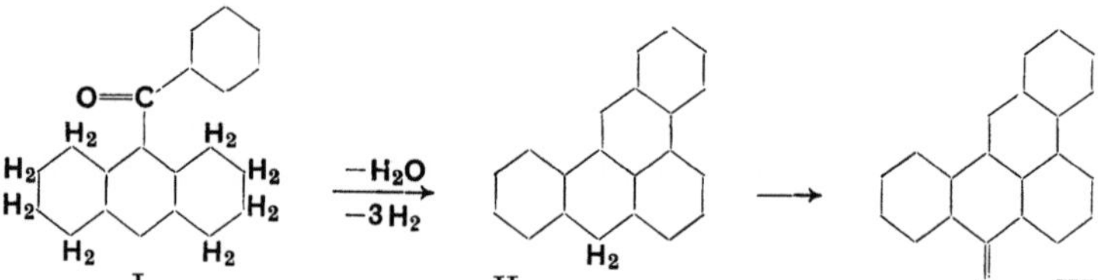

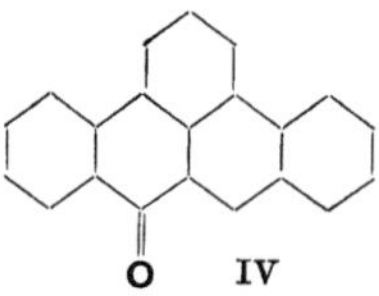

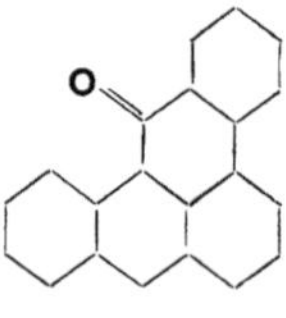

[1] Buckley, G. D.: Soc. **1945**, 561, 564.
[2] Clar, E.: B. **76**, 613 (1943).
[3] Bradley u. Sutcliffe: Soc. **1952**, 1247.

Eigenschaften. *Naphtho-[1′.3′:1.9]-anthren* II bildet aus Alkohol lange farblose Nadeln vom Schmelzpunkt 128—129° (Vakuum, unkorr.), die sich in konzentrierter Schwefelsäure rot mit roter Fluorescenz lösen.

In dünner Schicht erscheint die Lösung grün. Gegen Sauerstoff und Maleinsäureanhydrid ist es nicht ganz so reaktionsfähig wie das isomere *1.9,2.3-Dibenz-anthren*. Das *Absorptionsspektrum* (Abb. 133) bestätigt die Struktur II. Die Formel mit einem Anthracen-Skelett ist ausgeschlossen.

Naphtho-[1′.3′:1.9]-anthron III krystallisiert aus Eisessig in langen gelben Nadeln vom Schmelzpunkt 229° (Vakuum, unkorr.), die sich in konzentrierter Schwefelsäure rot mit roter Fluorescenz lösen.

Naphtho-[1′.3′:1.9]-anthron III kann auch aus Benzyliden-anthron VI, welches leicht aus Anthron und Benzaldehyd erhältlich ist, durch Verschmelzen mit Aluminiumchlorid-Natriumchlorid bei 100 bis 110° dargestellt werden[1]. Die Angabe, daß das so erhaltene *Naphtho-anthron* über 300° schmilzt, bedarf noch der Aufklärung.

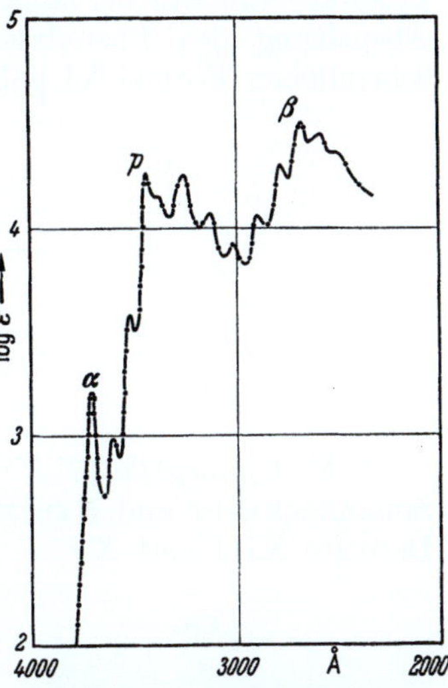

Abb. 133. Absorptionsspektrum des *Naphtho-(1′.3′:1.9)-anthrens* in Alkohol. [Nach E. CLAR: B. **76**, 614 (1943).] Lage der Banden in Å: α, 3695, 3590, 3500; p, 3410, 3250, 3110, 3010; 2870, 2760; β, 2660, 2580.

In Eisessig suspendiert, wird III durch Chromsäure zur *o*-(1-Anthrachinonyl)-benzoesäure VII oxydiert[2]. Mit Anilin in Gegenwart von Natriumamid kondensiert es sich ähnlich wie Benzanthron zum *2-Phenylamino*-Derivat VIII[3].

In einer Patentschrift der I.G. Farbenindustrie AG.[4] wird die Kondensation von Anthrafuchson IX, darstellbar aus Anthron und Benzophenonchlorid, mit Aluminiumchlorid beschrieben. Nach E. CLAR und W. MÜLLER[5], die diese Reaktion unabhängig von dieser Patentschrift untersuchten, entstehen dabei je nach den Reaktionsbedingungen verschiedene Verbindungen. Beim Erhitzen von Anthrafuchson mit

---

[1] I.G. Farbenindustrie AG.: DRP. 451 907 (1924) — C. **1928 I**, 419.
[2] I.G. Farbenindustrie AG.: DRP. 506439 (1926) — C. **1930 II**, 3640.
[3] I.G. Farbenindustrie AG.: DRP. 501610 (1927) — C. **1930 II**, 1779.
[4] I.G. Farbenindustrie AG.: DRP. 454945 (1924) — C. **1928 I**, 2666.
[5] CLAR, E., u. W. MÜLLER: B. **63**, 869 (1930).

Aluminiumchlorid in Benzol sowie beim Belichten bildet sich *4'-Phenyl-naphtho-[1'.3':1.9]-anthron* X. Ohne Lösungsmittel entsteht bei kurzem Erhitzen auf 140—160° das auf S. 457 beschriebene Kondensationsprodukt, während bei längerem Erhitzen unter Zutritt von Luft durch Abspaltung des Phenylrestes ein Kondensationsprodukt der wahrscheinlichen Formel XI gebildet wird.

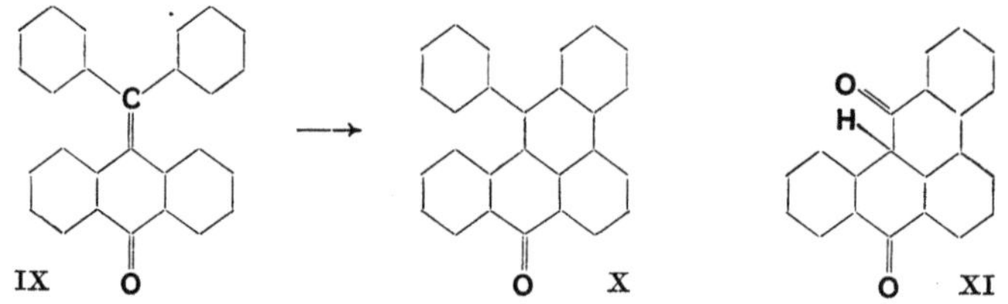

IX X XI

7'-Methyl-naphtho-[1'.3':1.9]-anthron-8'-carbonsäure XIV erhielten SCHAARSCHMIDT und HERZENBERG[1] durch Kalischmelze der Fluorenon-Derivate XIII und XV.

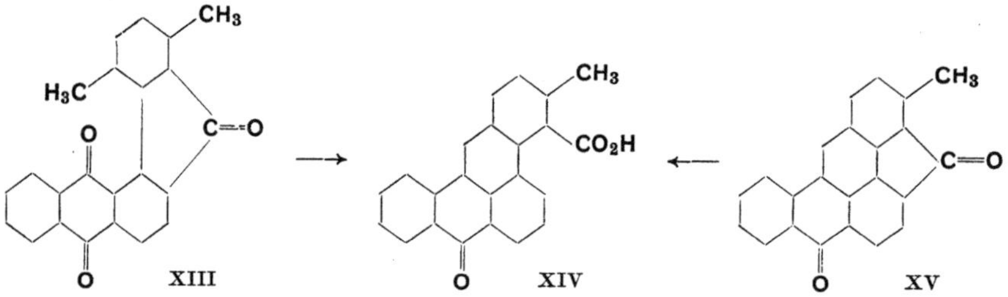

XIII XIV XV

Naphtho-[1'.3':1.9]-anthron-5'.8'-chinon XVII bildet sich durch Diensynthese aus Methylen-anthron XVI und Benzochinon in siedendem Eisessig[2]. Sein *Dichlorderivat* XVIII läßt sich unter Verwendung von Chloranil und Xylol an Stelle von Benzochinon und Eisessig gewinnen[3]. XVII ist rot und küpt grünblau, XVIII ist braunrot und küpt tiefgrün.

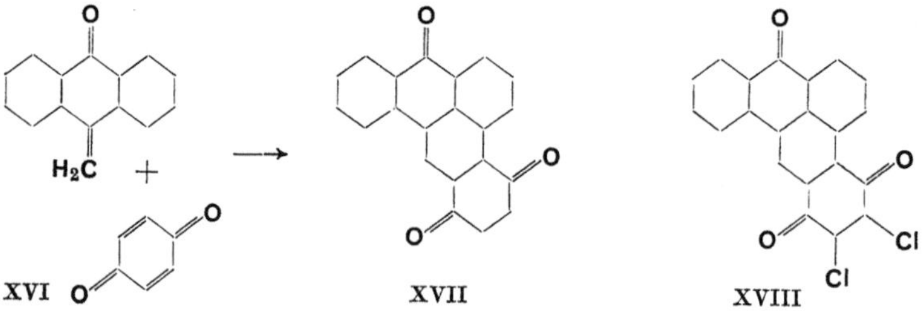

XVI XVII XVIII

[1] SCHAARSCHMIDT u. HERZENBERG: B. **53**, 1807 (1920).
[2] I.G. Farbenindustrie AG.: DRP. 591496 (1932); F.P. 754842 (1933) — C. **1934 I**, 2044.
[3] Clar, E.: B. **69**, 1686 (1936).

8.) Coeranthren.

Naphtho-[3'.1':1.9]-anthron.

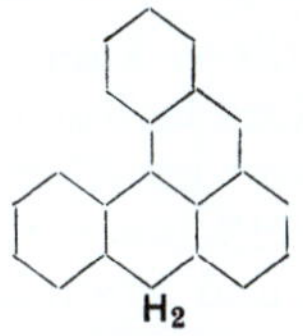

Nach R. SCHOLL und J. DONAT[1] entsteht bei der Einwirkung von Anthrachinon-1-carbonsäurechlorid I auf Benzol und Aluminiumchlorid nicht nur das normal zu erwartende Keton, sondern auch in geringerer Menge das Lacton II. Durch Reduktion mit methylalkoholischem Kali und Zinkstaub wird letzteres zur 9-Phenyl-anthracen-1-carbonsäure III reduziert, welche mit konzentrierter Schwefelsäure bei gewöhnlicher Temperatur den Ringschluß zum *Coeranthron* IV eingeht.

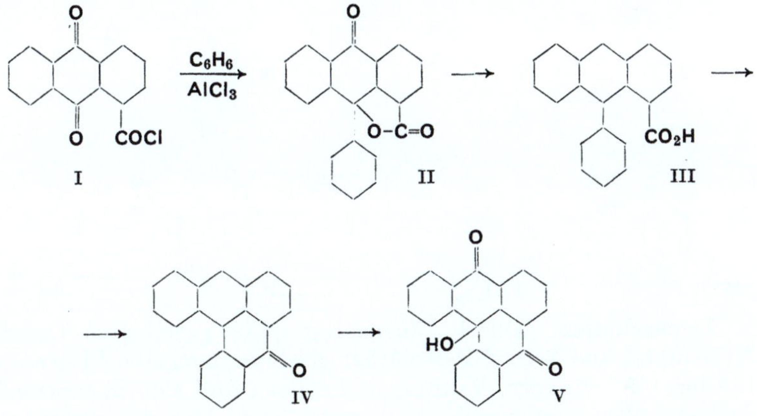

Einen interessanten Weg beschritten BRADSHER und VINGIELLO[2]. Dabei wird die GRIGNARD-Verbindung des *o*-Brom-diphenylmethans VI mit Phthalanhydrid zur Reaktion gebracht unter Bildung von VII. Dieses kann entweder direkt oder nach vorherigem Ringschluß mit Bromwasserstoff zu VIII, mit Phosphorsäure in 66proz. Ausbeute zum *Coeranthron* IV kondensiert werden.

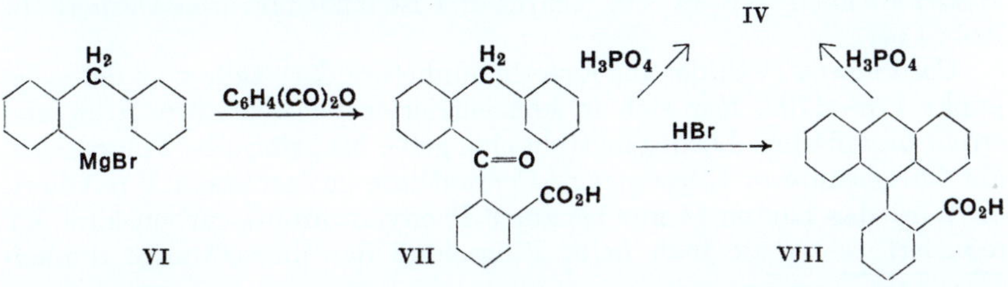

[1] SCHOLL, R., u. J. DONAT: A. **512**, 1 (1934). — SCHOLL: F. P. 601856 (1925).
[2] BRADSHER, C. K., u. F. A. VINGIELLO: J. org. Chemistry **13**, 786 (1948).

Die ergiebigste Synthese des Coeranthrons IV besteht in der Kondensation von Benzoyl-benzophenon-carbonsäure X zu dem zuerst von J. W. COOK[1] auf zwei verschiedenen Wegen erhaltenen Lacton XI. X läßt sich am besten durch Einwirkung von Phenyl-magnesiumbromid auf Benzophenon-dicarbonsäure-lacton IX gewinnen[2]. Die Reduktion von XI mit Kaliumhydroxyd und Zinkstaub liefert Carboxy-phenyl-anthracen VIII. Der Ringschluß, der SCHOLL und DONAT nicht gelingen wollte, geht nach BRADSHER und VINGIELLO leicht durch Erhitzen mit Phosphorsäure. Die Reduktion des Coeranthrons IV zum Coeranthren XIII gelingt durch Reduktion mit Zinkstaub und Natriumhydroxyd zu XII, das beim Sublimieren Wasser abspaltet und in Coeranthren XIII übergeht[3].

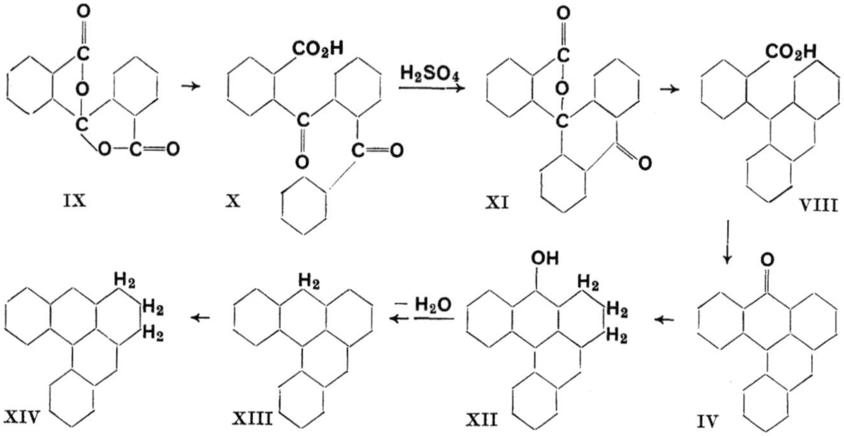

$$IX \rightarrow X \xrightarrow{H_2SO_4} XI \rightarrow VIII$$

$$XIV \leftarrow XIII \xleftarrow{-H_2O} XII \leftarrow IV$$

Eigenschaften. Durch Chromatographie gereinigtes Coeranthren XIII bildet aus Benzol-Petroläther große orangegelbe Platten, die bei 138 bis 139° (unkorr. Vakuum) schmelzen und sich in konzentrierter Schwefelsäure zuerst gelb, dann grün lösen. Das *Absorptionsspektrum* s. Abb. 134.

Wird Coeranthron mit Jodwasserstoff und rotem Phosphor reduziert, so entsteht 1.10-Trimethylen-3.4-benzphenanthren XIV. Dieses bildet aus Benzol-Petroläther lange, farblose flache Prismen vom Schmelzpunkt 116 bis 117° (unkorr. Vakuum), die sich in konzentrierter Schwefelsäure nur beim Erwärmen grün lösen. Seinem *Absorptionsspektrum* nach ist es ein echtes 3.4-Benzphenanthren-Derivat (s. Abb. 134).

Coeranthron IV bildet aus Eisessig dunkelrote Krystalle vom Schmelzpunkt 178—179°, löst sich in konzentrierter Schwefelsäure grün und erteilt organischen Lösungsmitteln eine gelbe bis grüngelbe Fluorescenz. Mit Chromsäure in Eisessig wird Coeranthron zu farblosem V oxydiert.

Wird das Lacton II nur bis zur 9-Phenylanthron-1-carbonsäure XV reduziert, so erhält man beim Ringschluß das unbeständige dunkel-

[1] COOK, J. W.: Soc. **1928**, 58, 62

[2] SCHOLL, R., u. J. DONAT: A. **512**, 7, 22 (1934).

[3] CLAR, E., u. D. G. STEWART: Privatmitteilung.

blaue *Coeranthronol* XVI. Mit Phosphorpentachlorid entsteht aus XV das rote *Chlor-coeranthron* XVII.

Vom *Coeranthron* sind eine Anzahl von Derivaten dargestellt worden, indem an Stelle von Anthrachinon-1-carbonsäure von der 2-Methyl-anthrachinon-1-carbonsäure[1] oder von der Anthrachinon-1.4-dicarbon-säure[2] ausgegangen wurde. Auch an Stelle von Benzol lassen sich bei der FRIEDEL-CRAFTSschen Reaktion Benzolderivate verwenden.

9.) Naphto-[2'.7':1.8]-anthren.

Durch Kondensation von Pyren-3-aldehyd (s. S. 328) und Malonsäure-diäthylester erhielten VOLLMAN, BECKER, CORELL und STREECK[3] Pyrenal-malonsäure-ester und durch Verseifung daraus die Säure I. Beim Ringschluß mit

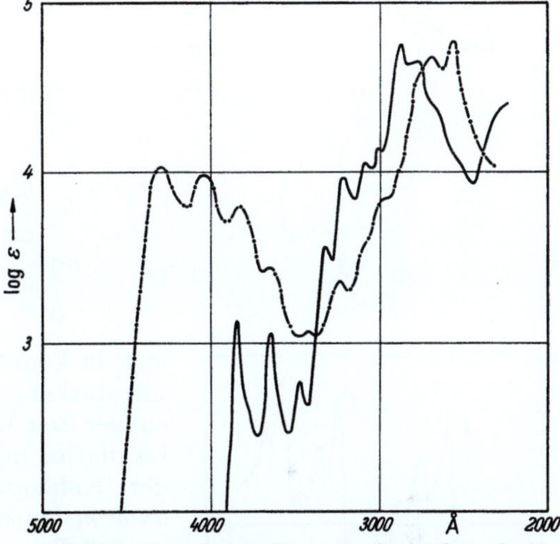

Abb. 134. Absorptionsspektrum des Coeranthrens in Alkohol (———·———·———). Lage der Banden in Å: p, 4280, 4040, 3830, 3650; α, 3240, 2990: β, 2690, 2570. Absorptionsspektrum des 1.10-Trimethylen-3.4-benzphenanthrens in Alkohol (————————). Lage der Banden in Å: α, 3830, 3640, 3470; p, 3320, 3210, 3080, 3010; β, 2870, 2780,

Schwefelsäure, Chlorzink in Essigsäureanhydrid oder durch Behandlung des Säurechlorides von I mit Aluminiumchlorid wird die Pyrenindenon-carbonsäure II gewonnen. Sie liefert bei der Zinkstaubdestillation *Naphth-anthren* III. Dieser Kohlenwasserstoff läßt sich auch durch Zinkstaub-destillation von *Naphthanthron* VI darstellen, das aus 1-Oxy-pyren V mit Glycerin und Schwefelsäure erhalten werden kann.

Da ein von SCHOLL und MEYER[4] aus Pyren IX mit Glycerin und Schwefelsäure erhaltenes Kondensationsprodukt mit VI identisch ist, ist die früher von SCHOLL und MEYER angenommene Formel X unzutreffend.

[1] SCHOLL, DEHNERT u. WANKA: A. **493**, 56 (1932).
[2] SCHOLL u. MEYER: A. **512**, 112 (1934).
[3] VOLLMANN, BECKER, CORELL u. STREECK: A. **531**, 54 (1937).
[4] SCHOLL u. MEYER: B. **69**, 152 (1936).

Eigenschaften und Reaktionen. *Naphtho-[2'.7':1.8]-anthren* krystallisiert aus Alkohol in hellgelben, bei 135° schmelzenden Blättchen, die

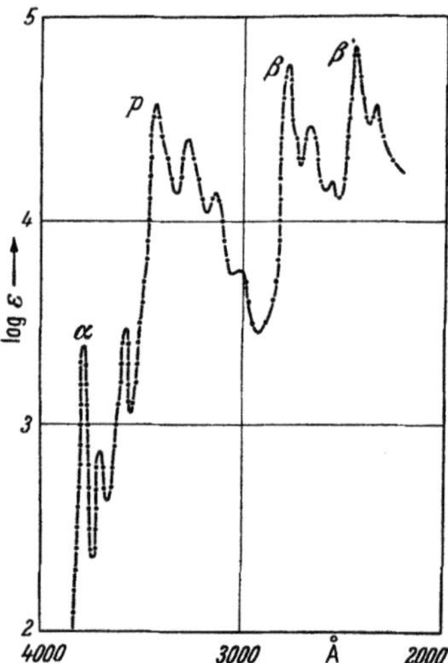

sich in konzentrierter Schwefelsäure gelb mit starker grüner Fluorescenz lösen. Nach einiger Zeit wird die Lösung grün. Bei der Oxydation mit Chromsäure in Eisessig geht der Kohlenwasserstoff in das *Naphthanthronchinon* VII über.

2.3-Trimethylen-pyren IV entsteht aus Naphthanthron VI mit Jodwasserstoff und rotem Phosphor oder mittels Zinkstaubschmelze. Der Sitz der Wasserstoffatome in IV entspricht der analogen Formulierung des Dihydrobenzanthrens als 1.10-Trimethylen-phenanthren nach CLAR und FURNARI (s. S. 441). Trimethylenpyren IV bildet nach SCHOLL und MEYER aus Methanol große, blaßgelbe Blätter vom Schmelzpunkt 107—108°. Dieses Produkt enthält jedoch nach seinem Absorptionsspektrum etwa 1% Anthanthren, das nur aus Anthanthron XI entstanden sein kann. Letzteres muß sich also durch doppelte Einwirkung von Glycerin und Schwefelsäure auf Pyren gebildet haben. Reines, in farblosen Blättchen vom Schmelzpunkt 112—113° krystallisierendes *2.3-Trimethylen-pyren* erhält

Abb. 135. Absorptionsspektrum des *2.3-Trimethylen-pyren* in Alkohol. (Nach E. CLAR: Privatmitteilung.) Lage der Banden in Å: α, 3780, 3700, 3575; *p*, 3430, 3270, 3130; 3010; β, 2770, 2660, 2550; β', 2445, 2345.

man durch chromatographische Reinigung mittels Aluminiumoxyd[1]. *Absorptionsspektrum* s. Abb. 135. In konzentrierter Schwefelsäure löst es sich gelb. Mit Pikrinsäure bildet sich ein in roten Nadeln krystallisierendes *Pikrat*. Durch Kupfer wird IV bei hoher Temperatur zu III dehydriert.

Naphtho-[2'.7':1.8]-anthron-(10) VI krystallisiert nach der chromatographischen Reinigung in grüngelben Nadeln vom Schmelzpunkt 252–253° unkorr.[1], löst sich in konzentrierter Schwefelsäure gelbstichig rot mit roter Fluorescenz und gibt mit Brom in Nitrobenzol ein *Dibromderivat*. Das primäre Einwirkungsprodukt von Brom ist das rotbraune Addukt $C_{19}H_{10}OBr_4$, das alles Brom wieder abzugeben vermag. Die Substitutionsprodukte sind das 3'-Brom- und weiter das 3'.6'-Dibromnaphthanthron. Mit Kaliumhyoxyd und Mangandioxyd bildet sich 2-Oxy-naphthanthron[2]. Ein Dinitroderivat entsteht beim Kochen mit konzentrierter Salpetersäure. Es läßt sich mit Zinnchlorür und Salzsäure zu einem *Diaminoderivat* reduzieren.

Naphthanthron VI sowie Naphthanthren III werden durch Chromsäure in Eisessig zum *Naphthanthron-chinon* VII oxydiert. Da es mit *o*-Phenylen-diamin ein gelbes Azin liefert, ist es nach VOLLMANN, BECKER, CORELL und STREECK[3] entgegen einer Angabe von SCHOLL und MEYER[4] entsprechend Formel VII als *o*-Chinon zu formulieren.

Naphthanthron-chinon VII bildet aus Chlorbenzol dunkelrote Nadeln vom Zersetzungspunkt 378°, löst sich in konzentrierter Schwefelsäure blaustichig rot mit schwach bräunlichroter Fluorescenz und gibt mit alkalischem Hydrosulfit eine grüne Küpe mit schwer löslichem hellblaugrünem Küpensalz. Mit Wasserstoffsuperoxyd und Alkali wird Naphthanthron-chinon zur Benzanthron-8.3'-dicarbonsäure VIII abgebaut.

10.) 2.3-Benzylenpyren.

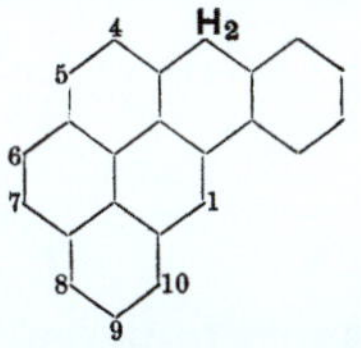

Nach VOLLMANN, BECKER, CORELL und STREECK[5] gibt 3-Benzoyl-pyren I beim Verschmelzen mit Aluminiumchlorid-Natriumchlorid bei 160—165° 2.3-Benzoylen-pyren II. Durch Sublimation und Krystallisation aus Chlorbenzol werden hellgoldgelbe flache Nadeln vom Schmelzpunkt 242° erhalten, die sich in konzentrierter Schwefelsäure reinblau ohne Fluorescenz lösen. Beim Verschmelzen mit Kali tritt nicht Bildung eines Violanthron-Derivates, sondern Aufspaltung zur Säure III ein.

[1] CLAR, E., u. D. G. STEWART: Privatmitteilung.
[2] BRADLEY, W., u. F. K. SUTCLIFFE: Soc. **1951**, 2118.
[3] VOLLMANN, BECKER, CORELL u. STREECK: A. **531**, 54 (1937).
[4] SCHOLL u. MEYER: B. **69**, 152 (1937).
[5] VOLLMANN, BECKER, CORELL u. STREECK: A. **531**, 34 (1937).

Die Reduktion zum *Grundkohlenwasserstoff* wird durch die Zinkstaubschmelze bewirkt. *2.3-Benzylen-pyren* krystallisiert aus Xylol in farb-

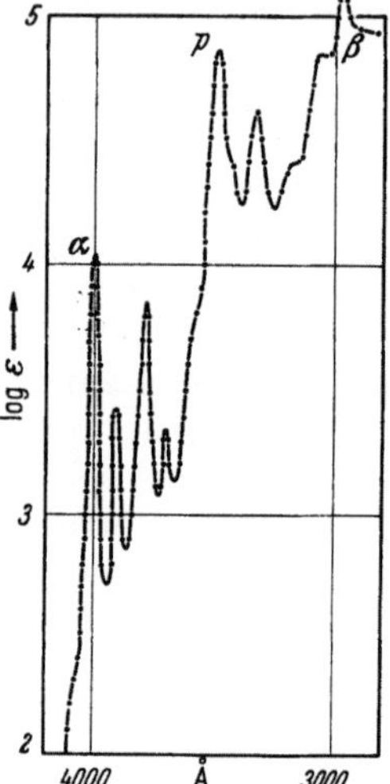

losen Nadeln, die bei 230—231° (Vakuum, unkorr.) schmelzen und sich
in konzentrierter Schwefelsäure grünblau lösen. Die Lösungen in Benzol
zeigen eine blaue Fluorescenz. Mit Pikrinsäure entsteht ein rotes *Pikrat*,
mit Maleinsäureanhydrid reagiert der Kohlenwasserstoff fast nicht. Dem
Absorptionsspektrum (Abb. 136) nach ist er ein Pyren-Derivat[1]. Ein
Phthalyl-Derivat von II entsteht anscheinend,
wenn 3-Benzoylpyren mit Phthalanhydrid und
Aluminiumchlorid zur Reaktion gebracht wird[2].
Das Phenyl-Derivat IV bildet sich aus Benzophenonchlorid, Pyren und Aluminiumchlorid in
Benzol[3].

Abb. 136. Absorptions-
spektrum des *2.3-Ben-
zylen-pyrens* in Alkohol.
[Nach E. CLAR: Chem.
Ber. 81, 524 (1948).] Lage
der Banden in Å: α, 3990,
3905, 3780, 3700; *p*, 3490,
3330, 3170, 3060; β, 2960.

11.) 2.3-Benz-naphtho-[2′.7′:1.8]-anthren.

Dekahydro-pyren reagiert mit Benzoylchlorid
und Aluminiumchlorid in Benzol unter Bildung des
Ketons I. Wird dieses mit Kupferpulver auf 400—410° erhitzt, so wird
Wasser und Wasserstoff abgespalten und es bildet sich II[4], das *2,3-Benz-
naphtho-[2′.7′:1.8]-anthren.*

Eigenschaften. *2.3-Benz-naphtho-[2′.7′:1.8]-anthren* II bildet aus
Xylol lange blaßgelbe Nadeln vom Schmelzpunkt 181—182° (Vakuum,
unkorr.), die sich in konzentrierter Schwefelsäure orangebraun mit

[1] CLAR, E.: B. **81**, 524 (1948).
[2] SCHOLL, MEYER u. DONAT: B. **70**, 2180 (1937) — Gesellschaft für Chemische
Industrie in Basel: F. P. 803 195 (1936) — C. **1937 I**, 1288.
[3] CLAR, E.: B. **81**, 524 (1948); **69**, 1685 (1936).
[4] CLAR, E.: B. **81**, 520 (1948).

stark grüner Fluorescenz lösen. Die Lösungen in Benzol oder Xylol zeigen eine starke blaue Fluorescenz. Das *Absorptionsspektrum* (Abb. 137)

spricht für die Stellung der CH_2-Gruppe, wie oben angegeben. Mit Pikrinsäure bildet sich ein in graubraunen Nadeln krystallisierendes Pikrat vom Zersetzungspunkt 182°. Der Kohlenwasserstoff reagiert leicht mit Maleinsäureanhydrid unter Wasserstoffverschiebung[1]. Zwei seiner Derivate wurden bereits auf S. 202 beschrieben. Bei der Oxydation mit Selendioxyd in Eisessig entsteht eine Mischung der orangeroten Verbindungen III und IV[1].

12.) 1. 1'-Methylen-phenanthreno-[9'.10':9.10]-phenanthren.

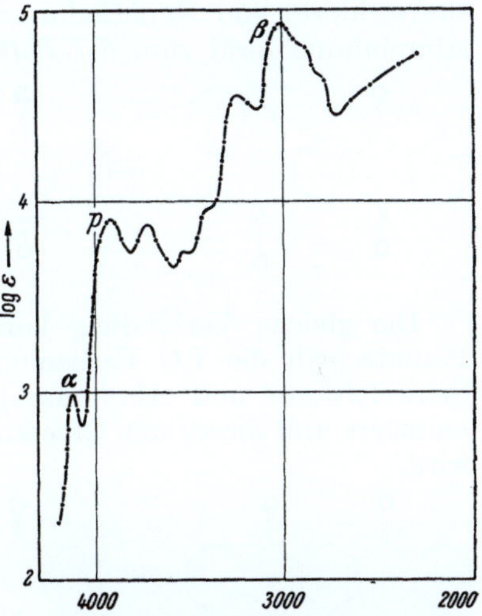

Abb. 137. Absorptionsspektrum des *2.3-Benz-naphtho-[2'.7':1.8]-anthrens* in Alkohol. [Nach E. CLAR: Chem. Ber. 81, 521 (1948).] Lage der Banden in Å: α, 4110; p, 3900, 3690, 3510, 3400; 3240; β, 3005.

Phenanthreno-[9'.10':9.10]-phenanthren-1.1'-methylen-keton II wird nach E. CLAR und W. MÜLLER[2] durch kurzes Erhitzen von Anthrafuchson I mit Aluminiumchlorid auf 140—160° in geringer Ausbeute erhalten. Es ist wahrscheinlich auch in dem Kondensationsprodukt enthalten, das in einer Patentschrift der I.G. Farbenindustrie AG.[3] beschrieben worden ist (vgl. auch S. 450). II bildet aus Eisessig gelbe Nadeln, die bei 305° schmelzen und sich in konzentrierter Schwefel-

---

[1] CLAR, E.: B. **81**, 520 (1948).

[2] CLAR, E., u. W. MÜLLER: B. **63**, 869 (1930).

[3] I.G. Farbenindustrie AG.: DRP. 454 945 (1924); C. **1928 I**, 2666.

säure mit stahlblauer Farbe und roter Fluorescenz lösen. Die Lösung in Eisessig zeigt eine grüne Fluorescenz.

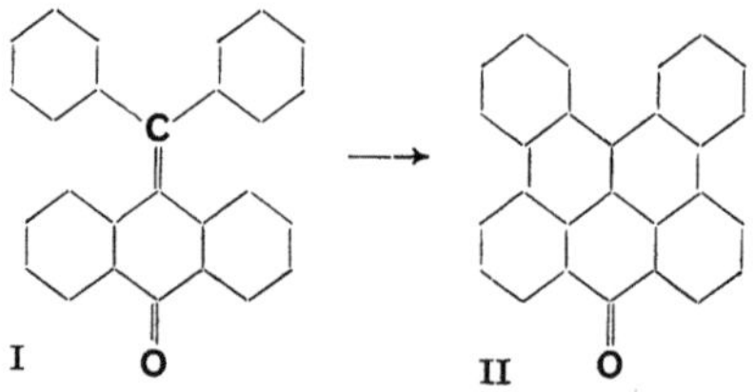

Der *Grundkohlenwasserstoff* auf II wurde bisher noch nicht dargestellt.

13.) Naphtho-[2″.3″:6.7]-benzanthren.

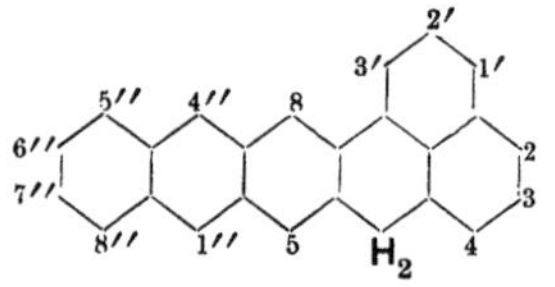

Nach SCHOLL und SEER[1] läßt sich das aus Anthrachinon-2-carbonsäure-chlorid und Naphthalin erhältliche Keton I beim Erwärmen mit Aluminiumchlorid zum *6.7-Phthaloyl-benzanthron* II kondensieren.

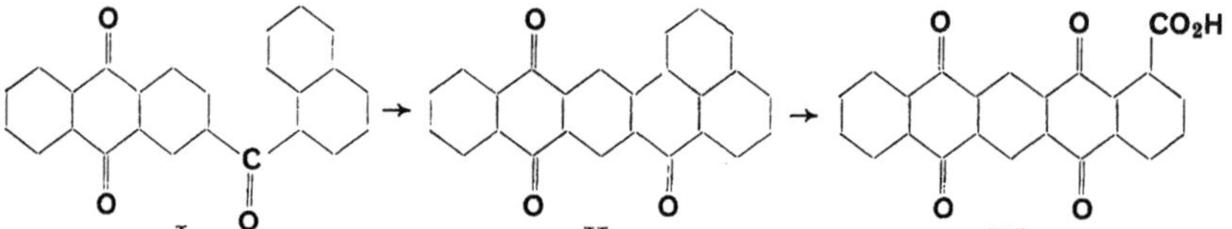

Die gleiche Verbindung kann erhalten werden, wenn nach einer Patentschrift der I.G. Farbenindustrie AG.[2] Pentacen-dichinon IV mit Schwefelsäure und Aluminiumpulver zum Dioxy-pentacenchinon V[3] reduziert und dieses mit Glycerin und Schwefelsäure zu II kondensiert wird.

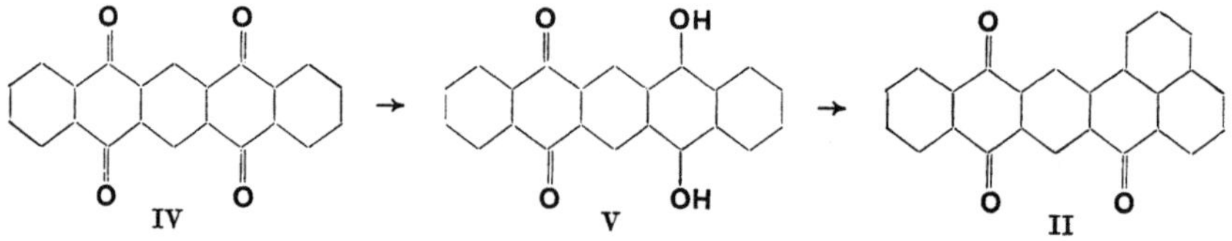

6.7-Phthaloyl-benzanthron II bildet aus Nitrobenzol-Eisessig dunkelgelbe Krystalle, die bei 325—326° schmelzen und sich in konzentrierter Schwefelsäure rot lösen. Bei der Oxydation mit Chromsäure wird es zur Pentacen-dichinon-carbonsäure III abgebaut[4]. II ist bisher noch nicht zum Grundkohlenwasserstoff reduziert worden.

---

[1] SCHOLL u. SEER: A. **394**, 111, 158 (1912) — Mh. Chem. **33**, 1 (1912).
[2] I.G. Farbenindustrie AG.: DRP. 579653 (1931) — C. **1933 II**, 1933.
[3] In der Patentschrift irrtümlich als Anthranolstufe bezeichnet. Vgl. S. 255.
[4] SCHOLL u. SEER: A. **394**, 111, 158 (1912) — Mh. Chem. **33**, 1 (1912).

14.) Anthraceno-[1′.3′:1.9]-anthren.

Benzanthron I gibt beim Verschmelzen mit Phthalanhydrid und Aluminiumchlorid ein Kondensationsprodukt[1], dem die Formel eines *1′.2′-Phthaloyl-benzanthrons* II zukommen muß, da dieselbe Verbindung auch aus Methylen-anthron III und 2.3-Dichlornaphtho-1.4-chinon[2] oder Naphthochinon, 2-Chlornaphthochinon oder Naphthochinon-dichlorid[1] in siedendem Nitrobenzol bzw. Alkohol erhalten wird.

Durch Verwendung substituierter Methylenanthrone oder Naphthochinone, z. B. Naphthazarin, lassen sich auch Derivate von II gewinnen[3].

1′.2′-Phthaloyl-benzanthron krystallisiert aus Eisessig-Nitrobenzol in orangegelben Nadeln vom Schmelzpunkt 286°. In konzentrierter Schwefelsäure löst es sich bräunlichorange ohne Fluorescenz und gibt mit alkalischem Hydrosulfit eine grüne Küpe, aus der Baumwolle echt und schön goldgelb angefärbt wird. .

Phthaloyl-benzanthron II liefert mit 1-Amino-anthrachinon in Gegenwart von Pyridin und Kaliumhydroxyd ein violettes Kondensationsprodukt[4]. Der *Grundkohlenwasserstoff* aus II ist noch nicht dargestellt worden.

15.) Phenanthreno-[4′.2′:1.9]-anthren.

Ein Abkömmling dieses Kohlenwasserstoffes II (oder weniger wahrscheinlich III) bildet sich anscheinend, wenn Methylenanthron I mit 1.2-Naphthochinon in siedendem Eisessig zur Reaktion gebracht wird.

[1] I.G. Farbenindustrie AG.: DRP. 430558 (1924) — C. **1926 II**, 2230.
[2] CLAR, E.: B. **69**, 1686 (1936).
[3] I.G. Farbenindustrie AG.: DRP. 591496 (1932); F. P. 754842 (1933) — C. **1934 I**, 2044.
[4] I.G. Farbenindustrie AG.: DRP. 644537 (1935) — C. **1937 I**, 865.

Phenanthreno-[4'.2':1.9]-anthron-9'.10'-chinon II bildet violette, metallisch grünglänzende Krystalle, die sich in konzentrierter Schwefelsäure grün lösen, mit wäßrig-alkoholischem Kali eine blaue Färbung und mit alkalischem Hydrosulfit eine rote Küpe geben[1].

16.) Tetraceno-[1'.3':1.9]-anthren.

Auch von diesem Ringsystem ist nur ein Derivat bekannt. Es entsteht, wenn Methylenanthron mit *endo*-9.10-(o-Phenylen)-9.10-dihydro-1.4-anthrachinon I in siedendem Xylol zur Reaktion gebracht wird. II krystallisiert in roten Nadeln, die nicht bis 360° schmelzen, sich in konzentrierter Schwefelsäure braunorange lösen und mit alkalischem Hydrosulfit eine grüne Küpe geben, die fast keine Affinität zur pflanzlichen Faser zeigt[2].

---

[1] I.G. Farbenindustrie AG.: DRP. 591496 (1932); F.P. 754842 (1933) — C. **1934 I**, 2044.

[2] CLAR, E.: B. **69**, 1686 (1936).

F. *peri*-kondensierte Kohlenwasserstoffe aus sechsgliedrigen Ringen, in denen zwei C-Atome mit je zwei H-Atomen verbunden sind.

4.8-Dihydro-triangulen. Ein Kohlenwasserstoff dieser Art ist das *2.3,5.6-Dibenz-1.7-dihydro-pyren* oder 4.8-Dihydro-triangulen:

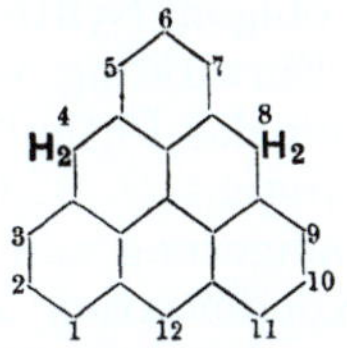

Die hydroaromatischen H_2-Atome sollten aus obigem Kohlenwasserstoff nicht abspaltbar sein unter Bildung eines aromatischen Kohlenwasserstoffes, denn das Dehydrierungsprodukt würde sich dann auf keine Weise klassisch formulieren lassen. Nur eine bisher nicht realisierte *m-chinoide* Formulierung würde das ermöglichen.

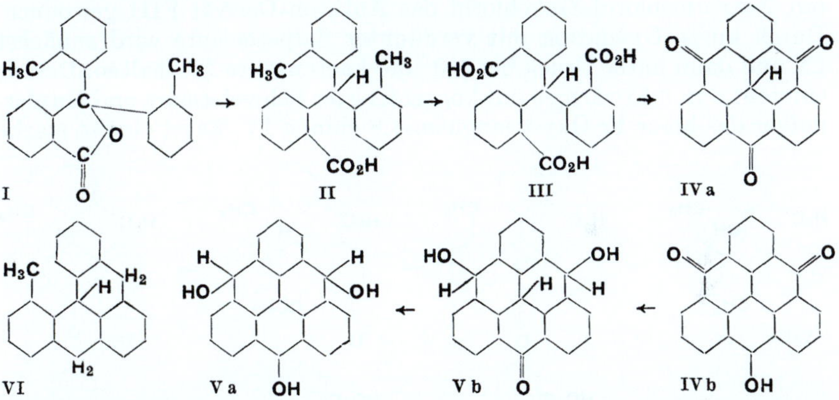

Das *Oxy-diketo-Derivat* IVb haben R. WEISZ und KORCZYN[1] synthetisiert. Durch Einwirkung von *o*-Tolyl-magnesiumbromid auf Phthalanhydrid wird Di-*o*-tolyl-phthalid I erhalten. Aufspaltung des Lactons und Reduktion zur Säure II und deren Oxydation mit alkalischem Permanganat liefert die Tricarbonsäure III, die mit Schwefelsäure oder über das Säurechlorid mit Aluminiumchlorid zu IV kondensiert werden kann.

Wird an Stelle von I *o*-Tolyl-*m*-xylyl-phthalid bzw. Di-*m*-(oder-*p*)-xylylphthalid verwendet, so erhält man durch die gleichen Operationen eine *Mono-* bzw. *Dicarbonsäure* von IV[2].

---

[1] WEISZ, R., u. KORCZYN: Mh. Chem. **45**, 207 (1924).

[2] WEISZ, R., u. FR. MÜLLER: Mh. Chem. **59**, 128 (1932). — WEISZ, R., A. SPITZER u. J. L. MELZER: Mh. Chem. **47**, 307 (1926).

Das *Keton* IV ist eine blaue Verbindung, die wohl eher als Anthranol-Derivat IVb als Triphenylmethan-Derivat IVa aufzufassen ist, da mit *p*-Toluolsulfochlorid in Pyridin Veresterung eintritt. Bei der Reduktion bildet IV mit Jodwasserstoff und rotem Phosphor zwei Reduktionsprodukte nach WEISZ und MÜLLER[1] Va bzw. Vb neben dem *Coeranthren-Derivat* VI. Mit Essigsäureanhydrid bildet V eine *Triacetyl-Verbindung*[1]. Ähnliche Reduktionsprodukte sind auch aus der Monocarbonsäure von IV erhalten worden[1].

Der Nachteil bei der obigen Synthese ist, daß, wie CLAR und STEWART[2] fanden, bei der Einwirkung von *o*-Tolyl-magnesiumbromid auf Phthalanhydrid nicht nur das Phthalid I sondern zu einem großen Teil Di-(*o*-toluyl)-benzol entsteht (s. S. 212). Ferner entsteht bei der Oxydation von I durch Umlagerung zum größten Teil eine Dicarbonsäure, die zur weiteren Kondensation zum Triangulen-Derivat ungeeignet ist[2] (s. S. 212). CLAR und STEWART[2] haben daher zunächst Tri-(*o*-tolyl)-carbinol VII aus *o*-Toluylsäurechlorid und *o*-Tolyl-lithium dargestellt und dieses mit verdünnter Salpetersäure zu reinem Di-(o-tolyl)-phthalid I oxydiert. Um die Umlagerung bei der Oxydation zu vermeiden, wurde das Phthalid I mit alkoholischem Kaliumhydroxyd und Zinkstaub zur Säure II reduziert und daraus durch Verschmelzen mit Natriumchlorid-Zinkchlorid das Anthron-Derivat VIII gewonnen. Durch kurze Oxydation mit verdünnter Salpetersäure wird zunächst IX und dann unter Druck bei 210° die Lactonsäure X erhalten. Daraus entsteht durch Erwärmen mit konzentrierter Schwefelsäure und Kupferpulver das blaue 12-Oxy-triangulen-4.8-chinon IV. Es ist eine so starke

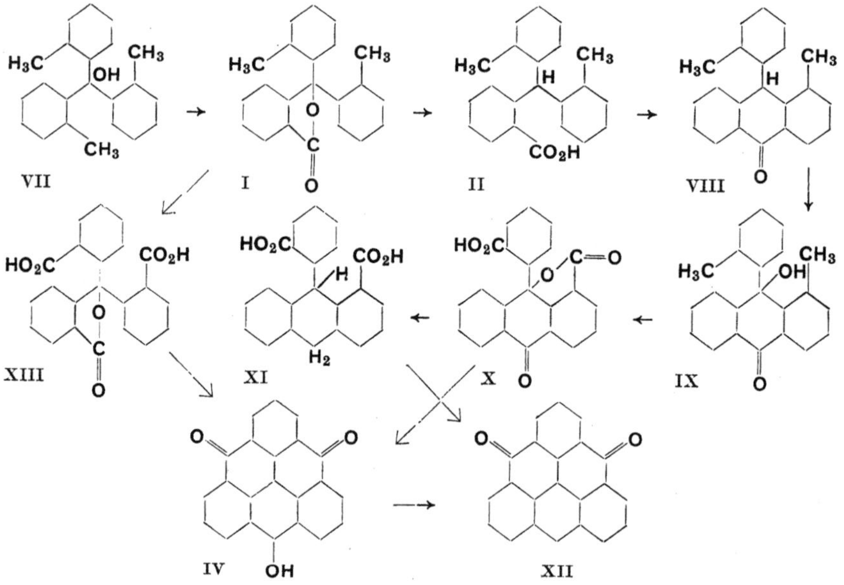

---

[1] WEISZ, R., u. FR. MÜLLER: Mh. Chem. **65**, 481 (1934).
[2] CLAR, E., u. D. G. STEWART: Soc. **1951**, 3215.

Säure, daß es mit Natriumacetatlösung ein grün-blaues Na-Salz bildet[1]. Vorteilhafter ist es jedoch, zuerst X mit Natriumhydroxyd und Zinkstaub zum Dihydroanthracen-Derivat XI zu reduzieren und dieses mit konzentrierter Schwefelsäure unter Zusatz von *n*-nitrobenzolsulfonsaurem Natrium zum roten Triangulen-4.8-chinon XII zu kondensieren.

Das Oxy-triangulen-chinon IV läßt sich auch durch Ringschluß mit konzentrierter Schwefelsäure und Kupferpulver aus der Säure XIII gewinnen, die in geringer Ausbeute neben Umlagerungsprodukten (s. S. 212) durch direkte Oxydation aus I mit verdünnter Salpetersäure unter Druck bei 210° erhältlich ist. IV läßt sich mit Natriumhydroxyd und Zinkstaub in eine küpenartige Lösung bringen, aus der durch Oxydation mit Luft das Triangulen-4.8-chinon XII entsteht[1].

Nach weiteren unveröffentlichten Untersuchungen von E. CLAR und D. G. STEWART kommt dem mit Jodwasserstoff und rotem Phosphor oder einfacher durch Zinkstaubschmelze aus IV erhältlichem Kohlenwasserstoff *nicht* die Formel VI, sondern die Formel eines *1.2.3.5.6.7-Hexahydrotriangulen* oder *2.3,5.6-Di-(trimethylen)-pyrens* XVI zu. Die Struktur wird durch das *Absorptionsspektrum* (Abb. 138) bewiesen, das dem des *2.3-Trimethylen-pyrens* XV (s. S. 454) sehr nahe steht. Letzteres leitet sich mit denselben geringen Verschiebungen der Banden vom Pyren XIV ab wie XVI von XV. Alle 2 Verbindungen sind als Alkyl-Derivate des Pyrens aufzufassen.

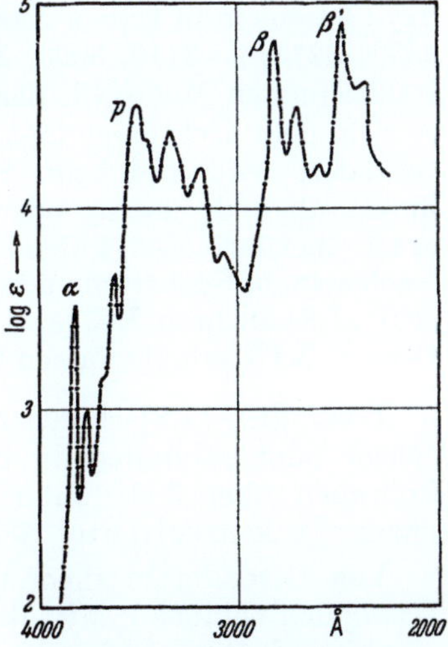

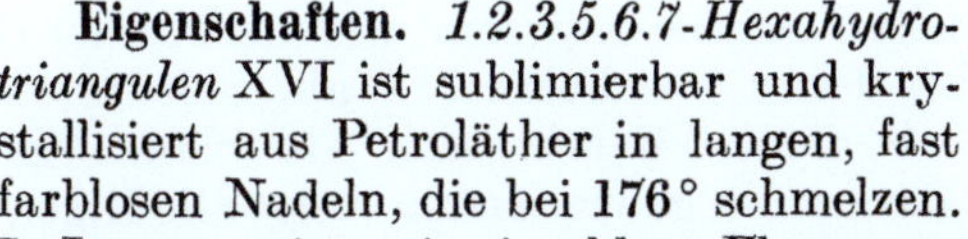

Abb. 138. Absorptionsspektrum des 1.2.3.5.6.7-Hexahydro-triangulens in Alkohol. (Nach E. CLAR u. D. G. STEWART: Privatmitteilung). Lage der Banden in Å: α, 3830, 3765, 3625; p, 3515, 3350, 3200, 3070; β, 2815, 2700, 2590; β', 2480, 2380.

Eigenschaften. *1.2.3.5.6.7-Hexahydrotriangulen* XVI ist sublimierbar und krystallisiert aus Petroläther in langen, fast farblosen Nadeln, die bei 176° schmelzen. In Lösung zeigen sie eine blaue Fluorescenz. In konzentrierter Schwefelsäure löst es sich gelbgrün. Das *Absorptionsspektrum* s. Abb. 138.

Die Dehydrierung des Hexahydro-triangulens XVI mit Palladiumkohle im Vakuum im CO_2-Strom bei 310° führt zum nichtflüchtigen

---

[1] Nach unveröffentlichten Versuchen von E. CLAR u. D. G. STEWART.

Polytriangulen. Das gleiche Ergebnis wird erhalten, wenn die Dehydrierung in siedendem Trichlorbenzol mit Palladiumkohle bei 210° vorgenommen wird. Nur kann man hier als Zwischenstufe das sehr unbeständige 4.8-Dihydro-triangulen XVII spektroskopisch feststellen, bevor die weitere Dehydrierung zum unlöslichen Polytriangulen führt, das sich auf dem Katalysator niederschlägt. Triangulen ist deshalb kein aromatischer Kohlenwasserstoff, sondern ein unbeständiges Diradikal (s. S. 93).

4.8-Dihydrotriangulen wird auch bei der Zinkstaubschmelze von IV als Nebenprodukt beobachtet. Es ist ein tiefgelber Kohlenwasserstoff mit Absorptionsbanden bei 4630 und 4440 Å. Er oxydiert sich sofort an der Luft oder bei der chromatographischen Reinigung mit Aluminiumoxyd zu einem in gelben Nadeln (Absorptionsbanden bei p, 4400, 4140, 3930; 3275; β: 3110, 3000, 2980 Å in Benzol, 2535 Å in Alkohol) krystallisierenden Monoxyd, das nicht die Formel XVIII haben kann, da es sich nicht acetylieren läßt, mit alkoholischem Kaliumhydroxyd nicht verändert wird und beim Sublimieren kein Wasser abspaltet. Durch Zinkstaub und Eisessig oder mit alkalischem Natriumhydrosulfit wird es zu einer farblosen, küpenartigen, leicht reoxydablen Lösung reduziert. Nach seinem Spektrum und seinen Eigenschaften steht es dem Naphtho-[2′.7′:1.8]-anthron XX (s. S. 453) sehr nahe, als dessen Trimethylen-Derivat XIX es aufzufassen ist.

Triangulen-[4.8]-chinon I. Dieses Chinon krystallisiert aus Nitrobenzol oder sublimiert in tiefroten Nadeln, die sich im evakuierten Röhrchen über 300° unter Dunkelwerden ohne zu schmelzen zersetzen. In konzentrierter Schwefelsäure lösen sie sich violettrot.

Von besonderem theoretischem Interesse ist die Reduktion des Triangulen-chinons I. Mit alkalischem Natriumhydrosulfit entsteht eine grünblaue Küpe aus der Baumwolle rot gefärbt wird. Dennoch ist dies keine echte Küpe, denn das reine krystallisierte Küpen-Salz enthält nur ein Atom Natrium und nicht 2 Atome Natrium, wie die Formel II verlangen würde. Es leitet sich daher von Formel IV ab, welches ein Coeranthranol-Derivat ist (s. S. 453). IV läßt sich als blaue Verbindung aus dem Na-Salz mit Essigsäure gewinnen und zeigt alle Eigenschaften eines Coeranthranol-Derivates.

IV wird auch als Zwischenstufe bei der Reduktion des Chinons I mit Zinkstaub und Essigsäure erhalten. Hier wird man als primäres Einwirkungsprodukt das Carbinol III annehmen müssen, das sich zu IV umlagert. Die weitere Reduktion verläuft grundsätzlich in derselben

Richtung, unabhängig davon, ob sie mit Zinkstaub und Essigsäure oder mit Zinkstaub und Natriumhydroxydlösung vorgenommen wird. Reduktion des zweiten Carbonyls gibt V, daraus durch sofortige Umlagerung VI. Dies ist eine braungelbe Verbindung (Zersetzung 225°),

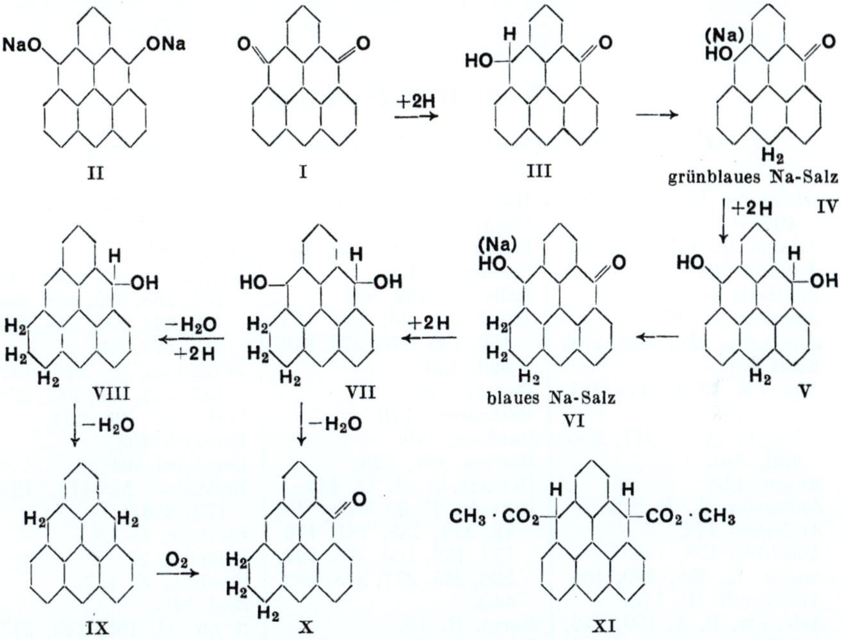

die ein blaues Na-Salz und ein orangefarbiges Monoacetat (Zersetzung 270°) gibt. Der weitere Verlauf der Reduktion gibt die leicht oxydierbare Verbindung VII und schließlich VIII. VIII liefert bei der Sublimation unter Wasserabspaltung 4.8-Dihydrotriangulen IX, und VIII gibt das gelbe 1.10-Trimethylen-naphtho-[2'.7' : 1.8]-anthron X (Schmelzpunkt 258 bis 259°).

Das einzige Derivat des 4.8-Dihydro-triangulens IX, das durch direkte Reduktion aus I gewonnen werden kann, ist das gelbe Diacetat XI (Zersetzung bei 176°), das nur zwei H-Atome für eine Umlagerung zur Verfügung hätte und daher keine Trimethylen-Verbindung geben kann, weshalb die Umlagerung unterbleibt. Immerhin ist es eine recht empfindliche Substanz, die zur Selbstkondensation unter Bildung hochmolekularer Verbindungen neigt.

Zusammenfassend läßt sich feststellen, daß alle Reduktionsprodukte die Abkömmlinge des 4.8-Dihydro-triangulens IX sind, eine starke Neigung zur Umlagerung in stabilere Systeme zeigen. In keinem Falle konnte eineVerbindung mit reinaromatischem Skelett wie II beobachtet werden, da Triangulen kein aromatischer Kohlenwasserstoff, sondern ein unbeständiges Diradikal ist[1] (s. S. 93).

---

[1] Nach unveröffentlichten Versuchen von E. CLAR u. D. G. STEWART.

Namenverzeichnis.

(Firmennamen werden nur im Patentverzeichnis wiedergegeben.)

Patentverzeichnis.

Deutsche Reichspatente (Fortsetzung).

Deutsche Reichspatente (Fortsetzung).

Nr.	Jahr	Inhaber		Seite
451907	1924	I. G. Farbenindustrie A.G.		449
452063	1925	I. G. Farbenindustrie A.G.		446
452449	1922	I. G. Farbenindustrie A.G.		369
453135	1925	I. G. Farbenindustrie A.G.		365
453578	1925	Leopold Cassella & Co.		441
453768	1925	I. G. Farbenindustrie A.G.		420
454945	1924	I. G. Farbenindustrie A.G.	449,	457
456583	1926	I. G. Farbenindustrie A.G.		304
457494	1926	I. G. Farbenindustrie A.G.		316
458710	1926	I. G. Farbenindustrie A.G.		316
471021	1925	I. G. Farbenindustrie A.G.		438
471377	1926	I. G. Farbenindustrie A.G.		224
481819	1925	I. G. Farbenindustrie A.G.	180, 190, 195, 198, 214, 218,	225
483229	1927	I. G. Farbenindustrie A.G.		245
487725	1926	I. G. Farbenindustrie A.G.	222,	367
488604	1925	I. G. Farbenindustrie A.G.		438
488608	1926	I. G. Farbenindustrie A.G.		434
489571	1926	I. G. Farbenindustrie A.G.		426
490358	1926	I. G. Farbenindustrie A.G.		426
491089	1926	I. G. Farbenindustrie A.G.		426
494111	1927	I. G. Farbenindustrie A.G.		338
499320	1927	I. G. Farbenindustrie A.G.		439
501082	1928	I. G. Farbenindustrie A.G.		439
501083	1928	I. G. Farbenindustrie A.G.		439
501610	1927	I. G. Farbenindustrie A.G.	439,	449
502042	1927	I. G. Farbenindustrie A.G.		439
506439	1926	I. G. Farbenindustrie A.G.		449
507558	1928	Leopold Cassella & Co., Frankfurt a. Main		380
512406	1925	I. G. Farbenindustrie A.G.		190
515327	1926	I. G. Farbenindustrie A.G.		440
518316	1927	I. G. Farbenindustrie A.G.	118, 345,	346
549206	1930	I. G. Farbenindustrie A.G.		386
550712	1930	I. G. Farbenindustrie A.G.	420,	421
551447	1930	I. G. Farbenindustrie A.G.		386
552269	1927	I. G. Farbenindustrie A.G.		434
553000	1930	I. G. Farbenindustrie A.G.	385,	386
554879	1926	I. G. Farbenindustrie A.G.		426
555180	1929	I. G. Farbenindustrie A.G.	118, 345,	346
557249	1930	I. G. Farbenindustrie A.G.		439
566518	1930	I. G. Farbenindustrie A.G.		295
568034	1930	I. G. Farbenindustrie A.G.		295
568783	1931	I. G. Farbenindustrie A.G.		439
571523	1930	I. G. Farbenindustrie A.G.		295
574189	1930	Verein f. Chemische u. Metallurg. Produktion, Aussig	328,	351
575953	1931	I. G. Farbenindustrie A.G.		400
576131	1931	I. G. Farbenindustrie A.G.		385
576466	1931	I. G. Farbenindustrie A.G.		420
577560	1930	I. G. Farbenindustrie A.G.		295
579653	1931	I. G. Farbenindustrie A.G.		458
580010	1930	I. G. Farbenindustrie A.G.		295
589145	1932	I. G. Farbenindustrie A.G.	327,	351
589639	1932	I. G. Farbenindustrie A.G.		421
590579	1932	I. G. Farbenindustrie A.G.		351
591496	1932	I. G. Farbenindustrie A.G.	394, 435, 450, 459,	460
594564	1932	I. G. Farbenindustrie A.G.		441
595025	1932	I. G. Farbenindustrie A.G.		226
596191	1932	I. G. Farbenindustrie A.G.		151

Deutsche Reichspatente (Fortsetzung).

Amerikanische Patente.

Belgische Patente.

Englische Patente.

Französische Patente.

Französische Patente (Fortsetzung).

Italienische Patente.

Österreichische Patente.

Russische Patente.

Schweizerische Patente.